药物合成反应简明教程

（第二版）

罗　军　魏运洋　张树鹏　主编

科学出版社

北　京

内 容 简 介

本书讨论药物生产和研发过程中涉及的重要有机反应，包括氧化反应，还原反应，卤化反应，烃化、羟烷基化和酰化反应，成烯缩合、烯烃复分解和环丙烷化反应，构建碳杂键的缩合反应以及交叉偶联反应等。简要叙述了手性化合物及不对称合成的基本概念，重点讨论反应机理、影响因素和实际应用。注重参考近年来出版或发表的相关文献资料，反映各类反应的最新进展。

本书可作为高等院校制药工程专业和相关专业的高年级本科生教材，也可供相关专业研究生、高校教师和从事药物生产和研发的工程技术人员参考。

图书在版编目（CIP）数据

药物合成反应简明教程 / 罗军，魏运洋，张树鹏主编. —2 版.—北京：科学出版社，2019.6

ISBN 978-7-03-061465-0

Ⅰ. ①药… Ⅱ. ①罗… ②魏… ③张… Ⅲ. ①药物化学–有机合成–化学反应–教材 Ⅳ. ①TQ460.31

中国版本图书馆 CIP 数据核字（2019）第 109801 号

责任编辑：刘 冉 / 责任校对：杜子昂

责任印制：吴兆东 / 封面设计：北京图阅盛世

科学出版社 出版

北京东黄城根北街 16 号

邮政编码：100717

http://www.sciencep.com

北京中石油彩色印刷有限责任公司 印刷

科学出版社发行 各地新华书店经销

*

2013 年 7 月第 一 版 开本：720 × 1000 B5

2019 年 6 月第 二 版 印张：25 1/2

2023 年 7 月第五次印刷 字数：510 000

定价：128.00 元

（如有印装质量问题，我社负责调换）

第二版前言

《药物合成反应简明教程》第一版作为南京理工大学制药工程专业本科生药物合成化学课程的教材，经过几年的使用，效果良好，学生反馈在后面的学习和工作中均非常实用。根据教学实践、学生反馈和相关研究进展，我们提出修订和增补。

在第一版应用到教学实践后，我们认为手性合成作为药物合成化学的重要组成部分必不可少，因此在第二版中补充了手性药物的不对称合成一章；同时，随着交叉偶联反应在药物合成中越来越受到重视，相关科学研究也是热点和前沿，因此在第二版中增加了交叉偶联反应内容。在已有内容的基础上，我们将反应类型相同或有关联的重要人名反应进行了部分重组或增补，对一些实例进行了更新，并将部分全合成实例中与本书知识点关系不大的步骤进行了适当删减，甚至删除了部分全合成实例，以达到在有限的篇幅中尽量涵盖更全面知识点的目的。另外，第二版中还修订了第一版教材中存在的部分错误。

本书新增的第 1 章由罗军编写，第 8 章由魏运洋编写。第 3 章的修订由原编写者张树鹏负责，其他章节的修订由罗军负责。张健博士和蔡荣斌博士分别参与了第 2 章和第 5 章的修订，袁晓凤博士和韩楠博士参与了第 6 章的修订，楼子豪硕士和万子娟博士参与了第 7 章的修订，王瑾媛博士和周飞飞硕士参与了第 8 章的实例更新和修改，韩健博士负责参考文献的整理工作。

本书的修订得到了南京理工大学制药与精细化工系许多老师和研究生的支持和帮助，在此表示衷心的感谢！同时感谢南京理工大学教务处、化工学院和科学出版社对本书的出版给予的大力支持！

限于编者水平，本书难免出现疏漏和不妥之处，欢迎读者和同行批评指正。

罗　军

2019 年 1 月 16 日于南京

第一版前言

《药物合成反应简明教程》根据编者近十年来为南京理工大学制药工程专业本科生讲授药物合成化学的讲义，结合编者多年的教学和科研实践，并参考近年出版的相关教材和发表在国内外重要学术期刊上的大量研究论文编写而成。内容包括氧化反应，还原反应，卤化反应，亲核碳原子上的烃化、羟烷基化和酰化反应，成烯缩合、烯烃复分解和环丙烷化反应以及构建碳杂键的缩合反应等，突出了反应机理和合成应用，特别是在药物和天然产物全合成中的应用。

作为药物使用的有机化合物种类繁多，结构复杂，数量庞大，因此，药物合成反应的内容十分丰富，几乎涉及有机合成的所有反应，任何一部教科书或课程都必须在这些内容中作出取舍。与已出版的同类教材比较，本书在内容的取舍上更加注重吸收有机合成领域的新成果，包括新反应、新试剂和新合成方法的应用。例如，卤化反应中的含氟化合物的合成、烯烃复分解反应、环丙烷化反应以及缩合反应中的多组分缩合等内容在已出版的同类教材中都鲜有涉及。这些内容的编入，使得本书内容更接近于学科的前沿领域，较能反映当前药物合成领域的发展水平和今后的发展趋势。受限于篇幅，在吸收新内容的同时，难免舍弃一些经典反应的内容，如环加成和重排反应等，好在这些经典反应可以参考很多优秀的同类教科书。

本书在讨论各类合成反应时，特别注重反应机理的分析和讨论，尽量采用规范的符号和箭头来表示相关反应的机理。通过这些机理的表达式，能清楚地看出反应过程中哪些是亲核试剂，哪些是亲电试剂；旧键是如何断裂的，新键是如何生成的；以及反应过程中电荷的转移情况；等等。这些努力或许能帮助读者更好地理解复杂的药物合成反应，提高学习的兴趣和效率。

药物和天然产物的全合成是有机合成领域最富挑战性的工作，分散在国内外许多重要学术期刊上的全合成案例体现了研究者们高超的合成艺术，也是研究者们智慧的结晶。本书在介绍各类合成反应时，从相关文献中选取了大量关于所讨论的反应在药物和天然产物全合成中的应用实例，逐一分析其合成步骤和合成设计思路。希望这些实例所体现出的高超的合成设计水平和艺术能加深读者对所讨论的合成反应的理解，激发学习研究的欲望和创新的热情。

本书第 1 章和第 4~6 章由魏运洋编写，第 2 章由张树鹏编写，第 3 章由罗军编写，全书由魏运洋统稿。刘海璇、高鹏和沙强分别参与了第 1.5 节、第 1.6 节和第 5.4 节的编写，朱晨杰参与了第 1.3 节的编写。朱叶峰、葛文雷和朱晨杰共同整理了全书的参考文献。

本书的编写得到了南京理工大学制药与精细化工系许多老师和研究生的支持和帮助，在此表示衷心的感谢！同时感谢南京理工大学教务处、化工学院，以及科学出版社对本书出版给予的支持！

药物合成反应涉及一个庞大的、仍在快速发展的知识体系，限于编者水平，本书在内容的取舍、机理的讨论和全合成案例的分析等方面难免出现疏漏和错误，欢迎读者和同行批评指正。

魏运洋

2013年4月1日于南京

目　录

第 1 章　手性药物的不对称合成

1.1　手性药物简介

1.1.1　手性的重要性

Pasteur 在 100 多年前就提出自然界的一些基本现象和定律是由手性产生的。具有生物活性的两个对映异构体在手性环境中常常有不同的行为。对药物来说，不同的对映体可能会以不同的方式与手性受体部位作用，导致不同的治疗效果。如果药物与受体的结合部位远离手性中心，外消旋药物也有可能具有相等的药理活性，如加替沙星（gatifloxacin）两个异构体活性相当；如果药物的不同对映体能作用于不同的受体，二者就会具有不同程度的活性或不同种类的活性，如噻吗洛尔（timolol）的(*S*)-异构体为强效 β 受体阻断药而(*R*)-异构体用于治疗青光眼；还可能一种有活性而另一种无活性甚至具有副作用，如治疗帕金森症的 *L*-多巴（dopar）是经多巴脱羧酶脱羧后生成具有药效的多巴胺，多巴脱羧酶是立体专一的，仅对左旋对映体起作用；而乙胺丁醇（ethambutol）的(*S,S*)-异构体是抗结核药，其(*R,R*)-异构体具有致盲副作用[1]。

手性药物引起重视源自 20 世纪 60 年代在欧洲发生的反应停事件。反应停又名沙利度胺（thalidomide），是一种高效的镇静剂和止吐剂，用于早期妊娠反应。不幸的是，当时上市的外消旋混合物，很多服用这种药物的孕妇产下了畸形的婴儿。后来的研究发现，该药的(*S*)-异构体是一种极强的致畸剂，而(*R*)-异构体却不会引起畸变[2]。

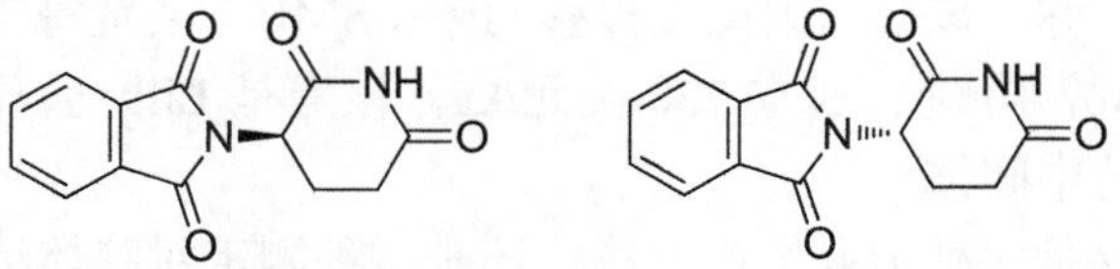

(*R*)-沙利度胺　　(*S*)-沙利度胺

1992 年美国食品和药品监督管理局（FDA）开始要求手性药物以单一对映体（对映体纯）形式上市。在 1993 年，手性药物的全球销售额只有 330 亿美元，到 2000 年已达到 1330 亿美元。经统计，手性药物市场每年以约 8%的速度递增。在《中华人民共和国药典》（2010 年版）中，不完全统计包括 1018 种不同结构的药物，其中，具有手性中心的药物为 440 种，占全部药物的 43.22%；对药物有明确手性构型要求的有 319 种，占全部药物的 31.34%，不明确要求特定构型的对映体的有 121 种。在《日本药典》（JP15）中，不完全统计共有 896 种化合物，其中对手性构型有特定要求的手性药物为 434 种，占全部药物种类的 48.44%，另外还有 10 种药物分子中有 1 个或多个手性中心，但在目前版本中对手性构型无明确要求。而在《欧洲药典》（EP7.0）（2010 版）中，共有 1341 种化合物，其中 712 种为手性化合物，占全部药物的 53.09%，全部都有要求特定构型的对映体。目前正在开发的处于Ⅱ/Ⅲ临床的实验药物中，80%是单一光学活性体。也就是说，未来新药中有 80%是手性药物。中国科学院上海有机化学研究所林国强院士曾经在一次医药企业峰会上作出预测说"21 世纪将是手性药物发展的世纪"。

1.1.2　拆分制备手性药物及中间体

手性药物及中间体的拆分一般采用非对映异构体拆分或酶法拆分。非对映体拆分是与光学纯的拆分试剂形成一种盐或共价衍生物，将其分离后再分解成相应的两个对映体。据报道，目前大约 65%的非天然对映体药物是通过外消旋药物或中间体拆分制造的。

手性制备色谱和手性色谱分析的迅速发展，为手性药物及其中间体的合成工业提供了经济实用的分离和分析方法。商业规模制备色谱最有希望的技术是模拟移动床色谱（simulated moving bed chromatography，SMBC）。常规的色谱是液体携带样品向前流经一个填料固定床，各组分根据其与填料的相对亲和力不同而被分离。模拟移动床的运行像在同一时间内填料都向后移动。实际过程中填料床并不移动，而是将柱子首尾两端连接成为一个闭路循环，操作人员改变样品与溶剂的注入点和混合组分的移出点。整个过程像不断开和关的一串电灯泡，虽然灯泡本身并没有移动，而光亮的图案则显示在不断移动。每个回路中连有 8～12 根色谱柱，柱与柱之间的连接点处有 4 个阀门，用来注入外消旋体与溶剂和取出产品。反复注入和取出的时间与位点都是由计算机软件控制的。UOP 公司在 Chiral USA '95 讨论会上称，该公司大型模拟移动床（SMB）装置每年可以从消旋体生产(*R*)-3-氯-1-苯丙醇 10 吨，成本 750 美元/kg。该醇是 Lilly 公司制备抗抑郁药氟西汀单一异构体的中间体。

液相色谱不仅是一种工业生产方法，还是一种测定对映体纯度的方法。在手性药物分析方面，现已装配成液相色谱手性分离数据库，可以快速确定所要的详细分析方法。该数据库描述了 24 000 个分析分离系统，而且每年以 4 000 个的速度在增加。已有 8 000 个化合物对映体的结构完成色谱分离，并建立了档案。数据库可以采用定向的分子结构进行检索。美国 FDA 要求制药公司对手性药物的两个单一异构体和外消旋体进行测定，同时对原料药、制剂和每个关键中间体也要进行测定。色谱法对于对映选择分析是各制药公司广泛采用的方法。

1.1.3　不对称合成制备手性药物及中间体

不对称合成按手性原料、手性辅基、手性试剂和手性催化剂分为四大类。对于大规模工业生产而言，催化氢化可能是最实用的不对称合成技术。20 世纪 70 年代中期，美国孟山都公司首先采用不对称催化氢化工业生产 *L*-多巴。80 年代，Ve-blsis-Chemie 公司采用 Glup-Rh 催化体系以工业规模生产同一产品。之后，默克、高砂和 Anic Enichem 三家公司分别用不对称环氧化反应和氢化反应生产抗高血压药物 cromakalim、carbapenem 及新型甜味剂 aspartame 的原料 *L*-苯丙氨酸。日本的野依良治利用 BINAP-Ru 络合物不对称催化氢化反应合成了光学纯度高达 97%*ee* 的(*S*)-萘普生。表 1.1 为现已用于工业化生产的不对称催化反应[3, 4]。

表 1.1　已实现工业化的部分不对称催化反应

产品	反应类型（金属）	公司（发明人）
L-多巴（*L*-dopar）	氢化（Rh）	Monsanto（Knowles）
西司他丁（cilastatin）	环丙烷化（Cu）	住友（Aratani 等）
L-苯丙氨酸（*L*-phenylalanine）	环氧化（Rh）	Anic Enichem（Fiorini 等）
disparlure	环氧化（Ti）	Baker（Sharpless）
缩水甘油（glycidol）	环氧化（Ti）	ARCO（Sharpless）
L-薄荷脑（*L*-menthol）	重排（Rh）	高砂（Noyori）
MK-0417	羰基还原	Merck（Corey）
色满卡林（cromakalim）	环氧化（Mn）	Merck（Jacobson）
carbapenem	氢化（Ru）	高砂（Noyori）

我国手性药物工业是随制药工业的发展而发展的，多采用传统的拆分方法。通常是用光学纯的拆分试剂形成非对映异构体盐进行分离，如用酒石酸拆分肾上腺素、对羟基苯甘氨酸，樟脑酸拆分苯甘氨酸，辛可尼定拆分萘普生等。早在 20 世纪 60 年代我国就开展甾体化合物的微生物转化研究，并用于工业生产，如采用霉菌氧化在可的松和氢化可的松的生产中形成 11α-醇和 11β-醇。从 70 年代后期开始进行手性化合物的生物合成研究，实现了 *L*-天冬氨酸和 *L*-苹果酸的工业化。对 *D*-苯甘氨酸、*D*-对羟基甘氨酸、*L*-苯丙氨酸、*L*-色氨酸的不对称合成和(*S*)-布洛芬的酶法拆分也取得了很好的结果。

我国手性药物工业虽有一定基础，但对化学合成和生物合成的研究并不多，更缺少创新和基础性研究，与世界手性药物工业的发展有较大差距，亟待加强手性技术的研究与开发。

1.2　前手性与不对称合成

1.2.1　前手性

对于药物工作者来说，前手性是一个重要的概念。当一个无手性分子中处于等同地位（对映异位、非对映异位）的一对原子或基团，被另一个不同于原来的原子或基团取代后，成为手性分子，产生手性，这时原来的分子中进行取代的一个中心、轴或面就是前手性的（prochiral），也称为潜手性、原手性。

前手性一般可分为前手性中心、前手性轴和前手性面三种。例如，丙酸分子中的两个亚甲基氢原子看上去是等同的，但当其中之一被氘原子替代后，形成的$CH_3CDHCOOH$具有对映异构，因此丙酸中的亚甲基碳原子就是一个前手性中心。前手性中心的两个等同基团可通过顺序规则中的 *R*/*S* 标记来识别。当相同的两个基团之一被高一级次序的基团取代，并且不改变原有基团的优先次序，根据所得到的化合物构型是 *R* 或 *S* 来确定原化合物中这两个相同基团为“前(*R*)-基团”（pro-*R*）或“前(*S*)-基团”（pro-*S*）。由于不同的氢被氘替代得到对映体，因此称丙酸分子中亚甲基上的两个前手性氢为对映异位的氢。

pro-*R*　pro-*S*　H H　H_3C COOH　前手性中心　—氘代→　H D　H_3C COOH (*S*)　+　D H　H_3C COOH (*R*)　对映体

(1-1)

如果分子中已经有一个或多个手性中心，则分子的前手性中心将导致非对映异构体。

前手性中心　H H　H_3C COOH　H OH　手性中心　——→　HO H　H_3C COOH　H OH　+　H OH　H_3C COOH　H OH　非对映体

(1-2)

2-羟基丁酸中的 C-2 是手性的，是一个手性分子。C-3 上连有两个相同的氢原子和两个不相同的基团，它是个前手性碳原子。当 C-3 上的一个氢原子被不同于其他三个的原子或基团（如羟基）取代，就生成一个新的手性碳原子。这种新生的手性碳原子有两种相反的构型，而原来的手性碳原子的构型是相同的，因此取代后的生成物是非对映体，称这样的前手性氢（或基团）为非对映异位氢（或基团）。对于乙醛等存在 sp^2-前手性的分子来说，可以通过另一套 *Re*/*Si* 标记辨别对映平面的两侧，从而确定出反应物对双键的加成方向。观察者从垂直于平面的方向向 sp^2 碳原子看去，将该原子所结合的三个基团按顺序规则排列，若从大至小的顺序为顺时针方向，则此面记为 *Re* 面，反之则记为 *Si* 面，如图 1.1 所示。如果存在两个前手性中心，那么采用双标记法，记为 *Re-Re* 面、*Re-Si* 面或 *Si-Si* 面等。

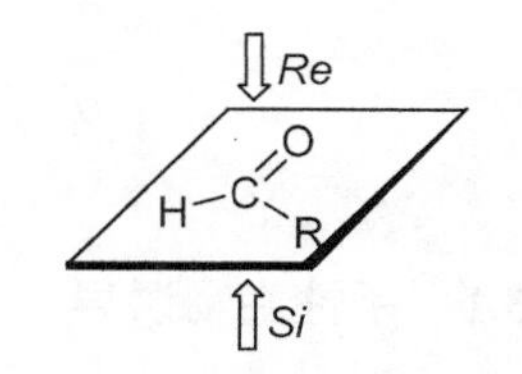

图 1.1　前手性面的标记

1.2.2　不对称合成

“不对称合成”这一术语于 1894 年由 Fischer 首次使用，并在 1904 年被 Marckwald 定义为“以非手性的化合物为起始物制备光学活性物质的反应”。反应过程中可以使用光学活性物质作为底物、试剂或催化剂，但不包括使用任何拆分过程作为手段。不对称合成是制备手性化合物的最佳途径。按照现今对这一命题最完整的理解，Morrison 和 Mosher 将不对称合成广义地定义为“一个反应，其中底物分子整体中的非手性单元由反应剂以不等量地生成立体异构产物的途径转化为手性单元，也就是说，不对称合成是这样一个过程，它将前手性单元转化为手性单元，使得产生不等量的立体异构产物。”[1]

按照手性基团的影响方式及不对称合成的发展历史可大致分为四代：①第一代，底物控制法；②第二代，辅基控制法；③第三代，试剂控制法；④第四代，催化剂控制法。

单不对称合成最初由 Marckwald 定义为一个用纯手性试剂通过非手性底物的反应形成光学活性化合物的过程。双不对称反应是对映体纯底物和对映体纯试剂的不对称反应。它也称为试剂控制的反应，以便和立体化学只受底物控制的不对称反应区别。试剂控制的反应的要点是按预期的方式选择性地控制产物中新形成的不对称中心的立体化学。这在开链化合物的合成中是有实际意义的。

在不对称反应中，底物与试剂结合起来形成非对映过渡态。两个反应剂中至少一个应该含手性中心，以便在反应位点上实现不对称诱导。通常不对称性是含 sp^2 杂化碳的官能团转化为 sp^3 四面体碳时产生的。这些 sp^2 官能团包括羰基、烯胺、烯醇、亚胺和烯等。

不对称合成的目的并不只是制备光学活性的化合物，同时还要达到高度的立体选择性（包括对映选择性和非对映选择性）。显然，不对称合成反应在手性药物和天然产物合成中有非常重要的作用。一个成功的不对称反应的标准是：①高的对映体过量值；②手性辅剂易于制备并能循环使用；③可以制备 *R* 和 *S* 两种构型；④最好是催化性的合成。

1.3 利用手性反应物的不对称合成

1.3.1 手性底物诱导

手性底物诱导属于第一代不对称合成，是通过手性底物中已存在的手性单元进行分子内定向诱导。在底物中，新的手性单元常常通过手性底物与非手性试剂反应而产生，此时邻近的手性单元控制非对映异位基团或面上的反应。

总的来说，如果手性底物具有刚性的结构，与非手性试剂反应可以取得较好的立体选择性。以四氢铝锂还原酮羰基为例，降樟脑具有刚性结构，还原呈现出了较好的立体选择性，产物降冰片面内和面外异构体比例为 8 : 1；而对于链状体系而言，情况则不同，(*R*)-3-甲基戊-2-酮中的手性中心虽然在羰基α位，但这种开链结构具有可变的构象，3 位碳原子上甲基和乙基在空间效应和电子效应上都没有显著的差别，用四氢铝锂还原时没有体现出明显的立体选择性，产生等量的两个非对映异构体。

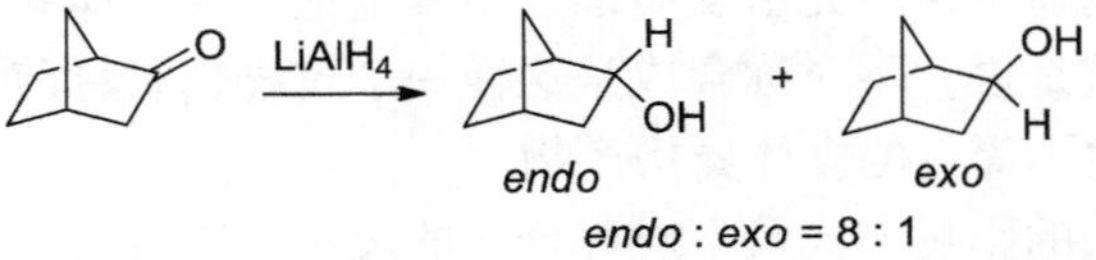

$LiAlH_4$; *endo* ; *exo* ; *endo* : *exo* = 8 : 1

(1-3)

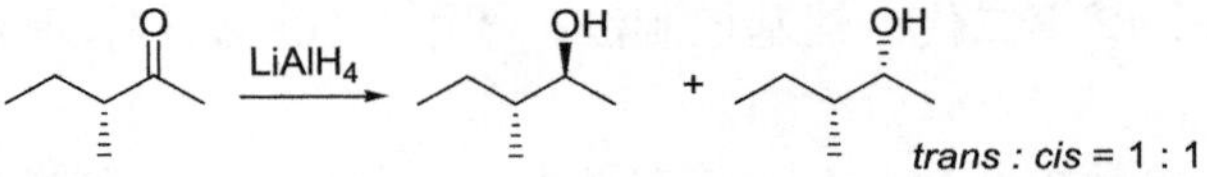

$LiAlH_4$; *trans* : *cis* = 1 : 1

(1-4)

再以 Diels-Alder 反应为例。非手性双烯体苯乙酸丁二烯酯可从亲二烯试剂的 *Si* 面进攻，也可从 *Re* 面进攻，由于连接在亲二烯试剂手性中心上的两个基团的不同，即小的氢和大的苄基的差别，双烯对前手性面的进攻体现出明显的差别，取得很高的立体选择性[5]。

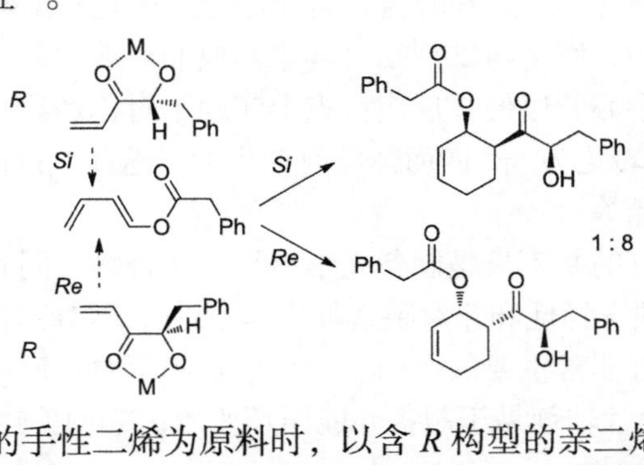

R ; *Si* ; *Re* ; 1 : 8

(1-5)

当用含 *R* 构型的手性二烯为原料时，以含 *R* 构型的亲二烯试剂进行进攻，则它们的非对映面将以协同方式起作用，因此称为匹配对，立体选择性进一步加强。

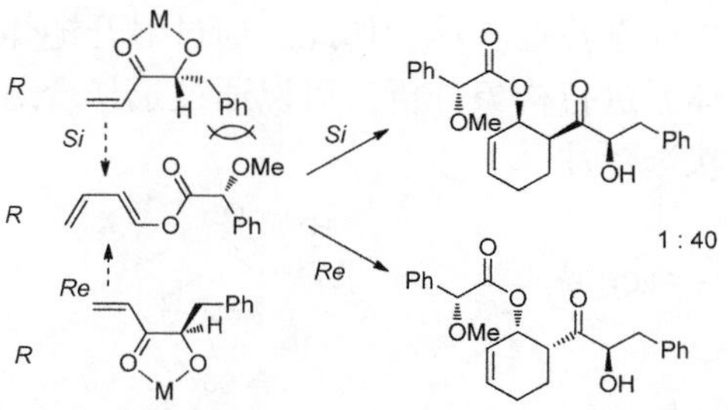

(1-6)

用含 *S* 构型的亲二烯试剂进行反应时，两个非对映面选择性是互相抵消的，这时称其为不匹配对（或错配对），从 *Si* 面进攻和从 *Re* 面进攻的比例为 2：1。

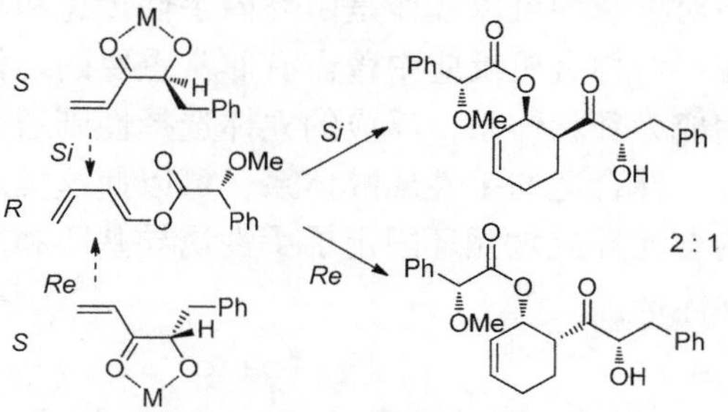

(1-7)

除了这种通过环状过渡态的诱导外，环状中间体的诱导更为常见，非手性试剂进攻手性底物时，为了获得高的立体选择性，通常要想办法构成刚性过渡态，主要分为环内手性诱导、环外手性诱导和配位手性诱导三种。

1. 环内手性诱导

降冰片体系的烷基化反应通常都可以取得很好的立体选择性，主要原因是这种体系本身是刚性的，无论环外的还是环内的烯醇化合物，发生反应时都表现出高度的不对称诱导[6]。

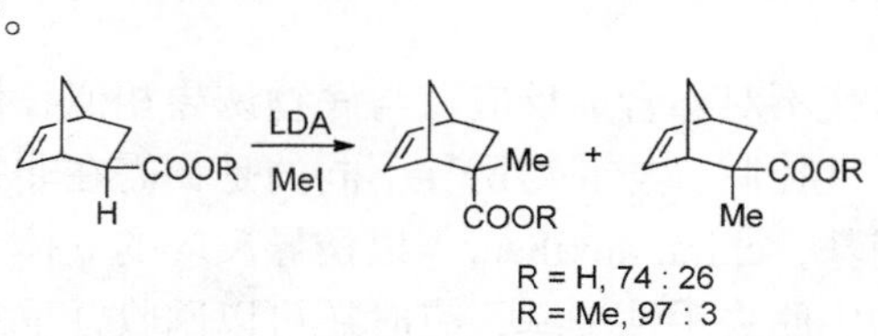

(1-8)

2. 环外手性诱导

环外诱导虽然所形成的不对称中心通过共价键连接到烯醇化合物上，但手性传递和烯醇间的立体化学关系并不固定，从分子的构象来看，原有的手性部分并没有通过共价键直接连接到发生取代反应的三角中心上，未能使手性基团的构象在两个或多个接触点上被固定。由于底物分子本身构象的可变性，一般情况下比较难预料这类反应的立体选择性。尽管如此，通过对开链体系，特别是对与环张力或空间位阻有关的体系进行构象分析，可以通过选择合适的进攻试剂及底物来提高开链体系的非对映选择性[7]。

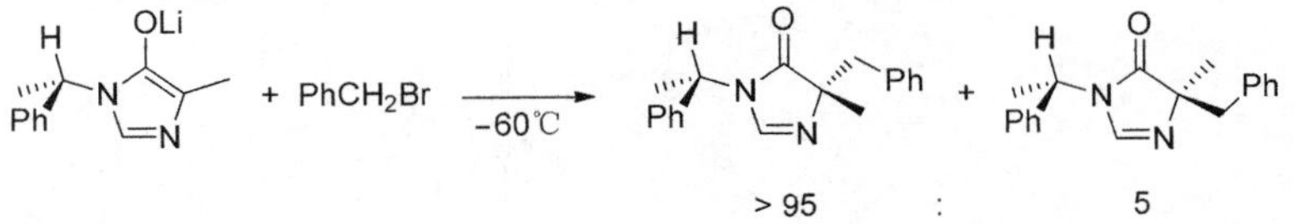

+ $PhCH_2Br$ —(−60℃)→

> 95 : 5　　(1-9)

3. 配位手性诱导

配位型的环内不对称诱导可以算作是由环内手性传递和环外手性传递相结合而产生的概念，它在不对称有机反应中曾占有非常重要的地位。开链的烯醇体系通过金属的螯合作用成为环状体系，反应的立体选择性则通过体系中的手性中心的诱导来实现。通过选择合适的手性烯醇体系，可以使这类反应具有较好的非对映选择性。锂配位的五元环或六元环固定了手性诱导基团和烯醇之间的取向，通常可以获得很高的立体选择性[8]。

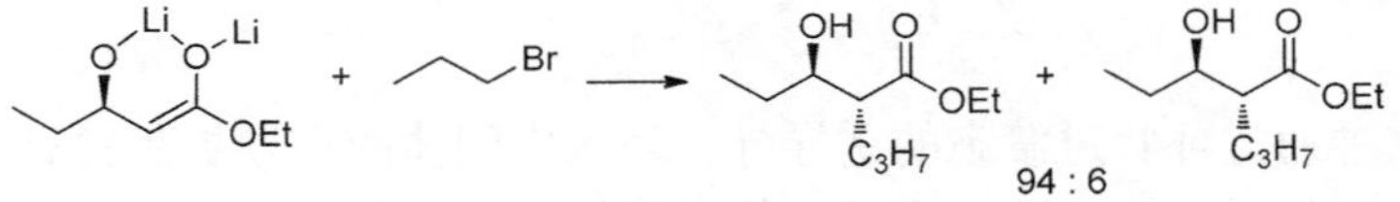

94 : 6　　(1-10)

开链的烯醇化合物通过金属的螯合作用变成环状配合物，金属离子的配位作用固定了原有的手性基团和烯醇部分之间的立体化学关系，使得烯醇的几何结构在确定进攻试剂的π面选择性中起到决定性的作用。这种螯合的手性诱导是手性金属络合物催化的重点，也是涉及羰基化合物的不对称合成反应中最有效的方法之一。

1.3.2　手性辅基诱导

辅基诱导是第二代不对称合成反应，与底物诱导相似，仍是通过底物的手性基团在分子内实现手性控制。与底物诱导不同的是，需在非手性底物上连接手性定向基团（即手性辅基，chiral auxiliary）以诱导反应的立体选择性，完成不对称合成反应后可从产物中脱去手性辅基，有时还可以回收并重复使用。手性辅基有很多种，本书仅介绍几种重要的手性辅基。

1. 脯氨醇类手性辅基

Evans 首先使用了脯氨醇类化合物为手性辅基。通过锂烯醇盐中金属的螯合作用使反应过渡态具有刚性结构，使得羰基的α-取代反应具有较高的非对映选择性[9]。

对于 **1.1** 的烯醇体系，烷基化反应优先从 *Si* 面发生，而对于 **1.2** 的烯醇体系来说，则优先从 *Re* 面发生。因此，使用相同构型的手性辅基，通过在手性中心引入不同的基团可以得到不同的烷基化产物，去除手性辅基后分别可以得到 *R* 和 *S* 构型的羧酸衍生物。

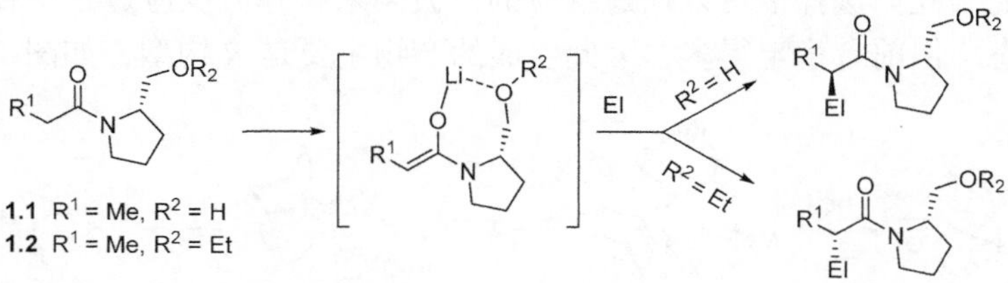

1.1 R^1 = Me, R^2 = H
1.2 R^1 = Me, R^2 = Et

(1-11)

不过脯氨醇水溶性较大，使得这类价格昂贵的手性辅基不易从反应中回收，为了克服这一缺点，林国强等在脯氨醇中引入两个甲基，使辅基容易回收[10]。

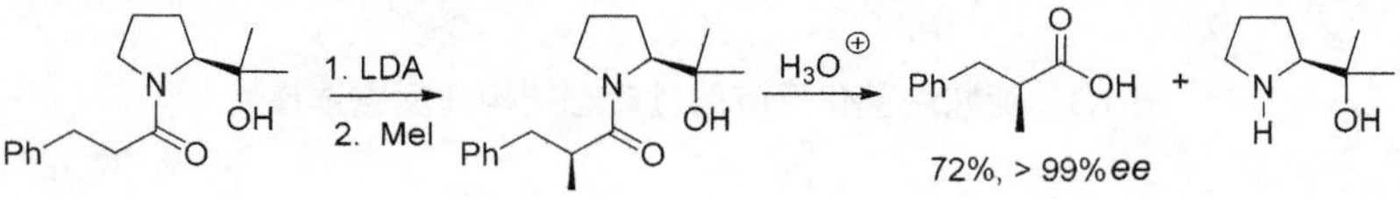

(1-12)

2. 噁唑烷酮类手性辅基

Evans 开发的手性噁唑烷酮是非常有效的手性辅基，已成为羧基α位立体选择性官能化的最经典方法，被称为 Evans 手性辅基。两种不同的经典 Evans 噁唑烷酮手性辅基（图 1.2）可诱导出不同的立体构型产物[11]。

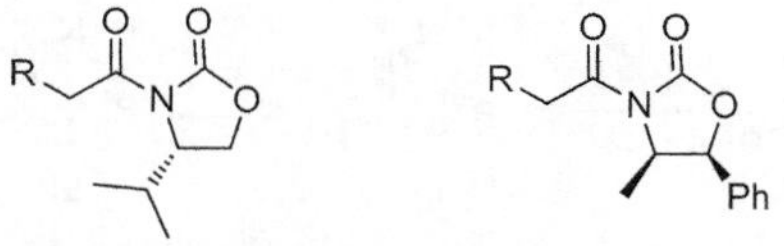

图 1.2　经典 Evans 手性噁唑烷酮

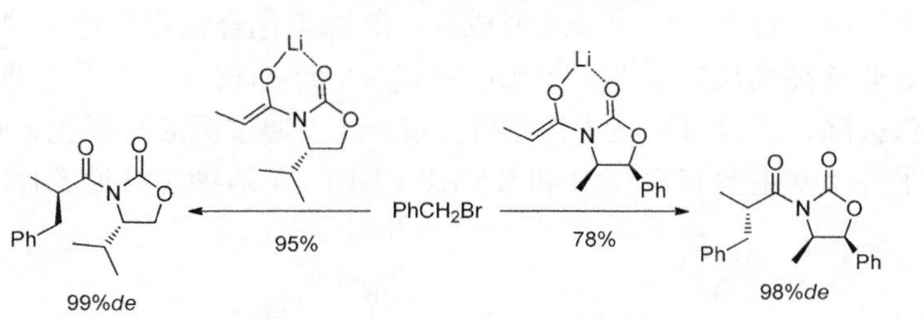

(1-13)

3. 伯胺类手性辅基

手性伯胺可与醛和酮发生缩合反应生成亚胺，在碱性条件下这些手性亚胺可以转化为相应的金属烯胺，这些烯胺可受亲电进攻在羰基α位引入手性基团[12]。

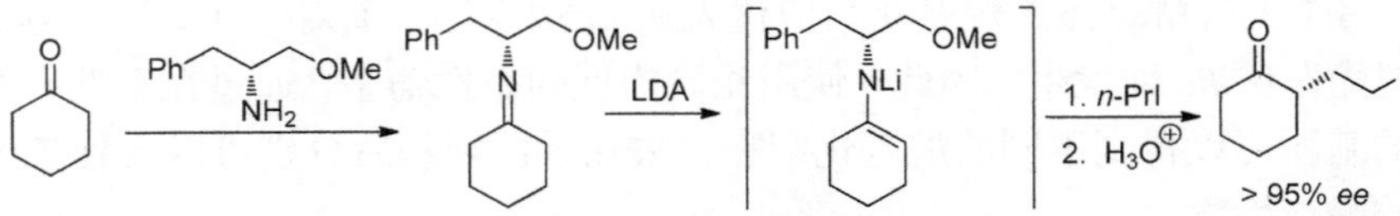

(1-14)

反应的高立体选择性可以通过反应的过渡态来解释。反应过程中存在两个可能的过渡态，但前者稳定得多，因此生成的产物主要是 *R* 构型，如图 1.3 所示。

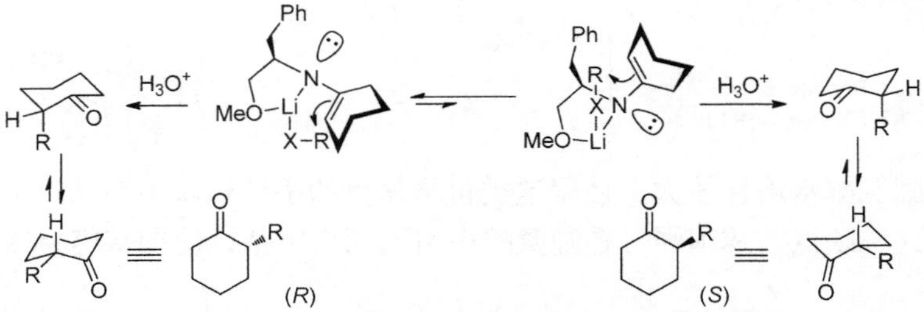

图 1.3　亚胺烷基化反应的过渡态结构和反应选择性

4. 肼类手性辅基

这种手性辅基首先由 Corey 和 Enders 在 1976 年报道，应用于各类区域选择性和非对映选择性的 C—C 键形成反应中都能给出很好的结果。羰基化合物首先与手性肼作用得到手性腙，再经金属化生成相应的烯胺类活性中间体，被卤代烃类亲电试剂捕获后可得到相应的α-取代产物。

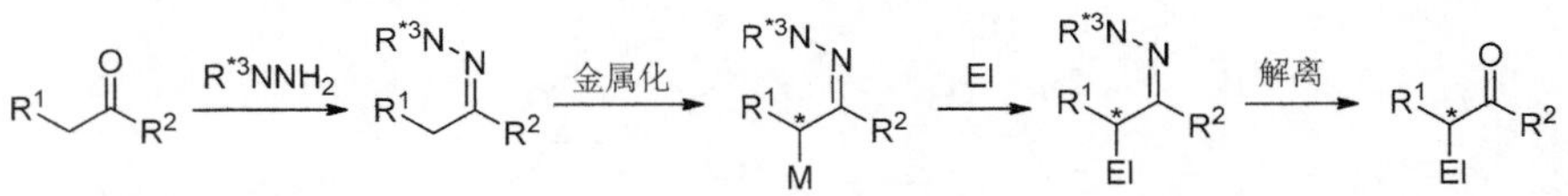

(1-15)

手性肼类辅基有很多优点：①腙的形成反应通常具有很高的收率，即使是空间位阻很大的酮，通常也能定量地形成腙；②腙类化合物很稳定，同时其金属化衍生物具有非常高的反应活性；③亲电取代反应产率较高；④手性辅基可采用多种温和方法去除，甚至可以在中性条件（pH = 7）通过铜酸盐氧化去除。

肼类手性辅基主要有 SAMP 和 RAMP（图 1.4）两种（参见 5.1.2 小节）。

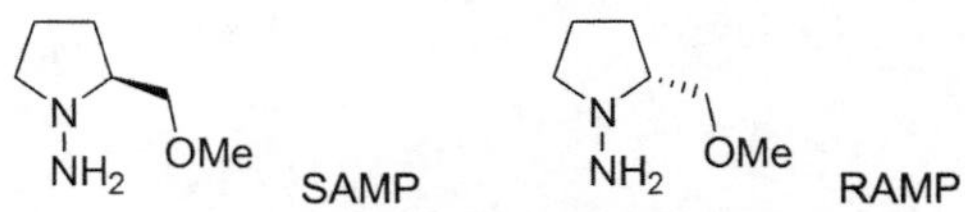

图 1.4　SAMP 和 RAMP 手性辅基结构式

例如，SAMP 可用于光学活性信息素(*S*)-4-甲基-3-庚酮的制备，对映体过量值超过 97%[13]。肼类手性辅基对酸比较敏感，利用这个性质进行脱除和回收肼类手性辅基。例如用饱和草酸水溶液进行 SAMP 腙的裂解，可以回收手性辅基 SAMP。

SAMP　1. LDA　2. C_3H_7I　OMe　N　O

(1-16)

5. 噁唑烷类手性辅基

2-烷基手性噁唑烷类化合物很容易通过 2-氨基乙醇衍生物和羧酸制备，具有易于制备、原料易得、很宽的反应温度范围和对各种试剂都具有很好的稳定性等优点，因此常用于羧酸合成的潜在前体。噁唑烷化合物的 2 位可以用金属有机试剂金属化，形成的衍生物可与各种亲电试剂（卤代烷烃、羰基化合物、环氧化合物）作用，用于合成手性α-烷基酸、α-羟基（烷氧基）酸、β-羟基（烷氧基）酸、α-取代-γ-丁内酯和 2-取代-1,4-丁二醇等，手性中心和其他官能团的位置可通过不同的制备方式加以控制。

Merck 公司 Song 等在合成内皮素受体阻滞剂（**1.3**）时运用了手性噁唑烷手性辅基，用于不对称 Michael 加成取得不错的结果。溴苯甲醚 **1.4** 经过锂化后生成的取代苯基锂与含手性噁唑烷辅基的α,β-不饱和酯 **1.5** 发生不对称 Michael 加成得到 **1.6**，酸性水解脱去手性辅基得到 **1.7**。这一过程可以实现大规模合成[14]。

Br　OTr　OMe　**1.4**　*n*-BuLi　Li　OTr　OMe　N　Ph　H　N　COO-*t*-Bu　**1.5**　**1.6**　OTr　OMe

HCl　**1.7**　COO-*t*-Bu　OTr　OMe　HOOC　OH　OMe　N　HN　**1.3**

(1-17)

6. 樟脑磺酰亚胺类手性辅基

樟脑磺酰亚胺类手性辅基可用于各类手性羧酸的不对称合成。由于经过烷基化反应所得的衍生物一般可以通过重结晶提纯，去除手性辅基后α,α-二取代羧酸往往具有很高的 *ee* 值，因此这一方法已成为制备手性羧酸的通用方法之一，例如苯丙氨酸的合成[15]。

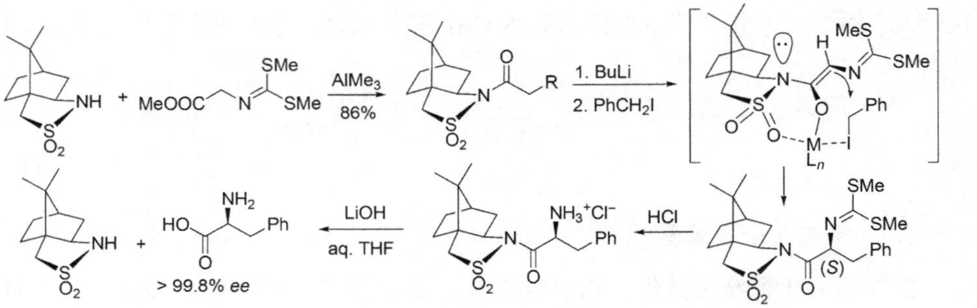

(1-18)

7. 酒石酸酯类手性辅基

早在 1982 年，Yamamoto 等就报道了酒石酸酯作为手性辅基的丙二烯基硼酸的不对称反应[16]。数年后经 Roush 深入研究，开发了新一类基于酒石酸酯的烯丙基硼酸酯类化合物(图 1.5)，基于这种化合物的不对称烯丙基加成反应就叫 Roush 反应[17, 18]。

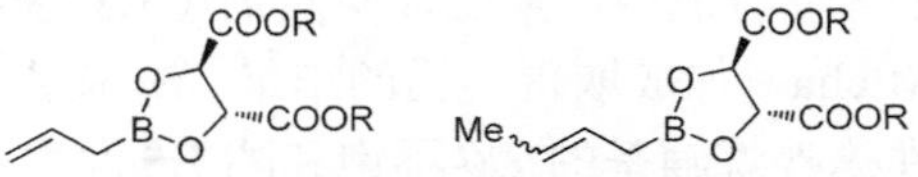

图 1.5 基于酒石酸酯的烯丙基硼酸酯类化合物

醛发生不对称烯丙基化反应可分别得到 *syn*-或 *anti*-两种异构体。若有水存在，手性硼酸试剂可能发生水解成为非手性烯丙基硼酸，从而导致反应立体选择性降低。反应体系中加入分子筛可使反应条件保持无水，避免非手性烯丙基硼酸的生成，提高反应的对映选择性。在(*R,R*)-酒石酸酯烯丙基硼酸酯与醛的反应中，观察到亲核试剂对羰基 *Si* 面的进攻；*Re* 面进攻则发生于(*S,S*)-酒石酸酯烯丙基硼酸酯的反应中。因此，当使用(*R,R*)-试剂时，产物以(*S*)-醇为主；(*S,S*)-试剂则主要得到(*R*)-产物。这一结论在超过 40 个反应中得到证明。

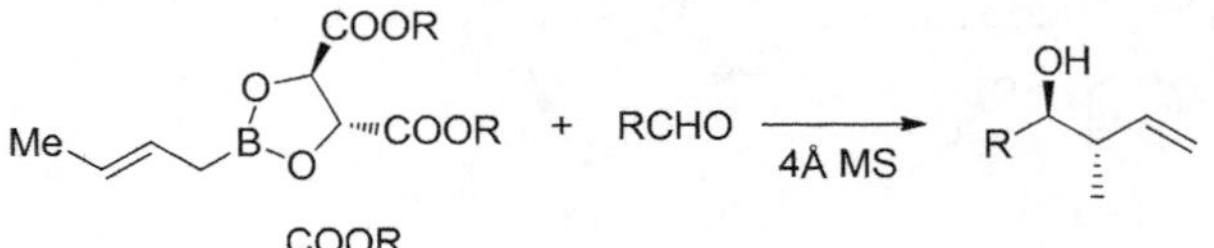

(1-19)

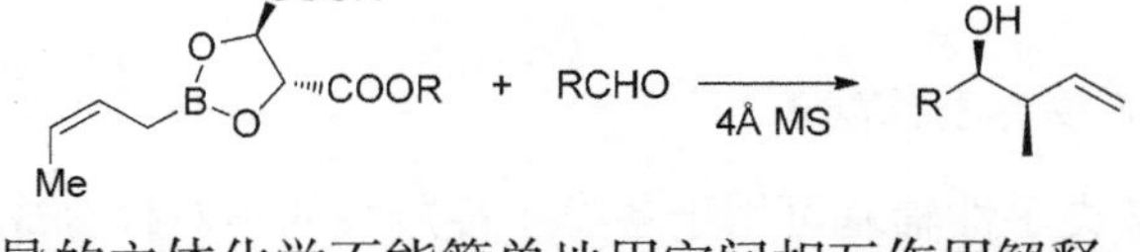

(1-20)

该不对称诱导的立体化学不能简单地用空间相互作用解释，因为醛的 R 取代基与手性辅基距离太远，不会与酒石酸酯产生空间上的相互作用。酒石酸酯手性辅基中的烷基对于反应的立体选择性也只起次要作用，因而空间电子的相互作用可能是导致反应立体选择性的主要因素。如图 1.6 所示，在过渡态 B 中涉及醛氧原子和酯基β面的 n-n 电子排斥使得体系稳定性降低，因此过渡态 A 比过渡态 B 更为有利，因此(*R,R*)-酒石酸酯烯丙基硼酸酯与醛反应一般观察到 *Si* 面的进攻，得到(*S*)-高烯丙基醇。

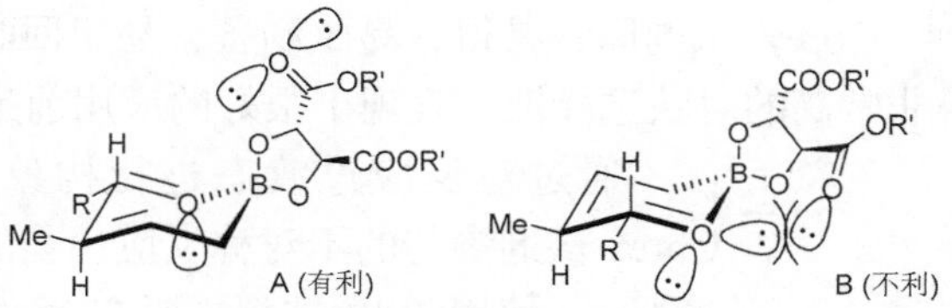

图 1.6　Roush 反应过渡态

1.4　利用手性试剂的不对称合成

与手性底物诱导不同，利用手性试剂的不对称反应是一种双不对称合成反应，这种反应同时使用手性底物和手性反应试剂。通过选择相互匹配的手性底物和手性的反应试剂，这类双不对称合成反应在反应中同时引入两个或多个手性中心时特别有价值。

1.4.1　手性硼试剂

手性硼化合物是非常有用的手性试剂，往往可以取得较好的立体选择性。而且可以通过改变硼试剂的手性来改变反应的立体化学结果。用噁唑烷化合物 **1.8** 处理硼试剂(–)-$(Ipc)_2$BOTf（**1.9**）得到氮杂烯醇化合物 **1.10**，后者与醛发生羟醛反应得到的主要是苏式产物，反应立体选择性一般都较高[19]。

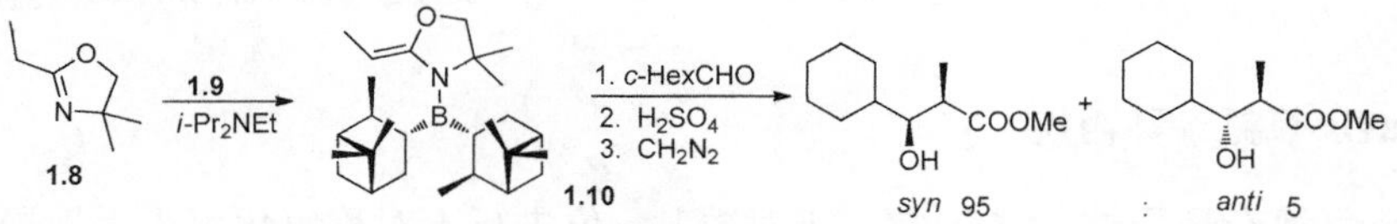

(1-21)

Watanabe 等使用β-烯丙基异松莰烷基硼酸（**1.11**）对亚胺底物进行加成反应，所得的产物水解后给出相应的高烯丙基伯胺，产率为 54%~90%，产物的 *ee* 值最高达到 73%。反应体系中少量水的存在可使产物的 *ee* 值显著增加[20]；当用β-烯丙基硼杂噁唑烷（**1.12**）与之反应时，产率可提高到 89%，*ee* 值高达 92%[21]。

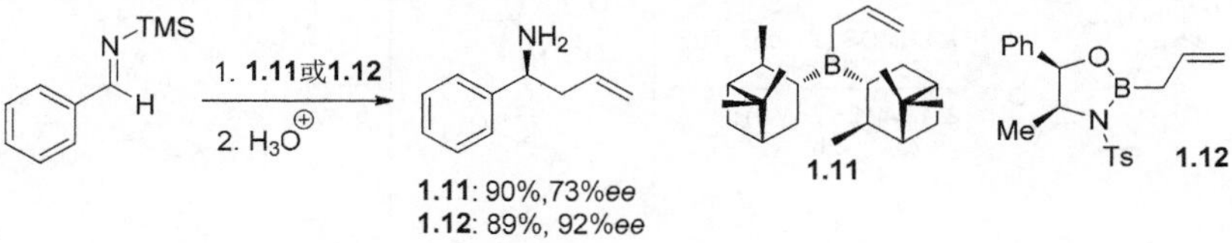

(1-22)

1.4.2　Corey 试剂

Corey 等开发了一类含 N—B 键的手性硼试剂，称为 Corey 试剂，常用于不对称羟醛缩合反应[22]。Corey 试剂原料易得，易于制备，易于回收并重复使用，用于相关反应能获得非常高的对映选择性，表现出很好的应用前景。

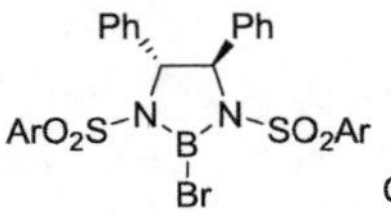

Corey试剂

通过对反应过渡态进行构象分析，可以预测 Corey 试剂参与的不对称反应产物的绝对构型。一般情况下，使用(*R,R*)-试剂主要在 *Re* 面反应；使用(*S,S*)-试剂主要在 *Si* 面反应。例如用于苯硫酚乙酸酯与苯甲醛的羟醛缩合反应，由于 Corey 试剂空间体积的关系，相邻的 *N*-磺酰基在五元环中占据与苯基相反的位置，发生反应时过渡态取最佳的立体电子和空间排列，使反应产物的立体化学可以预测。

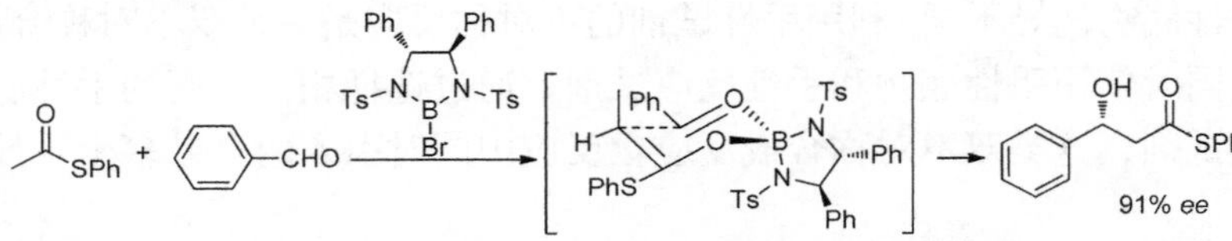

91% *ee*

(1-23)

使用(*S,S*)-试剂 **1.13** 为手性催化剂，对硝基苯甲醛与叔丁基溴乙酸酯反应，可以定量地生成相应的羟醛缩合产物，用于一系列氯霉素类抗生素的合成[23]。

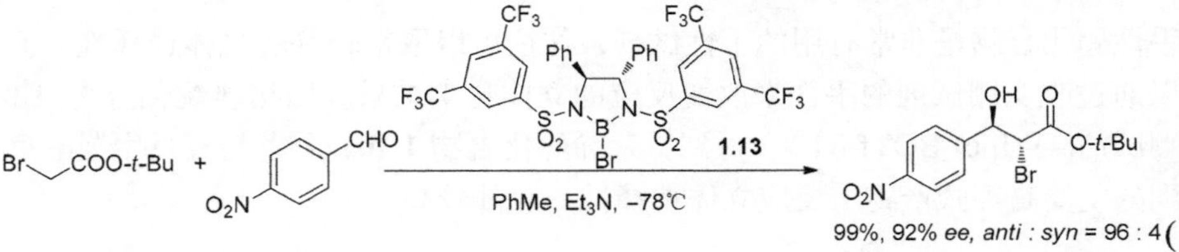

1.13

PhMe, Et_3N, −78℃

99%, 92% *ee*, *anti* : *syn* = 96 : 4

(1-24)

1.4.3　Davis 氧氮杂环丙烷

Davis 氧氮杂环丙烷（**1.14**）常用于对羰基α位进行不对称氧化引入手性羟基。例如 Nagao 等将之用于(+)-喜树碱的合成[24]。

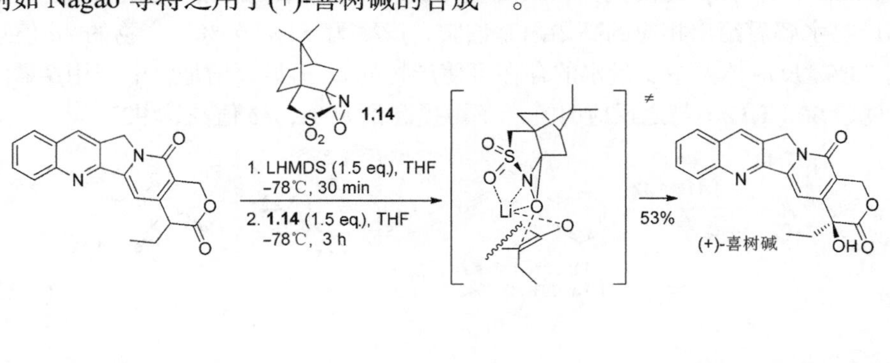

1.14

1. LHMDS (1.5 eq.), THF −78℃, 30 min

2. **1.14** (1.5 eq.), THF −78℃, 3 h

53%

(+)-喜树碱

(1-25)

1.4.4　手性过氧酮

很多手性酮都可由相应的天然产物合成，尤其是糖类。手性酮在过氧化物存在条件下可以原位产生过氧酮（二氧杂环丙烷），用于不对称氧化反应，如图 1.7 所示（参见 2.2.1 小节）。

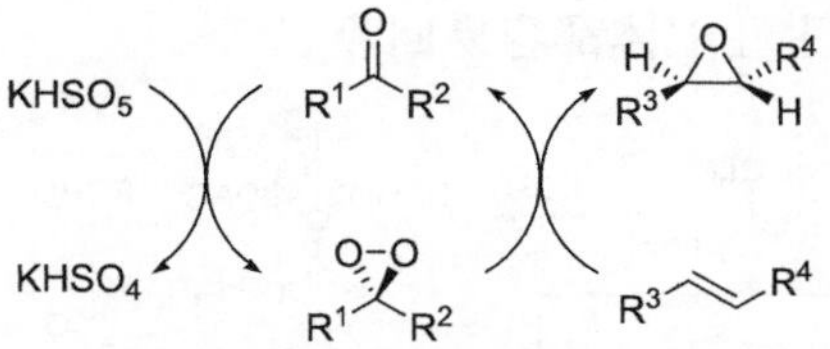

图 1.7　手性过氧酮催化环氧化反应机理

用于原位产生手性过氧酮的典型手性酮如图 1.8 所示。

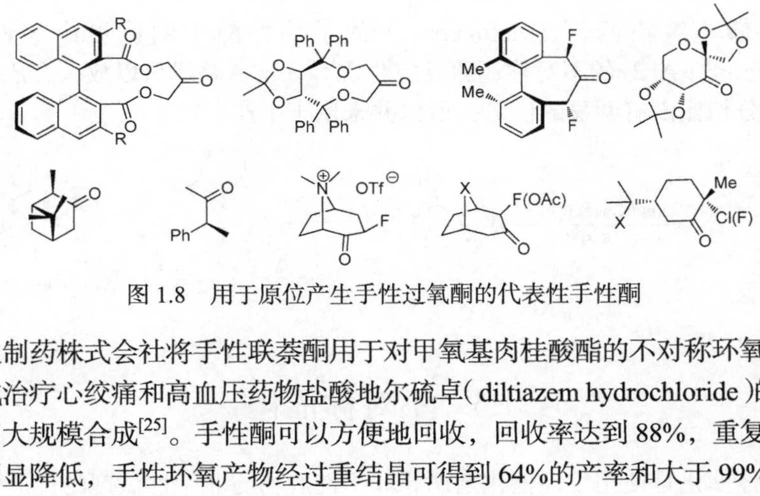

图 1.8　用于原位产生手性过氧酮的代表性手性酮

田边制药株式会社将手性联萘酮用于对甲氧基肉桂酸酯的不对称环氧化反应，用于合成治疗心绞痛和高血压药物盐酸地尔硫卓(diltiazem hydrochloride)的中间体，并实现了大规模合成[25]。手性酮可以方便地回收，回收率达到 88%，重复使用活性也没有明显降低，手性环氧产物经过重结晶可得到 64%的产率和大于 99%的 *ee* 值。

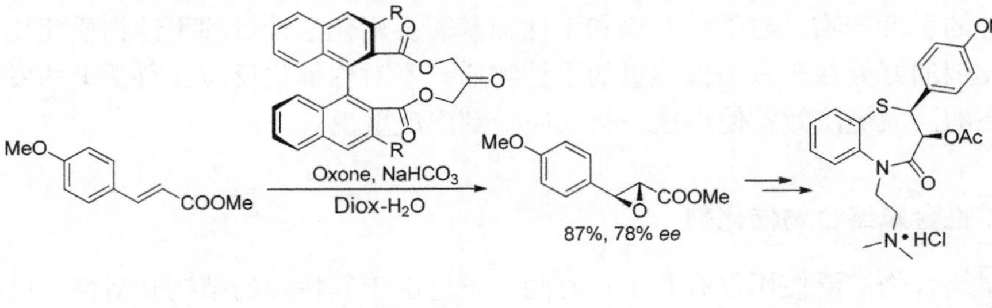

(1-26)

1.4.5　其他手性试剂

用环戊二烯基钛-糖类配合物（**1.15**）在进行羰基化合物的烷基化时表现出较

高的立体选择性[26]，产物 *ee* 值通常大于 90%。用于不对称羟醛缩合反应也可取得不错的效果。由于叔丁基容易用酸或碱水解脱除，通过这个方法可以制备β-羟基酸。烯醇酯主要进攻芳香醛的 *Re* 面。钛烯醇酯可以承受较高的反应温度，因此反应对映选择性受温度的影响非常小，反应甚至可以在室温条件下进行，而立体选择性不会出现明显降低。因此，这种手性试剂的主要优点是：高的立体选择性；比较温和的反应条件，不必采用低温条件也可取得较高的立体选择性；手性配体容易制备，钛配合物和手性配体都容易回收。

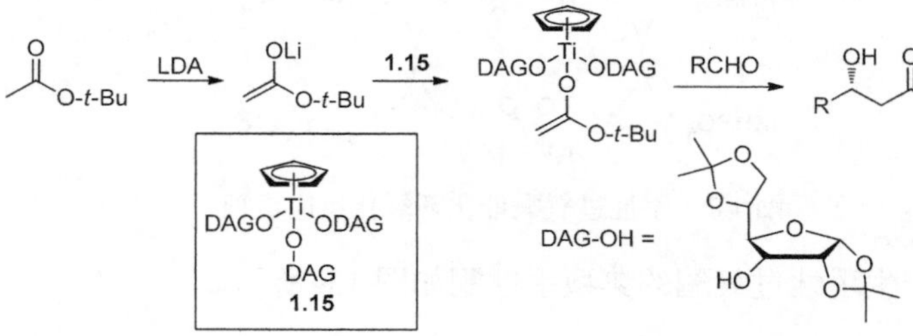

LDA　1.15　RCHO　DAG-OH =　1.15

(1-27)

抗抑郁药度洛西汀（duloxetine）的手性仲醇中间体可由手性还原剂 Li(*ent*-Chirald®)$_2$AlH$_2$ 的不对称还原反应合成[27]。这一路线可以放大合成，不过与传统的拆分相比没有明显的优势，所以并未用于生产。

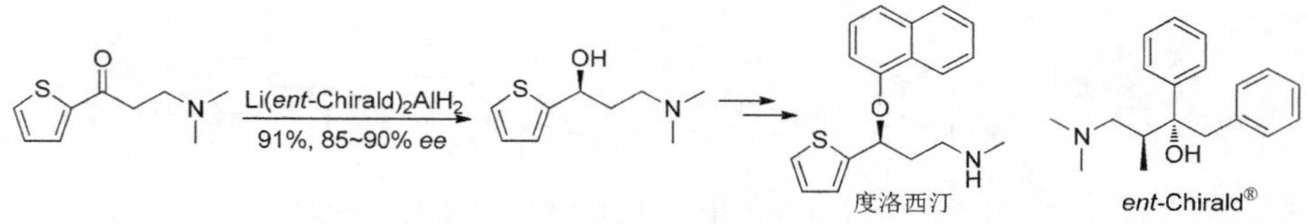

Li(*ent*-Chirald)$_2$AlH$_2$　91%, 85~90% *ee*　度洛西汀　*ent*-Chirald®

(1-28)

1.5 不对称催化

不对称催化是使用手性催化剂诱导非手性底物与非手性试剂的反应，直接生成光学纯的手性产物。与手性底物和手性辅基需要用化学计量的手性物质相比，手性催化剂的好处在于只需催化量的手性物质。不对称催化反应在科学上的发展及其潜在的巨大经济效益使得这一类反应受到广泛重视。

1.5.1 手性金属络合物催化剂

金属络合物广泛使用仅有几十年时间，不过由于其特殊的结构和活性，已在有机合成化学中占有非常重要的地位。有机过渡金属化学的巨大价值在于一些条件极为苛刻的并难以实现的有机反应可以在金属络合物催化下进行，只需催化量的手性金属络合物催化剂就可以实现不对称合成，还可以通过改变配体的结构来调整催化剂的活性和立体选择性，这些性质都是用手性源和手性试剂不能比拟的。金属有机化学基础理论可以参考相关著作[28,29]。

一个催化体系要获得较高的立体选择性和适应不同底物一直是一个难点。为了获得高的立体选择性，反应过渡态的能量应该明显低于与之竞争的其他反应的过渡态的能量。为了满足这一条件，在设计催化剂时应该考虑以下几点因素：①底物中配位官能团与手性络合物中心金属的结合方式；②底物中配位官团中的孤对电子与中心金属配位的空间取向；③控制底物中配位官能团与手性催化剂配位时的空间取向，使得试剂的进攻选择性地发生在其中一个前手性面。在催化剂的设计中通常需要通过氢键、π-π堆积或螯合作用来稳定催化剂与底物之间形成的配合物（图 1.9）。从而使试剂对底物的前手性面的进攻更具有选择性。

氢键　π-π 堆积　螯合作用

图 1.9　增强底物和金属络合物催化剂之间相互作用的三种途径

例如，Buchwald 等研究了芳基溴化物与甲基萘满酮在碱存在下的不对称芳基化反应。以 BINAP 为配体，可以在酮羰基α位不对称引入芳基[30]。

BINAP-Pd(0)
t-BuONa, PhMe
100°C, 24%, 84% *ee*
(1-29)

再如，Hayashi等发展了一种非常高效的催化硼酸与烯键的偶合反应的铑络合物催化体系。例如托特罗定（tolterodine）中间体**1.17**的合成，以SegPhos（**1.16**）为配体几乎可以得到光学纯的产物[31]。

$Rh(acac)(C_2H_4)_2$
1,4-二氧六环, H_2O, 60℃
88%, 99.6% *ee*
1.16　**1.17**　(*R*)-托特罗定
(1-30)

对于取代烯丙基化合物在手性金属络合物催化下的取代反应要经过典型的π-烯丙基钯中间体，这类中间体有 *syn*、*anti*、*syn/syn* 以及 *anti/anti* 四种，如图 1.10 所示。其中 *syn* 和 *syn/syn* 明显在能量上有利，因此反应主要以这类中间体进行。

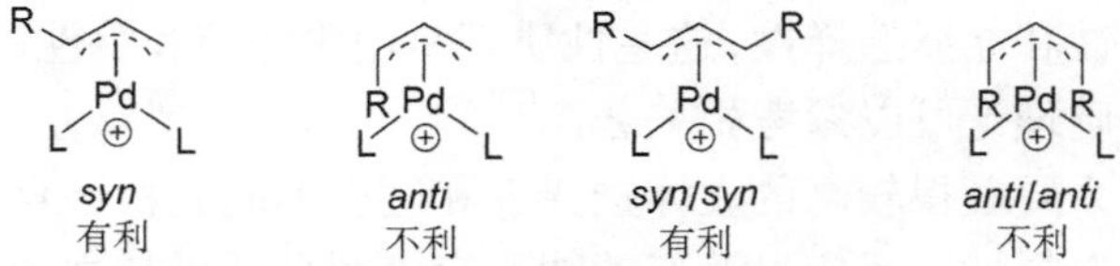

syn 有利　anti 不利　syn/syn 有利　anti/anti 不利

图 1.10　典型的π-烯丙基钯中间体

例如，光学活性烯取代丙基乙酸酯 **1.18** 和 **1.19** 在钯催化下与丙二酸酯的钠盐反应均以 90∶10 的比例给出产物 **1.23** 和 **1.24**，这是因为 **1.18** 和 **1.19** 在钯催化下首先分别发生构型转化生成中间体 **1.20** 和 **1.21**，**1.20** 和 **1.21** 经异构化后生成能量上更有利的π-烯丙基钯中间体 **1.22**，最后经亲核取代生成 **1.23** 和 **1.24**[32]。

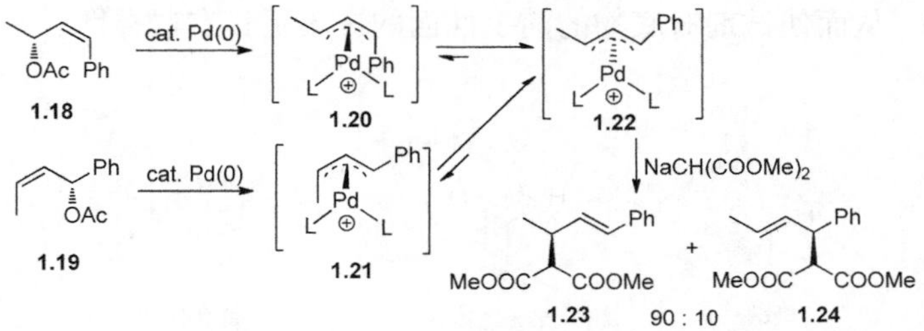

(1-31)

利用(+)-BINAP 作配体，外消旋的 1,3-二苯基烯丙基乙酸酯在钯催化下与乙酰丙酮反应，以 92%的 *ee* 值给出亲核取代产物[33]。

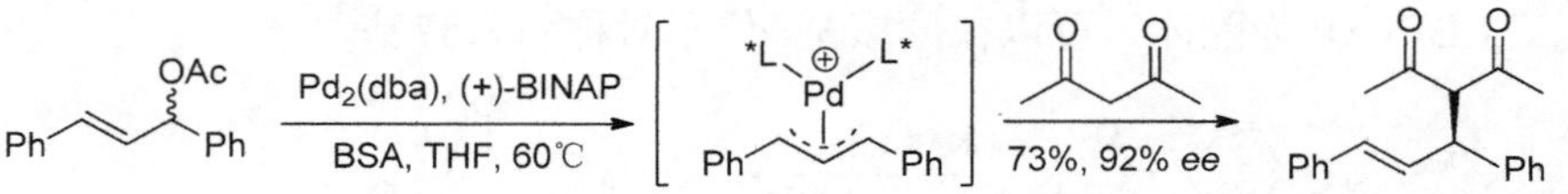

(1-32)

Jacobsen 用三齿席夫(Schiff)碱的配合物 **1.25** 为催化剂成功实现了高选择性、高产率的杂烯反应，加入氧化钡是为了保持无水状态[34]。

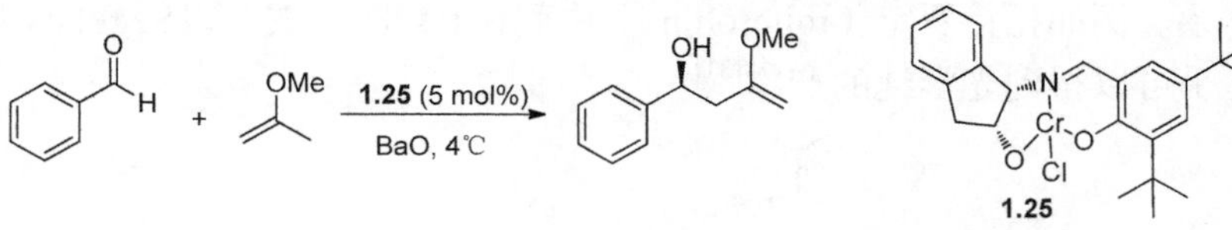

(1-33)

1.5.2　手性有机小分子催化剂

有机小分子催化不对称有机合成可简称为不对称有机催化(asymmetric organocatalysis)，是连接金属有机催化和酶催化以及合成化学和生物有机化学的桥梁。最近，有机小分子催化的不对称合成研究迅速兴起，与不对称金属有机催化和酶催化的优缺点对比如表 1.2 所示。

表 1.2　不对称有机催化与不对称金属有机催化及不对称酶催化的比较

不对称催化类型	优点	缺点
不对称金属有机催化	广泛的反应底物、配体灵活可控	催化剂价格昂贵、不易操作、大多有毒
不对称酶催化	高选择性、高活性	反应底物适应范围较窄
不对称有机催化	催化剂来源广泛、易制、价格便宜、易操作	大多反应选择性、活性中等，催化剂用量较大

有机小分子主要有氨基酸及其衍生物、肽及其类似化合物、生物碱（主要是奎宁及其类似物）、多手性 Brønsted 酸等。其中手性天然化合物具有来源广泛、价廉易得、绿色环保、可再生等诸多优点，是现代不对称催化合成研究热点，对手性药物的合成研究来说由于无金属污染的风险，更是具有独特的优势。

1. 氨基酸

在天然氨基酸中，脯氨酸由于具有独特的五元环状亚胺结构，有利于与羰基形成烯胺，结构刚性较强，应用较广泛，大多在室温下就可以得到很高的立体选择性，是研究得最多的天然催化剂。例如，List 等发现以 *L*-脯氨酸为催化剂，DMSO 为溶剂，多种芳香醛均可与丙酮在室温反应得到具有光学活性的 aldol 缩合产物[35]。以醛和丙酮的反应为例，其反应机理如图 1.11 所示。

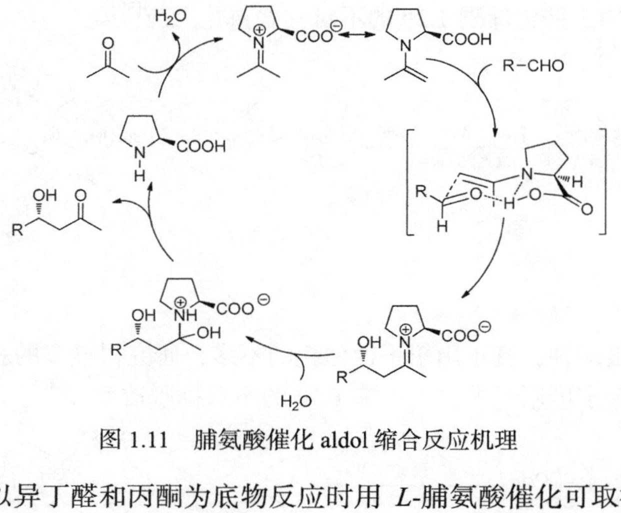

图 1.11　脯氨酸催化 aldol 缩合反应机理

例如，当以异丁醛和丙酮为底物反应时用 *L*-脯氨酸催化可取得高产率和 *ee* 值[36]。

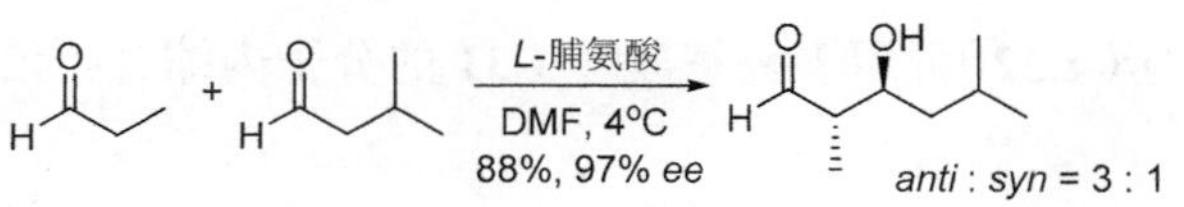

(1-34)

醛或酮与亚硝基化合物反应可以在羰基的α位引入一个手性羟基，脯氨酸的应用可以起到极好的效果，通常都可以得到99%左右的*ee*值。生成的产物在铜离子存在下易脱去苯氨基得到邻羟基醛或酮，是一类非常有用的手性化合物[37]。

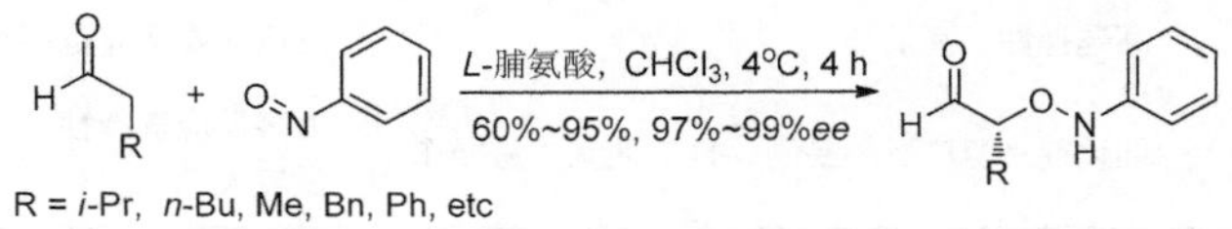

R = *i*-Pr, *n*-Bu, Me, Bn, Ph, etc

L-脯氨酸, $CHCl_3$, 4°C, 4 h; 60%~95%, 97%~99%*ee*

(1-35)

2. 肽

肽是由不同氨基酸通过肽键连接起来的手性分子，结构比简单氨基酸复杂，比蛋白质简单。肽可用于仿生催化，显示出一定的立体选择性。Miller 等将肽 **1.26** 作为催化剂用于化合物 **1.27** 的动力学酯化拆分，未反应的手性醇具有 90%的 *ee* 值，经过一次简单重结晶后就可以达到 99%的对映体过量值[38]。

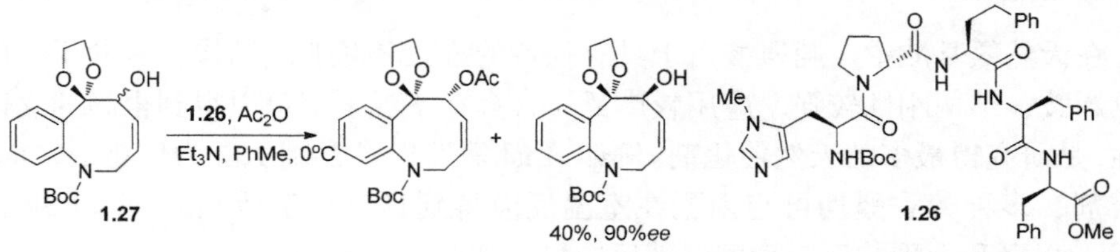

1.27; **1.26**, Ac_2O; Et_3N, PhMe, 0°C; 40%, 90%*ee*; **1.26**

(1-36)

肽 **1.28** 可用于催化烯酮 **1.29** 的不对称叠氮化反应[39]。

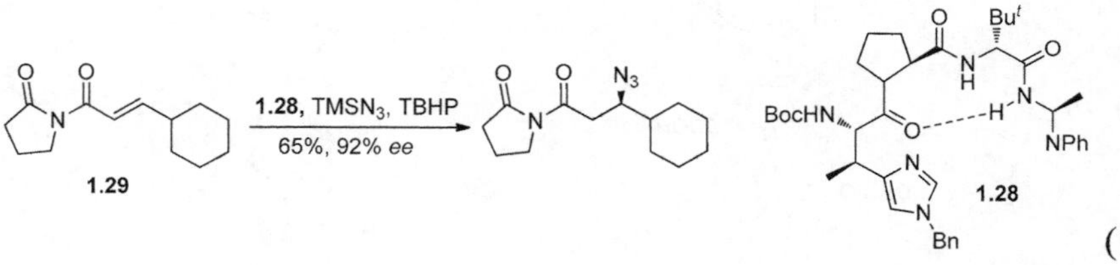

1.29; **1.28**, $TMSN_3$, TBHP; 65%, 92% *ee*; **1.28**

(1-37)

3. 生物碱

生物碱有很多种，真正用于手性催化的不多，研究得最多的就是奎宁及其衍生物。例如，奎宁可用于丙二酸单酯 **1.30** 的不对称脱羧反应[40]。

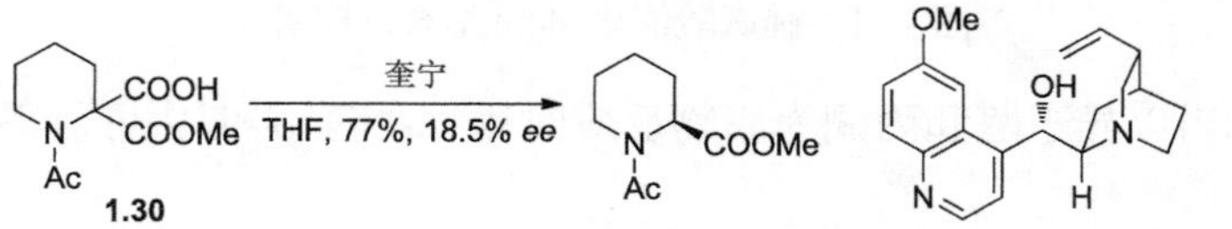

1.30; 奎宁; THF, 77%, 18.5% *ee*

(1-38)

O-乙酰化奎宁(**1.32**)可用于醛基羧酸 **1.31** 的分子内缩合-内酯化串联反应[41]。

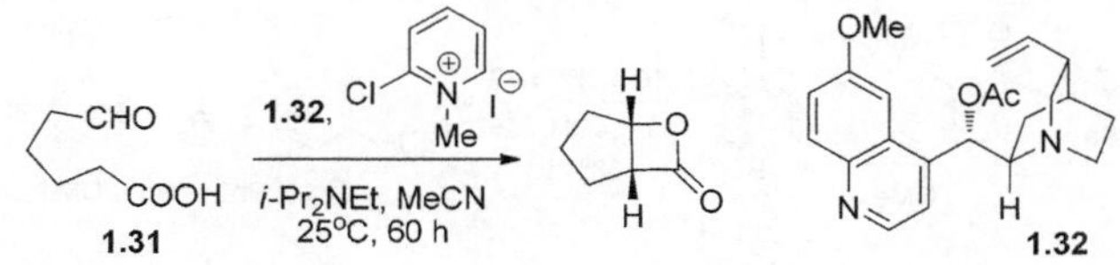

(1-39)

4. 手性磷酸

Schaus 等采用手性磷酸 **1.33** 为催化剂，通过不对称 Biginelli 反应合成了二氢嘧啶酮 **1.34**，**1.34** 可用于合成很多具有生物活性的物质，如钙通道调节剂、抗高血压药物、有丝分裂驱动蛋白抑制剂、黑色素聚集激素受体抑制剂等[42]。

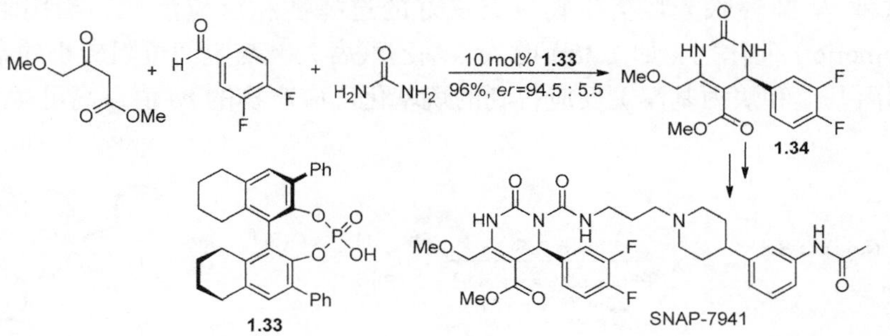

(1-40)

结构相似的手性磷酸 **1.35** 被用于催化不对称三组分 Povarov 反应，合成了心脑血管药物托彻普中间体 **1.36**[43]。

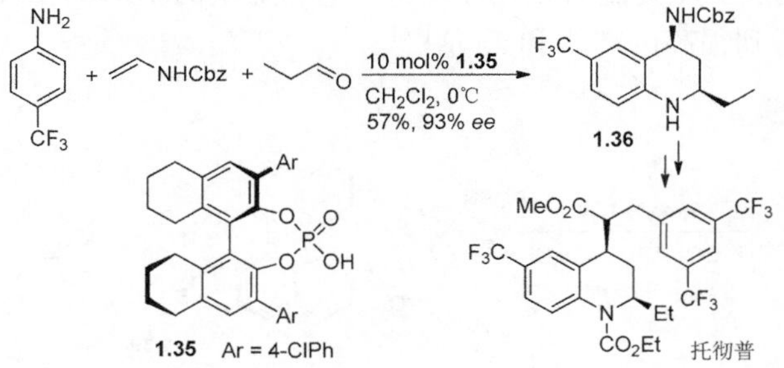

(1-41)

1.5.3 手性相转移催化剂

手性相转移催化剂是最近才发展起来的手性催化技术，利用催化剂本身的立体构型影响反应的立体选择性，但由于相转移催化剂通常以松散的离子对形式存在，因此往往得不到很高的对映选择性。手性鎓盐和手性冠醚是最常用的两类[44, 45]。

手性奎宁鎓盐是最常用的一类手性相转移催化剂之一。例如，能改善糖尿病药物(–)-ragalitazar 的六步法合成就使用奎宁鎓盐 **1.37** 作为相转移催化剂的不对称烷基化反应[46]。

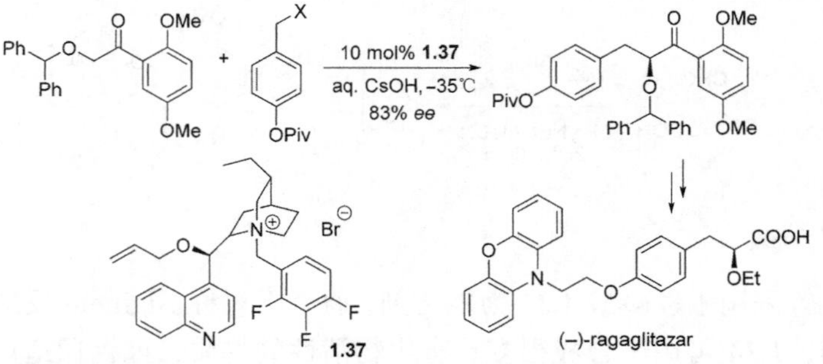

(1-42)

联萘和联苯类手性鎓盐是另一大类手性相转移催化剂。在手性相转移催化剂中，这种 *N*-螺环联芳烃衍生物具有良好的选择性和反应活性。当用阻旋异构（atropmeric）催化剂（如 **1.38**）时，氨基乙酸席夫碱与空间位阻较小的亲电试剂（如烯丙基溴和炔丙基溴）反应得到的烷基化反应产物的 *ee* 值最高可达 97%[47]。

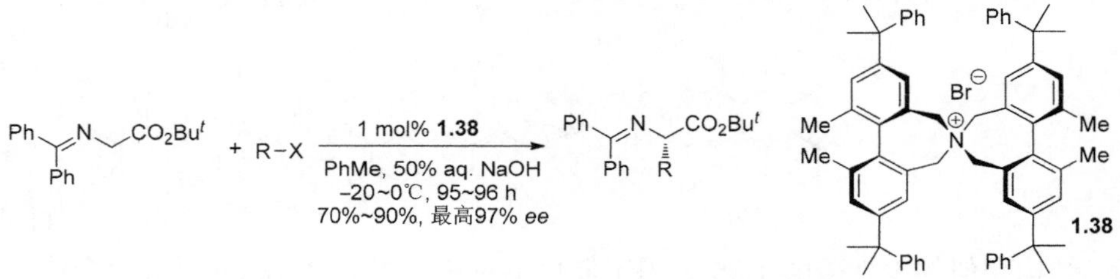

(1-43)

Arlt 等将联萘手性鎓盐 **1.39** 用于α,β-不饱和烯酮的不对称相转移催化 Michael 加成反应可以得到很高的产率和 *ee* 值[48]。

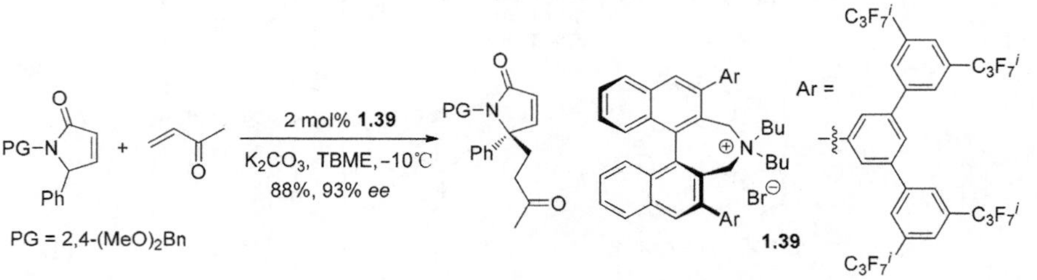

(1-44)

开链状手性季铵盐 **1.40** 被用于噁唑酮的不对称烷基化反应，最高可以获得>99%的 *ee* 值[49]。

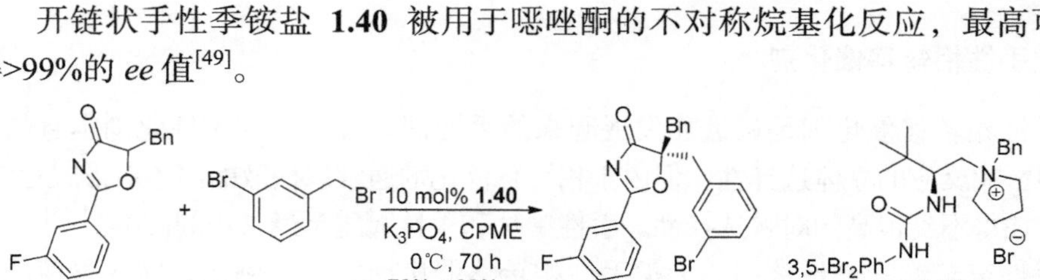

(1-45)

Tan 等将另一种含五个氮原子的双咪唑啉季铵盐 **1.41** 用于相转移不对称氧化可以取得很好的效果[50]。

1.41(5 mol%), O_2
50% aq. KOH, PhMe
−60℃, 72 h
80%, 95% *ee*
R^1 = 3,5-^{t}Bu$_2$Bn, R^2 = 4-ClBn **1.41**

(1-46)

与手性鎓盐不同，冠醚类手性相转移催化剂很少用于不对称烷基化反应合成氨基酸，但对于硝基烷烯醇盐的不对称 Michael 加成、Darzens 反应和α,β-不饱和酮的不对称环氧化反应非常高效[51]。例如手性冠醚 **1.42** 和 **1.43** 催化查耳酮和硝基异丙烷的 Michael 加成可以获得很高的 *ee* 值[52]。

7 mol% cat.
PhMe, *t*-BuONa
cat. = **1.42**: 42%, 94% *ee*
cat. = **1.43**: 82%, 90% *ee*
1.42　**1.43**

(1-47)

除奎宁鎓盐外，其他一些链状或环状手性季铵盐也时有研究，不过由于结构刚性不足，大多不能体现出足够的手性诱导效应，应用也不是很广泛。

1.5.4　生物催化不对称合成

生物催化（biocatalysis）是指利用酶或有机体作为催化剂实现化学转化的过程，又称为生物转化（biotransformation）。生物催化反应具有高度的化学选择性、区域选择性和立体选择性，尤其适用于药物及其手性中间体的合成。生物催化过程是具有无毒、环境友好、低能耗、高效等优点的现代有机合成方法，是绿色化学的重要组成部分。近年来生物催化剂在有机合成中的应用已经成为一种极具吸引力的方法，大量的生物催化反应相继被报道，其中不少生物催化反应已应用到实际工业生产中，形成与手性金属有机催化剂相提并论的手性合成方法[53]。固定化酶和固定化细胞技术的出现和不断完善实现了连续生物转化反应和生物催化剂的寿命延长和回收重复利用。通过基因工程等现代生物技术进行设计改造出的功能微生物具有特殊的性质，这些都使得生物催化技术具有更为广阔的实际应用价值。

生物体内的化学反应绝大多数是由酶所催化的，酶几乎能催化各种类型的化学反应，如酯（内酯）、酰胺（内酰胺）、醚、酸酐、环氧化物及腈等化合物的水解和合成，烷烃、芳烃、醇、醛和酮、硫醚和亚砜等化合物的氧化与还原，水、氨及氰化氢等化合物的加成与消除，以及卤化与脱卤反应、烷基化与去烷基化、异构体、偶联、羟醛缩合（aldol 反应）、Michael 加成等反应，但也发现一些酶不能催化的反应，例如，Diels-Alder 反应和 Cope 重排，但σ迁移重排反应如 Claisen 重排反应可由酶所催化。另一方面，酶能催化一些化学法难以实现的反应，如有机合成中化学法难以对脂肪烃中非活泼位进行选择性羟基化反应，而采用微生物生物转化法却容易做到。

酶催化的特点包括：

（1）酶是生物催化剂，酶催化反应速率比非酶催化反应速率一般快 10^6~10^{12} 倍。

（2）酶用量少，一般化学催化剂的用量是 0.1%~10%（摩尔分数），而酶用量为 10^{-4}%~10^{-3}%（摩尔分数）。

（3）酶与其他催化剂一样，仅能加快反应速率，不影响反应平衡，酶催化的反应往往是可逆的。

（4）酶催化反应条件通常非常温和，pH 值为 5~8，更常在 7 左右，反应温度通常为 20~40℃，更常在 30℃左右，个别固定化酶能在 60℃左右催化反应。温和的反应条件通常会减少产物的分解、异构化反应、消旋化和重排反应。

（5）不同酶所催化反应的条件往往相同或相似，因此一些连续反应可采用多酶复合体系以简化反应步骤、省去中间体的分离纯化过程，同时连续酶反应体系可使反应过程中某些化学平衡上不利的反应朝所需产物生成的方向进行。

（6）酶在生物体内主要是催化水溶液中的化学反应，在体外也能催化非水介质中的化学反应。

（7）酶对底物表现出高度的专一性，但大多数酶并非绝对专一性，它们也能接受人工合成的非天然化合物作为反应底物，表现出一定的底物适应性。

酶催化生物转化有两种形式：分离酶和全细胞。其应用各有优缺点，见表 1.3。

表 1.3　分离酶和全细胞催化的优缺点对比

催化剂	形态	优点	缺点
分离酶		操作简单，产率高	需要辅酶循环
	溶于水	酶活性高	有副反应，亲脂底物不溶解
	非水介质	易操作，易回收，适用于亲脂底物	酶活性低
	固定化	酶易回收	酶活性损失
全细胞		不需要辅酶循环	副反应多，产率低，不耐有机溶剂
	生长细胞	高活性	生物量大，副产物多，过程难控制
	静态细胞	易操作，副产物少	活性低
	固定细胞	可回收重复使用	活性低

迄今为止，人们已发现和鉴定出 2000 多种酶，其中有 200 多种已得到结晶。1961 年国际酶学委员会（International Enzyme Commission, EC）提出了酶的系统分类法，分别用 EC1~6 表示，酶的分类和各种酶的利用情况如表 1.4 所示。

表 1.4　酶的分类和利用情况

作用类型	命名	反应类型	利用率
氧化还原酶（oxidoreductases）	EC1	催化底物氧化或还原	25%
转移酶（transferases）	EC2	催化底物之间官能团的转移	~5%
水解酶（hydrolases）	EC3	催化底物水解	65%
裂合酶（lyases）	EC4	催化底物分子裂解成两部分	~5%
异构酶（isomerases）	EC5	催化底物内分子重排	~1%
连接酶（ligases）	EC6	催化两个底物的连接	~1%

下面介绍几种药物合成中常用的酶催化反应。

1. C—O 键形成与水解反应

C—O 键的形成与水解主要包括酯的形成与水解反应和烃的氧化与水解反应，主要涉及酯的形成与水解、环氧化合物的水解。

水解酶是最常用的生物催化剂，占生物催化反应用酶的 65%。在水解酶中，酯酶、脂肪酶和蛋白酶最为常用。

微生物脂肪酶（lipases）和酯酶（esterases）在水解反应中使用较多，猪胰脂肪酶（pig pancreatic lipase, PPL）、猪肝酯酶（pig liver esterase, PLE）、假单胞菌荧光酶（*Pseudomonas Fluorescens* lipase，PFL）、柱状假丝脂肪酶（*Candida cylindracea* lipase，CCL）、假单胞菌脂肪酶（*Pseudomonas* sp. lipase, PSL）由于来源广泛、制备简单在酯的形成和水解反应中得到广泛应用。

向醇羟基中引入酰基的酯生成反应通常用相应羧酸的烯酯（如乙烯酯和异丙烯酯）、羧酸酐和羧酸短链醇酯为酰化试剂，所用酶与相应的酯的水解反应相同或类似。乙酸乙烯酯和乙酸异丙烯酯是最常用的酶催化转移乙酰化试剂，如外消旋仲醇 **1.44** 用固定酯酶催化转移酯化拆分，得到转移酯产物对映选择性达到 98.9%，而未被酯化原料的 *ee* 值也达到 99%[54]。

Bu HO 1.44 + OAc —Novozym-435, 30°C, 96 h→ Bu OAc Me (31%, 98.9% *ee*) + Bu HO (39%, 99.0% *ee*)　(1-48)

合适的酶用于催化消旋体酯的水解可以实现高效地拆分，如 Bennasar 路线合成喜树碱的手性中间体 **1.45** 就可以用前手性的丙二酸甲酯为原料由猪肝酯酶进行去对称化水解而制备 [55]。

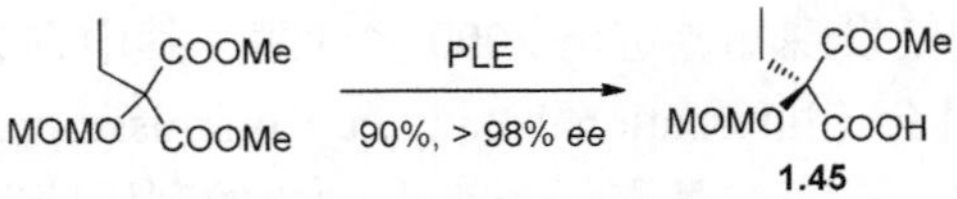

(1-49)

环氧化合物的水解是合成手性二醇的有效方法，手性二醇在手性配体、手性药物合成等领域有广泛的应用，与常规方法相比，生物催化的环氧化合物水解具有温和、高立体选择性、环保、可持续和高效等优点，在药物手性合成中的地位日益显著。在酶法环氧化物水解反应体系中，添加其他亲核试剂会产生非乙二醇产物，反应同样具有立体选择性[56,57]。

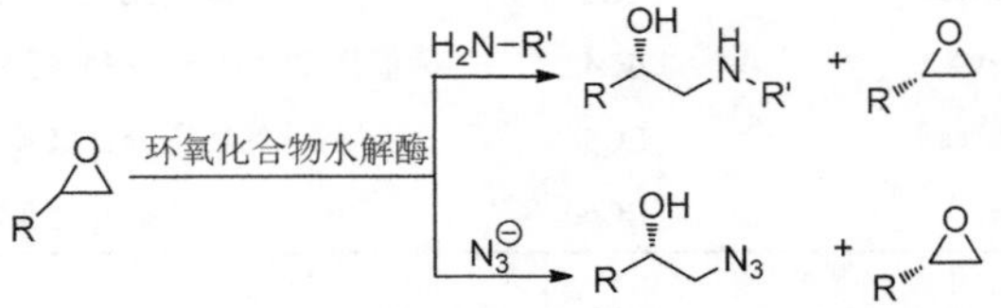

(1-50)

2. C—N 键形成与水解反应

生物催化的氰基水解有氰基水解酶和氰基水合酶两种。氰基水合酶通常不具有对映选择性，而酰胺酶则具有，它能使酰胺对映选择性水解为羧酸。脂肪族腈类一般是先在氰基水合酶作用下先水解生成相应的酰胺，然后再经过酰胺酶或蛋白酶水解为羧酸。芳香族、杂环和不饱和脂肪腈一般被氰基水解酶直接水解产生羧酸，而不形成中间体酰胺。

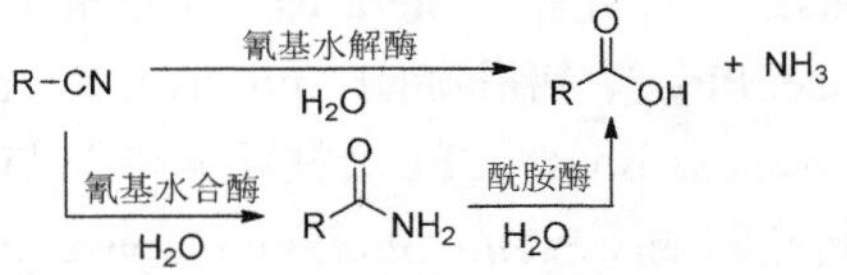

(1-51)

例如，内消旋的 3-羟基戊二腈用氰基水解酶水解能以极高的产率和立体选择性得到单氰基水解的羧酸衍生物，可以用于合成降血脂药阿托伐他汀（atorvastatin，又名立普妥 Lipitor®）[58]。

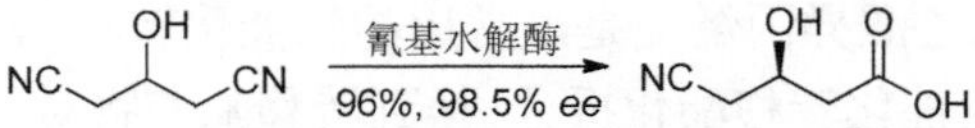

(1-52)

氨基酰化酶（acylase）能选择性地催化 *L-N*-酰基氨基酸水解，常用的酰基主要有乙酰基、氯乙酰基和丙酰基，氨甲酰基也较常用。例如，7-氨基去乙酰氧基头孢烷酸（7-ADCA）是半合成青霉素的*β*-内酰胺母核，在合成过程中用到了青霉素酰化酶进行酰胺的水解，副产物少、产率高，已被工业化生产采用[59]。

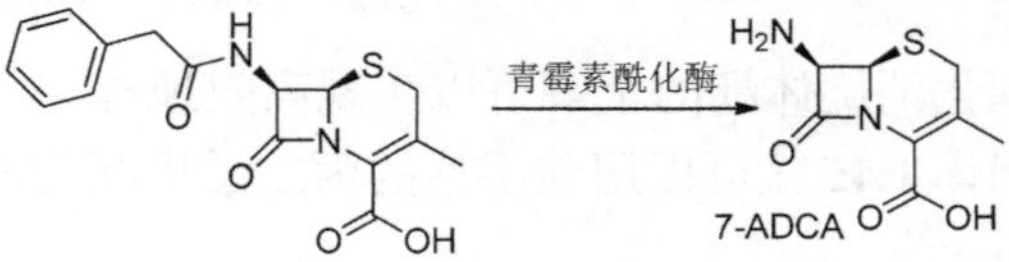

(1-53)

3. P—O 键形成与水解反应

P—O 键的生成与断裂在核苷类药物合成中占有重要地位。例如，利用嘌呤核苷磷酸化酶和嘧啶核苷磷酸化酶实现了核苷类抗病毒药物利巴韦林（ribavirin，又名病毒唑，virazole）的工业化合成。这两种磷酸化酶可从胡萝卜欧文氏杆菌（*Erwinia carotovora*）中分离纯化得到。嘌呤核苷磷酸化酶可以催化腺苷、鸟苷、尿苷和乳清酸核苷的磷酸化生成核糖-1-磷酸，嘧啶核苷磷酸化酶催化核糖-1-磷酸与 1,2,4-三唑-3-甲酰胺反应生成利巴韦林[60]。

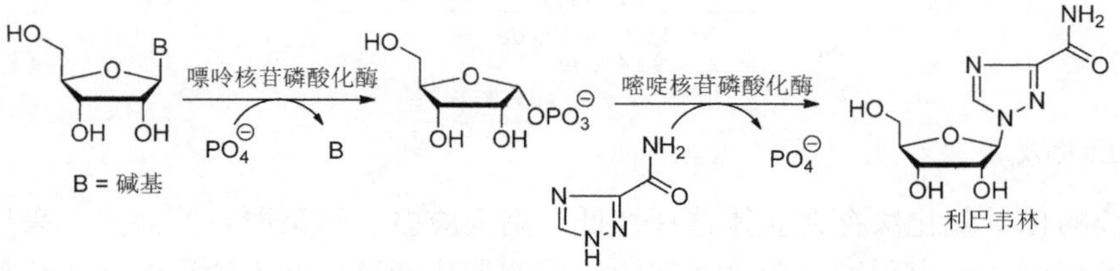

(1-54)

4. C—C 键形成反应

生物催化的 C—C 键形成反应中醛缩酶（aldolases）是最为重要的一种，能使醛分子延长碳链，对有机合成极为有用。醛缩酶一般以酮为供体、醛为受体，当然醛自身也可作为供体。绝大多数醛缩酶对供体结构要求很高，但对受体结构特异性要求不高。醛缩酶常用于糖的合成，如氨基糖、硫代糖和二糖类似物的合成。醛缩酶的底物适应性较高，能催化多种底物反应。醛缩酶 DERA 研究较多，在很多反应中显示出高活性。例如，由叠氮基丙醛与两分子乙醛在 DERA 催化下反应 6 天可以得到 35%产率的阿托伐他汀手性内酯边链[61]。

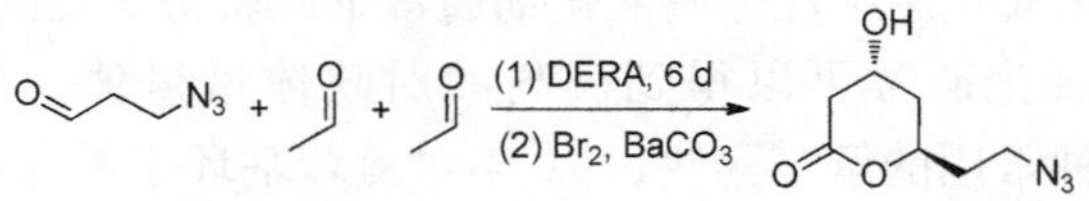

(1-55)

5. 还原反应

生物催化的还原反应能使分子内的酮羰基和 C—C 双键立体选择性地还原为特定构型的手性化合物。虽然手性金属有机配合物的应用可以实现立体选择性还原，但成本往往较高，而且需要采用极端条件（如低温）等，因此生物催化的还原反应在手性药物合成中有着重要的应用。

例如，用于治疗青光眼的盐酸多佐胺（trusopt）合成中就运用到生物还原，筛选出的粗糙脉孢菌（*Neurospora crassa*）能在 pH 值为 4 的条件下催化酮羰基还原，产率大于 80%，非对映体过量值为 99.8%[62]。

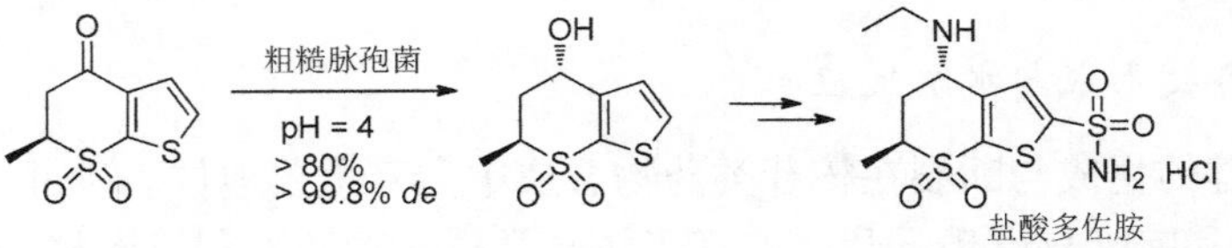

粗糙脉孢菌

pH = 4

> 80%

> 99.8% *de*

盐酸多佐胺 (1-56)

抗艾滋病药物阿扎那韦（atazanavir）虽然有不少合成路线，但通过生物催化还原的路线更为简捷，其手性氯代仲醇中间体由相应的酮可以极高的产率和立体选择性合成[63]。

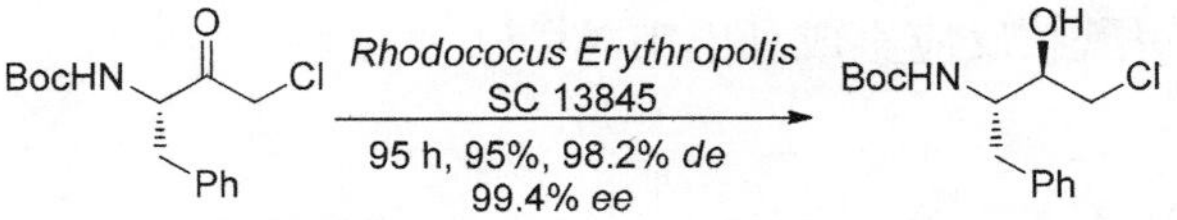

Rhodococcus Erythropolis

SC 13845

95 h, 95%, 98.2% *de*

99.4% *ee* (1-57)

6. 氧化反应

传统的化学氧化法存在立体选择性低、副反应多、污染严重等缺点。采用生物催化氧化可在一定程度避免这些问题。生物催化剂还可使不活泼的有机化合物发生氧化反应，如催化烷烃中的 C—H 键的羟基化反应，反应具有区域选择性和对映选择性。

生物催化氧化反应所用的酶主要包括单加氧酶、双加氧酶和氧化酶三大类。单加氧酶可氧化饱和烃，最常用的就是细胞色素 P450。例如，(+)-樟脑 5-位亚甲基的氧化可以得到面外醇[64]。

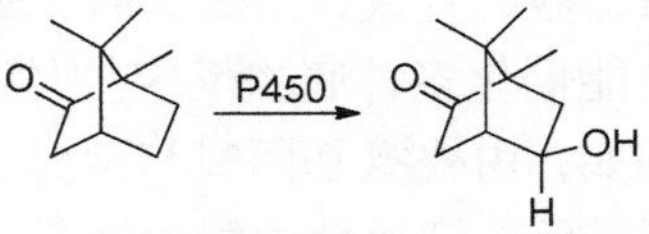

P450 (1-58)

Baeyer-Villiger 氧化用手性金属催化剂通常难以获得满意的立体选择性。而用环己酮单加氧酶氧化通常可以得到极高的对映体过量值。例如，(*R*)-巴氯芬（baclofen）是一种常用的解痉药物，以 4-对氯苯基环丁酮为原料进行生物催化 Baeyer-Villiger 氧化反应得到其关键手性中间体(*R*)-3-对氯苯基-4-丁内酯[65]。

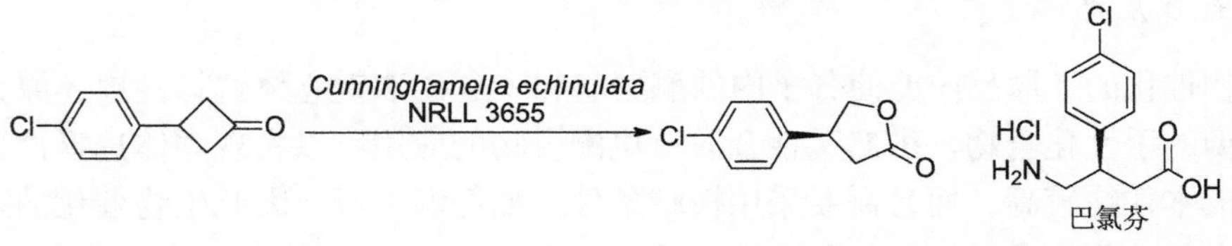

Cunninghamella echinulata

NRLL 3655

巴氯芬 (1-59)

1.5.5 手性自催化与手性放大

“手性自催化”是指反应生成的手性产物对反应有不对称催化作用，也就产物自身能够催化自身的不对称合成。在不对称自催化反应中，手性催化剂和产物是同一物质，因此在反应结束后无需分离产物和手性催化剂。在反应体系中加入少量 *ee* 值很低的光学活性产物作为引发剂，反应结束后就可以得到 *ee* 值比原来高得多的产物[66]。

不对称自催化反应有以下优点：①较高的反应活性。手性催化剂的含量随着反应进程不断增加，反应不断加快，使得反应很快就可以完成；②产物容易纯化，产物和催化剂是相同物质，无需将产物和催化剂进行分离；③可以进行连续反应[67]。

1953 年 Frank 第一次提出了生物模型的“自催化”概念。随后，1969 年 Calvin 也提出了“立体专一性自催化”。1989 年 Wynberg 定义不对称自催化为“由不对称反应生成的手性产物自身作为该反应催化剂的反应过程。换言之，*S* 构型产物催化 *S* 构型产物的生成，但阻碍 *R* 构型产物的生成，或者说，*S* 构型产物催化反应生成 *S* 构型产物的速率远大于生成 *R* 构型产物的速率”。

Soai 发现，向嘧啶醛（**1.46**）和二异丙基锌的混合物中加入摩尔分数 20%的加成产物(*S*)-嘧啶醇（**1.47**，*ee* 值为 84.8%）可以催化二异丙基锌向嘧啶醛的加成，也就是可以催化自身的合成，最后以 48%的产率和 95.7%的 *ee* 值得到产物。如果以摩尔分数 20%的加成产物(*S*)-嘧啶醇（*ee* 值仅为 2%）开始，第一轮反应产生的醇的 *ee* 值为 10%，随后的反应循环可将 *ee* 值提高到 88%[68]。

1.46 + $Zn(i\text{-}Pr)_2$ → (20mol%, 84.8%*ee*; PhMe, 正己烷, 25℃; 48%, 95.7%*ee*) **1.47**　(1-60)

采用一锅法进行上述不对称自催化反应，也可以观察到明显的手性放大作用[69]。加入痕量（约 3 mg）的对映体过量值仅为 0.2%~0.3%的 2-甲基嘧啶醇，通过不对称自催化作用，产物的 *ee* 值可以显著增加，最高可达 90%左右。而作为对照，使用外消旋体醇为催化剂不能诱导出手性产物。这个结果验证了 Frank 在 1953 年提出的设想：不对称合成中，手性分子可以依靠微小的不对称随机波动（random fluctuation）进行自我复制和抑制其对映体而产生几乎单一的手性。式（1-60）所示是一个近乎完美的不对称自催化过程。

在含有炔基嘧啶甲醛和二异丙基锌的体系中加入少量的加成产物，不对称自催化过程给出的加成产物的 *ee* 值超过 99%[70]。2003 年 Soai 等又报道了 *ee* 值极低（约 0.00005%*ee*）的(*S*)-**1.48** 作催化剂的反应，经过连续 3 次不对称自催化反应，最终得到了几乎光学纯的产物（>99.5%*ee*）[71]。在这 3 次不对称自催化反应中，(*S*)-**1.48** 被放大了约 630000 倍，而它的对映体被放大了 1000 倍。这个反应的重要性在于开始时的微小的对映选择性导致了后来手性产物的急剧增加，而这个过程中没有其他手性催化剂或手性辅剂的参与。

不对称自催化反应
＞99%ee
$Zn(i\text{-}Pr)_2$
1.48

(1-61)

Soai 等还将化合物(*S*)-**1.48** 用作催化剂引发 3-喹啉醛与二异丙基锌的反应，也可以取得良好的效果，产物的 *ee* 值大于 90%[72]。

$Zn(i\text{-}Pr)_2$
(*S*)-**1.48**

(1-62)

外消旋混合物是由两种等量对映体组成的，根据 Mills 理论，在外消旋混合物中，两种对映体的数量有微小范围的波动，即外消旋混合物中的两种对映体的比例并不是绝对的 50：50。因此，利用反应过程中随机产生的微小的手性差异就可能通过不对称自催化的循环得到较高对映选择性的产物。

Singleton 等在研究嘧啶醛和二异丙基锌的加成反应时发现，当 1 mL 反应溶液中存在 0.06 个分子对映体过量就可以进行不对自催化反应，达到较好的结果[73]。他们认为在反应刚刚开始的无催化加成反应中生成了第一批的微量产物分子（$n = 6\times10^{14}$），在这些分子中随机的其中一种对映体大约有 2×10^{7} 个分子（$n^{1/2}$）过量，*ee* 值大约是 0.000004%。然后通过不对称自催化反应达到宏观的对映体过量。他们还设计了图 1.12 所示的反应过程。产物的 *ee* 值在起始的反应瓶中产生（第一代），并且将其作为第二次反应的催化剂，得到的产物（第二代）用于第三次反应，以此类推直到产生高的对映选择性[74]。

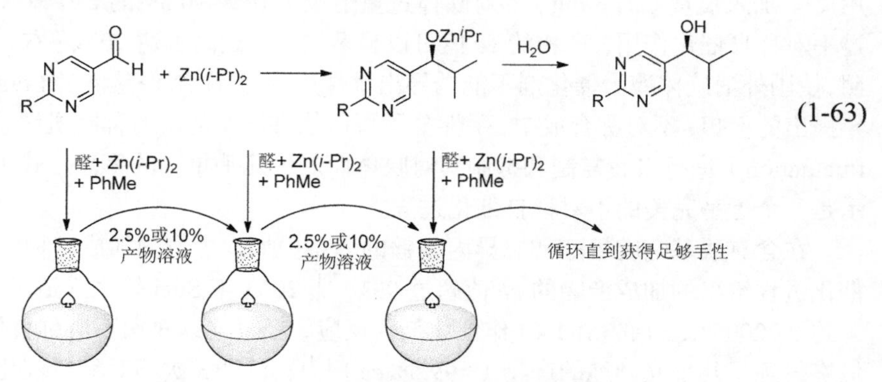

图 1.12　不对称自催化反应的自我复制过程

参考文献

[1] 林国强, 李月明, 陈耀全, 等. 手性合成——不对称反应及其应用[M]. 第 5 版. 北京: 科学出版社, 2017.

[2] Blaschke G, Kraft H P, Markgraf H. Chromatographische racemattrennungen, X. Racemattrennung des thalidomids und anderer glutarimid-derivate [J]. Chem Ber, 1980, 113: 2318-2322.

[3] 王普善. 加速手性技术的开发迎接世界制药工业的手性挑战(一)[J]. 中国新药杂志, 1998, 7: 335-337.

[4] 王普善. 加速手性技术的开发迎接世界制药工业的手性挑战(二)[J]. 中国新药杂志, 1998, 7: 415-420.

[5] Masamune S, Choy W, Petersen J S, et al. Double asymmetric synthesis and a new strategy for stereochemical control in organic synthesis [J]. Angew Chem Int Ed Engl, 1985, 24: 1-30.

[6] Krapcho A P, Dundulis E A. Stereochemistry of alkylation of carboxylic acid salt and ester .alpha. anions derived from cyclic systems [J]. J Org Chem, 1980, 45: 3236-3245.

[7] Johnson F. Allylic strain in six-membered rings [J]. Chem Rev, 1968, 68: 375-413.

[8] Heathcock C H, Pirrung M C, Lampe J, et al. Acyclic stereoselection. 12. Double stereodifferentiation with mutual kinetic resolution. A superior class of reagents for control of Cram's rule stereoselection in synthesis of *erythro*-α-alkyl-β-hydroxy carboxylic acids from chiral aldehydes [J]. J Org Chem, 1981, 46: 2290-2300.

[9] Evans D A, Takacs J M. Enantioselective alkylation of chiral enolates [J]. Tetrahedron Lett, 1980, 21: 4233-4236.

[10] Lin G Q, Hjalmarsson M, Högberg H E, et al. Asymmetric synthesis of 2-alkylalkanoic acids *via* alkylation of chiral amide anions [J]. Acta Chem Scand B, 1984, 38: 795-801.

[11] Evans D A, Enms M D, Mathre D J. Asymmetric alkylation reactions of chiral imide enolates. A practical approach to the enantioselective synthesis of α-substituted carboxylic acid derivatives [J]. J Am Chem Soc, 1982, 104(6): 1737-1739.

[12] Meyers A I, Williams D R, Druelinger M. Enantioselective alkylation of cyclohexanone *via* chiral lithio-chelated enamines [J]. J Am Chem Soc, 1976, 98: 3032-3033.

[13] Enders D, Eichenatier H. Asymmetric synthesis of ant alarm pheromones—α-alkylation of acyclic ketones with almost complete asymmetric induction [J]. Angew Chem Int Engl, 1979, 18: 397-399.

[14] Song Z J, Zhao M, Frey L, et al. Practical asymmetric synthesis of a selective endothelin a receptor (ETA) antagonist [J]. Org Lett, 2001, 3: 3357-3360.

[15] Oppolzer W, Moretti R, Thorni S. Asymmetric alkylations of a sultam-derived glycinate equivalent: Practical preparation of enantiomerically pure α-amino acids [J]. Tetrahedron Lett, 1989, 30: 6009-6010.

[16] Haruta R, Ishiguro M, Iketa N, et al. Chiral allenylboronic esters: A practical reagent for enantioselective carbon-carbon bond formation [J]. J Am Chem Soc, 1982, 104: 7667-7669.

[17] Roush W R, Walts A E, Heong L K. Diastereo- and enantioselective aldehyde addition reactions of 2-allyl-1,3,2-dioxaborolane-4,5-dicarboxylic esters, a useful class of tartrate ester modified allylboronates [J]. J Am Chem Soc, 1985, 107: 8186-8190.

[18] Roush W R, Halterman R L. Diisopropyl tartrate modified (*E*)-crotylboronates: Highly enantioselective propionate (*E*)-enolate equivalents [J]. J Am Chem Soc, 1986, 108: 294-296.

[19] Meyers A I, Yamamoto Y. Stereoselectivity in the aldol reaction: The use of chiral and achiral oxazolines as their boron azaenolates [J]. Tetrahedron, 1984, 40: 2309-2315.

[20] Chem G M, Ramachandran P V, Brown H C. The critical importance of water in the asymmetric allylboration of *N*-trimethylsilylbenzaldimines with β-allyldiisopinocampheylborane [J]. Angew Chem Int Ed Engl, 1999, 38: 825-826.

[21] Itsuno S, Watanabe W, Ito K, et al. Enantioselective synthesis of homoallylamines by nucleophilic addition

of chirally modified allylboron reagents to imines [J]. Angew Chem Int Ed Engl, 1997, 36: 109-110.

[22] Corey E J, Imwinkelried R, Pikul S, et al. Practical enantioselective Diels-Alder and aldol reactions using a new chiral controller system [J]. J Am Chem Soc, 1989, 111: 5493-5495.

[23] Corey E J, Choi S Y. Efficient enantioselective syntheses of chloramphenicol and (*D*)-*threo*- and (*D*)-*erythro*-sphingosine [J]. Tetrahedron Lett, 2000, 41: 2765-2768.

[24] Tagami K, Nakazawa N, Sano S, et al. Asymmetric syntheses of (+)-camptothecin and (+)-7-ethyl-10-methoxycamptothecin [J]. Heterocycles, 2000, 53: 771-775.

[25] Seki M, Furutani T, Imashiro R, et al. A novel synthesis of a key intermediate for diltiazem [J]. Tetrahedron Lett, 2001, 42: 8201-8205.

[26] Duthaler R O, Herold P, Lottenbach W, et al. Enantioselective aldol reaction of *tert*-butyl acetate using titanium-carbohydrate complexes [J]. Angew Chem Int Ed Engl, 1989, 28: 495-497.

[27] Deeter J, Frazier J, Staten G, et al. Asymmetric synthesis and absolute stereochemistry of LY248686 [J]. Tetrahedron Lett, 1990, 31: 7101-7104.

[28] 麻生明. 金属参与的现代有机合成反应[M]. 广州：广东科技出版社, 2001.

[29] Crabtree R H. 过渡金属有机化学[M]. 江焕峰, 译. 北京：科学出版社, 2012.

[30] Åhman J, Wolfe J P, Troutman M V, et al. Asymmetric arylation of ketone enolates [J]. J Am Chem Soc, 1998, 120: 1918-1919.

[31] Chen G, Tokunaga N, Hayashi T. Rhodium-catalyzed asymmetric 1,4-addition of arylboronic acids to coumarins: Asymmetric synthesis of (*R*)-tolterodine [J]. Org Lett, 2005, 7: 2285-2288.

[32] Hayashi T, Yamamoto A, Hagihara T. Stereo- and regiochemistry in palladium-catalyzed nucleophilic substitution of optically active (*E*)- and (*Z*)-allyl acetates [J]. J Org Chem, 1986, 51: 723-727.

[33] Trost B M, Murphy D J. A model for metal-templated catalytic asymmetric induction *via* π-allyl fragments [J]. Organometallics, 1985, 4: 1143-1145.

[34] Ruck R T, Jacobsen E N. J Asymmetric catalysis of hetero-ene reactions with tridentate Schiff base chromium(III) complexes [J]. Am Chem Soc, 2002, 124: 2882-2883.

[35] List B, Pojarliev P, Castello C. Proline-catalyzed asymmetric aldol reactions between ketones and α-unsubstituted aldehydes [J]. Org Lett, 2001, 3: 573-575.

[36] Northrup A, MacMillan D W C. The first direct and enantioselective cross-aldol reaction of aldehydes [J]. J Am Chem Soc, 2002, 124: 6798-6799.

[37] Brown S P, Brochu M P, Sinz C J, et al. The direct and enantioselective organocatalytic α-oxidation of aldehydes [J]. J Am Chem Soc, 2003, 125: 10808-10809.

[38] Papaioannou N, Evans C A, Blank J T, et al. Enantioselective synthesis of a mitosane core assisted by diversity-based catalyst discovery [J]. Org Lett, 2001, 3: 2879-2882.

[39] Horstmann T E, Guerin D J, Miller S J. Asymmetric conjugate addition of azide to α,β-unsaturated carbonyl compounds catalyzed by simple peptides [J]. Angew Chem Int Ed, 2000, 39: 3635-3638.

[40] Rogers L M A, Rouden J, Lecomte L, et al. Enantioselective decarboxylation-reprotonation of an α-amino malonate derivative as a route to optically enriched cyclic α-amino acid [J]. Tetrahedron Lett, 2003, 44: 3047-3050.

[41] Cortez G S, Tennyson R L, Romo D. Intramolecular, nucleophile-catalyzed aldol-lactonization (NCAL) reactions: Catalytic, asymmetric synthesis of bicyclic β-lactones [J]. J Am Chem Soc, 2001, 123: 7945-7946.

[42] Goss J M, Schaus S E. Enantioselective synthesis of SNAP-7941: Chiral dihydropyrimidoal inhibitor of MCH1-R [J]. J Org Chem, 2008, 73: 7651-7656.

[43] Liu H, Dagousset G, Masson G, et al. Chiral Brønsted acid-catalyzed enantioselective three-component Povarov reaction [J]. J Am Chem Soc, 2009, 131: 4598-4599.

[44] Hashimoto T, Maruoka K. Recent development and application of chiral phase-transfer catalysts[J]. Chem

Rev, 2007, 107: 5656-5682.

[45] Schörgenhumer J, Tiffner M, Waser M. Chiral phase-transfer catalysis in the asymmetric α-heterofunctionalization of prochiral nucleophiles [J]. Beilstein J Org Chem, 2017, 13: 1753-1769.

[46] Andrus M B, Hicken E J, Stephens J C, et al. Asymmetric phase-transfer catalyzed glycolate alkylation, investigation of the scope, and application to the synthesis of (−)-ragaglitazar [J]. J Org Chem, 2005, 70: 9470-9479.

[47] Ooi T, Kubota Y, Maruoka K. A new *N-spiro* C_2-symmetric chiral quaternary ammonium bromide consisting of 4,6-disubstituted biphenyl subunit as an efficient chiral phase-transfer catalysts [J]. Synlett, 2003: 1931-1933.

[48] Arlt A, Toyama H, Takada K, et al. Phase-transfer catalyzed asymmetric synthesis of α,β-unsaturated γ,γ-disubstituted γ-lactams[J]. Chem Commun, 2017, 53: 4779-4782.

[49] Duan S-B, Li S-L, Ye X-Y, et al. Enantioselective synthesis of dialkylated α-hydroxy carboxylic acids through asymmetric phase-transfer catalysis [J]. J Org Chem, 2015, 80: 7770-7778.

[50] Zong L-L, Tan C-H. Phase-transfer and ion-pairing catalysis of pentanidiums and bisguanidiniums [J]. Acc Chem Res, 2017, 50: 842-856.

[51] Bakó P, Szöllõsy Á, Bombicz P, et al. Asymmetric C-C bond forming reactions by chiral crown catalysts; Darzens condensation and nitroalkane addition to the double bond [J]. Synlett, 1997: 291-292.

[52] Bakó P, Bajor Z, Tõke L. Synthesis of novel chiral crown ethers derived from *D*-glucose and their application to an enantioselective Michael reaction [J]. J Chem Soc Perkin Trans 1, 1999: 3651-3655.

[53] 张玉彬. 生物催化的手性合成[M]. 北京：化学工业出版社, 2002.

[54] Ma S, Xu D, Li Z. Efficient preparation of highly optically active (*S*)-(−)-2,3-allenols and (*R*)-(+)-2,3-allenyl acetates by a clean Novozym-435-catalyzed enzymatic separation of racemic 2,3-allenols [J]. Chem Eur J, 2002, 8: 5012-5018.

[55] Ciufolini M A, Roschangar F. Practical total synthesis of (+)-camptothecin: The full story [J]. Tetrahedron, 1997, 53: 11049-11060.

[56] Reetz M T, Bocola M, Carballeira J D, et al. Expanding the range of substrate acceptance of enzymes: Combinatorial active-site saturation test [J]. Angew Chem Int Ed, 2005, 44: 4192-4196.

[57] Reetz M T, Torre C, Eipper A, et al. Enhancing the enantioselectivity of an epoxide hydrolase by directed evolution [J]. Org Lett, 2004, 6: 177-180.

[58] DeSantis G, Zhu Z, Greenberg W A, et al. An enzyme library approach to biocatalysis: Development of nitrilases for enantioselective production of carboxylic acid derivatives [J]. J Am Chem Soc, 2002, 124: 9024-9025.

[59] Drauz K, Waldmann. Enzyme catalysis in organic synthesis [M]. Weinheim: Wiley-VCH Verlag GmbH, 1995.

[60] Shirae H, Yokozeki K. Purifications and properties of orotidine-phosphorolyzing enzyme and purine nucleoside phosphorylase from *Erwinia carotovora* AJ 2992 [J]. Agric Biol Chem, 1991, 55: 1849-1857.

[61] Liu J J, Hsu C C, Wong C H. Sequential aldol condensation catalyzed by DERA mutant Ser238Asp and a formal total synthesis of atorvastatin [J]. Tetrahedron Lett, 2004, 45: 2439-2441.

[62] Holt R A, Rigby S R. Enzymatic asymmetric reduction process to produce 4*H*-thieno(2,3-δ)thio pyrane derivatives [P]. WO94/05802, 1994.

[63] Patel R N, Chu L, Muller R. Diastereoselective microbial reduction of (*S*)-[3-chloro-2-oxo-1-(phenylmethyl) propyl]carbamic acid, 1,1-dimethylethyl ester [J]. Tetrahedron: Asymmetry, 2003, 14: 3105-9109.

[64] Münzer D F, Meinhold P, Peters M W, et al. Stereoselective hydroxylation of an achiral cyclopentanecarboxylic acid derivative using engineered P450s BM-3 [J]. Chem Commun, 2005: 2597-2599.

[65] Mazzini C, Lebreton J, Alphand V. A chemoenzymatic strategy for the synthesis of enantiopure (*R*)-(−)-

baclofen [J]. Tetrahedron Lett, 1997, 38: 1195-1196.
[66] 陈伟锋, 史壮志, 袁宇, 等. 不对称自催化反应[J]. 化学进展, 2007, 19: 456-463.
[67] Soai K, Shibata T, Sato I. Discovery and development of asymmetric autocatalysis [J]. Bull Chem Soc Jpn, 2004, 77: 1063-1073.
[68] Soai K, Shibata T, Morioka H, et al. Asymmetric autocatalysis and amplification of enantiomeric excess of a chiral molecule[J]. Nature, 1995, 378: 767-768.
[69] Podlech J, Gehring T. New aspects of Soai's asymmetric autocatalysis [J]. Angew Chem Int Ed, 2005, 44: 5776-5777.
[70] Shibata T, Hayase T, Yamamoto J, et al. One-pot asymmetric autocatalytic reaction with remarkable amplification of enantiomeric excess [J]. Tetrahedron: Asymmetry, 1997, 8: 1717-1719.
[71] Shibata T, Yonekubo S, Soai K. Practically perfect asymmetric autocatalysis with (2-alkynyl-5-pyrimidyl) alkanols [J]. Angew Chem Int Ed, 1999, 38: 659-661.
[72] Sato I, Urabe H, Ishiguro S, et al. Amplification of chirality from extremely low to greater than 99.5% *ee* by asymmetric autocatalysis [J]. Angew Chem Int Ed, 2003, 42: 315-317.
[73] Singleton D A, Vo L K. A few molecules can control the enantiomeric outcome. Evidence supporting absolute asymmetric synthesis using the Soai asymmetric autocatalysis [J]. Org Lett, 2003, 5: 4337-4339.
[74] Singleton D A, Vo L K. Enantioselective synthesis without discrete optically active additives [J]. J Am Chem Soc, 2002, 124: 10010-10011.

第2章　氧化反应

广义概念的氧化反应是指化合物失去电子的反应。对于以共价方式成键的有机化合物来说，也可以把碳原子周围电子云密度降低的反应看作氧化反应。例如，用电负性较大的卤素、硝基等取代碳原子上的氢原子，会导致碳原子周围电子云密度降低，因此，卤化、硝化等反应也可以认为是氧化反应。狭义概念的氧化则是指往有机分子中引入氧原子或脱去氢原子的反应。本章讨论狭义概念的氧化反应，即用化学氧化剂往有机分子中引入氧原子或使其脱去氢原子的化学氧化反应，但不包括生物体内由酶催化的生物氧化过程。

氧化反应是氧化剂与被氧化物（底物）之间的反应。氧化剂的种类很多，包括分子氧，无机金属化合物（如高锰酸钾、二氧化锰、铬酸、重铬酸盐、三氧化铬及其吡啶络合物、铬酸酯、氯化铬、二氧化硒、四氧化锇、氧化银等），无机酸（如硝酸、次氯酸及其盐和酯），各种过氧化物和过氧酸（如过氧化氢、Oxone、有机过氧酸），高价碘化物（如 IBX、DMP、PIDA、PIFA、HTIB）以及苯醌及其衍生物等。

传统的氧化反应大多使用金属氧化物作氧化剂，大量的重金属排放到环境中造成较严重的环境污染。近年来，随着人们环保意识的加强，对绿色氧化方法的研究不断深入，一些新的更加绿色的氧化方法和工艺不断出现，特别是以分子氧、过氧化氢等作氧化剂的催化氧化方法，无过渡金属催化的分子氧氧化方法，以温和低毒的高价碘化合物作氧化剂的氧化方法等受到更加广泛的关注，得到快速发展。

被氧化物包括烃类（烷烃、烯烃、芳烃），有机含氧化物（醇、醛、酮），有机硫化物，有机胺以及有机卤化物等。同一氧化剂往往可氧化多种底物，同一底物也可用多种氧化剂氧化。

本章根据被氧化物的种类讨论各种氧化反应，介绍这些反应在药物合成中的应用。

2.1　苄位、烯丙位和羰基 α 位烃基的氧化

无官能团活化的烷烃在通常条件下不易发生氧化反应，在激烈的条件下（如高温气相）与氧化剂接触可被氧化，反应一般按自由基机理进行，选择性差，通常生成多种产物的混合物，在合成上应用较少。当分子中存在芳环、双键、羰基等官能团时，可以在较温和的条件下发生双键、羰基、芳环的氧化或烯丙位、苄

位和羰基α位的氧化，反应通常具有较好的选择性，在合成上有重要应用。硝酸铈铵、铬试剂、Davis 氧氮杂环丙烷等多种氧化剂可实现苄位、烯丙位和羰基 α 位烃基的氧化，生成醇、醛、酮和酸等多种产物。

2.1.1　苄位氧化

硝酸铈铵[CAN, $(NH_4)_2Ce(NO_3)_6$]是氧化苄位烃基的有效试剂[1]。硝酸铈铵/无水醋酸体系氧化甲苯生成苄醇（以醋酸酯存在），选择性好。

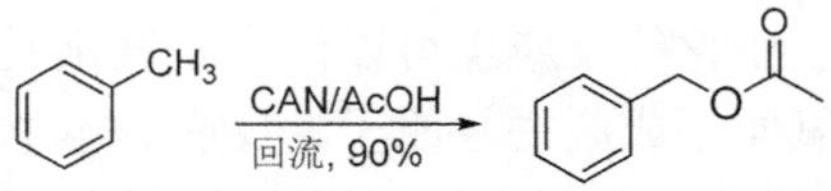

(2-1)

硝酸铈铵/50%醋酸体系可将芳环上有供电基的甲苯氧化成醛，例如，均三甲苯的氧化生成 3,5-二甲基苯甲醛，醛基的吸电性有效地避免了其余甲基的氧化。

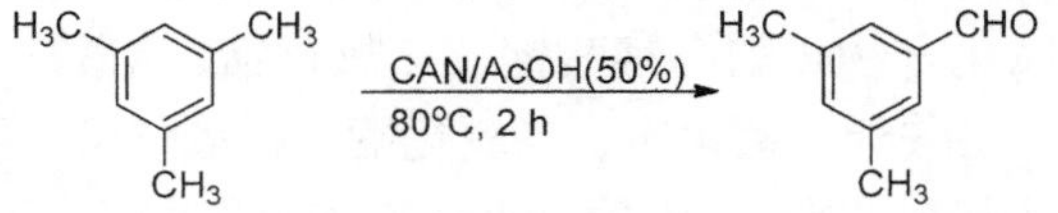

(2-2)

用硝酸铈铵氧化苄位烃基是自由基反应。以甲苯氧化成苄醇和苯甲醛的反应为例，机理可用式（2-3）所示。四价铈作为氧化剂先夺取芳烃的一个电子，形成正离子自由基。正离子自由基脱去苄位质子，生成苄基自由基。苄基自由基再被四价铈氧化成苄基正离子，与水结合生成苄醇。苄醇继续氧化生成苯甲醛。

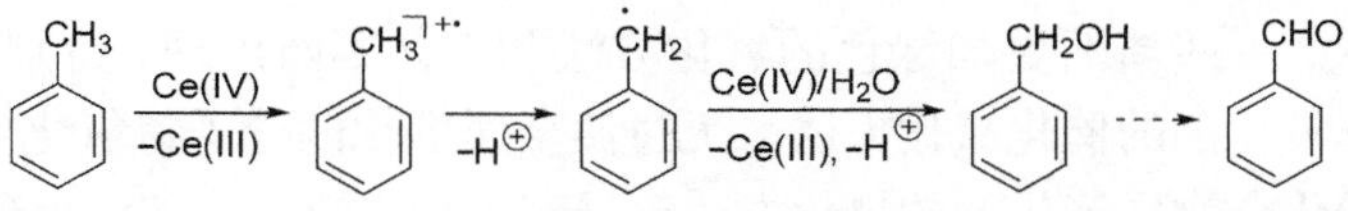

(2-3)

硝酸铈铵/硝酸体系和 PCC（氯铬酸吡啶𬭩盐）均可将苄位亚甲基氧化成相应的酮，例如：

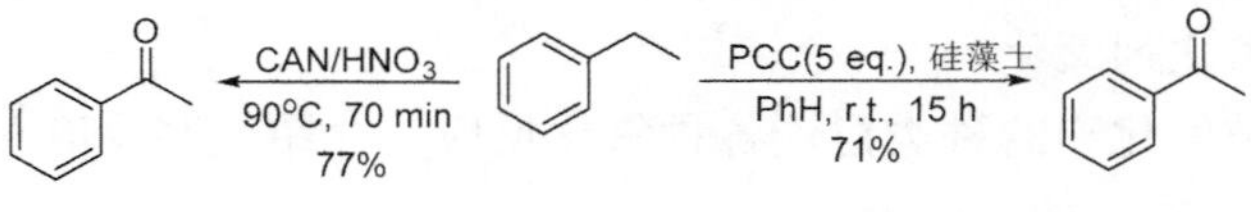

(2-4)

利用 2,3-二氯-5,6-二氰基对苯醌（DDQ）进行氧化来脱苄基保护也是苄位氧化的典型实例。例如，在体系中同时存在苄基保护和硅醚保护时，用 DDQ 氧化可以选择性地脱去苄基得到醇[2]。利用 Lewis 酸脱苄会导致 TIPS 基的迁移，但是直接用 DDQ 脱苄则不会。更常用的是脱对甲氧基苄基保护。

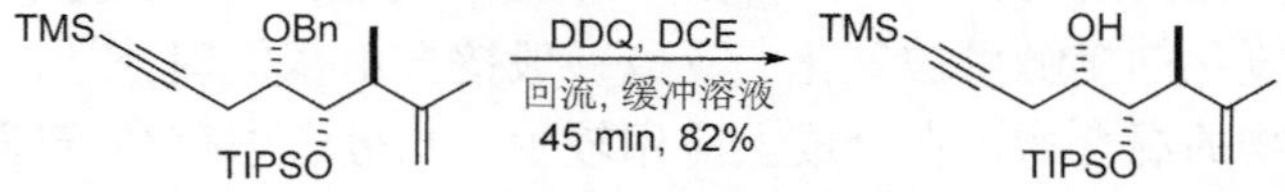

(2-5)

使用化学计量甚至过量的氧化剂的氧化工艺普遍存在试剂耗量大、毒性大、成本高、原子经济性低等问题。化学计量氧化剂氧化存在的这些问题促使人们不断寻求新的氧化剂和氧化方法，以解决人类面临的环境问题。利用空气中的氧气作为氧化剂是最理想的选择。氧分子不活泼，只有在适当的催化剂作用下才能与有机物分子发生氧化反应。因此，以分子氧作氧化剂的关键是寻求合适的催化剂，在气相或液相条件下进行氧化。气相氧化设备较复杂，投资大，比较适合大吨位化工产品的生产；液相氧化设备较简单，适合于药物及中间体等附加值高、吨位小的精细化学品的生产。

在钴-锰-溴催化氧化体系中，乙酸钴和乙酸锰是催化剂，溴化物为助催化剂。单独钴盐或锰盐与助催化剂组成的体系也能用于苄位烃基的氧化。例如，岳彩波等[3]用乙酸钴作催化剂，溴化钠和二叔丁基过氧化物（DTBP）为助催化剂，实现了2,4-二甲基硝基苯的选择性氧化，生成3-甲基-4-硝基苯甲酸：

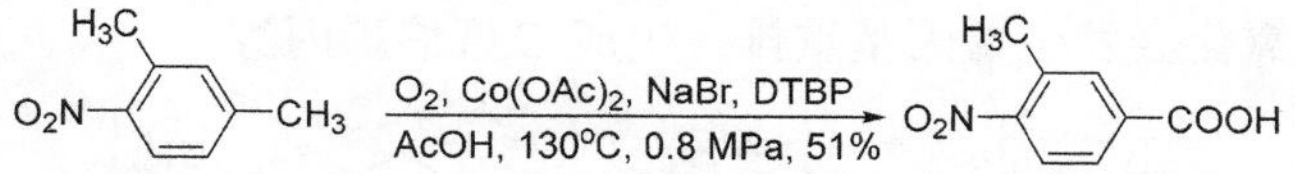

$$\text{2,4-}(CH_3)_2C_6H_3NO_2 \xrightarrow[\text{AcOH, 130°C, 0.8 MPa, 51\%}]{O_2,\ Co(OAc)_2,\ NaBr,\ DTBP} \text{3-}CH_3\text{-4-}O_2N\text{-}C_6H_3COOH \tag{2-6}$$

钴-锰-溴催化体系氧化苄位烃基的反应按单电子转移机理进行，反应过程如图2.1所示。二叔丁基过氧化物等自由基引发剂先分解成自由基，自由基夺取苄位氢生成苄基自由基，苄基自由基与氧结合生成苄基过氧自由基（反应Ⅰ），苄基过氧自由基在二价钴的作用下脱去羟基负离子生成芳醛，二价钴失去电子转变成三价钴（反应Ⅱ），三价钴夺取底物分子中的氢原子生成苄基自由基，自身被还原为二价钴（反应Ⅲ），从而构成催化循环。

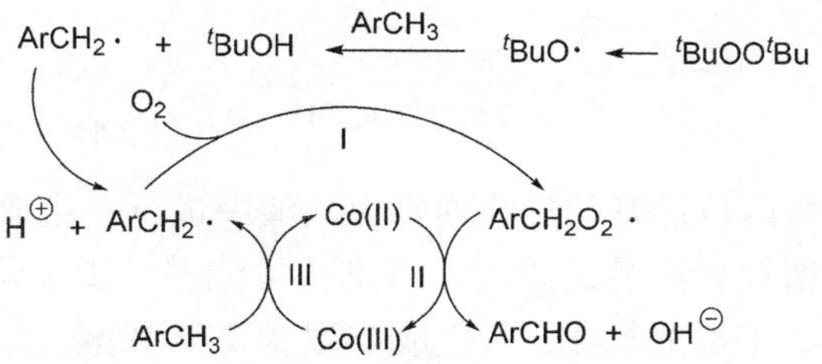

$ArCH_2\cdot + {}^tBuOH \xleftarrow{ArCH_3} {}^tBuO\cdot \leftarrow {}^tBuOO{}^tBu$

$H^{\oplus} + ArCH_2\cdot \xrightarrow[\text{I}]{O_2} ArCH_2O_2\cdot$

$ArCH_2O_2\cdot + Co(II) \xrightarrow{\text{II}} ArCHO + OH^{\ominus} + Co(III)$

$ArCH_3 + Co(III) \xrightarrow{\text{III}} ArCH_2\cdot + H^{\oplus} + Co(II)$

图2.1 钴催化氧化苄位烃基的催化循环

2.1.2 烯丙位氧化

二氧化硒可用来氧化烯丙位、苄位和羰基α位烃基，称作Riley氧化[4]。

二氧化硒氧化烯丙位烃基生成烯丙醇，反应有很高的位置选择性。对于1,1-二取代烯烃和1,2-二取代烯烃的氧化，烯丙位烃基的活性顺序为$CH > CH_2 > CH_3$。

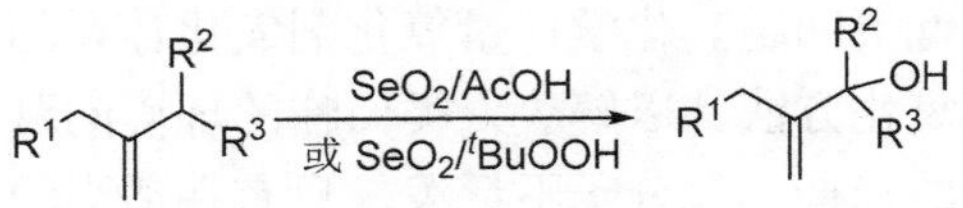

(2-7)

1,2-二取代烯烃的氧化选择性生成 *E* 型烯丙醇。

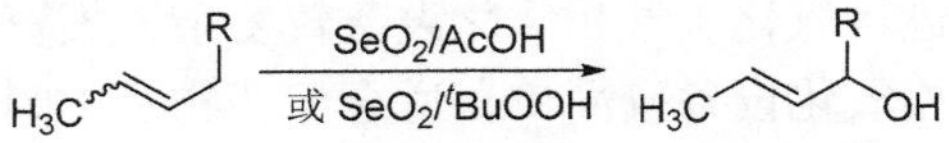

(2-8)

对于 1,1,2-三取代烯烃的氧化，反应优先发生在与 1 位碳原子相连的烯丙位烃基上，活性顺序为 $CH_2 > CH_3 > CH$。

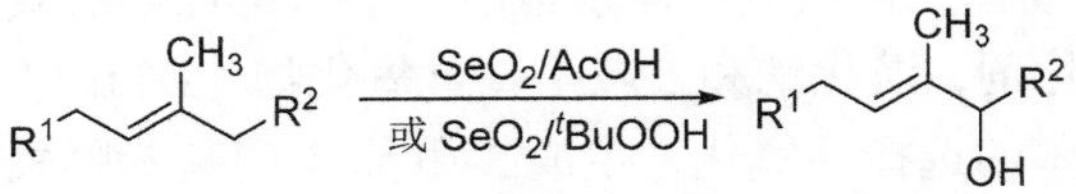

(2-9)

端烯烃的氧化会发生烯丙基重排，生成 *E* 型伯烯丙醇。

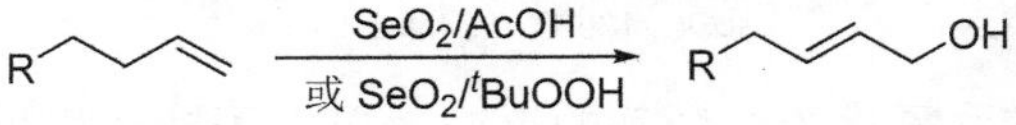

(2-10)

1,1-二甲基烯烃的氧化优先发生在与 2 位烃基处于反式的甲基上，生成 *E* 型烯丙醇。

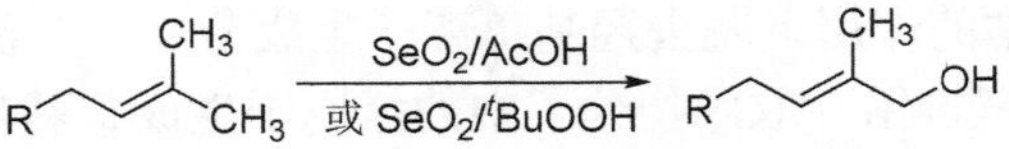

(2-11)

环烯烃的氧化优先发生在环内与取代基较多的双键碳原子相连的烯丙位上。

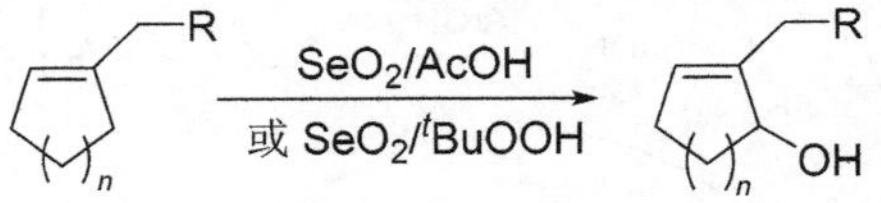

(2-12)

二氧化硒氧化烯丙位烃基的反应通常在乙酸中进行，生成的烯丙醇与乙酸形成酯，可使反应停留在烯丙醇的阶段。否则，可能进一步氧化生成α,β-不饱和醛或酮，例如 2-甲基-2-丁烯的氧化，可生成 2-甲基-2-丁烯醛；加入叔丁基过氧化氢也可使反应停留在烯丙醇的阶段。

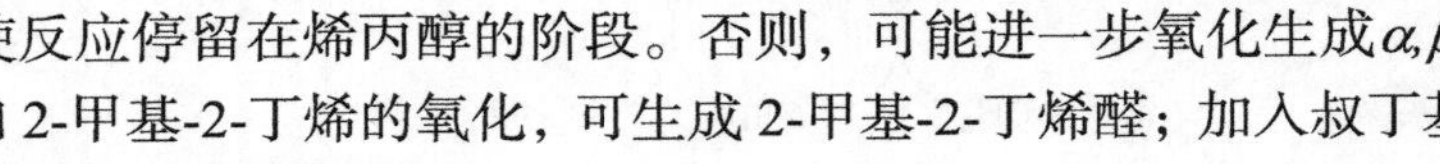

(2-13)

二氧化硒氧化羰基α位烃基或烯丙位烃基的关键步骤是 2,3-σ迁移重排。氧化烯丙位烃基时，底物先与二氧化硒发生烯反应（ene reaction），再经 2,3-σ迁移重排和水解生成产物。

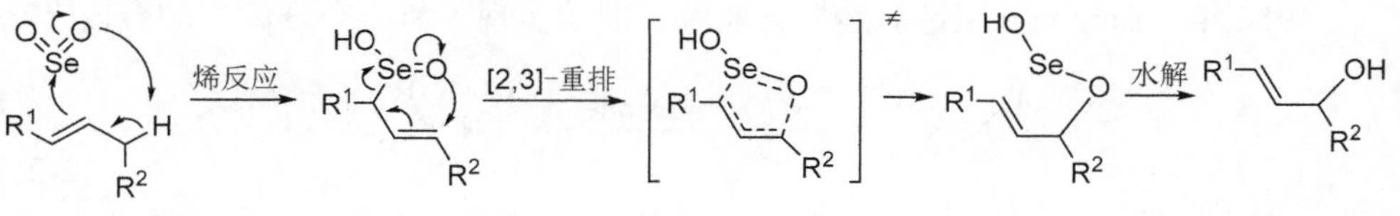

(2-14)

在合成潜在抗生素 cristatic acid 的过程中，Alois 和 Thomas[5]通过 1,1-二甲基-2-取代苄基乙烯（**2.1**）的 Riley 氧化成功合成了 *E* 型烯丙醇中间体。

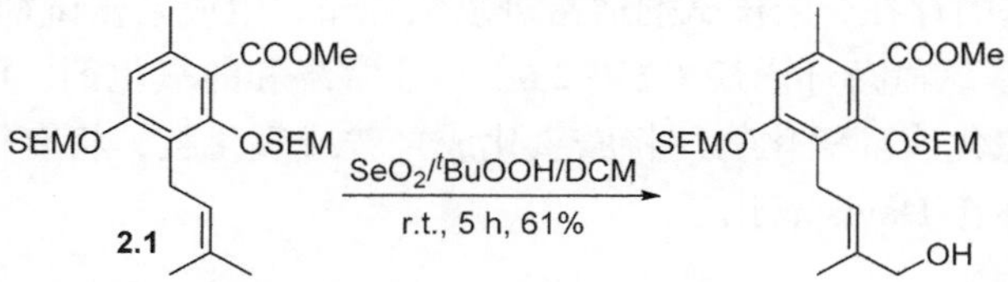

(2-15)

PCC 也可以用于氧化烯丙位，并且直接将烯丙位的亚甲基氧化为羰基。

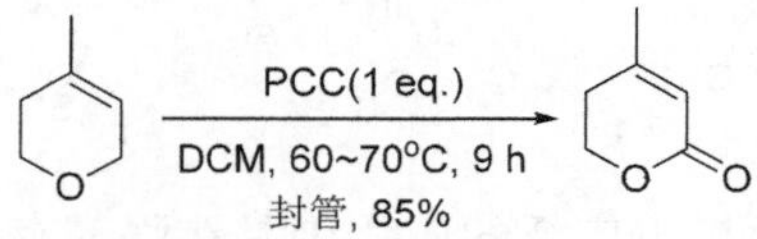

(2-16)

2.1.3 羰基 α 位烃基氧化

二氧化硒氧化羰基 α 位烃基生成邻二酮，反应通式如下：

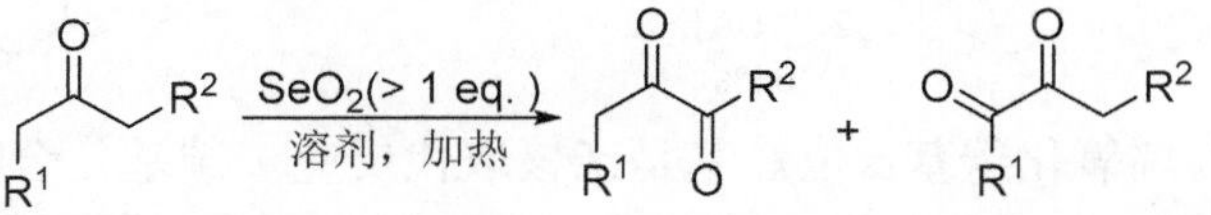

(2-17)

对于羰基α位烃基的氧化，羰基化合物的烯醇式先与质子化的二氧化硒反应生成亚硒酸烯基酯，再经 2,3-σ迁移重排和消除生成产物。

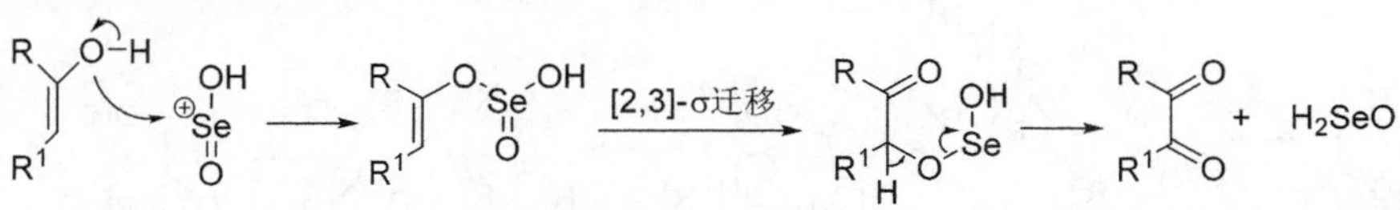

(2-18)

Xu 等[6]以(*R*)-樟脑为原料，利用二氧化硒实现羰基α位的氧化得到 1,7,7-三甲基双环[2.2.1]2,3-庚二酮（**2.2**）。**2.2** 与乙二醇形成缩酮保护其中的一个羰基，用硼氢化钠还原另一羰基为醇（**2.3**）。

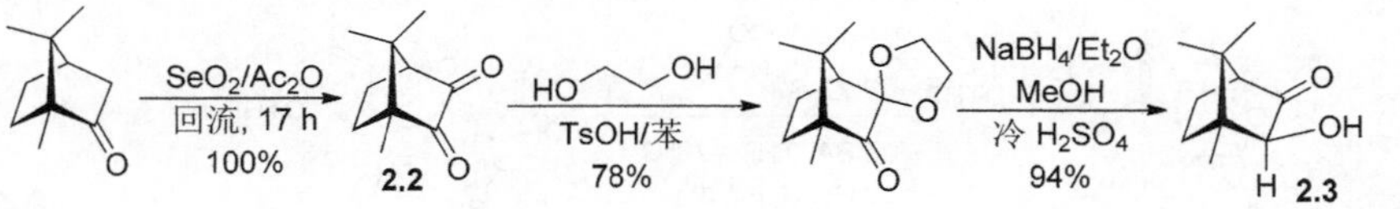

(2-19)

1956 年，Emmons 用过氧酸氧化亚胺，成功实现了氧氮杂环丙烷的合成[7]。

RCO_3H或Oxone

(2-20)

Davis 等[8]发现，由于环的张力和相对弱的 N—O 键，氧氮杂环丙烷非常活泼，容易在亲核试剂作用下开环，可作为胺化剂或氧化剂使用。如果氮原子上的取代基体积小，亲核试剂通常进攻氮原子，开环生成胺；如果氮原子上的取代基体积大，有吸电子基团存在，亲核试剂通常进攻氧原子，生成亲核试剂被氧化的产物。特别是 *N*-磺酰基氧氮杂环丙烷（**2.4~2.6**）是非常温和的氧化剂，可以将硫醚氧化成砜，将烯烃氧化成环氧化物，将胺氧化成羟胺或氧化胺，将有机金属化合物氧化成醇或酚，称作 Davis 氧化。

2.4 **2.5** **2.6**

N-磺酰基氧氮杂环丙烷更广泛的应用则是在强碱存在下氧化羰基α位的烃基生成偶姻（acyloin）。例如，Forsyth 等[9]利用 Davis 氧氮杂环丙烷（**2.6**）作氧化剂，成功合成了 okadaic acid 的关键中间体。

1. LDA, TMEDA, THF, −78°C, 加入 **2.6**
2. CSA猝灭
61%

(2-21)

氧氮杂环丙烷氧化羰基α位烃基是亲核取代反应。羰基化合物在碱的作用下脱α氢生成的负碳离子或烯醇负离子作为亲核试剂进攻 *N*-磺酰基氧氮杂环丙烷分子中的氧原子导致 N—O 键断裂形成氨基负离子，消除亚胺得产物。

(2-22)

White 等[10]在埃博霉素 B（Epothilone B）的合成中利用 Davis 氧氮杂环丙烷氧化引入了形成大环内酯结构所必需的醇羟基。

1. NaHMDS, THF, −78°C
2. PhO_2S-氧氮杂环丙烷-Ph
3. CSA, THF, −78°C
71%(三步收率)

(2-23)

用过氧酸氧化硅烯醇醚得到硅基保护的α-羟基酮的反应被称为 Rubottom 氧化，可用于在α位选择性导入羟基。以 *m*-CPBA 为例，先将双键环氧化，然后发生分子内重排，生成两性离子，最后氧原子亲核进攻硅得到产物，脱除硅醚即为α-羟基化产物。

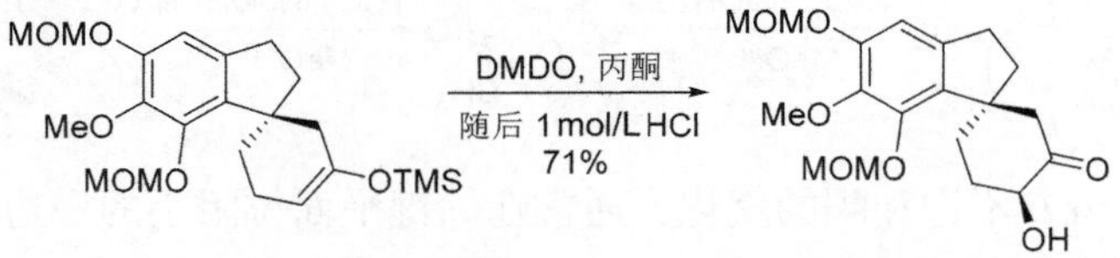

DMDO, 丙酮
随后 1 mol/L HCl
71%

(2-24)

Yoshida 等[11]在合成(–)-misramine 的过程中利用过氧丙酮为氧化剂，将中间产物的硅烯醇醚氧化为α-羟基酮，且只有唯一的立体构型。

另外，用脯氨酸可以催化醛酮与 N═O 双键如亚硝基苯的α-羟基化反应，得到的产物加铜盐可分解得到α-羟基醛酮[12]。

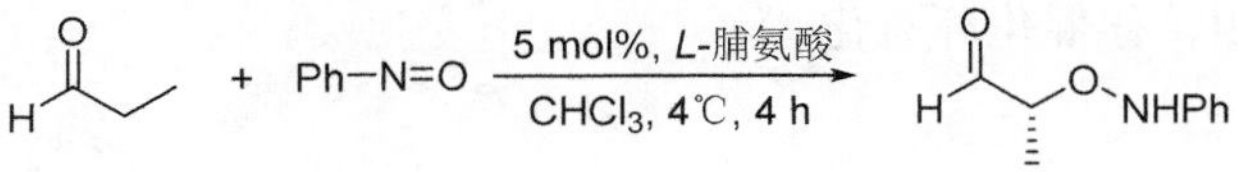

5 mol%, *L*-脯氨酸
$CHCl_3$, 4℃, 4 h

(2-25)

L-脯氨酸
0℃
$CuSO_4$
H_2O

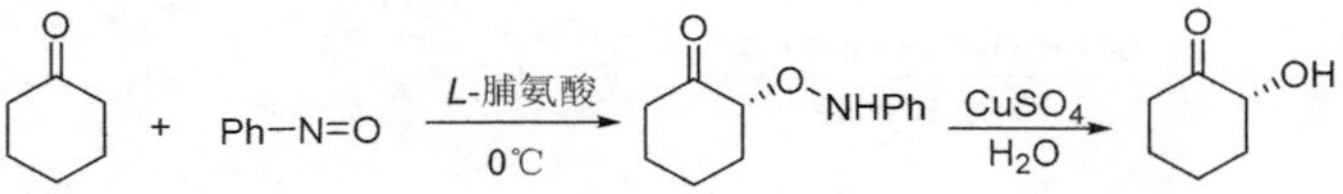

(2-26)

2.2 烯烃的氧化

2.2.1 烯烃的环氧化

1. α,β-不饱和羰基化合物的环氧化

用碱性过氧化氢或叔丁基过氧化氢（*t*-BuOOH）作氧化剂，可实现 α,β-不饱和羰基化合物的环氧化，例如[13]：

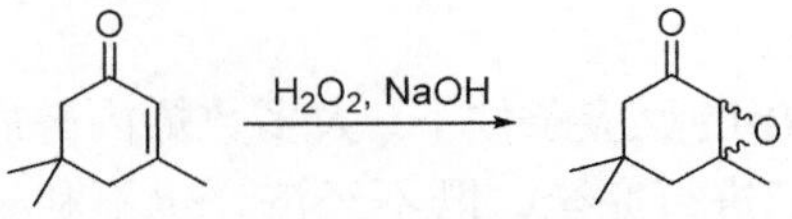

H_2O_2, NaOH

(2-27)

反应经由过氧化物阴离子对 α,β-不饱和羰基化合物的 1,4-加成，加成中间体的环化等步骤，机理如下：

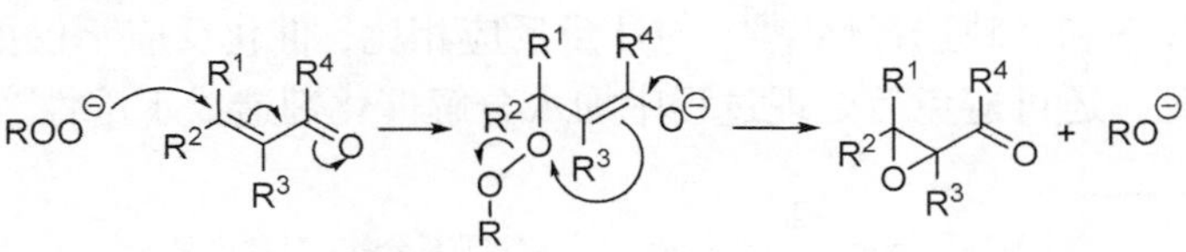

(2-28)

在中间体阶段，碳-碳单键通过自由旋转可使分子的构型改变，由不太稳定的构型转变为稳定的构型，例如以下环氧化反应，由 *Z* 构型和 *E* 构型的烯烃得到同一种环氧化物[13]。

H₃C CH₃ H O CH₃ *E* —H_2O_2, NaOH / MeOH→ 环氧化物 ←H_2O_2, NaOH / MeOH— *Z*

(2-29)

对于环状 *α,β*-不饱和酮的氧化，通常在烯键平面位阻小的一边形成环氧键，例如[13]：

H_2O_2, NaOH / −15～0°C, 90%

(2-30)

利用由辛可宁衍生的手性季铵盐（如 **2.7**）作催化剂可实现 *α,β*-不饱和羰基化合物的不对称相转移催化环氧化。

2.7(5 mol%), LiOH / 30%H_2O_2(3 eq.)/*n*-Bu_2O / 100%, 92% *ee*

2.7

(2-31)

2. 烯丙醇的不对称环氧化

1980 年，Sharpless 等发现，在钛酸异丙酯-酒石酸酯配合物存在下，叔丁基过氧化氢作氧化剂，可实现烯丙醇底物的不对称环氧化，对映选择性大于 90%[14a]。

^{t}BuOOH / Ti(O^{i}Pr)$_4$, DET

(2-32)

后来，就把这一反应称为 Sharpless 不对称环氧化（Sharpless asymmetric epoxidation，SAE）反应。

在 Sharpless 最初提出的反应条件下，大多数烯丙醇底物的氧化需要使用化学计量的配合物，反应才能进行完全，既不经济，也不利于产物的分离。1986 年，Sharpless 等又发现分子筛对该反应有很强的促进作用，加入经过 200℃活化的分子筛，使用 5~10 mol%*的配合物就可在同样条件下使环氧化反应进行完全，获得同样的产物收率和对映选择性[14b]。与计量反应相比，催化反应不仅更为经济，产物更容易分离，还可避免后处理过程中加水分解催化剂造成水溶性产物的损失。

* 为叙述方便，本书分别使用 mol%和 wt%表示摩尔分数和质量分数，特此说明

Sharpless不对称环氧化反应是不对称催化反应中最为成功的反应之一，不仅对映选择性高，而且可根据底物结构以及手性酒石酸酯配体的构型来预测产物的构型。将烯丙醇的羟基置于分子右下角，则 *D*-(–)-酒石酸酯催化时试剂从分子平面上方进攻，*L*-(+)-酒石酸酯催化时试剂从分子平面下方进攻。

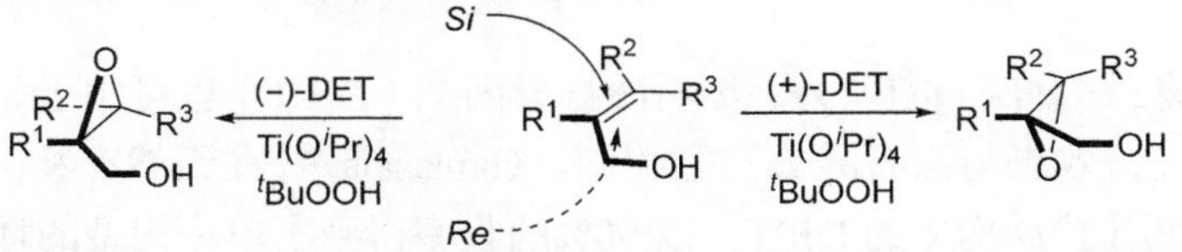

(2-33)

例如，无任何取代基的烯丙醇分别在 *D*-DET 和 *L*-DET 存在下反应生成两种不同构型的环氧醇产物，对映选择性均达到90%：

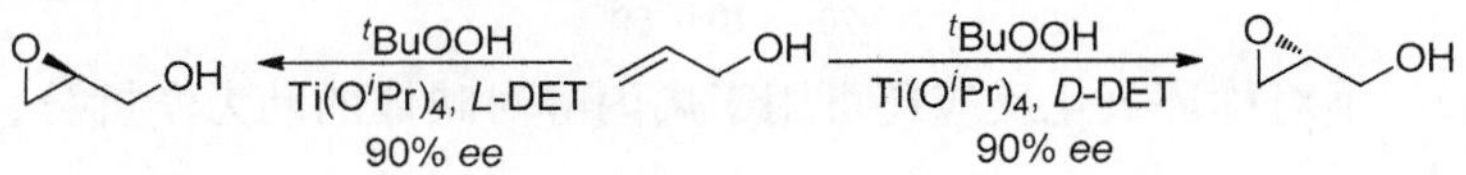

(2-34)

Sharpless不对称环氧化反应是通过一系列配体交换过程实现的，反应机理可表示如图2.2所示。

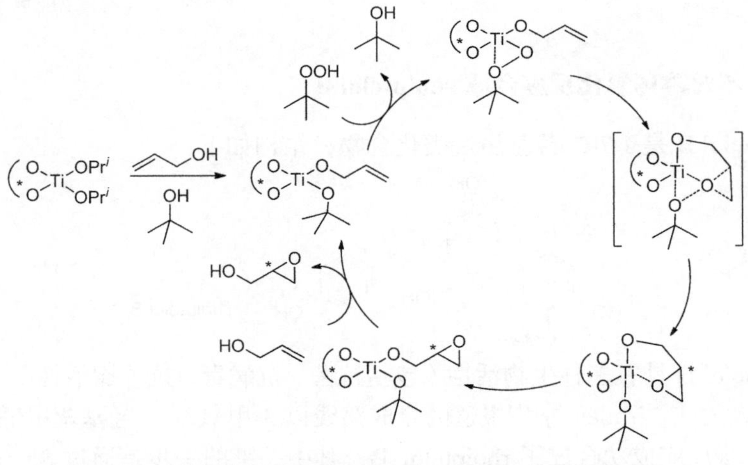

图2.2 Sharpless不对称环氧化反应的配体交换机理

由以上机理可以看出，烯丙醇底物分子中的羟基是保证Sharpless不对称环氧化反应成功进行的关键，羟基的存在保证了底物与催化剂可通过配体交换进行配位。配位的结果不仅活化了底物，而且以一定的立化方式将底物锁定到催化剂上，实现不对称环氧化。对于含多个烯键的烯丙醇底物，配位后烯丙醇官能团中的烯键离中心金属原子近，可被选择性氧化，远程的烯键则不被氧化。例如：

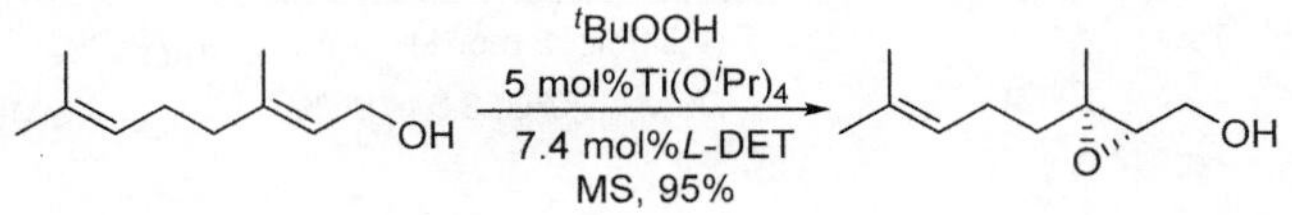

(2-35)

Ramesh 等在合成天然产物 goniothalesdiol A[15]时就用到了类似的方法，并且底物中含有两个双键，控制实验用量只氧化了离羟基近的烯烃。

$Ti(O^iPr)_4$, (+)-DET; TBHP, DCM; −20 ℃, 12 h, 90%

(2-36)

除酒石酸二乙酯（DET）外，酒石酸二异丙酯（DIPT）也可用于 Sharpless 不对称环氧化反应，效果与酒石酸二乙酯相同。Gantasala 等在天然产物(–)-dolabriferol 合成过程中使用了 *D* 构型的 DIPT，以 90%的收率得到了单一构型的环氧化物[16]。

$Ti(O^iPr)_4$, *D*-(–)-DIPT; TBHP, CH_2Cl_2; −20 ℃, 10 h, 90%

(2-37)

Sharpless 不对称环氧化反应还可用于烯丙醇对映体的动力学拆分，例如[17]：

^tBuOOH; $Ti(O^iPr)_4$, *D*-DET

主产物　副产物

(2-38)

Sharpless 不对称环氧化反应合成 rhoiptelol B

rhoiptelol B 是 1,7-二芳基庚烷类化合物，结构如下：

rhoiptelol B

rhoiptelol B 具有多种生物活性（包括抗菌、抗病毒、抗肿瘤活性），引起了研究者的极大关注。Yadav 等[18]报道的合成路线以 3-甲氧基-4-羟基苯甲醛为起始原料，经 14 步反应成功合成了 rhoiptelol B，其中关键的一步是通过 Sharpless 不对称环氧化在苄位引入手性中心，得到关键中间体 **2.8**。

TsCl/K_2CO_3/丙酮; 回流, 24 h, 95%

Ph_3PCHCO_2Et/PhH; 回流, 6 h, 95%

DIBAL-H; −78°C, 2 h, 93%

TBHP in CH_2Cl_2(5.4 mol/L); 4Å MS/$Ti(O^iPr)_4$(10 mol%); (–)DIPT(12 mol%); DCM, −20°C, 3.5 h, 96%

2.8

(2-39)

中间体 **2.8** 经环氧的还原开环得到β-二醇，β-二醇与对甲氧基苯甲醛缩甲醇反应实现缩醛保护，再经还原开环得到对甲氧基苄基（PMB）保护的中间体 **2.10**，用 Swern 氧化将伯羟基氧化为醛基，与有机锡加成后再经羟基硅醚保护和脱对甲氧基苄基保护得中间体 **2.11**。

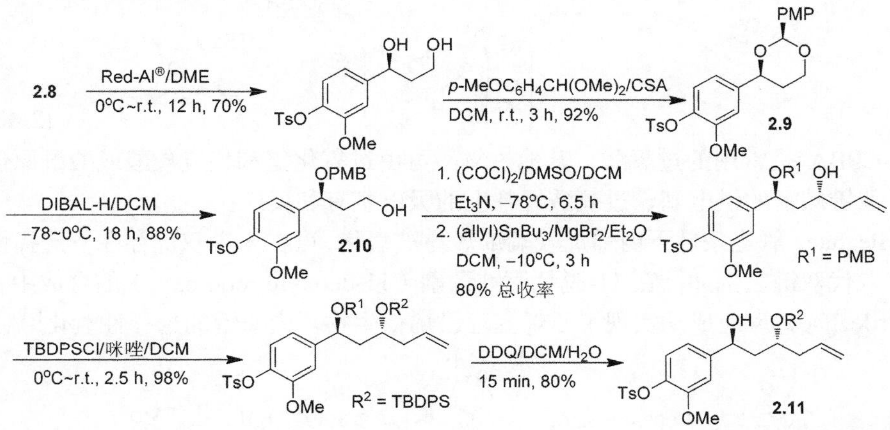

(2-40)

中间体 **2.11** 在第 2 代 Grubbs 催化剂作用下与三丁基硅基保护的对烯丙基苯酚发生烯烃复分解反应得中间体 **2.12**。最后经 Sharpless 不对称双羟基化和分子内的醚化得目标产物 rhoiptelol B。

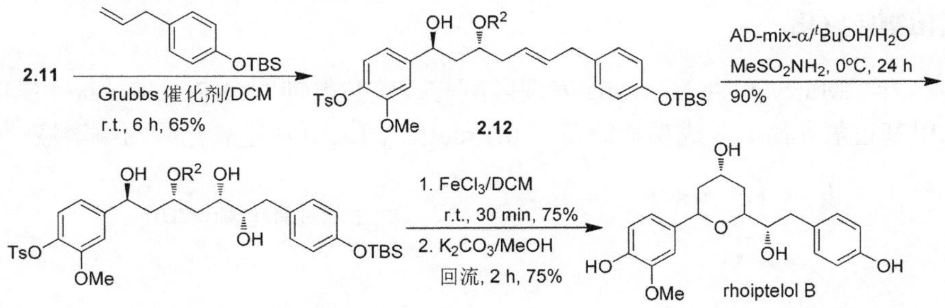

(2-41)

3. 非官能化烯烃的环氧化

用过氧酸氧化（Prilezhaev 反应）

1909 年，Prilezhaev 发现，非官能化烯烃可在有机溶剂中室温下被过氧酸氧化成环氧化物，称作 Prilezhaev 反应[4]。

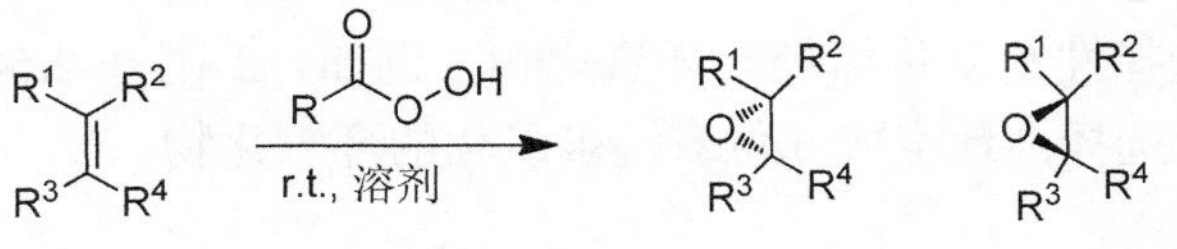

(2-42)

Prilezhaev 反应是氧对双键的同向加成，按协同机理进行：

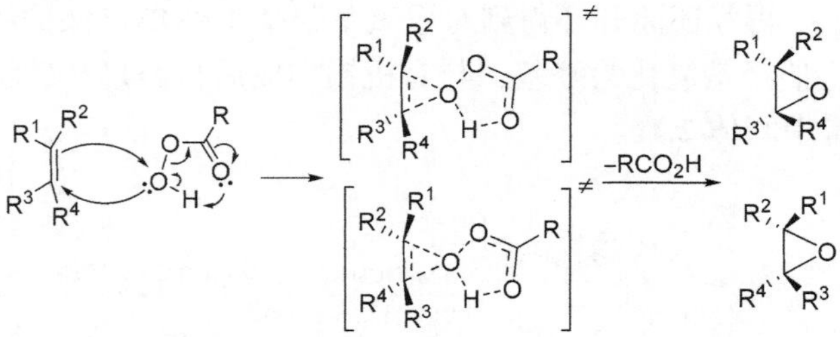

(2-43)

m-CPBA 是常用的过氧酸，其他过氧酸可由过氧化氢和相应羧酸或酸酐原位生成。双键碳上的供电基、过氧酸烃基上的吸电基有利反应。

Prilezhaev 氧化条件下内烯烃较端烯烃易被氧化，可在末端双键存在下选择性氧化多取代双键。例如，在 11-脱氧河鲀毒素（11-deoxytetrodotoxin）的合成中，利用 Prilezhaev 反应成功实现了乙烯基环己烯衍生物环内双键的选择性氧化[19]。

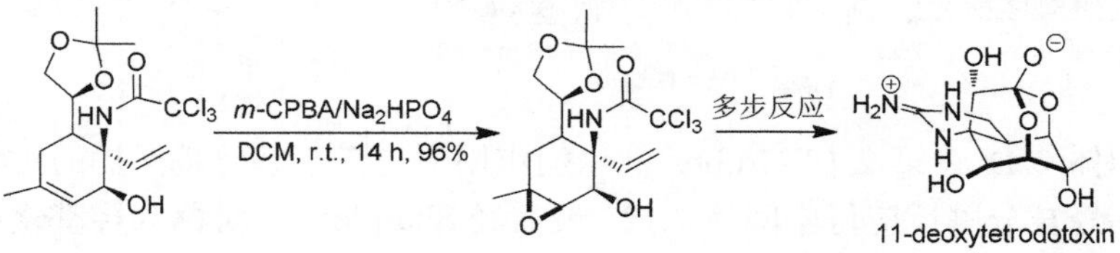

(2-44)

用过氧化酮环氧化

1985 年，Murry 和 Jeyaramana 发现丙酮与过硫酸氢钾（$KHSO_5$, Oxone）反应生成二甲基过氧化酮，并成功地制备了 0.1 mol/L 的二甲基过氧化酮丙酮溶液[20]。

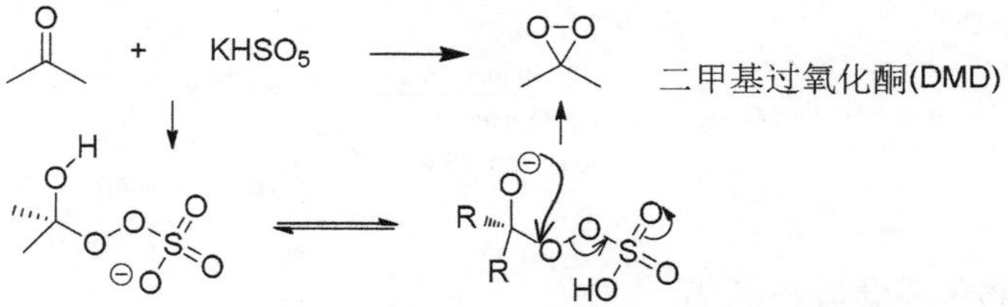

(2-45)

1988 年，Curci 用类似的方法制备了性能较 DMD 优越的甲基三氟甲基过氧化酮，得到 0.65~0.8 mol/L 的 CF_3COCH_3 溶液[20]。

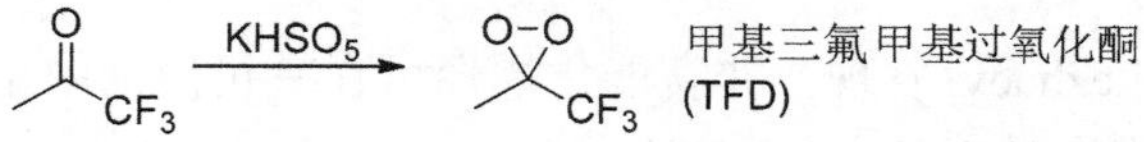

(2-46)

原位生成的过氧化酮是一种温和的氧化剂，可以应用于一系列的氧化反应，特别是可以高选择性地氧化烯烃为环氧化物，例如，2-硝基-2,6-壬二烯与二甲基过氧化酮反应，选择性地生成 6 位双键被氧化的环氧化物。

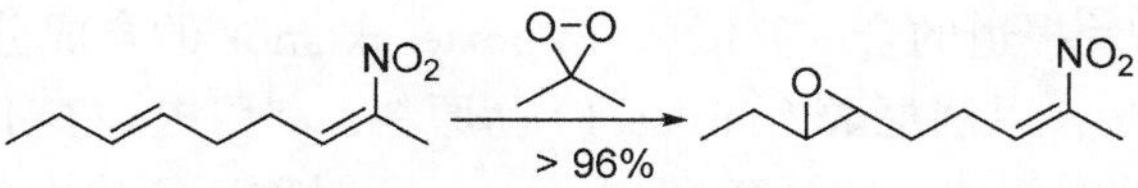

$> 96\%$ (2-47)

1996年，Shi等[21]由果糖合成出手性酮**2.13**和**2.14**。

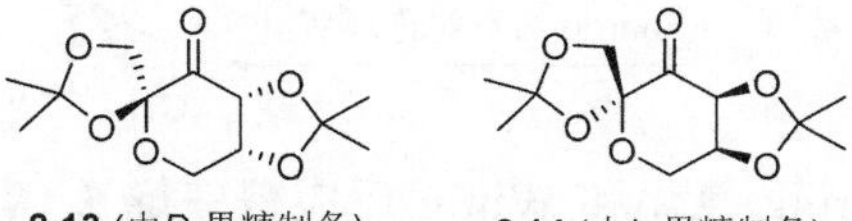

2.13（由*D*-果糖制备） **2.14**（由*L*-果糖制备）

以手性酮**2.13**或**2.14**为催化剂，与过硫酸氢钾原位生成手性过氧化酮，实现了手性酮催化的非官能化烯烃的不对称环氧化，称作史一安（Shi Yian）不对称环氧化。

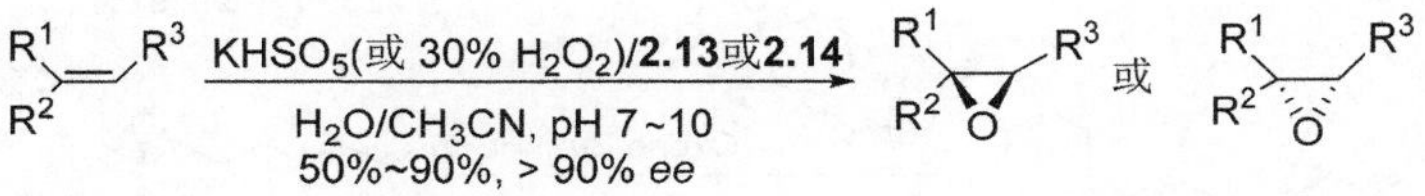

$KHSO_5$(或 30% H_2O_2)/**2.13**或**2.14**
H_2O/CH_3CN, pH 7~10
50%~90%, > 90% *ee*
或 (2-48)

为确保反应顺利进行，必须控制适当的pH值（约10.5），pH值偏高会导致过硫酸氢钾分解，pH值偏低则会加速催化剂的Baeyer-Villiger重排。反应的催化循环及Baeyer-Villiger重排的途径如图2.3所示。

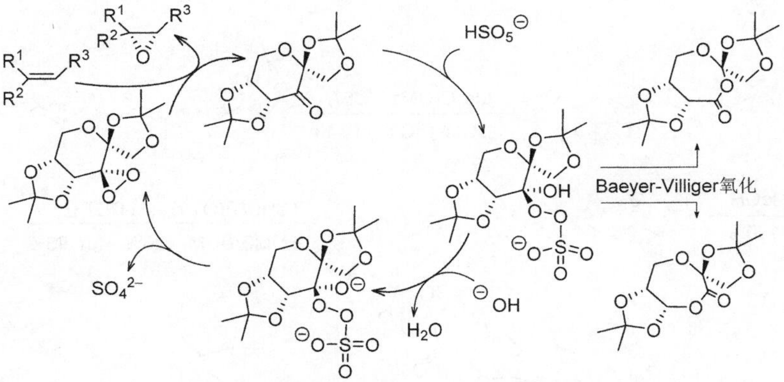

$HSO_5^{\ominus}$ Baeyer-Villiger氧化 SO_4^{2-} $^{\ominus}OH$ H_2O

图2.3 手性酮催化的不对称环氧化机理

史一安不对称环氧化合成(+)-omaezakianol

omaezakianol是氧杂鲨烯（三十碳六烯）类似物，1995年从海洋红藻中分离得到，结构如下：

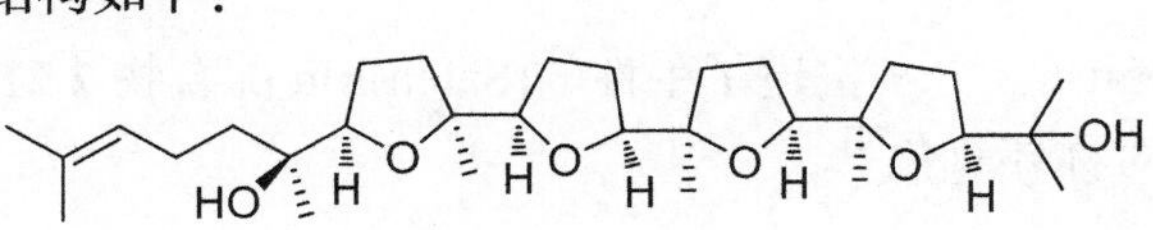

(+)-omaezakianol

Morimoto 等[22]报道的合成路线将(+)-omaezakianol 的合成分解成关键中间体 **2.15** 和 **2.16** 的合成。以法尼醇（farnesol）为原料，利用史一安不对称环氧化成功合成出这两个关键中间体。法尼醇经 Sharpless 不对称环氧化生成中间体 **2.17**。

Sharpless不对称环氧化

OH　　OH　　2.17　　(2-49)

2.17 经 Parikh-Doering 氧化和 Wittig 反应得三烯 **2.18**。利用史一安不对称环氧化成功实现了 **2.18** 分子中两个多取代双键的选择性氧化，得关键中间体 **2.15**。

2.17 Py·SO_3, Et_3N, DMSO / DCM, 0°C, 40 min, 91%　　Ph_3PCH_3Br/NaN(TMS)$_2$ / THF, 0°C, 1 h, 随后 23°C, 1.5 h, 97%

2.18　Oxone/Bu_4NHSO_4 / $CH_2(OMe)_2$/CH_3CN/H_2O / pH 10.5, 0°C, 50 min, 82%　2.15

(2-50)

法尼醇衍生物 **2.19** 经邻二醇官能团的保护，酯水解和 Sharpless 不对称环氧化生成中间体 **2.20**，再经史一安不对称环氧化得中间体 **2.16**，再经过一系列反应得到目标产物。

HO OH　OAc　2.19　$Me_2C(OMe)_2$/CSA / DCM, 0°C to r.t., 1 h / 97%　OAc

K_2CO_3/MeOH / r.t., 2 h, 100%　OH　TBHP/Ti(O^{i}Pr)$_4$/(+)-DET / 4Å MS/DCM, −20°C, 4 h, 98%

OH　2.20　Oxone/Bu_4NHSO_4 / $CH_2(OMe)_2$/CH_3CN/H_2O / pH 10.5, 0°C, 50 min, 82%　OH　2.16

(2-51)

(Salen)Mn 催化的不对称环氧化（Jacobsen-Katsuki 环氧化）

1990 年，Jacobsen 和 Katsuki 分别报道了手性的(Salen)Mn 配合物 **2.21** 和 **2.22** 催化的非功能化烯烃的不对称环氧化[4]。

R1 R2 2.21 或 2.22 氧化剂/溶剂 R3 R4

氧化剂 = PhIO, NaOCl, m-CPBA (2-52)

(R,R)-(salen)Mn
2.21 (Jacobsen 催化剂)

2.22 (Katsuki催化剂)

关于 Jacobsen-Katsuki 不对称环氧化的机理进行过广泛研究，较一致的看法是氧化剂先将 Mn(Ⅲ)的配合物(Salen)Mn 氧化成 Mn(Ⅴ)的配合物(Salen)Mn═O，后者作为活泼中间体将氧转移至烯烃，构成如图 2.4 所示催化循环。

氧化剂

图 2.4 Jacobsen-Katsuki 不对称环氧化的催化循环

Jacobsen-Katsuki 不对称环氧化催化剂容易制备，底物适应性广，是将非官能化烯烃氧化成环氧化物的有效方法。反应的官能团容忍度也较好，对醚、酯、酰胺、硝基、氰基、缩羰等官能团无影响。通常共轭烯烃较非共轭烯烃易反应，(*Z*)-1,2-二取代烯烃 *ee* 值高于端烯烃和(*E*)-1,2-二取代烯烃。例如，在 Jacobsen 催化剂 **2.21**（R = ^{t}Bu）作用下，2,2-二甲基色烯衍生物与苯环共轭的顺式双键可顺利地被氧化成环氧化物，对映体过量值达 96%[23]。

2.21(3~4 mol%) 96% *ee* (2-53)

虽然 Jacobsen-Katsuki 环氧化是手性 Salen 配体催化的不对称环氧化反应，一些含氮的杂环化合物，如 PPO 等吡啶氮氧化物、咪唑衍生物、*N*-甲基吗啉氮氧化物（NMO）等作为添加剂对反应通常有促进作用，可提高反应速率、产物收率和反应的立体选择性。例如，利用 Jacobsen-Katsuki 不对称环氧化反应氧化苯乙烯衍生物 **2.23** 的共轭双键，在 PPO 存在下，*ee* 值达 97%。氧化产物经进一步转化，生成(2*S*,3*S*)-3-羟基-2-苯基哌啶（**2.24**）[24]。

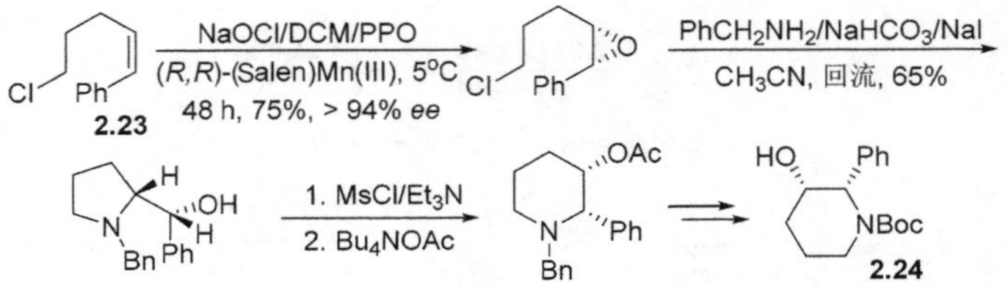

(2-54)

Jacobsen-Katsuki 不对称环氧化合成紫杉醇侧链[23]

紫杉醇（taxol）是从太平洋红豆杉的树皮中分离出的多环二萜化合物，具有很高的抗癌活性，对卵巢癌、乳腺癌、肺癌等癌症有良好疗效。紫杉醇可看成是巴卡亭（baccatin）与α-羟基-β-氨基苯丙酸（**2.25**）的酯：

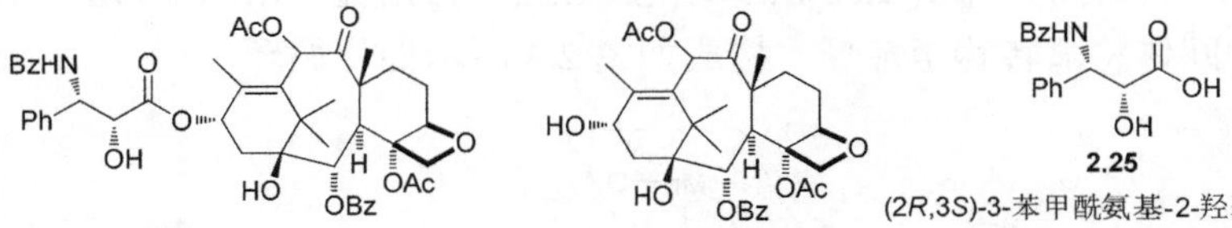

紫杉醇 巴卡亭 **2.25** (2*R*,3*S*)-3-苯甲酰氨基-2-羟基-3-苯丙酸

巴卡亭或其脱乙酰衍生物在植物中的相对含量较高，以巴卡亭和α-羟基-β-氨基苯丙酸为原料的半合成方法成为合成紫杉醇的重要途径。因此α-羟基-β-氨基苯丙酸的合成受到重视。Jacobsen 报道的合成路线以苯丙炔酸乙酯为原料，经 Lindlar 催化氢化生成顺式肉桂酸乙酯。后者在 Jacobsen 催化剂 **2.21**（R = ^{t}Bu）存在下氧化成环氧化物，正确引入了 2,3 位的手性中心。

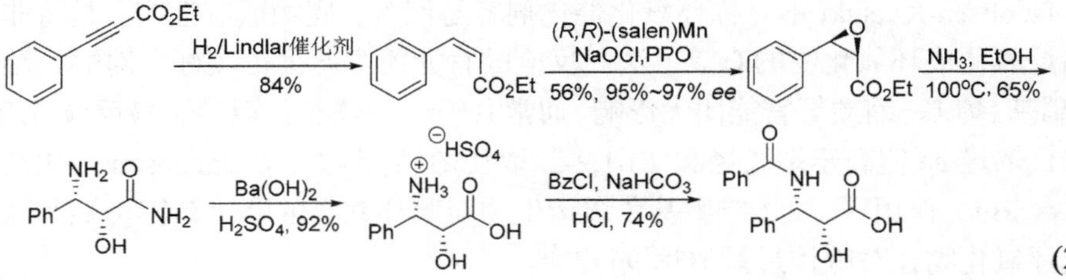

(2-55)

2.2.2 烯烃氧化成 1,2-二醇

1. 用高锰酸钾氧化

用高锰酸盐氧化内烯烃，首先生成五元环状中间体高锰酸二酯。用不同的水溶液处理该中间体形成不同的氧化产物。用碱性水溶液处理时，产物为邻二醇，用酸性水溶液处理断裂成两分子的醛，用中性水溶液处理则形成α-酮醇，用过量的高锰酸盐氧化则会发生氧化断裂，生成两分子羧酸。

$$R^1CH{=}CHR^2 \xrightarrow{KMnO_4} \text{(cyclic manganate ester)} \xrightarrow{\ominus OH/H_2O} R^1CH(OH)CH(OH)R^2$$

$$\text{(cyclic manganate ester)} \xrightarrow{H_2O} RCH(OH)C(=O)R$$

$$\text{(cyclic manganate ester)} \xrightarrow{H_3O^{\oplus}} R^1CHO + R^2CHO \xrightarrow{KMnO_4} R^1CO_2H + R^2CO_2H \tag{2-56}$$

用高锰酸盐氧化内烯烃合成二醇和二醛通常在相转移条件下进行，许多用其他方法难以合成的二醇和二醛可用这一方法合成。例如：

$$\text{环辛烷-1,2-二醇} \xleftarrow[\text{2. NaOH, 50\%}]{\text{1. } C_6H_5\overset{\oplus}{N}(CH_3)_3\overset{\ominus}{Cl}/KMnO_4} \text{环辛烯} \xrightarrow[\text{2. } HClO_4\text{, 74\%}]{\text{1. PTC/}KMnO_4} \text{OHC-(CH}_2)_6\text{-CHO} \tag{2-57}$$

在相转移催化技术发展之前，制备邻二醇的典型反应是用四氧化锇或碘和乙酸银在含水乙酸中氧化烯烃。这类试剂成本高，毒性大，会产生严重的环境污染，不适于大规模工业生产。相比之下，相转移催化技术具有经济、简便、无毒、安全等诸多优点。

2. 用四氧化锇氧化

四氧化锇氧化烯烃为顺式邻二醇的机理类似于高锰酸钾氧化，先生成锇酸酯，再水解成顺式邻二醇：

$$>C{=}C< \xrightarrow{OsO_4} \text{(cyclic osmate ester)} \xrightarrow{H_2O} -C(OH)-C(OH)- + (HO)_2OsO_2 \tag{2-58}$$

四氧化锇价格高，毒性大，易挥发，使用化学计量的四氧化锇氧化应用价值不大。1912年，Hofmann等发现，在廉价的共氧化剂氯酸钾或氯酸钠存在下，使用催化量的四氧化锇就可实现烯烃的双羟基化反应。这一发现推动了四氧化锇催化双羟基化的深入研究，先后发现过氧化氢、高碘酸钠、次氯酸钠、过氧叔丁醇、*N*-甲基吗啉氮氧化物（NMO）等也可作为共氧化剂。特别是Yamamoto等在1990年发现，以叔丁醇的水溶液作溶剂，用铁氰化钾作共氧化剂可以有效地将烯烃氧化成邻二醇[25]，为Sharpless等后来发展不对称双羟基化提供了很好的参考。

另一个重要进展则是Criegee等发现配体的加入可以加速双羟基化反应，如吡啶、奎宁以及1,4-二氮杂双环[2.2.2]辛烷（DABCO）等与四氧化锇配位的化合物均可加速反应。1980年，Sharpless等将金鸡纳生物碱衍生物**2.26**（DHQ-Ac）和**2.27**（DHQD-Ac）作为四氧化锇的配体用于烯烃双羟基化反应，实现了不对称双羟基化，对映体过量值达到80%~90%[26]。

2.26 (DHQ-Ac, R = Ac) **2.27** (DHQD-Ac, R = Ac)

2.28 (DHQ-CLB, R = 4-ClC_6H_4CO) **2.29** (DHQD-CLB, R = 4-ClC_6H_4CO)

Sharpless 等起初报道的不对称双羟基化使用了化学计量的四氧化锇和手性配体。1988 年，Sharpless 等又发现以 *N*-甲基吗啉氮氧化物（NMO）为共氧化剂，丙酮与水的混合物为反应介质，可以用催化量的手性配体 **2.28**（DHQ-CLB）或 **2.29**（DHQD-CLB）和催化量的四氧化锇氧化芳基烯烃，实现不对称催化双羟基化，获得良好的对映选择性（20%~88% *ee*）[27]。

为了进一步提高不对称催化双羟基化的效率，Sharpless 等先后实验了多种金鸡纳生物碱衍生物，发现金鸡纳生物碱二聚体$(DHQ)_2$PHAL（**2.30**）或$(DHQD)_2$PHAL（**2.31**）作配体非常理想，不仅对映选择性高，底物适应范围广，还可用不易挥发的锇酸钾代替高挥发性的四氧化锇作催化剂。

2.30 $(DHQ)_2$PHAL **2.31** $(DHQD)_2$PHAL

通过不断的研究和改进，发展出如下比较典型的催化体系：由铁氰化钾、锇酸钾、**2.30** 和碳酸钾按一定比例配成的催化体系称作 AD-mix-α，将配方中的 **2.30** 用等量的 **2.31** 替换得到的试剂则称作 AD-mix-β，分别用于烯烃α面和β面的双羟基化（图 2.5）。AD-mix-α和 AD-mix-β已实现商品化。

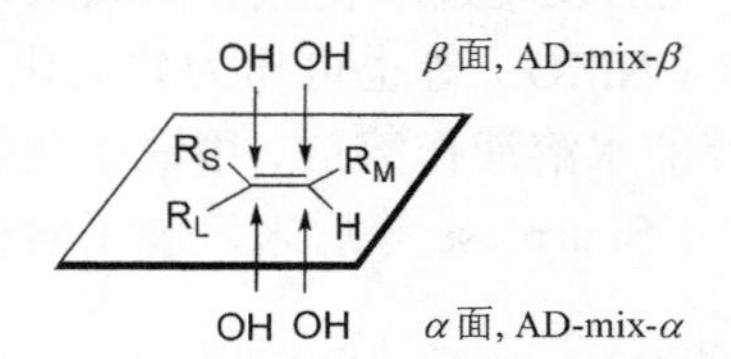

图 2.5 AD-mix-α和 AD-mix-β对烯烃α面和β面的双羟基化

Sharpless 不对称催化双羟基化的机理与共氧化剂有关，催化循环如图 2.6 所示。例如，甲磺酰胺存在下氧化以下内烯烃反应可在 0℃下进行[28]。

$MeSO_2NH_2$(1 eq.), AD-mix-β, 0°C, $^tBuOH/H_2O$(1:1), 99.8% *ee*

(2-59)

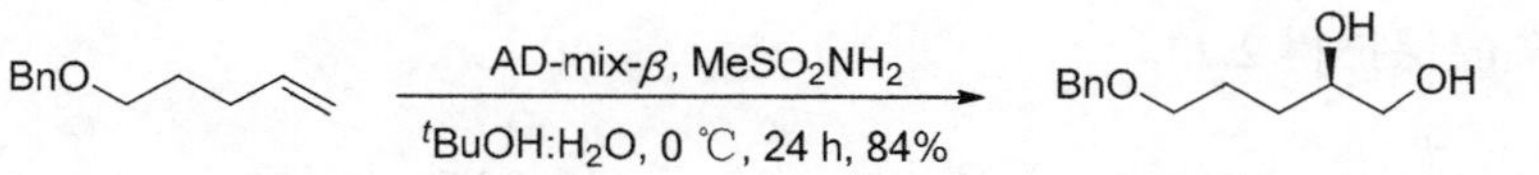

(2-60)

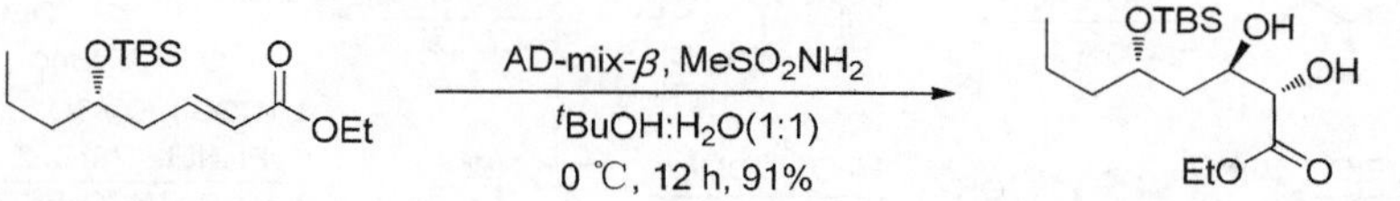

(2-61)

Talero 等将锇酸钾替换成 $K_2OsO_2(OH)_4$，以 99%的 *ee* 值将不饱和的α,β-重氮酮氧化为二羟基化合物，避免了一般体系手性的混合[29]。

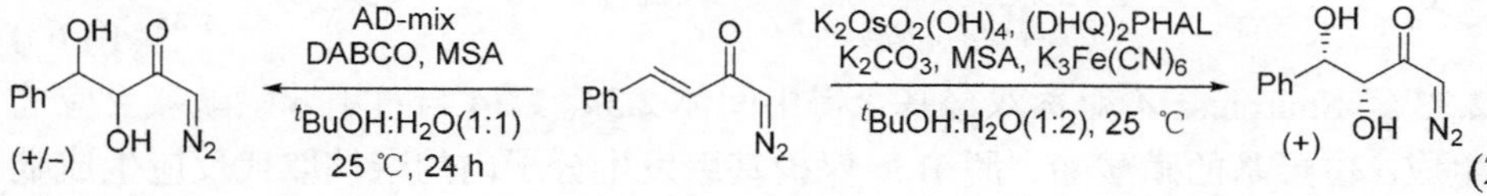

(2-62)

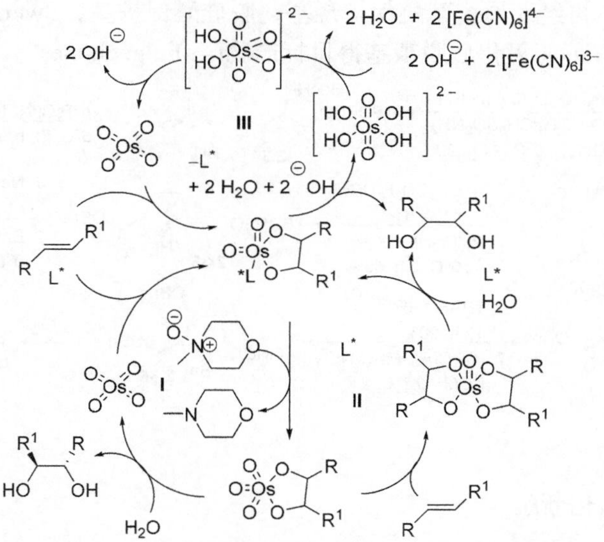

图 2.6 Sharpless 不对称催化双羟基化的催化循环

Sharpless 不对称双羟基化合成(–)-bulgecinine

糖肽 bulgecin 是β-内酰胺类抗生素的增效剂，其组成氨基酸(–)-bulgecinine 是非蛋白氨基酸，结构如下：

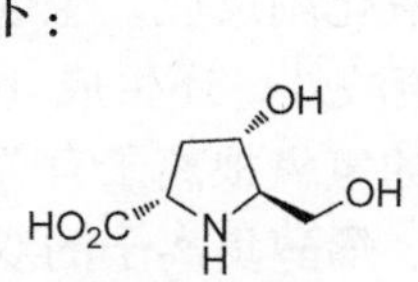

(–)-bulgecinine

Show 等[30]报道的合成路线以 *L*-天冬氨酸为原料，经酯化，还原得二醇，与 2,2-二甲氧基丙烷反应生成氮杂缩酮 **2.32**。**2.32** 经 Swern 氧化，Wittig 反应，开环，

羟基的硅醚保护得 **2.33**。

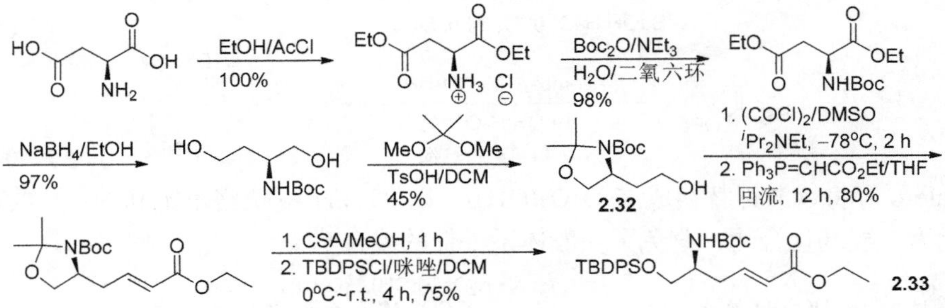

(2-63)

2.33 经 Sharpless 不对称双羟基化得中间体 **2.34**。**2.34** 与对甲苯磺酰氯反应选择性生成α位羟基的磺酸酯，脱 Boc 保护基后发生分子内的亲核取代反应生成吡咯衍生物 **2.35**，再经还原，苄醚保护羟基，脱硅醚保护基，Swern 氧化得中间体 **2.36**。**2.36** 经 Pinnick 氧化后脱苄基得目标产物(–)-bulgecinine。

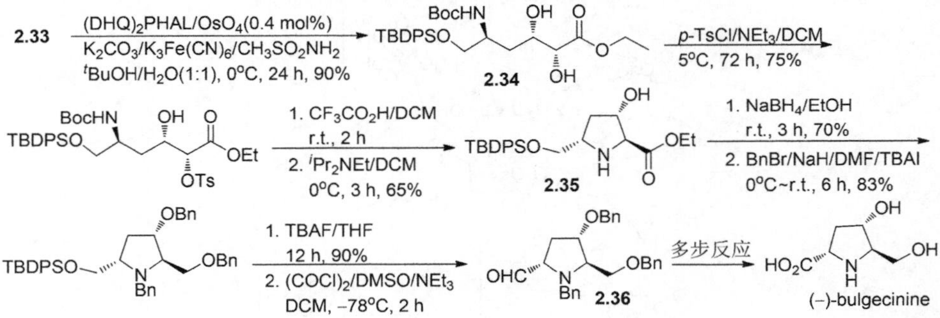

(2-64)

2.2.3 烯烃的氧化断裂

用高锰酸盐氧化端烯烃生成少一个碳原子的羧酸，收率很高。

$$RHC{=}CH_2 + MnO_4^{\ominus} \xrightarrow{PTC} RCOOH \tag{2-65}$$

反应在苯或二氯甲烷和水两相条件下进行，以季铵盐或开链聚醚作催化剂，是氧化长链端烯烃制备长链脂肪酸的常用方法。

用高锰酸盐氧化端烯烃通常伴有过氧化副反应，生成比烯烃少两个碳原子的羧酸。例如，1-辛烯氧化时，除主产物庚酸外，还生成 10%左右的过氧化产物己酸。过氧化可能与高锰酸盐还原时产生的氢氧根离子有关，初始氧化产物在氢氧根离子作用下脱α-氢，形成烯醇负离子。烯醇负离子的双键再被氧化，就生成过氧化产物。实验也发现，加入碱可以显著增加过氧化程度，加入少量（5%~10%）乙酸则可抑制过氧化。

$$RH_2CHC{=}CH_2 \xrightarrow{MnO_4^{\ominus}} RCH_2COOH \xrightarrow{^{\ominus}OH} RHC{=}C(O^{\ominus})O^{\ominus} \xrightarrow{MnO_4^{\ominus}} RCOOH \tag{2-66}$$

臭氧也可使烯烃发生氧化断裂，生成两分子的醛或酸，例如，利用马来酸二甲酯（顺丁烯二酸二甲酯）的臭氧裂解可合成乙醛酸，利用油酸的臭氧裂解可合成壬二酸。

$$\text{(Z)-MeO}_2\text{CCH=CHCO}_2\text{Me} \xrightarrow{O_3} \text{CHO-CO}_2\text{X} \tag{2-67}$$

$$H_3C(H_2C)_7HC{=}CH(CH_2)_7CO_2H \xrightarrow{O_3} HO_2C(CH_2)_7CO_2H \tag{2-68}$$

壬二酸俗称杜鹃花酸，在工业上主要用于合成壬二酸酯类增塑剂，也是治疗痤疮、皮肤色素过多等皮肤病的重要药物。

在烯烃的臭氧裂解过程中，烯烃作为亲偶极试剂，与臭氧发生 1,3-偶极环加成生成 **2.37**，再经逆 1,3-偶极环加成生成醛和 **2.38**，醛和 **2.38** 又可通过 1,3-偶极环加成转变成中间体 **2.39**。**2.39** 水解生成两分子醛，还原可得两分子的醇，用过量氧化剂氧化则生成两分子羧酸[31]。

H2O2, RCO3H → R1COOH + R2COOH
H2O → R1CHO + R2CHO
LiAlH4, NaBH4 → R1CH2OH + R2CH2OH
2.37　2.38　2.39

(2-69)

在质子溶剂中，经逆 1,3-偶极环加成生成的中间体 **2.38** 可转变成过氧化物，例如，在甲醇存在下，可生成过氧化物 **2.40**[32]。

MeOH
2.38　2.40

(2-70)

2014 年，Ling 等[33]在报道的 2,2,4,4,6,6-六硝基金刚烷的优化合成路线中，其乙酰化路线中金刚烷骨架上的双键就是通过臭氧氧化来断裂的，通过水解分别形成一分子的金刚烷酮和一分子的甲醛。

O_3, EtOAc

(2-71)

2.3 醇的氧化

2.3.1 用铬试剂氧化

重铬酸钠的硫酸溶液是较早应用的无机氧化剂，但其超强的氧化能力引起的过氧化和酸性条件对酸敏基团的不兼容等问题限制了该氧化剂的应用。经多年研究，发展了多种改进的铬氧化体系和氧化方法，其中 Jones 试剂、Sarett 试剂、Collins 试剂和氯铬酸吡啶鎓盐（PCC）的制备和使用最具代表性。

Jones 试剂是 CrO_3 的硫酸溶液，在稀硫酸中，CrO_3 可转变成铬酸（H_2CrO_4），在浓硫酸中，则以重铬酸（$H_2Cr_2O_7$）的形式存在。Jones 试剂可将伯醇氧化成羧酸，仲醇氧化成酮，反应在丙酮中进行，通过丙酮的氧化来抑制底物的过氧化。

R⌒OH —[H_2CrO_4 或者 $H_2Cr_2O_7$ / H_2SO_4/H_2O/丙酮]→ RCOOH　(2-72)

$R^1CH(OH)R^2$ —[H_2CrO_4 或者 $H_2Cr_2O_7$ / H_2SO_4/H_2O/丙酮]→ R^1COR^2　(2-73)

反应中醇先与铬酸形成铬酸酯，再脱氢生成产物。动力学同位素效应测定表明脱氢是速率控制步骤。脱氢可在水的促进下完成，也可经分子内的氢转移过程实现。

(2-74)

(2-75)

尽管 Jones 试剂存在酸性强等诸多问题，在合成中的应用仍然非常广泛，例如，Kobayashi 等[34]在–40℃下用 Jones 试剂氧化环戊醇衍生物 **2.41** 成功合成出块茎酸（tuberonic acid）**2.42**。

2.41 —[$CrO_3/H^{\oplus}$, –40°C, 92%]→ —[$MgBr_2$, Et_2O, 96%]→ **2.42**　(2-76)

Sarett 将铬酸酐溶于吡啶中用于氧化反应，实际上生成了吡啶合三氧化铬络合物（Sarett 试剂），实现了在非酸条件下用铬试剂氧化。但吡啶作为反应溶剂给后处理带来了一些困难。Collins 成功制备出吡啶合三氧化铬络合物的晶体，以二氯甲烷作为反应溶剂，极大地简化了后处理操作。用 Collins 试剂氧化伯醇反应可停留在醛的阶段，不会进一步氧化成羧酸。例如：

$$CH_3(CH_2)_5CH_2OH \xrightarrow[25^{o}C,\ 70\%\sim84\%]{CrO_3(Py)_2/CH_2Cl_2} CH_3(CH_2)_5CHO \quad (2\text{-}77)$$

Collins 试剂不够稳定，易吸潮，难保存，要求无水条件下反应，通常试剂要过量 5 倍以上才能获得满意结果。1975 年，Corey 等[35]报道了氯铬酸吡啶鎓盐的制备及其在氧化反应中的应用，根据其英文名称 pyridinium chlorochromate 缩写成 PCC。PCC 的制备过程非常简单，将 CrO_3 和吡啶加入到盐酸溶液中，加热到 40℃即可析出橘黄色的 PCC 结晶。

$CrO_3/HCl/H_2O$ → $CrCO_3\ Cl^{\ominus}$

氯铬酸吡啶鎓盐 (PCC) (2-78)

PCC 可将伯醇或仲醇选择性地氧化成醛或酮，也称作 Corey 氧化。PCC 易溶于水、DMF、DMSO、乙酸等极性溶剂；不溶于甲苯、二氯甲烷等烃类或卤代烃类溶剂。但是，实验发现，使用 PCC 氧化醇为羰基化合物的反应在二氯甲烷中两相条件下进行效果非常好，反应可在数分钟至数小时内完成。例如，Lee 等[36]在平板霉素（platensimycin）中间体的合成中，利用 PCC 成功地将伯醇 **2.43** 氧化成相应的醛 **2.44**，分子中的双键和硅醚保护的羟基均未受到影响。4Å 分子筛的存在不仅可降低 PCC 的酸性，对氧化反应还有明显的加速作用。

2.43 OH, OTBS —PCC(2 eq.), 4Å MS / DCM, 40 min→ [**2.44** O, OTBS] → CHO, OTBS (2-79)

用 PCC 氧化邻二醇会发生氧化断裂，生成两分子的醛。例如，1,2-环己二醇经 PCC 氧化生成己二醛[23]：

OH, OH —PCC(2 eq.)/DCM / r.t., 1.5 h, 79%→ CHO, CHO (2-80)

为了克服 PCC 酸性强等缺点，先后发展了多种 PCC 的类似物作为氧化剂，也称作类 PCC 氧化剂，包括氟铬酸吡啶鎓盐（PFC）、氯铬酸联吡啶鎓盐（BPCC）、氯铬酸二甲氨基吡啶鎓盐（DMAPCC）以及重铬酸吡啶鎓盐（PDC）等。类 PCC 氧化剂具有一些 PCC 所不具备的性质，作为 PCC 试剂的补充被广泛应用于醇的氧化反应中。例如，用 PDC 氧化伯醇，在二氯甲烷中反应，产物为醛，而在 DMF 等极性溶剂中反应，则生成羧酸[23]。

OH —$PDC/DCM/Ac_2O$ / r.t., 3 h, 87%→ O (2-81)

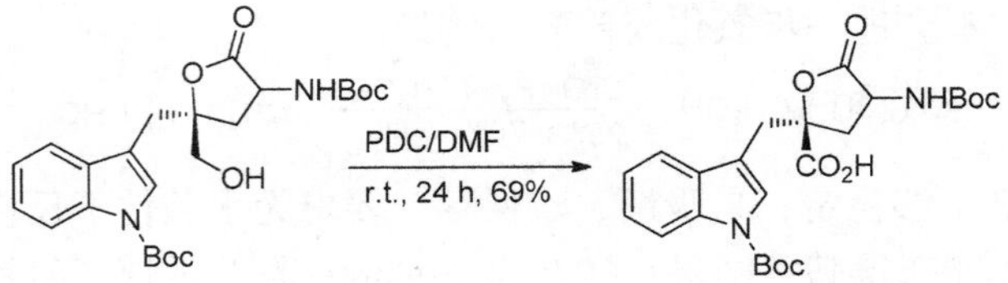

PDC/DMF
r.t., 24 h, 69%

(2-82)

2.3.2 用二甲亚砜氧化

由于以下共振结构的存在，二甲亚砜的氧原子带部分负电荷：

(2-83)

在适当的亲电试剂存在下，二甲亚砜的氧原子可作为亲核试剂与亲电试剂结合，转变成锍盐 **2.45**。当锍盐 **2.45** 中的—OE 基团为一个好的离去基团时，可与亲核试剂醇发生亲核取代反应，生成活泼的烷氧基锍盐 **2.46**，再在碱的作用下发生分子间和分子内的脱氢生成氧化产物醛或酮，二甲亚砜则被还原成二甲硫醚。反应机理如式(2-84)所示。

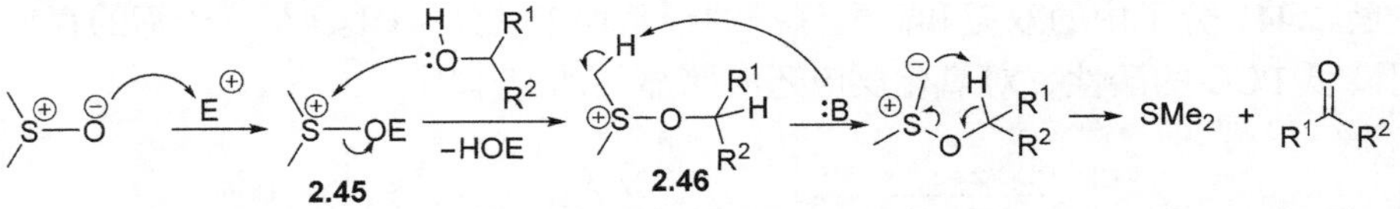

(2-84)

用于活化二甲亚砜的亲电试剂有二环己基碳二亚胺[37]、乙酸酐[38]、三氧化硫吡啶复合物[39]和草酰氯或三氟乙酸[40]，见图 2.7。

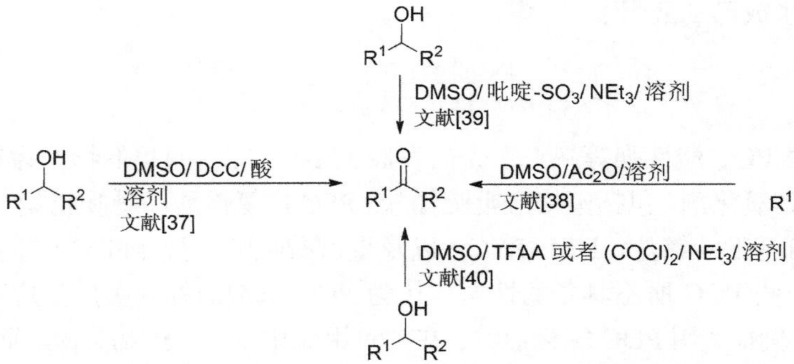

DMSO/ 吡啶-SO_3/ NEt_3/ 溶剂 文献[39]

DMSO/ DCC/ 酸 溶剂 文献[37]

DMSO/Ac_2O/溶剂 文献[38]

DMSO/ TFAA 或者 $(COCl)_2$/ NEt_3/ 溶剂 文献[40]

图 2.7　不同亲电试剂存在下用 DMSO 氧化醇为醛酮的反应

实际上，1957 年，Kornblum 及其同事就发现二甲亚砜可以将α-卤代酮氧化成邻二酮或将卤苄氧化成苯甲醛。对于活性较低的脂肪族卤代烃，可加入对甲苯磺酸银将其原位转变成磺酸酯再氧化。反应中，二甲亚砜作为亲核试剂取代底物分子中的卤素或对甲苯磺酸基，生成 **2.46** 所示的烷氧基锍盐，然后在碱的作用下脱氢生成氧化产物，以对甲苯磺酸银存在下的氧化为例，反应机理如下[4]：

X—CH(R^1)(R^2) —AgOTs, −AgX→ TsO—CH(R^1)(R^2) —($^{\ominus}$O—$S^{\oplus}Me_2$), −$TsO^{\ominus}$→ $Me_2S^{\oplus}$—O—CH(R^1)(R^2) (**2.46**) —:B→ SMe_2 + R^1COR^2

(2-85)

1963年，Pfitzner和Moffatt发现，在二环己基碳二亚胺（DCC）存在下，二甲亚砜也可氧化醇为醛或酮，称为Pfitzner-Moffatt氧化。例如：

HO—(3'-OAc 胸苷) —DMSO/DCC/H_3PO_4, r.t., 90%→ OHC—(3'-OAc 胸苷)

(2-86)

相对于用铬试剂的氧化反应，DMSO参与的氧化反应条件温和，伯醇的氧化不生成羧酸，适于底物分子中存在敏感官能团的醇的氧化。反应中DCC的作用是作为亲电试剂活化二甲亚砜，机理如式（2-87）所示。

R—N=C=N—R ⇌($H^{\oplus}$) R—N=C=$N^{\oplus}$H—R —($^{\ominus}$O—$S^{\oplus}Me_2$)→ R—N=C(—O—$S^{\oplus}Me_2$)—NH—R —(HO—CHR^1R^2)→ [R—N=C(NHR)—O—$S(Me_2)$—O—CHR^1R^2] —(−RNHCONHR)→ $Me_2S^{\oplus}$—O—CHR^1R^2 → SMe_2 + R^1COR^2

(2-87)

为充分活化DMSO，活化剂DCC需过量（3倍以上），后处理时加草酸可除去过量的DCC。反应还必须有中等强度的酸催化，如H_3PO_4、二氯乙酸、强酸吡啶盐等。强酸对反应有阻碍作用。副产物二环己基脲较难除去，用水溶性的碳二亚胺替代DCC可克服这一问题。

DCC作为亲电试剂活化DMSO的成功以及DCC自身存在的问题促使人们研究新的DMSO活化剂。在随后的几年中，相继发现乙酸酐、三氧化硫吡啶复合物等也可作为亲电试剂活化DMSO。不过，这些活化剂的活性较低，需在室温下反应数小时。乙酸酐作活化剂时，由烷氧基锍盐脱氢生成的中间体会发生分子内的重排，生成一定量的烷氧基甲基硫醚副产物**2.47**。

$H_2C^{\ominus}$—$S^{\oplus}$(Me)—O—CHR^1R^2 → CH_3SCH_2—O—CHR^1R^2 (**2.47**)

(2-88)

Albright-Goldman氧化以DMSO作溶剂，使用过量的（5倍量）乙酸酐，可在一定程度上抑制副反应。醇羟基的空间位阻大时，也可降低或避免副产物的生成，例如[23]：

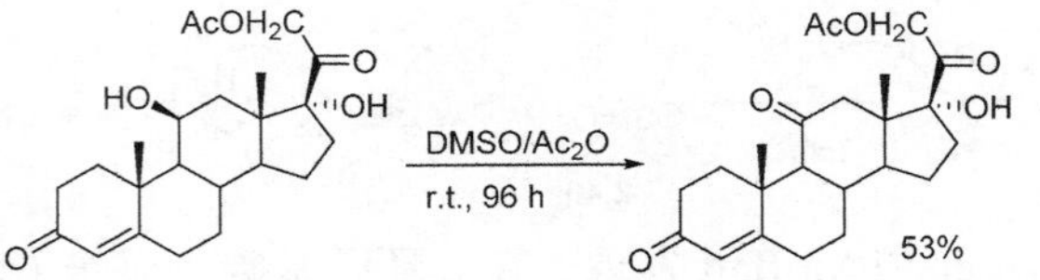

(2-89)

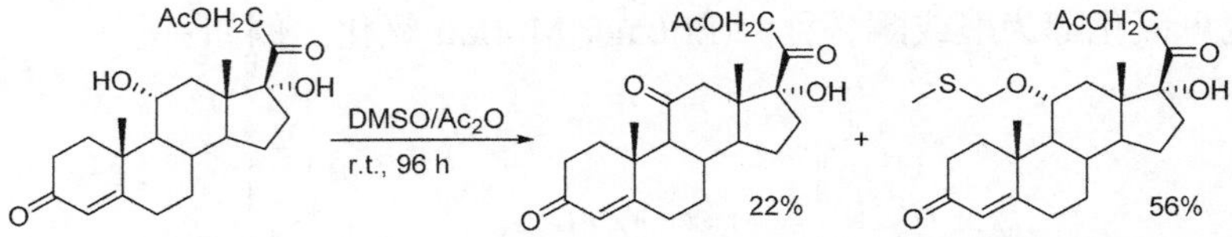

(2-90)

Swern 等在 1976 年和 1978 年分别发现三氟乙酸酐和草酰氯作为 DMSO 的活化剂非常有效，特别是草酰氯作为 DMSO 的活化剂活性高，可在−78℃的低温下实现醇的氧化，化学选择性和产物收率更高，在合成中得到广泛应用，称作 Swern 氧化，机理如下：

(2-91)

Swern 氧化通常在二氯甲烷中进行。由于 DMSO 与草酰氯的起始加成物二甲基氯锍离子和烷基锍盐 **2.46** 均不太稳定，Swern 氧化通常需在−60℃以下反应，例如[41]：

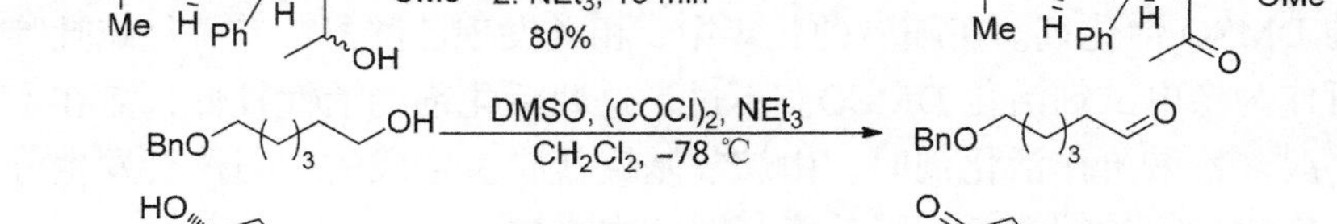

(2-92)

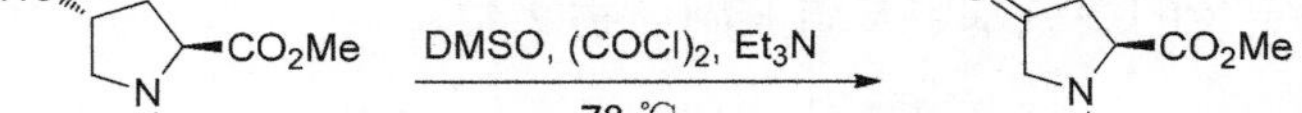

(2-93)

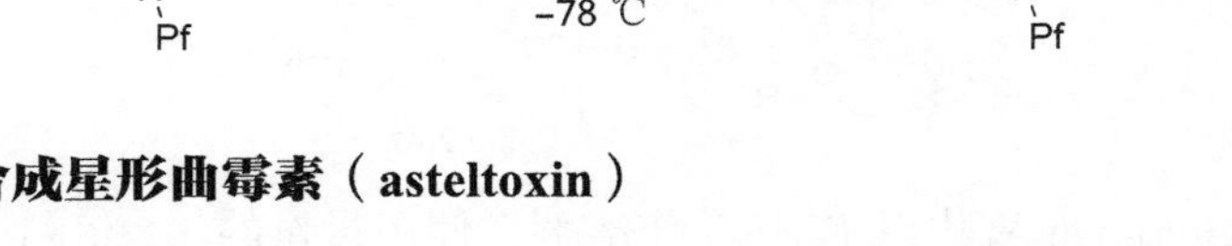

(2-94)

Swern 氧化合成星形曲霉素（asteltoxin）

星形曲霉素属霉菌毒素，结构如下：

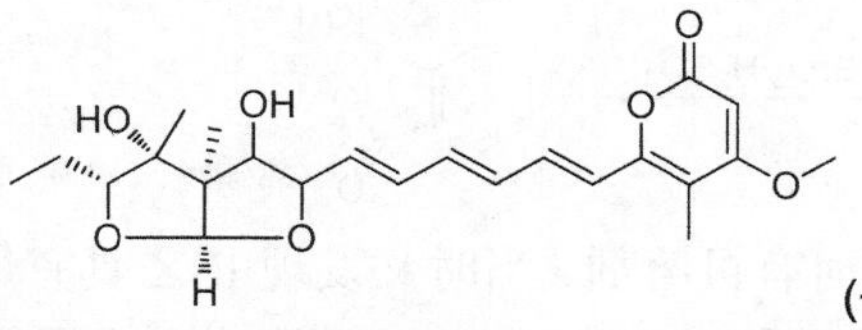

(+)-asteltoxin

Eom 等[42]报道的合成路线两次应用 Swern 氧化由伯醇构建醛基。以 **2.48** 为起始原料，经硅醚保护伯羟基，双羟基化得中间体 **2.49**。**2.49** 的伯羟基经 Swern 氧化生成相应的醛，再与乙基溴化镁加成得中间体 **2.50**，再经环醚化和脱保护得中间体 **2.51**。

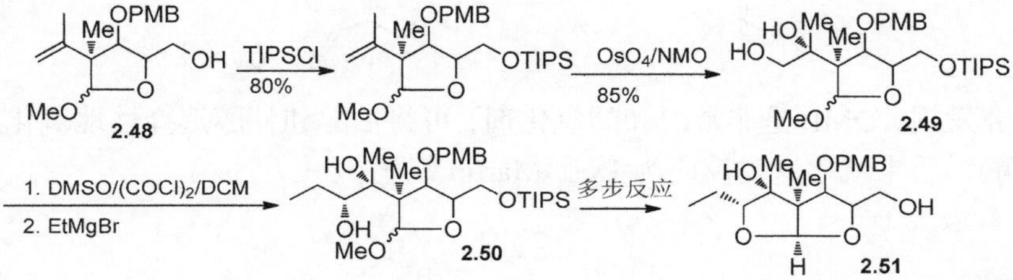

TIPSCl 80%　　OsO_4/NMO 85%　　1. DMSO/$(COCl)_2$/DCM 2. EtMgBr　　多步反应

(2-95)

2.51 经 Swern 氧化得中间体 **2.52**。**2.52** 与膦酸酯 **2.53** 发生羰基烯化（HWE 烯化）反应，生成丙烯酸酯衍生物 **2.54**。

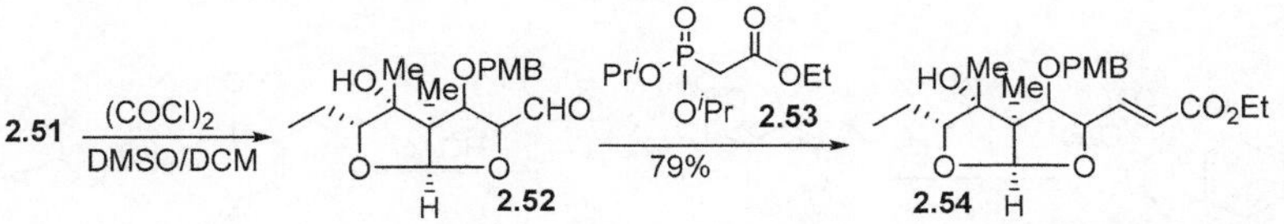

$(COCl)_2$ DMSO/DCM　　**2.53** 79%

(2-96)

2.54 的丙烯酸酯基团经二异丁基氢化铝还原得烯丙醇衍生物，DDQ 脱对甲氧基苄基（PMB）保护基后用活性二氧化锰将烯丙醇氧化为烯丙醛，再与膦酸酯 **2.55** 发生羰基烯化得目标产物。

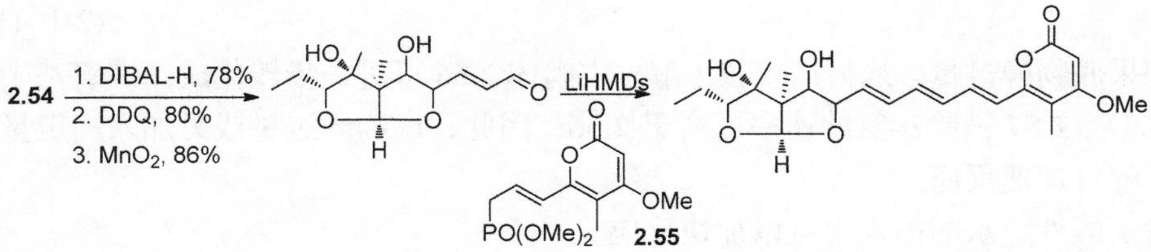

1. DIBAL-H, 78%　2. DDQ, 80%　3. MnO_2, 86%　　LiHMDs　　**2.55**

(2-97)

2.3.3 用高价碘化物氧化

碘可以形成许多稳定的多配位、高价态的化合物。例如，早在 1893 年就发现硫酸存在下溴酸钾可将邻碘苯甲酸氧化成邻碘酰苯甲酸（*o*-iodoxybenzoic acid, IBX）。

邻碘酰苯甲酸, IBX

$$\text{2-iodobenzoic acid} \xrightarrow{KBrO_3/H_2SO_4} \text{IBX} \tag{2-98}$$

由于 IBX 几乎不溶于任何有机溶剂，当时又发现 IBX 具有爆炸性，限制了应用方面的研究。1983 年，Dess 和 Martin 由 IBX 的酰化合成了能溶于多种有机溶剂的三乙酰氧基衍生物，称作 Dess-Martin 高价碘试剂（Dess-Martin periodinane, DMP）。

$$\text{IBX} \xrightarrow[93\%]{Ac_2O/AcOH} \text{DMP} \tag{2-99}$$

研究发现，DMP 是非常温和的氧化剂，可将伯醇和仲醇选择性地氧化成相应的醛或酮，后来就称这类反应为 Dess-Martin 氧化。

$$R^1CH(OH)R^2 \xrightarrow{DMP} R^1COR^2 \tag{2-100}$$

Dess-Martin 氧化反应中，醇的烷氧基先取代 DMP 分子中的乙酰氧基，形成烷氧基中间体 **2.56**，再脱醇分子中与羟基相连的碳原子上的氢（α-氢）生成产物，机理如下：

$$\text{DMP} \xrightarrow{R^1CH(OH)R^2} \mathbf{2.56} \xrightarrow{-HOAc} \text{(AcO)-iodinane} + R^1COR^2$$

$$\mathbf{2.56} \xrightarrow{ROH,\ -HOAc} \mathbf{2.57} \xrightarrow{-HOAc} \text{(RO)-iodinane} + R^1COR^2 \tag{2-101}$$

如果底物醇过量，或另加入叔丁醇，中间体 **2.56** 可进一步转化成二烷氧基中间体 **2.57**。**2.57** 消除α-氢的速率远高于 **2.56**，因此，底物醇过量或另加入一定量的叔丁醇可加速反应。

除了醇外，水的加入也可以加快反应。

$$\text{DMP} \xrightarrow{RCH_2OH} \text{intermediate} \xrightarrow{\text{慢}} \text{(AcO)-iodinane} + AcOH + RCHO$$

$$\text{DMP} \xrightarrow{RCH_2OH,\ H_2O} \text{intermediate (OH)} \xrightarrow{\text{快}} \text{(HO)-iodinane} + AcOH + RCHO \tag{2-102}$$

DMP 氧化饱和醇为醛酮的反应通常可在室温下 2 h 内完成，苄醇和烯丙醇的活性更高，反应可在 30 min 内完成。由于氧化条件温和，底物分子中的许多敏感官能团不受影响，在合成中的应用非常广泛。例如，可在高张力的环氧乙烷官能团、氮杂环丙烷官能团存在下选择性氧化醇羟基[23]。

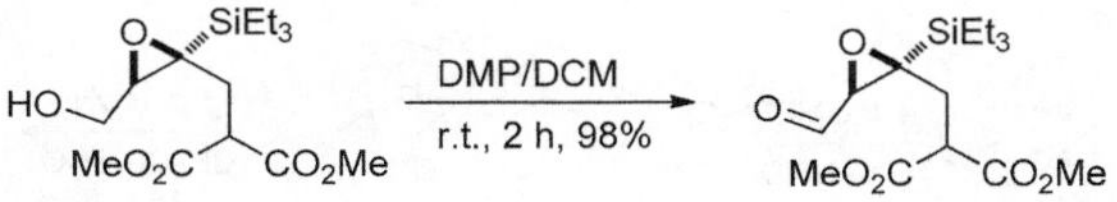

(2-103)

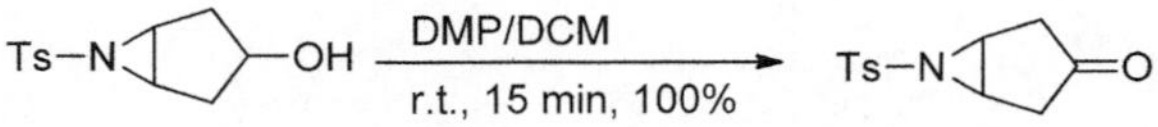

(2-104)

在手性化合物的合成中，氧化可能导致手性中心的构型改变或发生外消旋化，DMP 氧化的温和条件往往可以保持底物的光学纯度不受影响，这也是 Dess-Martin 氧化的优点。例如，在大环内酰胺类天然产物(+)-cylindramide A 的合成中，利用 Dess-Martin 试剂成功将烯醇中间体氧化成烯醛中间体，分子中的烯键，手性中心等均未受到影响[43]。

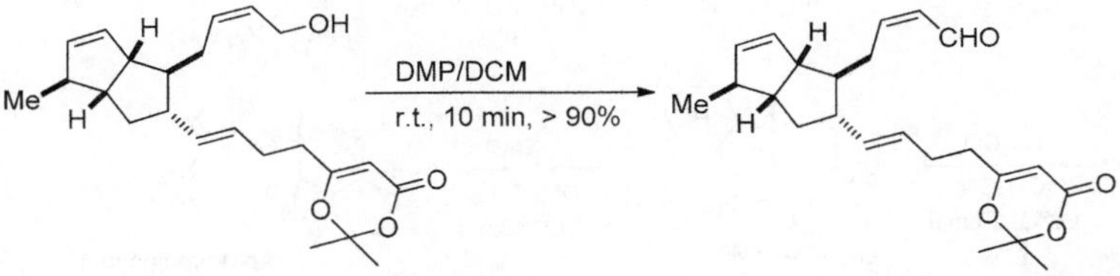

(2-105)

Dess-Martin 氧化产物醛或酮在合成中有广泛的应用，在药物和复杂天然产物的合成中，醛或酮的羰基通过 Wittig 反应可转变成烯键，醛或酮也是许多缩合反应的重要组分。为了提高合成效率，合成中常将 Dess-Martin 氧化和氧化产物的后续反应设计成“一锅煮”反应，减少分离操作，得到较高的反应总产率。例如，Wang 等[44]在 zaragozic acid 合成过程中，利用“一锅煮”的 Dess-Martin 氧化/Wittig 反应由 2-丁炔-1,4-二醇合成了重要中间体 **2.58**。

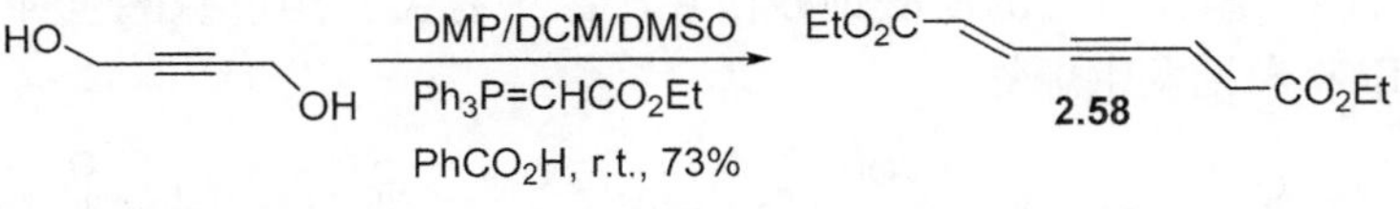

(2-106)

aplykurodinone-1 在 2005 年被从海洋生物中分离出来。2017 年，Xu 等[45]报道了通过 3-甲基-2-环己烯-1-醇和香茅酸作为起始原料，合成了 aplykurodinone-1。通过 Ireland-Claisen 重排、ene 环化、Michael 加成等 11 步反应完成了 aplykurodinone-1 的不对称全合成，总产率达到 19%。成功解决了长期困扰 aplykurodinone-1 合成中 C-13 甲基的手性问题，这是迄今关于 aplykurodinone-1 手性控制最好、产率最高的合成路线。其在该路线中就两次用到了 DMP 氧化体系，产率分别达到 95%和 81%。

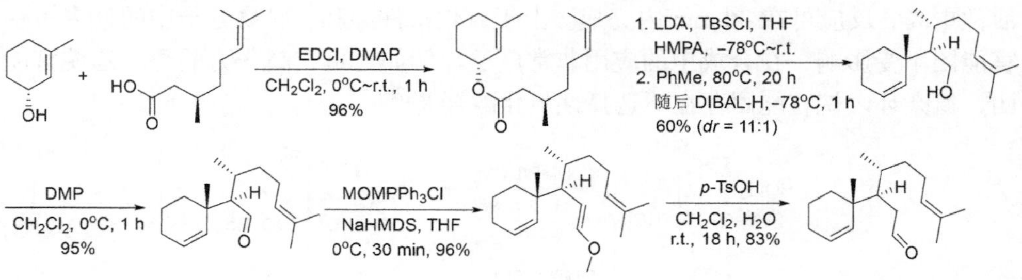

(2-107)

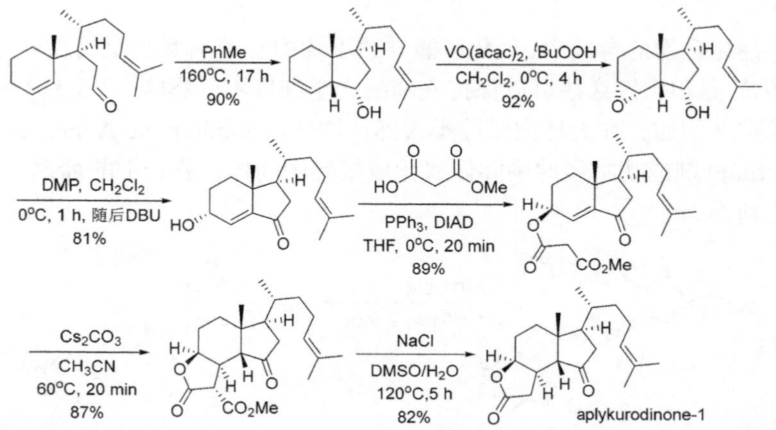

(2-108)

由于高价碘化物作为氧化剂反应条件温和，应用范围广，近年来研究非常活跃，发展了许多新的高价碘试剂和氧化反应。这些新的高价碘试剂包括五价碘试剂和三价碘试剂。较早发现的 IBX 也重新引起人们的兴趣。研究发现，IBX 在二甲亚砜中溶解性很好，溶解在二甲亚砜中的 IBX 其实是一个非常温和的氧化剂，甚至比 DMP 还要温和。例如，用 DMP 氧化邻二醇，会发生断裂，生成两分子的醛；而用 IBX 在二甲亚砜中氧化邻二醇，可生成α-二酮或β-酮醇[46]。另外，IBX 的爆炸性可能与制备时用的溴酸钾残留在产品中有关，用过硫酸氢钾（Oxone）法制备的 IBX 未见发生爆炸。

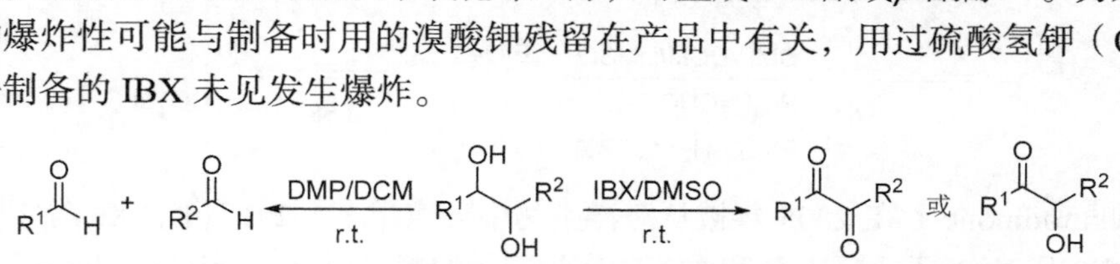

(2-109)

三价碘试剂近年来发展更为迅速，常用的三价碘试剂包括二乙酰氧基碘苯 $PhI(OAc)_2$（PIDA）、亚碘酰苯（PhIO）、羟基对甲苯磺酸碘苯 PhI(OH)OTs（HTIB）等。对于醇的氧化，三价碘试剂的活性较五价碘试剂低，但在适当的催化剂存在下反应也能顺利进行。例如，1997 年，Piancatelli 等报道在催化量的 2,2,6,6-四甲基哌啶氮氧自由基（TEMPO）的作用下，以 PIDA 作为氧化剂，室温下可将各种芳香族和脂肪族的伯醇和仲醇氧化成相应的醛或酮，反应条件温和，产率理想，无过氧化产物羧酸生成［式（2-110）］[47]。反应体系中的 PIDA 也可以用另一种三价碘化物二氯碘苯 $PhICl_2$ 代替，但反应必须在吡啶的催化下才能进行。

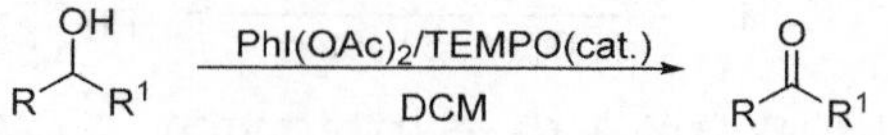

$PhI(OAc)_2$/TEMPO(cat.)
DCM

(2-110)

PIDA/TEMPO 体系不仅可以选择性氧化伯醇到醛，还能在仲醇存在的条件下，选择性地氧化伯羟基。2003 年，Hansen 等[48]利用 $PhI(OAc)_2$/TEMPO 体系的这一选择性氧化特点，将同时存在伯醇基和仲醇基的 1,5-二醇氧化到相应的 δ-内酯［式（2-111）］。氧化反应先发生在伯羟基上，生成醛。醛与仲羟基缩合生成半缩醛，再被氧化成酯。

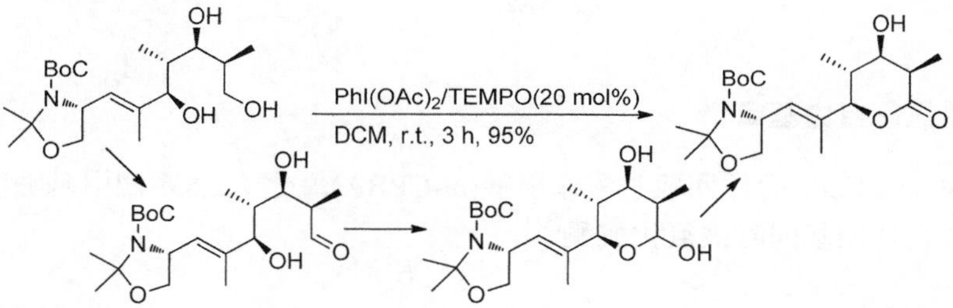

$PhI(OAc)_2$/TEMPO(20 mol%)
DCM, r.t., 3 h, 95%

(2-111)

2007 年 Hale 等[49]将 PIDA/TEMPO 体系用于 γ-内酯化反应，并将其运用于抗肿瘤药物(+)-eremantholide A 的不对称合成［式（2-112）］。

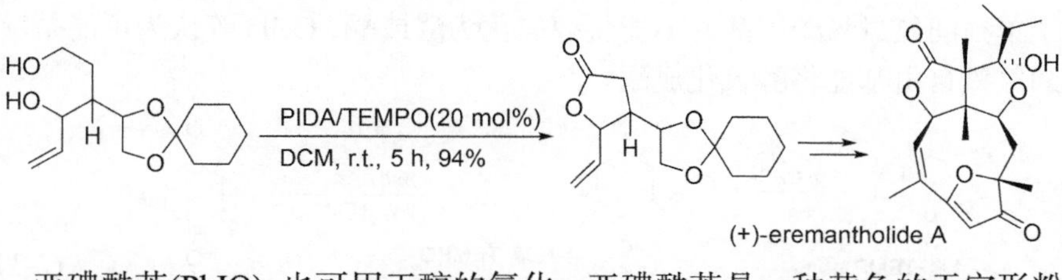

PIDA/TEMPO(20 mol%)
DCM, r.t., 5 h, 94%

(+)-eremantholide A

(2-112)

亚碘酰苯$(PhIO)_n$也可用于醇的氧化。亚碘酰苯是一种黄色的无定形粉末，难以重结晶，易聚合，常以 T 型多聚体的形式存在，结构如图 2.8 所示。由 $PhI(OAc)_2$ 在碱性条件下水解即可制备得到亚碘酰苯。亚碘酰苯是一种非常有效的氧化剂，但由于聚合不能溶解于绝大多数的有机溶剂中，用途受到了很大的限制。亚碘酰苯参与的反应通常都需要加入相应的 Lewis 酸或过渡金属配合物，以促进分解产生亚碘酰苯的单体。

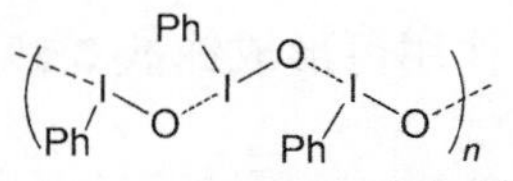

图 2.8 亚碘酰苯的结构

2000 年 Kita 等[50]利用无机盐 KBr 作为亚碘酰苯的活化试剂，将$(PhIO)_n$/KBr(20 mol%)体系用于醇的氧化，发现伯醇被氧化到相应的羧酸，仲醇氧化到相应的酮。无 KBr 存在时反应几乎不能进行。例如：

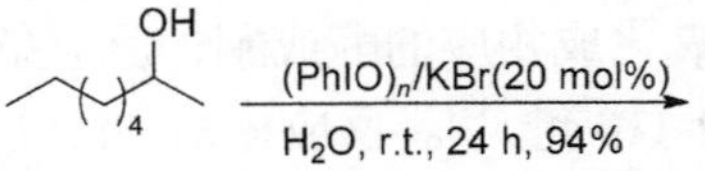

$$\text{2-辛醇} \xrightarrow[H_2O,\ r.t.,\ 24\ h,\ 94\%]{(PhIO)_n/KBr(20\ mol\%)} \text{2-辛酮} \tag{2-113}$$

$$Ph\text{CH}_2\text{CH}_2\text{CH}_2OH \xrightarrow[H_2O,\ r.t.,\ 2\ h,\ 92\%]{(PhIO)_n/KBr(20\ mol\%)} Ph\text{CH}_2\text{CH}_2COOH \tag{2-114}$$

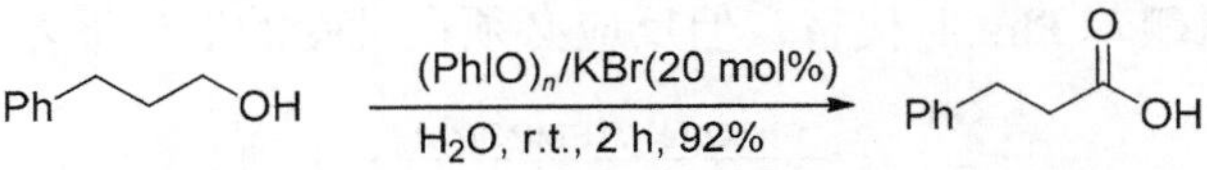

Kita 等认为反应中催化量的 KBr 首先与$(PhIO)_n$反应生成亚碘酰苯的溴化钾盐，醇对其进行亲核进攻并释放出 KBr 生成相应的三价碘化物中间体亚碘酰苯酯，后者分解为碘苯和氧化产物［式（2-115）］。

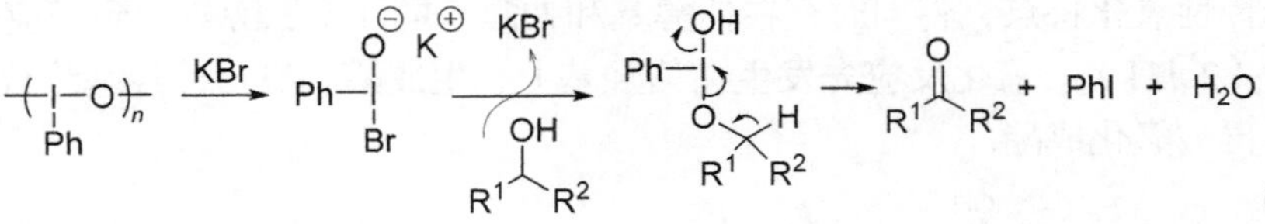

(2-115)

2.3.4 用氮氧自由基氧化

1974 年，Cella 等用间氯过氧苯甲酸(*m*-CPBA)氧化 2,2,6,6-四甲基哌啶醇制氮氧化物，发现羟基同时被氧化成酮[51]。

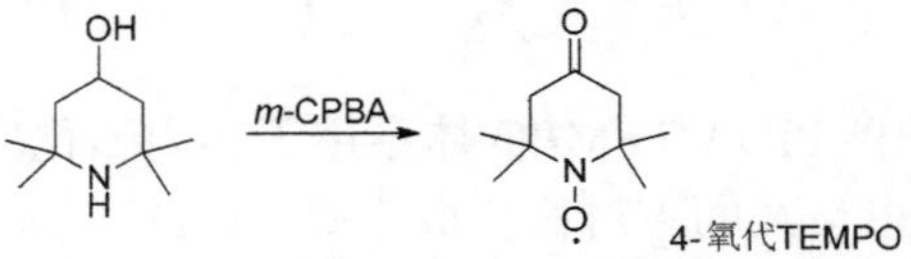

4-氧代TEMPO

(2-116)

由于单独间氯过氧苯甲酸并不能将醇氧化为醛或酮，Cella 等认为可能是反应中生成的氮氧自由基能将醇氧化成酮。

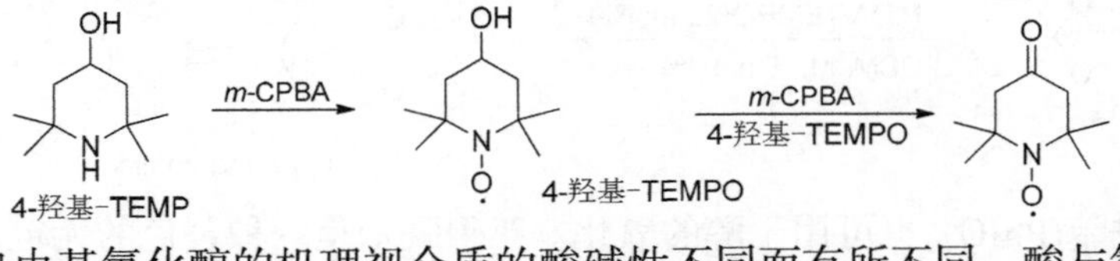

4-羟基-TEMP　*m*-CPBA　4-羟基-TEMPO　*m*-CPBA / 4-羟基-TEMPO

(2-117)

氮氧自由基氧化醇的机理视介质的酸碱性不同而有所不同。酸与氮氧自由基作用可形成鎓盐 **2.59**。

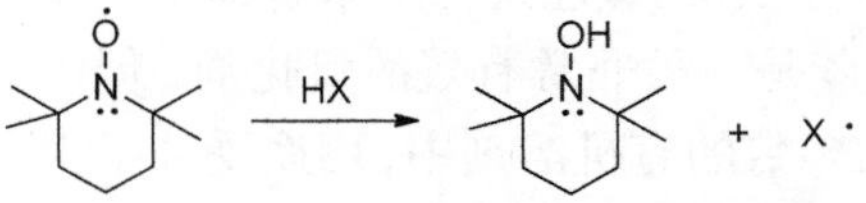

HX　+ X·

(2-118)

X·

2.59

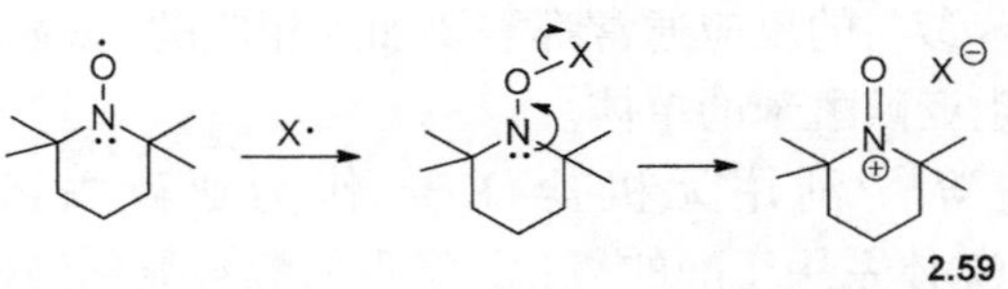

(2-119)

鎓盐 **2.59** 可分离出来，作为醇氧化成醛或酮的计量氧化剂。如果在酸性条件下反应，经由负氢离子转移过程生成醛或酮。由于仲醇较易给出负氢离子，因而更容易被氧化。

X⊖ O N⊕ ⟷ X⊖ O⊕ N H R2 R1 O H → O R2 R1 + H OH N⊕ X⊖

(2-120)

如果在碱性条件下反应，则按质子转移机理生成醛或酮。伯醇较易脱质子，优先被氧化。

H R2 R1 RO⊖ H O ↓ -ROH H R2 R1 ⊖O X⊖ O N⊕ → ⊖O H R2 R1 O N → O R2 R1 + H OH N⊕ X⊖

(2-121)

化学计量的氮氧自由基虽然可用于醇的氧化，但成本较高。Cella 等用 2,2,6,6-四甲基哌啶氮氧自由基（TEMPO）作催化剂，以 *m*-CPBA 为计量氧化剂，构成 *m*-CPBA/TEMPO 催化氧化体系，用于醇的氧化，更具有实际意义。实验表明，仲醇能被顺利地氧化成相应的酮，苄醇可被氧化成苯甲醛，脂肪族伯醇的氧化则生成羧酸。

OH —— *m*-CPBA (150 mol%), TMP·HCl(1 mol%), DCM, r.t., 1.5 h, 94% → O (2-122)

OH —— *m*-CPBA (150 mol%), TMP·HCl(1 mol%), DCM, r.t., 1.5 h, 90% → OH O (2-123)

如果 *m*-CPBA 过量，起始生成的羰基化合物还会发生进一步的氧化生成酯（Baeyer-Villiger 氧化）。

OH —— 0.25 mol/L *m*-CPBA(200 mol%), DCM, r.t. → O 76% + O O 24% (2-124)

1984 年，Semmelhack 等[52]将 TEMPO 催化与过渡金属催化结合起来，以 CuCl/TEMPO 复合体系为催化剂，分子氧为计量氧化剂，选择性地将醇氧化为相应的醛或酮。

OH R1 R2 —— O_2/TEMPO/CuCl → O R1 R2 (2-125)

该体系对苄醇的氧化效果较好，脂肪醇的氧化速率较慢。刘霖等[53]将 TEMPO 负载于离子液体上，在离子液体中实现了醇的选择性氧化，同时发现 3Å 分子筛对反应有促进作用，但仍然只适用于苄醇的氧化。

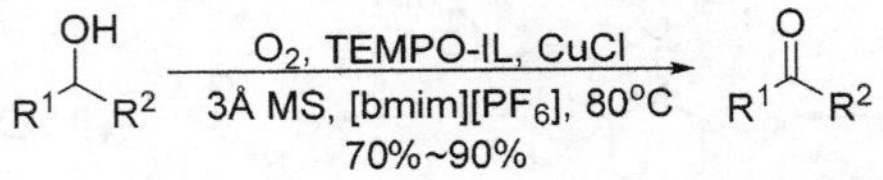
OH
R1
R2
O2, TEMPO-IL, CuCl
3Å MS, [bmim][PF6], 80°C
70%~90%
O
R1
R2

(2-126)

2004 年，Liu 等[54]发现，TEMPO 与卤化物和亚硝酸可组成无过渡金属催化体系，催化醇的氧化。

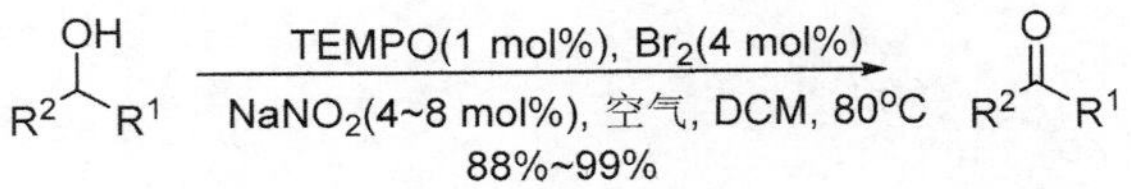
OH
R2
R1
TEMPO(1 mol%), Br2(4 mol%)
NaNO2(4~8 mol%), 空气, DCM, 80°C
88%~99%
O
R2
R1

(2-127)

2.3.5 Oppenauer 氧化

Oppenauer 发现可以醛或酮为氧化剂在醇铝催化下对醇进行氧化，醛或酮被还原为醇，此反应被称为 Oppenauer 氧化反应。该反应可逆，其逆反应为 Meerwein-Ponndorf-Verley 还原（详见 3.2.2 小节）。

Oppenauer 氧化反应的反应通式与反应机理如下所示：

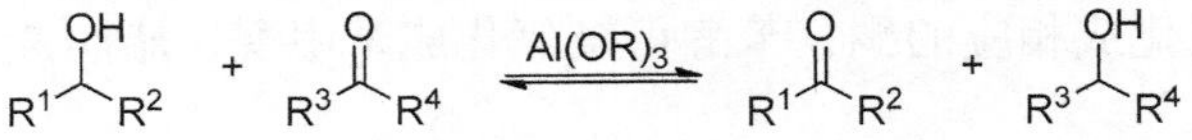
Al(OR)3

(2-128)

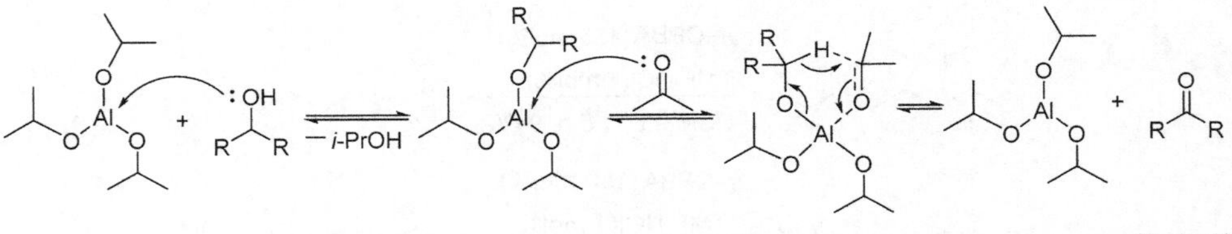
− i-PrOH

(2-129)

2001 年，Chiu 等[55]用环己酮作为氧化剂，在三异丙醇铝的催化下，以超过 65%的收率将烯丙醇氧化为 α,β-不饱和烯酮。

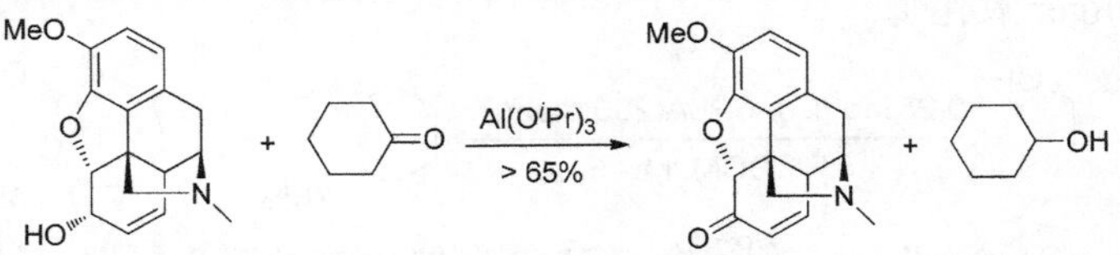
MeO
HO
Al(OiPr)3
> 65%
MeO
OH

(2-130)

Kaur 等[56]发现多环化合物如果用 Pfitzner-Moffatt 氧化只能得到羟基氧化产物，而用 Oppenauear 氧化不仅能得到羟基氧化产物，同时烯烃也会发生迁移，生成 α,β-不饱和烯酮。

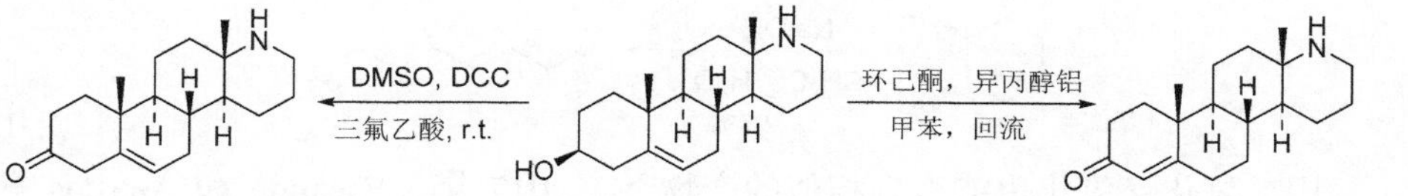

DMSO, DCC 三氟乙酸, r.t. 环己酮，异丙醇铝 甲苯，回流

(2-131)

Li 等[57]报道了分子内同时含羰基和羟基的化合物，其在氢氧化铝、三甲基铝的作用下可以自身歧化得到 1∶1 的二酮和二醇。

$Al(OH)_3$, $AlMe_3$, CH_3CN N_2, 80 ℃, 1 h, 微波

(2-132)

Liautard 等[58]在为了连续合成天然信息素的过程中详细研究了用镁催化的 Oppenauer 氧化，以叔丁醇镁为催化剂，特戊醛为酮，其可将二苯甲醇氧化为二苯甲酮。

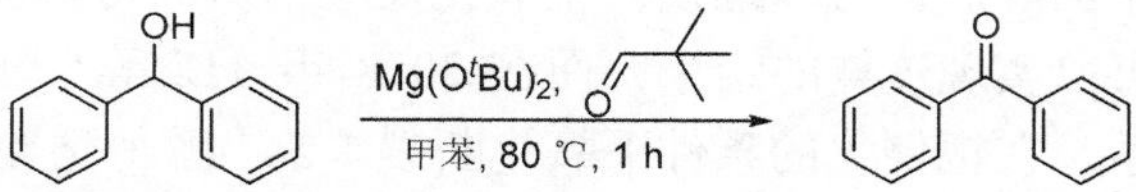

$Mg(O^tBu)_2$, 甲苯, 80 ℃, 1 h

(2-133)

另外，用铟试剂作催化剂的反应也见报道，其只需要在室温下反应即可[59]。

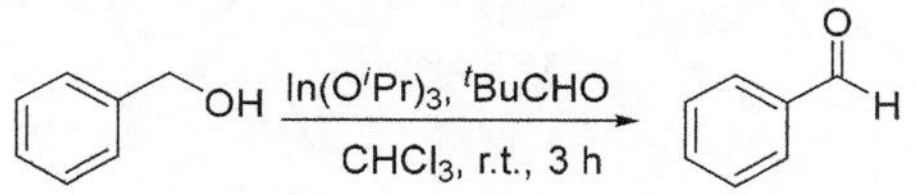

$In(O^iPr)_3$, ^tBuCHO $CHCl_3$, r.t., 3 h

(2-134)

2.3.6 1,2-二醇的断裂氧化

1931 年，Criegee[60]报道了一种用醋酸铅氧化邻二醇生成两分子醛的反应，称为 Criegee 氧化反应。1934 年，Malaprade 等报道了用高碘酸钠氧化邻二醇同样生成了两分子的醛，该反应与 Criegee 氧化具有相似的效果[61]。其主要机理过程如下：

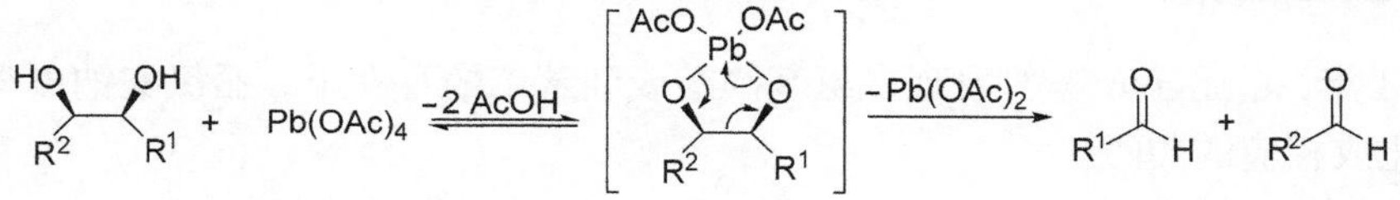

$Pb(OAc)_4$ −2 AcOH −$Pb(OAc)_2$

(2-135)

$Pb(OAc)_4$ −AcOH −$Pb(OAc)_2$ −AcOH

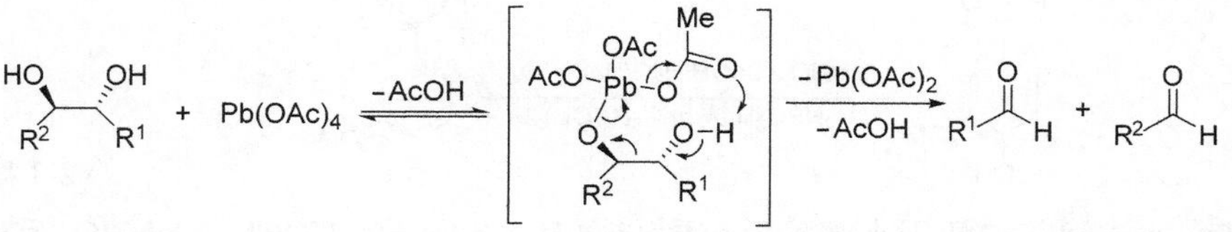

(2-136)

例如，在高碘酸钠/SiO_2 作用下氧化 1,2-环己二醇得到链状的己二醛[62]。

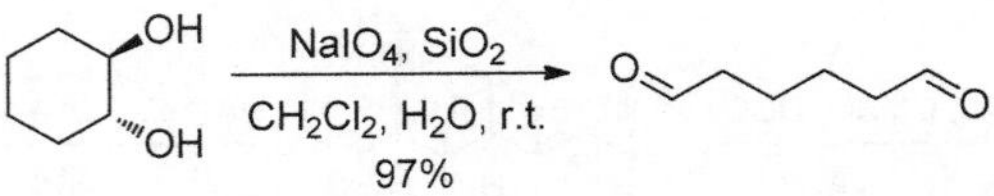

$NaIO_4$, SiO_2

CH_2Cl_2, H_2O, r.t.

97%

(2-137)

用二氧化锰氧化也能得到相似的产物[63]。2017 年，Escande 和 Anastas 等[64]报道了用氧气作为氧化剂，Na-Mn LMO 作为催化剂的体系也能得到一样的结果。

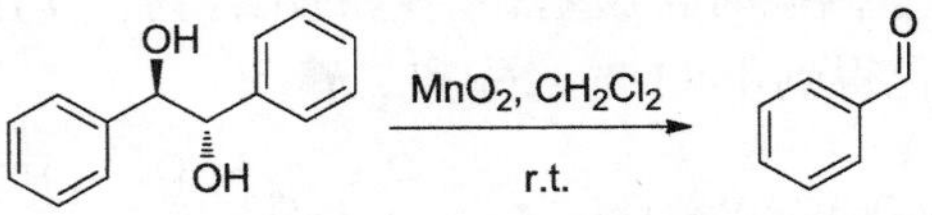

MnO_2, CH_2Cl_2

r.t.

(2-138)

另外，用 PCC 氧化剂能将下式中叔醇氧化为两分子的醛：

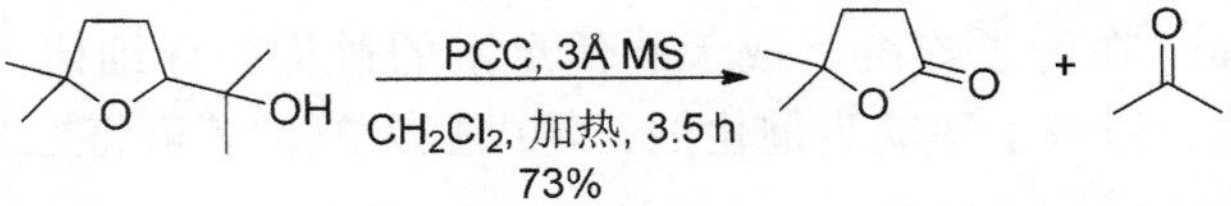

PCC, 3Å MS

CH_2Cl_2, 加热, 3.5 h

73%

(2-139)

在得到两分子的醛后，可以继续发生氧化反应，从而得到羧酸。用次氯酸钠组作为氧化剂就可以实现这样的结果，而在 2018 年，Li 等[65]报道了一种以氧气作为氧化剂的体系，在银催化的条件下氧化断裂 1,2-二醇得到羧酸的反应。

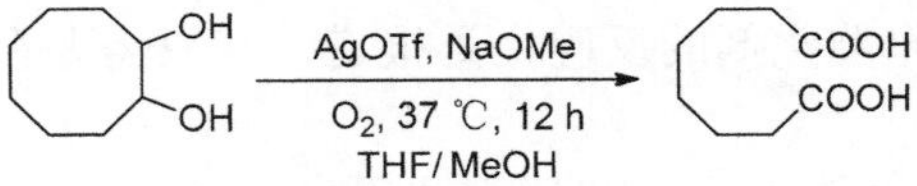

AgOTf, NaOMe

O_2, 37 ℃, 12 h

THF/MeOH

(2-140)

2.4 醛、酮的氧化

亚氯酸盐、铬酸、高锰酸盐、氧化银、有机过氧酸等多种氧化剂可将醛、酮氧化成相应的羧酸或酯。本节讨论几种典型的醛、酮氧化反应。

2.4.1 Pinnick 氧化

1973 年，Lindgren 等[66]发现在氨基磺酸或间苯二酚存在下，亚氯酸钠可将香草醛氧化成相应的羧酸。

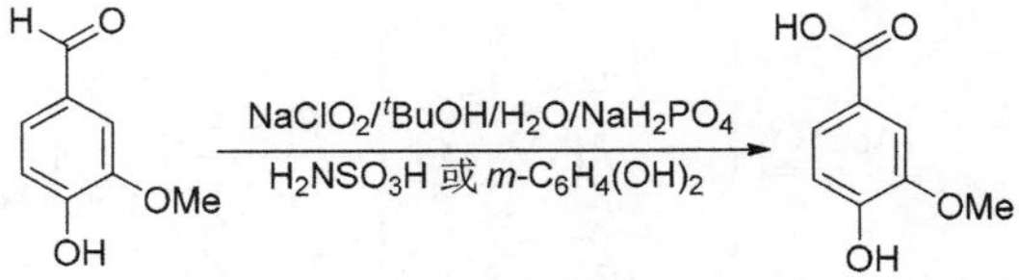

$NaClO_2/^tBuOH/H_2O/NaH_2PO_4$

H_2NSO_3H 或 m-$C_6H_4(OH)_2$

(2-141)

氨基磺酸或间苯二酚用来清除反应副产物 HOCl，以免 HOCl 与 $NaClO_2$ 反应形成 ClO_2 而消耗氧化剂。1980 年，Kraus 发现 2-甲基-2-丁烯也可用来清除反应副产物 HOCl。

NaClO$_2$/^{t}BuOH/H$_2$O/NaH$_2$PO$_4$
2-甲基-2-丁烯(10 eq.)

(2-142)

1981年，Pinnick等[67]系统研究了亚氯酸钠对醛的氧化，发现2-甲基-2-丁烯、过氧化氢、氨基磺酸、间苯二酚、DMSO等均可作为次氯酸的清除剂。其中，用2-甲基-2-丁烯作清除剂，特别适合α,β-不饱和醛的氧化，底物中的双键可完全不受影响，用其他清除剂可能发生底物双键氧化。后来，就把在HOCl清除剂存在下用亚氯酸将醛氧化成羧酸的反应称作Pinnick氧化，反应通式如下：

NaClO$_2$/^{t}BuOH/H$_2$O/NaH$_2$PO$_4$
HOCl 清除剂(10~15 eq.), r.t.

(2-143)

Pinnick氧化反应在弱酸性（pH 3.5左右）条件下进行，为保证介质的pH恒定，需加入NaH_2PO_4作缓冲剂，通常需过量若干倍。在弱酸性条件下，醛的羰基氧可能加成质子，增加羰基碳的亲电性。反应中，亚氯酸根作为亲核试剂与醛的羰基发生亲核加成，加成物脱α-氢的同时消除次氯酸生成产物羧酸，机理如下：

(2-144)

反应生成的次氯酸立即与清除剂2-甲基-2-丁烯发生亲电加成而消耗掉，如果没有次氯酸清除剂存在，反应生成的次氯酸将与亚氯酸根反应，生成二氧化氯，消耗氧化剂亚氯酸钠。

$2\,ClO_2 + Cl^{\ominus} + OH^{\ominus}$

(2-145)

过渡金属也能催化亚氯酸钠分解，因此，Pinnick氧化应尽量避免使用金属反应器。

Pinnick氧化体系还可用于将亚胺氧化成酰胺。例如，异喹啉在Pinnick氧化条件下生成异喹啉酮[68]。

NaClO$_2$/NaH$_2$PO$_4$
THF/H$_2$O, r.t., 5 min
随后 NaS$_2$O$_3$, 98%

(2-146)

对于含有活泼芳环的底物，次氯酸可使芳环氯化，因此，需要加入次氯酸清除剂。Tomioka 等[68]将上述反应用于石蒜科生物碱的合成。最初尝试将中间体 **2.60** 直接氧化成内酰胺 **2.61** 未获成功，而采用亚碘酰苯成功地将 **2.60** 氧化成亚胺 **2.62**，**2.62** 在 Pinnick 氧化体系下顺利转变成 **2.61**。

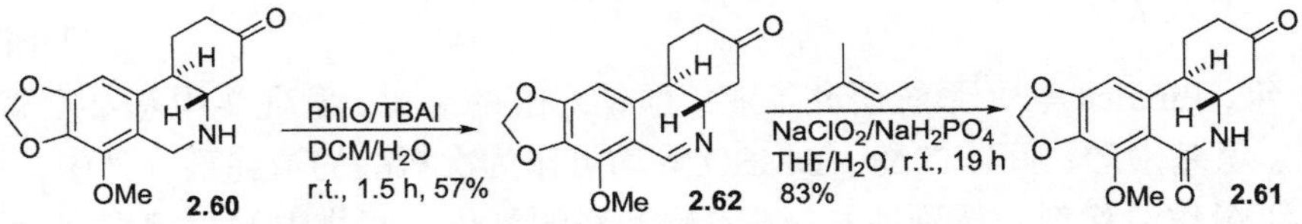
PhIO/TBAI
DCM/H2O
r.t., 1.5 h, 57%
NaClO2/NaH2PO4
THF/H2O, r.t., 19 h
83%
2.60
2.62
2.61

(2-147)

Waters 等[69]在合成 aspergillide C 中也用到了 Pinnick 氧化反应。

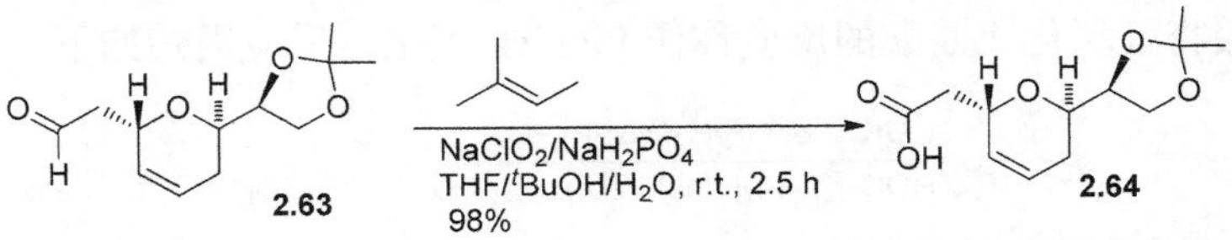
NaClO2/NaH2PO4
THF/tBuOH/H2O, r.t., 2.5 h
98%
2.63
2.64

(2-148)

2.4.2 Baeyer-Villiger 氧化和 Dakin 氧化

Baeyer 和 Villiger 于 1899 年报道在过氧化物的存在下可将薄荷酮、四氢香芹酮和樟脑等氧化为内酯。

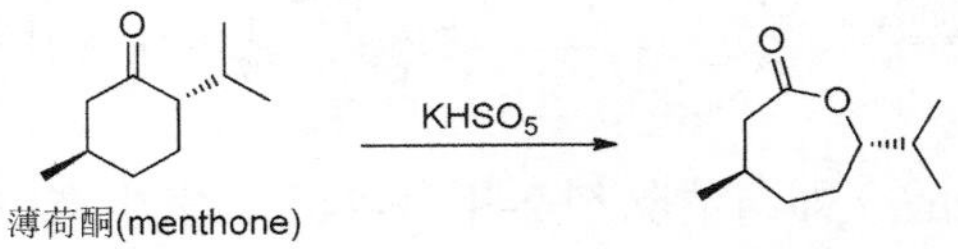
KHSO5
薄荷酮(menthone)

(2-149)

反应通式：

氧化剂

(2-150)

反应机理：

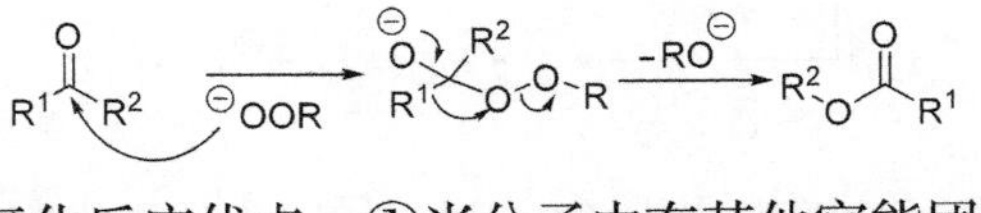
-RO⊖

(2-151)

Baeyer-Villiger 氧化反应优点：①当分子中有其他官能团时，通常不受影响；②可根据与羰基相连基团的电子特性预测产物的构型；③如果发生迁移的碳原子具有手性，重排后构型保持不变；④产率通常都非常高；⑤操作简单。

非对称酮发生 Baeyer-Villiger 反应时，当没有特殊的构象要求时，电子效应起主导作用，稳定正电荷能力大的基团越优先迁移。常见烷基迁移顺序为：叔烷基 ＞ 仲烷基 ＞ 苄基 ＞ 苯基 ＞ 正烷基 ＞ 甲基。

例如，对于类似于苯乙酮的结构[70]，用尿素-过氧化氢络合物（UHP）在三氟乙酸酐的作用下可以得到苯酚乙酯的结构。

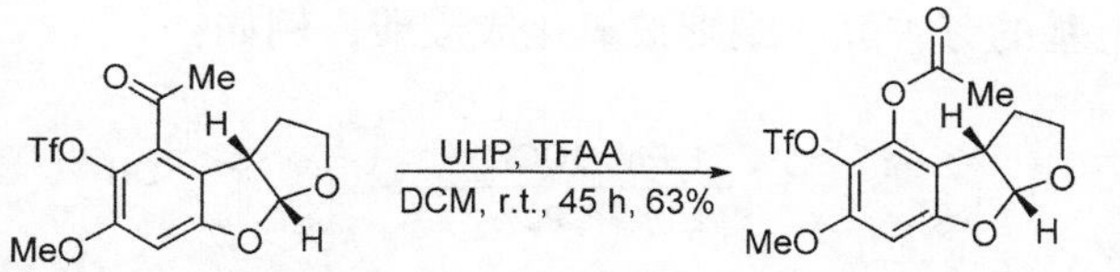

TfO, MeO, O=C–Me, H, H → (UHP, TFAA; DCM, r.t., 45 h, 63%) → TfO, MeO, OC(O)Me, H, H

(2-152)

对于α,β-不饱和烯酮，用过氧化物同样也可以得到烯酯的结构[71]。

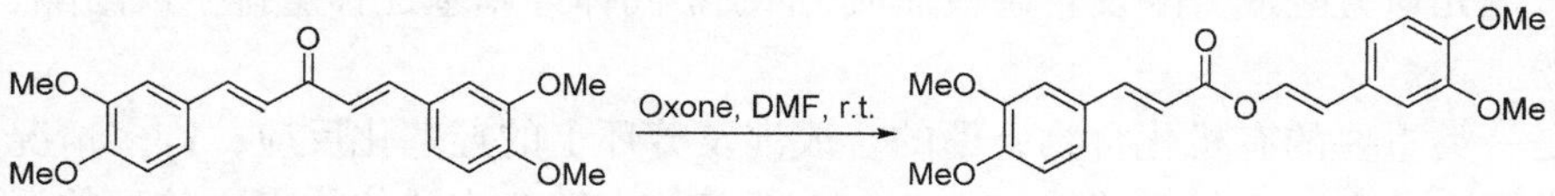

MeO, MeO, OMe, OMe → (Oxone, DMF, r.t.) → MeO, MeO, OMe, OMe

(2-153)

→ (H_2O_2, $(PhCH_2Se)_2$; MeCN, r.t., 24 h) →

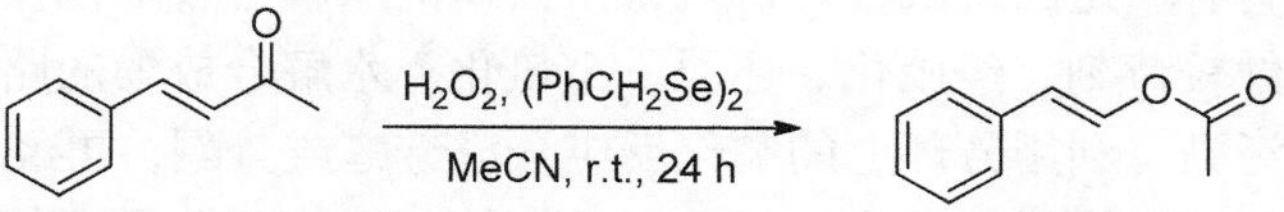

(2-154)

对于类似于金刚烷结构的化合物**2.65**而言，其反应的迁移位点有两个，均属于叔烷基，因此得到的产物也有两个构型，比例为2∶1[72]。

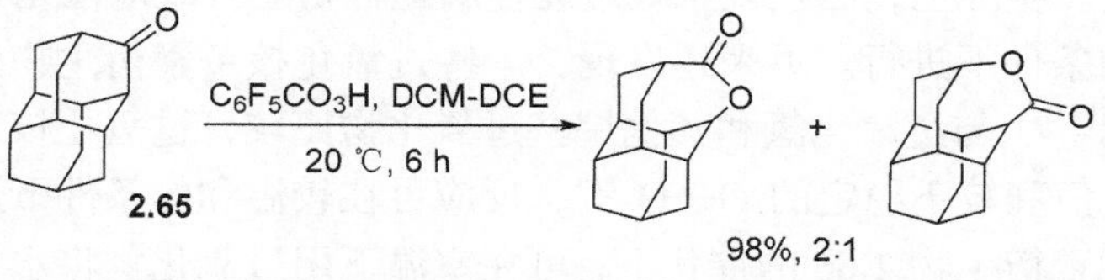

2.65 → ($C_6F_5CO_3H$, DCM-DCE; 20 ℃, 6 h) → +

98%, 2:1

(2-155)

对特殊结构的酮的氧化可能由于产生分子内反应而得到反常氧化产物：

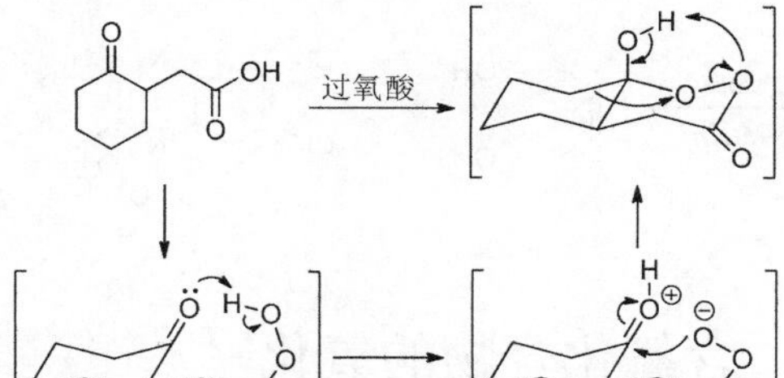

OH → 过氧酸 → OH

(2-156)

1909年，Dakin用过氧酸氧化邻羟基苯甲醛，成功合成出邻苯二酚。

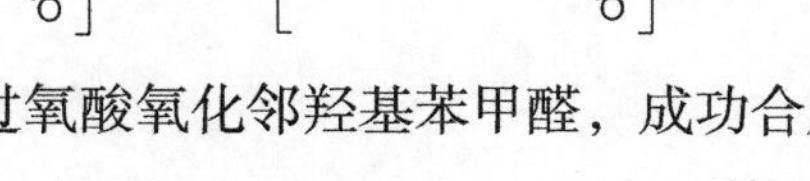

OH → (1. PhCOOOH; 2. 水解) → OH, OH

(2-157)

这种由过氧酸氧化芳醛或芳酮生成酚酯并水解成酚的反应称作Dakin氧化，Dakin氧化是Baeyer-Villiger氧化的特例[4]，反应通式如下：

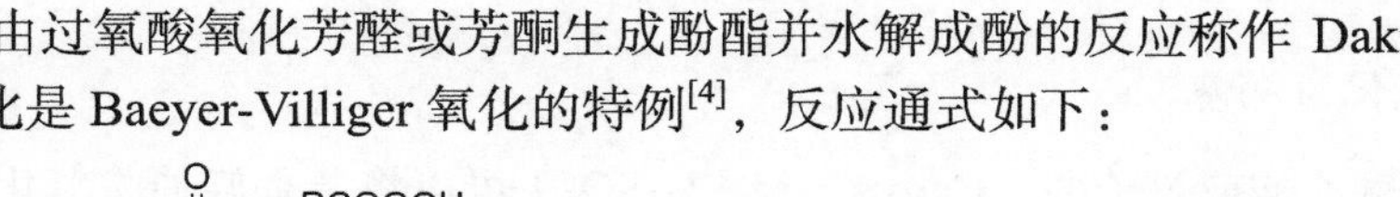

R^2, R^1 → (RCOOOH; 或H_2O_2/NaOH; 或UHP) → R^2, R^1 → 水解 → R^2, OH

(2-158)

Dakin 氧化的条件下，邻、对位有供电基的芳香族醛或酮可被氧化成酚酯，脂肪醛或无供电基的芳香醛、酮则被氧化成羧酸，例如：

1. PhCOOOH
2. 水解, 90%

(2-159)

Dakin 氧化的机理类似于 Baeyer-Villiger 氧化，过氧酸根或过氧化氢阴离子作为亲核试剂先与芳醛或芳酮发生亲核加成，加成中间体经苯基迁移重排生成酚酯，水解得酚。

酚是一类重要的有机化合物，酚的合成涉及芳环上的羟基化反应，许多情况下，此类反应具有一定的挑战性。例如，由卤苯的水解合成酚往往需要较高的温度和压力，条件较苛刻；经硝化、还原、重氮化、水解合成酚的路线过长，会造成一定的环境污染。利用芳环上的酰化反应合成芳醛或芳酮，再经 Dakin 氧化合成酚不失为一条可供选择的路线。但是，最初的 Dakin 氧化需要使用过量的过氧化氢和氢氧化钠，在较高的温度下反应。研究在温和的条件下进行 Dakin 氧化具有重要的意义。实际上，已发现一些过渡金属配合物能有效地催化 Dakin 氧化，使其在温和的条件下进行。近来还发现，一些过氧化核黄素衍生物也能有效地催化 Dakin 氧化[73]。与过氧化氢和其他烷基过氧化物比较，过氧化核黄素衍生物具有较低的 pK_a 值和较不稳定的 O—O 键，反应可在较温和的条件下进行。例如，在过氧化核黄素衍生物 **2.66** 的催化下，可在室温下用过氧化氢将水杨醛氧化成邻苯二酚，收率 92%。

H_2O_2/**2.66** (10 mol%)
$NaHCO_3$/95% MeOH
r.t., 92%

2.66

(2-160)

2.5 含氮化合物的氧化

2.5.1 伯胺的氧化

伯胺氧化可生成羟胺、肟、亚硝基化合物、硝基化合物等，实际生成哪种化合物视反应条件而定。

1. 氧化为硝基

用过氧乙酸或过硫酸（Caro's acid，H_2SO_5）可以将芳香族伯胺氧化为相应的亚硝基化合物，反应时间一般较长。用 H_2O_2 氧化通常需要 Na_2WO_4、MoO_3、杂多酸等催化剂。例如使用 $HFePMo_{11}VO_{40}$ 作为催化剂，H_2O_2 作为氧化剂，在三相（水相、异辛烷、阳离子表面活性剂 Aliquat 336）条件下氧化苯胺，控制反应温度可以选择性地生成亚硝基苯或硝基苯[74]。

$$PhNH_2 \xrightarrow[\text{Aliquat 336, 异辛烷, 20°C, 91\%}]{H_2O_2,\ HFePMo_{11}VO_{40}} PhNO \xrightarrow[\text{Aliquat 336, 异辛烷, 60°C, 100\%}]{H_2O_2,\ HFePMo_{11}VO_{40}} PhNO_2 \tag{2-161}$$

过氧三氟乙酸可以把芳香族伯胺直接氧化为硝基化合物[75]。例如，1,2,4-三硝基苯这种通过直接硝化法较难制备的硝基化合物可以通过 2,4-二硝基苯胺的氧化制备。但是这个方法不适用于带有供电子基的苯胺，因为试剂会进攻芳环生成复杂的氧化产物。

$$\text{2,4-}(O_2N)_2C_6H_3NH_2 \xrightarrow[\text{DCM, 回流, 87\%}]{CF_3COOOH\ (>3eq.\ 30\%)} \text{1,2,4-}(O_2N)_3C_6H_3 \tag{2-162}$$

用间氯过氧苯甲酸（*m*-CPBA）氧化 2,6-二卤苯胺，可以得到相应的硝基化合物，反应速率快，产率高[76]。

$$\text{2-Br-6-F-}C_6H_3NH_2 \xrightarrow[\text{70°C, 2h, 88\%}]{m\text{-CPBA/DCE}} \text{2-Br-6-F-}C_6H_3NO_2 \tag{2-163}$$

带有供电子基的芳伯胺，可以用四烷基溴酸铵、高硼酸钠或二甲基过氧化酮氧化为硝基化合物[77]。例如：

$$\text{4-MeO-}C_6H_4NH_2 \xrightarrow[\text{CTAB, 55~60°C, 10 h, 85\%}]{H_3PW_{12}O_{40}\cdot nH_2O,\ NaBO_3\cdot 4H_2O} \text{4-MeO-}C_6H_4NO_2 \tag{2-164}$$

2. 氧化为亚硝基

据报道，亚硒酸和亚硒酸酐可将羟胺氧化到亚硝基化合物[78]。Zhao 等[79]利用过氧化氢氧化二苯基二硒醚原位生成的亚硒酸或过氧亚硒酸作氧化剂，实现了芳香族伯胺到亚硝基化合物的转化，反应选择性好，没有过度氧化到硝基化合物，但有 3%左右的偶氮化物生成。

$$PhNH_2 \xrightarrow[\text{r.t., 2 h, 99\% (30:1)}]{\text{PhSeSePh (5 mol\%)},\ H_2O_2\ (35\%,\ 2.2\ eq.),\ CDCl_3} PhNO + PhN{=}NPh \tag{2-165}$$

脂肪族伯胺在碱性介质中可以氧化为醛亚胺或醛肟，酸性介质中通常得到水解产物醛或酮。例如，碱性条件下，对甲苯磺酰咪唑与过氧化氢反应原位生成的对甲苯过氧磺酸可以将环己胺氧化为相应的酮肟[80]。

$$C_6H_{11}NH_2 \xrightarrow[H_2O_2/NaOH,\ 66\%]{\text{原位生成的对甲苯过氧磺酸(1.5 eq.)}} C_6H_{10}{=}N{-}OH \tag{2-166}$$

3. 氧化为偶氮芳烃

用二氧化锰、高锰酸钾等氧化苯胺时[81]，初始的氧化产物亚硝基苯会与未反应的苯胺缩合生成结构对称的偶氮苯。

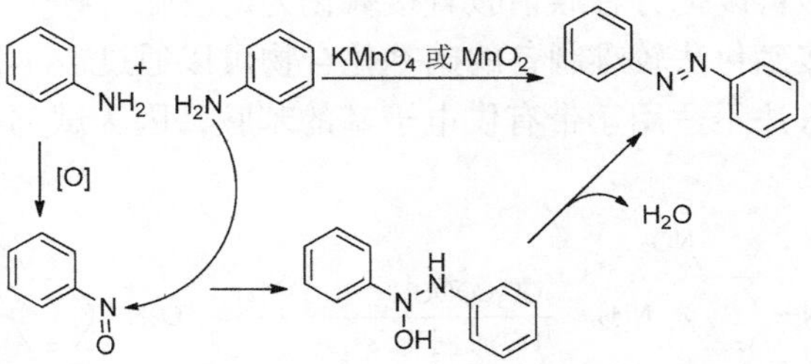

$KMnO_4$ 或 MnO_2；[O]；H_2O

(2-167)

2010 年，Zhang 等[82]通过铜催化的氧气氧化脱氢偶联由芳香族伯胺得到对称的或不对称的偶氮化合物。因为有自身偶联的副反应发生，其中不对称偶氮化合物的产率相对较低。带有供电基的苯胺自身偶联速率明显大于带有吸电基的苯胺，所以反应中使带有吸电基的苯胺过量以提高产率。

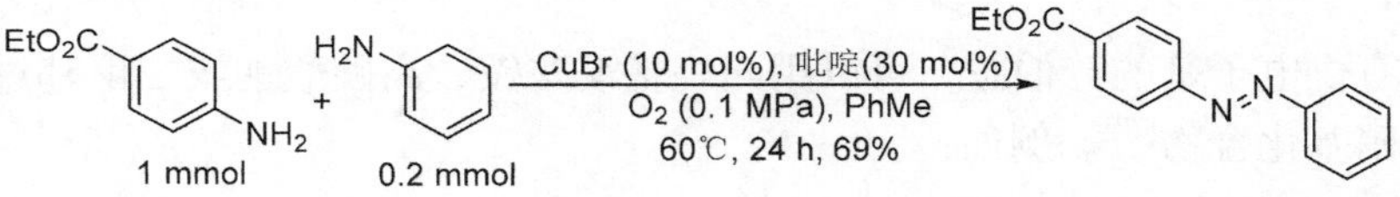

EtO_2C；NH_2；1 mmol；H_2N；0.2 mmol；CuBr (10 mol%), 吡啶(30 mol%)；O_2 (0.1 MPa), PhMe；60℃, 24 h, 69%

(2-168)

4. 脂肪族伯胺氧化为腈

脂肪族伯胺还可以在一些弱氧化剂作用下脱氢直接生成腈。例如，Ru/Al_2O_3 催化体系[83]可以将脂肪族和芳香族伯胺氧化为腈，将仲胺氧化为亚胺。以香叶胺为底物时，烯键不受影响。

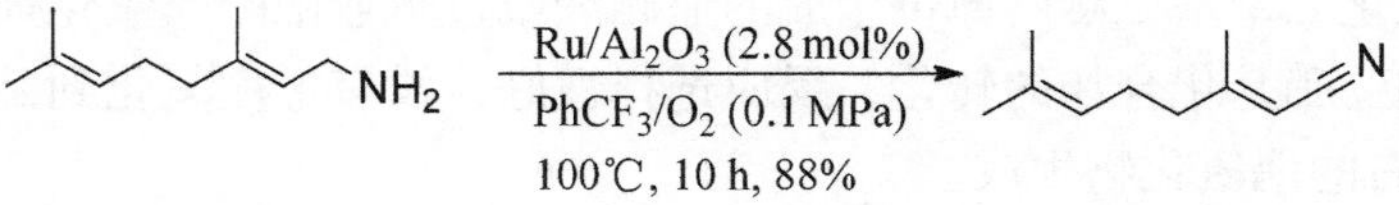

Ru/Al_2O_3 (2.8 mol%)；$PhCF_3/O_2$ (0.1 MPa)；100℃, 10 h, 88%

(2-169)

2.5.2 仲胺的氧化

仲胺的氧化反应比较复杂。当仲胺没有α-氢原子时，产物常为羟胺。但是，羟胺可以进一步氧化为氮氧自由基。例如，用 1.2 当量的二甲基过氧丙酮 (DMDO) 可以将环状仲胺氧化到相应的羟胺，用过量的 DMDO 则生成氮氧自由基[84]。

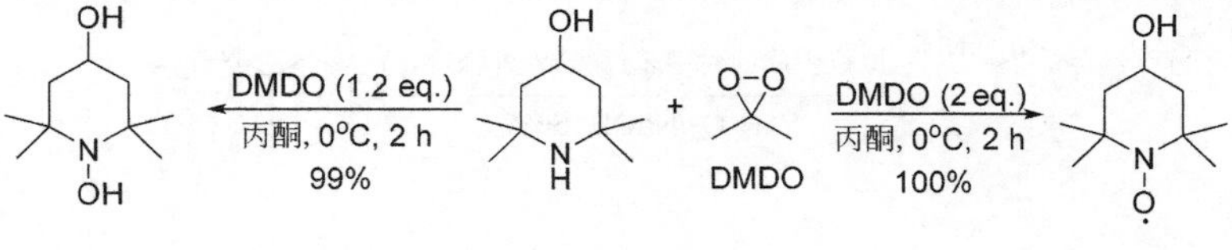

DMDO (1.2 eq.)；丙酮, 0°C, 2 h；99%；DMDO；DMDO (2 eq.)；丙酮, 0°C, 2 h；100%

(2-170)

DMDO 对氨基有较好的选择性，底物中羟基没有参与反应。产物 4-羟基-2,2,6,6-四甲基哌啶氮氧自由基是重要的抗氧剂，也是许多氧化反应的试剂或催化剂，在工业上和合成中有重要应用。

$H_2O_2/NaWO_4$ 或 $H_2O_2/MgCl_2$ 等其他催化剂组合也可以氧化环状仲胺，高产率地生成氮氧自由基，但是反应时间一般较长。

用 $Oxone/SiO_2$ 体系氧化有 α-氢原子的仲胺，也可以选择性地生成羟胺而没有过度氧化产物生成，且产率较高[85]。

$$C_4H_9NHC_4H_9 \xrightarrow[80^{\circ}C,\ 98\%]{Oxone/SiO_2} C_4H_9N(OH)C_4H_9 \tag{2-171}$$

用过氧化酮氧化有 α-氢原子的仲胺，视反应条件不同，可能生成羟胺，也可能生成硝酮。例如，0℃下用过量的 DMDO 氧化 *N*,*N*-二苄基胺得到羟胺[84]。而在−20℃时用 2 当量的 1,2-二氧杂螺[2,5]辛烷氧化则得到硝酮 [86]。

$$PhCH_2N(OH)CH_2Ph \xleftarrow[0^{\circ}C,\ 15\ min,\ 98\%]{DMDO\ (过量)/丙酮} PhCH_2NHCH_2Ph \xrightarrow[环己酮,\ -20^{\circ}C,\ 5\ min,\ 65\%]{(2\ eq.)} PhCH_2N^{+}(O^{-})=CHPh \tag{2-172}$$

Davis 试剂也可将仲胺氧化到硝酮（图 2.9）。例如，2002 年，Stappers 等[87]在合成生物活性化合物 R107500 时，利用 Davis 试剂 **2.67** 氧化仲胺 **2.68** 合成了硝酮中间体 **2.69**。反应以磺酰亚胺 **2.70** 为催化剂，间氯过氧苯甲酸（*m*-CPBA）为计量氧化剂，氧化 **2.70** 原位生成 Davis 试剂 **2.67**，避免了使用化学计量的具有潜在危害的 Davis 试剂 **2.67**。

图 2.9 原位生成的 Davis 试剂对仲胺的氧化

2.5.3 叔胺和芳杂环上氮原子的氧化

DMDO 氧化叔胺得到相应的 *N*-氧化物。反应具有较高的化学选择性，不影响分子中的双键等官能团。例如，用 DMDO 氧化以下二氢吡咯衍生物只生成氮氧化物，分子中的双键不受影响，如果用 *m*-CPBA 或 Oxone 氧化则会发生双键的环氧化，不能得到氮氧化物[88]。

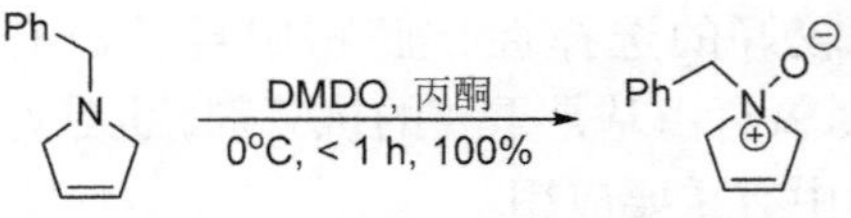

(2-173)

H_2O_2 氧化叔胺到氮氧化物，反应速率一般较慢。用 H_2O_2 或氧气与催化量的黄素类化合物原位生成黄素过氧化物可以显著提高反应速率[89]。

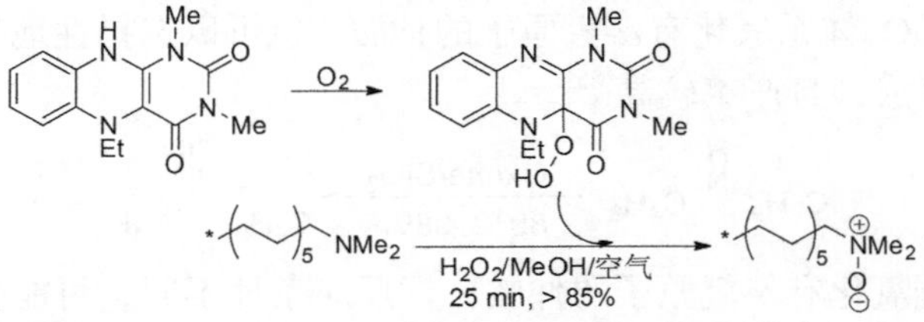

(2-174)

采用过氧苯甲酸，H_2O_2/乙酸等可以将吡啶氧化为氮氧化物。多取代吡啶的氧化较困难，用 H_2O_2/三氟乙酸体系效果较好。例如，H_2O_2/三氟乙酸体系可以将 2,6-二溴吡啶氧化为相应的氮氧化物[90]，用过氧苯甲酸或过氧乙酸则不能实现这一转化。

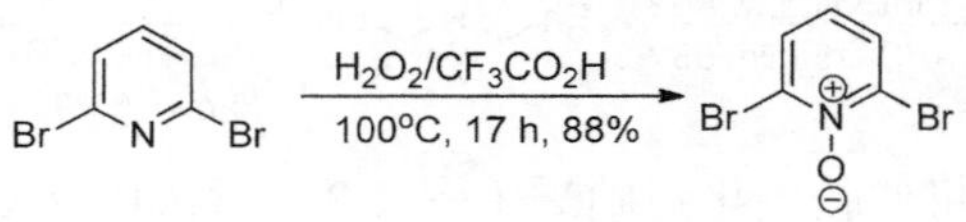

(2-175)

2.6　含硫化合物的氧化

硫醇、硫酚和硫醚等含硫化合物的氧化反应广泛应用于有机合成中，是合成二硫化物、亚砜、砜、磺酸及其衍生物的有效方法。

2.6.1　硫醇或硫酚氧化为二硫化物

硫醇及硫酚类化合物比较易于氧化，视氧化剂的活性、用量及底物性质的不同，氧化产物往往不同，可以生成二硫化物、硫代磺酸酯和磺酸等。

空气、O_2、过氧化物、碘、亚砜、高价金属盐等都可以高效地氧化硫醇或者硫酚生成二硫化物。一般情况下，温和的氧化剂产率和选择性都比较好。反应介质、催化剂种类和氧化剂用量也会对反应取向产生影响。

1. 空气或 O_2 为氧化剂

空气或 O_2 能将硫醇氧化成二硫化物，反应介质的酸碱性对生成二硫化物的反应影响较大，例如，离子液体中用空气氧化半胱氨酸生成胱氨酸的反应需在碱性条件下进行，否则产率很低[91]。

空气, K_2CO_3 [Bmim]BF_4, r.t., 30 min, 93% (2-176)

2. DMSO 为氧化剂

在铼配合物的催化下，二甲亚砜可在温和条件下将硫醇或硫酚氧化成二硫化物，例如硫代苯酚和丁二硫醇的氧化[92]。

$Re(O)Cl_3(PPh_3)_2$ (2.5 mol%), DMSO (1 eq.), r.t., 100% (2-177)

二硫醇可以被氧化而在分子内成环；同样的条件下用 2 倍量的二甲亚砜氧化 1,3-丙二硫醇则生成硫代环内亚磺酸酯；二硫化物也可以进一步被二苯亚砜氧化为相应的硫代亚磺酸酯。

$Re(O)Cl_3(PPh_3)_2$ (5 mol%), DMSO (1 eq.), r.t., 94%; $Re(O)Cl_3(PPh_3)_2$ (5 mol%), Ph_2SO, r.t., 84% (2-178)

2.6.2 硫醇或硫酚氧化为磺酸衍生物

过量的过氧酸、金属氧化物、硝酸等强氧化剂可将硫醇或硫酚氧化成相应的磺酸，是合成磺酸衍生物的重要方法。

1. 过氧化氢或者烷基过氧化氢为氧化剂

以甲基三氧化铼为催化剂，过氧化氢为氧化剂可将硫酚氧化成相应的磺酸，例如[93]：

CH_3ReO_3 (10 mol%), H_2O_2/CH_3CN, 20°C, 91% (2-179)

CH_3ReO_3 (10 mol%), H_2O_2/CH_3CN, 20°C, 93% (2-180)

2. 过氧酸为氧化剂

过氧酸作为氧化剂可将硫醇氧化成磺酸。由于过氧酸不太稳定，除间氯过氧苯甲酸（*m*-CPBA）外，其他过氧酸少有商品试剂出售，实际应用时，可由过氧化氢与相应羧酸原位生成。例如，Xu 等[94]利用甲酸与过氧化氢原位生成的过氧甲酸氧化 *N*-乙酰基-2-巯基乙胺合成了牛磺酸（taurine）。

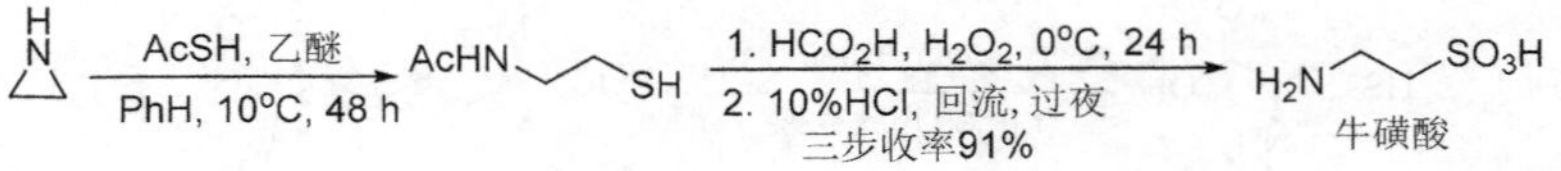

(2-181)

3. 其他氧化剂

硝酸、高锰酸钾、重铬酸钾等氧化剂也可以高效地氧化硫醇或者硫酚生成磺酸。例如，浓硝酸可把丁硫醇氧化成相应的磺酸。

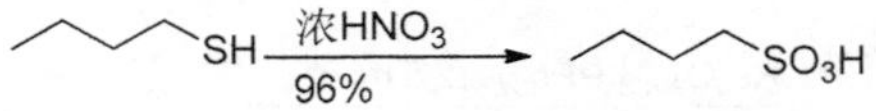

(2-182)

2.6.3 硫醚氧化为亚砜

在相对较弱的氧化条件下氧化硫醚可以生成亚砜，过氧化物、有机过氧酸及高价金属盐是比较常用的氧化剂。使用不对称配体或手性诱导剂，可实现硫醚的不对称氧化，合成手性亚砜，是当前硫醚氧化的重要研究课题。

1. 过氧化氢或者烷基过氧化物为氧化剂

过氧化氢或者烷基过氧化物为氧化剂可以将硫醚氧化成相应的亚砜。例如，奥美拉唑（omeprazole）是治疗胃溃疡和十二指肠溃疡的有效药物，但部分患者对奥美拉唑的代谢速率过慢，会增加肝脏的负担，因此开发了 *S* 型光学异构体艾司奥美拉唑（esomeprazole）。艾司奥美拉唑可由相应硫醚的不对称氧化来合成，以钛酸四异丙酯为催化剂，手性邻二仲醇为配体，叔丁基过氧化氢为氧化剂，收率可达 90%以上，*ee* 值 96%[95]。

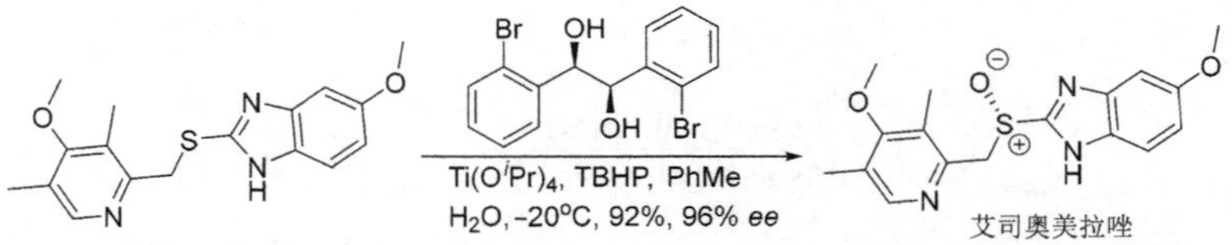

(2-183)

又如，解热镇痛及非甾体抗炎药舒林酸（sulindac）也可由相应硫醚的氧化来合成，反应以过氧化氢为氧化剂，手性磷酸 **2.71** 为催化剂[96]。

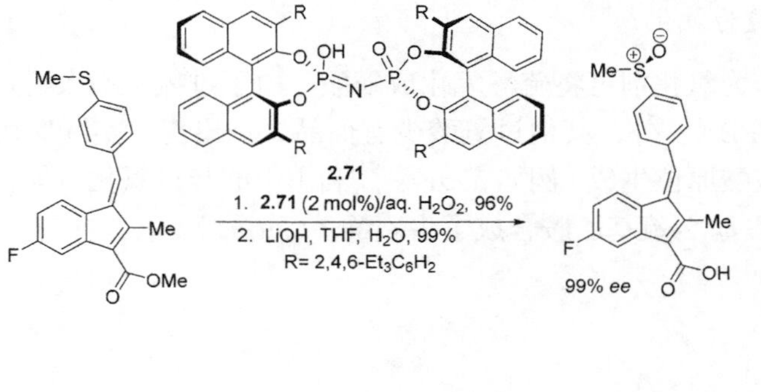

(2-184)

2018年，Carter等在合成(–)-halenaquinone过程中时，使用间氯过氧苯甲酸为氧化剂，将硫醚氧化为亚砜，为下一步亚砜的脱除做好准备[97]。

m-CPBA, CH_2Cl_2
0 ℃, 15 min

(2-185)

2. 高价碘为氧化剂

高价碘化合物是性质温和、安全无毒的绿色氧化剂，在硫醚的氧化方面也得到广泛应用。例如，用五价碘化物**2.72**作氧化剂，苯甲硫醚几乎可以在乙腈中定量地转化为相应的亚砜[98]。

2.72
2.72 (1 eq.), CH_3CN, 回流, 100%

(2-186)

2.6.4 硫醚和亚砜氧化为砜

硫醚和亚砜在过量的有机过氧酸，高价金属盐等较强的氧化剂作用下都可以转化为相应的砜类化合物。例如，用过量的间氯过氧苯甲酸氧化相应的硫醚，可以合成抗感染药甲砜霉素（thiamphenicol）的中间体**2.73**[99]：

m-CPBA/THF
r.t., 90%
2.73
多步反应
thiamphenicol

(2-187)

硫醚在过氧酸作用下氧化成亚砜的机理与烯键的环氧化（Prilezhaev反应）类似：

$$R^1R^2S: + RCO_3H \longrightarrow [\;]^{\neq} \longrightarrow R^1R^2S{=}O + RCOOH \tag{2-188}$$

亚砜再按以下机理进一步氧化为砜：

$$R^1R^2S{=}O + RCO_3H \longrightarrow R^1R^2\overset{\oplus}{S}{-}OH + RCO_3^{\ominus} \longrightarrow R^1R^2S(OH){-}O{-}O{-}C(O)R \longrightarrow R^1R^2SO_2 + RCOOH \tag{2-189}$$

参 考 文 献

[1] Vijay N, Ani D. Cerium(IV) Ammonium nitrates, a versatile single-electron oxidant [J]. Chem Rev, 2007, 107: 1862-1891.

[2] Trost B M, Papillon J P N. Alkene-alkyne coupling as a linchpin: An efficient and convergent synthesis of amphidinolide P [J]. J Am Chem Soc, 2004, 126: 13618-13619.

[3] 岳彩波，魏运洋，邱水发，等. 催化分子氧氧化合成 3-甲基-4-硝基苯甲酸 [J]. 应用化学，2005, 22: 1338-1341.

[4] Laszlo K, Barbara C. Strategic Applications of Named Reactions in Organic Synthesis [M]. Beijing: Science Press, 2007.

[5] Alois F, Thomas G. Total synthesis of cristatic acid[J]. Org Lett, 2000, 2: 2467-2470.

[6] Xu P F, Chen Y S, Lin S I. Chiral tricyclic iminolactone derived from (1*R*)-(+)-camphor as a glycine equivalent for the asymmetric synthesis of α-amino acids [J]. J Org Chem, 2002, 67: 2309-2314.

[7] Emmons W D. The synthesis of oxaziranes [J]. J Am Chem Soc, 1956, 78: 6208-6209.

[8] (a) Davis F A, Nadir U K. Photolysis of 2-arenesulfonyl-3-phenyloxaziridines [J]. Tetrahedron Lett, 1977, 33: 1721-1724; (b) Davis F A, Sheppard A C. Applications of oxaziridines in organic synthesis [J]. Tetrahedron, 1989, 45: 5703-5742.

[9] Dounay A B, Forsyth C J. Abbreviated synthesis of the C_3-C_{14} substituted 1, 7-dioxaspiro [5.5] undec-3-ene system of okadaic acid [J]. Org Lett, 1999, 1: 451-453.

[10] White J D, Carter R G, Sundermann K F, et al. Total synthesis of epothilone B, epothilone D, and *cis*- and *trans*-9,10-dehydroepothilone D[J]. J Am Chem Soc, 2001, 123: 5407-5413.

[11] Yoshida K, Fujino Y, Takamatsu Y, et al. Enantioselective total synthesis of (–)-misramine [J]. Org Lett, 2018, 20(16): 5044-5047.

[12] (a) Brown S P, Brochu M P, Sinz C J, et al. The direct and enantioselective organocatalytic α-oxidation of aldehydes [J]. J Am Chem Soc, 2003, 126(13): 4108-4109; (b) Hayashi Y, Yamaguchi J, Sumiya T, et al. Direct proline-catalyzed asymmetric α-aminoxylation of ketones [J]. Angew Chem In Ed, 2004, 116(9): 1132-1135.

[13] 闻韧. 药物合成反应[M]. 第 3 版. 北京：化学工业出版社, 2010.

[14] (a) Katsuki T, Sharpless K B. The first practical method for asymmetric epoxidation [J]. J Am Chem Soc, 1980, 102: 5974-5976; (b) Hanson R M, Sharpless K B. Procedure for the catalytic asymmetric epoxidation of allylic alcohols in the presence of molecular sieves [J]. J Org Chem, 1986, 51: 1922-1925.

[15] Ramesh P, Reddy Y N. A three-step total synthesis of goniothalesdiol A using a one-pot Sharpless epoxidation/regioselective epoxide ring-opening [J]. Tetrahedron Lett, 2017, 58: 1037-1039.

[16] Gantasala N, Borra S, Pabbaraja S. Stereoselective total synthesis of the non-contiguous polyketide natural product (–)-dolabriferol [J]. Eur J Org Chem, 2018: 1230-1240.

[17] Guo Y, Hanson R M, Sharpless K B, et al. Catalytic asymmetric epoxidation and kinetic resolution: Modified procedures including in situ derivatization [J]. J Am Chem Soc, 1987, 109: 5765-5780.

[18] Yadav J S, Pandurangam T, Reddy V V B, et al. Total synthesis of rhoiptelol B [J]. Synthesis, 2010, 24: 4300-4306.

[19] Nishikawa T, Asai M, Isobe M. Asymmetric total synthesis of 11-deoxytetrodotoxin, a naturally occurring congener [J]. J Am Chem Soc, 2002, 124: 7847-7852.

[20] 李德耀，李瑞军，洪广峰，等. 过氧化酮(Dioxiranes)的研究和应用新进展[J]. 有机化学，2005, 25: 386-393.

[21] Tu Y, Wang Z X, Shi Y. An efficient asymmetric epoxidation method for *trans*-olefins mediated by a

fructose-derived ketone [J]. J Am Chem Soc, 1996, 118: 9806-9807.

[22] Morimoto Y, Okita T, Kambara H. Total synthesis and determination of the absolute configuration of (+)-omaezakianol [J]. Angew Chem, 2009, 121: 2576-2579.

[23] 胡跃飞, 林国强. 现代有机合成反应[M]. 第 1 卷. 北京: 化学工业出版社, 2008.

[24] Lee J, Hoang T, Reider P J, et al. Asymmetric synthesis of (2*S*,3*S*)-3-hydroxy-2- phenylpiperidine *via* ring expansion [J]. Tetrahedron Lett, 2001, 42: 6223-6225.

[25] Minato M, Yamamoto K, Tsuji J. Osmium tetraoxide catalyzed vicinal hydroxylation of higher olefins by using hexacyanoferrate(III) ion as a cooxidant [J]. J Org Chem, 1990, 55: 766-768.

[26] Hentges S G, Sharpless K B. Asymmetric induction in the reaction of osmium tetroxide with olefins [J]. J Am Chem Soc, 1980, 102: 4263-4265.

[27] Jacobsen E N, Marko I, Sharpless K B, et al. Asymmetric dihydroxylation *via* ligand-accelerated catalysis [J]. J Am Chem Soc, 1988, 110: 1968-1970.

[28] (a) Avnluri S, Bujaranipalli S, Das S, et al. Stereoselective synthesis of 5'-hydroxyzearalenone [J]. Tetrahedron Lett, 2018, 59: 3547-3549; (b) Gahalawat S, Pandey S K. Asymmetric total synthesis of phomonol [J]. Tetrahedron Lett, 2017, 58: 2898-2900.

[29] Talero A G, Burtoloso A C B. Sharpless asymmetric dihydroxylation on α,β-unsaturated diazoketones: A new entry for the synthesis of disubstituted furanones [J]. Synlett, 2017, 28(14): 1748-1752.

[30] Show K, Upadhyay P K, Kumar P. An asymmetric dihydroxylation route to (-)-bulgecinine[J]. Tetrahedron: Asymmetry, 2011, 22: 1234-1238.

[31] 姚其正. 药物合成反应[M]. 北京: 中国医药科技出版社, 2012.

[32] Hübner S, Bentrup U, Budde U, et al. An ozonolysis-reduction sequence for the synthesis of pharmaceutical intermediates in microstructured devices [J]. Org Process Res Dev, 2009, 13: 952-960.

[33] Ling Y F, Ren X L, Lai W P, et al. 4,4,8,8-Tetranitroadamantane-2,6-diyl dinitrate: A high-density energetic material [J]. Eur J Org Chem, 2015, (7): 1541-1547.

[34] Nonaka H, Wang Y G, Kobayashi Y. First total synthesis of tuberonic acid [J]. Tetrahedron Lett, 2007, 48: 1745-1748.

[35] Corey E J, Suggs J W. Pyridinium chlorochromate: Efficient reagent for oxidation of primary and secondary alcohols to carbonyl compounds [J]. Tetrahedron Lett, 1975, 16: 2647-2650.

[36] Yun S Y, Zheng J-C, Lee D, et al. Concise synthesis of the tricyclic core of platencin [J]. Angew Chem Int Ed, 2008, 47(33): 6201-6203.

[37] Pfitzner K E, Moffatt J G. A new and selective oxidation of alcohols [J]. J Am Chem Soc, 1963, 85: 3027-3028.

[38] Albright J D, Goldman L. Dimethyl sulfoxide-acid anhydride mixtures for the oxidation of alcohols [J]. J Am Chem Soc, 1967, 89: 2416-2423.

[39] Parikh J R, Doering W V E. Sulfur trioxide in the oxidation of alcohols by dimethyl sulfoxide [J]. J Am Chem Soc, 1967, 89: 5505-5507.

[40] Omura K, Sharma A K, Swern D. Dimethyl sulfoxide-trifluoroacetic anhydride. New reagent for oxidation of alcohols to carbonyls [J]. J Org Chem, 1976, 41: 957-962.

[41] (a) Corcilius L, Elias N T, Ochoa J L, et al. Total synthesis of glycinocins A–C [J]. J Org Chem, 2017, 82: 12778-12785; (b) Tian Z, Menard F. Synthesis of kainoids and C4 derivatives [J]. J Org Chem, 2018, 83: 6162-6170.

[42] Eom K D, Raman J V, Kim H, et al. Total synthesis of (+)-asteltoxin [J]. J Am Chem Soc, 2003, 125: 5415-5421.

[43] Hart A C, Phillips A J. Total synthesis of (+)-cylindramide A [J]. J Am Chem Soc, 2006, 128: 1094-1095.

[44] Wang Y, Gang S, Bierstedt A, et al. A symmetry-based approach to the heterobicyclic core of the zaragozic acids-model studies in the pseudo C_2-symmetric series [J]. Adv Synth Catal, 2007, 349: 2361-2367.

[45] Xu B, Xun W, Wang T Z, et al. Total synthesis of (+)-aplykurodinone-1 [J]. Org Lett, 2017, 19: 4861-4863.

[46] Uyanik M, Ishihara K. Hypervalent iodine-mediated oxidation of alcohols [J]. Chem Commun, 2009: 2086-2099.

[47] De Mico A, Margarita R, Parlanti L, et al. A versatile and highly selective hypervalent iodine (III)/2,2,6,6-tetramethyl-1-piperidinyloxyl-mediated oxidation of alcohols to carbonyl compounds[J]. J Org Chem, 1997, 62: 6974-6977.

[48] Hansen T M, Florence G J, Lugo-Mas P, et al. Highly chemoselective oxidation of 1,5-diols to δ-lactones with TEMPO/BAIB [J]. Tetrahedron Lett, 2003, 44: 57-59.

[49] Li Y, Hale K J. Asymmetric total synthesis and formal total synthesis of the antitumor sesquiterpenoid (+)-eremantholide A [J]. Org Lett, 2007, 9: 1267-1270.

[50] Tohma H, Takizaw S, Kita Y, et al. Facile and clean oxidation of alcohols in water using hypervalent iodine(III) reagents [J]. Angew Chem Int Ed, 2000, 39: 1306-1308.

[51] Cella J A, Kelley J A, Kenehan E F. Nitroxide-catalyzed oxidation of alcohols using *m*-chloroperbenzoic acid. New method [J]. J Org Chem, 1975, 40: 1860-1862.

[52] Semmelhack M F, Schmid C R, Cortés D A, et al. Oxidation of alcohols to aldehydes with oxygen and cupric ion, mediated by nitrosonium ion [J]. J Am Chem Soc, 1984, 106: 3374-3376.

[53] Liu L, Ma J J, Wei Y Y, et al. Molecular sieve promoted copper catalyzed aerobic oxidation of alcohols to corresponding aldehydes or ketones [J]. J Mol Catal A: Chem, 2008, 291: 1-4.

[54] Liu R, Liang X, Dong C, et al. Transition-metal-free: A highly efficient catalytic aerobic alcohol oxidation process [J]. J Am Chem Soc, 2004, 126: 4112-4113.

[55] Carton S, Dugger R W, Ripin D H B, et al. Large-scale oxidations in the pharmaceutical industry [J]. Chem Rev, 2006, 106: 2943-2898.

[56] Kaur S, Kapoor V K, Bhardwaj T R, et al. A facile route for the synthesis of bisquartenary azasteroids [J]. Int J Pharm Pharm Sci, 2013, 5: 728-732.

[57] Li G, Sun Z, Yan Y E, et al. Direct transformation of HMF into 2,5-diformylfuran and 2,5-dihydroxymethylfuran without an external oxidant or reductant [J]. ChemSusChem, 2016, 9: 1-6.

[58] Liautard V, Birepinte M, Bettoli C, et al. Mg-catalyzed Oppenauer oxidation—Application to the flow synthesis of a natural pheromone [J]. Catalysts, 2018, 8(11): 529.

[59] Ogiwara Y, Ono Y, Sakai N. Indium(III) isopropoxide as a hydrogen transfer catalyst for conversion of benzylic alcohols into aldehydes or ketones *via* Oppenauer oxidation [J]. Synthesis, 2016, 48: 4143-4148.

[60] Criegee R. Oxidation with quadrivalent lead salts. II. Oxidative cleavage of glycols [J]. Ber Dtsch Chem Ges, 1931, 64: 260-266.

[61] House H O. Modern Synthetic Reactions [M]. 2nd ed. California: The Benjamin/Cummings , 1972.

[62] Daumas M, Vo-Quang Y, Vo-Quang L, et al. A new and efficient heterogeneous system for the oxidative cleavage of 1,2-diols and the oxidation of hydroquinones [J]. Synthesis, 1989, 1: 64-65.

[63] Outram H S, Raw S A, Taylor R J K. *In situ* oxidative diol cleavage-Wittig processes [J]. Tetrahedron Lett, 2002, 43: 6185-6187.

[64] Escande V, Lam C H, Coish P, et al. Heterogeneous sodium-manganese oxide catalyzed aerobic oxidative cleavage of 1,2-diols [J]. Angew Chem Int Ed, 2017, 56: 9561-9565.

[65] Zhou Z, Liu M, Lv L, et al. Silver(I)-catalyzed widely applicable aerobic 1,2-diol oxidative cleavage [J]. Angew Chem Int Ed, 2018, 57: 2616-2620.

[66] Lindgren B O, Nilsson T. Preparation of carboxylic acids from aldehydes (including hydroxylated benzaldehydes) by oxidation with chlorite[J]. Acta Chem Scand, 1973, 27: 888-890.

[67] Bal B S, Childers Jr W E, Pinnick H W. Oxidation of α,β-unsaturated aldehydes[J]. Tetrahedron, 1981, 37: 2091-2096.

[68] Mohamed M A, Yamada K, Tomioka K. Accessing the amide functionality by the mild and low-cost

oxidation of imine [J]. Tetrahedron Lett, 2009, 50: 3436-3438.

[69] Panarese J D, Waters S P. Enantioselective formal total synthesis of (+)-aspergillide C [J]. Org Lett, 2009, 11: 5086-5088.

[70] Zhou G, Corey E J. Short, enantioselective total synthesis of aflatoxin B2 using an asymmetric [3+2]-cycloaddition step [J]. J Am Chem Soc, 2005, 127: 11958-11959.

[71] (a) Timokhin V, Regner M, Tsuji Y, et al. Synthesis of nepetoidin B [J]. Synlett, 2018, 29: 1229-1231; (b) Zhang X, Ye J, Yu L, et al. Organoselenium-catalyzed Baeyer-Villiger oxidation of α,β-unsaturated ketones by hydrogen peroxide to access vinyl esters [J]. Adv Synth Catal, 2015, 357: 955-960.

[72] Khusnutdinov R I, Egorova T M, Aminov R I, et al. Pentafluoroperbenzoic acid as the efficient reagent for Baeyer-Villiger oxidation of cyclic ketones [J]. Mendeleev Commun, 2018, 28: 644-645.

[73] Chen S, Hossain M S, Foss Jr F W. Organocatalytic Dakin oxidation by nucleophilic flavin catalysts [J]. Org Lett, 2012, 14: 2806-2809.

[74] Tundo P, Romanelli G P, Vazquez P G. Multiphase oxidation of aniline to nitrosobenzene with hydrogen peroxide catalyzed by heteropolyacids [J]. Synlett, 2008: 967-970.

[75] Emmons W D. Peroxytrifluoroacetic acid. Ⅱ. The oxidation of anilines to nitrobenzenes [J]. J Am Chem Soc, 1954, 76: 3470-3472.

[76] Morrison M D, Hanthorn J J, Pratt D A. Synthesis of pyrrolnitrin and related halogenated phenylpyrroles [J]. Org Lett, 2009, 11: 1051-1054.

[77] (a) Das S S, Nath U, Das P J, et al. A convenient method for the oxidation of aromatic amines to nitro compounds using tetra-*n*-alkylammonium bromates [J]. Synth Commun, 2004, 34: 2359-2363; (b) Firouzabadi H, Amani N I K. Tungstophosphoric acid catalyzed oxidation of aromatic amines to nitro compounds with sodium perborate in micellar media [J]. Green Chem, 2001, 3: 131-132; (c) Murray R W, Jeyaraman R, Mohan L. A new synthesis of nitro compounds using dimethyldioxirane [J]. Tetrahedron Lett, 1986, 27: 2335-2336.

[78] Barton D H R, Lester D J, Ley S V. Oxidation of aldehyde hydrazones, hydrazo compounds, and hydroxylamines with benzeneseleninic anhydride [J]. J Chem Soc Chem Commum, 1978: 276-277.

[79] Zhao D, Johansson M, Backvall J E. *In situ* generation of nitroso compounds from catalytic hydrogen peroxide oxidation of primary aromatic amines and their one-pot use in hetero-Diels-Alder reactions[J]. Eur J Org Chem, 2007: 4431-4436.

[80] Kluge R, Schulz M, Liebsch S. Sulfonic peracids-Ⅲ. Hetreroatom oxidation and chemoselectivity [J]. Tetrahedron, 1996, 52: 5773-5782.

[81] (a) Wheeler O H, Gonzalez D. Oxidation of primary aromatic amines with manganese dioxide [J]. Tetrahedron, 1964, 20: 189-193; (b) Shine H J, Zmuda H, Kwart H, et al. Benzidine rearrangements. 17. The concertd nature of the one-proton *p*-semidine rearrangement of 4-methoyhydrazobenzene [J]. J Am Chem Soc, 1982, 104: 5181-5184; (c) Shaabani A, Lee D G. Solvent free permanganate oxidations [J]. Tetrahedron, 2001, 42: 5833-5836.

[82] Zhang C, Jiao N. Copper-catalyzed aerobic oxidative dehydrogenative coupling of anilines leading to aromatic azo compounds using dioxygen as an oxidant [J]. Angew Chem Int Ed, 2010, 49: 6174-6177.

[83] Yamaguchi K, Mizuno N M. Efficient heterogeneous aerobic oxidation of amines by a supported ruthenium catalyst [J]. Angew Chem Int Ed, 2003, 42: 1479-1482.

[84] (a) Murray R W, Singh M. A high yield one step synthesis of hydroxylamines[J]. Synth Commun, 1989, 19: 3509-3522; (b) Murray R W, Singh M. A convenient high yield synthesis of nitroxides [J]. Tetrahedron Lett, 1988, 29: 4677-4680.

[85] Fields J D, Kropp P J. Surface-mediated reatctions 9. Selective oxidation of primary and secondary amines to hydroxylamines [J]. J Org Chem, 2000, 65: 5973-5941.

[86] Murray R W, Singh M, Jeyaraman R. Dioxiranes. 20. Preparation and properties of some new dioxiranes [J].

J Am Chem Soc, 1992, 114: 1346-1351.

[87] Stappers F, Broeckx R, Leurs S, et al. Development of a safe and scalable amine-to-nitrone oxidation: A key step in the synthesis of R107500 [J]. Org Process Res Dev, 2002, 6: 911-914.

[88] Ferrer M, Sanchez-Baeza F, Messeguer A, et al. Use of dioxiranes for the chemoselective oxidation of tertiary amines bearing alkene moieties [J]. J Chem Soc Chem Commun, 1995, 293-294.

[89] Bergstad K, Backvall J E. Mild and efficient flavin-catalyzed H_2O_2 oxidation of tertiary amines to amine *N*-oxides [J]. J Org Chem, 1998, 63: 6650-6655.

[90] (a) Evans R F, van Ammers M, Den Hertog H J. A new synthesis of 2,6-dibromopyridine-*N*-oxide [J]. Recl Trav Chim, 1959, 78: 408-411; (b) Sandrine M, Bartek N, Hakan E et al. Short and efficient syntheses of analogues of way-100635: New and potent 5-HT1A receptor antagonists [J]. Bioorg Med Chem, 2001, 9: 695-702.

[91] Singh D, Galetto F Z, Soares L C, et al. Metal-free air oxidation of thiols in recyclable ionic liquid: A simple and efficient method for the synthesis of disulfides [J]. Eur J Org Chem, 2010: 2661-2665.

[92] Arterburn J B, Perry M C, Nelson S L. Rhenium-catalyzed oxidation of thiols and disulfides with sulfoxides [J]. J Am Chem Soc, 1997, 119: 9309-9310.

[93] Ballistreri F P, Tomaselli G A, Toscano R M. Selective and mild oxidation of thiols to sulfonic acids by hydrogen peroxide catalyzed by methyltrioxorhenium [J]. Tetrahedron Lett, 2008, 49: 3291-3293.

[94] Hu L B, Zhu H, Du D M, et al. Efficient synthesis of taurine and structurally diverse substituted taurines from aziridines [J]. J Org Chem, 2007, 72: 4543-4546.

[95] Jiang B, Zhao X L, Dong J J, et al. Catalytic asymmetric oxidation of heteroaromatic sulfides with *tert*-butyl hydroperoxide catalyzed by a titanium complex with a new chiral 1,2-diphenylethane-1,2-diol ligand [J]. Eur J Org Chem, 2009: 987-991.

[96] Liao S H, Coric I, List B, et al. Activation of H_2O_2 by chiral confined brønsted acids: A highly enantioselective catalytic sulfoxidation [J]. J Am Chem Soc, 2012, 134: 10765-10768.

[97] Goswami S, Harada K, El Mansy M F, et al. Enantioselective synthesis of (–)-halenaquinone [J]. Angew Chem Int Ed, 2018, 57: 9117-9121.

[98] Yoshimura A, Banek C T, Zhdankin V V, et al. Preparation, X-ray sructure, and reactivity of 2-iodylpyridines: Recyclable hypervalent iodine (V) reagents [J]. J Org Chem, 2011, 76: 3812-3819.

[99] Lu W Y, Chen P R, Lin G Q. New stereoselective synthesis of thiamphenicol and florfenicol from enantiomerically pure cyanohydrin: A chemo-enzymatic approach [J]. Tetrahedron, 2008, 64: 7822-7827.

第3章 还 原 反 应

广义的还原反应（reduction reaction）是指使化合物获得电子的反应，也包括使参加反应的原子电子云密度增加的反应或使有机物分子中碳原子的总氧化态（oxidation state）降低的反应。狭义的还原反应是指在有机物中增加氢或者减少氧（或硫、卤素）的反应[1,2]。化学还原反应按照反应机理分为负氢离子转移还原反应和电子转移还原反应。生物还原反应按照还原方法可分为微生物发酵法和酶催化法，主要用于潜手性中心的不对称还原而得光学活性化合物[2]。还原反应与氧化反应是有机合成中极其重要的两类反应，被广泛地应用在医药、农药等各种精细化学品的合成过程中[3, 4]。

还原反应的内容十分丰富，根据反应前后物质结构的变动可分为氢解反应和加氢反应[5]。氢解反应是使底物分子中的 C—X 键断裂，同时形成 C—H 键的反应。加氢反应则是使底物分子中的双键或三键转变成单键或双键的反应。

根据还原方法的不同，又可以分为直接还原、间接还原、电解还原及生物还原等多种形式[2,3,5]。能用作还原剂的物质很多，碱金属、镁、锌、铝、铁、锡以及它们的合金，镍铝合金等是较早使用的还原剂。这些活泼金属参与的还原反应可按两种不同的方式进行，一是活泼金属直接给出电子，使底物还原；二是活泼金属在水或醇等质子溶剂中置换出氢，氢再与底物发生还原反应。还原性的无机酸、碱、盐包括 $SnCl_2$、$FeCl_2$、$Na_2S_2O_4$、Na_2S、NH_2NH_2、HI 或红磷-碘-水等。处在周期表第三族中的元素氢化物，如 $NaBH_4$、KBH_4、$LiAlH_4$ 等也是重要的还原剂。有机还原剂包括甲酸、甲醛、环己烯、醇铝、有机硼烷和葡萄糖等。

工业上，应用最广泛的还原剂是氢气。但氢气与许多有机化合物不能直接反应，需在催化剂存在下才起反应。借助催化剂来还原有机物质，又叫催化还原或催化氢化反应。包括均相催化和多相催化两种。Pt、Pd、Ru、Rh 等过渡金属及其配合物常作催化还原的催化剂。

3.1 不饱和烃（烯、炔及芳烃）的还原

炔、烯和芳烃均可被还原为饱和烃。炔、烯的还原活性大于芳烃。对炔、烯的还原广泛采用催化氢化法，这是一种具有产品收率高、质量好、反应条件温和、设备通用性好及原子经济性的绿色化反应。而对芳烃的还原，通常采用化学还原法[2]。

3.1.1 烯烃的还原

1. 非均相催化氢化

非均相催化氢化是指在固态金属催化剂存在下，用氢气还原烯烃（或炔烃）为烷烃（或烯烃）的反应，镍、钯和铂等过渡金属是最常用的催化剂，包括 Raney 镍、钯黑、铂黑、载体钯、载体铂以及二氧化铂（Adams 催化剂）等。常用的金属、制法及举例见表 3.1。

表 3.1 常用金属、制法及举例

种类	常用金属	制法	举例
还原型	Pt, Pd, Ni	金属氧化物还原	铂黑，钯黑
甲酸型	Ni, Co	金属甲酸盐热分解	镍粉
骨架型	Ni, Cu	金属与铝的合金用碱沉淀	骨架镍
沉淀型	Pt, Pd, Rh	金属盐溶液用碱沉淀	胶体钯
硫化物型	Mo	金属盐溶液用硫化氢沉淀	硫化钼
氧化物型	Pt, Pd, Re	金属氯化物以 KNO_3 熔融分解	PtO_2
载体型	Pt, Pd, Ni, Cu	用活性炭、SiO_2 等浸渍金属盐再还原	Pd-活性炭，Cu-SiO_2

通常认为非均相催化加氢反应发生在催化剂的表面上，是分步过程。氢先被吸附在催化剂表面，接着底物以π键的形式吸附在催化剂表面。被吸附在催化剂表面的氢和底物发生反应生成半氢化中间体 **3.1**。**3.1** 与吸附在催化剂表面的另一个氢原子反应生成产物，脱氢可以回到反应物或得到异构化的产物，机理如图 3.1 所示[6]。

图 3.1 非均相催化加氢的机理

Raney 镍是一种由带有多孔结构的镍铝合金的细小晶粒组成的固态异相催化

剂，它最早由美国工程师莫里·雷尼在植物油的氢化过程中，作为催化剂而使用。其制备过程是将铝镍合金粉末加入到一定浓度的氢氧化钠溶液中，使合金中的铝形成铝酸钠而除去就可以得到 Raney 镍。

$$Ni—Al + 6\,NaOH \longrightarrow Ni + 2\,Na_3AlO_3 + 3\,H_2 \quad (3\text{-}1)$$

钯或铂的水溶性盐类与氢、甲醛或硼氢化钾等还原剂反应形成钯黑或铂黑。制备钯黑时加入活性炭可形成 Pd-C 催化剂，通常含 5%~10%的 Pd。制钯黑时加入碳酸钙或硫酸钡，再加入乙酸铅或喹啉使催化剂部分失活，就制成了 Lindlar 催化剂。这是一种选择性催化氢化催化剂。常用的有 Pd-$CaCO_3$-PbO/$Pb(AcO)_2$ 与 Pd-$BaSO_4$-喹啉两种，其中钯的含量为 5%~10%。

氯铂酸铵与硝酸钠混合灼热熔融，放出二氧化氮生成二氧化铂，称作 Adams 催化剂。

$$(NH_4)_2PtCl_6 + 4\,NaNO_3 \xrightarrow{500\sim1000^{\circ}C} PtO_2 + 4\,NaCl + 2\,NH_4Cl + 4\,NO_2 + O_2 \quad (3\text{-}2)$$

2018 年，Carreira 等报道了(–)-mitrephorone A 的全合成。其中，中间体 **3.2** 用 PtO_2 作为催化剂进行还原，室温条件下，即可得到 90%的中间体产物 **3.3**[7]。

Me Me OR R: TES Me O **3.2** —— PtO_2, H_2 / 90% → Me Me OR Me O **3.3** (3-3)

钯和铂催化剂用于烯烃的还原活性高。例如，用含 10%钯的 Pd-C 催化剂可将二烯 **3.4** 分子中的两个双键同时还原，生成饱和产物 **3.5**[6]。

OAc H O OAc MeO_2C **3.4** —— H_2, Pd-C (10%) / EtOH, 74% → OAc H O OAc H H MeO_2C **3.5** (3-4)

铑和钌也可用于催化烯烃的还原，特别是铑催化的氢化反应条件较温和，可避免含氧官能团的氢解。例如，用负载在三氧化二铝上的铑催化剂催化植物毒素 toxol（**3.6**）的氢化，分子中的醚键不会断裂[6]。

O OH O **3.6** —— H_2, 5% Rh-Al_2O_3 / EtOH → O OH O (3-5)

使用 Raney 镍作催化剂也可以实现烯烃的还原。例如，25℃下 Raney 镍催化氢化可选择性还原芳基烯酮 **3.7** 分子中的两个共轭双键，羰基和芳环不受影响；如果将反应温度提高到 120℃，分子中的羰基也可被还原；在更高的温度下，还会伴随芳环的还原[2]。

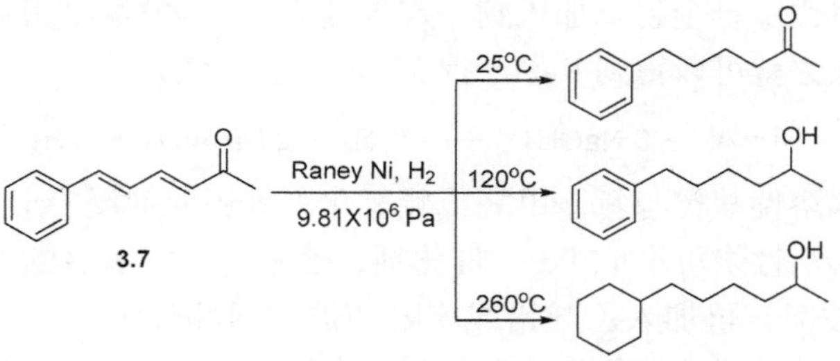

(3-6)

这说明除催化剂的种类外，反应条件对还原选择性也有重要影响。另外，溶剂和介质酸、碱度对反应也有影响。例如，Raney 镍具有碱性，酸会使 Raney 镍失活，不能在酸性条件下使用。硫、磷、砷、铋、碘等离子及部分有机硫和有机胺化合物可与催化剂的活性中心发生牢固的化学吸附，使其不能再与底物发生化学吸附从而使催化剂中毒，这类物质称为毒剂。有些物质可使催化剂部分中毒，氢化反应速率变慢，称作抑制剂（inhibitor），加入抑制剂的目的是提高选择性。

大多数情况下，烯烃的催化加氢是同向加氢，*E* 型烯烃往往生成外消旋的苏式产物，*Z* 型烯烃则生成内消旋的赤式产物。例如[6]：

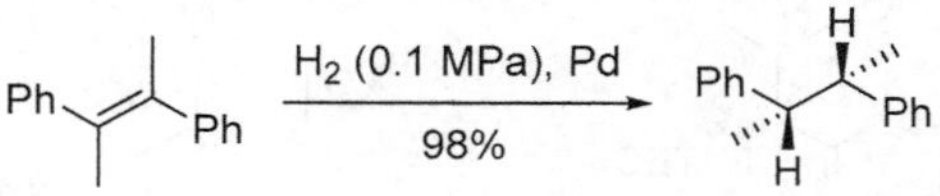

(3-7)

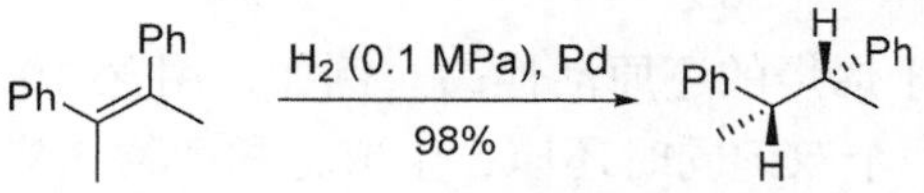

(3-8)

一些环状烯烃的还原也可能生成对向加氢的产物，特别是使用活性高的钯催化剂时更是如此。例如，1, 2-二甲基环己烯的加氢，以 Pd 作催化剂，主要生成对向加氢的产物；以 PtO_2 作催化剂，则以同向加氢产物为主[6]。

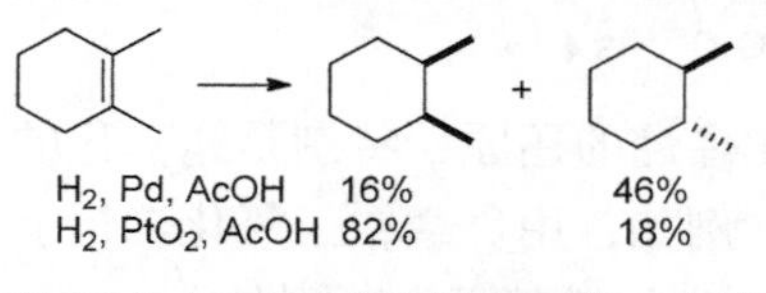

(3-9)

许多药物及其中间体的制备都涉及烯键的氢化。例如，由相应烯烃经 Pt-C 催化加氢可合成解痉药新握克丁（octamylamine）中间体 **3.8**［式（3-10）］：

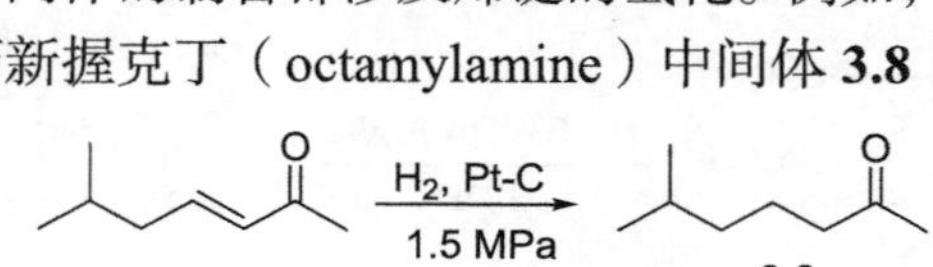

(3-10)

又如乙酰胆碱酯酶抑制剂盐酸多奈哌齐（donepezil hydrochloride）是美国食品与药物管理局（FDA）批准的用于治疗阿尔茨海默症患者轻度或中度痴呆症状

的药物。中间体 3-(3,4-二甲氧基苯基)丙酸（**3.10**）就是由相应的丙烯酸衍生物 **3.9** 经 Pd-C 催化氢化还原 C═C 双键得到的[8]。

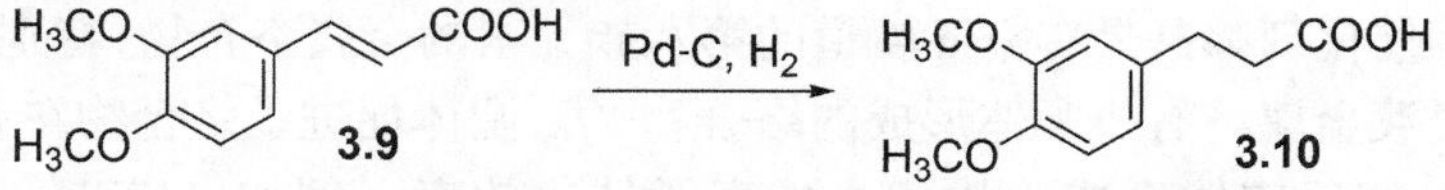

(3-11)

Stoltz 等[9]在不对称催化加氢合成生物碱(+)-dragmacidin F 过程中，中间体 **3.11** 以 10%的 Pd-C 作为催化剂，可将中间体 **3.11** 还原为 **3.12**，产率均高达 95%以上。

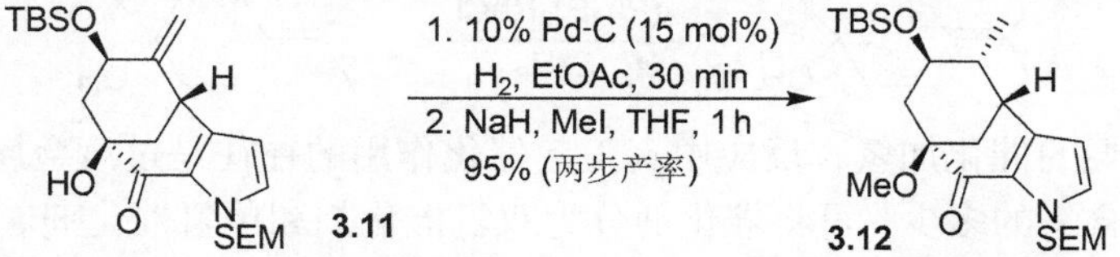

(3-12)

非均相催化氢化反应也可以通过转移氢化法实现，以有机氢供体（hydrogen donor）代替氢气参与底物的催化氢化，不用易燃易爆的氢气，还原剂用量易控制，操作更简便，安全性更高。常用的有机氢供体包括环己烯、甲酸及其盐以及联亚胺等，如图 3.2 所示。

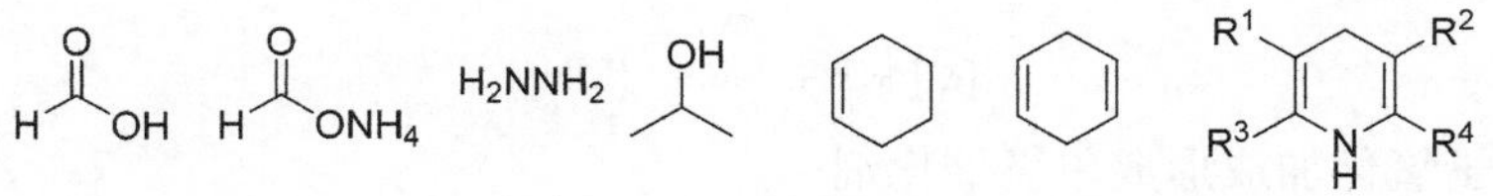

图 3.2　常用的氢供体

例如，环己烯作为氢供体可用于长效避孕药甲羟孕酮（medroxyprogesterone）的合成[10]。

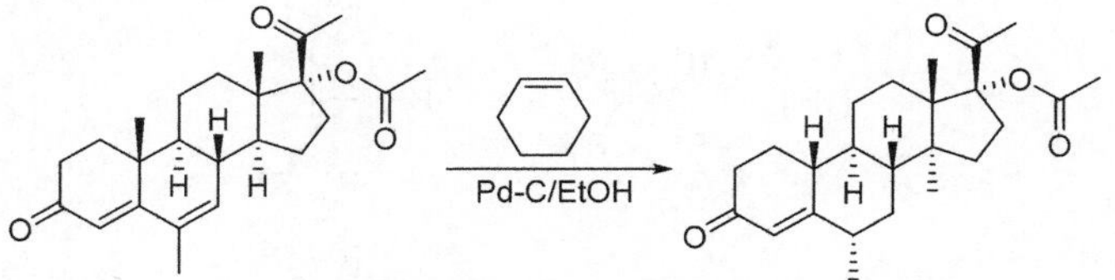

(3-13)

肼的氧化产物联亚胺 HN═NH 作为氢转移试剂，可以高选择性地还原双键，且不影响其他官能团[1]。其机理可能是不饱和键与联亚胺首先生成非极性中间体，然后，氢转移至不饱和键并放出氮而完成反应，因而其加氢仍为同向加成[11]。

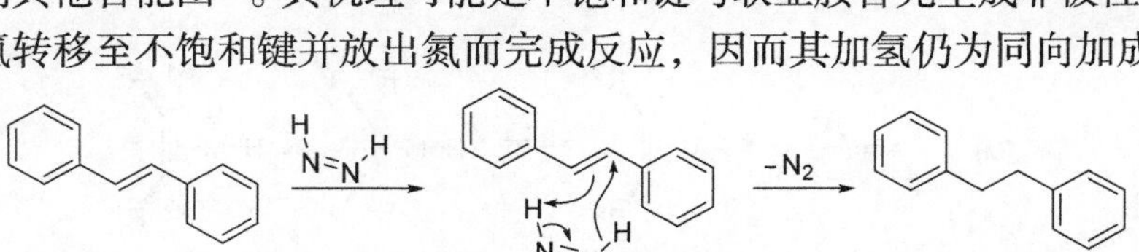

(3-14)

2. 均相催化氢化

均相催化氢化就是使用能溶于反应溶液的催化剂使氢化反应在液相进行。主要特点是催化剂呈配位分子状态溶于反应介质中，具有活性高、条件温和、选择性好、副反应少及不易中毒等优点[12]。该类反应主要用于选择性还原碳-碳重键[13]。常用的均相催化剂都是具有空 d 轨道的第八族元素的金属络合物，特别是 Rh、Ru、Ir、Co 等过渡金属与有机配体形成的络合物[12]。配体促进了络合物在有机溶剂中的溶解度，使反应体系成为均相，提高了催化效率。例如，Wilkinson 催化剂 $(Ph_3P)_3RhCl$ 可将芳樟醇还原成二氢芳樟醇 [4]：

$$\text{芳樟醇} \xrightarrow[H_2,\ C_6H_6]{(Ph_3P)_3RhCl} \text{二氢芳樟醇} \tag{3-15}$$

对于烯烃的催化加氢，反应中真正起催化作用的往往是过渡金属的氢化物。根据氢化物含氢的多少，可将催化剂分为双氢催化剂和单氢催化剂。Wilkinson 催化剂 RhL_3Cl 和 Vaska 络合物 $Ir(CO)ClL_2$ 等为双氢催化剂，$HRh(CO)(PPh_3)_3$ 和 $HRuCl(PPh_3)_3$ 等为单氢催化剂。

烯烃催化氢化通常包含氢的活化、底物的活化、氢的转移和产物的生成等步骤[14]。氢的活化通常由氢与过渡金属配合物的氧化加成来实现。双电子氧化加成形成双氢催化剂：

$$[M] + H_2 \rightleftharpoons [MH_2] \tag{3-16}$$

单电子氧化加成形成单氢催化剂：

$$2[M] + H_2 \rightleftharpoons 2[MH] \tag{3-17}$$

底物烯烃的活化通过与过渡金属络合物的配位实现，参与配位的过渡金属络合物可以是含氢的氢化物，也可以是不含氢的络合物：

$$[MH] + R^1R^2C{=}CR^3R^4 \rightleftharpoons H{-}M\cdots(R^1R^2C{=}CR^3R^4) \tag{3-18}$$

$$[MH_2] + R^1R^2C{=}CR^3R^4 \rightleftharpoons H_2M\cdots(R^1R^2C{=}CR^3R^4) \tag{3-19}$$

$$[M] + R^1R^2C{=}CR^3R^4 \rightleftharpoons M\cdots(R^1R^2C{=}CR^3R^4) \underset{}{\overset{H_2}{\rightleftharpoons}} H{-}M\cdots(R^1R^2C{=}CR^3R^4)\ \text{或}\ H_2M\cdots(R^1R^2C{=}CR^3R^4) \tag{3-20}$$

氢的转移是氢由中心原子转移至配位烯烃的步骤，是催化氢化的关键步骤，往往也是反应的速率控制步骤。氢的转移通过烯-氢插入反应来实现：

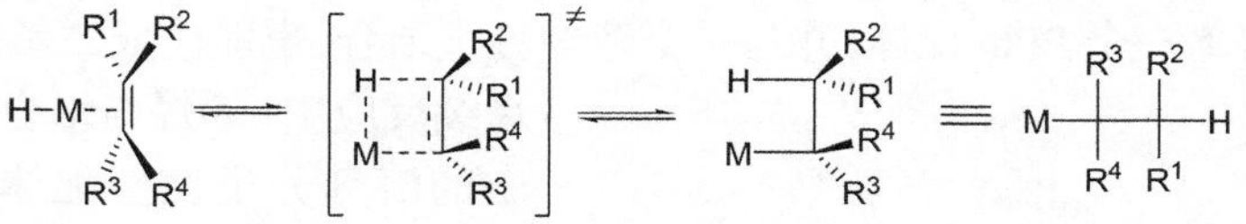

(3-21)

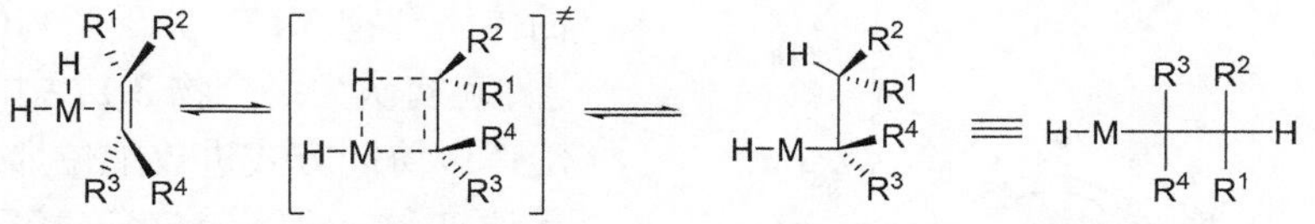

(3-22)

产物的生成步骤一般为还原消除反应。视催化剂种类的不同，可以是分子内的双电子还原消除，也可以是分子间的单电子还原消除。

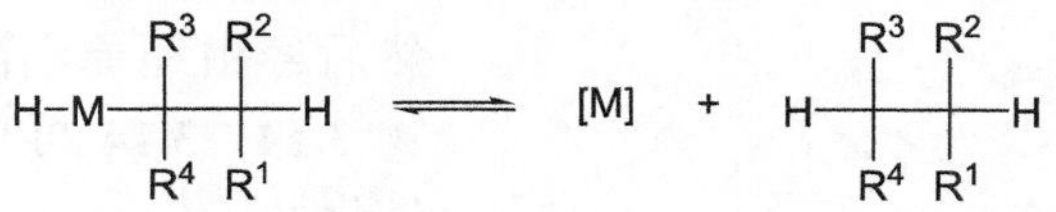

(3-23)

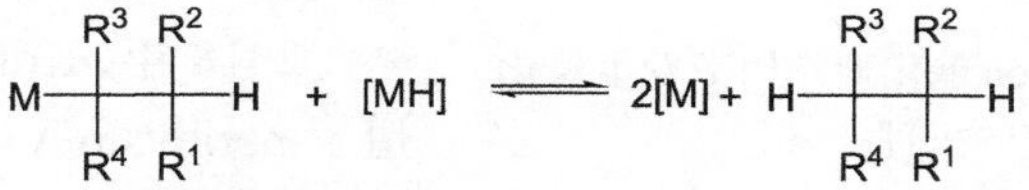

(3-24)

$(Ph_3P)_3RhCl$ 是还原非共轭烯烃常用的催化剂，反应可在常温常压条件下进行，底物分子中的羰基、氰基、硝基和氯取代基不会被还原。单取代和双取代双键的还原速率较三取代或四取代双键快得多，可选择性还原多烯烃分子中的某一双键。例如，芳樟醇 **3.13** 的还原选择性生成末端双键被还原的产物[6]。

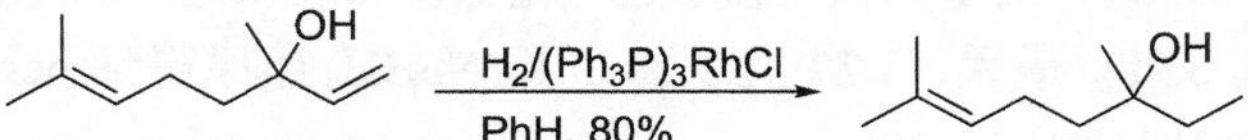

(3-25)

同样条件下，硝基苯乙烯的还原则生成双键被还原的硝基烷烃[6]。

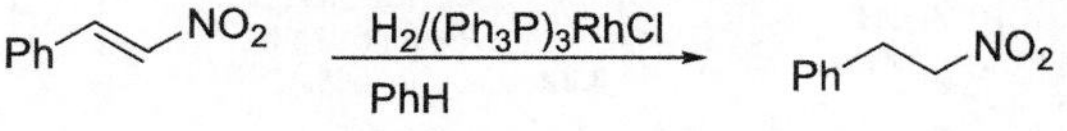

(3-26)

用 Wilkinson 催化剂还原肉桂酸苄酯或烯丙基苯基硫醚时，底物分子中的酯基和硫醚官能团也不会受到进攻[6]。

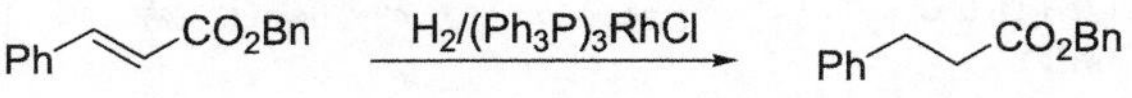

(3-27)

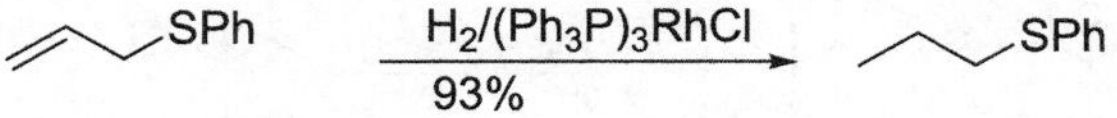

(3-28)

但是，Wilkinson 催化剂对羰基有很强的脱除作用，利用 Wilkinson 催化剂还原肉桂醛时，主要生成苯乙烯[6]。

利用 $(Ph_3P)_3RhCl$ 催化烯烃加氢反应的机理如图 3.3 所示。反应中，催化剂先解离出三苯膦配体，并与溶剂分子结合，生成络合物 **3.14**。H_2 向 **3.14** 的氧化加成生成二氢络合物 **3.15**。H_2 直接与未解离的络合物$(Ph_3P)_3RhCl$ 加成，则生成中间体

3.16, **3.16** 解离一个 PPh_3 配体，并与一个溶剂分子结合，也能生成二氢络合物 **3.15**。后续反应中，烯烃与络合物 **3.15** 分子中的溶剂分子发生配体交换生成八面体络合物 **3.17**。关于产物的生成步骤，起初认为络合物 **3.17** 中的两个氢配体以协同方式进攻配位烯烃，生成还原产物。但目前普遍接受的机理是，络合物 **3.17** 中的烯配体先向 Rh—H 键插入，生成烷基氢络合物 **3.18**。然后经由还原消除生成产物和络合物 **3.14**，**3.14** 再与 H_2 反应就构成了催化循环[14]。

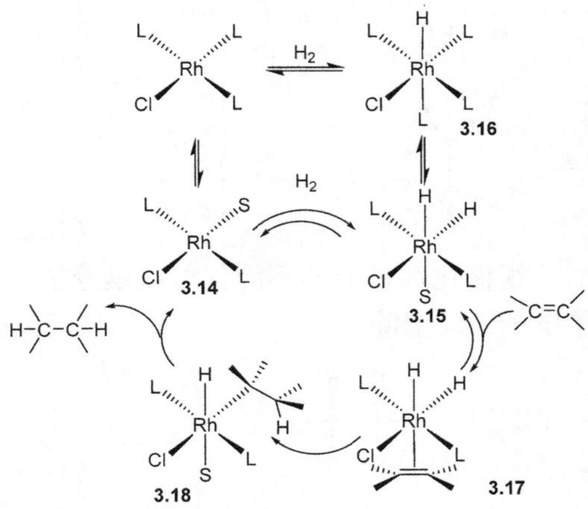

图 3.3　烯烃在 Wilkinson 催化剂作用下发生氢化反应的机理

2018 年，Kulkarni 和 Reddy 等报道了 peribysin A（**3.19**）的全合成[15]。首先，醛 **3.20** 与二烯 **3.21** 通过 Diels-Alder 反应环合后，通过 aldol 缩合反应得到中间体 **3.22**，再用 Wilkinson 催化还原得到中间体 **3.23**，**3.23** 通过 Wittig 烯化作用得到 **3.24**，再利用 SeO_2 和 TBHP 作为烯丙基氧化条件氧化 **3.24** 为 **3.25**。**3.25** 用酰基保护后，利用 Chandrasekaran 策略，即 PDC-TBHP 得到了 **3.26**，利用过氧化氢将烯烃双键环氧化，高选择性得到 **3.27** 及内半缩醛 **3.28**。最后，**3.27** 及 **3.28** 利用 $NaBH_4$ 还原得到 peribysin A（**3.19**）及它的少量非对映异构体 **3.29**。

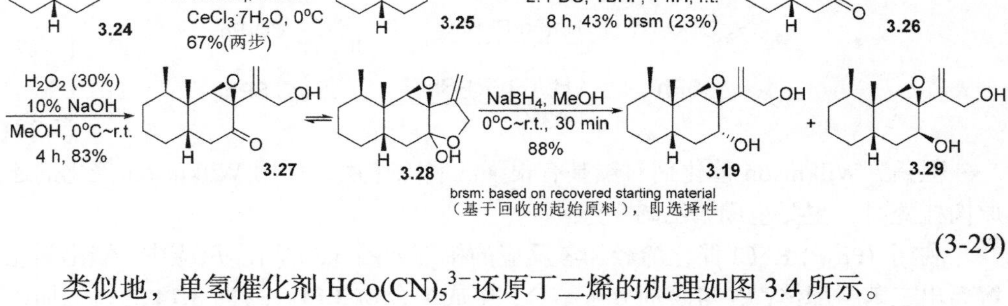

brsm: based on recovered starting material
（基于回收的起始原料），即选择性

(3-29)

类似地，单氢催化剂 $HCo(CN)_5^{3-}$ 还原丁二烯的机理如图 3.4 所示。

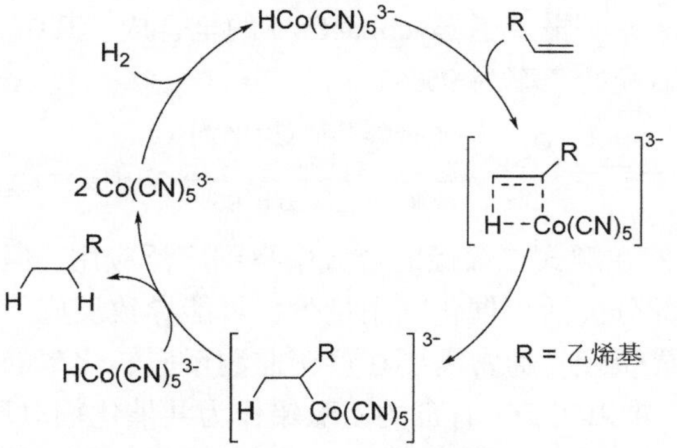

图3.4 单氢催化剂 $HCo(CN)_5^{3-}$ 还原丁二烯的机理

虽然均相催化具有诸多优点，但也存在一定的局限性[16]：常用催化剂都是贵重金属催化剂，难以回收；反应温度不宜过高，因为大多数催化剂在250℃以上不稳定；一般在酸性介质中进行，常要求特种耐腐蚀材料作为反应器。

3.1.2 炔烃的还原

炔的催化氢化先生成烯烃，进一步加氢生成烷烃，用钯、铂或 Raney 镍很容易将炔烃还原成烷烃。使用部分失活的 Lindlar 催化剂可以实现炔烃的部分氢化，使反应停留在烯烃的阶段，通常得到 Z 型烯烃，这在合成上更有意义。例如，维生素 A 中间体的合成过程中加入喹啉作为抑制剂，可选择性还原炔键，烯键不受影响[2]。

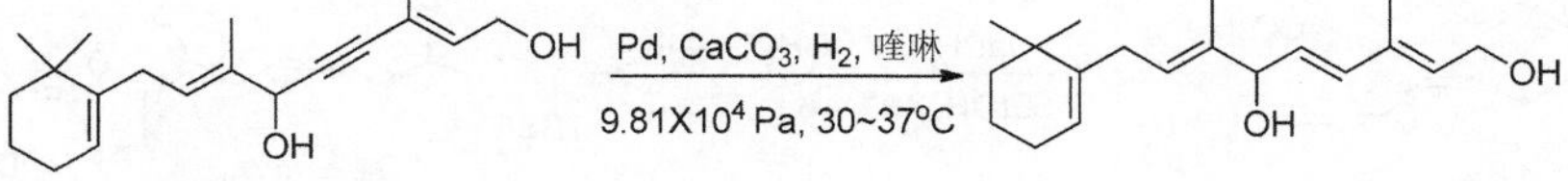

(3-30)

用 Pb 作为抑制剂也可得到 Z 型烯烃。

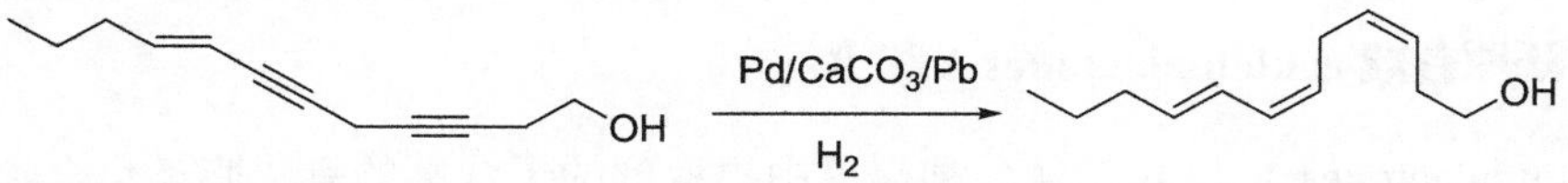

(3-31)

利用 Lindlar 催化剂部分还原炔烃合成顺式二取代烯烃在药物和天然产物的合成中被大量应用，例如，Ghosh 等[17]将炔丙酸衍生物利用 Lindlar 还原合成了含有多个双键的中间体。

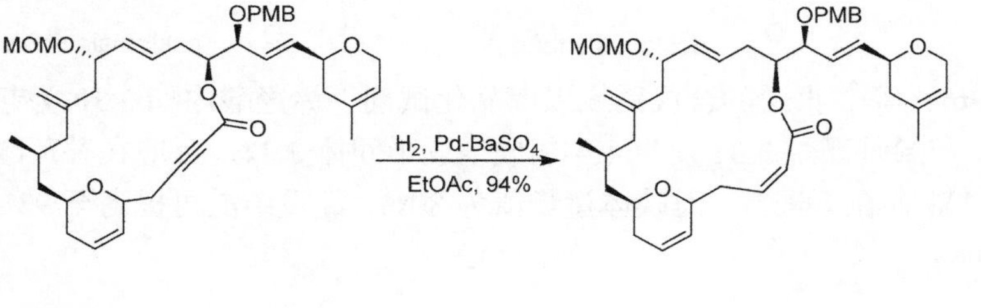

(3-32)

2018 年，Kapur 等[18]报道了 mycobactin J 的全合成。其中，炔烃经 Lindlar 催化还原后得到顺式烯烃的产率为 95%。

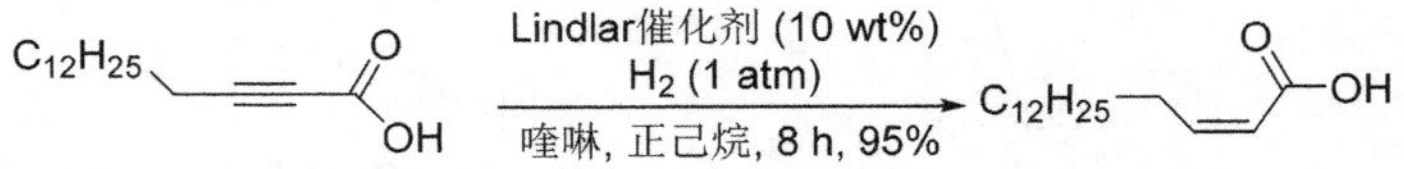

(3-33)

Lindlar 还原虽然在顺式二烯烃的合成中得到广泛应用，但也存在一些明显的缺点。由于催化剂部分失活，催化剂用量少，可能导致反应不完全。用量大又可能导致过度还原生成烷烃。通常需要在严密监测反应转化率的条件下，分批加入催化剂，操作烦琐，难以实施。有毒的乙酸铅作为共催化剂对环境也有潜在危害。尽管人们作了许多努力，试图改进 Lindlar 催化剂，如乙二胺等有机胺代替乙酸铅作抑制剂等，但一直未找到比原始的 Lindlar 催化剂更有效的催化体系。

1973 年，Brown 等[19]在乙醇中用硼氢化钠还原乙酸镍，得到胶体状的镍黑，将其称作 P2 镍。以 P2 镍作催化剂，在抑制剂乙二胺存在下还可实现炔烃的部分还原生成顺式烯烃。

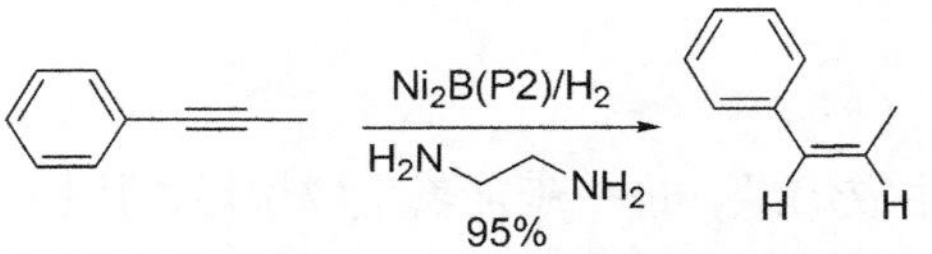

(3-34)

Oger 等[20]以原位生成的 P2 镍为催化剂，用 D_2 还原二炔，得到四氘代的四烯烃。

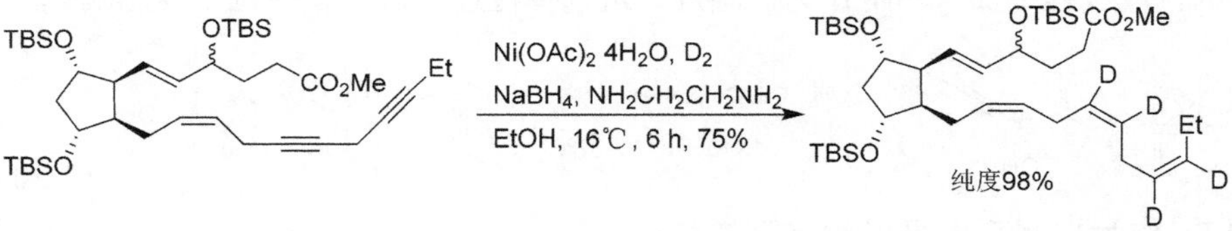

(3-35)

Lindlar 还原合成 ecklonialactones A 和 B

ecklonialactones A 和 B 是从各种褐藻中提取到的十八碳的氧化脂类化合物，结构如下：

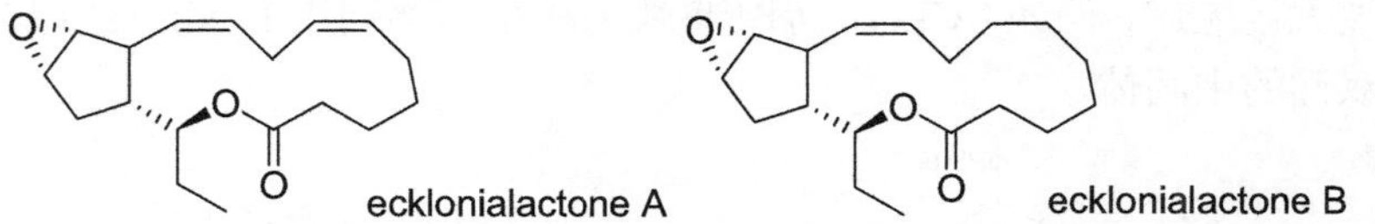

ecklonialactone A　　ecklonialactone B

Fürstner 等[21]报道的合成路线以商品化试剂丁烯羟酸内酯 **3.30** 为起始原料，铑催化下与烯基硼烷 **3.31** 发生 1,4-加成生成中间体 **3.32**，反应在香芹酮衍生的二烯配体 **3.33** 存在下进行，对映体过量值为 80%，经重结晶可提高至 93%。**3.32** 在强碱作用下脱去羰基 α 位的氢后与烯丙基碘化物发生烃化生成中间体 **3.34**。三甲基铝作用下，中间体 **3.34** 与 *N,O*-二甲基羟胺反应，生成 Weinreb 酰胺 **3.35**。为避免反应逆转，**3.35** 一经生成立即加入催化剂 **3.36** 使其发生烯烃复分解反应生成 **3.37**。**3.37** 经 Dess-Martin 氧化，Seyferth-Gilbert 增碳反应（Ohira-Bestmann 改进法）和产物端炔的甲基化生成内炔 **3.38**。**3.38** 与乙基溴化镁反应生成酮 **3.39**，三丁基硼氢化锂还原 **3.39** 得关键中间体 **3.40**。

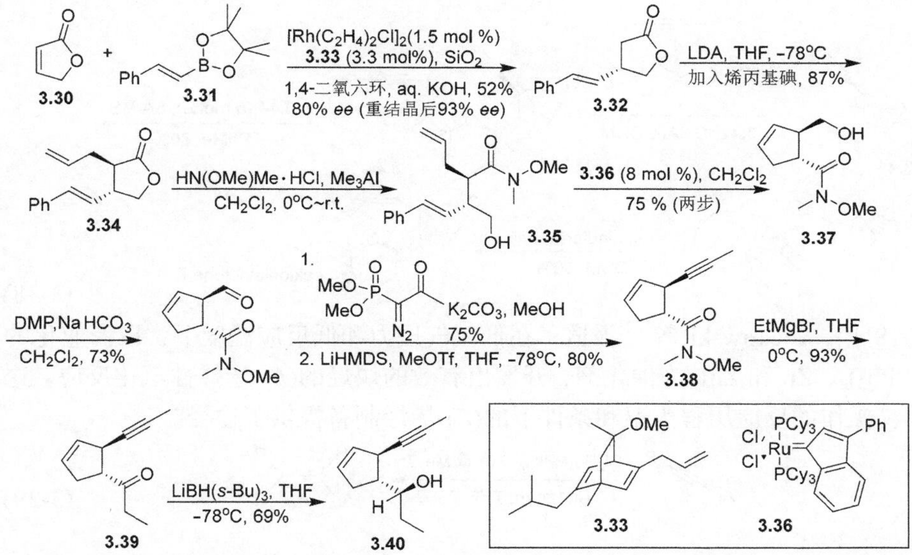

(3-36)

VO(acac)$_2$ 催化下，叔丁基过氧化氢氧化 **3.40** 生成环氧化物 **3.41**。在碳二亚胺类脱水剂 **3.42** 存在下，**3.41** 与十一碳烯炔酸发生酯化生成中间体 **3.43**。在接下来的关环复分解反应中，尝试了多种 Mo 和 W 的络合物作催化剂，大多因催化剂的高 Lewis 酸性而导致 **3.43** 分子中的环氧乙烷开环。而 Mo 的卡拜络合物 **3.44** 催化 **3.43** 的关环复分解非常有效，只需 5 mol%催化剂即可获得 90%的关环产物 **3.45**。最后，利用 P2 镍作催化剂还原 **3.45** 分子中的三键，成功构建了 ecklonialactone A 分子中的顺式双键，完成了 ecklonialactone A 的全合成。

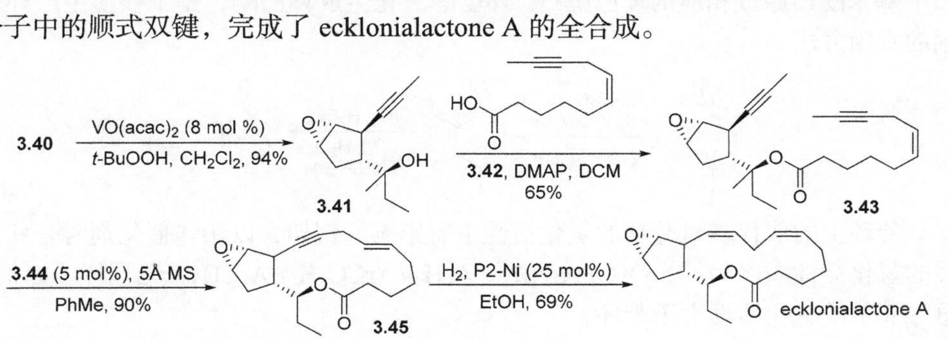

(3-37)

3.42 3.44

类似地由环氧化物**3.41**在碳二亚胺类脱水剂**3.42**存在下与十一碳炔酸发生酯化生成中间体 **3.46**，再经炔的关环复分解和 Lindlar 还原生成另一目标产物 ecklonialactone B。

3.42, DMAP, DCM 61%; 3.44 (5 mol%), 5Å MS PhMe, 80%; H_2, Lindlar催化剂 DCM, 90%; ecklonialactone B

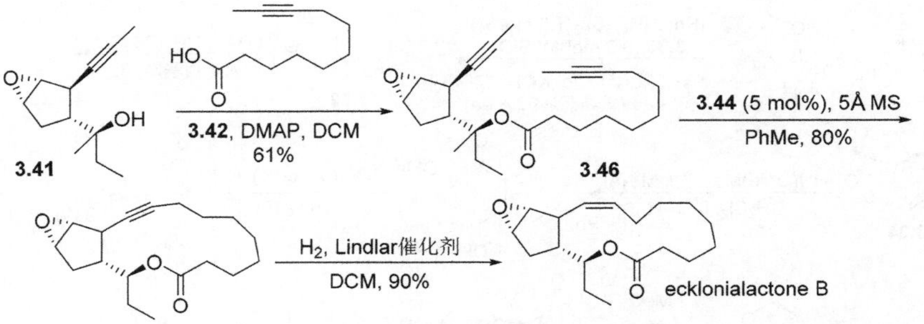

(3-38)

2018 年，Jackowski 等[22]报道了在低氢气压力和低反应温度下，以商业化的 $Cl_2Pd(PPh_3)_2$、Zn 和 ZnI_2 为催化剂，开发出有效的炔烃的(*E*)-选择性氢化反应。这种简单易操作的反应历程为温和条件下的(*E*)-烯烃制备提供了途径。

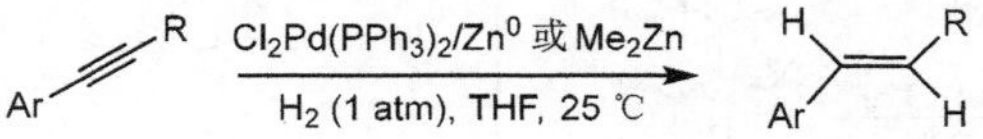

$Cl_2Pd(PPh_3)_2/Zn^0$ 或 Me_2Zn; H_2 (1 atm), THF, 25 ℃ (3-39)

3.1.3 芳烃的还原

1. 催化氢化

芳环的催化氢化还原比双键和三键等其他官能团的还原要困难得多，相对于 Raney 镍和钌，铂和铑的催化活性要高一些。例如，负载到氧化铝上的铑可将 2,4-二甲基苯酚还原成相应的环已醇[6]，环已醇氧化生成环已酮，是工业上生产环已酮的常用方法。

$Rh-Al_2O_3$ (5%), H_2 (5.5 MPa), EtOH, AcOH; CrO_3, H_2SO_4, 丙酮, H_2O, 71%(两步)

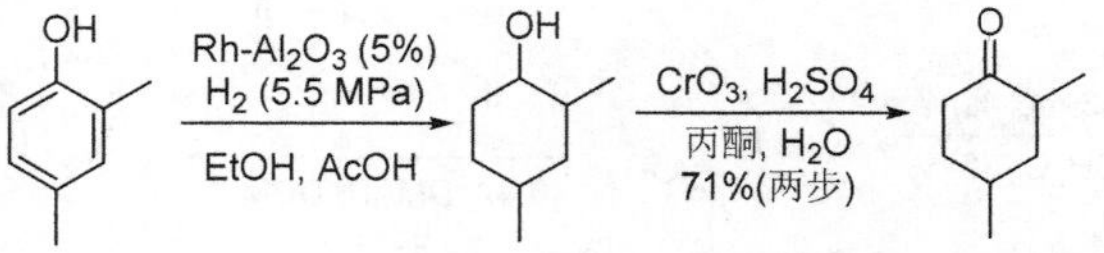

(3-40)

芳环上的取代基对芳环的氢化活性也有影响。例如，以铂作催化剂时一些芳烃的氢化活性顺序为：ArOH > $ArNH_2$ > ArH > $ArCO_2H$ > $ArCH_3$。芳稠环（如萘、蒽、菲）的氢化活性大于苯环。

近年来，随着纳米技术和纳米催化剂的发展，人们也开发出一些高效的纳米金属催化剂来催化芳烃的氢化。例如，Sidhpuria 等[23]以负载在蒙脱土上的纳米铑为催化剂，180℃下实现了甲苯、二甲苯、萘等芳烃的氢化。例如：

$$\text{C}_6\text{H}_5\text{–CH}_3 \xrightarrow[\text{选择性100\%}]{\text{转化率41\%}} \text{C}_6\text{H}_{11}\text{–CH}_3 \tag{3-41}$$

Özkar 等[24]以负载在羟基磷灰石（$Ca_{10}(PO_4)_6(OH)_2$，HAp）上的纳米钌 Ru(0)-HAp 作催化剂，在室温条件下将苯还原成环己烷，400 h 的总循环数（total turnover number, TTO）达到 192 600，起始循环频率（turnover frequency, TOF）为 610 h^{-1}。

$$\text{C}_6\text{H}_6 \xrightarrow[\text{TTO =192 600 (400 h)}\;\;\text{起始TOF = 610 h}^{-1}]{\text{H}_2\text{/Ru(0)-HAp, 25°C}} \text{C}_6\text{H}_{12} \tag{3-42}$$

负载纳米金属作催化剂还原芳烃的研究不仅为环烷烃的合成提供了新的途径，对于环境保护和绿色化学的实现也有重要意义。发展有效的芳烃加氢催化剂，将柴油中的芳烃还原成烷烃，不仅可以提高柴油的辛烷值，降低油耗，也可以减少有毒芳烃的排放，减轻环境污染。

2. Birch 还原

液氨中用碱金属锂、钠或钾还原芳烃为非共轭环己二烯的反应称为 Birch 还原，反应通式如下：

$$\text{R–C}_6\text{H}_5 \xrightarrow[\text{M = Li, Na, K}]{\text{M, NH}_3\text{, ROH}} \text{R-取代 1,4-环己二烯（两个 CH}_2\text{）} \tag{3-43}$$

当芳环上有吸电基时，反应更容易进行。例如，α-萘酚的还原发生在电子云密度较低的无羟基取代的芳环上[6]：

$$\alpha\text{-萘酚} \xrightarrow[98\%]{\text{Li/NH}_3\text{/EtOH}} \text{5,8-二氢-1-萘酚 (OH)} \tag{3-44}$$

在 Birch 还原的条件下，吡啶等芳杂环也可被还原。但吡咯等富电子的芳杂环只有环上存在吸电基时才起反应。苯乙烯等底物的共轭双键可被还原，底物中不与芳环共轭的孤立双键通常不被还原。

Birch 还原按单电子转移机理进行，碱金属作为还原剂给出电子，芳烃接受电子形成负离子自由基中间体 **3.47**。**3.47** 夺取醇分子中的氢，转变成自由基中间体 **3.48**。**3.48** 接受碱金属提供的电子后，转变成负离子中间体 **3.49**，再夺取醇分子中的氢生成还原产物。

R–C6H5 —(Li, + e)→ [R–C6H5]·⁻ ←→ [**3.47**]⊖ —(ROH)→ **3.48** —(Li, + e)→ **3.49** —(ROH)→ R–1,4-环己二烯 (H H, H H)

(3-45)

取代芳烃的 Birch 还原反应具有较高的区域选择性。就单取代芳烃而言，如果芳环上已有的取代基为供电基，则生成 1-取代-1,4-环己二烯；如果芳环上已有的取代基为吸电基，则生成 1-取代- 2, 5-环己二烯。例如[2]：

C_6H_5–CH_3 —(Li, NH_3; EtOH, 88%)→ 1-甲基-1,4-环己二烯 (CH_3)

(3-46)

C_6H_5–COOH —(Li, NH_3; EtOH, 95%)→ 2,5-环己二烯-1-甲酸 (OH, O)

(3-47)

在卤代烃等亲电试剂存在下，Birch 还原中间体 **3.47** 或 **3.49** 也可作为亲核试剂进攻卤代烃，生成烃化产物，称作 Birch 还原烃化反应（Birch reductive alkylation）。例如[25]：

2-甲氧基苯甲酸 (OH) —(Na, NH_3, −78℃)→ [H, H ⊖ … O⊖] —($C_7H_{15}Br$; $BrCH_2CH_2Br$)→ (C_7H_{15}, $COO^{\ominus}$, H, H) —(−CO_2)→ (⊖, C_7H_{15}) —(H^+; H_2O, THF)→ [(C_7H_{15})] → 2-C_7H_{15}-环己烯酮 (O, C_7H_{15})

(3-48)

又如，Clive 等[26]将 1, 4-二溴丙烷加入到苯甲酸叔丁酯中进行 Birch 烷基化反应。

$C_6H_5CO_2{}^tBu$ —(Li, NH_3(l), *t*-BuOH, THF; Br⌒⌒Br, 81%)→ *t*-BuO_2C, Br

(3-49)

Birch 还原和 Birch 还原烃化反应在药物和天然产物的合成中有广泛的应用。Mander 等[27]研究了 galbulimima alkaloid GB 13 的合成。底物 **3.50** 经 Birch 还原和产物双键的异构化生成 *α,β*-不饱和酮 **3.51**。

3.50 (MeO, CN, H, H, MOMO, H, OMOM) —(1. Li, NH_3, EtOH, −78~−33°C, 2h; 2. HCl, MeOH, 0°C, 45 min; 55%(两步))→ **3.51** (O, H, H, H, H, MOMO, H, OMOM)

(3-50)

Sharp 等[28]报道了吲哚生物碱 aspidospermidine 的全合成。以 2-甲氧基-5-乙基苯甲酸甲酯为原料，经 Birch 还原烃化生成中间体 **3.52**。

1. Li, NH_3/t-BuOH/THF, $BrCH_2CO_2{}^tBu$; 2. HCl(aq.)/THF, 90% → **3.52**

(3-51)

Pandey 等[29]报道了 vincadifformine 的全合成，以手性烟碱酸 **3.53** 为原料，在烯丙基溴存在下进行 Birch 还原烃化反应生成中间体 **3.54**。

3.53 + 烯丙基溴 —Na, THF, NH_3, −78°C, 46% (dr=99:1)→ **3.54**

(3-52)

2018 年，An 等[30]报道了具有重要实践意义和化学选择性的无氨参与的 Birch 还原反应。该反应中，需要添加金属钠分散体及 15-冠-5 生成电子盐［式（3-53）］，还原反应产率可以达到 62%~99%。该方法的高化学选择性可能会扩大 Birch 还原在复杂分子构建的应用范围。最重要的是，这个制备电子盐的新实用方法提供了一种适用于其他 Na/NH_3 介导的一般策略。

Na(分散体) + 15-冠-5 ⇌(r.t.) 电子盐

(3-53)

苯 —Na(分散体), 15-冠-5; i-PrOH, THF, 0°C→ 1,4-环己二烯

(3-54)

3.2 醛酮的还原

醛、酮是有机合成中最重要的、最常用的中间体。通过醛、酮的还原可以得到烃、醇和胺或取代胺等重要的化合物。

3.2.1 还原成烃的反应

1. Clemmensen 还原

Clemmensen 还原反应[31]是在浓盐酸溶液中加热回流，用金属还原剂锌粉或锌汞齐将醛或酮中的羰基还原为亚甲基的化学反应[2]。反应通式如下：

$R^1C(O)R^2$ —Zn(Hg), 有机溶剂; 40% HCl(aq.)或无水HX, X = Cl, Br→ $R^1CH_2R^2$

(3-55)

传统的 Clemmensen 还原反应在强酸条件下进行，官能团容忍度较低。改进

的 Clemmensen 还原在盐酸饱和的有机溶剂（如四氢呋喃、乙醚、乙酸、乙酸酐和苯等）中冰浴下反应，条件较温和。

OH O (CH2)5CH3 —Zn(Hg), HCl / 加热, 86%→ OH H H (CH2)5CH3

(3-56)

Clemmensen 还原的机理目前了解得尚不够充分，提出过两种不同的假设，即经由碳负离子中间体的机理和经由类卡宾中间体的机理[32-35]，分别表示如下：

O R1 R2 :Zn Cl⊖ ⇌ O⊖ R1 R2 Zn Cl ⇌(2 H⊕) H ⊕O H R1 R2 Zn Cl ⇌(−H2O) R1 ⊕ R2 Zn Cl →(−ZnCl, :Zn)

R1 ⊕ R2 ⊖Zn ↔ R1 ⊖ R2 ⊕Zn →(H⊕) R1 H R2 ⊕Zn →(−Zn2+) H R1 ⊖ R2 →(H⊕) H H R1 R2

(3-57)

O R1 R2 →(Zn:) R1 O R2 Zn → R1 O R2 Zn →(2H⊕, −H2O) R1 R2 Zn →(2H⊕, −Zn2+) R1 R2 H H

(3-58)

除烯丙醇和苄醇外，其他醇在 Clemmensen 还原的条件下不能被还原为烃，因此醇不是还原的中间体。

Clemmensen 还原反应适用于对酸稳定的体系[36-38]，可以高效地还原所有芳香酮和脂肪酮，操作简单且产率较高。芳环上有羟基和甲氧基时，对反应有利；且不影响反应物分子中的羧基、酯、酰胺等羰基基团[4]。对于脂肪酮或者环酮，金属 Zn 作为还原剂更为有效，例如胆甾烷的合成 [39]。

O H H H H —Zn, HCl / Et_2O, −20~0°C→ H H H H

(3-59)

Clemmensen 还原反应与 Friedel-Crafts 酰化反应相配合，构成比较理想的制备烷基芳烃化合物的途径[4]。

Ar—H —R-CO-Cl / $AlCl_3$→ R-CO-Ar —Zn(Hg)/HCl→ R-CH2-Ar

(3-60)

一些结构复杂的脂肪族醛或酮，如果对酸、热敏感，也可以在有机溶剂中用干燥的 HCl 气体在较温和的条件下进行 Clemmensen 还原，例如抗凝血药吲哚布芬的合成[1]。

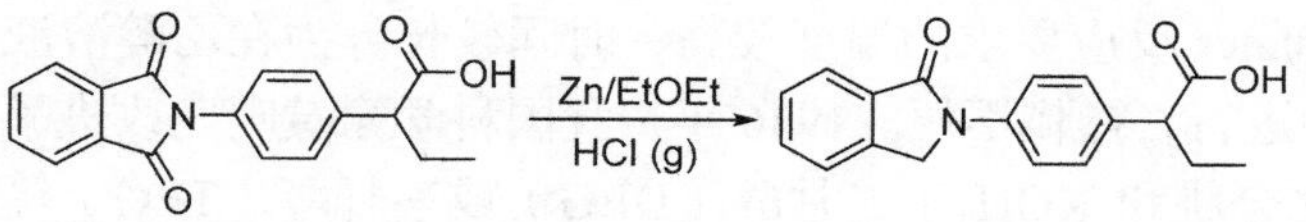

(3-61)

Naruse 等[40]报道两栖动物毒素 5-*epi*-pumiliotoxin C 的合成路线中，利用酮 **3.55** 的 Clemmensen 还原合成出中间体 **3.56**，催化加氢脱苄基即得目标产物。

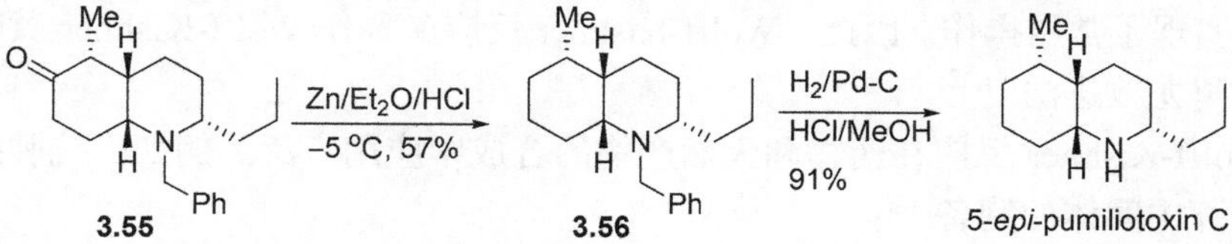

(3-62)

2. Wolff-Kishner 还原

1911 年，Kishner 等发现，金属铂存在下，热的氢氧化钾溶液可将腙还原成相应的烷烃[35]：

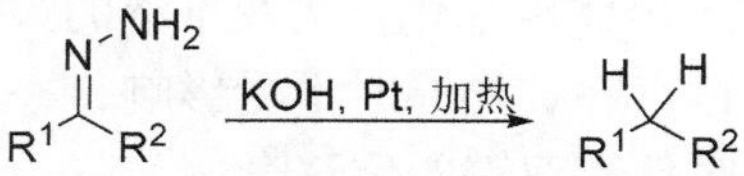

(3-63)

1912 年 Wolff 等[35]也发现类似的反应，在醇钠的醇溶液中将缩氨脲或腙在封管中加热到 180℃可将其转变成相应的烷烃。

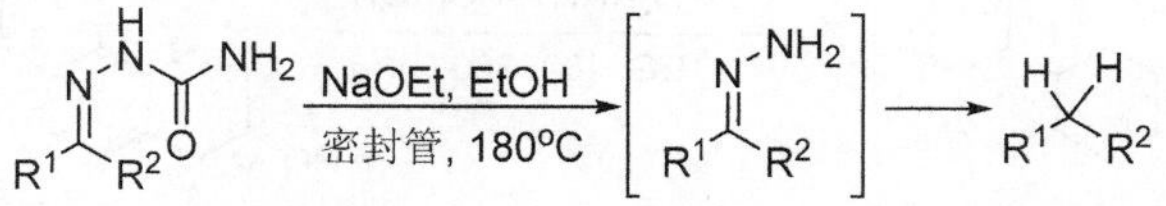

(3-64)

后来的研究发现，碱存在下，加热醛或酮与肼的混合物，可以将醛或酮还原成相应的烷烃，这类反应被称作 Wolff-Kishner 还原反应。通式如下[35]：

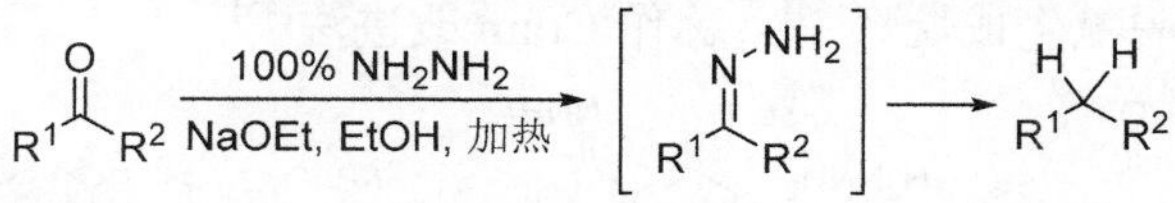

(3-65)

与 Clemmensen 反应比较，利用 Wolff-Kishner 反应还原醛、酮羰基至甲基或亚甲基有下列特点[5]：没有副产物醇或不饱和化合物生成；可用于分子量较大的羰基化合物的还原而不会明显地影响收率；可应用于对酸敏感的化合物；受空间效应影响较小。

Wolff-Kishner 还原的可能机理如下［式（3-66）］：

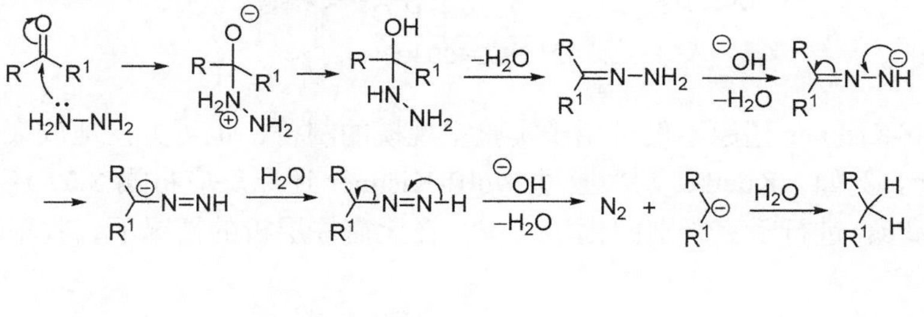

(3-66)

Wolff-Kishner 反应要求的温度较高，时间较长。为在乙醇溶液中达到高温，须在密封管中进行，操作不便。1946 年，我国科学家黄鸣龙改进了此反应，将醛或酮与 85%水合肼和 KOH 于二甘醇（DEG）或三甘醇（TEG）等高沸点溶剂反应，成腙后蒸出反应生成的水，再加热回流，反应温度可升至 200℃，反应时间缩短至 3~6 h，可以用 85%的水合肼参与反应，烃的收率高，可得到 60%~95%的产率，实现了常压操作。因此，Wolff-Kishner 反应又称作 Wolff-Kishner-黄鸣龙反应或黄鸣龙改进法[41,42]。

Wolff-Kishner 反应在药物和天然产物的合成中应用广泛。例如，抗肿瘤药苯丁酸氮芥中间体的制备[43]：

$H_2NNH_2/H_2O/KOH$，140~160℃，1h，85%

(3-67)

Wolff-Kishner 反应对于甾体羰基化合物及难溶的大分子羰基化合物的羰基还原尤为合适。分子中有双键存在，还原时不受影响，一般位阻较大的酮基也可被还原。但还原共轭羰基有时伴有双键的位移[2]。

85% $H_2NNH_2 \cdot H_2O$/KOH，TEG, 180~200℃，85%

(3-68)

若原料结构中存在对高温和强碱敏感的基团时，不能采用上述反应条件。可先将醛或酮制得相应的腙，然后在室温条件下加入到叔丁醇钾的二甲亚砜溶液中，可在温和条件下脱氮生成烷烃[44]，称作 Cram 改进法[45]。

H_2NNH_2；NNH_2；*t*-BuOK

(3-69)

替尼达普（tenidap）是非甾体抗炎镇痛药，对类风湿性关节炎综合征和疼痛有缓解、改善作用。其中间体 5-氯-2,3-二氢吲哚-2-酮的制备是以 KOH、水合肼为条件还原制备的[7]。

$H_2NNH_2 \cdot H_2O$，PEG400, KOH

(3-70)

Wolff-Kishner 还原不仅可用于实验室规模的制备，也可方便地放大，实现工业化生产。例如，Kuethe 等[46]通过 Wolff-Kishner 还原反应将酮 **3.57** 还原成咪唑衍生物 **3.58**，进行千克级别的化学反应，在无需柱层析的情况下，收率达 85%。

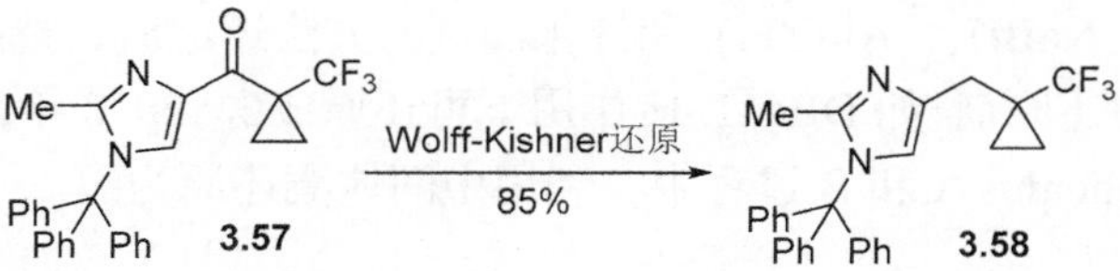

Me, N, N, O, CF_3, Ph, Ph, Ph **3.57** —(Wolff-Kishner还原, 85%)→ Me, N, N, CF_3, Ph, Ph, Ph **3.58** (3-71)

3. 催化加氢还原反应

芳香族醛和酮可以在钯催化剂和加压以及酸性条件下还原，可得到饱和碳。对这类羰基化合物来说，这种方法通常比 Clemmensen 还原和 Wolff-Kishner-黄鸣龙还原效果更好。

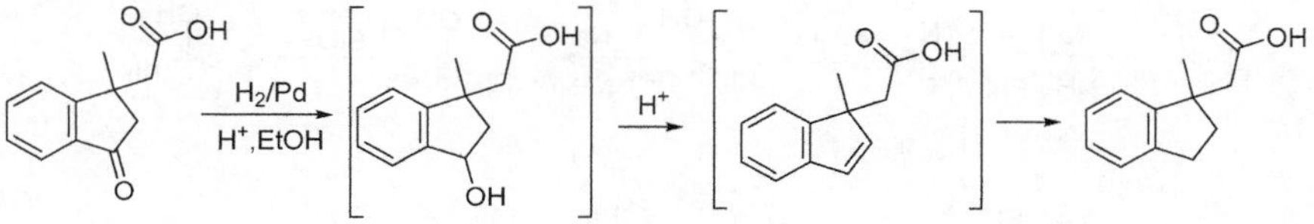

O, OH, O —(H_2/Pd, H^+,EtOH)→ [O, OH, OH] —(H^+)→ [O, OH] → O, OH (3-72)

3.2.2 还原成醇的反应

1. 溶解金属还原

醛（酮）在金属钠或锂的醇溶液中可被还原为醇，反应通式如下：

O, R, R'(H) —(Na 或 Li, ROH)→ OH, R, R'(H) (3-73)

反应按单电子转移机理进行，羰基先接受金属提供的电子形成自由基中间体 **3.59**，**3.59** 再接受 1 个电子生成负碳离子中间体 **3.60**，**3.60** 从质子溶剂（醇）分子中夺取 1 个质子生成醇钠 **3.61**，水解得相应的醇。

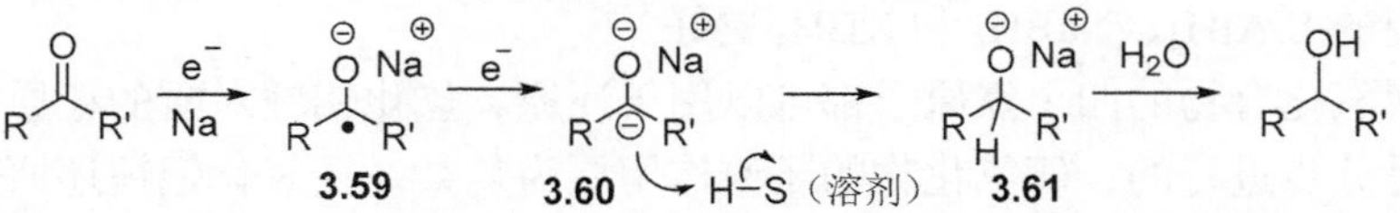

O, R, R' —(e^-, Na)→ O^- Na^+, R, R' **3.59** —(e^-)→ O^- Na^+, R, R' **3.60** (H—S（溶剂）) → O^- Na^+, R, R', H **3.61** —(H_2O)→ OH, R, R' (3-74)

对于六元环酮的还原，由于中间体 **3.60** 的优势构象氧处于平伏键位置，主要生成更稳定的羟基处于平伏键的产物。例如，用 Na-醇还原 2-甲基环己酮，产物中反式 2-甲基环己醇的比例占 99%[6]。

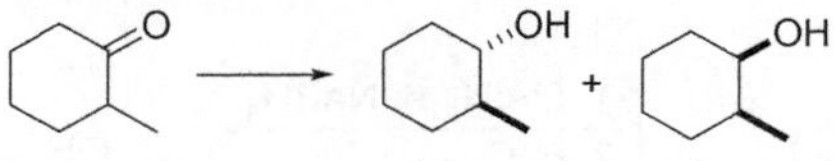

O → OH + OH

	trans	*cis*
Na, ROH:	99%	1%
$LiAlH_4$:	81%	19%
$NaBH_4$:	69%	31%
$Al(O^iPr)_3$, *i*-PrOH:	42%	58%
Pd, H_2:	30%	70%

(3-75)

用 $LiAlH_4$、$NaBH_4$、$Al(O^iPr)_3$ 和催化加氢的方法还原时，选择性要低得多。

酮在特殊的还原剂，如 DIBAL-H 作用下可还原成醇。2018 年，Guo 和 Ye 等[47]在全合成 asperphenins A 和 B 过程中，利用中间体酮还原为醇。

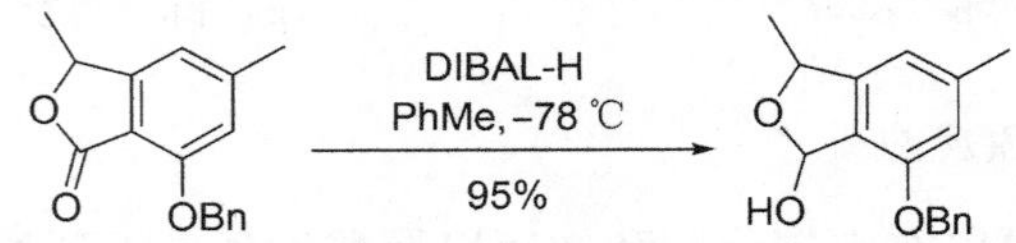

(3-76)

用 $Na(Li)$-NH_3 也可实现醛酮的还原，如果反应在质子溶剂中进行，产物为醇。如果反应在非质子溶剂中进行，则生成还原偶联产物。例如二苯甲酮的还原[6]：

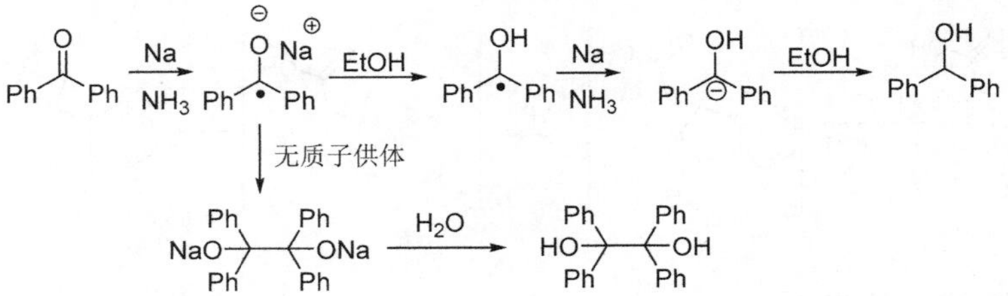

(3-77)

2. 用金属氢化物还原

金属氢化物已成为还原羰基化合物为醇的首选试剂，具有反应条件温和、副反应少及产率高等优点。最重要的是氢化铝锂（$LiAlH_4$）、硼氢化钠（$NaBH_4$）和硼氢化钾（KBH_4）。金属氢化物还原活性大小顺序为：$LiAlH_4 > LiBH_4 > NaBH_4 \approx KBH_4$。其 $LiAlH_4$ 活性高，选择性低，遇水分解，不能以水和醇作溶剂，可在醚或 THF 中反应，常用于羧酸酯的还原；$NaBH_4$ 活性低，选择性高，水中不分解，可在水和醇中反应。硫代硼氢化钠（$NaBH_2S_3$）、三仲丁基硼氢化锂 $[(CH_3CH_2CH(CH_3))_3BHLi]$ 等[2,3]金属氢化物也可用于醛酮的还原，化学和立体选择性比常用的 $LiAlH_4$、$NaBH_4$ 和 KBH_4 更好。

金属氢化合物的四个氢原子都可以用于还原，氢化铝锂对酮的还原的氢负离子转移是分步进行的，硼氢化物的还原作用更为复杂。用氢化铝锂还原时，一分子氢化铝锂可以与二或三分子的底物反应，但氢负离子的转移逐次减慢。也可以用烷氧基取代 2 或 3 个氢负离子以制备活性低于氢化铝锂但选择性较高的还原试剂[3]。这类还原剂价格很贵，主要用于制药工业和香料工业。反应通式如下［式（3-78）］：

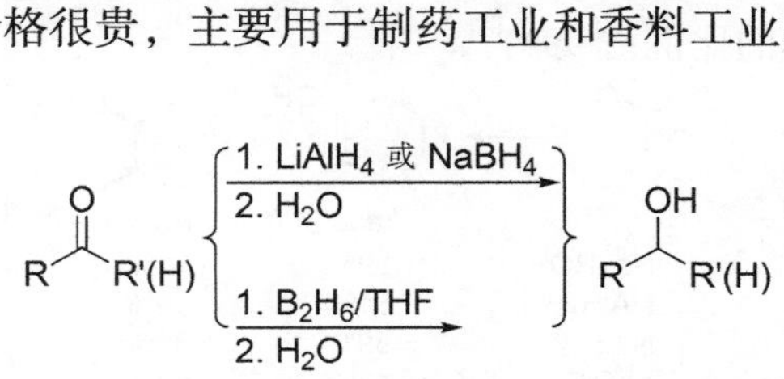

(3-78)

氢化铝锂缩写为 LAH，是有机合成中非常重要的还原剂。纯的氢化铝锂是白色晶状固体，在120℃以下和干燥空气中相对稳定，但遇水即爆炸性分解。遇水、酸、含羟基或巯基的有机化合物会放出氢气而生成相应的铝盐。因此，使用氢化铝锂的还原反应常用无水乙醚或四氢呋喃等醚类溶剂作反应溶剂。例如六氟丙酮还原反应可在乙醚中进行：

$LiAlH_4$, Et_2O，回流

(3-79)

由于氢化铝锂的还原能力强，可被还原的功能基团最广泛。但选择性较差，在羧酸及其衍生物的还原反应中应用更广。

2018年，Inoue等[48]用$LiAlH_4$还原化合物**3.62**可以得到醇中间体**3.63**。

$LiAlH_4$

3.62 **3.63**

(3-80)

硼氢化钠（钾）不溶于乙醚，在常温下溶于水、甲醇和乙醇而不分解，可以用无水乙醇、异丙醇或乙二醇二甲醚、二甲基甲酰胺等作溶剂，是将醛、酮还原成醇的首选试剂[4]。如在反应液中加入少量的碱，有促进反应的作用。其还原机理与氢化铝锂相同，还原能力较氢化铝锂弱，但选择性较好。例如，硼氢化钾还原苯乙酮衍生物为相应醇的反应被用于制备支气管扩张药氯丙那林（clorprenaline）中间体［式（3-81）］。

KBH_4

EtOH, r.t., 5 h

86%

(3-81)

对于α,β-不饱和醛、酮的还原，由于存在1,2-加成和1,4-加成的竞争反应，通常会得到混合产物。可通过改变还原剂硬度来调节还原反应选择性，例如环戊烯酮的还原：

	1,4-还原	1,2-还原
$LiAlH_4$:	86%	14%
$LiAlH(OMe)_3$:	9.5%	90%

(3-82)

1978年，Luche等发现，使用$NaBH_4$-$CeCl_3$作还原剂，可实现选择性进行1,2-还原得到烯丙醇，称作Luche还原。例如[35]：

$CeCl_3 \cdot 7H_2O$ (1.14 eq.)

MeOH, r.t., 然后冷却至−50℃

$NaBH_4$ (1.12 eq.), −50~−10℃

30 min, 93%

(3-83)

Luche 还原选择性非常高，通常不会生成 1,4-加成产物，还可在羧酸、酯、酰胺、酰卤、磺酸酯、腈、硝基等官能团存在下选择性还原羰基。Luche 还原条件下，醛会快速生成缩醛而不被还原。因此，反应对酮羰基和醛羰基有选择性，可在醛羰基存在下选择性还原酮羰基。反应可在室温或低于室温的温度下数分钟完成，对少量水和氧气不敏感，反应器皿和溶剂无需干燥，无需惰气保护。甲醇、乙醇或异丙醇是最常用的溶剂，甲醇中反应速率最快。

Luche 还原反应中，$CeCl_3$ 的作用是促使 $NaBH_4$ 与溶剂反应，生成三烷氧基硼氢化钠 $NaBH(OR)_3$。与硼氢化钠比较，三烷氧基硼氢化钠是较“硬”的亲核试剂。亲核试剂与 *α,β*-不饱和醛、酮加成时，“硬”亲核试剂有利于 1,2-加成。因此，$CeCl_3$ 的加入可以提高反应的选择性。反应机理如下：

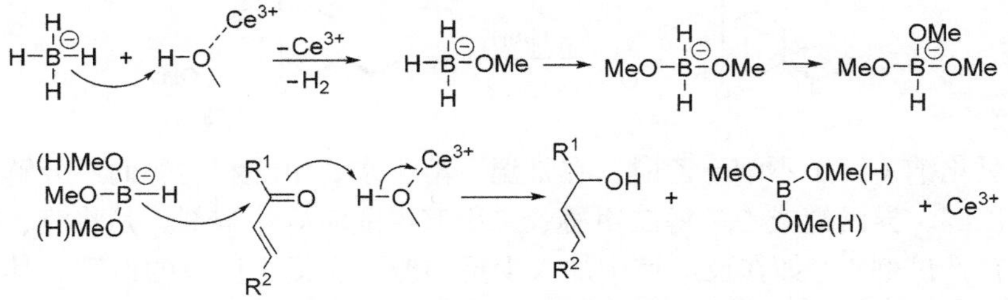

(3-84)

Luche 还原在药物和天然产物合成中有重要应用。例如水仙环素（narciclasine）的合成[49]：

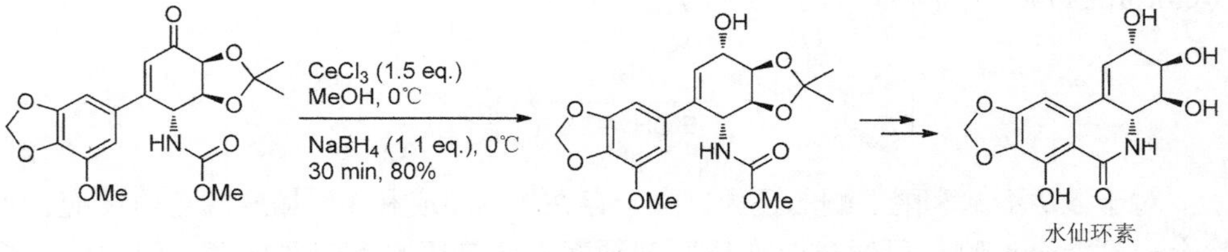

(3-85)

1977 年，Brown 等[50]发现 9-硼杂双环[3.3.1]壬烷（9-BBN）可定量还原各种结构的 *α,β*-不饱和醛、酮为相应的不饱和醇，不影响分子中其他易还原基团（如—NO_2、—COOH、—COOR、—S—、—S—S—、卤素等），是 Luche 还原法的有效替代方法。例如：

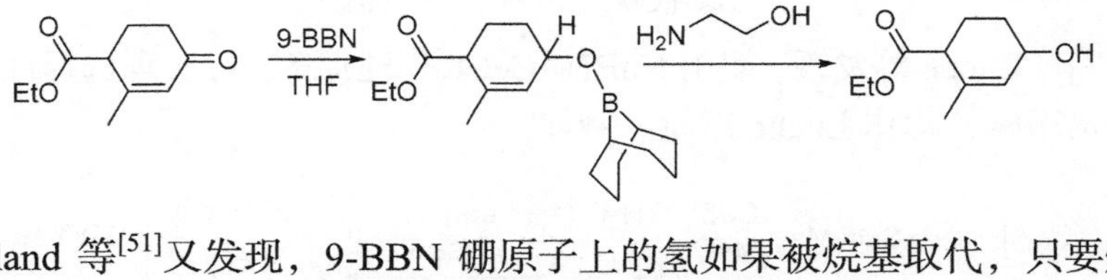

(3-86)

Midland 等[51]又发现，9-BBN 硼原子上的氢如果被烷基取代，只要烷基的 *α* 位存在氢原子，也可以将醛或酮还原成相应的醇：

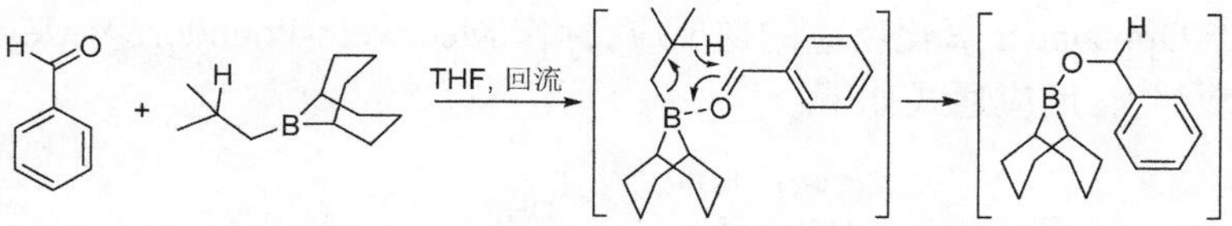

(3-87)

随后的研究发现，9-BBN 与(+)-α-蒎烯(α-pinene)经硼氢化形成的 *B*-3α-蒎烯基-9-BBN 可实现醛或酮的不对称还原，生成光学活性的手性醇，称作 Midland 硼烷还原反应[35]。

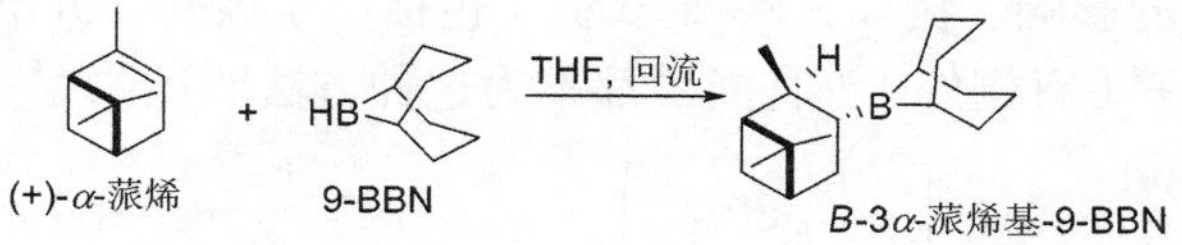

(3-88)

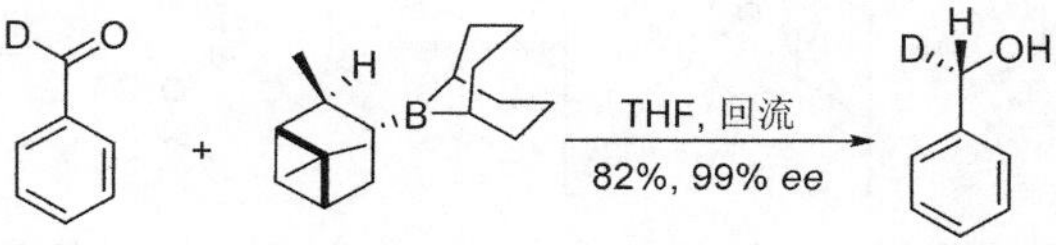

(3-89)

Midland 硼烷还原反应是协同反应，经由六元环状过渡态，机理如下：

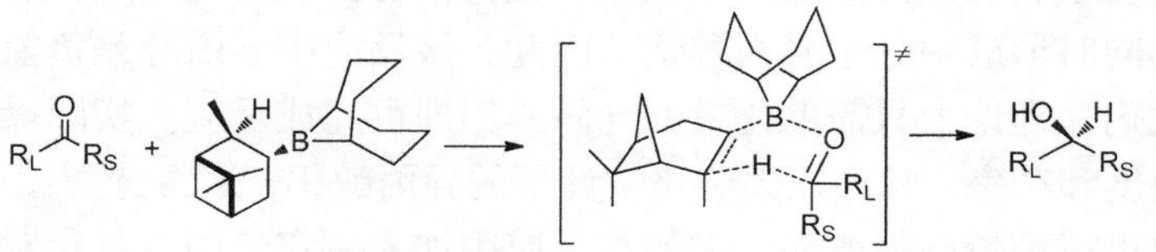

(3-90)

Midland 硼烷还原反应条件温和，对映选择性高，在药物和天然产物合成中有重要应用。例如，氘代葡萄糖的合成[52]：

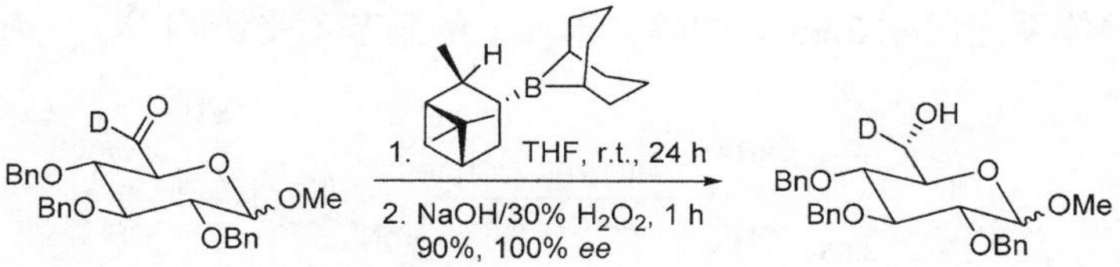

(3-91)

在 2-丁基-CBS-噁唑硼烷 **3.64** 的催化下，也可实现硼烷对醛或酮的不对称还原，得到光学活性的醇，称作 Corey-Bakshi-Shibata（CBS）还原。例如[35]：

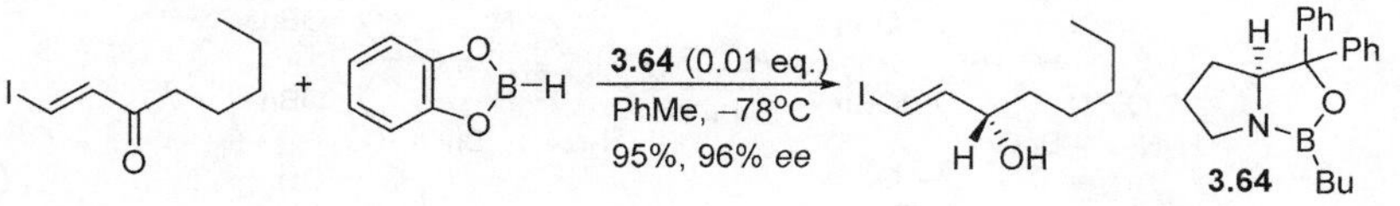

(3-92)

3. Meerwein-Ponndorf-Verley 还原

醛和酮等羰基化合物与异丙醇铝在异丙醇中共热时，醛酮被还原为相应的醇，同时将异丙醇氧化为丙酮，生成的丙酮从平衡混合物中缓慢蒸出，使反应向右进行。这个反应相当于 Oppenauer 氧化反应的逆反应，称作 Meerwein-Ponndorf-Verley（MPV）还原反应[53,54]，反应通式如下：

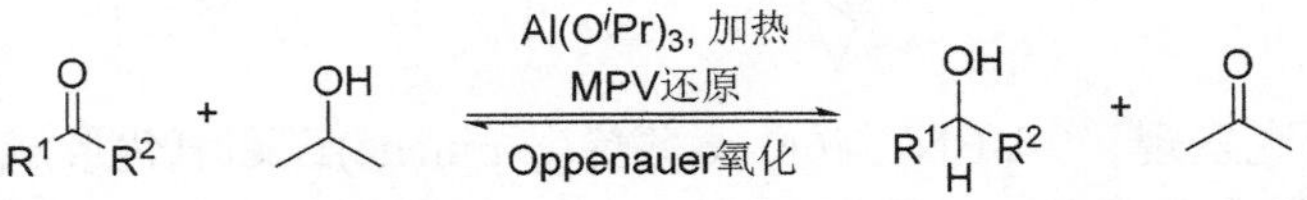

(3-93)

MPV 还原反应选择性好、条件温和、操作简便，其他一些容易被还原的官能团不受这个方法的影响。例如，碳-碳双键（包括位于羰基 α,β 位的）、羧酸酯、硝基和活泼的卤素（有例外）等官能团都不为这种方法所还原[2,4]。反应机理如下：

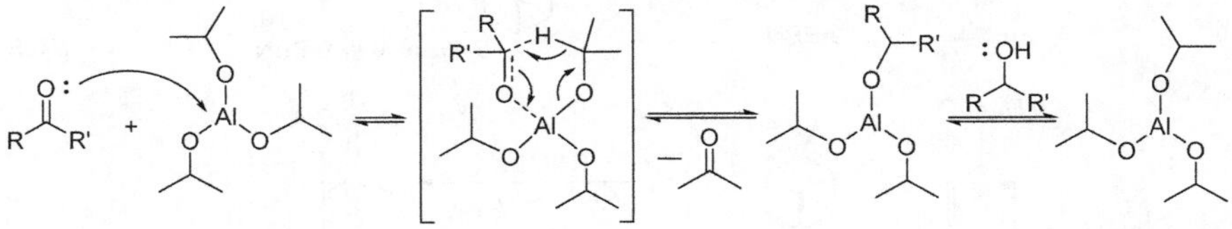

(3-94)

首先醛或酮的氧原子与作为 Lewis 酸的铝原子配位，形成六元环过渡态，异丙醇铝的 α-负氢转移到醛酮的羰基碳上，使异丙醇被氧化为丙酮，醛酮被还原为相应的醇，同时形成一分子异丙醇铝。因此，该反应中异丙醇是负氢源，而异丙醇铝是催化剂，理论上只需催化量的异丙醇铝即可完成反应。实际操作中，为了提高反应速度和产率，常加入大于化学计量的异丙醇铝，通常选醇-铝与酮的配比大于 3，方可得到较高的产率。例如在反应中加入一定量的三氯化铝，可加速反应并提高收率[2]。

MPV 还原在工业上也有重要应用。例如，在抗菌药氯霉素的合成中，用异丙醇铝-异丙醇体系还原酮 **3.65** 为仲醇，苯环上的硝基不受影响[55]。

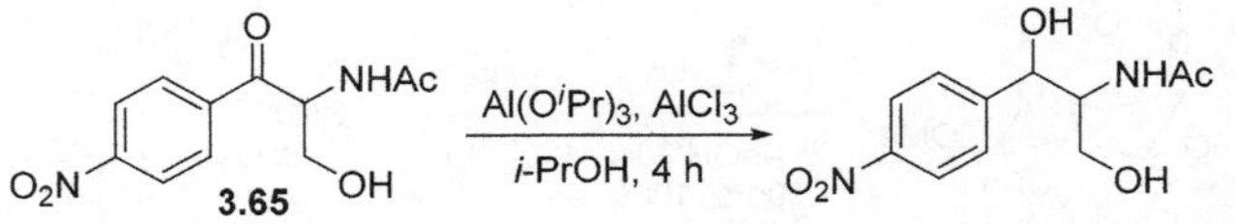

(3-95)

Guindon 等人详细研究了 β-*L*-阿拉伯糖核苷衍生物的立体选择性合成历程，发现其中一副产物是经过 MPV 还原反应生成的[56]。

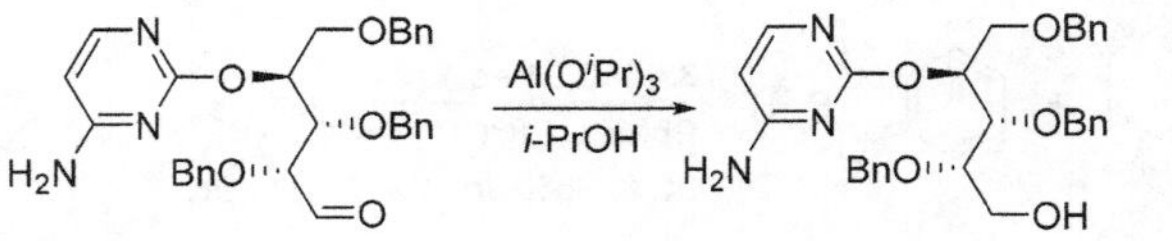

(3-96)

4. 还原醛或酮为醇的其他方法

甲醛可以作为还原剂，在浓碱的作用下，与其他的醛发生歧化反应，将其还原为醇，自身则被氧化为甲酸，称作 Cannizzaro 反应。例如：

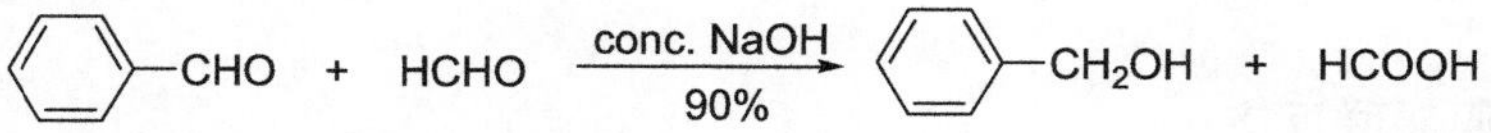

$$C_6H_5CHO + HCHO \xrightarrow[90\%]{\text{conc. NaOH}} C_6H_5CH_2OH + HCOOH \tag{3-97}$$

反应机理如下：

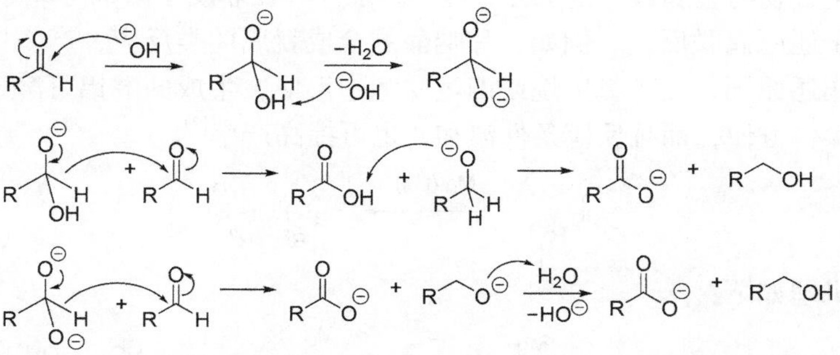

$-H_2O$　$^{\ominus}OH$　H_2O　$-HO^{\ominus}$　R⌒OH

(3-98)

醛、酮的氢化活性通常大于芳环而小于不饱和键，醛比酮更容易氢化。因此，也可以通过利用常用的催化剂铂、钯和 Raney 镍还原成醇。例如，抗胆碱药格隆溴铵（glyeopyrronium bromide）中间体的制备[4]：

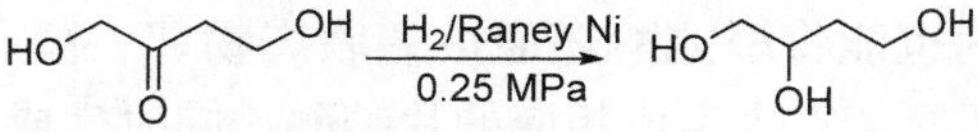

HO OH O $\xrightarrow[\text{0.25 MPa}]{H_2\text{/Raney Ni}}$ HO OH OH

(3-99)

芳香醛和芳香酮的氢化也可在较高温度（70~100℃）和压力（4.9~9.8 MPa）下使用较多量的 Raney 镍（占原料的 20%~30%），在碱作为助催化剂的条件下进行[4]。例如，抗菌药小檗碱（berberine）中间体的制备：

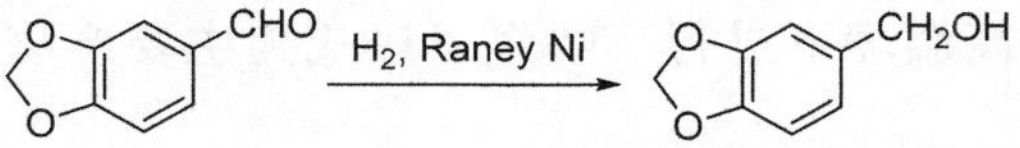

CHO $\xrightarrow{H_2\text{, Raney Ni}}$ CH_2OH

(3-100)

芳香醛和芳香酮通常用钯催化氢化，在常温低压下，控制吸氢量和催化剂用量（作用物的 5%~7%），可使反应停留在醇的阶段，否则醇会进一步氢解[4]。例如，平喘药盐酸异丙肾上腺素（isoprenaline hydrochloride）的制备：

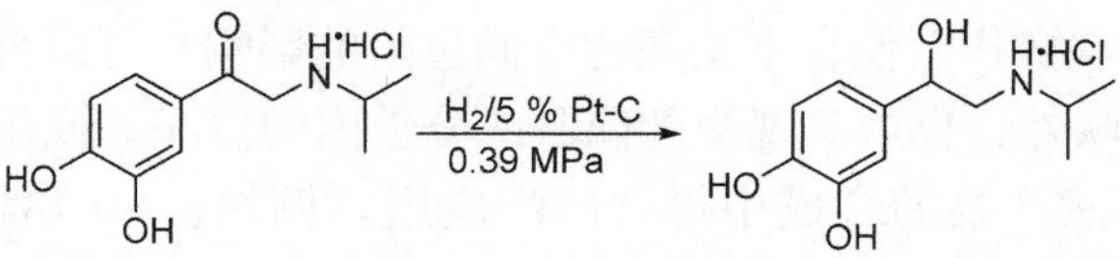

O H•HCl N HO OH $\xrightarrow[\text{0.39 MPa}]{H_2\text{/5 \% Pt-C}}$ OH H•HCl N HO OH

(3-101)

微生物可以催化脂肪酮的不对称还原，可以获得很高的立体选择性。例如，白地霉[57]、红球菌[58]、胡萝卜[59]和酵母[60]等都可以催化还原酮为醇。例如，Yadav 等[59]发现胡萝卜的小切块对 2-丁酮、2-戊酮、2-己酮和 2-庚酮有不对称还原能力，生成 *S* 型的手性醇。

$$R^1COR^2 \xrightarrow[30\%\sim80\%,\ 70\%\sim100\%ee]{\text{胡萝卜块}} R^1CH(OH)R^2 \tag{3-102}$$

3.2.3 还原偶联反应

羰基化合物与金属镁、镁汞齐、锌、锌汞齐等在非质子溶剂（苯等）中回流，发生双分子还原偶联反应。例如，片呐醇的合成就属此类反应，产率中等。若采用铝汞齐作还原剂，在二氯甲烷或四氢呋喃中反应，生成的醇铝可溶于这些溶剂中，不仅操作方便，而且反应条件温和，也可提高产率[2]。

O
R^1 R^2
Mg (Hg)
HO OH
R^1 R^1
R^2 R^2

(3-103)

反应机理如下：

O
R^1 R^2
$2e^-$
Mg (Hg)
Mg
O O
R^1 R^2 R^1 R^2
Mg
O O
R^1 R^2 R^1 R^2
H_2O
HO OH
R^1 R^2 R^1 R^2
片呐醇

(3-104)

$TiCl_4$与 Zn 或 Mg 作用，可以原位生成二价钛盐 Ti(Ⅱ)或零价钛 Ti(0)等低价钛试剂，低价钛试剂也能将醛或酮还原成偶联产物邻二醇。例如，室温下，用$TiCl_4$-Zn 在 THF 中还原苯乙酮生成相应的片呐醇，同时生成少量的烯烃 [61]：

O
$TiCl_4$-Zn
THF, r.t., 2 h
HO OH
Ph Ph
91%
+
Ph Ph
1%

(3-105)

如果反应在较高温度下进行，烯烃可以成为主要产物或唯一产物，称作 McMurry 偶联 [61]：

O
$TiCl_4$-Zn
1,4-二氧六环, 回流, 4 h
Ph Ph
92%

(3-106)

McMurry 偶联操作简便，不受底物空间位阻的影响，可以合成四取代烯烃。除醛酮的自身偶联外，也可实现交叉偶联或分子内的偶联，或用于大环烯烃的合成，在药物和天然产物的合成中得到广泛应用。例如，(–)-13-羟基新瑟模环烯（hydroxyneocembrene）中间体[35]、苔色酸大环内酯类化合物(*R*)-(+)-lasiodiplodin 中间体[61]以及安定（diazepam）中间体等[61]的合成。

O
O H
RO
R=TBDPS
$TiCl_4$, Zn, 吡啶
DME, 回流, 10 h
81.2%
RO
R=TBDPS
TBAF, THF
60°C, 24 h, 85%
HO
(–)-13-羟基新瑟模环烯

(3-107)

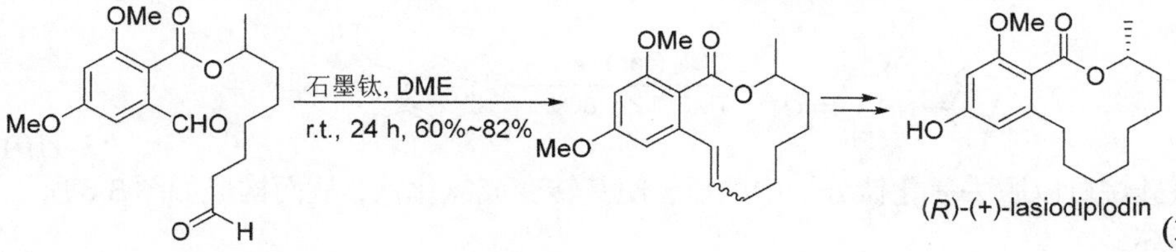

石墨钛, DME
r.t., 24 h, 60%~82%
(R)-(+)-lasiodiplodin

(3-108)

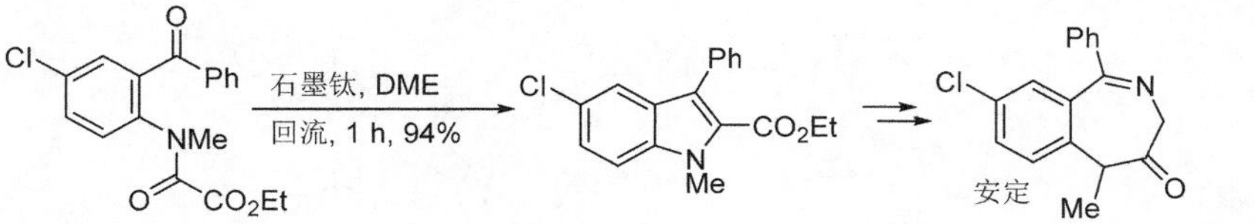

石墨钛, DME
回流, 1 h, 94%
安定

(3-109)

石墨钛是用石墨钾（C_8K）还原 $TiCl_3$ 制得的分散在石墨上的低价钛，也记作 Ti-G，活性高于 Ti-Zn 体系，能有效地促进羰基化合物的还原偶联，高产率地生成烯烃。

起初人们认为起催化作用的是零价钛 Ti(0)。实际操作时，必须分步加料，先将钛源（$TiCl_4$ 或 $TiCl_3$）加入惰性溶剂中，然后加入 K、Na、Li、Mg、C_8K 或 $LiAlH_4$ 等强还原剂将钛源还原成 Ti(0)，再往 Ti(0)的悬浮液中加入底物，这样可以避免强碱与底物起反应。后来的研究发现，采用碱性较弱的锌作还原剂，可以改变加料顺序，先将底物与钛源混合后，再加入还原剂。这样加料的好处是，钛源与底物可以进行一定程度的预组装，有利于在底物的特定部位区域选择性地原位生成活性钛，提高反应的选择性，同时也可以简化实验操作。研究还发现，不一定只有零价钛才能催化偶联反应，其他低价钛[如 Ti(Ⅰ)、Ti(Ⅱ)等]对反应也有同等的催化作用。

McMurry 偶联的机理相对比较复杂，一般认为反应在低价钛表面上进行，底物的羰基氧与低价钛结合，形成自由基，自由基偶联成片呐醇，最后脱去氧形成烯烃，低价钛则转变成钛的氧化物。机理如图 3.5 所示。

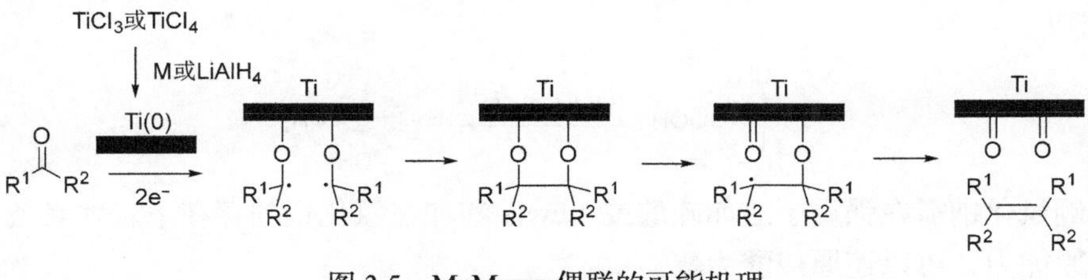

图 3.5 McMurry 偶联的可能机理

由于所用的还原剂不能将钛的氧化物还原成低价钛，传统的 McMurry 偶联反应需要使用化学计量的低价钛试剂。Fürstner 等[62]在研究 McMurry 偶联反应合成吲哚衍生物时发现，往反应体系中加入氯硅烷，只需催化量的 $TiCl_3$（5~10 mol%）即可达到较高的收率。

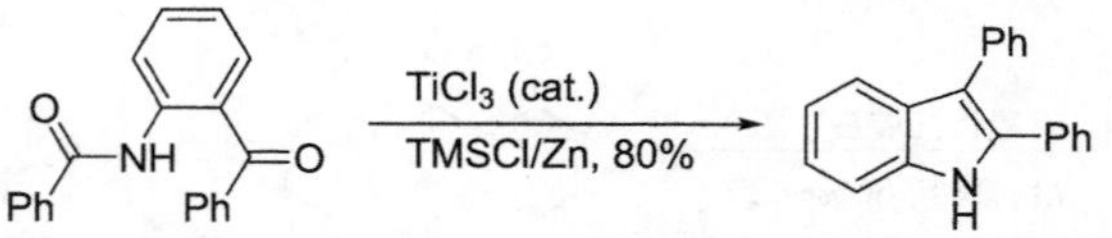

(3-110)

氯硅烷可以脱去氧化钛分子中的氧，使其转变成氯化钛，从而构成如图 3.6 所示催化循环。

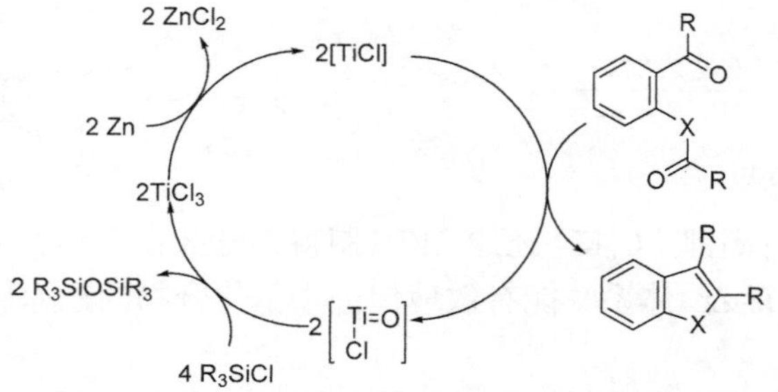

图 3.6　氯硅烷存在下 McMurry 反应的催化循环

3.3　羧酸及其衍生物的还原

羧酸及其衍生物酰卤、酯、酰胺及酸酐等可被还原为醛、醇等，其中还原为醛的反应在制药工业中尤为重要。还原性的难易顺序为：酰卤 > 酯 > 酰胺 > 酸酐 > 腈，羧酸较难还原[1]。

3.3.1　羧酸和酸酐的还原

氢化铝锂是还原羧酸为伯醇的最常用试剂，反应可在十分温和的条件下进行，一般不会停止在醛的阶段。即使位阻较大的酸如新戊酸，亦有较好的收率，应用广泛[63]。

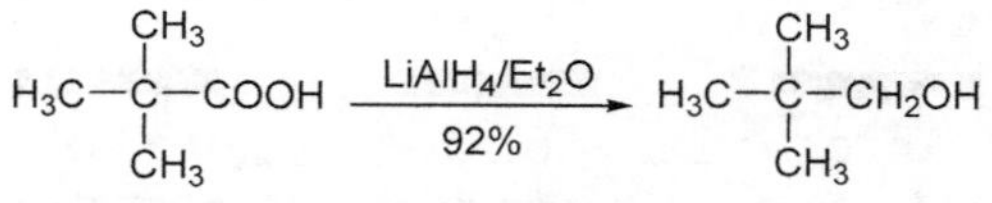

(3-111)

硼氢化钠需在强质子酸如硫酸或 Lewis 酸如三氯化铝的存在下，才具备较强的还原能力，可以还原羧酸为醇。

兰诺康唑（lanoconazole）是一种新的强力咪唑类抗真菌药，用于治疗皮肤真菌。对于广泛致病真菌、曲霉菌属、皮肤真菌等均具有强的抗菌活性。利用 $NaBH_4$ 还原羧基可以合成兰诺康唑中间体 1-(2-氯苯基)-1,2-乙二醇。

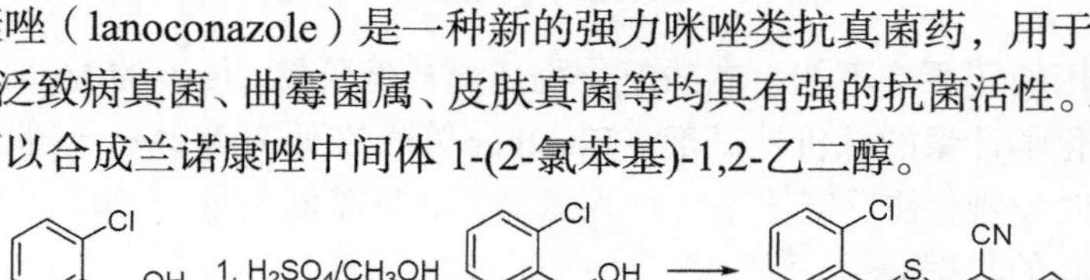

兰诺康唑

(3-112)

还原羧酸为醇的另一个优良试剂是硼烷，反应条件温和，速率快，不影响分子中存在的硝基、酰卤、卤素等基团。当羧酸衍生物分子中有氰基、酯基或醛、酮羰基时，若控制硼烷用量并在低温反应，可选择性地还原羧基为相应的醇，而不影响其他取代基[64]。

B_2H_6,THF 92%

(3-113)

$$HOOC(CH_2)_4COOEt \xrightarrow[10\ h\ \ 88\%]{2BH_3/THF} HOCH_2(CH_2)_4COOEt \tag{3-114}$$

硼烷还原羧酸的速率，脂肪酸大于芳香酸，位阻小的羧酸大于位阻大的羧酸，但羧酸盐不能被还原。脂肪酸酯的还原速度一般较羧酸慢，芳香酸酯几乎不发生反应[2, 65]。

金属氢化物可将酸酐还原。例如，氢化铝锂可还原链状酸酐得两分子醇或还原环状酸酐得二醇［如式（3-115）］。硼氢化钠不能还原链状酸酐，但可将环状酸酐还原成内酯[66]。锌-乙酸、钠汞齐等也只能将环状酸酐还原为内酯［如式（3-116）］。

$LiAlH_4$, Bu_2O 60%

(3-115)

$NaBH_4$, DMF, 97% 或Zn-AcOH

(3-116)

3.3.2 酰卤的还原

酰氯在部分失活的钯催化剂（$Pd/BaSO_4$）作用下用氢气进行还原，得到相应的醛[67, 68]，称作 Rosenmund 还原或 Rosenmund-Saytzeff 还原，由德国化学家 Rosenmund（1884~1965 年）首先报道。适用于制备一元脂肪醛和一元芳香醛。二元羧酸的酰卤通常不能得到较好产率的二醛[2]。一般需要使催化剂中毒以防止进一步的还原作用，除了硫酸钡，硫-喹啉（由硫在喹啉中回流来制备）和硫脲等也可用作活性调节剂。例如，采用 Rosenmund 还原法还原 3,3-二甲基丁酰氯生成纽甜（neotame）中间体 3, 3-二甲基丁醛[69]。

H_2, Pd-$BaSO_4$(10 wt%) 环己烷, 80℃, 6 h, 63.6%

(3-117)

上述反应也可用二氧化硅负载的纳米钯催化，与传统的 Rosenmund 催化体系比较，收率可提高至 84.6%[69]。利用该反应，分子中的硝基、羰基等不受影响。

O　O　Cl　H_2, Pd-$BaSO_4$　2,6-二甲基吡啶　THF, 85%　O　O　H

(3-118)

肽醛类 γ-分泌酶抑制剂合成的最后一步，就是利用 Rosenmund 还原将酰氯还原为醛基［式（3-119）］。

Boc　H N　O　N H　Cl　O　H_2, Pd-$BaSO_4$　Boc　H N　O　N H　H　O

(3-119)

抗菌药物溴莫普林（brodimoprim）主要用于呼吸道、消化道、泌尿道等部位感染的治疗。利用 Rosenmund 还原可合成中间体 4-溴-3, 5-二甲氧基苯甲醛[7]。

COCl　H_3CO　OCH_3　Br　Pd-$BaSO_4$　硫/喹啉, H_2　CHO　H_3CO　OCH_3　Br

(3-120)

酰氯亦可被金属氢化物还原为醛，如三丁基锡氢（Bu_3SnH）和三(叔丁氧基)氢化铝锂[$LiAlH(O^tBu)_3$]效果较好。反应可在低温下进行，对芳酰卤及杂环酰卤还原效率较高，不影响分子中的硝基、氰基、酯键、双键、醚键[2]。

O_2N　O　Cl　$LiAlH(O^tBu)_3$　$(CH_3OCH_2CH_2)_2O$　−50°C~r.t., 84%　O_2N　O　H

(3-121)

Maleczka 等[70]在钯络合物催化下用聚甲基氢硅氧烷（PMHS）将芳香酰氯还原为芳醛。相对于之前的报道，该反应无需额外添加还原剂。

R　O　Cl　3 eq. PMHS, 3 eq. KF (aq.)　1 mol% Pd_2dba_3, 4 mol% TFP,　0.8 mol% TBAF, THF, r.t., 1 h　R　O　H

(3-122)

3.3.3　酯的还原

金属氢化物，尤其是氢化铝锂，是应用最为广泛的可将羧酸酯还原为相应的伯醇的还原剂。用 50 mol%氢化铝锂还原羧酸酯时，可得伯醇。如仅用 25 mol%并在低温下反应或降低氢化铝锂的还原能力，可使反应停留在醛的阶段[2]。还原机理如下：

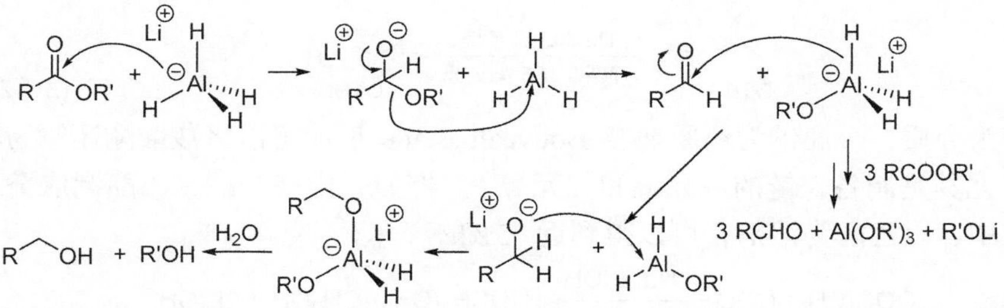

(3-123)

降低氢化铝锂还原能力的方法是加入不同比例的无水三氯化铝或加入计算量的无水乙醇，取代氢化铝锂中1~3个氢原子而成铝烷或烷氧基氢化铝锂，以提高其还原的选择性。

单纯使用硼氢化钠对酯还原的效果较差，若在Lewis酸如三氯化铝存在下，还原能力大大提高，可顺利地还原酯，甚至可还原某些羧酸[2]。如用此试剂可选择性地还原对硝基苯甲酸酯为对硝基苯甲醇[71]。

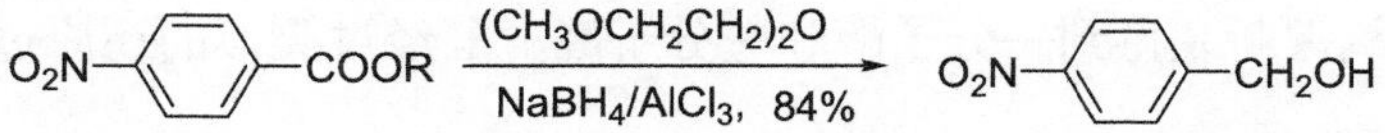

(3-124)

Caprio等在研究3-哌啶酮的合成时，利用硼氢化钠和氯化锌将中间体的酯基还原为醇，过程中保护羟基的硅保护基团（TBDPS）未受到影响[72]。

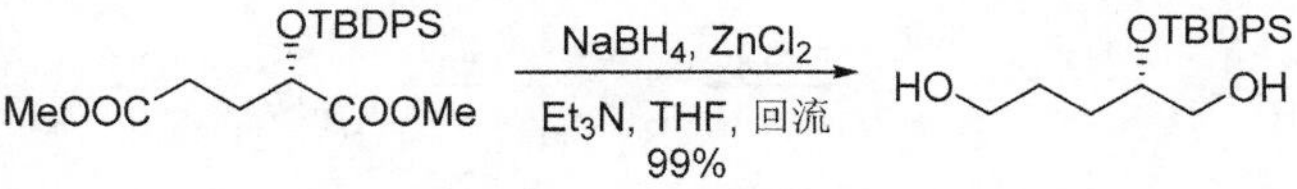

(3-125)

抗菌剂多尼培南（doripenem）的合成过程中，中间体(2*S*,4*R*)-1-叔丁氧羰基-4-甲磺酰氧基吡咯烷-2-甲醇是在$ZnCl_2$的存在下，利用KBH_4作还原剂成功制备的[7]。

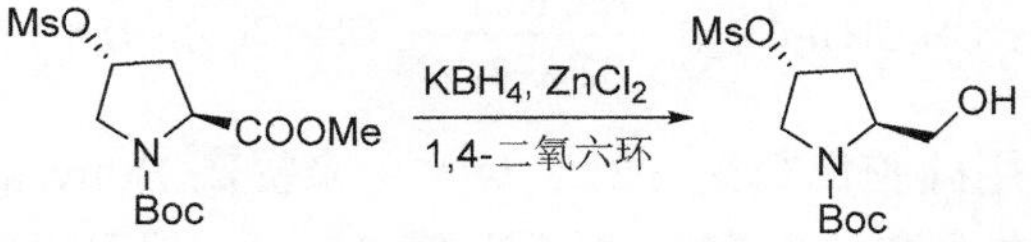

(3-126)

羧酸酯可用多种金属氢化物还原为醛。例如，二异丁基氢化铝（DIBAH）可使芳香族及脂肪族酯以较好的产率还原成醛，对分子中存在的卤素、硝基、烯键等均无影响[73]。

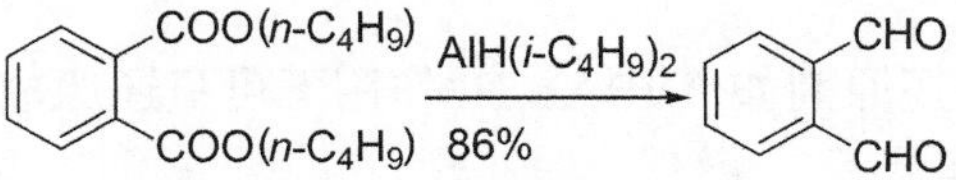

(3-127)

2018年，Altmann等[74]在海洋大环内酯类化合物salarin C的全合成过程中，中间体羧酸酯也是用DIBAL还原为醛。

$$\text{CH}_3\text{CH(OTBS)COOEt} \xrightarrow[-78^\circ\text{C, 1.5 h, 定量}]{\text{DIBAL, 正己烷}} \text{CH}_3\text{CH(OTBS)CHO} \quad (3\text{-}128)$$

以醇为介质，金属钠为还原剂经 Bouvealt-Blanc 反应可以将羧酸酯还原为相应的醇，尤其是制备长链的一元醇和二元醇[5]。例如，由癸二酸二乙酯制取癸二醇的反应中，以乙醇为溶剂，可以得到近 75%的产率。

$$EtOOC(CH_2)_8COOEt \xrightarrow[73\%\sim75\%]{Na,\ EtOH} HOCH_2(CH_2)_8CH_2OH + 2EtOH \quad (3\text{-}129)$$

在月桂酸乙酯制取月桂醇的反应中，也可以得到 75%的产率［式（3-130）］。

$$CH_3(CH_2)_{10}COOEt \xrightarrow[75\%]{Na,\ EtOH} CH_3(CH_2)_{10}CH_2OH + EtOH \quad (3\text{-}130)$$

该类反应的反应历程为自由基机理，文献中曾有过报道[5,75]，如式（3-131）所示。金属 Na 作单电子还原剂给出电子，酯生成自由基负离子，从醇中得到质子变为自由基。钠再给出一个电子使之生成碳负离子，从醇得到质子生成醇中间体。而后碳氧键断裂得到一分子醇和一分子醛，醛经过类似的还原过程，得到另一分子醇[76]。

$$R^1COOR^2 \xrightarrow{Na^0} R^1\dot{C}(O^-)OR^2 \xrightarrow{EtOH} R^1\dot{C}(OH)OR^2 \xrightarrow{Na^0} R^1C^-(OH)OR^2 \xrightarrow{EtOH} R^1CH(OH)OR^2 \xrightarrow{-R^2OH} R^1CHO \xrightarrow{Na^0} R^1\dot{C}H(O^-) \xrightarrow{EtOH} R^1\dot{C}H(OH) \xrightarrow{Na^0} R^1C^-H(OH) \xrightarrow{EtOH} R^1CH_2OH \quad (3\text{-}131)$$

孤立的双键一般不受钠-醇还原剂的影响。因此，经常利用该方法来制备不饱和醇。同时，也是工业上制备长链不饱和醇的途径之一[5]。例如，油醇的合成：

$$CH_3(CH_2)_7CH{=}CH(CH_2)_7CO_2R \xrightarrow[82\%\sim84\%]{Na,\ ROH} CH_3(CH_2)_7CH{=}CH(CH_2)_7CH_2OH \quad (3\text{-}132)$$

Bodnar 等[77]利用硅胶负载钠（27.1 wt%）来提高 Bouvealt-Blanc 酯还原反应的效果。结果表明，在温和的反应条件下，只需 35 min，就可以以极高的产率（99%）生成伯醇。

$$RCOOR' \xrightarrow[\text{MeOH, THF, ~10℃, 35 min}]{\text{Na-SG (15 eq. Na)}} RCH_2OH \quad \text{R: 烷基或苄基} \quad (3\text{-}133)$$

羧酸酯在特殊的还原剂如 DIBAL-H 作用下可只还原成醛，而且对硝基、烯键和卤素等无影响。

$$C_6H_4(CO_2Bu)_2 \xrightarrow[86\%]{DIBAL\text{-}H} C_6H_4(CHO)_2 \quad (3\text{-}134)$$

在惰性溶剂中，金属钠的作用下，两分子酯可发生还原偶联反应，生成 α-羟基酮，也称作酮醇缩合反应（acyloin condensation）[78]。

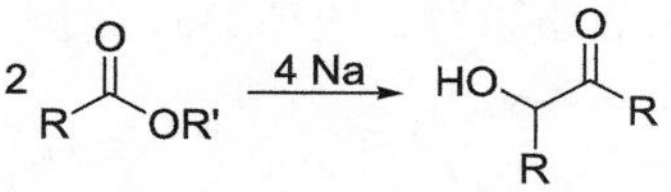

(3-135)

当R基团是脂肪烃或惰性基团时，反应能顺利进行。反应在高沸点非质子溶剂，例如苯或甲苯中进行（而在Bouvealt-Blanc还原中使用的是质子溶剂），反应机理如下：

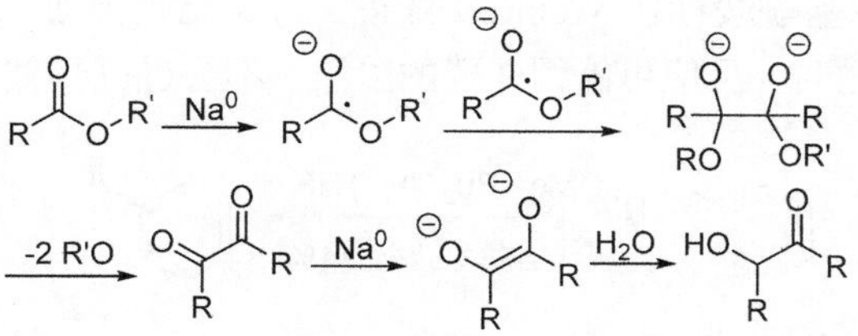

(3-136)

酯在惰性溶剂中先与钠反应，生成自由基负离子。两分子自由基负离子发生偶联，生成二负离子。两个烷氧基团离去后形成二酮。二酮与钠再一次反应生成二负离子，与水反应后生成最终产物。

二元羧酸酯在钠的作用下偶联时，会生成环状的α-羟酮。这也是合成环状化合物的重要途径[5]。例如2-羟基环癸酮的合成：

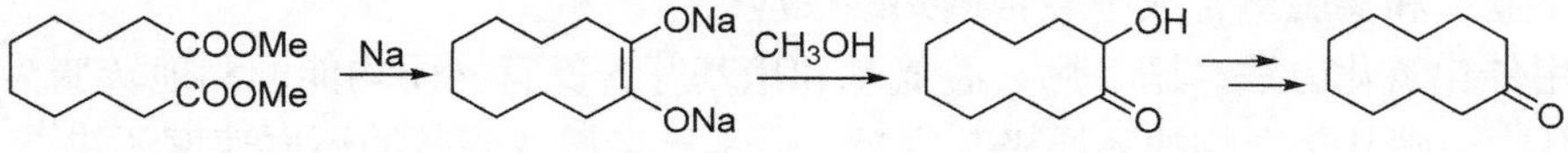

(3-137)

3.3.4 酰胺的还原

酰胺的还原可用于合成伯、仲、叔胺。还原酰胺为胺的主要还原剂一般为金属氢化物，尤以氢化铝锂最为常用，可在比较温和的条件下进行反应。

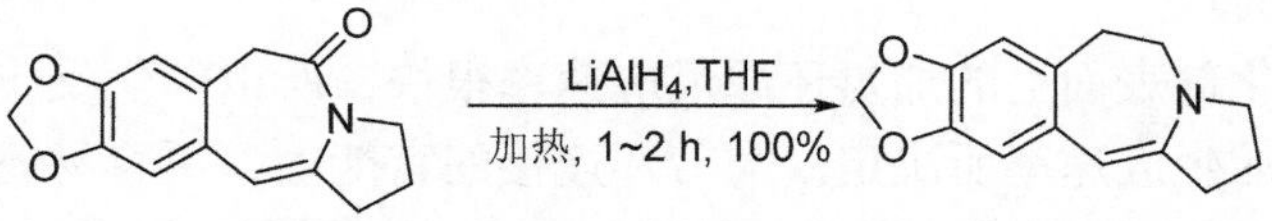

(3-138)

而对于硼氢化钠，需要添加乙酸后，形成酰氧硼氢化钠才能成为有效的还原剂[79]。

乙硼烷在四氢呋喃中也可以高产率地还原酰胺，不影响分子中共存的硝基、烷氧羰基、卤素等基团，如有烯键存在，可同时被还原[80]。

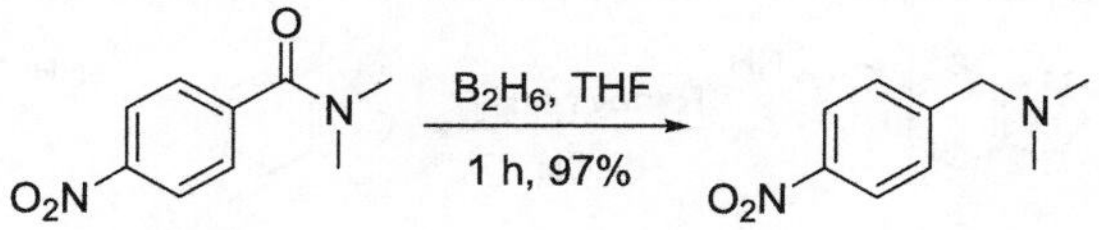

(3-139)

2018 年，Trauner 等[81]报道了生物碱 stephadiamine 的全合成。其中中间体利用硼烷二甲基硫醚作为还原剂还原后，脱掉 Boc 保护，即可得到了最终产物。

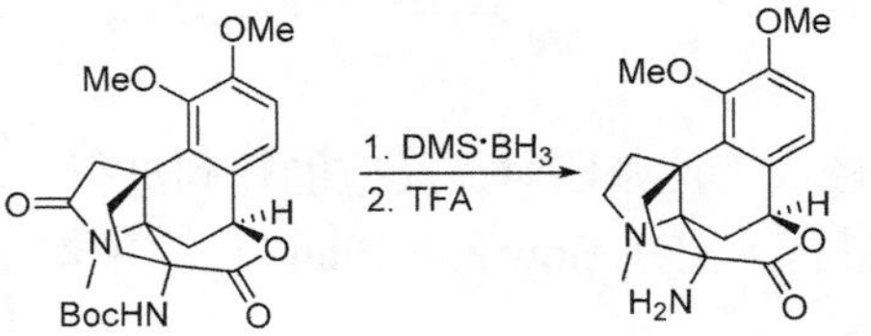

1. DMS·BH_3
2. TFA

(3-140)

N-甲基-*N*-甲氧基酰胺称作 Weinreb 酰胺，与氢化铝锂或二异丁基氢化铝等金属氢化物还原剂作用时，反应可停留在醛的阶段，不会进一步被还原成醇，例如[82]：

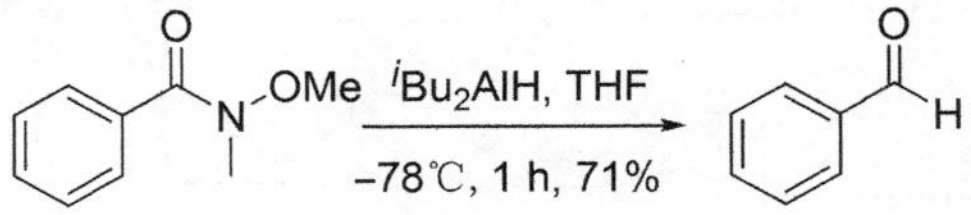

$^i Bu_2AlH$, THF
−78℃, 1 h, 71%

(3-141)

3.4 含氮化合物的还原

3.4.1 催化氢化法

在还原剂的作用下，将硝基、亚硝基、肟、偶氮基、叠氮基等官能团还原成氨基是工业上和实验室合成中经常遇到的反应[1, 83]。

利用催化氢化方法，腈、肟、叠氮基和硝基等含氮官能团均能顺利地转变为伯胺，其中，硝基化合物的还原极其容易，通常比烯键或羰基的还原速度还快[3]。许多反应可在室温、常压、用少量催化剂的条件下顺利进行，并放热，且副反应少，产品质量佳，产率高[4, 83]。

加氢还原和一般催化反应一样，包括三个基本过程[83]：反应物在催化剂表面的扩散、物理和化学吸附；吸附络合物之间发生化学反应；产物的解吸和扩散，离开催化剂表面。

由于在催化剂表面上的加氢还原反应速率很快，所以催化反应速率往往由化学吸附络合物的生成速率所决定。与芳环连接的官能团，更容易还原，不与芳环连接的官能团，还原速率相对较慢，须增加催化剂的用量，提高反应温度和压力，但副反应较多[4]。

1. 亚胺还原

采用 Raney 镍作催化剂还原亚胺可合成脂肪胺，如胡椒乙胺的合成[1]：

Raney Ni, H_2
EtOH

(3-142)

2. 硝基还原

催化加氢也是硝基还原中最常用的方法之一。例如，福沙帕那韦钙（fosamprenavir calcium）是具有 HIV 蛋白酶抑制作用的高水溶性的前药。合成路线中，利用 Pd-C 作为催化剂，在氢气的气氛中将中间体的硝基还原为氨基[7]。

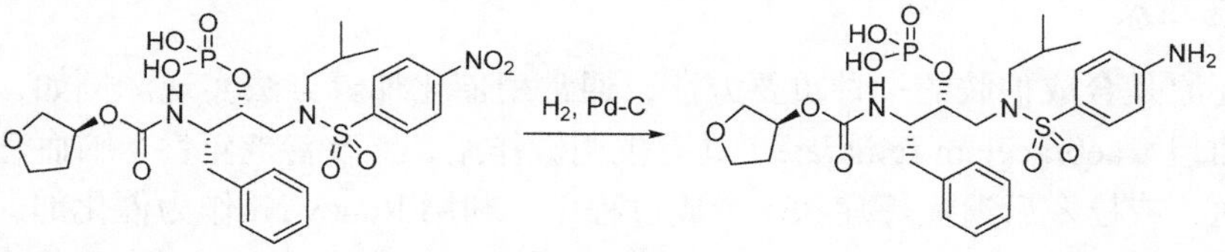

H_2, Pd-C

(3-143)

需要注意的是硝基化合物的催化氢化是高度放热反应。处理量很大时，应避免高温。仪器、设备要留有充分的余地和良好的冷却、散热系统，以确保安全[5]。

2018 年，Kaufman 和 Larghi 等[84]在 waltherione F 的全合成过程中，利用 Ni_2B 为催化剂，将中间体的硝基还原为氨基，得到了 97%的高产率。

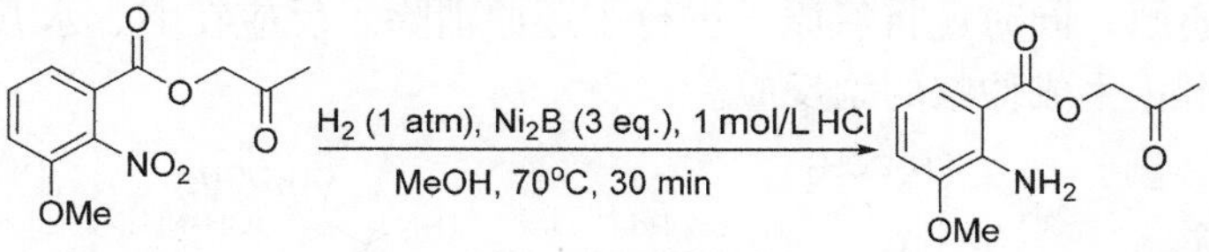

H_2 (1 atm), Ni_2B (3 eq.), 1 mol/L HCl
MeOH, 70°C, 30 min

(3-144)

Knölker 等[85]在进行生物碱 furoclausine B 的合成过程中，中间体用 PtO_2 为催化剂室温催化还原硝基，得到了 91%的还原产率。

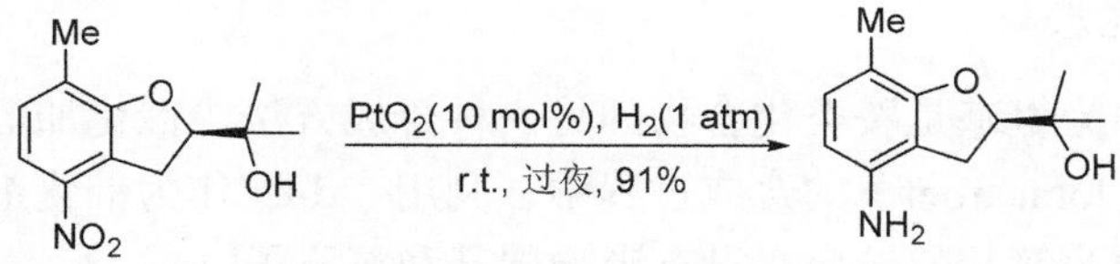

PtO_2(10 mol%), H_2(1 atm)
r.t., 过夜, 91%

(3-145)

除了直接用氢气作为氢源还原外，还可采用转移氢化法实现硝基的还原。常用的氢供体为甲酸及其铵盐、肼、环己烯、环己二烯、氢化吡啶衍生物、异丙醇等。例如，环己烯可以作为供氢体在 Pd-C 催化剂存在下，将对硝基苯乙酮中硝基还原为氨基，而不影响羰基。

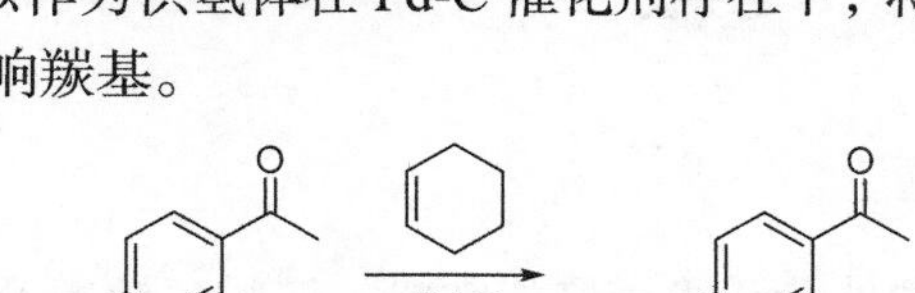

Pd-C

(3-146)

联亚胺是高选择性还原试剂。一般说来，对称的重键（如 C═C、N═N、O═O 等）易被其还原，而极性较大的不饱和键则不受影响。

当分子中除硝基外，还拥有羧基、氰基和非活化的烯键时，可用肼在温和条件下对硝基进行还原，而不影响其他基团。

无水甲酸铵也可作为氢供体，广泛用于脂肪及芳香硝基物的还原，反应速度快，且收率高[86]。

$$O_2N-C_6H_4-COOH \xrightarrow[\text{MeOH, r.t., 93\%}]{HCOONH_4,\ Pd\text{-}C} H_2N-C_6H_4-COOH \quad (3\text{-}147)$$

3. 氰基还原

氰基还原是合成伯胺的一种重要方法，通常用催化加氢方法实现。例如，富马酸奈拉西坦（nebracetam fumarate）具有拟胆碱作用，能改善老年性、脑血管性痴呆及出血，或栓塞后遗症等症状。合成过程中，利用 Raney Ni 作为催化剂，在氢气气氛下，将中间体的氰基还原为氨基[7]。

$$\xrightarrow[NH_4OH,\ CH_3OH]{\text{Raney Ni},\ H_2} \quad (3\text{-}148)$$

在维生素 B_6（vitamin B_6）中间体的合成过程中，采用了钯-碳催化加氢可将硝基和氰基还原，同时还将氯原子进行了还原消除。反应在酸、水共存体系中进行，可有效阻止生成仲胺的副反应。

$$\xrightarrow[70\%]{H_2,\ 5\%\ Pd\text{-}C,\ HCl} \quad (3\text{-}149)$$

4. 叠氮基还原

叠氮基还原为氨基是胺类化合物的另一种合成方法。催化加氢较为常用。例如，氯碳头孢（loracarbef）的合成过程中，利用 Pd-C 作为催化剂，选择性地实现了叠氮基还原为氨基的转变，没有影响羰基和氯原子[7]。

$$\xrightarrow[HCl,\ C_2H_5OH]{Pd\text{-}C,\ H_2} \quad (3\text{-}150)$$

3.4.2 活泼金属还原法

除了催化加氢条件外，活泼金属如铁粉、锌粉、锡粉及低价金属卤化物也可用于硝基的还原。其中，铁的给电子能力比较弱，只适用于容易被还原的基团的还原，因此使其成为选择性还原剂，酯基、酮羰基等官能团不受影响[4]。源于铁粉低廉的价格，简单的工艺过程，该类反应曾在工业上获得广泛的应用。但副产物铁泥（氧化铁）中含有芳伯胺，产生的大量废水污染环境，一些发达国家已经不再使用[83]。但在制备水溶性的芳伯胺时仍采用此法[4]。

铁粉在低铁盐和氯化铵等盐类电解质的水溶液中具有强还原能力，可将芳香族硝基、脂肪族硝基或其他含氮氧功能基（如亚硝基、羟胺等）还原成相应的氨基。用铁粉还原时，常加入少量稀酸，使铁粉表面的氧化铁形成亚铁盐而作为催化电解质。亦可加入亚铁盐、氯化铵等电解质使铁粉活化[2]。理论上，1 mol 硝基化合物还原成氨基化合物需要 2.25 mol 铁。在铁粉的还原反应中，一般对卤素、氰基、烯基等基团无影响，可用于选择性还原[2]。

例如，司帕沙星（sparfloxacin）在治疗结核病方面可能具有良好的前景。中间体 5-氨基-1-环丙基-6,7,8-三氟-1,4-二氢-4-氧代喹啉-3-羧酸乙酯的合成就是用铁粉还原实现的[7]。

$$\xrightarrow[\text{EtOH, } H_2O]{\text{Fe, HCl}} \tag{3-151}$$

锌粉在不同 pH 值条件下活性差别比较大，在酸性中还原活性最强。例如，锌粉在醋酸和醋酸铵存在下可将硝基苯还原为苯基羟胺，产率高达 95%[87]。

$$PhNO_2 \xrightarrow[\text{AcOH, 60°C, 95\%}]{\text{Zn, } HCOONH_4} PhNHOH \tag{3-152}$$

3.4.3　含硫化合物为还原剂

硫化物、硫氰化物和多硫化物以及含氧硫化物包括连二亚硫酸钠（保险粉）、亚硫酸钠和亚硫酸氢钠等都可作为还原剂，将含有氮氧官能团的化合物还原成相应的胺，一般在碱性条件下使用[2]。

在用硫化物进行的还原反应中，硫化物是电子供给体，水或醇是质子供给体。反应后，硫化物被氧化成硫代硫酸盐。这种反应叫 Zinin 还原反应。

$$4\ PhNO_2 \xrightarrow{6Na_2S/7H_2O} 4\ PhNH_2 + 3\ Na_2S_2O_3 + 6\ NaOH \tag{3-153}$$

硫化物作为还原剂可以还原二硝基苯衍生物的一个硝基，得到硝基苯胺衍生物。

$$\xrightarrow[\text{80~85°C, 61\%}]{Na_2S,\ NH_4Cl} \tag{3-154}$$

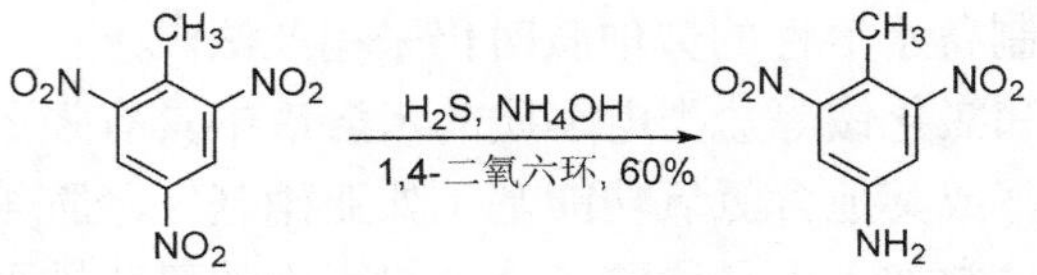

(3-155)

连二亚硫酸钠（保险粉）还原能力较强，可还原硝基、重氮基及醌基等。但其性质不稳定容易变质，尤其在酸性溶液中可迅速剧烈分解。一般应在碱性条件下现配现用。亚硫酸盐还原剂能将硝基、亚硝基、羟胺基和偶氮基还原成氨基，将重氮基还原成肼。

3.4.4　金属氢化物为还原剂

$LiAlH_4$或$LiAlH_4/AlCl_3$的混合物均能有效地还原脂肪族硝基化合物。芳香族硝基化合物用氢化铝锂还原时，通常得偶氮化合物，如与三氯化铝合用，也可被还原成胺[88]。

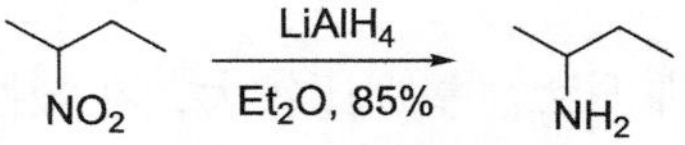

(3-156)

$NaBH_4$加入催化剂如硅酸盐、钯、二氯化钴等可还原硝基化合物为胺。而硫代硼氢化钠则是芳香族硝基化合物的有效还原剂，且不影响分子中存在的氰基、卤素和烯键[2]。还原氰基时，加入过量的氢化铝锂可将腈还原为伯胺［式（3-157）］[2]。

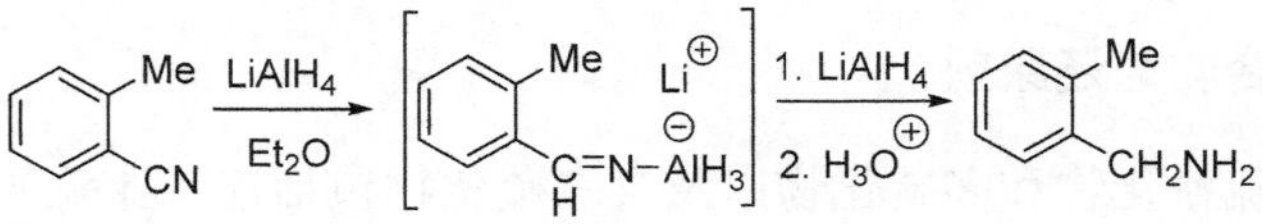

(3-157)

硫酸奈替米星（netilmicin sulfate）是氨基糖苷类抗生素，对大肠杆菌、肠杆菌属、变形杆菌等具有良好的抗菌活性，疗效好、毒性低[7]。制备过程中，利用$NaBH_4$成功将C═N键还原为C—N单键，未影响分子中的C═C双键。

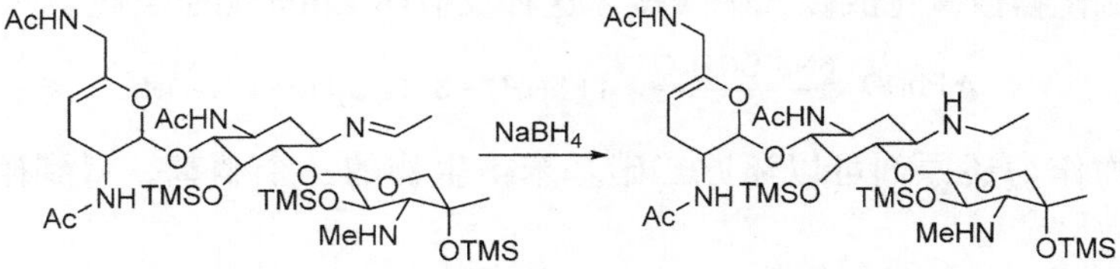

(3-158)

金属氢化物也常用于肟的还原。例如，用氢化铝锂还原4-苯基-3-丁烯-2-酮肟时，烯键不受影响，产率可达55%[89]。

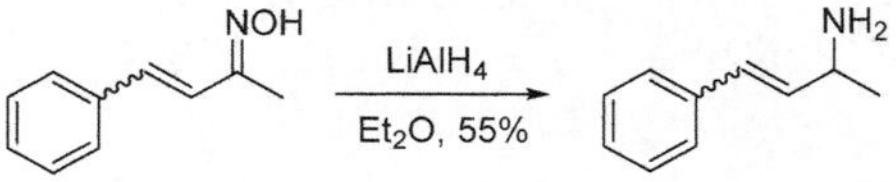

(3-159)

乙硼烷可在温和条件下将腈还原为胺，分子中的硝基、卤素等不受影响。

$$\text{3-NO}_2\text{C}_6\text{H}_4\text{CN} \xrightarrow[\text{r.t.}]{B_2H_6,\ THF} \text{3-NO}_2\text{C}_6\text{H}_4\text{CH}_2\text{NH}_2$$

(3-160)

3.5 氢 解 反 应

氢解是一类重要的还原反应，指反应过程中发生碳-碳或碳-杂原子（如氧、硫、氮）单键断裂，氢取代断裂下来的基团的反应。氢解一般以氢气为氢源，在催化下进行。对于卤代烃的氢解，卤代烃可通过氧化加成机理与活性金属催化剂形成有机金属络合物，再按催化氢化机理反应得氢解产物[2]。

$$R-X + Pd(0) \longrightarrow R-Pd-X \xrightarrow{H_2} R-PdH_2-X \longrightarrow R-H + HX + Pd(0)$$

(3-161)

3.5.1 脱卤氢解

脱卤氢解是指氢取代底物分子中的卤素的反应[90]。通常，卤原子被取代的活性顺序为：碘>溴>氯≫氟。就底物结构来看，酰卤、α位有吸电子基的卤原子、苄位或烯丙位卤原子和芳环上电子云密度较小位置的卤原子容易发生氢解[2]。

Doucet 等进行 5-氯吡唑的直接烷基化的研究时，利用钯作为催化剂可将中间体杂环上的氯用氢取代，产率可达到 90%以上[91]。

5% Pd-C; H_2, Et_3N; > 90%

R^1 = Me, CN, CHO, Ac, COOEt, NO_2, Cl

R^2 = Me, Ph

(3-162)

催化氢化是氢解卤素最常用的方法，钯为首选催化剂，镍由于易受卤素离子的毒化，一般需增大用量。氢解后的卤素离子，特别是氟离子，可使催化剂中毒，故一般不用于 C—F 键的氢解。例如宋智梅等[92]在抗生素舒巴坦的合成中就用到催化氢解将两个溴原子同时脱去。

H_2, Raney Ni; EtOH, 82%

(3-163)

氢化铝锂及硼氢化钠亦可用于脱卤氢解。

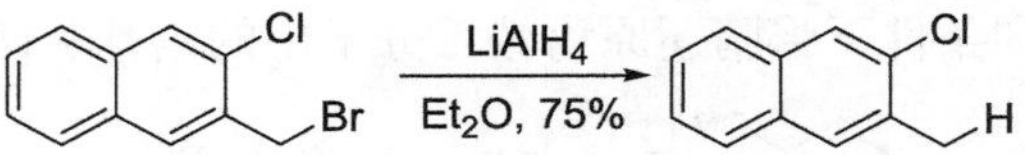

Cl　LiAlH$_4$ / Et$_2$O, 75%　Br　Cl　H

(3-164)

3.5.2 脱苄氢解

苄基或取代苄基与氧、氮或硫连接生成的醇、醚、酯、苄胺、硫醚等，均可通过氢解反应脱去苄基生成相应的烃、醇、酸、胺等类化合物[2]。

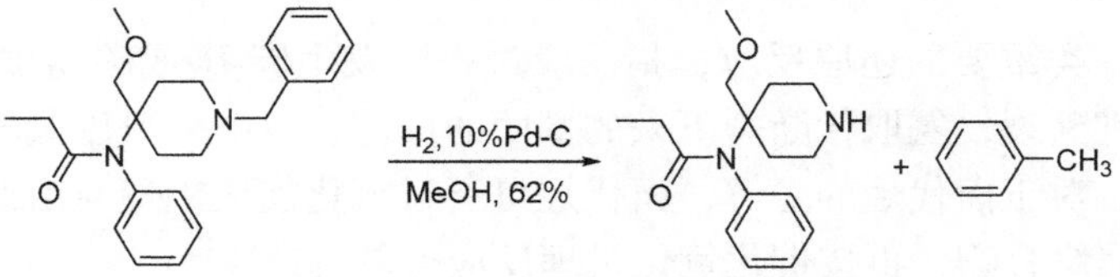

O　N　N　O　H_2,10%Pd-C / MeOH, 62%　O　NH　N　O　+　CH_3

(3-165)

在多肽合成及其他复杂天然物的合成中，可用苄醇作为羧基的保护基。因此，可利用氢解反应脱去保护基团。例如，合成青霉素（benzylpenicillin）的中间体就需氢解反应脱保护。

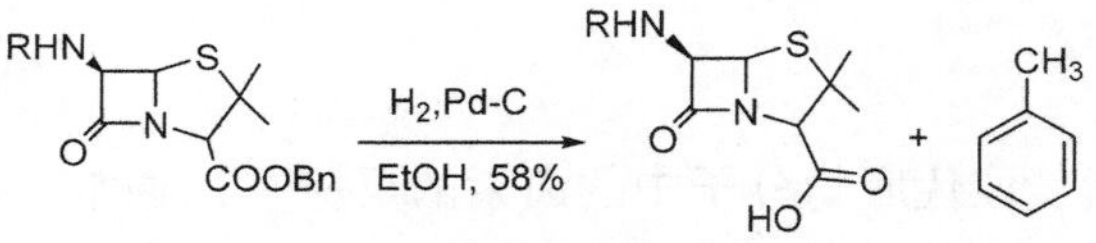

RHN　S　N　O　COOBn　H_2,Pd-C / EtOH, 58%　RHN　S　N　O　O　HO　+　CH_3

(3-166)

Sherman 等[93]在合成大环内酯抗生素时，中间体用 Pd-C 可以实现脱苄基保护。

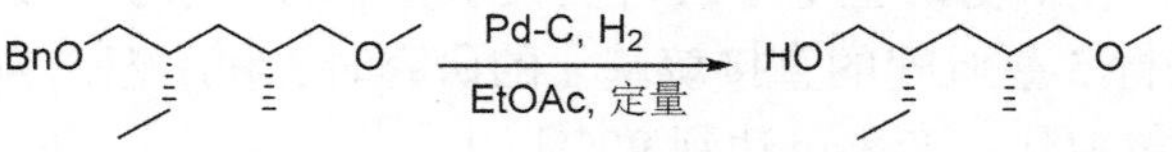

BnO　O　Pd-C, H_2 / EtOAc, 定量　HO　O

(3-167)

3.5.3 开环氢解

环氧键可用多种还原法氢解开环而得醇。常用的还原剂为氢化铝锂和二硼烷，该法可视为烯烃的间接加水。单独用金属氢化物作还原剂时，产物中按马尔科夫尼科夫规则开环的醇居多；如在三氯化铝存在下，用氢化铝锂还原时，则产物中反马尔科夫尼科夫规则开环的醇为主要产物[2]，如苯乙烯环氧化物的氢解开环[94]。

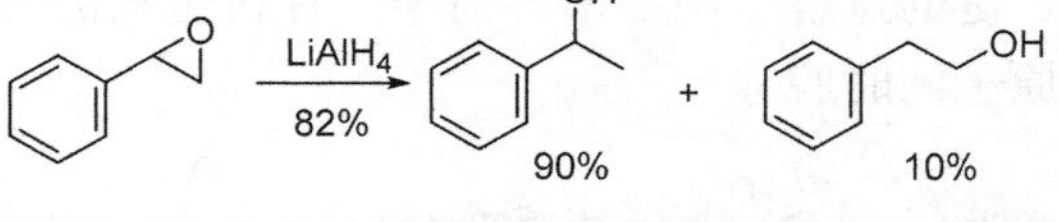

O　LiAlH$_4$ / 82%　OH　90%　+　OH　10%

(3-168)

采用硼烷作还原剂时，优先生成反马尔科夫尼科夫规则开环的醇[2]。

环丙烷由于拜尔张力不稳定，易催化氢解开环。环丁烷亦可催化氢解，但较三元环稳定。而五元环以上的碳环化合物，一般不能氢解开环[95]。

Pt-C,H_2, 1 atm, 50℃ ; Raney Ni,H_2, 210℃

(3-169)

3.5.4 脱硫氢解

硫醇、硫醚、二硫化物、亚砜、砜以及某些含硫杂环可用Raney镍氢解脱硫[2,96]。

Raney Ni, H_2, 80%

(3-170)

Raney Ni, H_2, 75%

(3-171)

Li等[97]在全合成hybridaphniphylline B的过程中，中间体利用Raney Ni作为还原剂可以实现克级脱硫操作，产率可达81%。

Raney Ni, H_2, 81%(克级)

(3-172)

参考文献

[1] 姜凤超. 药物合成[M]. 北京: 化学工业出版社, 2008.

[2] 闻韧. 药物合成反应[M]. 第3版. 北京: 化学工业出版社, 2010.

[3] 谢如刚. 现代有机合成化学[M]. 上海: 华东理工大学出版社, 2007.

[4] 唐跃平. 药物合成技术[M]. 北京: 人民卫生出版社, 2009.

[5] 李良助. 有机合成中氧化还原反应[M]. 北京: 高等教育出版社, 1989.

[6] Carruthers W, Coldham I. 当代有机合成方法[M]. 王全瑞, 李志铭, 译. 上海: 华东理工大学出版社, 2006.

[7] Richter M J R, Schneider M, Brandstätter M, et al. Total synthesis of (−)-mitrephorone A [J]. J Am Chem Soc, 2018, 140: 16704-16710.

[8] 陈仲强, 陈虹. 现代药物的制备与合成[M]. 第1卷. 北京: 化学工业出版社, 2008.

[9] Garg N K, Caspi D D, Stoltz B M. The total synthesis of (+)-dragmacidin F [J]. J Am Chem Soc, 2004, 126 (31): 9552-9553.

[10] Daniel L. Strategies for Organic Drug Synthesis and Design[M]. New York: John Wiley & Sons, Inc, 1998.

[11] Von Wittenau M S, Beereboom J J, Blackwood R K, et al. 6-Deoxytetracyclines. III. Stereochemistry at C.6 [J]. J Am Chem Soc, 1962, 84 (13): 2645-2647.

[12] Harmon R E, Gupta S K, Brown D J. Hydrogenation of organic compounds using homogeneous catalysts [J]. Chem Rev, 1973, 73 (1): 21-52.

[13] 邢其毅, 徐瑞秋, 周政, 等. 基础有机化学[M]. 第2版. 北京: 高等教育出版社, 1993.

[14] 魏运洋, 李建. 化学反应机理导论[M]. 北京: 科学出版社, 2004.

[15] Kalmode H P, Handore K L, Rajput R, et al. Total synthesis and biological evaluation of cell adhesion

inhibitors peribysin A and B: Structural revision of peribysin B [J]. Org Lett, 2018, 20: 7003-7006.

[16] 唐培堃, 冯亚青. 精细有机合成化学与工艺学[M]. 第 2 版. 北京: 化学工业出版社, 2006.

[17] Ghosh A K, Wang Y, Kim J T. Total synthesis of microtubule-stabilizing agent (−)-laulimalide[J]. J Org Chem, 2001, 66: 8973-8974.

[18] Ghosh C, Pal S, Patel A, et al. Total synthesis of the proposed structure of mycobactin J [J]. Org Lett, 2018, 20: 6511-6515.

[19] Brown C A, Ahuja V K. Catalytic hydrogenation, VI. The reaction of sodium borohydride with nickel hydrogenation catalyst with great sensitivity to substrate structure[J]. J Org Chem, 1973, 58: 2226-2230.

[20] Oger C, Bultel-Ponce V, Guy A, et al. The handy use of Brown's P2-Ni catalyst for a skipped diyne deuteration: Application to the synthesis of a [D4]-labeled F4t-neuroprostane[J]. Chem Eur J, 2010, 16: 13976-13980.

[21] Hickmann V, Alcarazo M, Fürstner A. Protecting-group-free and catalysis-based total synthesis of the ecklonialactones[J]. J Am Chem Soc, 2010, 132: 11042-11044.

[22] Maazaoui R, Abderrahim R, Chemla F, et al. Catalytic chemoselective and stereoselective semihydrogenation of alkynes to *E*-alkenes using the combination of Pd catalyst and ZnI_2[J]. Org Synth, 2018, 20: 7544-7549.

[23] Sidhpuria K B, Patel H A, Parikh P A, et al. Rhodium nanoparticles intercalated into montmorillonite for hydrogenation of aromatic compounds in the presence of thiophene[J]. Appl Clay Sci, 2009, 42: 386-390.

[24] Zahmakıran M, Tonbulz Y, Özkar S. Ruthenium(0) nanoclusters supported on hydroxyapatite: Highly active, reusable and green catalyst in the hydrogenation of aromatics under mild conditions with an unprecedented catalytic lifetime[J]. Chem Commun, 2010, 46: 4788-4790.

[25] Taber D F, Gunn B P, Chiu I C, et al. Alkylation of the anion from Birch reduction of *o*-anisic acid: 2-heptyl-2-cyclohexenone [J]. Org Synth, 1983, 61: 59.

[26] Clive D L J, Sunasee R. Formation of benzo-fused carbocycles by formal radical cyclization onto an aromatic ring [J]. Org Lett, 2007, 9 (14): 2677-2680.

[27] Mander L N, McLachlan M M. The Total synthesis of the galbulimima alkaloid GB 13[J]. J Am Chem Soc, 2003, 125: 2400-2401.

[28] Sharp L A, Zard S Z. A short total synthesis of (±)-aspidospermidine[J]. Org Lett, 2006, 8: 831-834.

[29] Pandey G, Kumara C P. Iminium ion cascade reaction in the total synthesis of (+)-vincadifformine [J]. Org Lett, 2011, 13 (17): 4672-4675.

[30] Lei P, Ding Y X, Zhang X H, et al. A practical and chemoselective ammonia-free Birch reduction [J]. Org Lett, 2018, 20: 3439-3442.

[31] Buchanan J G S C, Woodgate P D. The Clemmensen reduction of difunctional ketones [J]. Q Rev Chem Soc, 1969, 23 (4): 522.

[32] Nakabayashi T. Studies on the mechanism of Clemmensen reduction. I. The kinetics of Clemmensen reduction of *p*-hydroxyacetophenone [J]. J Am Chem Soc, 1960, 82(15): 3900-3906.

[33] Nakabayashi T. Studies on the mechanism of Clemmensen reduction. II. Evidence for the formation of an intermediate carbonium ion [J]. J Am Chem Soc, 1960, 82 (15): 3906-3908.

[34] Nakabayashi T. Studies on the mechanism of Clemmensen reduction. III. The relation of Clemmensen reduction to electrochemical reduction [J]. J Am Chem Soc, 1960, 82(15): 3909-3913.

[35] Laszlo K, Barbara C. Strategic Applications of Named Reactions in Organic Synthesis [M]. Beijing: Science Press, 2007.

[36] Clemmensen E. Reduktion von ketonen und aldehyden zu den entsprechenden kohlenwasserstoffen unter anwendung von amalgamiertem zink und salzsäure [J]. Ber Dtsch Chem Ges, 1913, 46 (2): 1837-1843.

[37] Clemmensen E. Über eine allgemeine methode zur reduktion der carbonylgruppe in aldehyden und ketonen zur methylengruppe [J]. Ber Dtsch Chem Ges, 1914, 47 (1): 51-63.

[38] Clemmensen E. Über eine allgemeine methode zur reduktion der carbonylgruppe in aldehyden und ketonen zur methylengruppe. (III. Mitteilung.) [J]. Ber Dtsch Chem Ges, 1914, 47 (1): 681-687.
[39] Yamamura S, Toda M, Hirata Y, et al. Modified Clemmensen reduction: Cholestane [J]. Org Synth, 1973, 53: 86.
[40] Naruse M, Aoyagi S, Kibayashi C. Total synthesis of (–)-pumiliotoxin C by aqueous intramolecular acylnitroso Diels-Alder approach[J]. Tetrahedron Lett, 1994, 35: 9213-9216.
[41] Huang M. A simple modification of the Wolff-Kishner reduction [J]. J Am Chem Soc, 1946, 68 (12): 2487-2488.
[42] Huang M. Reduction of steroid ketones and other carbonyl compounds by modified Wolff-Kishner method [J]. J Am Chem Soc, 1949, 71 (10): 3301-3303.
[43] Vargha L, Toldy L, Fehér Ö, et al. Synthesis of new sugar derivatives of potential antitumour activity. Part I. Ethyleneimino- and 2-chloroethylamino-derivatives [J]. J Chem Soc (Resumed) ,1957: 805.
[44] Grundon M F, Henbest H B, Scott M D. The reactions of hydrazones and related compounds with strong bases. Part I. A modified Wolff-Kishner procedure [J]. J Chem Soc (Resumed) ,1963: 1855.
[45] Cram D J, Sahyun M R V. Room temperature Wolff-Kishner reduction and cope elimination reactions [J]. J Am Chem Soc, 1962, 84 (9): 1734-1735.
[46] Kuethe J T, Childers K G, Peng Z, et al. A practical, kilogram-scale implementation of the Wolff-Kishner reduction [J]. Org Process Res Dev, 2009, 13 (3) : 576-580.
[47] Yan J L, Cheng Y Y, Chen J, et al. Total synthesis of asperphenins A and B [J]. Org Lett, 2018, 20: 6170-6173.
[48] Urabe D, Nakagawa Y, Mukai K, et al. Total synthesis and biological evaluation of 19-hydroxysarmentogenin-3-*O*-*α*-*L*-rhamnoside, trewianin, and their aglycons [J]. J Org Chem, 2018, 83: 13888-13910.
[49] Hudlicky T, Rinner U, Gonzalez D, et al. Total synthesis and biological evaluation of amaryllidaceae alkaloids: Narciclasine, *ent*-7-deoxypancratistatin, regioisomer of 7-deoxy-pancratistatin, 10*β*-*epi*-deoxypancratistatin, and truncated derivatives[J]. J Org Chem, 2002, 67: 8726-8743.
[50] Krishnamurthy S, Brown H C. Selective reductions. 22. Facile reduction of *α,β*-unsaturated aldehydes and ketones with 9-borabicyclo[3.3.1]nonane. A remarkably convenient procedure for the selective conversion of conjugated aldehydes and ketones to the corresponding allylic alcohols in the presence of other functional groups [J]. J Org Chem, 1977, 42 (7): 1197-1201.
[51] Midland M M, Tramontano A, Zderic S A. The facile reaction of B-alkyl-9-borabicyclo[3.3.1]nonanes with benzaldehyde[J]. J Organometal Chem, 1977, 134: 17-19.
[52] Xu L, Price N P J. Stereoselective synthesis of chirally deuterated (S)-*D*-(6-2H1)glucose[J]. Carbohydr Res, 2004, 339: 1173-1178.
[53] Meerwein H, Schmidt R. Ein neues verfahren zur reduktion von aldehyden und ketonen [J]. Annalen, 1925, 444 (1): 221-238.
[54] Ponndorf W. Der reversible austausch der oxydationsstufen zwischen aldehyden oder ketonen einerseits und primären oder sekundären alkoholen anderseits [J]. Z Angew Chem, 1926, 39 (5): 138-143.
[55] Long L M, Troutman H D. Chloramphenicol (Chloromycetin). VII. Synthesis through *p*-nitroacetophenone [J]. J Am Chem Soc, 1949, 71 (7): 2473-2475.
[56] Dostie S, Prévost M, Guindon Y. A stereoselective approach to *β*-l-Arabino nucleoside analogues: Synthesis and cyclization of acyclic 1′,2′-*syn-N,O*-acetals [J]. J Org Chem, 2012, 77(17): 7176-7186.
[57] Nakamura K, Matsuda T. Asymmetric reduction of ketones by the acetone powder of geotrichumcandidum [J]. J Org Chem, 1998, 63 (24): 8957-8964.
[58] Stampfer W, Kosjek B, Moitzi C, et al. Biocatalytic asymmetric hydrogen transfer [J]. Angew Chem Int Ed, 2002, 41 (6): 1014-1017.
[59] Yadav J S, Nanda S, Reddy P T, et al. Efficient enantioselective reduction of ketones with daucus carota

root [J]. J Org Chem, 2002, 67 (11): 3900-3903.

[60] Short R P, Kennedy R M, Masamune S. An improved synthesis of (–)-(2*R*,5*R*)-2,5-dimethylpyrrolidine [J]. J Org Chem, 1989, 54 (7): 1755-1756.

[61] 胡跃飞，林国强. 现代有机合成反应 [M]. 第 1 卷. 北京: 化学工业出版社, 2008.

[62] Fürstner A. Low-valent transition metal induced C-C bond formations: Stoichiometric reactions evolving into catalytic processes[J]. Pure App Chem, 1998, 70: 1071-1076.

[63] Sarel S, Newman M S. The synthesis of branched primary and secondary alkyl acetates [J]. J Am Chem Soc, 1956, 78 (20): 5416-5420.

[64] Yoon N M, Pak C S, Brown Herbert C, et al. Selective reductions. XIX. Rapid reaction of carboxylic acids with borane-tetrahydrofuran. Remarkably convenient procedure for the selective conversion of carboxylic acids to the corresponding alcohols in the presence of other functional groups [J]. J Org Chem, 1973, 38 (16): 2786-2792.

[65] Lane C F. Reduction of organic compounds with diborane [J]. Chem Rev, 1976, 76(6): 773-799.

[66] Bailey D M, Johnson R E. Reduction of cyclic anhydrides with sodium borohydride. Versatile lactone synthesis [J]. J Org Chem, 1970, 35 (10): 3574-3576.

[67] Rosenmund K W. Über eine neue methode zur darstellung von aldehyden. 1. Mitteilung [J]. Ber Dtsch Chem Ges, 1918, 51 (1): 585-593.

[68] Rosenmund K W, Zetzsche F. Über Katalysator-Beeinflussung und spezifisch wirkende Katalysatoren [J]. Ber Dtsch Chem Ges, (A and B Series) 1921, 54 (3): 425-437.

[69] Li S, Chen G, Sun L. Selective hydrogenation of 3,3-dimethylbutanoyl chloride to 3,3-dimethylbutyraldehyde with silica supported Pd nanoparticle catalyst[J]. Catal Commun, 2011, 12: 813-816.

[70] Lee K, Maleczka R E. Pd(0)-catalyzed PMHS reductions of aromatic acid chlorides to aldehydes [J]. Org Lett, 2006, 8 (9): 1887-1888.

[71] Brown H C, Rao B C S. A new powerful reducing agent-sodium borohydride in the presence of aluminum chloride and other polyvalent metal halides [J]. J Am Chem Soc, 1956, 78 (11): 2582-2588.

[72] Archibald G, Lin C P, Boyd P, et al. A divergent approach to 3-piperidinols: A concise syntheses of (+)-swainsonine and access to the 1-substituted quinolizidine skeleton [J]. J Org Chem, 2012, 77(18): 7968-7980.

[73] Zakharkin L I, Gavrilenko V V, Maslin D N, et al. The preparation of aldehydes by reduction of esters of carboxylic acids with sodium aluminum hydride [J]. Tetrahedron Lett, 1963, 4 (29): 2087-2090.

[74] Schrof R, Altmann K H. Studies toward the total synthesis of the marine macrolide salarin C [J]. Org Lett, 2018, 20: 7679-7683.

[75] Vogel A I, Tatchell A R, Furnis B S, et al. A Text Book of Practical Organic Chemistry [M]. United Kingdom: Prentice-Hall, 1989.

[76] Adkins H, Gillespie R H. Oleyl alcohol [9-Octadecen-1-ol] [J]. Org Synth, 1949, 29: 80.

[77] Bodnar B S, Vogt P F. An improved Bouveault–Blanc ester reduction with stabilized alkali metals [J]. J Org Chem, 2009, 74 (6): 2598-2600.

[78] Finley K T. The acyloin condensation as a cyclization method [J]. Chem Rev, 1964, 64 (5): 573-589.

[79] Satoh T, Suzuki S, Suzuki Y, et al. Reduction of organic compounds with sodium borohydride-transition metal salt systems [J]. Tetrahedron Lett, 1969, 10 (52): 4555-4558.

[80] Brown H C, Heim P. Selective reductions. XVIII. Fast reaction of primary, secondary, and tertiary amides with diborane. Simple, convenient procedure for the conversion of amides to the corresponding amines [J]. J Org Chem, 1973, 38 (5): 912-916.

[81] Hartrampf N, Winter N, Pupo G, et al. Total synthesis of the norhasubanan alkaloid stephadiamine [J]. J Am Chem Soc, 2018, 140: 8675-8680.

[82] Mentzel M, Hoffmann H M R. *N*-Methoxy-*N*-methylamides (Weinreb amides) in modern organic

synthesis[J]. J Prakt Chem, 1997, 339: 517-524.

[83] 张铸勇, 祁国珍, 庄莆. 精细有机合成单元反应[M]. 第2版. 上海: 华东理工大学出版社, 2003.

[84] Arroyo Aguilar A A, Bolívar Avila S J, Kaufman T S, et al. Total synthesis of waltherione F, a nonrutaceous 3-methoxy-4-quinolone, isolated from Waltheria indica L. F.[J]. Org Lett, 2018, 20: 5058-5061.

[85] Spindler B, Kataeva O, Knölker H J. Enantioselective total synthesis and assignment of the absolute configuration of the furo[3,2-*a*]carbazole alkaloid furoclausine-B [J]. J Org Chem, 2018, 20(9): 2766-2769.

[86] Ram S, Ehrenkaufer R E. A general procedure for mild and rapid reduction of aliphatic and aromatic nitro compounds using ammonium formate as a catalytic hydrogen transfer agent [J]. Tetrahedron Lett, 1984, 25 (32): 3415-3418.

[87] Li L X, Marolla T V, Nadeau L J, et al. Probing the role of promoters in zinc reduction of nitrobenzene: continuous production of hydroxylaminobenzene [J]. Ind Eng Chem Res, 2007, 46: 6840-6846.

[88] Nystrom R F, Brown W G. Reduction of organic compounds by lithium aluminum hydride. III. halides, quinones, miscellaneous nitrogen compounds [J]. J Am Chem Soc, 1948, 70 (11): 3738-3740.

[89] Walter C R. Preparation of primary amines by reduction of oximes with lithium aluminum hydride and by the leuckart reaction [J]. J Am Chem Soc, 1952, 74 (20): 5185-5187.

[90] Pinder A R. The hydrogenolysis of organic halides [J]. Synthesis, 1980, (6): 425-452.

[91] Yan T, Chen L, Bruneau C, et al. Palladium-catalyzed direct arylation of 5-chloropyrazoles: A selective access to 4-aryl pyrazoles [J]. J Org Chem, 2012, 77(17): 7659-7664.

[92] 宋智梅, 刘巍巍, 杨静, 等. 舒巴坦的生产工艺改进[J]. 中国药物化学杂志, 2004, 14(3): 180-181.

[93] Lowell A N, DeMars M D, Slocum S T, et al. Chemoenzymatic total synthesis and structural diversification of tylactone-based macrolide antibiotics through late-stage polyketide assembly, tailoring, and C-H functionalization [J]. J Am Chem Soc, 2017, 139: 7913-7920.

[94] Brown H C, Yoon N M. The borohydride-catalyzed reaction of diborane with epoxides. The anti-Markovnikov opening of trisubstituted epoxides [J]. J Am Chem Soc, 1968, 90 (10): 2686-2688.

[95] Newham J. The catalytic hydrogenolysis of small carbon rings [J]. Chem Rev, 1963, 63 (2): 123-137.

[96] Papa D, Schwenk E, Ginsberg H F. Reductions with nickel-aluminum alloy and aqueous alkali. Part VII. hydrogenolysis of sulfur compounds [J]. J Org Chem, 1949, 14(5): 723-731.

[97] Zhang W H, Ding M, Li J, et al. Total synthesis of hybridaphniphylline B [J]. J Am Chem Soc, 2018, 140: 4277-4231.

第4章 卤 化 反 应

卤化反应，顾名思义就是在化合物中引入卤素原子的反应，在有机化学中也就是在分子中建立碳-卤键的反应。由于卤素原子特殊的物理化学性质，卤代化合物常常具有较强的生理活性，尤其是氟化物，因此卤化反应是药物合成的重要反应之一。

根据反应机理的不同，卤化反应有卤加成反应、卤取代反应和卤置换反应等不同类型。按照引入卤素原子的种类，卤化反应又可以分为氟化反应、氯化反应、溴化反应和碘化反应。为了比较全面地了解氟、氯、溴及碘化物的合成，又兼顾氟原子的特殊性质以及含氟药物的广泛应用，本章先讨论各种类型的卤加成反应、卤取代反应和卤置换反应，在此基础上，再深入讨论含氟化合物的合成。

4.1 不饱和烃的卤加成反应

4.1.1 烯烃和炔烃的卤加成反应

1. 单卤原子加成

卤化氢对烯键的加成可能经过亲电加成历程和自由基历程两种竞争反应，非对称烯烃可能生成两种卤代烷烃异构体，其比例与反应条件有相当大的关系。例如用溴化氢与 1-辛烯的加成可能生成两种溴辛烷异构体[1]。若不存在自由基加成的竞争反应，一般得到符合 Markovnikov 规则的产物。为防止按自由基历程反应，可以加入硅胶或氧化铝。例如，用草酰溴与氧化铝一起原位制备 HBr 用于 1-辛烯的加成，产率可提高到 99%[2]。

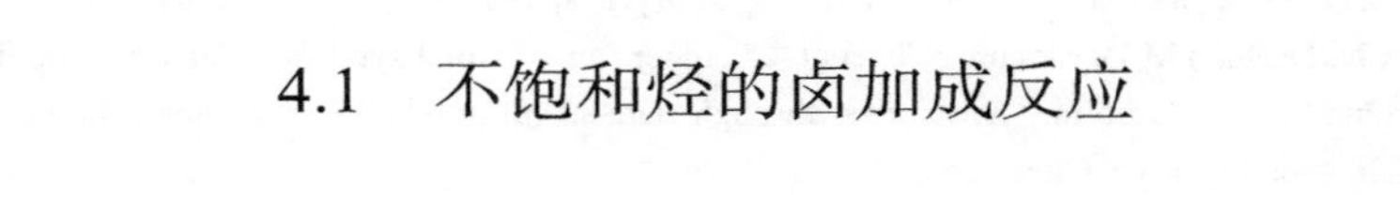

1-辛烯 $\xrightarrow{HBr}$ 1-溴辛烷 (Br) + 2-溴辛烷 (Br)

$h\nu$: 83%　　11%

$(COBr)_2/Al_2O_3$: < 1%　　99%

(4-1)

按自由基机理进行的加成反应主要生成 1-溴辛烷：

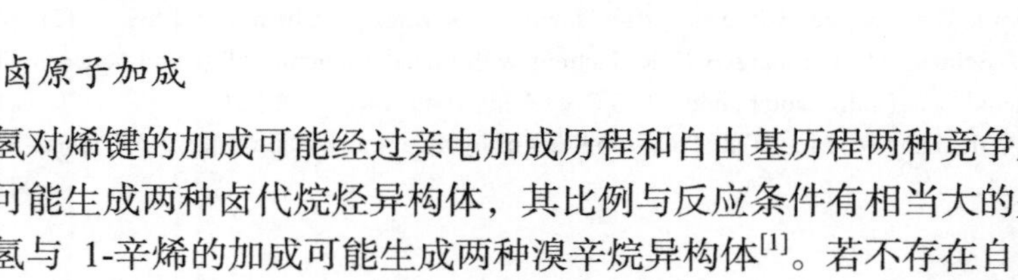

$$Br—H \xrightarrow{引发} H\cdot + Br\cdot$$

1-辛烯 + Br· ⟶ 2-辛基自由基 (Br)

2-辛基自由基 (Br) + HBr ⟶ 1-溴辛烷 (Br) + Br·

而按亲电加成机理进行的反应主要生成2-溴辛烷:

+ $H^{\oplus}$ HBr → (⊕, H) $Br^{\ominus}$ → (Br, H)

(4-2)

氢碘酸虽然可与不饱和烃发生加成碘化反应，但由于氢碘酸本身具有很强的还原性，可以将已加成的碘原子还原，因此往往在反应过程中原位产生HI进行加成，防止HI在反应过程中积累。例如，KI在磷酸中与环己烯发生亲电加成，得到约90%产率的碘代环己烷[3]。

KI, H_3PO_4；80°C, 3 h, 88%~90%；(I)

(4-3)

氢碘酸可与炔键发生加成，例如，57%浓度的氢碘酸与4-辛炔加成得到92%产率的(*Z*)-4-碘-4-辛烯[4]。如果将碘化剂PI_3附载在酸性惰性介质上，则可发生表面氢碘化反应，经过四元环状过渡态得到反式烯烃，产物也符合Markovnikov规则[5]。

57% HI；80°C, 4 h, 92%；(I)

(4-4)

R；PI_3-Al_2O_3, CH_2Cl_2；r.t., 0.3~3 h, 76%~85%；R = Me, Ph, *t*-Bu；(I, R)

(4-5)

用NBS和亲核试剂对不饱和键进行加成时，将会同时引入溴和其他官能团。例如，NBS与烯烃在含水的DMSO溶液中反应，可生成溴代醇:

(R^1, R^2)；NBS；H_2O, DMSO；H_2O (Br, ⊕, R^1, R^2) → (OH, R^1, R^2, Br)

(4-6)

NBS；H_2O, DMSO；(OH, Br)；*rac*

(4-7)

如果以醇为亲核试剂则得到溴代醚。

NBS；($Br^{\oplus}$)；HO ；(Br, O)

(4-8)

氯代烷在Lewis酸催化下可以与烯烃发生加成氯化反应，同时引入烷基和氯原子[6]。

Ph_2CHCl + ；$ZnCl_2$, Et_2O；-78 ~ 2℃，92%；(Ph, Ph, Cl)

(4-9)

酰氯也可以作为氯化剂与烯烃发生加成氯化反应，引入酰基和氯原子。例如，环辛烯与乙酰氯在 $AlCl_3$ 存在下发生亲电加成反应，生成的碳正离子中间体经重排生成六元或七元环状化合物，以更稳定的六元环状产物为主，未重排的产物含量极少[7]。

AcCl,$AlCl_3$

45%~53%　　12%~14%　　3%~5%　　(4-10)

2. 双卤原子加成

卤素单质对烯烃的加成有两种途径：一是经过三元环状鎓盐中间体；二是经过经典的碳正离子中间体。究竟经过哪种历程，主要根据卤素的种类和烯烃的结构而定，如图 4.1 所示。

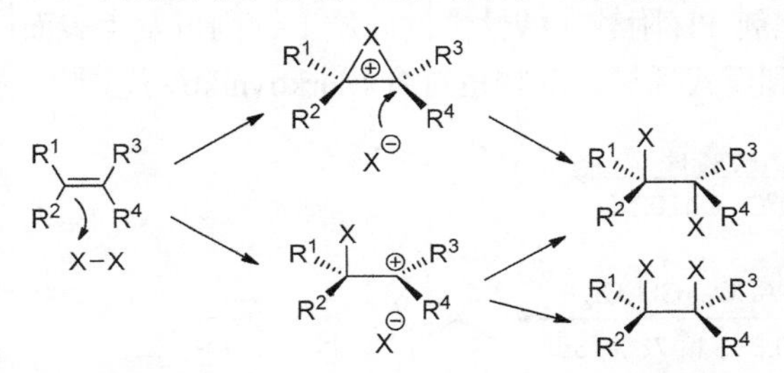

图 4.1　卤素与烯烃发生亲电加成的两种反应历程

不同的历程会产生不同的立体选择性。经由三元环状鎓盐中间体历程时，卤负离子会发生对向加成（*anti*-addition）；经由碳正离子历程时，由于 C—C 单键可以自由旋转，会生成对向加成和同向加成（*syn*-addition）两种产物。如果烯键经过加成后产生了两个手性中心，则可以根据产物的立体化学性质推导反应的准确历程。

例如，环己烯与液溴的反应仅得到外消旋的反式异构体，没有顺式加成，说明反应完全是通过三元环状溴鎓离子中间体历程。

Br_2　　*trans*　　(4-11)

氧化剂存在下，溴化盐可与烯键发生氧化溴化加成。例如 $CuBr_2$ 催化下 LiBr 与环辛烯反应生成 1,2-二溴环辛烷。铜催化剂极可能只是在氧气的存在下把溴化物氧化成溴单质，相当于 $CuBr_2$ 自身氧化还原生成 Br_2 单质。而这一过程对于产生氯气却是非常困难的[8]。

LiBr, $CuBr_2$

O_2 (1 atm), AcOH

60℃, 75%　　(4-12)

烯键碳原子上有强吸电子基团存在时，与溴单质发生反应可能按加成-消除机理进行得到溴代烯。例如，化合物 **4.1** 的合成[9]。

BuO–CH=CH–CO–CH_3 $\xrightarrow[-20^oC,\ 3\ h]{Br_2,\ CH_2Cl_2}$ BuO–CH(Br)–CH(Br)–CO–CH_3 $\xrightarrow[10^oC,12\ h,\ 73\%]{Et_3N,\ THF}$ BuO–CH=C(Br)–CO–CH_3 **4.1**

(4-13)

卤素与炔键发生卤加成时，取代基性质对产物的立体构型有重要的影响。^1H NMR 研究表明，取代苯丙炔与溴加成时，如果对位是甲氧基会发生顺式加成生成 Z 型二溴代烯烃；如果对位是三氟甲基，则发生反式加成生成 E 型二溴代产物[10]。

MeO, Br, Br $\xleftarrow[AcOH]{Br_2}$ X $\xrightarrow[AcOH]{Br_2}$ F_3C, Br, Br

X = OMe, CF_3

(4-14)

对于三氟甲基取代苯丙炔的溴加成结果比较好解释。反应经过三元环状溴正离子中间体，因此溴负离子从背面进攻，得到反式加成产物。

F_3C, Br–Br ⟶ F_3C, $Br^{\oplus}$, $Br^{\ominus}$ ⟶ F_3C, Br, Br

(4-15)

而甲氧基在溴化反应中会参与反应过程，生成一个三元碳环状中间体：

MeO, Br–Br ⟶ $Me\overset{\oplus}{O}$, $Br^{\ominus}$, Br ⟶ MeO, Br, Br

(4-16)

双卤加成反应合成 halomon[11]

halomon（**4.2**）是具有抗肿瘤活性的天然产物，结构如下：

Cl, Cl, Br, Br, Cl

4.2
halomon

以香芹烯为原料，与等物质的量的 Bu_4NBrCl_2 进行双卤加成生成化合物 **4.3**，再用 1.1 当量的 Bu_4NBrCl_2 进行双卤加成，结果得到 1,2-加成物 **4.4**（27%）和 **4.5**（44%），还得到少量 1,4-加成物 **4.6**（8%）。如果用 2.4 当量的 Bu_4NBrCl_2 对香芹烯进行一步加成反应也可以得到化合物 **4.4**（21%）、**4.5**（42%）和 **4.6**（9%）的混合物。DBU 存在下化合物 **4.4** 消除溴化氢得到化合物 **4.7**。由于其活性大幅度下降，因此最后一步溴氯加成要用过量的 Bu_4NBrCl_2 以保证其转化完全。当用 5.3 当量 Bu_4NBrCl_2 时，在低温下反应转化率可达 60%，以 42%的选择性得到目标化合物(±)-halomon（**4.2**）。

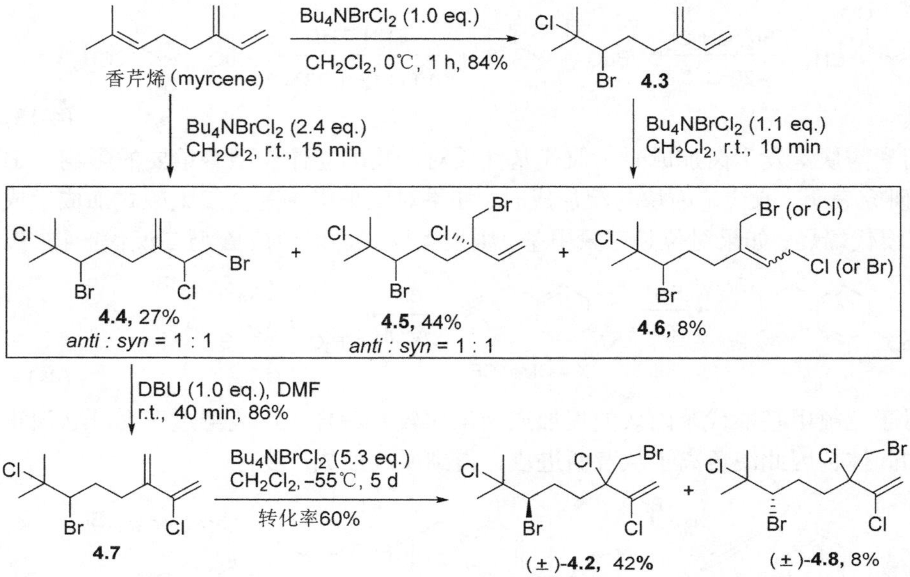

(4-17)

4.1.2 不饱和羧酸及其酯的卤内酯化反应

如果用烯酸代替烯烃进行卤加成反应，羧基会进攻卤桥碳原子生成相应的卤代内酯，这种反应叫卤内酯化反应（halogenolactonization）。第一个卤素引发的分子间环化反应就是卤内酯化反应，溴内酯化反应早在 19 世纪后期就开始研究了，碘内酯化反应也很快有人研究，过了约 20 年后才报道氯内酯化反应，而且研究较少；氟极少用于亲电环化反应[12, 13]。

反应条件对卤内酯化结果有很大影响，如 4-戊烯酸用液溴进行的溴内酯化反应，如果在中性有机溶剂中进行，则主要发生溴加成反应生成二溴戊酸（**4.9**）；而如果有碱存在，则会将羧基变成羧酸根负离子，羧氧负离子的亲核性比溴大，因此主要生成内酯（**4.10**）[14]。

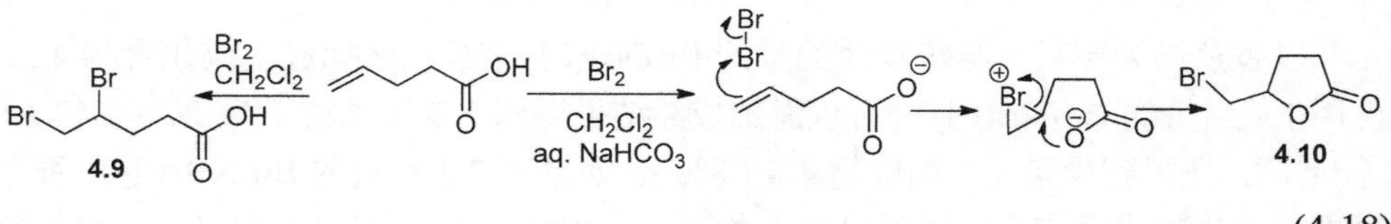

(4-18)

溴的反应活性仅比碘弱，生成的溴化产物比碘化物稳定，但是对于卤内酯化反应来说碘最为常用，生成的碘内酯是重要的中间体[15]，用甲醇钠的甲醇溶液进行处理时发生开环甲醇解得到相应的甲酯，碘也被甲氧基取代。

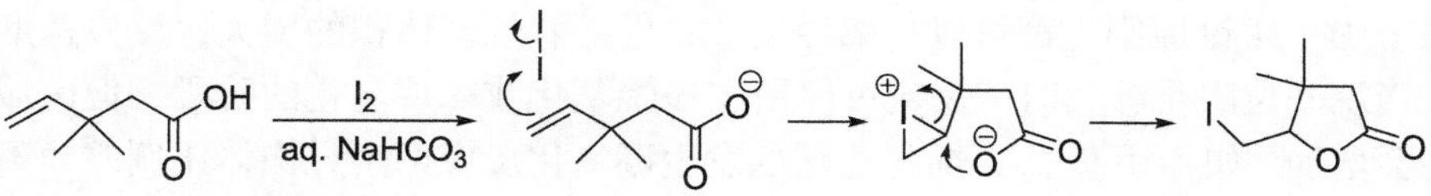

(4-19)

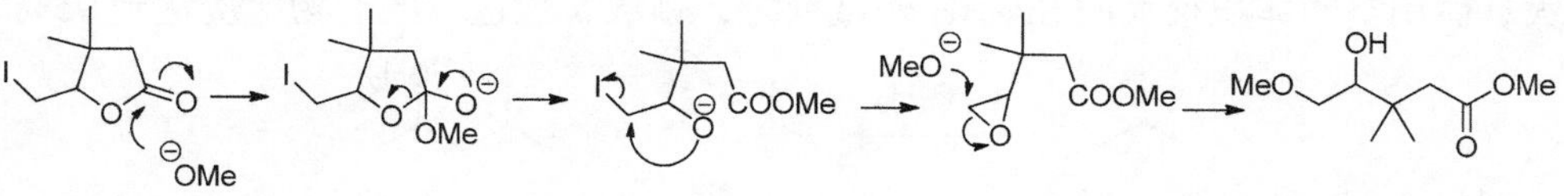

(4-20)

N-卤代琥珀酰亚胺也是常用的卤内酯化试剂。例如，分子筛催化下 NBS 与 4-戊烯酸作用可以得到理论产率的溴内酯化产物 **4.10**[16]。含硫内鎓盐也可用于催化这种反应，如化合物 **4.11** 可有效催化含醚键的烯酸 **4.12** 的溴内酯化反应，得到七元环内酯 **4.13**[17]。

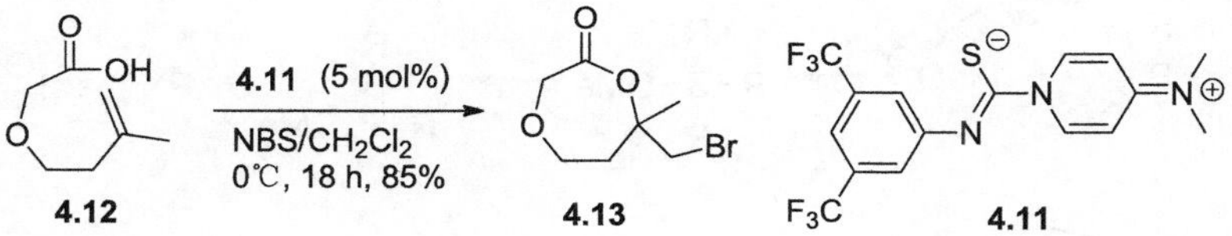

(4-21)

4.1.3 不饱和烃的硼氢化卤解反应

1. 烯烃的硼氢化卤解反应

在卤素或其衍生物存在下烯烃与硼烷反应可以生成卤代烃，其结果相当于卤化氢对烯烃的加成，也可看作是烯烃的间接卤加成。烯烃的硼氢化卤解反应由硼氢化和卤解反应两步构成。常用硼氢化试剂有乙硼烷（B_2H_6）、BH_3-THF、BH_3-Me_2S 及部分烷基取代的硼烷等。反应按协同机理进行，经由四中心过渡态。硼氢化反应一般可在室温下进行，遵循反 Markovnikov 规则。例如，以下烯烃用乙硼烷进行硼氢化时硼进攻各碳的比例如图 4.2 所示。

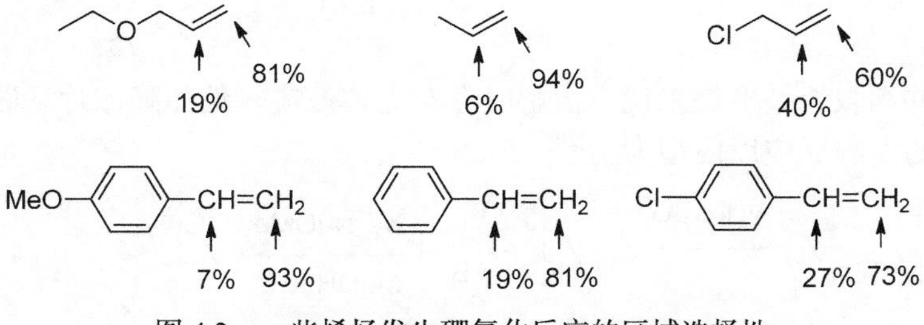

图 4.2 一些烯烃发生硼氢化反应的区域选择性

每个 B—H 键原则上都可以与烯烃反应，但随着烷基体积的增大，反应速度减慢，当烷基位阻足够大时，反应可停留在一烷基化或二烷基化的阶段，但区域选择性会增加。如 4-甲基戊-2-烯与乙硼烷发生硼氢化反应两个异构体比例差异不大；而用空间体积很大的 Sia_2BH 作试剂时，硼从 5-位进攻的产物比例达到 95%。

B_2H_6　BH_2　BH_2　43%　57%

(4-22)

Sia_2BH　$BSia_2$　$BSia_2$　5%　95%

(4-23)

第二步反应是硼烷在碱催化下发生卤解反应，其反应机理如下：

$$R_3B + MeO^{\ominus} \longrightarrow R_3B^{\ominus}\text{—OMe} \xrightarrow{I—I} R_2B\text{—OMe} + R\text{—I} + I^{\ominus}$$

(4-24)

$$R_2B\text{—OMe} + MeO^{\ominus} \longrightarrow R_2B^{\ominus}(OMe)_2 \xrightarrow{I—I} RB(OMe)_2 + R\text{—I} + I^{\ominus}$$

(4-25)

$$RB(OMe)_2 + MeO^{\ominus} \longrightarrow RB^{\ominus}(OMe)_3 \xrightarrow{I—I} B(OMe)_3 + R\text{—I} + I^{\ominus}$$

(4-26)

例如 4-戊烯醇苯甲酸酯的硼氢化卤解反应[18, 19]。

BH_3　ICl　88%　$BrCl$　70%

(4-27)

对于仲和叔烷基硼烷来说，卤解时存在立体效应。例如降冰片烯硼烷在甲醇钠催化下的卤解反应以内型为主[20]。

THF·BH_3　X_2, NaOMe / MeOH, 0℃

X = I, *endo* : *exo* = 4:1

X = Br, *endo* : *exo* = 3:1

(4-28)

手性硼烷的卤解反应主要得到构型翻转的卤代产物：

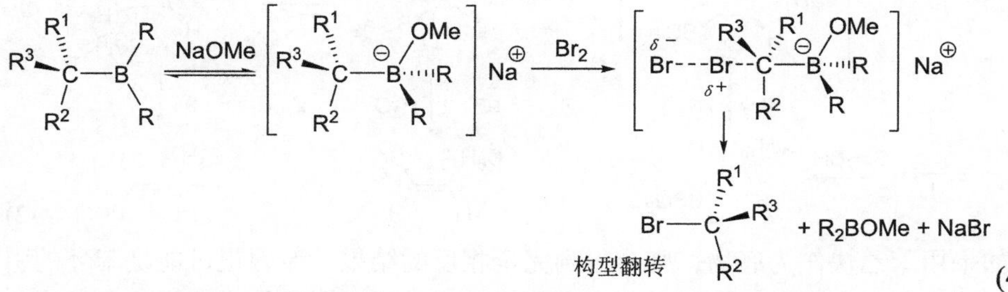

构型翻转

(4-29)

例如，S 构型的仲丁硼烷 **4.14** 在醋酸钠催化下与氯化碘发生卤解生成(R)-2-碘丁烷[18]。

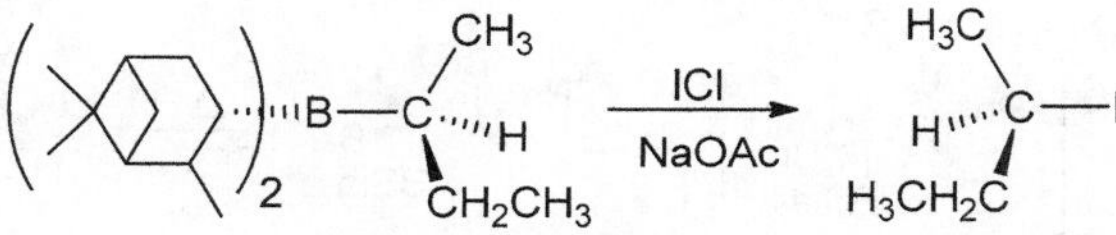

4.14 光学纯度92%　　光学纯度87%

(4-30)

硼氢化卤解反应合成美洲冷杉合毒蛾性信息素（4.15）[21]

美洲冷杉合毒蛾性信息素的结构如下：

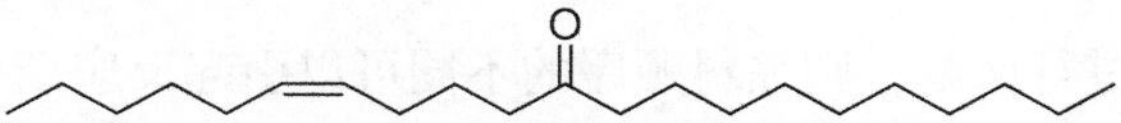

4.15

以癸烯炔为原料，第一步反应就是烯键的硼氢化碘解反应，然后经过格氏反应、氧化和还原反应得到目标产物。

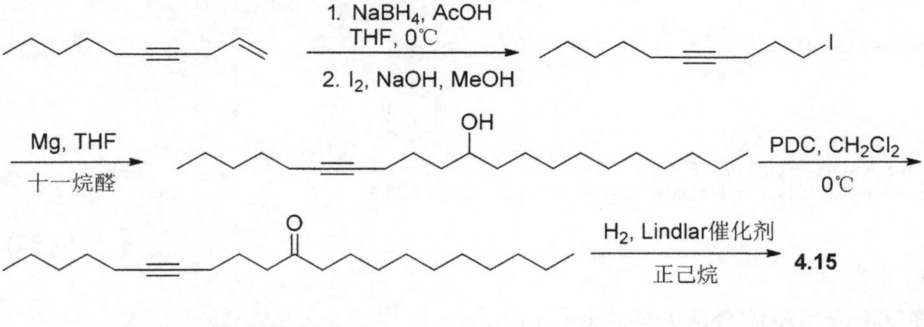

(4-31)

2. 炔烃的硼氢化卤解反应

炔烃的硼氢化卤解反应可以合成卤代烯烃，顺反两种异构体比例与炔基两端取代基的性质有关。以 1-辛炔的硼氢化溴解为例，溴与炔烃的硼氢化产物烯基硼烷加成，经过一个三元环状的溴鎓离子机理得到反式加成的产物。这种产物在水相中进行反式消除得到 Z 型溴代烯烃。如果在加热条件下消除，得到 E 型产物。

$Br^{\ominus}$　C_6H_{13}　H　H　Br　$BSia_2$　$\oplus$
C_6H_{13}　Br　H　H　$BSia_2$　Br
△
C_6H_{13}　Br　Br　H　H　$BSia_2$
Br_2
68%
$Z:E = 98:2$　H_2O
50%
$Z:E = 6:94$　△
C_6H_{13}—≡—H　Sia_2BH　C_6H_{13}　H　H　$BSia_2$
C_6H_{13}　Br　H　H
C_6H_{13}　H　H　Br

(4-32)

如果用苯乙炔作为底物，则会得到完全相反的结果。原因很可能是苯环的引入使得溴加成反应的机理更倾向于碳正离子历程，得到顺式加成产物，最后按相同的机理消除得到相应的 *E* 型溴代烯烃。

$Br^{\ominus}$　Ph　$\oplus$　H　Br　H　$BSia_2$
Ph　Br　H　Br　H　$BSia_2$
△
Ph　Br　Br　H　H　$BSia_2$
Br_2　H_2O　△
Sia_2BH　Ph　H　H　$BSia_2$
Ph　H　H　Br
E
Ph　Br　H　H
Z

水解：88%，$Z:E = 4:96$
热解：78%，$Z:E = 82:18$

(4-33)

如果用烯基硼酸进行卤解，则加料顺序的不同可以引起反应结果非常大的差异。同样以 1-辛炔的硼氢化溴解为例。如果溴和碱同时加入，则 *Z* 型和 *E* 型产物比例为 65∶35；如果先进行溴化，然后再加碱消除硼酸，几乎仅有 *Z* 型产物生成[22]。

C_6H_{13}—≡—H　+　B—H
C_6H_{13}　H　H　B—O　O
H_2O
C_6H_{13}　H　H　$B(OH)_2$

(1) Br_2, aq. NaOH: ~50%, $Z:E = 65:35$
(2) a. Br_2, CH_2Cl_2, Et_2O; b. NaOMe, MeOH: 99%, $Z:E = >99:1$

C_6H_{13}　Br　H　H　+　C_6H_{13}　H　H　Br
Z　*E*

(4-34)

炔的硼氢化卤解反应合成天然产物(+)-diplyne C[23]

Br　OH　OH
(+)-diplyne C
4.16

先将端二炔 **4.18** 用儿茶酚硼烷（**4.17**）进行硼氢化反应并水解生成单或双烯

基硼酸 **4.19** 和 **4.20**，然后用醋酸汞进行汞化生成化合物 **4.21** 和 **4.22**，用溴在吡啶存在时进行溴解得到相应的溴代烯烃 **4.23** 和 **4.24**。

4.18 → 1. **4.17**, 70℃, THF; 2. H_2O, 92% → **4.19** + **4.20** → $Hg(OAc)_2$, THF, −30℃, 1 h

4.21 (HgOAc) + **4.22** (AcOHg, HgOAc) → Br_2, Py, −30℃, 1 h → **4.23** (Br) + **4.24** (Br, Br)

(4-35)

分离出的单溴代化合物 **4.23** 与化合物 **4.25** 进行 Cadiot-Chodkiewicz 偶联反应得到二炔化合物 **4.26**，最后在酸性条件下脱去丙酮叉得到(+)-diplyne C。

4.23 → Br **4.25**, MeOH, $EtNH_2$, H_2O, CuCl, NH_2OH HCl, 30~40℃, 45% → **4.26** → *p*-TsOH, MeOH, 50℃, 24 h, 92% → (+)-diplyne C

(4-36)

4.1.4 杂原子张力环的加成开环卤化反应

杂原子张力环的加成开环卤化反应为亲核反应，可用金属卤盐和卤化氢等作为亲核试剂，是酸催化反应机理。以氢卤酸为进攻试剂的反应按 S_N2 历程进行：

$$\text{R-ring(Y)}(\ )_n + HX \longrightarrow \text{R-ring}(\overset{\oplus}{Y}H, \delta^+)(\ )_n + X^{\ominus} \longrightarrow R\text{-CH(YH)}(\ )_n CH_2X$$

Y = O, NH; X = F, Cl, Br, I; n = 0, 1, 2, 3 (4-37)

例如环氧乙烷和吖丙啶的开环加成生成相应的溴乙醇[24]和溴乙胺[25]。

环氧乙烷 + HBr ⟶ $BrCH_2CH_2OH$ (4-38)

吖丙啶 + HBr ⟶ $BrCH_2CH_2NH_2$ (4-39)

N-对甲苯磺酰基双环吖丙啶的开环卤化可以在氢卤酸水溶液中进行[26]。

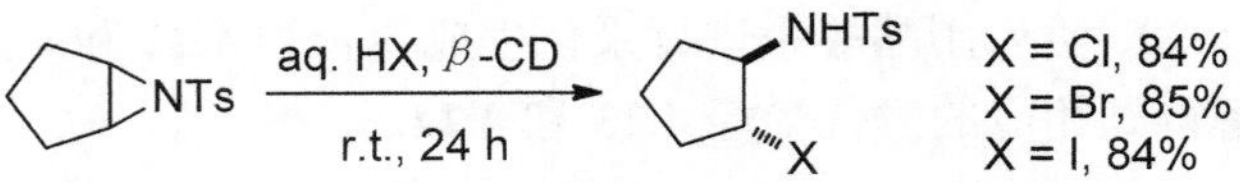

X = Cl, 84%
X = Br, 85%
X = I, 84%

(4-40)

以金属卤化物为加成试剂时，金属卤化物同时还可作为 Lewis 酸催化剂。例如卤化铟[27]和卤化锂[28]用于三元杂环的开环加成得到反式产物，说明反应是按 S_N2 机理进行的。

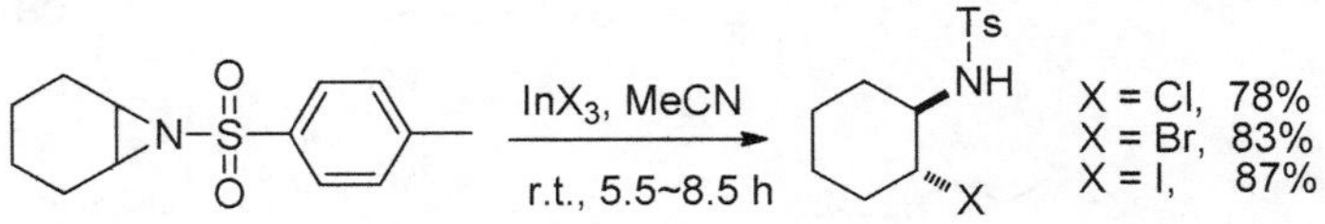

X = Cl, 78%
X = Br, 83%
X = I, 87%

(4-41)

X = Br, 91%
X = I, 93%
X = Cl, 89%

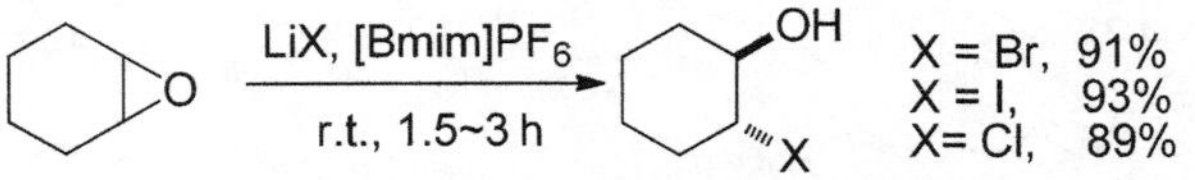

(4-42)

Lewis 酸性较强的卤化硼及其类似物在很多场合是一种有效的开环卤化剂，尤其在开环溴化反应中应用广泛。例如 BBr_3 甚至可以在室温以下与稳定的六元氧杂环发生加成开环，生成相应的溴代醇硼酸酯如用醇分解则得到溴代醇，如加入氧化剂则可以得到溴代醛[29]。

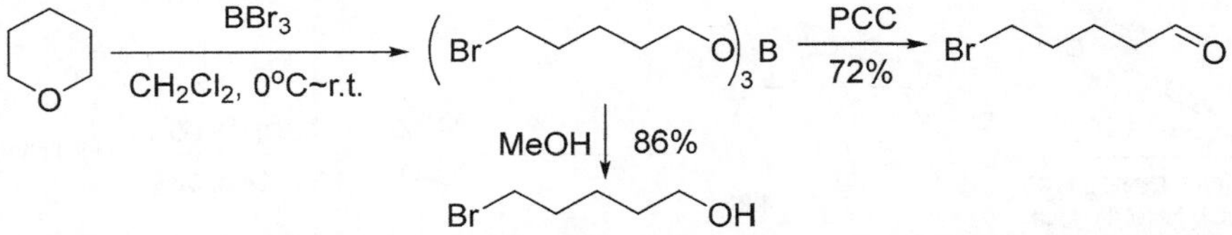

(4-43)

当化合物中同时具有环醚键和链状醚键时，二甲基溴化硼可以选择性地断开环醚键而不影响链状醚键[30]。

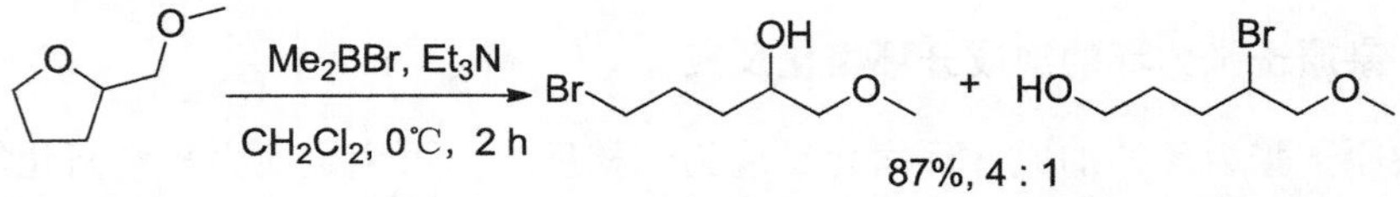

(4-44)

内酯也可以在卤化剂作用下发生加成开环生成相应的卤代酸[31,32]。

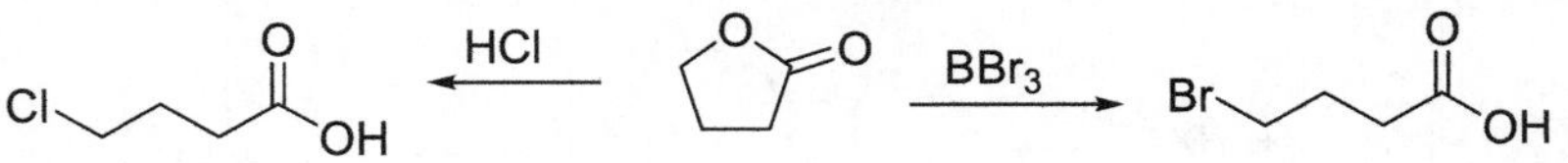

(4-45)

4.2 芳环、苄位、烯丙位和羰基α位的卤取代反应

4.2.1 芳环上的卤取代反应

1. 取代氢的亲电卤化反应

亲电卤化反应中单质卤是最为常用的卤化剂。反应通常需要金属 Lewis 酸作

催化剂使卤素分子发生极化并使之离解成亲电的卤正离子，卤负离子则与催化剂形成络合负离子，由卤正离子对芳环发生亲电进攻，生成 Wheland 中间体，然后质子离去得到环上取代的卤化物。例如以 $FeCl_3$ 为催化剂用氯气对苯进行氯化为例，反应机理如下：

$$Cl_2 + FeCl_3 \longrightarrow \overset{\oplus}{Cl}\ FeCl_4^{\ominus} \xrightarrow{\text{苯}} \left[\text{H, Cl-环己二烯正离子}\right] FeCl_4^{\ominus} \longrightarrow \text{氯苯} + HCl + FeCl_3 \tag{4-46}$$

例如，$FeCl_3$ 为催化剂的氯化反应可用于合成药物中间体间氯三氟甲苯[33]。

$$\text{三氟甲苯} \xrightarrow[20^{\circ}C,\ 10\ h,\ 79\%]{Cl_2,\ FeCl_3} \text{间氯三氟甲苯} \tag{4-47}$$

从应用角度出发，进行溴化时，直接在液溴中加入铁粉的方法更为适用。铁粉可以与溴原位反应生成溴化亚铁，可以催化硝基苯的溴化反应。

$$\text{硝基苯} \xrightarrow[135\sim145℃,\ 74\%]{Br_2,\ Fe\text{粉}} \text{间溴硝基苯} \tag{4-48}$$

次卤酸也可以作为卤正离子来源，其活性比单质卤活性低，可加酸提高其活性。在酸作用下次卤酸被质子化，脱去一分子水生成卤正离子，然后对芳环进行亲电取代反应得到相应的卤代芳烃。用次氯酸为氯化剂的一大好处是反应可以在水相中进行。

$$HOCl + H^{\oplus} \underset{}{\overset{\text{快}}{\rightleftharpoons}} H_2OCl^{\oplus} \overset{-H_2O}{\rightleftharpoons} Cl^{\oplus} \overset{ArH}{\rightleftharpoons} \left[Ar\langle^{H}_{Cl}\right]^{\oplus} \xrightarrow{-H^{\oplus}} ArCl \tag{4-49}$$

POX_3（X = Cl, Br）可用于 *N*-氧化吡啶类化合物的脱氧卤化反应，卤原子引入到芳环的2位或4位上，机理如下：

$$\text{吡啶-}N\text{-氧化物} + POX_3\ (X = Cl, Br) \longrightarrow \text{N-O-}POX_2\ \text{吡啶鎓} + X^{\ominus} \longrightarrow \text{2-X 或 4-X 加成中间体} \longrightarrow \text{2-X-吡啶 或 4-X-吡啶} + HO\text{-}POX_2 \tag{4-50}$$

例如抗结核药丙硫异烟胺中间体 2-丙基-4-氯吡啶的合成[34]。

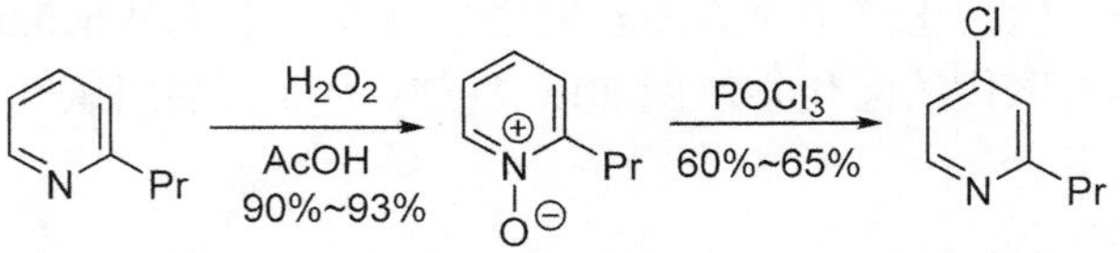

N Pr → (H_2O_2, AcOH, 90%~93%) → N⊕ O⊖ Pr → ($POCl_3$, 60%~65%) → Cl, N Pr

(4-51)

N-氧化烟酸用三氯氧磷处理可以得到 2-氯代烟酸，然后与间三氟甲基苯胺进行缩合得到止痛药尼氟酸(nifluminic acid）[35]。

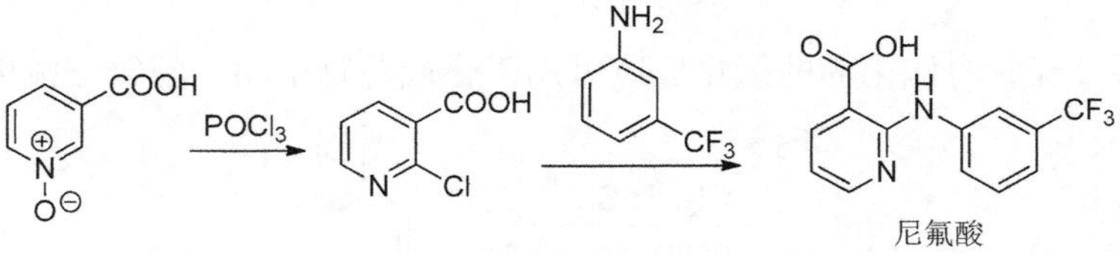

COOH, N⊕ O⊖ → ($POCl_3$) → COOH, N Cl → (NH_2, CF_3) → O OH, H N, N, CF_3

尼氟酸

(4-52)

含强给电子基团的芳烃有时无需加催化剂就可与单质卤发生卤化反应，如苯酚的氯化。

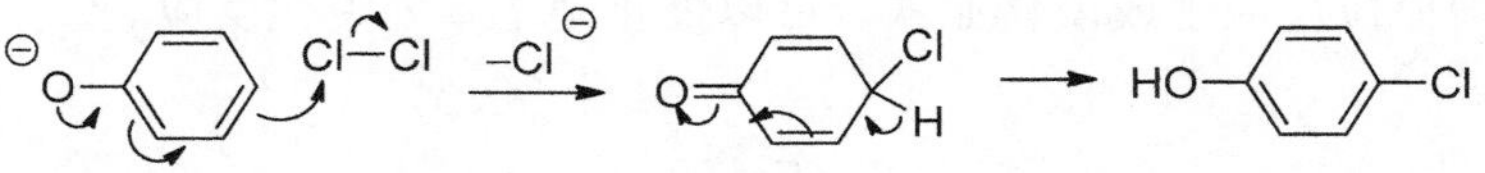

⊖O, Cl—Cl → (−Cl⊖) → O, Cl, H → HO—Cl

(4-53)

苯胺比相应的苯酚和苯氧负离子更易与亲电试剂反应，因为氮原子电负性比氧小，孤对电子能量高，因此更易与π系统相互作用，从而能更大地提高芳环的负电荷密度。例如，苯胺在乙酸中会快速剧烈地与溴反应生成 2,4,6-三溴苯胺。机理与苯酚氯化相似，以第一步对位进攻的溴化反应为例，其机理如式（4-55）所示。

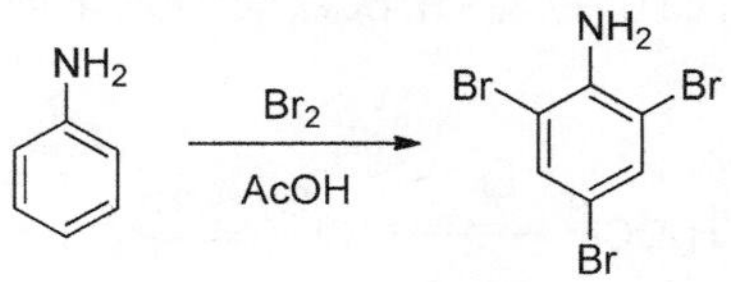

NH_2 → (Br_2, AcOH) → NH_2, Br, Br, Br

(4-54)

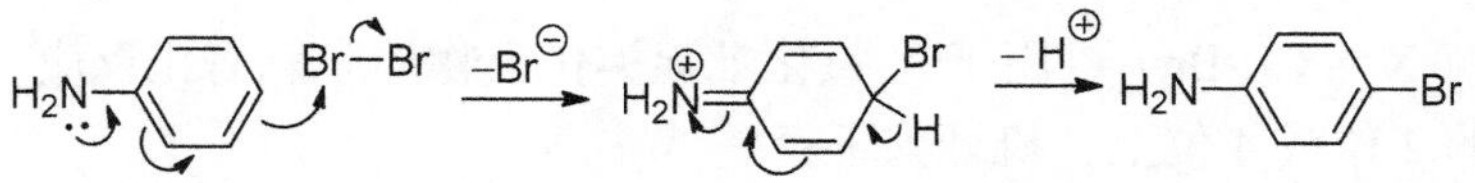

H_2N, Br—Br → (−Br⊖) → H_2N⊕, Br, H → (− H⊕) → H_2N—Br

(4-55)

^{1}H NMR 表明，以苯为参照，苯胺芳环氢的化学位移比苯酚向高场移动更多，这表明苯胺芳环上电子云密度比苯酚大，也可以看出邻位比对位电子密度更大，但受到空间位阻的影响，第一步卤化区域选择性还是以对位为主。以苯的一溴化为基准，甲苯溴化反应速率大约是苯的 4000 倍；苯甲醚和 *N,N*-二甲基苯胺反应速率都比苯大很多，*N,N*-二甲基苯胺又比苯甲醚大五个数量级，如图 4.3 所示。

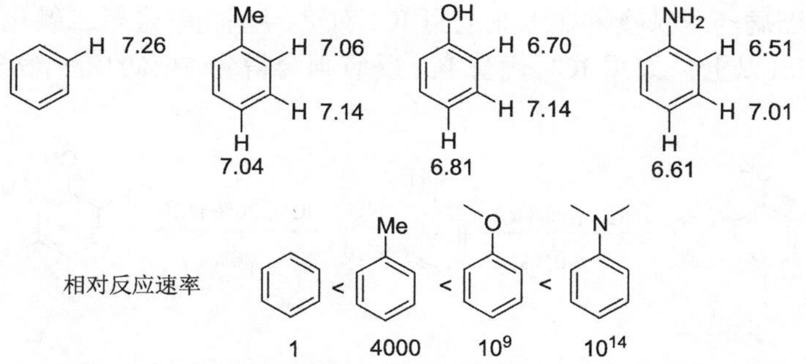

图 4.3 芳环上氢的化学位移和不同芳烃溴化的相对速率

即使在非极性的二硫化碳中低于 5℃的条件下反应，苯酚的主要产物是对溴苯酚，而苯胺的反应产物也是2,4,6-三溴苯胺。为了得到一溴苯胺，可以在氨基上引入一个吸电子基团。比较方便和常用的方法是进行酰化，如用醋酐进行酰化生成乙酰苯胺后反应活性就会大大下降，即使在常温下反应，也主要得到对溴乙酰苯胺，然后在酸性条件下水解就可以得到对溴苯胺。

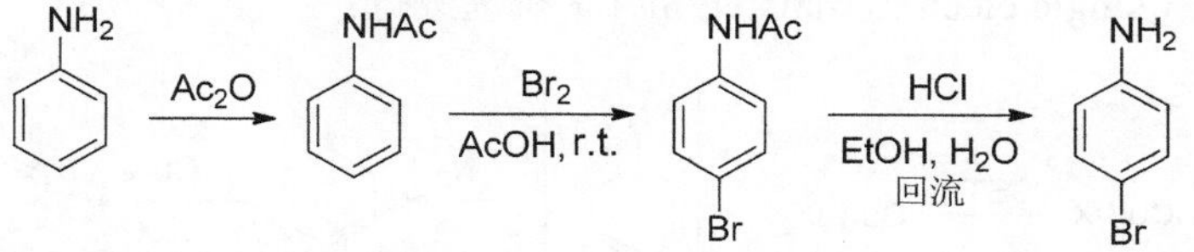

(4-56)

卤素负离子在过氧化物等氧化剂存在下可以被氧化成正离子，从而可以对芳环进行亲电卤化反应。例如，对氯苯甲醚的合成就可用 KCl 为氯离子源，用过硫酸氢钾将其原位氧化成氯正离子参与反应[36]。

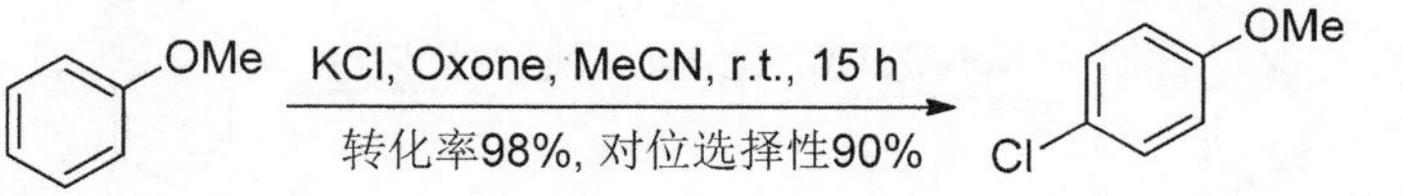

(4-57)

碘化与氯化和溴化反应不同，由于 C—I 键平均键能在 C—X 键中最小（162.0 kJ/mol），同时生成的碘化氢具有很强的还原性，有时甚至可以把生成的碘化物再还原为底物。因此碘化反应通常都具有可逆性，生成产物更接近于热力学控制。所以为了避免可逆反应发生，通常加入氧化剂使生成的碘化氢被氧化成单质碘再参加反应。常用的氧化剂有硝酸、碘酸、过氧化氢、三氧化硫等。例如苯甲醚的碘化反应，可在氧气存在条件下用杂多酸催化进行，对碘苯甲醚的产率可达 98%[37]。

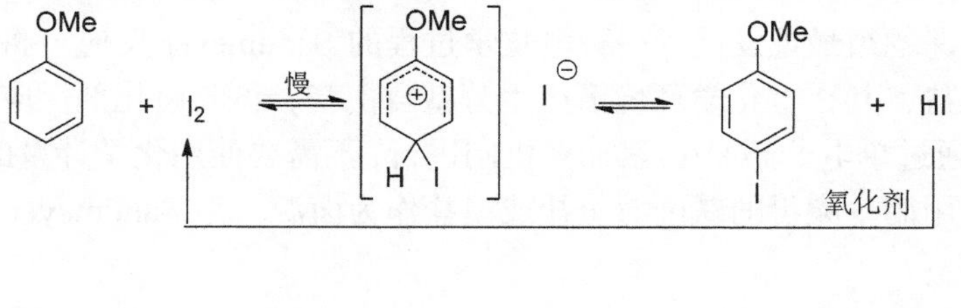

(4-58)

抗阿米巴病药双碘喹啉在工业上用 ICl 对 8-羟基喹啉进行二碘化反应制备，产率达到 81%以上；如用 ICl_3 代替 ICl 反应则会得到 76%的混合卤化产物氯碘喹啉[34]。

$$\text{5,7-二碘-8-羟基喹啉} \xleftarrow[> 81\%]{ICl,\ 10\%\ HCl} \text{8-羟基喹啉} \xrightarrow[76\%]{ICl_3,\ 20\%\ HCl} \text{5-氯-7-碘-8-羟基喹啉} \tag{4-59}$$

2. 取代氨基的重氮化-卤化反应

先将氨基重氮化，然后在卤化亚铜存在下脱氮生成卤代物的反应称作重氮化-卤化反应，是高选择性制备卤代物特别是芳烃卤代物的经典方法。Sandmeyer 反应和 Gattermann 反应是常见的重氮化-卤化反应，而重氮化-氟化反应将在 4.4.3 小节中叙述。

Sandmeyer 反应常用卤化亚铜为氧化还原型自由基催化剂，反应可能按以下单电子转移（single electron transfer, SET）机理进行：

$$PhN_2^{\oplus}X^{\ominus} + Cu(I)X \xrightarrow{SET} Cu(II)X_2 + [PhN{\equiv}N]^{\bullet} \xrightarrow{-N_2} Ph^{\bullet} \xrightarrow[-CuX]{+\ CuX_2} PhX \tag{4-60}$$

例如，重要药物中间体邻氯甲苯的一种重要的工业化合成就采用了 Sandmeyer 反应[38]。

$$\text{2-}CH_3C_6H_4NH_2 \xrightarrow{NaNO_2,HCl} \text{2-}CH_3C_6H_4N_2Cl \xrightarrow[\sim 70\%]{Cu_2Cl_2} \text{2-}CH_3C_6H_4Cl \tag{4-61}$$

Gattermann 反应用新制的铜粉和 HX 来进行卤化，机理与 Sandmeyer 反应类似，因为铜粉和 HX 反应可以生成卤化亚铜，此法同样适用于氰基化和重氮化-硝化。本法优点是操作比较简单，反应可在较低温度下进行，缺点是其产率一般较 Sandmeyer 反应低，而且如果芳环上有强吸电子基团，则会发生芳环的偶联反应。

$$Ar{-}N_2X + HX(浓) \xrightarrow[\sim 50^{\circ}C,\ 40\%\sim 50\%]{Cu粉} Ar{-}X \quad X = Cl, Br, CN, NO_2 \tag{4-62}$$

莫凡洋课题组最近发展了一种电化学过程的 Sandmeyer 反应。将芳胺转化为重氮氟硼酸盐，其在电化学环境下产生芳基自由基，再与卤化剂反应生成卤代芳烃。该反应通过单电子还原/卤素捕获机制进行，不需要使用化学计量的亚铜试剂，并且可以应用简单廉价的碱金属氯盐或溴盐作为卤源，为 Sandmeyer 反应提供了更绿色环保、可持续性的替代方案。该反应条件温和，能与许多种类的官能团兼容，同时可以直接用芳香胺作为起始原料进行原位重氮化-电化学卤化反应，进一步扩大了这种方法的实用性[39]。

$$4\text{-}NC\text{-}C_6H_4N_2BF_4 + [X] \xrightarrow[\substack{100\ mA,\ Bu_4NClO_4 \\ MeOH,\ DMF,\ 20^\circ C,\ 10\ h}]{\substack{(-)\text{石墨电极},\ (+)\text{铂电极} \\ J=2.78\ mA/cm^2(\text{阴极})}} [4\text{-}NC\text{-}C_6H_4\cdot] \longrightarrow 4\text{-}NC\text{-}C_6H_4X \quad \begin{matrix}[X]=NBS,\ X=Br,\ 76\% \\ [X]=CH_2I_2,\ X=I,\ 80\%\end{matrix} \tag{4-63}$$

3. 取代吸电子基团的亲电卤化反应

芳香族卤化物还可以通过取代已有的吸电子基团如硝基和磺酸基等来实现。例如2,4-二氯氟苯就可以通过2,4-二硝基氟苯用氯气在高温（如220℃）条件下进行氯化得到[40]。

$$2,4\text{-}(NO_2)_2C_6H_3F \xrightarrow{Cl_2} 2,4\text{-}Cl_2C_6H_3F \tag{4-64}$$

反应经过自由基历程：

$$Cl_2 \longrightarrow 2Cl\cdot$$

$$ArNO_2 + Cl\cdot \longrightarrow ArCl + NO_2\cdot$$

$$NO_2\cdot + Cl_2 \longrightarrow NO_2Cl + Cl\cdot$$

二氯亚砜在高温（180~200℃）下也可将间硝基苯磺酸中的硝基和磺酸基都取代为氯。

$$3\text{-}O_2N\text{-}C_6H_4SO_3H \xrightarrow{SOCl_2} 1,3\text{-}Cl_2C_6H_4 \tag{4-65}$$

4. 卤素交换反应

有机卤化物与无机卤化物之间进行的卤原子交换反应又称为Finkelstein卤素交换反应，卤素交换反应主要经过S_N2反应历程，被交换的卤素离去性越大，反应越容易，不过叔卤代物的卤素交换反应时形成的碳正离子容易发生消除反应。

利用卤素交换反应可以将易得的氯或溴代烃转变成相应的碘代烃或氟代烃，是合成一些不易得的卤化物的有效方法。其中卤素交换氟化反应在4.4.3小节中进行讨论，这里简要叙述其他一些卤素交换反应。

卤素阴离子的离去倾向是碘>溴>氯，而亲核性也是碘>溴>氯，这是相互矛盾的。氯原子可以被溴和碘取代，但溴和碘通常不能被氯原子取代。而溴和碘却能在不同条件下实现互换，不过这种交换反应很难进行彻底。为了使交换反应顺利进行，通常需要大过量的进攻试剂。卤素交换反应中，为了使反应顺利进行，往往要加入极性溶剂，最好是对相应的无机卤化物有较大的溶解度，而对生成的无机卤化物溶解度很小或几乎不溶解。常用的溶剂有 DMF、丙酮、甲醇或水等。例如 2,4-二硝基氯苯与 NaI 的氯-碘交换反应[41]：

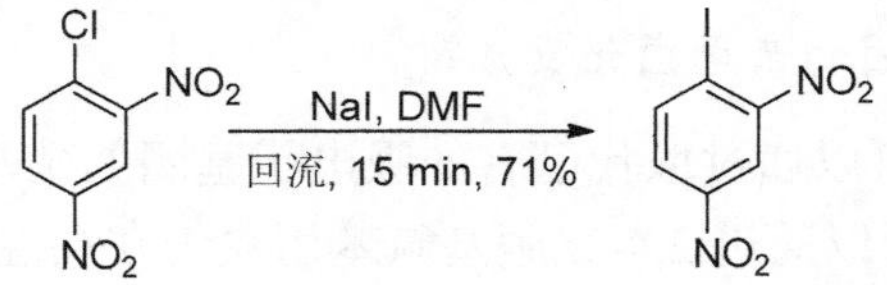

NaI, DMF
回流, 15 min, 71%

(4-66)

眼病用药安妥碘的中间体 1,3-二碘-2-丙醇可以通过两种方法合成：第一种是以环氧氯丙烷在 KI 和 HCl 中的卤素交换和开环碘化[34]；第二种是 1,3-二氯-2-丙醇与 NaI 的碘氯交换 [42]。

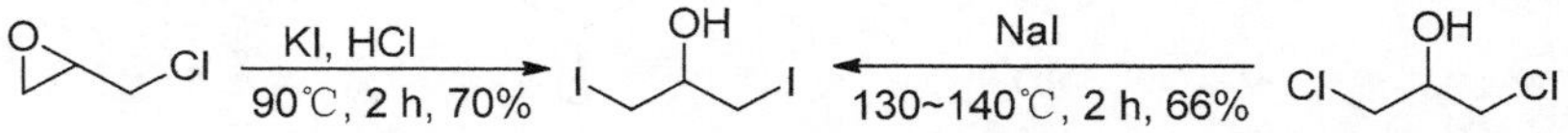

KI, HCl　90℃, 2 h, 70%　　NaI　130~140℃, 2 h, 66%

(4-67)

不活泼的芳溴的碘化反应可以通过丁基锂和碘内酯来实现，反应先生成芳基锂，再夺取碘内酯的碘原子实现碘-溴交换[43]。

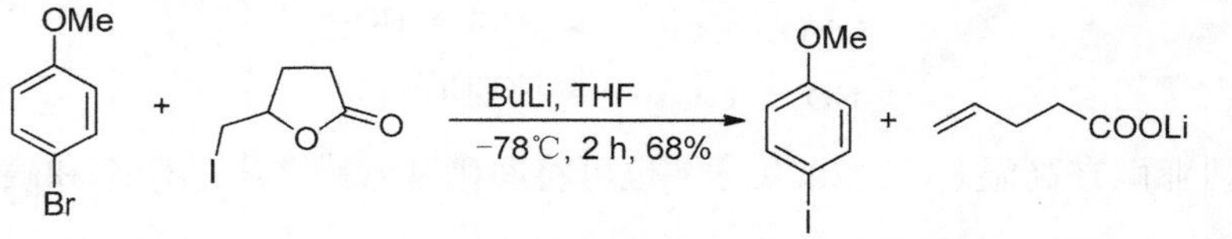

BuLi, THF
−78℃, 2 h, 68%

(4-68)

在含氯或溴的强 Lewis 酸作用下，碘也可以被氯或溴原子取代，如叔丁基碘与 $BiCl_3$ 或 $BiBr_3$ 反应可以定量地实现卤素交换，得到相应的叔丁基氯和叔丁基溴[44]。

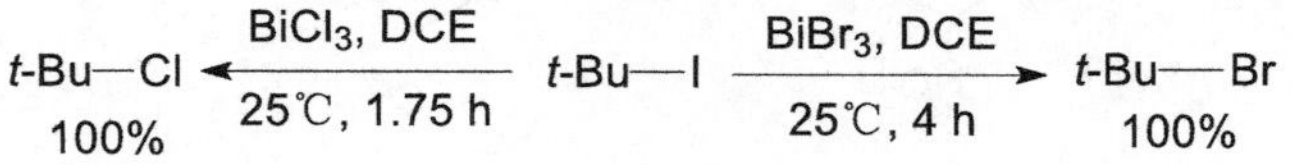

t-Bu—Cl (100%) ← [$BiCl_3$, DCE, 25℃, 1.75 h] — *t*-Bu—I — [$BiBr_3$, DCE, 25℃, 4 h] → *t*-Bu—Br (100%)

(4-69)

5. 金属催化的芳环 C—H 键活化卤化反应

近年来科学家们采用导向官能团通过与金属形成配位的方式对芳环 C—H 键进行活化，可以实现高区域选择性的芳烃卤化。NXS 和二价钯是最常用的卤源和催化剂。导向基团中通常含有可配位的氮原子和氧原子[45]。反应机理如图 4.4 所示。

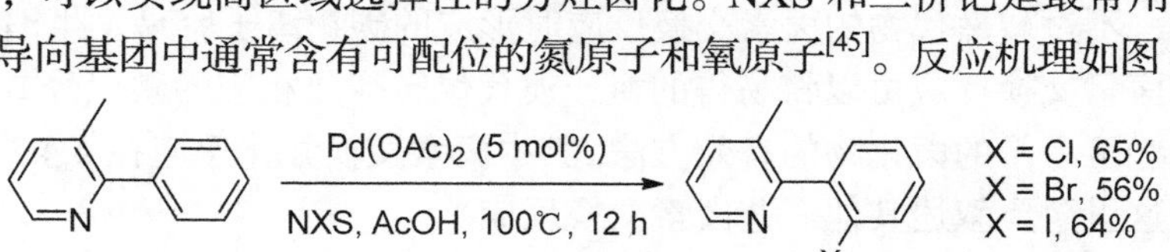

$Pd(OAc)_2$ (5 mol%)
NXS, AcOH, 100℃, 12 h

X = Cl, 65%
X = Br, 56%
X = I, 64%

(4-70)

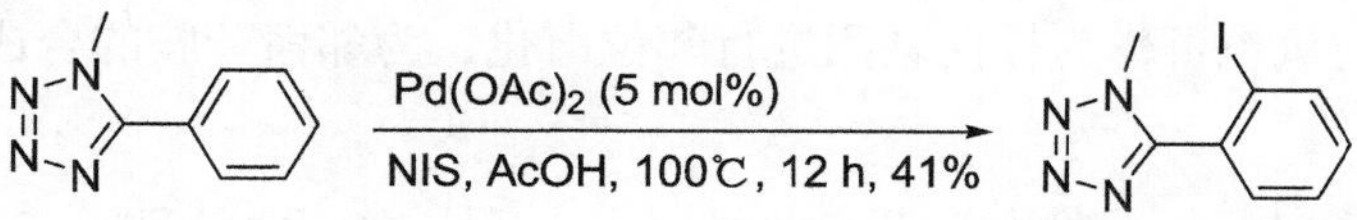

(4-71)

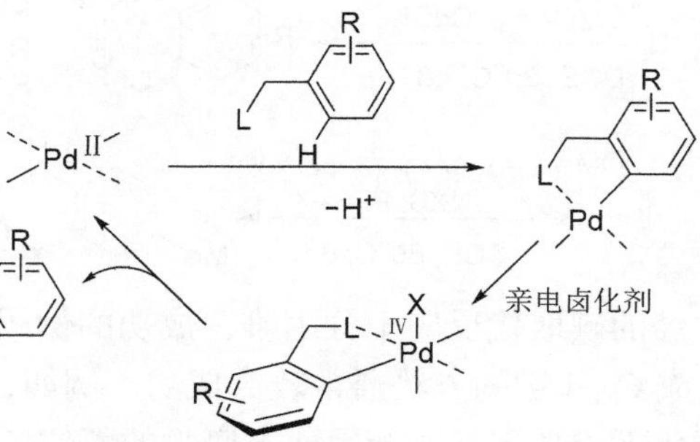

图 4.4 导向基团诱导的钯催化 C—H 键活化卤化反应

间位取代的芳烃存在两个邻位氢，通常位阻更小的位置发生卤化反应的选择性更高，无论是吸电子还是给电子基团都是如此。但是，如果两个取代基都可和金属形成配位，则往往是在二者之间的碳原子上进行卤化。例如，化合物 **4.27** 是在位阻最大的 2 位发生氯化，高选择性（>20：1）生成产物 **4.28**，可能是酰胺和肟的协同络合作用的结果[46]。

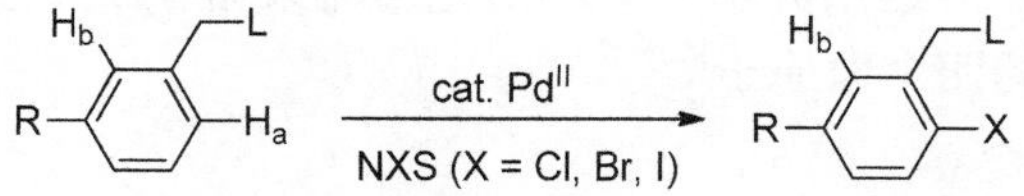

(4-72)

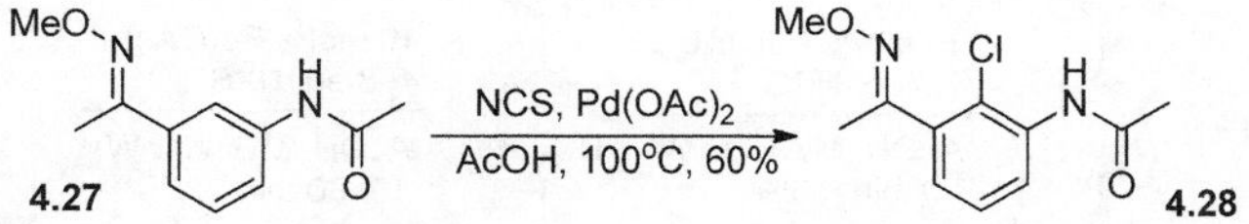

(4-73)

通常联芳烃中某一芳环 2 位有氮原子，可作为钯配体，结果可以活化另一芳环 2 位的 C—H 键；这类化合物如果不加钯，则往往根据电子效应卤化富电子的芳环，而且区域选择性也由取代基性质决定[46]。

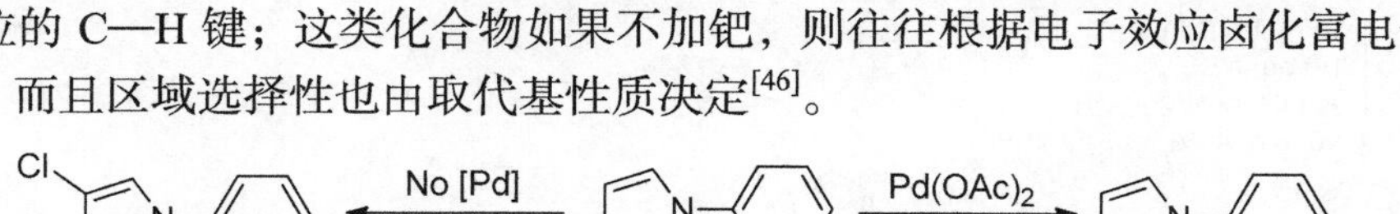

(4-74)

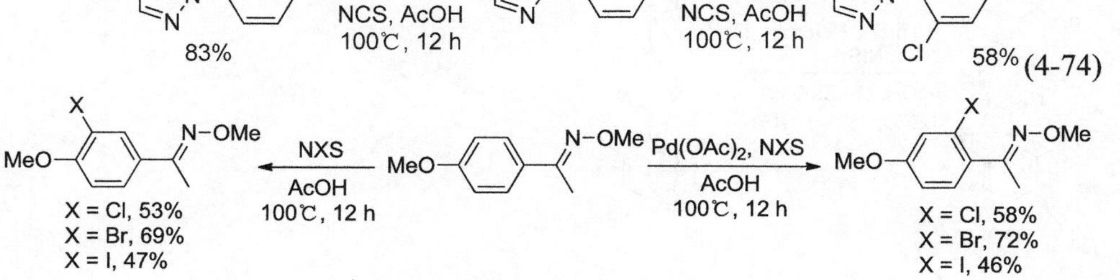

(4-75)

酰胺中的氧也可作为导向基团进行邻位卤化，为邻卤芳胺的合成提供了一种新的方法[47, 48]。

Pd(OAc)$_2$ (10 mol%)
Cu(OAc)$_2$, CuCl$_2$
DCE, 90°C, 48 h

R = H, 80%
R = 4-Cl, 27%
R = 4-Me-3-MeO, 93%
R = 3,4,5-(MeO)$_3$, 66% (4-76)

Pd(OAc)$_2$ (5 mol%)
NXS, PTSA
DCE, 60°C, 6 h

X = Cl, 84%
X= Br ,88%
X = I, 89% (4-77)

单质碘对芳香烃的碘取代反应十分困难，成功的例子不多。但是金属催化的通过 C—H 活化形成 C—I 键的方法通常较为成功。例如，余金权等用 IOAc 作氧化剂，在二价钯催化下成功实现了苯甲酸类底物的邻位 C—H 键活化碘化。加入 Bu_4NI 不仅可以在不加碱的情况下推动 C—H 键的碘化，而且可以显著地提高单双取代的比例[49]。

Pd(OAc)$_2$ (5 mol%)
IOAc (2 eq.), TBAI (1 eq.)
DMF, 100°C,75%

mono : di = 15 : 1 (4-78)

Roger 和 Hierso 等运用分步 C—H 活化卤化策略在二苯基四嗪的四个邻位上引入了相同或不同的四个卤原子[50]。

10 mol% Pd(OAc)$_2$
1.0 eq. NCS
AcOH, MW(200 W)
10 min, 53%

16 : 84

10 mol% Pd(OAc)$_2$
4~8 eq. NXS
AcOH, MW(200 W)
10~30 min

X = Br, 65%
X= I , 67%
X = Cl, 76%

10 mol% Pd(OAc)$_2$
1.0 eq. NBS
AcOH, MW(200 W)
10 min, 48%

10 mol% Pd(dba)$_2$
2 eq. NIS
AcOH, MW(200 W)
120°C, 15 min, 34%

(4-79)

4.2.2 苄位和烯丙位的卤取代反应

芳香环侧链的卤化反应条件与芳香环上的卤化反应条件有所不同，芳环上卤化通常是以 Lewis 酸或质子酸为催化剂，以卤正离子的亲电进攻为反应历程；而芳环侧链的卤化通过自由基引发剂或光和热等物理条件促进反应进行，以自由基反应历程进行。以卤素或*N*-卤代酰胺为卤化剂时，链引发、链传递和链终止过程如下：

链引发（以卤素单质和 NXS 为例）

$$X_2 \longrightarrow 2X\cdot \tag{4-80}$$

$$\text{(succinimide)N–X} \longrightarrow \text{(succinimide)N}\cdot + X\cdot \tag{4-81}$$

链传递

$$Ar-CH_3 + X\cdot \longrightarrow Ar-\dot{C}H_2 + HX \tag{4-82}$$

$$Ar-\dot{C}H_2 + X_2 \longrightarrow Ar-CH_2X + X\cdot \tag{4-83}$$

链终止

$$X\cdot + X\cdot \longrightarrow X_2 \tag{4-84}$$

$$Ar-\dot{C}H_2 + H_2\dot{C}-Ar \longrightarrow Ar-CH_2CH_2-Ar \tag{4-85}$$

$$Ar-\dot{C}H_2 + X\cdot \longrightarrow Ar-CH_2X \tag{4-86}$$

芳烃苄位氯化反应是合成药物中间体的常见反应之一，例如，抗菌药克霉唑中间体邻氯三氯甲苯可由邻氯甲苯的苄位氯化合成[34]。

$$\text{2-}ClC_6H_4CH_3 \xrightarrow[90^\circ C,\,16\,h,\,74\%]{Cl_2,\,PCl_5} \text{2-}ClC_6H_4CCl_3 \tag{4-87}$$

烯丙位的自由基卤化是一种非常有用的合成烯丙基卤的方法。反应机理与苄位的自由基卤化相似。以环己烯用液溴的自由基溴化为例，机理如下：

链引发

$$Br_2 \longrightarrow 2Br\cdot \tag{4-88}$$

链传递

$$Br\cdot + \text{环己烯 (烯丙位 H)} \longrightarrow \text{环己烯-3-基自由基} + HBr \tag{4-89}$$

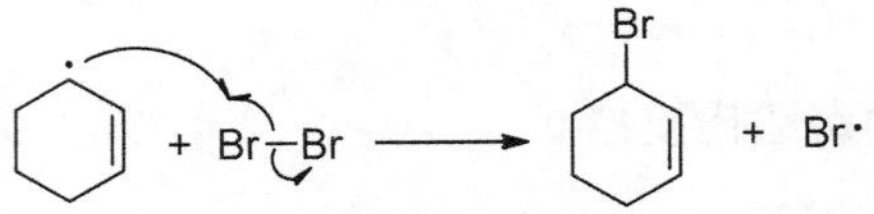

(4-90)

烯丙位的自由基卤化可能存在自由基加成的竞争反应，例如：

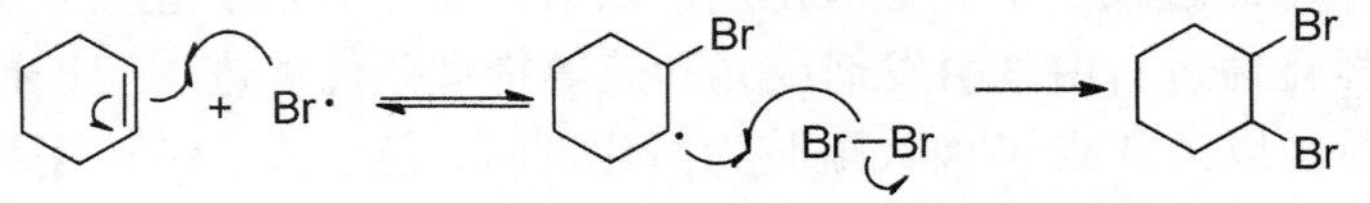

(4-91)

竞争反应的第一步是可逆的，如果有另一分子溴存在，则会被生成的溴代烷基自由基捕获生成二溴副产物。使 Br_2 的浓度保持在一个非常低的水平可以防止这种副反应发生。例如慢慢加入 Br_2，但效果往往不好；也可使用 NBS 等原位慢慢生成单质溴。

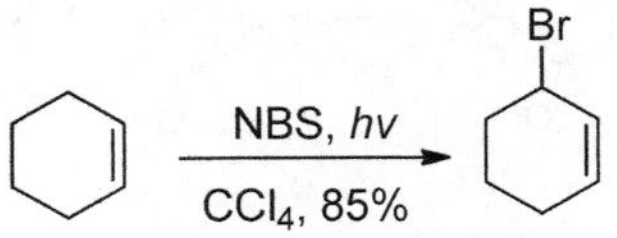

NBS, *hν*
CCl_4, 85%

(4-92)

NBS, BPO
CCl_4, 加热, 2 h

(4-93)

为了形成更稳定的自由基，反应可伴随烯丙基重排：

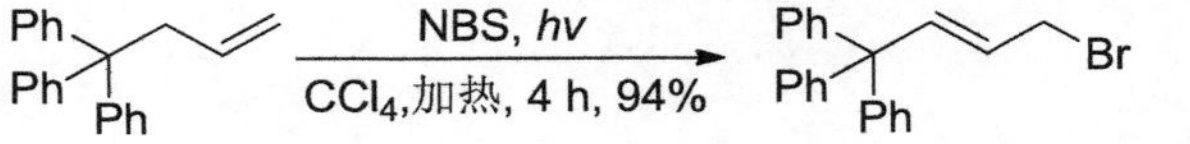

NBS, *hν*
CCl_4,加热, 4 h, 94%

(4-94)

4.2.3 羰基α位的卤取代反应

1. 酸催化卤化

以丙酮为例，质子酸催化下的溴化机理如下：

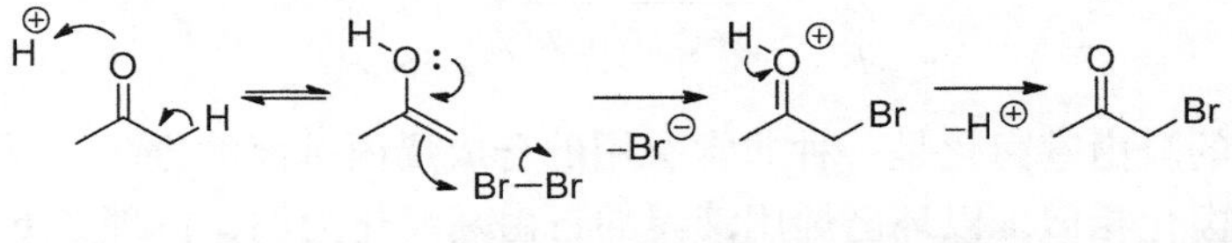

(4-95)

除了卤素单质，也可由 NXS 或原位产生的卤正离子为卤化剂。例如苯乙酮的溴化[51]和碘化[52]：

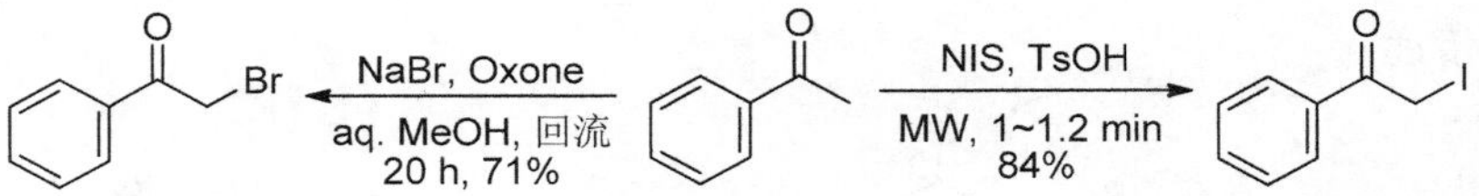

NaBr, Oxone
aq. MeOH, 回流
20 h, 71%

NIS, TsOH
MW, 1~1.2 min
84%

(4-96)

也可以用 Lewis 酸催化，以苯戊酮的溴化为例：

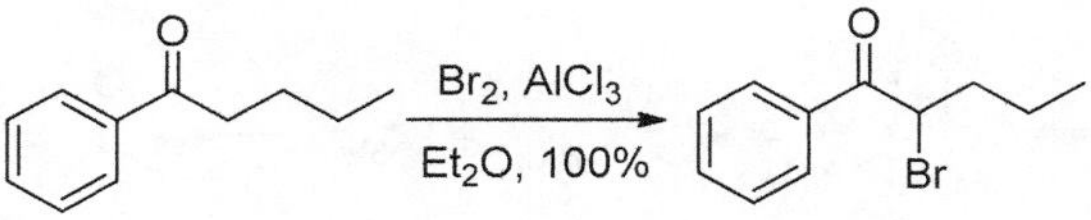

(4-97)

这个反应与烯键的卤加成不同。受到烯醇氧原子上孤对电子的共轭给电子作用，烯电子进攻溴后主要按经典碳正离子历程生成氧𬭩离子，再脱去酸催化剂得到溴代酮。

对于含烯键的羰基α位卤化，如果用卤素单质为卤化剂会产生大量与烯键发生卤加成的副产物，为了有效防止这一副反应的发生，可用NXS在Lewis酸催化下进行卤代。如化合物**4.29**的合成[53]。

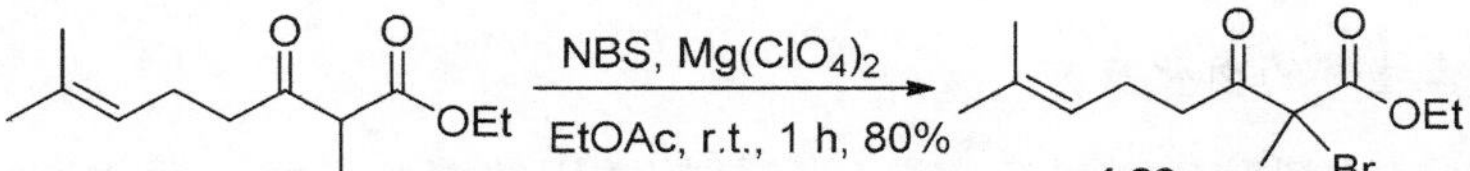

(4-98)

2. 碱催化卤化

碱催化情况比较复杂，因为通常不会停留在一取代阶段。对于甲基酮类化合物来说，则会发生卤仿反应生成羧酸和卤仿。第一步是酮羰基在碱作用下发生烯醇互变得到烯醇负离子，通常为反应的速控步。由于烯醇负离子氧带一个负电荷，因此其反应活性比烯醇更高。

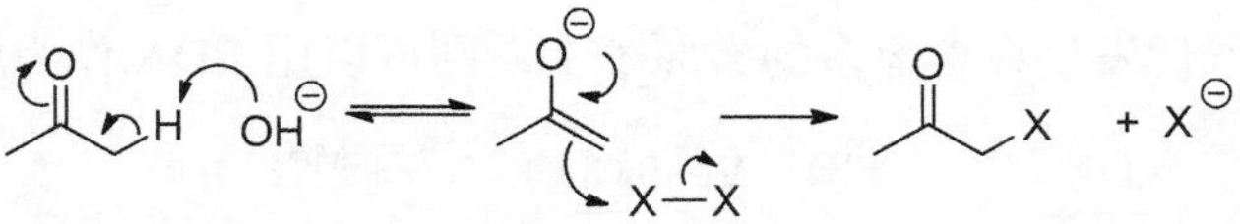

(4-99)

发生卤化反应后，亚甲基的氢原子酸性将会明显增加，因此在碱性条件下更易变成烯醇负离子，从而发生二卤化。以此类推，三卤化将更容易发生。

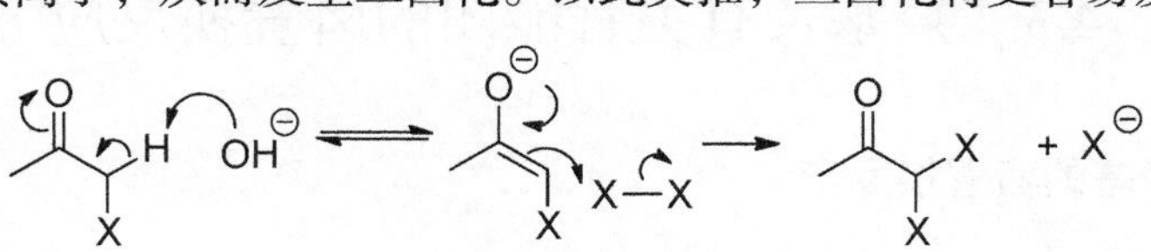

(4-100)

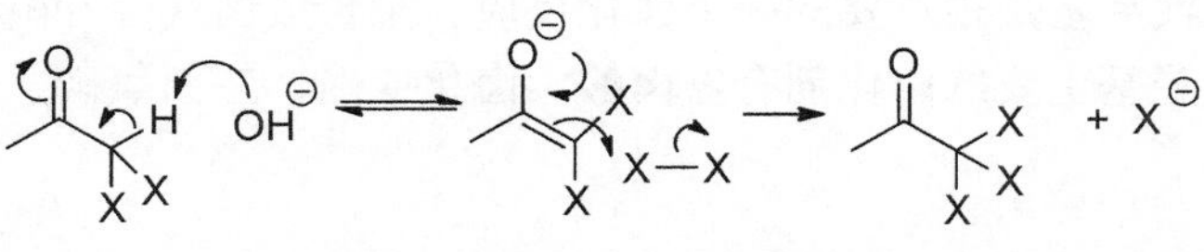

(4-101)

引入三个卤原子后，受到三卤甲基和氧原子的吸电子作用，此时的羰基碳原子会受到碱的进攻，脱去非常稳定的三卤甲基负离子生成羧酸，然后三卤甲基负离子从羧酸中吸收一个氢离子变成卤仿。

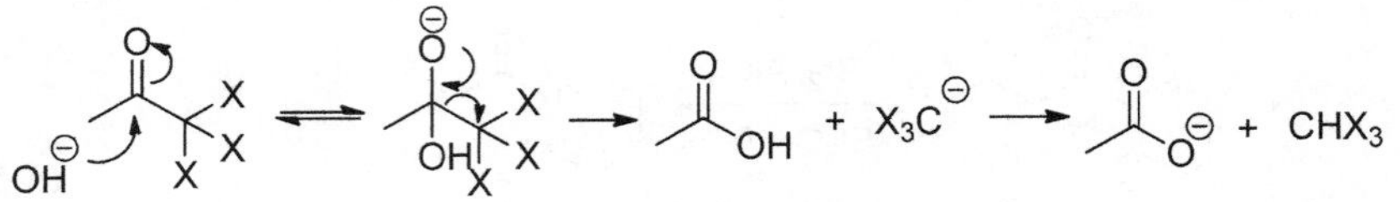

(4-102)

这一反应同样可以用 NXS 代替卤素单质进行。例如四环类抗菌素甲烯土霉素盐酸盐中间体半缩酮土霉素的合成[34]：

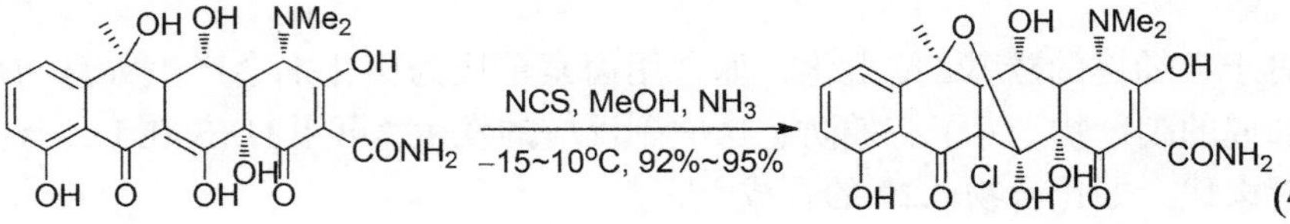

(4-103)

3. 烯醇硅醚的卤化反应

酮羰基变成烯醇硅醚进行卤化反应是较常用的羰基烯醇α-卤化方法之一。硅醚反应活性大于烯烃，因此可以在较温和条件下进行，而且区域选择性良好。反应机理与前面烯醇卤化相似。烯键进攻卤原子后生成卤代氧鎓离子和卤素负离子，然后卤素负离子进攻硅原子脱去卤硅烷并生成产物α-卤代酮。

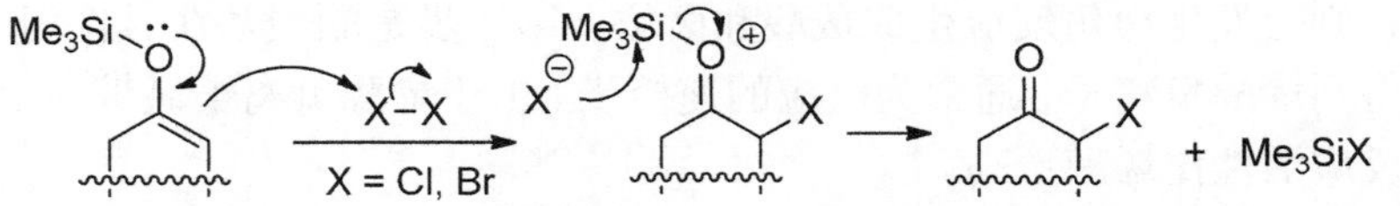

(4-104)

如果要使取代发生在含氢多的碳原子上，则可以用 LDA 作为脱氢试剂。

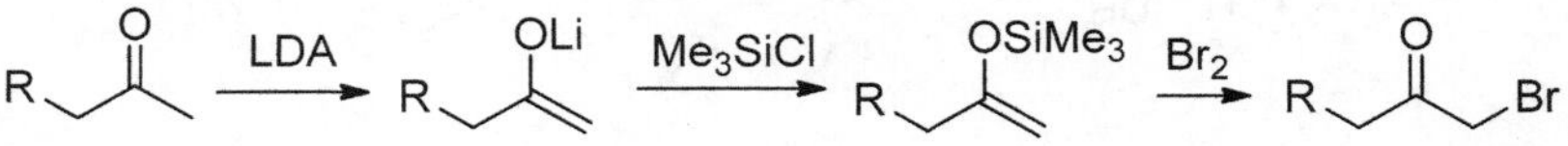

(4-105)

4.3 羟基及有关官能团的卤置换反应

4.3.1 醇酚羟基的卤置换反应

卤原子取代羟基是很重要的一类卤化反应，是合成卤代烃和酰卤最重要的反应之一。取代羟基主要的卤化剂有氢卤酸、卤化亚砜、三卤氧磷、三卤化磷和五卤化磷等。

1. 与氢卤酸的卤置换反应

在醇羟基的卤代反应中，伯醇和仲醇与氢卤酸的反应通常按 S_N2 机理进行：

$$R-OH + HX \rightleftharpoons X^{\ominus} + R-\overset{\oplus}{O}H_2 \xrightarrow{S_N2} R-X + H_2O \quad (4-106)$$

活性较低的伯醇可加入 Lewis 酸催化，常用 Lucas 试剂（浓盐酸-氯化锌）。

$$\text{n-BuOH} \xrightarrow[\text{加热, 4 h, 66\%}]{HCl\text{-}ZnCl_2} \text{n-BuCl} \tag{4-107}$$

叔醇和苄醇等活性较高，可直接与浓氢卤酸或卤化氢反应，更倾向于 S_N1 历程。

$$X^{\ominus} + R{-}\overset{\oplus}{O}H_2 \xrightarrow[-H_2O]{S_N1} R^{\oplus} + X^{\ominus} \longrightarrow R{-}X \tag{4-108}$$

$$\text{2-甲基-2-丁醇} \xrightarrow[\text{r.t., 15 min, 97\%}]{HCl} \text{2-氯-2-甲基丁烷} \tag{4-109}$$

叔醇、烯丙醇或 β 位有叔碳取代基的伯醇与氢卤酸反应时会发生一定程度的重排。

$$\text{巴豆醇} \xrightarrow[-H_2O]{HBr} \text{巴豆基溴} + \text{3-溴-1-丁烯} \tag{4-110}$$

48% HBr, −15℃:　86%　　14%

饱和HBr, 0℃:　79%　　21%

2. 与卤化亚砜的卤置换反应

以卤化亚砜为羟基取代卤化剂的优点是副产物 HX 和 SO_2 容易离去，而且卤化亚砜可兼作溶剂，反应结束后可以直接蒸馏回收，因此产物纯度高。反应机理与反应条件尤其是溶剂有很大的关系。

在无溶剂和加热条件下反应主要按 S_N1 机理进行，产生构型保持和构型翻转两种产物：

$$R^1R^2R^3C{-}OH + SOX_2\ (X = Cl, Br) \longrightarrow R^1R^2R^3C{-}O{-}S(=O){-}X \xrightarrow[\text{加热}]{-SO_2} X^{\ominus} + R^1R^2R^3C^{\oplus} + X^{\ominus} \longrightarrow R^1R^2R^3C{-}X + X{-}CR^1R^2R^3 \tag{4-111}$$

构型保持　　构型翻转

在吡啶中较低温度下主要按 S_N2 机理反应，卤负离子从背面进攻，发生构型翻转：

$$R^1R^2R^3C{-}O{-}S(=O){-}X \xrightarrow[X = Cl, Br]{\text{吡啶}} X^{\ominus} + R^1R^2R^3C{-}O{-}S(=O){-}\overset{\oplus}{N}C_5H_5 \longrightarrow X{-}CR^1R^2R^3 \tag{4-112}$$

构型翻转

在 1,4-二氧六环中按 S_Ni 机理反应，1,4-二氧六环中的氧与含一定正电荷的过渡态中心碳形成弱相互作用，分子内的卤原子从正面进攻，得到构型保持的产物。

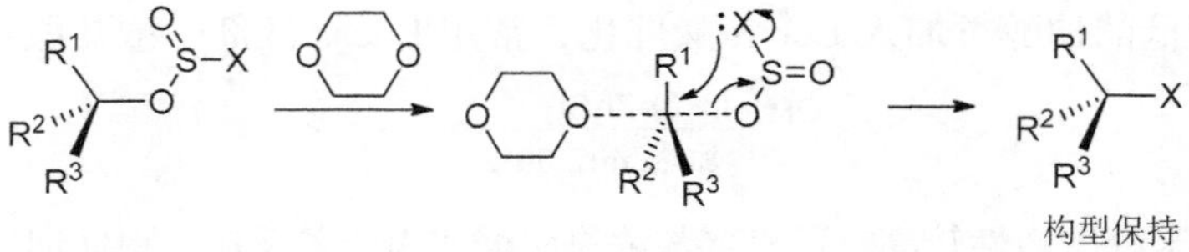

构型保持 (4-113)

例如，2-辛醇在不同反应条件下用二氯亚砜进行氯化得到的产品 2-氯辛烷构型有很大的差异。加入 $ZnCl_2$ 可提高反应速率，且有利于反应按 S_N1 机理进行。

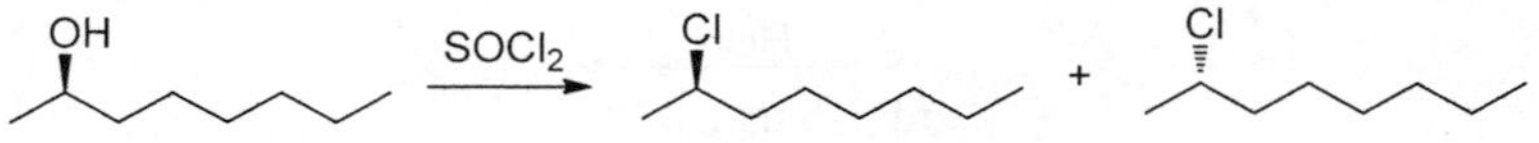

(1) PhH, r.t., 16 h　15% (93%构型翻转)
(2) Diox, r.t., 42 h　100% (82%构型保持)
(3) Diox, $ZnCl_2$, r.t., 1 h　100% (98%外消旋化)
(4-114)

$SOCl_2$/DMF 或 $SOCl_2$/HMPA 体系中可形成活性高、选择性强的氯化剂，适于某些特殊要求的醇羟基的氯置换反应。

$$Me_2NCHO + SOCl_2 \xrightarrow{-SO_2} [Me_2\overset{\oplus}{N}{=}CHCl]\,Cl^{\ominus} \tag{4-115}$$

$$(Me_2N)_3PO + SOCl_2 \xrightarrow{-SO_2} \left[(Me_2N)_2P(Cl){=}\overset{\oplus}{N}Me_2\right] Cl^{\ominus} \tag{4-116}$$

以 $SOCl_2$/DMF 体系的氯化反应为例，反应机理如图 4.5 所示。

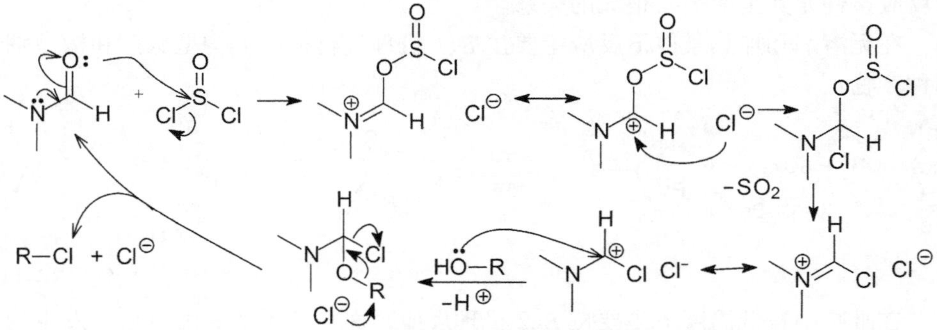

图 4.5　用 $SOCl_2$/DMF 体系进行醇羟基氯置换的反应机理

此法可用于吉非替尼中间体 6-乙酰氧基-4-氯-7-甲氧基喹唑啉的合成[54]。

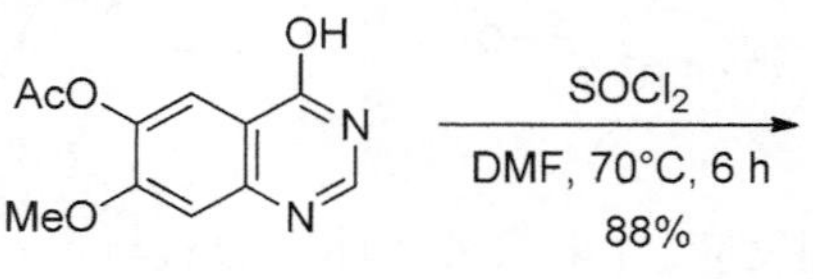

$SOCl_2$, DMF, 70°C, 6 h, 88% (4-117)

3. 与卤化磷和三卤氧磷的卤置换反应

三卤化磷是取代羟基最为常用的卤化试剂之一，可以取代醇羟基、酚羟基、羧基中的羟基。反应首先形成亚磷酸酯或磷酸酯，然后卤素负离子对酯分子中的烷基进行亲核进攻，形成稳定的磷氧负离子和卤代烷，通常按 S_N2 机理反应。

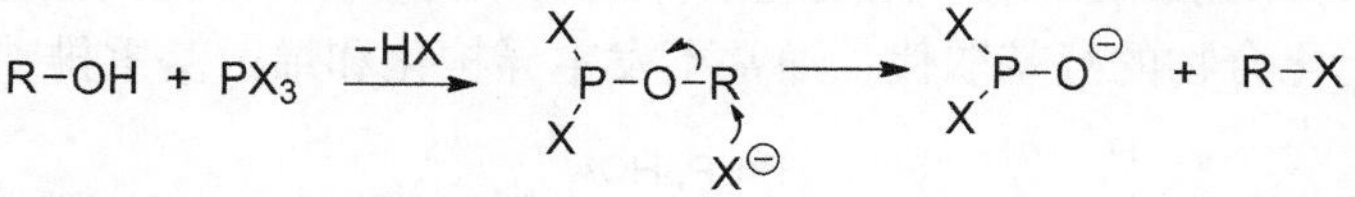

(4-118)

例如在抗惊厥药 K-76 中间体 **4.30** 的合成中可以用三溴化磷直接将羟基取代成溴，几乎可以得到理论量的溴代产物。

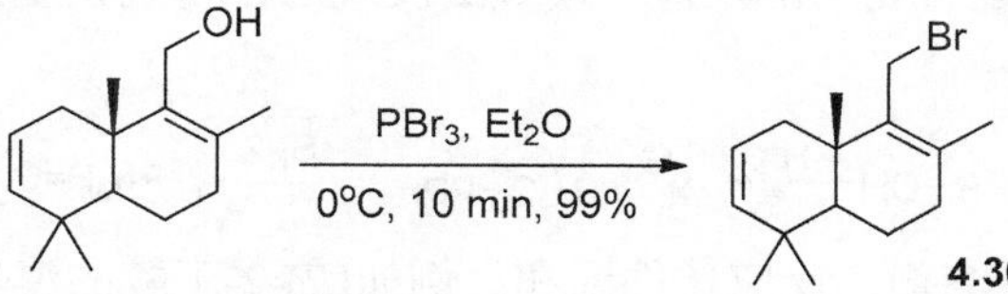

(4-119)

三卤氧磷与三卤化磷进行的卤化反应机理相似。例如，2-氨基-4-氯-6-三氟甲基嘧啶的合成就是通过三氯氧磷脱羟基氯化反应完成的。其中缚酸剂选择很重要，用三乙胺为缚酸剂产率可以达到 86.3%，而用 *N,N*-二甲基苯胺作缚酸剂时产率仅为 50.8%[55]。

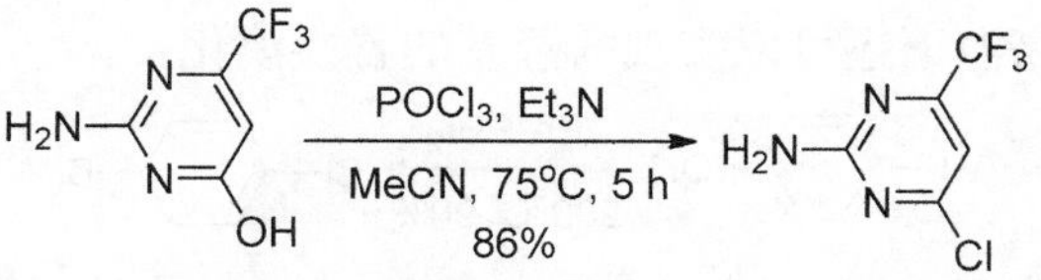

(4-120)

五卤化磷活性比三卤氧磷强，甚至可以将酰胺卤化生成卤代亚胺。例如匹呋西林中间体 **4.31** 的合成就用了五氯化磷为氯化剂，并实现了工业化生产[37]。

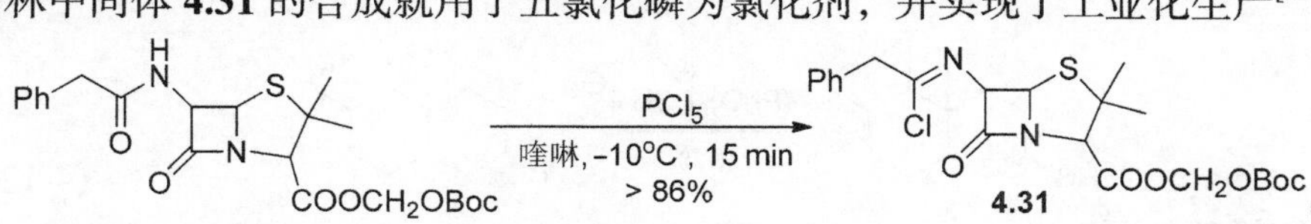

(4-121)

4. 与卤代烃（或卤素）和 Ph_3P 的复合物的卤置换反应

作为溶剂的 CX_4 在三苯基膦存在下也可以作为卤化剂取代羟基，三苯基膦被氧化成三苯基氧化膦，CX_4 变成卤仿，例如：

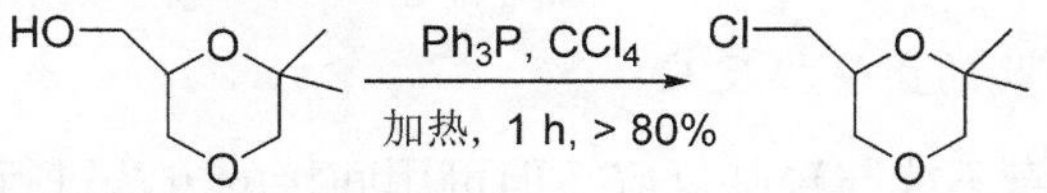

(4-122)

反应按 S_N2 机理进行，手性醇羟基的卤取代，构型发生翻转。

$$Ph_3P + CX_4 \longrightarrow Ph_3\overset{\oplus}{P}X + CX_3^{\ominus} \longrightarrow Ph_3\overset{\oplus}{P}{-}O{-}R + X^{\ominus} + HCX_3 \longrightarrow Ph_3P{=}O + R{-}X \quad (X = Cl, Br;\ R{-}\ddot{O}{-}H)$$

(4-123)

用六氯丙酮（HCA）与三苯基膦组成的体系也能实现醇羟基的氯化，机理与用 CCl_4/PPh_3 体系的氯化相似，但反应条件更温和，特别适合用其他方法易引起重排的烯丙醇类化合物的羟基取代，通常不发生异构化和烯丙基重排[56]。

Ph₃P, HCA; 0℃~ r.t., 10 min; 94%, >99%翻转

(4-124)

Ph_3P 和卤素的复合物与醇反应，按 S_N2 反应历程得到构型翻转的卤代烃，反应机理如下：

$$Ph_3PX_2 + R{-}OH \xrightarrow{-HX} X^{\ominus}\ R{-}O{-}\overset{\oplus}{P}Ph_3 \xrightarrow{S_N2} Ph_3P{=}O + R{-}X \qquad (4\text{-}125)$$

通常以 DMF 作溶剂，反应条件温和，例如(*R*)-2-丁醇的溴化：

Ph_3PBr_2; DMF, 15~45℃; 63%

$[\alpha]_D^{25} = 10.69^\circ$ (79%光学纯)　　$[\alpha]_D^{27} = -26.02^\circ$ (76%~81%光学纯)

(4-126)

用 Ph_3PBr_2 在高温下还可以实现酚羟基的置换溴化：

$$Cl{-}C_6H_4{-}OH \xrightarrow[200^{o}C,\ 90\%]{Ph_3PBr_2} Cl{-}C_6H_4{-}Br \qquad (4\text{-}127)$$

亚磷酸三苯酯与碘甲烷形成的季鏻盐可以作为一种温和的碘化剂对羟基进行置换：

$(PhO)_3\overset{\oplus}{P}CH_3I^{\ominus}$; 57%

(4-128)

反应机理如下：

$$(PhO)_3\overset{\oplus}{P}{-}R\ X^{\ominus} + R^1{-}OH \xrightarrow{-PhOH} (PhO)_2\overset{\oplus}{P}(OR^1){-}R\ X^{\ominus} \xrightarrow{S_N2} R^1{-}X + (PhO)_2P(=O){-}R \qquad (4\text{-}129)$$

5. 与碱金属卤盐的卤置换反应

碱金属卤盐本身不能与羟基反应，但可用间接的方法进行取代。常用的方法是先将羟基变成磺酸酯后，再与碱金属卤化物发生 S_N2 反应完成取代。

$$ROH \xrightarrow{R^1SO_2Cl} ROSO_2R^1 \xrightarrow{X^{\ominus}} RX + R^1SO_3^{\ominus} \quad (4\text{-}130)$$

甲基磺酰氯和对甲基苯磺酰氯是较常用的羟基磺酰化试剂，在完成对羟基的磺酰化后可用碱金属卤盐进行卤取代。例如 1-氯-2-丁基磺酰胺的合成[57]：

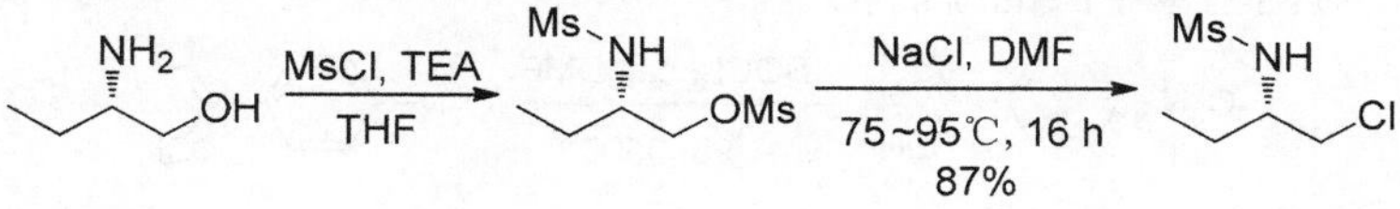

NH_2　OH　MsCl, TEA / THF　Ms–NH　OMs　NaCl, DMF / 75~95℃, 16 h / 87%　Ms–NH　Cl

(4-131)

6. 与三甲基卤硅烷的卤置换反应

三甲基溴硅烷和三甲基碘硅烷[58]均可以作为羟基卤置换反应的原料。

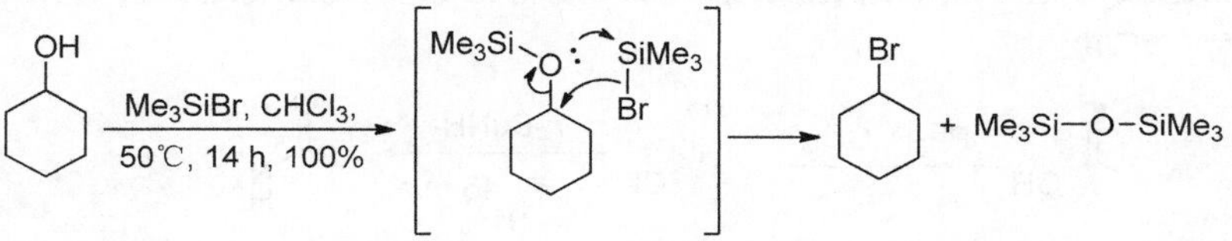

OH　Me_3SiBr, $CHCl_3$, 50℃, 14 h, 100%　[Me_3Si–O: SiMe$_3$ Br]　Br　+ Me_3Si—O—$SiMe_3$

(4-132)

OAc　AcO　AcO　O　OAc　NDMM　TMSI, CH_2Cl_2 / r.t., 30 min　OAc　AcO　AcO　O　I　NDMM

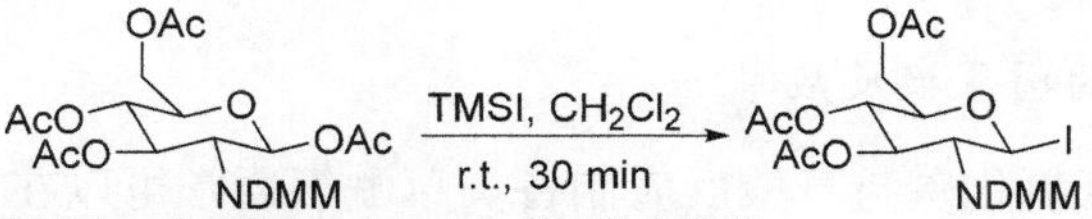

DMM = dimethylmaleoyl (二甲基马来酰基)

(4-133)

4.3.2　羧羟基的卤置换反应

羧羟基的卤置换与醇羟基反应机理相似，部分卤化剂也通用。通常脂肪族羧酸活性比芳香族羧酸高。

1. 与卤化磷和卤化亚砜的卤置换反应

卤化磷与羧羟基发生卤置换反应的活性顺序为：$PX_5 > PX_3 > POX_3$。以 PX_5 为例，置换羧羟基的机理如下：

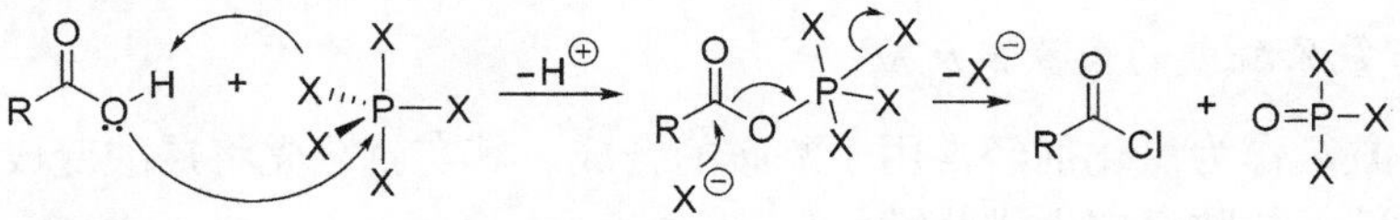

R–C(=O)–O–H + PX_5 $\xrightarrow{-H^{\oplus}}$ R–C(=O)–O–PX_4 + $X^{\ominus}$ $\xrightarrow{-X^{\ominus}}$ R–C(=O)–Cl + O=PX_3

(4-134)

例如 1,2,4,5-苯四甲酸用 PCl_5 可将四个羧羟基全部取代。

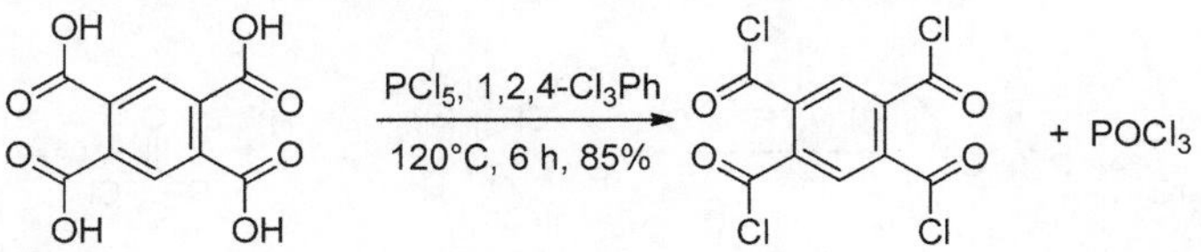

OH　OH　O　O　O　O　OH　OH　PCl_5, 1,2,4-Cl_3Ph / 120°C, 6 h, 85%　Cl　Cl　O　O　O　O　Cl　Cl　+ $POCl_3$

(4-135)

活性较高的脂肪羧酸的卤置换反应可以用 PX_3。

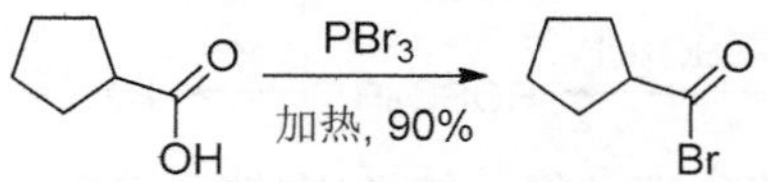
PBr3
加热, 90%
OH
O
Br

(4-136)

二卤亚砜也可用于羧羟基的卤取代，通常加入 DMF 等含氮化合物作为催化剂。例如，对硝基苯甲酸的酰氯化[59]。

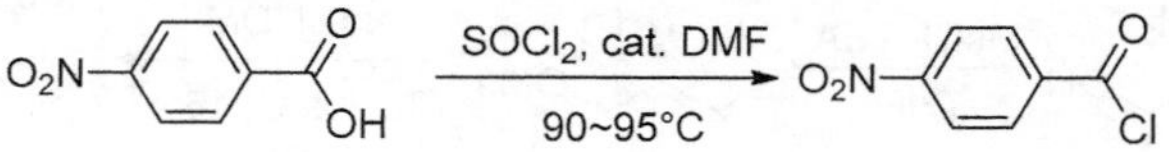
O2N
OH
SOCl2, cat. DMF
90~95°C
Cl

(4-137)

2. 与三苯基膦卤化物的卤置换反应

三苯基膦与卤单质或四卤化碳等形成的加成物也可以用于羧羟基的卤置换反应。例如乙酸与正丁胺的酰化反应，可以先将乙酸变成乙酰氯，再与正丁胺反应生成乙酰正丁胺。

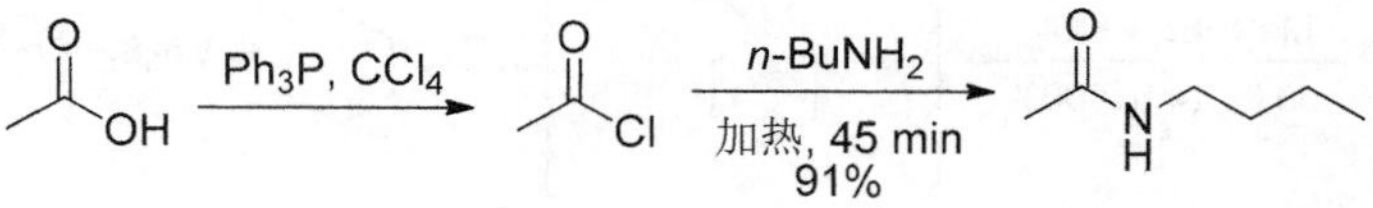
OH
Ph3P, CCl4
Cl
n-BuNH2
加热, 45 min
91%
N
H

(4-138)

3. 与草酰氯的卤置换反应

草酰氯可用五氯化磷与草酸反应制备。草酰氯通常可以在中性条件下与羧羟基发生氯置换反应，适合于羧酸分子中含有对酸敏感官能团的情况。

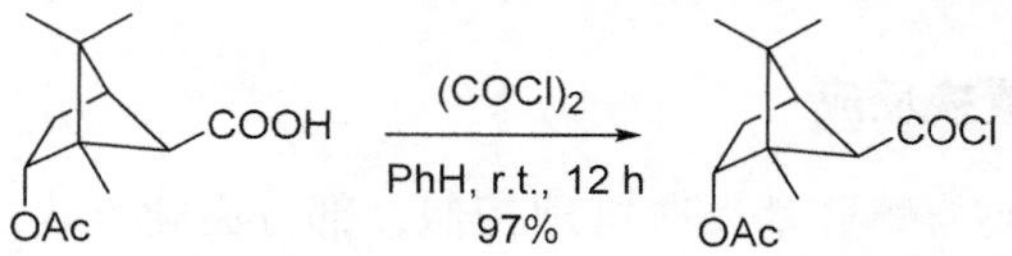
COOH
OAc
(COCl)2
PhH, r.t., 12 h
97%
COCl
OAc

(4-139)

反应机理：

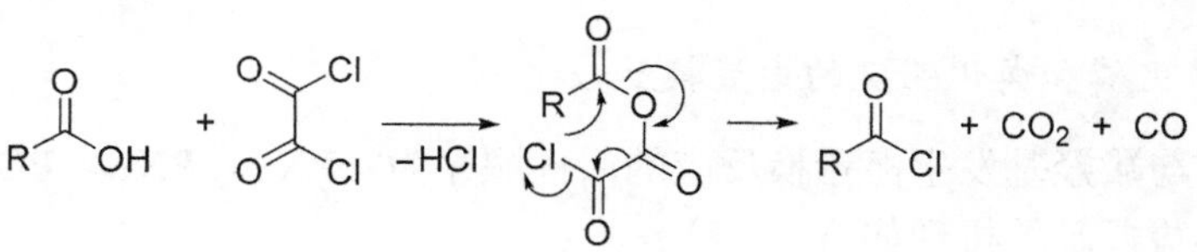
R
OH
Cl
Cl
–HCl
Cl
+ CO2 + CO

(4-140)

4. 与氰尿酰氯的卤置换反应

氰尿酰氯作为氯化剂经常用于酰胺的合成。其实就是先将羧酸变成酰氯，再在温和条件下与胺反应生成肽键。

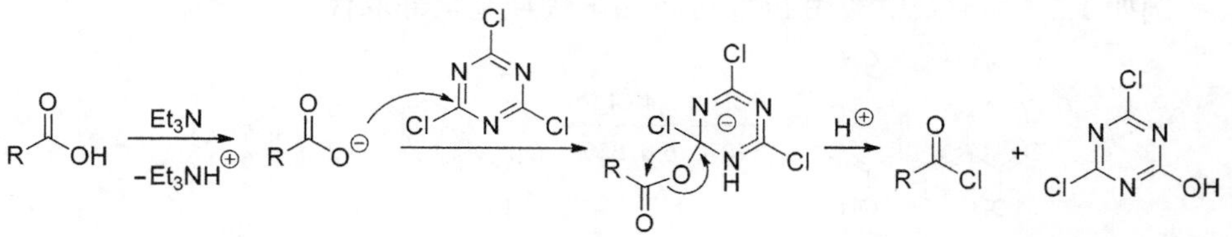
Et3N
–Et3NH
H
OH

(4-141)

4.3.3 其他官能团的卤置换反应

溴化亚砜除了对醇羟基进行溴代置换外，还能使不活泼的醛基中的氧被两个溴原子置换生成偕二溴化合物。

$$\text{4-isopropylbenzaldehyde} \xrightarrow[80°C,\ 2\ h]{SOBr_2} \text{4-}iPr\text{-}C_6H_4CHBr_2 \tag{4-142}$$

反应过程中，溴化亚砜分解释放出的溴化氢先与醛的羰基发生亲核加成，产物溴醇的羟基再与溴化亚砜发生溴置换反应，机理如下：

$$SOBr_2 + H_2O \longrightarrow 2\ HBr + SO_2 \tag{4-143}$$

$$ArCHO \xrightarrow{HBr} ArCH(Br)OH \xrightarrow[-H^{\oplus}]{SOBr_2} ArCH(Br)O\text{-}S(O)Br \xrightarrow{-SO_2,\ Br^{\ominus}} ArCHBr_2 \tag{4-144}$$

氯胺 T（*N*-氯代对甲苯磺酰胺钠）可用于烃基硼酸钾的碘代反应，如对碘苯甲醚和β-碘代苯乙烯的合成 [60]。

$$MeO\text{-}C_6H_4\text{-}BF_3K \xrightarrow[NaI,\ r.t.,\ 10\ min,\ 94\%]{H_2O\text{-}THF,\ 氯胺T} MeO\text{-}C_6H_4\text{-}I \tag{4-145}$$

多种氯化反应合成苯唑青霉素钠中间体[34]

苯唑青霉素钠中间体 **4.32** 的合成综合运用了多种氯化反应。首先以邻甲苯胺为原料，经 Sandmeyer 反应合成邻氯甲苯，然后在光引发下对苄位进行自由基氯化，引入两个氯原子得到偕二氯甲基氯苯，经过水解后制得邻氯苯甲醛后再与盐酸羟胺缩合生成邻氯苯甲肟，再氯化生成的氯肟与乙酰乙酸环合生成异噁唑甲酸，最后用五氯化磷置换羧羟基生成相应的酰氯。

$$\text{邻甲苯胺} \xrightarrow[2.\ Cu_2Cl_2,\ 80^oC,\ 70\%]{1.\ NaNO_2,HCl,\ 0\sim5^oC} \text{邻氯甲苯} \xrightarrow[PCl_3,\ SOCl_2,\ 150^oC,\ 99\%]{UV,\ Cl_2} \text{2-}ClC_6H_4CHCl_2 \xrightarrow[H_2O,\ 120\sim130^oC,\ 72\%\sim75\%]{FeCl_3,\ ZnCl_2} \text{2-}ClC_6H_4CHO$$

$$\xrightarrow[Na_2CO_3,\ r.t.]{HONH_2\cdot HCl} \text{2-}ClC_6H_4CH{=}NOH \xrightarrow[EtOH,\ r.t.]{Cl_2,HCl} \text{2-}ClC_6H_4C(Cl){=}NOH \xrightarrow[回流,\ 51\%\sim57\%]{乙酰乙酸,\ NaOH} \text{isoxazole-COOH} \xrightarrow[80\sim85^oC]{PCl_5,\ BuOAc} \text{isoxazole-COCl}\ (\mathbf{4.32}) \tag{4-146}$$

卤化反应合成抗病毒药非阿尿苷（fialuridine）及其类似物[61]

以脱水脲嘧啶核苷 **4.33** 为原料，先用二氢吡喃对羟基进行保护得到化合物 **4.34**，然后在碱性条件下水解得到化合物 **4.35**，用 DAST 置换羟基得到氟代物 **4.36**。酸催化下脱去氢化吡喃保护后与醋酐反应得到化合物 **4.37**，用 ICl 对脲嘧啶环进行碘化然后用甲醇钠催化转移酯化脱去乙酰基得到非阿尿苷（**4.33**）。化合物 **4.37** 也可用 NCS 进行氯化，然后用相同方法脱乙酰基得到氯代类似物 **4.38**；用液溴在乙酸中溴化则得到溴代类似物 **4.39**。

TsOH, DMF, 0℃；NaOH, MeOH, H_2O, r.t., 2 h；DAST, CH_2Cl_2, Py, −70℃, 回流, 4 h；1. TsOH, MeOH, r.t., 3 h 2. Ac_2O, Py, r.t., 过夜；1. ICl, CH_2Cl_2, 回流, 5 h 2. NaOMe, MeOH；1. NCS, AcOH, 80~90℃, 3 h 2. NaOMe, MeOH；1. Br_2, Ac_2O, AcOH, r.t., 过夜 2. NaOMe, MeOH

4.33　4.34　4.35　4.36　4.37　非阿尿苷　4.38　4.39

(4-147)

4.4　含氟化合物的合成

4.4.1　氟原子的特殊生理活性

很多情况下，在分子的“要害”位置上引入氟原子或者三氟甲基，能使化合物的生理活性得到有效提高，对于某种结构的分子来说，氟原子的引入可使其生理活性与不含氟的场合相比高出 10 倍以上，同时有效抑制副作用。相较于传统药物，含氟药物具备独一无二的优良特性，主要体现在：①分子中的氟原子半径和氢原子相近，具备伪拟效应，常常被用来取代药物分子中的氢原子进行综合性能更优良的新药研发；②由于氟原子的最强电负性，可以通过氢键作用增强药物与靶点的结合作用，从而提高药物的活性；③氟原子的引入可以增加药物的脂溶性，使其更容易穿透细胞膜，可有效增强药物分子的生物利用度；④由于氟原子的强吸电子性，可以改变药物的酸碱性和稳定性；⑤含氟药物相比于其他药物而言，由于碳原子和氟原子间的化学键很强，往往可以提高药物的代谢稳定性，使药效更为强劲持久；⑥药物分子引入氟原子之后，还具备识别靶点的差异性，从而进行更有效的精准治疗。

含氟医药的研究大概从20世纪五六十年代起步，近三十年则是含氟药物发展的黄金时期，近年来含氟新药占到小分子新药的25%~30%。已经开发并得到应用的含氟药物非常多，代表性含氟药见图4.6所示。其中阿伐他汀全球销售额2006年就达140亿美元，2010年也达到118亿美元，2011年由于专利到期，销售额大幅下跌，至2013年销售额为23.15亿美元，之后一直维持20亿美元上下。但FDA于2013年12月批准上市的丙型肝炎药物索非布韦在2014年销售额即达到103亿美元，随后吉列德公司开发出“吉二代”（药品名Harvani，索非布韦+雷迪帕韦复方）和“吉三代”（药品名Epclusa，索非布韦+韦帕他韦复方）。索非布韦系列产品自上市以来到2016年这三年的销售额累计达到442.74亿美元。2017年7月，FDA又批准了第四代丙肝药物“吉四代”（药品名Vosevi，索非布韦+韦帕他韦+伏西瑞韦复方）。

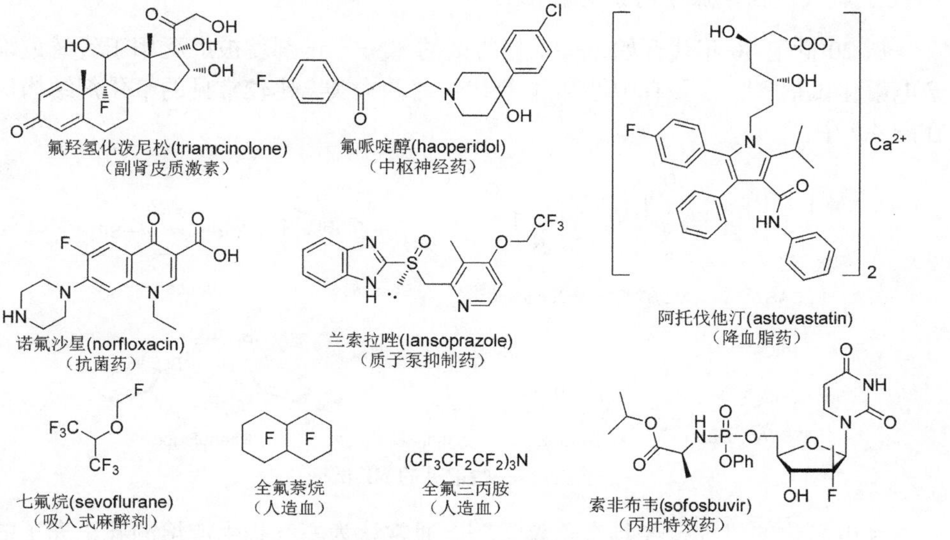

氟羟氢化泼尼松(triamcinolone)（副肾皮质激素）
氟哌啶醇(haoperidol)（中枢神经药）
阿托伐他汀(astovastatin)（降血脂药）
诺氟沙星(norfloxacin)（抗菌药）
兰索拉唑(lansoprazole)（质子泵抑制药）
七氟烷(sevoflurane)（吸入式麻醉剂）
全氟萘烷（人造血）
$(CF_3CF_2CF_2)_3N$ 全氟三丙胺（人造血）
索非布韦(sofosbuvir)（丙肝特效药）

图4.6 代表性含氟药物

4.4.2 亲电氟化反应

1. 氟气的亲电氟化反应

氟气对有机物的直接氟化通常按自由基机理反应，将产生大量的热和气体，常伴随着爆炸的发生。惰性气体稀释的氟气可作为相对安全的氟化剂。应用合适的溶剂可以控制氟化反应的选择性，不让元素氟以自由基机理参与反应，例如在$CFCl_3/CHCl_3$（有时加10%的乙醇作为自由基捕获剂）中可对饱和碳氢键实现化学选择性氧化氟化[62]。

OAc　H　10% F_2/N_2　$CHCl_3/CFCl_3$　−78℃　⊕　OAc　$F^{\ominus}$　60%　OAc　F

(4-148)

5-氟脲嘧啶是重要的抗癌药物中间体，也是最早由直接氟化实现工业化生产的产品之一。表面上看是一个氟原子取代了烯键上一个氢原子，实际上是经过加成-消除机理完成的[63]。

O　HN　O　N　H　F_2/N_2 (2 : 1)　H_2O, 90℃　O　F　HN　O　N　H　OH　回流, 16 h　78%　O　F　HN　O　N　H

(4-149)

2. 取代酸性氢原子的亲电氟化反应

从20世纪80年代开始，一系列所谓的“NF”试剂就被广泛用于代替危险的亲电氟化试剂[64]。主要有中性和N-氟代鎓盐两大类，比较常见的氟化剂结构例举在图4.7中。

N　SF_3　DAST　O　N　SF_3　MOST　O　O　N　SF_3　Deoxofluor　Cl　N⊕　N⊕　F　$[BF_4^{\ominus}]_2$　Selectfluor　^tBu　SF_3　FluoLead

PhO_2S　N−F　PhO_2S　NFSI(Accufluor)　N⊕　SF_2　$BF_4^{\ominus}$　XtalFluor-E　O　N⊕　SF_2　$BF_4^{\ominus}$　XtalFluor-M　^iPr　N　N　^iPr　^iPr　F　F　^iPr　PhenoFluor

图4.7　一些常见的NF试剂

亲电氟化的机理曾经具有争议[65-67]。通常认为高气相生成焓的氟正离子的反应经过真正的亲电机理，例如环己酮的氟取代反应。为了提高反应选择性，抑制副反应发生，可以先与仲胺反应变成烯胺后，再用N-氟代氟化剂进行亲电氟化。

O　O　N　H　O　N　N⊕　F　$F^{\ominus}$　O　N⊕　F　H_2O　O　F

(4-150)

通过对不同反应条件下产品分布的研究，发现 NF 氟化剂更可能是经过氟自由基的两步电子转移机理[66]。

OR PyrF⊕ N⊕−F OR 电荷转移配合物 1. 电子转移 2. 氟自由基转移 N: a b F ⊕ OR a R = TMS, Ac F O + N⊕ R R = 烷基 b F OR N⊕

(4-151)

这种氧化-氟化两步机理还有一个证据，就是不同活性的氟化剂与其第一还原势能之间的关系，如图 4.8 所示。循环伏安法检测结果不但得到了一系列 NF 试剂的活性范围，还可以通过给电子或吸电子取代基调整氟化试剂的活性[68,69]。

	CH_2Cl	CH_3				CH_3 (H_3C, CH_3)	Ph Ph ($O=S(=O)-N(F)-S(=O)=O$)
	N−F	N−F	N−F	N−F	N−F	N−F	N−F
	$2\ BF_4^{\ominus}$	$2\ CF_3SO_3^{\ominus}$	$B_2F_7^{\ominus}$	$CF_3SO_3^{\ominus}$	$CF_3SO_3^{\ominus}$	$CF_3SO_3^{\ominus}$	
$E_{p,red}$	−0.04	−0.09	−0.34	−0.37	−0.47	−0.37	−0.78

亲电氟化活性增强

图 4.8 氟化剂的第一还原势能和活性的关系

例如，日本著名氟化学家梅本照雄开发的 *N*-氟代吡啶鎓盐是稳定的晶体，吸电子基团的存在可以使其氟化能力增强。对于不同活性的反应物可以选择带有不同种类和不同数目取代基的 *N*-氟代吡啶鎓盐为氟化剂。对于活性较高的丙二酸酯而言，可以用氟化活性较低的 *N*-氟代三甲基吡啶三氟甲磺酸盐作氟化剂[式(4-152)][70]。对于甾体化合物 **4.40** 而言，用 *N*-氟代吡啶三氟甲磺酸盐就可以取得满意的结果[式(4-153)][71]。

O OEt ⊖ OEt O —(N⊕−F ⊖OTf, 73%)→ F O OEt OEt O

(4-152)

OR RO **4.40** R = Et R = Ac —(N⊕−F ⊖OTf)→ OR O F 27% 0 + OR O F 26% 72%

(4-153)

红霉素是治疗呼吸道疾病的重要药物，但病原体可产生抗药性。用 Selectfluor 对β-酮酸酯中的活泼亚甲基进行亲电氟化可引入一个氟原子合成 2-氟红霉素，可替代红霉素。受到底物本身的空间导向作用影响，可以立体选择性地引入氟原子[72,73]。

1. NaHMDS
2. Selectfluor
3. MeOH
(40%)

2-氟红霉素

(4-154)

往红霉素中羰基α位立体选择性地引入氟原子也可用其他方法进行，如(*S*)-8-氟红霉素 A(**4.44**)的合成。可用 CF_3OF 对内酯 A（**4.41**, R^1=R^2=H）的衍生物（**4.42**, R^1=R^2=H）进行亲电开环氟化得到含氟化合物 **4.43**[74]；也可以通过另一种红霉素衍生物用 *N*-氟代苯磺酰亚胺（NFSI，accufluor）进行开环氟化合成[75]。

AcOH　　氟化

4.41　　**4.42**

反应条件一：CF_3OF, $CFCl_3$　**4.43** $R^1 = R^2 = H$

反应条件二：NFSI, AcOH　**4.44** R^1 =　　R^2 =

(4-155)

喜树碱引入氟原子后所得衍生物（**4.45**）的抗肿瘤活性有较大幅度增加，其合成可以由两条路线实现。其中一条以化合物 **4.46** 为原料，也用 Selectfluor 对羰基α位进行亲电氟化；另一条路线是以喜树碱为原料将羟基用 DAST 置换成氟原子[76,77]。

1. LiHMDS THF, −80℃
2. Selectfluor $(DHQD)_2PHAL$
88%, 88%*ee*

DAST
61%, 89%*ee*

4.46　　**4.45**　　喜树碱

(4-156)

4-苯基-2-丁酮用 Selectfluor 进行氟化时，在乙腈中回流反应可顺利在 3 位进行亲电氟化；但如果加入乙酰丙酮合铁，则可在室温条件下在苄基位进行自由基氟化反应[78]。

F O
Selectfluor
Fe(acac)$_2$
MeCN, r.t.
O
Selectfluor
MeCN, 回流
O F

(4-157)

如果应用手性 NF 试剂如 *N*-氟代樟脑磺酰亚胺（**4.47**）和 *N*-氟代奎宁鎓盐（**4.48**）还可以对羰基α位进行不对称亲电氟化[79,80]。

O$^-$ O
R^1 OR^3
R^2
+
S N−F
O O
4.47
O O
R^1 * OR^3
R^2 F
10%~70%*ee*

(4-158)

OTMS
R
$)_n$
4.48, [Bmim]PF$_6$
0℃
O
F
R
$)_n$
R = Me, Et, Bn
n = 1, 2
86% *ee*
O O N$^{\oplus}$ F OH BF$_4^{\ominus}$
N
4.48

(4-159)

3. 亲电加成氟化反应

烯烃的亲电加成氟化可以同时引入两个官能团，能合成很多有用的氟化物。反应历程大多是氟正离子或带正电性氟的含氟试剂对烯键进行亲电进攻，生成氟代碳正离子，再与负离子或富电子的中性分子反应。

例如，用氮气稀释的元素氟在低温下可以选择性地与甾体化合物中的烯键加成，同时引入两个氟原子[81]。

O
H
H H
AcO
Cl
Cl
5% F$_2$/N$_2$
CFCl$_3$, NaF, − 78℃
40%
O
F
F
H
H H
AcO
Cl
Cl
O
F δ^+
F δ^-
O
F
$\oplus$
F$^{\ominus}$

(4-160)

当体系中还存在其他亲核试剂时，可发生竞争反应。例如用 XeF_2 在甲醇溶液中对烯键进行亲电加成，主产物是氟代醚，而不是二氟代物[82]。因为在质子性溶剂中，氟负离子会与羟基生成很强的氢键而使自身的亲核性大大降低，同时增加了甲氧基的亲核性。

XeF_2; MeOH, ~70%; OMe; F; +; F; F; 98 : 2

(4-161)

可能的反应机理如下：

+ XeF_2; MeÖH; ⊕; F; + $F^{\ominus}$; OMe; F +; F; F

(4-162)

F_2与I_2或Br_2反应生成的IF和BrF可用于向不饱和化合物引入两种不同的卤素原子[83]。由于氟原子的电负性大于其他卤原子，因此反应中氟为亲核试剂，溴或碘先对不饱和键亲电进攻，生成的碳正离子与氟负离子结合完成加成。

R—≡; XF; X = I, Br; F; R; X; XF; F; R; F; X; X

(4-163)

虽然氢氟酸也可用于对不饱和键的加成，但是氢氟酸危险性大，又是液体，在实验室并不如 Olah 试剂（70%HF-Py）及其类似物常用。例如有机胺氢氟酸盐具有足够的活性可以对双键[84]和三键[85]进行加成。

C_5H_{11}; 122 eq. 70% HF-Py; CH_2Cl_2, r.t., 18 h, 26%; C_3H_7; F; F; C_5H_{11}

(4-164)

PVPHF; $CFCl_3$, 15℃, 72 h; 56%; F; F F; PVPHF:; n; N; H; $F^{\ominus}$

(4-165)

如果用其他亲电卤化试剂先与烯反应，再加入 Olah 试剂，可向烯键引入两个不同的卤原子。如果再用氟化银处理，则可以得到二氟化物[86]。

NBS, 70% HF-Py; 环丁砜, r.t., 30 min; 90%; Br; F

(4-166)

NCS, 70% HF-Py; 环丁砜, r.t., 30 min; 95%; F; Cl

(4-167)

NIS, 70% HF-Py; Et_2O, 0℃, 30 min; I; F; AgF; r.t., 2 h; 75%; F; F

(4-168)

反应机理如下：

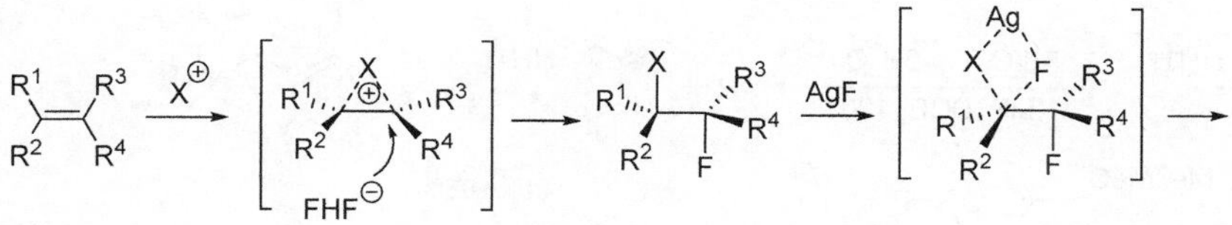

(4-169)

4. 芳香环的亲电取代氟化反应

XeF_2、$FClO_3$、CH_3COOF、CF_3COOF 和 CF_3OF 等都可用于芳环上的氟化反应，通常按亲电取代机理进行。如对三氟甲基乙酰苯胺用 CF_3OF 进行氟化反应，由于分子间氢键的作用而具有明显的“邻位效应”[87]。

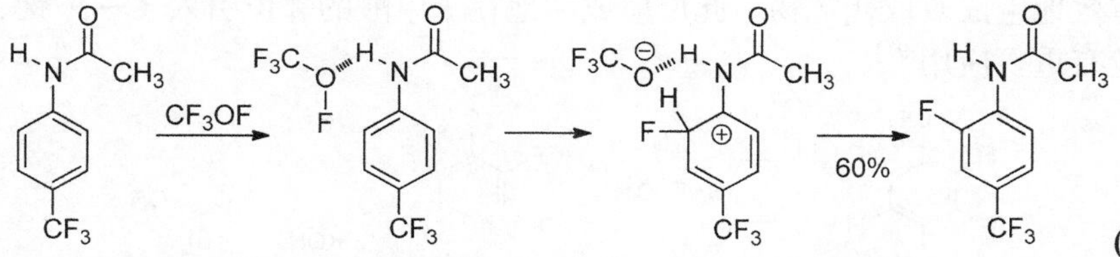

(4-170)

同样的“邻位效应”也可用苯酚邻位区域选择性氟化[88]。

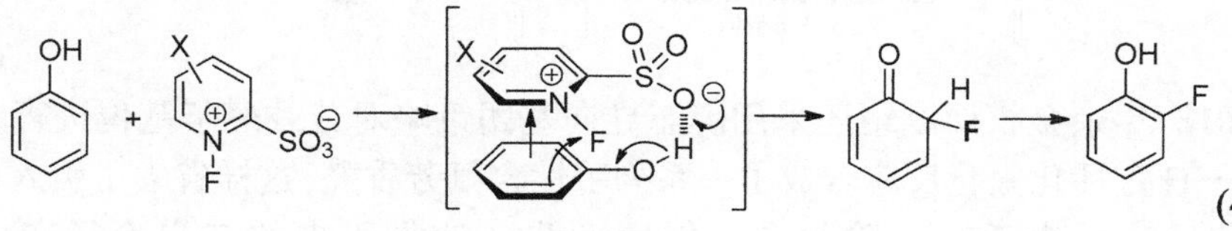

(4-171)

5. 金属催化的 C—H 键活化氟化反应

2006 年 Sanford 等成功实现了 sp^3 和 sp^2 的 C—H 键活化氟化反应，为金属催化的 C—F 键形成奠定了基础。在二价钯催化下，实现了 2-芳基吡啶中苯环的 2-位氟化[89]。反应机理与图 4.4 所示的钯催化卤化反应相似。由于钯配位到吡啶上后很难解离，会直接发生第二次的 C—H 键活化氟化，因此，难以控制二氟化。增加间位的位阻或使用邻位取代的芳基吡啶为底物可控制单双取代。用醋酸钯的另一个缺点是容易形成邻位乙酰氧化的副产物。

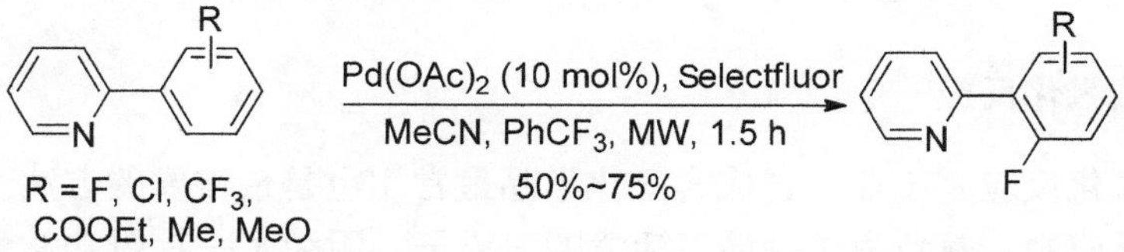

R = F, Cl, CF_3, COOEt, Me, MeO

$Pd(OAc)_2$ (10 mol%), Selectfluor; MeCN, $PhCF_3$, MW, 1.5 h; 50%~75%

(4-172)

2009 年余金权改用 $Pd(OTf)_2 \cdot 2H_2O$ 为催化剂，成功避免了乙酰氧化副产物，而且底物适应性更好，可以获得更多有用的化合物，但同样无法控制单双取代[90]。

R, NHTf
$Pd(OTf)_2$ $2H_2O$
NMP, DCE, 120℃
R = F, Cl, CF_3, Me, MeO
N—F $OTf^{\ominus}$
R, NHTf, F
+
F, R, NHTf, F
41%~88%

(4-173)

2011 年，余金权采用连有强吸电子基团的苯胺作为辅助基团与苯甲酸反应生成弱配位的底物，成功解决了单双取代无法控制的问题。这种弱配位的底物，可以使钯盐顺利地从产物中解离出来，继续去活化其他的底物，选择性地生成单取代产物。乙腈作为反应溶剂，还起到了一个弱配体的作用，便于钯盐从底物中释放出来；如果采用配位很弱的三氟甲苯作为溶剂，增加氟化剂及 NMP 的用量，可以有效地生成双取代产物。此反应成功地在苯甲酸的邻位引入 C—F 键，在医药行业有重要应用[91]。

CF_3, F, F, F, F, O, NH
N—F $OTf^{\ominus}$
$Pd(OTf)_2(MeCN)_4$
NMP(20 mol%), MeCN
120℃, 65%
CF_3, F, F, F, F, O, NH, F
KOH
乙二醇
100℃, 8 h
92%
O, OH, F

(4-174)

2018 年余金权课题组还采用瞬态导向基团策略对芳香醛苄基位进行不对称 C(sp^3)—H 键活化氟化反应合成了一系列手性含氟芳香醛，这样省去了引入导向官能团和反应结束后再去除导向官能团两步，使得原来的三步途径变成了一步法[92]。

O, H, Me, F_3C
t-Bu, O, NEt_2, NH_2
$Pd(OAc)_2$, $C_6F_5CO_2H$
N—F $BF_4^{\ominus}$
t-Bu, F, NEt_2, N, O, H, Pd, F_3C, Me, O, O, C_6F_5
⊕
O, F, Me, F_3C

(4-175)

4.4.3 亲核氟化反应

亲核氟化反应是工业上合成含氟化学品最常用也是最重要的方法。在脂肪族亲核取代反应中，氟负离子是最不活泼的卤原子，因为 C—F 键非常稳定，而自由氟离子又具有极高的电荷密度。氟离子作为亲核试剂的活性与溶剂有非常大的关系，在质子性溶剂中活性很差，但在极性非质子性溶剂中活性很高。

用于亲核反应的氟化剂有很多，例如，HF、HF-Py、KF、KHF_2、CsF、AgF、HgF_2、CuF、CeF_4、SbF_3、SbF_5、CoF_3、TBAF、SF_4、DAST 以及氟烷基胺等。其中 HF、HF-吡啶（Olah 试剂）、KF、氟化季铵盐（如 TMAF 和 TBAF）等应用较多。亲核氟化反应主要有亲核加成和亲核取代两种方式，其中亲核取代氟化反应研究较多。

1. 杂原子张力环的亲核加成开环氟化反应

由于氮和氧等杂原子电负性比碳原子大，与之相连的碳原子显示出一定的电正性，当用氢氟酸铵盐进行开环氟化时，反应通过按 S_N2 历程进行。酸的加入可以通过与杂原子形成氢键或络合作用使之活化。例如，治疗皮炎的外用药醋酸地塞米松可用氢氟酸进行开环氟化反应合成[93]。

HF / DMF → 醋酸地塞米松 (4-176)

环氧丙氧基苯的加成开环氟化反应可用 Olah 试剂进行[94]：

70% HF-Py → 35% + 28% + 寡聚物 38% (4-177)

用体积较大的 TBABF-KHF_2 进行这种 S_N2 亲核氟化反应，可以提高区域选择性[95]。

$Bu_4N^+HF_2^-$, KHF_2 / 庚烷, 120℃, 4 h, 92% → 91% + 9% (4-178)

氮杂三元环的亲核开环氟化同样按 S_N2 历程进行反向加成[96]。

$KF \cdot H_2O$, Bu_4NHSO_4 / MeCN, 45°C, 96% (4-179)

Serguchev 等由 3,7-二亚甲基双环[3.3.1]壬烷（**4.49**）的环化合成出含金刚烷基的氧杂环烷烃，通过亲核氟化开环得到重要药物中间体氟代卤甲基金刚烷**4.50**[97]。

(4-180)

在酸性条件下开环，也可能先生成碳正离子，按 S_N1 机理反应。如 SiF_4 与胺合用时可以将环氧化合物顺利地转化为氟代醇[98]。

(4-181)

可能的机理如下：

(4-182)

2. 氨基重氮化-氟化反应

重氮化-氟化方法是合成含氟化合物的重要方法。其中最为常用的是 Balz-Schiemann 反应。此方法发现较早，工艺成熟，虽然步骤较多、工艺较为复杂、危险性大，但到目前为止仍然是合成一些含氟芳香族化合物的工业化生产方法。由于不稳定的重氮盐的合成与精制很是麻烦，固体盐的热分解反应又难以控制，重复性差，此方法在某些场合应用受到限制。由此又出现了一些新的方法。

1）Balz-Schiemann 反应

先将芳胺的盐酸盐（或其他无机酸盐）用亚硝酸盐（或酯）进行重氮化，再加入氟硼酸或氟硼酸钠进行阴离子交换，把固体重氮氟硼酸盐加热分解得到氟代芳烃。反应通式：

$$R-NH_2 \xrightarrow[\text{或}HBF_4]{\text{1. }NaNO_2,\ HX \quad \text{2. }NaBF_4} R-N_2^{\oplus}\ BF_4^{\ominus} \xrightarrow{\text{加热}} R-F + N_2 + BF_3 \tag{4-183}$$

反应按 S_N1 机理进行：

$$Ar-\overset{\oplus}{N}\equiv N\ BF_4^{\ominus} \xrightarrow[-N_2]{\text{慢}} \left[Ar^{\oplus} + BF_4^{\ominus}\right] \xrightarrow{\text{快}} Ar-F + BF_3 \tag{4-184}$$

例如对氟苯甲醚的合成：

$$\text{MeO-C}_6\text{H}_4\text{-NH}_2 \xrightarrow[10°C]{NaNO_2,\ HBF_4} \text{MeO-C}_6\text{H}_4\text{-}N_2^+BF_4^- \xrightarrow{\text{加热}} \text{MeO-C}_6\text{H}_4\text{-F} \tag{4-185}$$

也可用六氟磷酸代替四氟硼酸，不过热分解效率更低一些。例如，广谱抗菌药依诺沙星（enoxacin）的中间体2,6-二取代-3-氟吡啶的合成[99]。

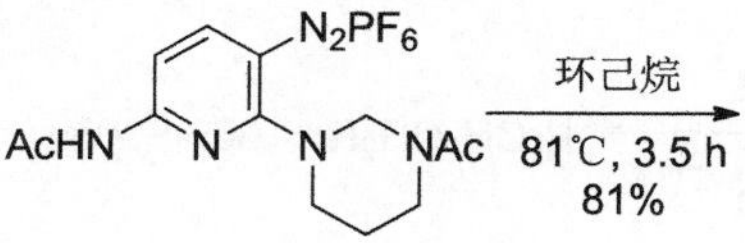

(4-186)

2）氢氟酸中的重氮化-氟化反应

在无水氢氟酸或含吡啶的氢氟酸体系中进行的重氮-氟化反应有时可利用溶有亚硝酰氟及亚硝酸钠的HF以改善重氮化效率。芳香杂环胺化合物也可用HF-Py进行重氮化然后分解得到相应的氟化物，如2-氟-3-硝基吡啶的合成[100]。

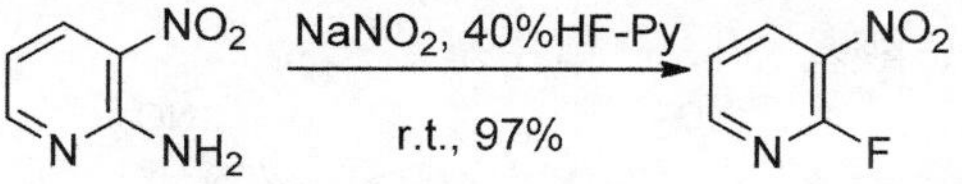

(4-187)

在卤化氢的醇溶液中用亚硝酸酯进行芳胺的重氮化，其重氮盐可以分离出来，在HF-碱溶液中，加热或光分解可以高产率地得到氟苯酚。活性较低的甲氧基苯胺等也可以在HF-碱中利用光照方法以较高得率生成氟代芳烃[101]。

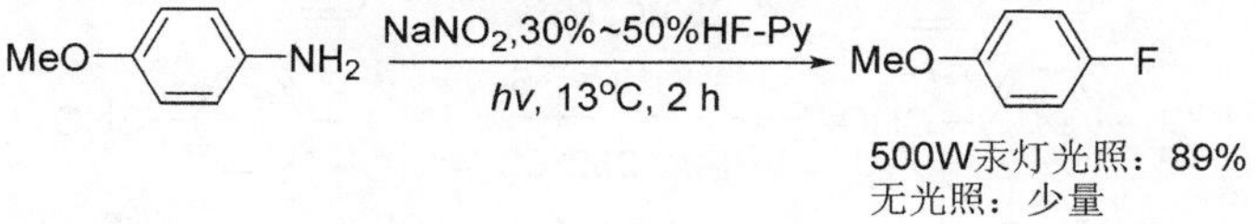

500W汞灯光照：89%
无光照：少量

(4-188)

3）三氮烯类化合物在HF中的分解

三氮烯可由重氮盐与仲胺发生偶合反应以良好收率制备，可在氢氟酸或含吡啶的氢氟酸中分解得到氟代产物[102]。

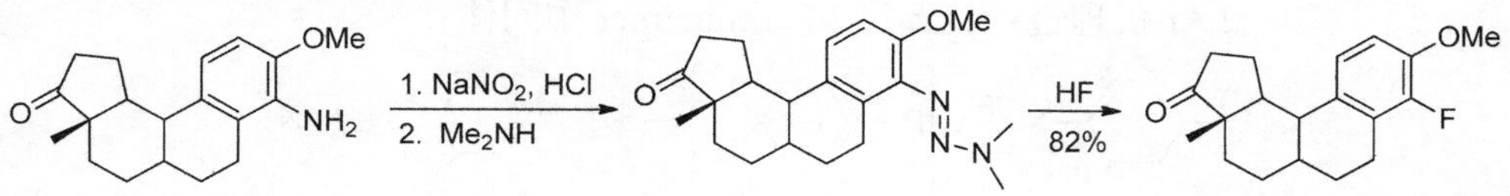

(4-189)

3. Finkelstein 交换氟化反应

Finkelstein 交换氟化反应是指用氟离子取代其他卤离子和具有稳定结构负离子（如磺酰氧基、硝基等）的亲核氟化反应。反应是双分子亲核取代历程，因此吸电子基团的存在有利于这种交换氟化反应。碱金属氟化盐是最常用的氟化剂，在Finkelstein交换氟化反应中的活性顺序是：CsF > RbF > KF > NaF > LiF。

1）Halex（halogen exchange，卤素交换）氟化反应

Halex 氟化反应是指氟离子取代其他卤素离子的卤素交换氟化反应。如氟罗

沙星中间体 1-溴-2-氟乙烷的合成就可以通过 1,2-二溴乙烷在乙腈中用 KF 进行卤素交换氟化得到[103]。

$$BrCH_2CH_2Br \xrightarrow[CH_3CN,\ 70℃]{KF} BrCH_2CH_2F \quad 60\%\sim70\% \tag{4-190}$$

酰卤中卤原子具有较高的活性，很容易被氟离子取代得到相应的酰氟。例如治疗老年痴呆症的药物中间体对甲基苯磺酰氟的合成[104]。

$$Me{-}C_6H_4{-}SO_2{-}Cl + KF \xrightarrow[MeCN,\ 90\%]{PEG\text{-}400} Me{-}C_6H_4{-}SO_2{-}F + KCl \tag{4-191}$$

对于芳香族卤代物中卤原子的取代，通常需要其邻或对位存在强吸电子基团，如硝基[105]、氰基[106]、醛基[107]、三氟甲基[108]等。

$$\text{2,3-二氯硝基苯} \xrightarrow[150°C,\ 20\ h,\ 77\%]{KF,\ DMSO} \text{3-氯-2-氟硝基苯} \tag{4-192}$$

$$Cl{-}C_6H_4{-}CN \xrightarrow[280°C,\ 88\%]{KF,\ DMI} F{-}C_6H_4{-}CN \tag{4-193}$$

$$Cl{-}C_6H_4{-}CHO \xrightarrow[\text{环丁砜},\ 230^{o}C,\ 74\%]{KF,\ 18\text{-冠-}6} F{-}C_6H_4{-}CHO \tag{4-194}$$

$$\text{3,4-二氯三氟甲苯} \xrightarrow[\text{环丁砜},\ 185°C,\ 92\%]{KF,\ Bu_4PBr} \text{3-氯-4-氟三氟甲苯} + \text{4-氯-3-氟三氟甲苯}\quad (9:1) \tag{4-195}$$

反应按 S_N2 Ar 机理进行，经过 Meisenheimer 中间体：

$$R^1{-}C_6H_3(R_2){-}X \xrightarrow{F^{\ominus}} \left[R^1{-}C_6H_3(R^2)^{\ominus}(F)(X)\right] \longrightarrow R^1{-}C_6H_3(R^2){-}F + X^{\ominus} \tag{4-196}$$

R^1, R^2 = CHO, NO_2, CN, COF, CF_3等; X = Cl, Br, I

2）取代磺酰氧基的氟化反应

磺酰氧基具有类似于卤原子的性质，是优良的离去基团，易于发生亲核取代反应。如化合物 **4.51** 的合成[109]。

$$\text{2-萘基}{-}(CH_2)_3{-}OMs \xrightarrow[IL,\ 98\%]{CsF,\ MeCN} \text{2-萘基}{-}(CH_2)_3{-}F\ (\textbf{4.51}) \tag{4-197}$$

IL = 4-甲基苄基-O-$(CH_2)_6$-N⊕-甲基咪唑 $BF_4^{\ominus}$

一些位阻较大的羟基氟化用 DAST 不能反应，此时可以先将羟基酰化变成磺酸酯，再与高活性的 TBAF 进行 Finkelstein 交换反应，如化合物 **4.52** 中 2 位羟基的氟代[110]。

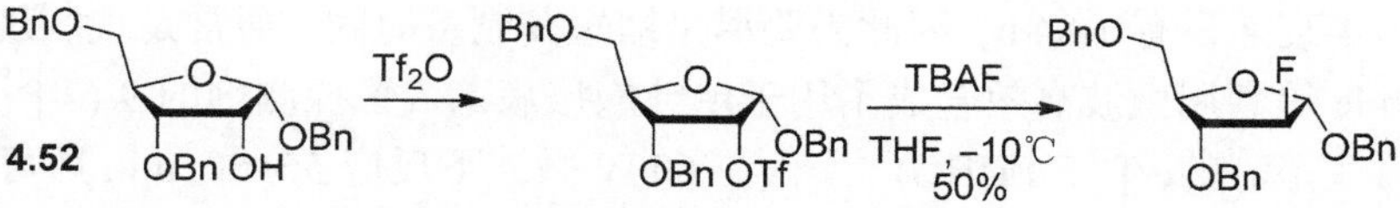

(4-198)

化合物 **4.53** 的羟基氟代也可采用这种方法[111]。

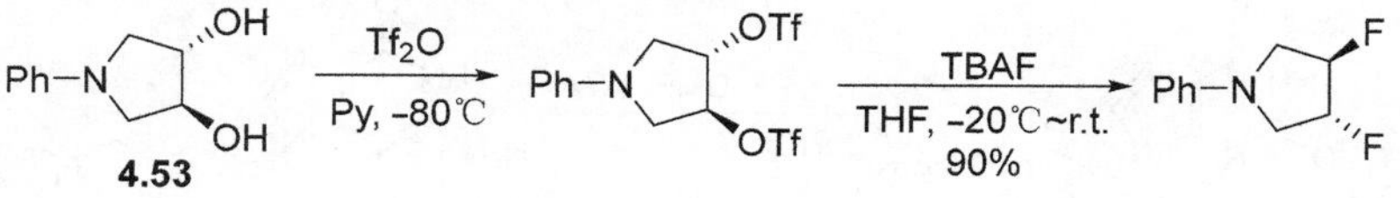

(4-199)

3）氟代脱硝反应

当苯环上还有其他吸电子基团时，硝基就有可能作为离去基团而被氟取代，这就是氟代脱硝反应。氟代脱硝反应为卤素交换氟化不能合成的间氟代芳烃提供了一种新的合成方法。反应也是双分子亲核取代机理。但如果仅用氟化钾进行氟化，则相应的氟代芳烃的产率很低，原因是反应生成的 KNO_2 会进行热分解，生成的 K_2O 进一步与原料及产物反应；但更多的人认为是生成的亚硝基会以氧原子为进攻位点与氟代芳烃反应，生成酚亚硝酸酯，然后脱去 N_2O_3 生成二芳醚。后来发现加入邻苯二甲酰氯可以有效防止这种副反应的发生，其反应通式如式（4-200）所示。间二硝基苯的氟代脱硝反应生成间氟硝基苯，而间硝基氯苯的卤素交换氟化反应不能发生[112]。

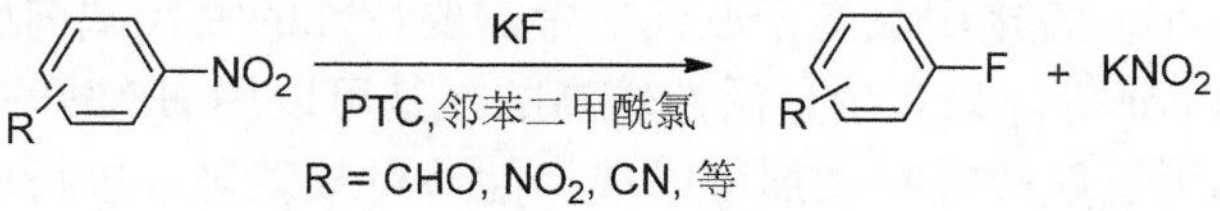

(4-200)

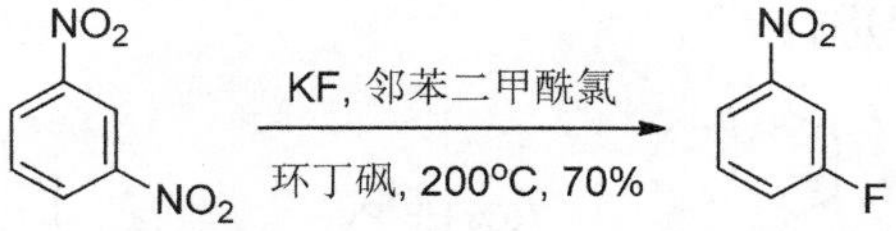

(4-201)

如用四丁基氟化铵为氟化剂，脱硝基氟化反应可以在较低温（例如室温）下反应，生成的亚硝酸根可以与四丁基铵正离子形成稳定的盐，不会发生明显的分解，因此不需要加入亚硝酸根离子消除剂，产率通常较高。例如，邻二硝基苯的氟代脱硝反应可以得到理论产率的邻氟硝基苯[113]。

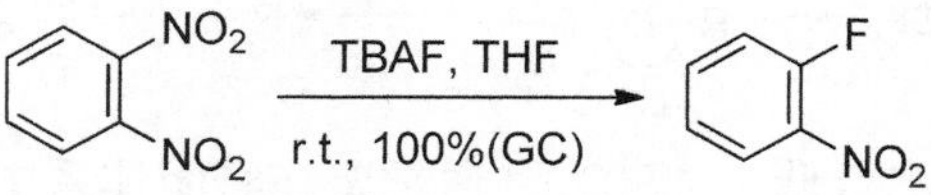

(4-202)

4）微波促进亲核氟化反应合成放射性含氟药物

利用微波技术加速氟化反应在放射性含氟药物的合成中占有重要的地位。因为 ^{18}F 的半衰期只有 1.84 h，因此需要尽量缩短其制备时间，通常是现制现用。例如，Ponde 等利用微波高效合成了用于单纯疱疹病毒成像探测剂的 9-(4-[^{18}F]氟-3-羟甲基丁基)鸟嘌呤([^{18}F]FHBG) [114]，在 60 W 微波下反应 55~60 min 后可得到放射性纯度大于 99%的目标化合物。

O, HN, N, TrHN, N, N, OTs, OTr —1. $K^{18}F$, DMF, MW; 2. HCl→ O, HN, N, H_2N, N, N, F[^{18}F], OH, [^{18}F]FHBG

(4-203)

在神经药物 WAY-100635 的含氟类似物（**4.54**）的合成中，用微波加热仅需 1~3 min 就可以完成反应，而常规加热反应需要 30 min [115]。

MeO, X, N, N, N, N, O —K[^{18}F]F-K_{222}; DMSO, MW, 1~3 min→ MeO, F[^{18}F], N, N, N, N, O, **4.54**

(4-204)

4. 取代羟基的亲核氟化反应

羟基活性较小，直接用氟离子取代通常需要特殊的氟代试剂如 SF_4、DAST、MOST、Deoxofluor 等。只有少量活性较高的羟基可以用 HF 酸的铵盐进行氟化，如化合物 **4.55** 用氢氟酸吡啶试剂可以选择性地对叔碳羟基进行取代得到化合物 **4.56**，反应按 S_N1 机理进行[116]。

HO, OH, H, O, **4.55** —70% HF-Py; CH_2Cl_2, −35℃→ HO, F, H, O, **4.56**

(4-205)

一步法脱羟基氟化反应也可用 SF_4，反应机理如下：

R−OH + SF_4 → R−O−S(F)(F)−F (F−H) —S_N2→ R−F + F−S(=O)−F + HF

(4-206)

但 SF_4 毒性大、沸点低（−38℃），通常要在密闭体系中反应。为了克服这个缺点，可将其中一个氟原子换成二烷基氨基。例如 DAST（沸点 46~47℃）的活

性虽然稍小于 SF_4，但易于处理，反应通常按 S_N2 历程进行。但对一些结构特殊的底物来说，也可能有部分碳正离子中间体产生，因此会出现一些消除或重排副产物，如环辛醇的氟化就有 30%脱水副产物生成[117]。

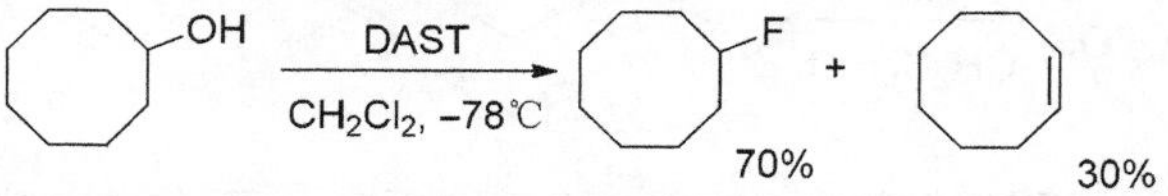

DAST, CH_2Cl_2, −78℃; 70%; 30%

(4-207)

相对来说 MOST 和 Deoxofluor 则更安全，如木糖衍生物 **4.57** 的 1 位羟基氟代反应，用 Deoxofluor 为氟化剂时在室温下反应可以得到 98%的产率[118]。

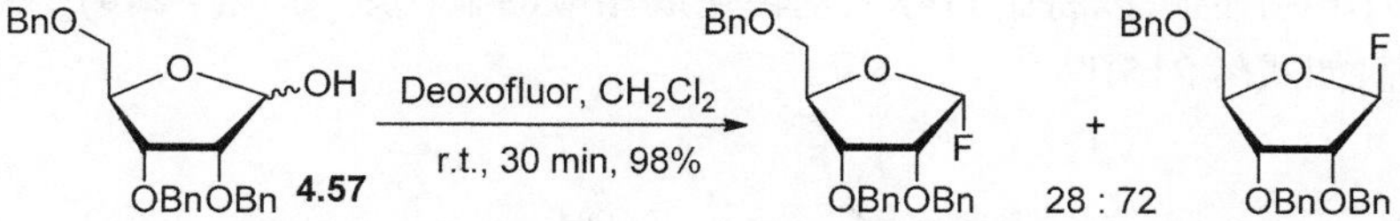

BnO; OH; OBnOBn **4.57**; Deoxofluor, CH_2Cl_2; r.t., 30 min, 98%; F; 28 : 72

(4-208)

XtalFluor 系列氟化剂与 DAST 等相比热稳定性更强，而且活性高、消除副产物少[119]。

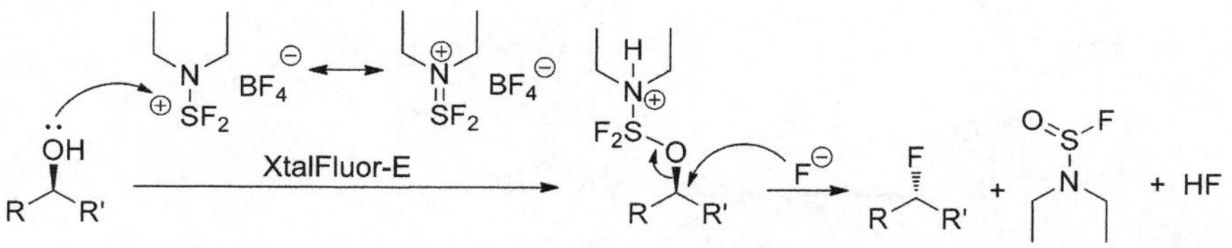

BF_4^-; SF_2; OH; R; R'; XtalFluor-E; F_2S; F^-; F; + HF

(4-209)

比较方便的一步取代羟基的方法是用足够缺电子的含氟试剂与醇反应。首先缺电子氟化试剂与醇发生加成反应并放出氟离子，同时生成一良好的离去基团，氟离子再进攻与氧原子相连的碳，发生 S_N2 反应完成氟对羟基的取代。例如 Ghosez 等开发的α-氟代烯胺（**4.58**）氟化剂[120]。

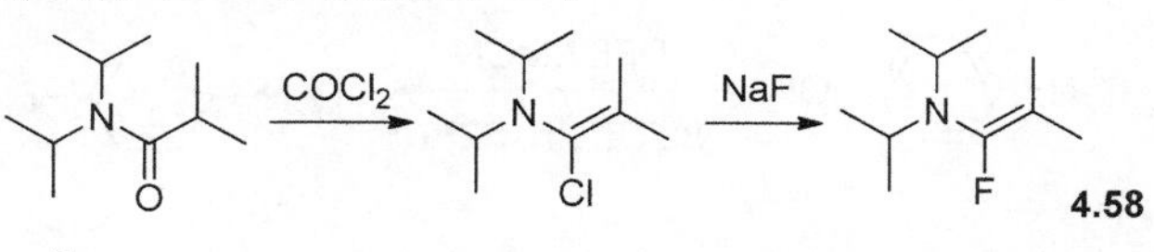

$COCl_2$; NaF; Cl; F; **4.58**

(4-210)

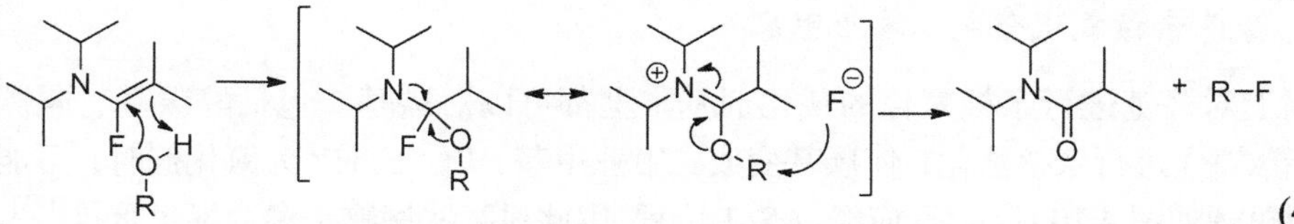

R−F

(4-211)

如化合物 **4.59** 中的羟基用 **4.58** 进行取代时得到构型翻转的氟代产物[121]。

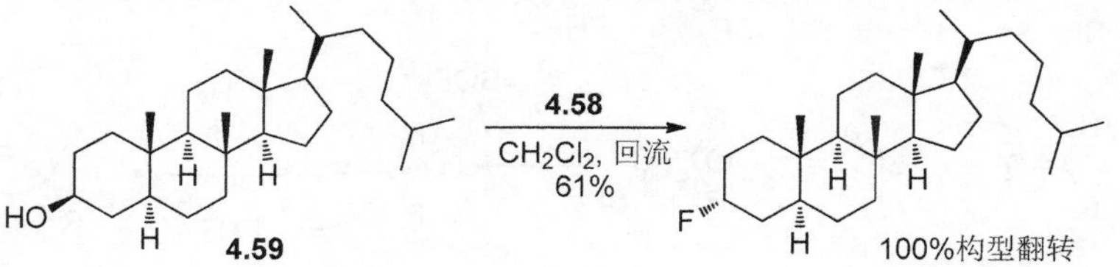

HO; **4.59**; **4.58**; CH_2Cl_2, 回流; 61%; F; 100%构型翻转

(4-212)

但对烯丙醇来说更偏向于按 S_N1 机理反应。例如，香叶醇即使在室温下反应也有 71%的重排产物产生[120]。

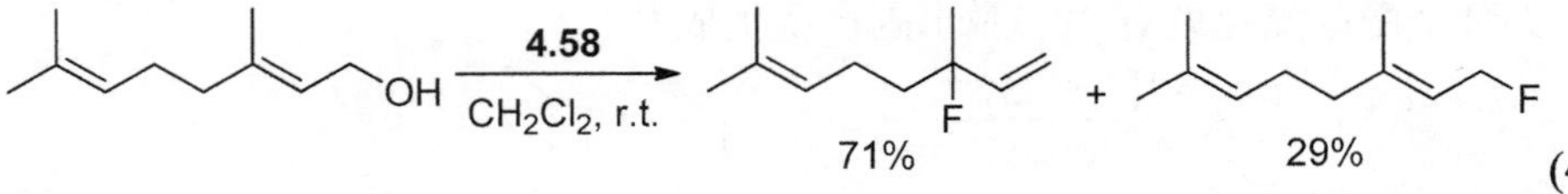

$$\xrightarrow[\text{CH}_2\text{Cl}_2,\ \text{r.t.}]{\textbf{4.58}}\quad 71\%\ +\ 29\% \tag{4-213}$$

2,2-二氟-1,3-二甲基咪唑啉（DFI）的活性更高，可由二甲咪唑啉酮与光气反应得到，经过氟化后再得到二甲基咪唑啉酮（如图 4.9 所示）。这一试剂可以工业化应用，DFI 不但可以将脂肪醇羟基转化成相应的氟代烃[如式(4-214)]，还可以取代酚羟基[如式(4-215)][122]。

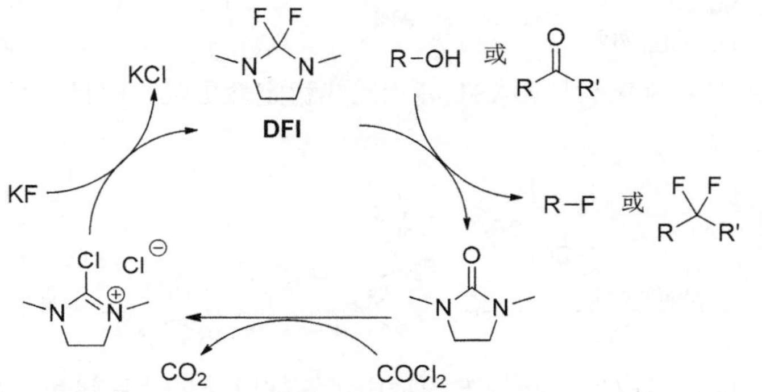

图 4.9　用 DFI 的氟化机理

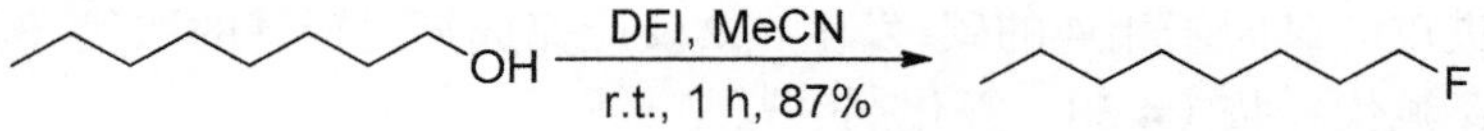

$$\xrightarrow[\text{r.t., 1 h, 87\%}]{\text{DFI, MeCN}} \tag{4-214}$$

$$O_2N\text{-}C_6H_4\text{-}OH \xrightarrow[85℃,\ 1\ h,\ 62\%]{\text{DFI, MeCN}} O_2N\text{-}C_6H_4\text{-}F \tag{4-215}$$

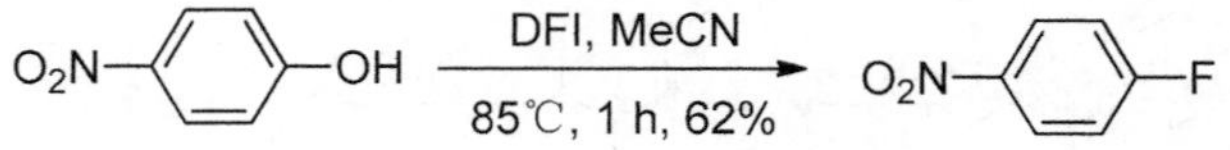

5. 羰基亲核氟化合成二氟亚甲基

以上对羟基进行亲核氟化的氟化剂基本上都可以对羰基（包括醛羰基、酮羰基和酯羰基）进行亲核氟化，使羰基变成二氟亚甲基，以 SF_4/HF 为氟化剂时，可能的反应机理如图 4.10 所示，反应经过 S_N1 历程，因此对某些底物来说会发生重排[123]。

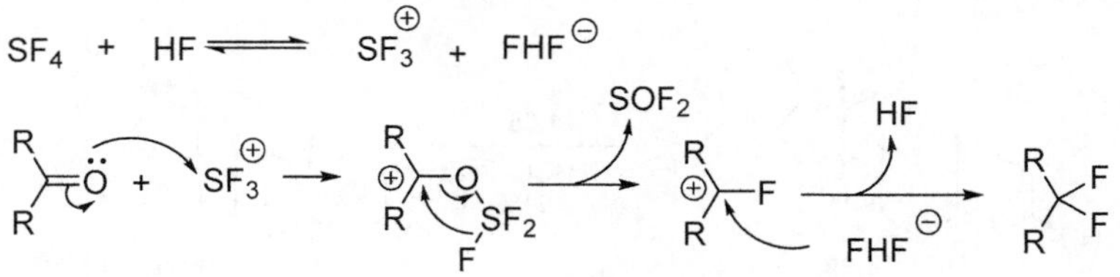

$$SF_4 + HF \rightleftharpoons SF_3^{\oplus} + FHF^{\ominus}$$

图 4.10　羰基二氟亚甲基化的可能机理

一定条件下，反应生成的碳正离子中间体可能发生 1,2-氢迁移重排，生成1,2-二氟化物或发生消除生成氟代烯烃（图 4.11）[124]。

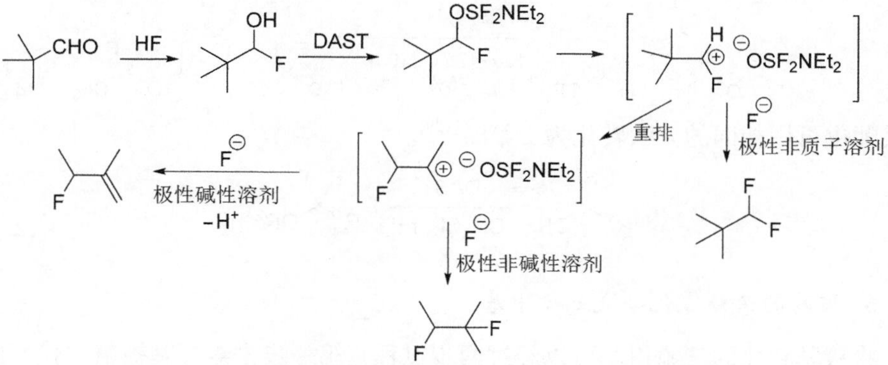

图 4.11　新戊醛在 DAST/HF 体系中的反应

Medebielle 等报道用 DAST 对酮羰基进行二氟化得到具有抗 HIV 活性的化合物 **4.60**[125]。

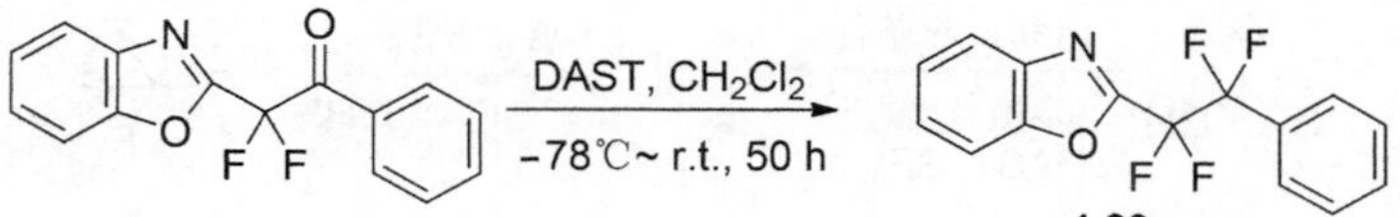

(4-216)

也可用 DAST 的衍生物 XtalFluor-E 对羰基进行偕二氟化反应[126]。

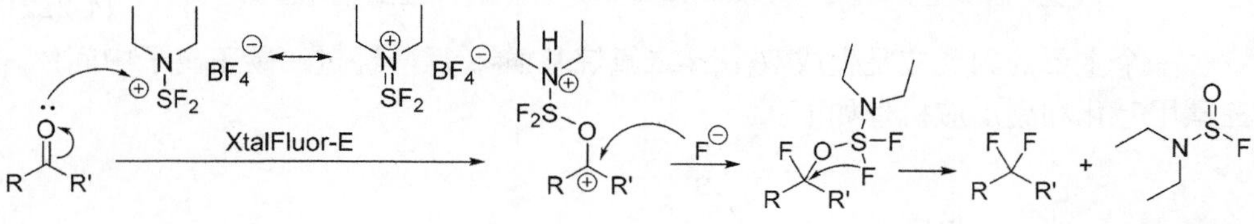

(4-217)

对一些活性较低的羰基，可与乙二硫醇反应变成硫代缩酮，然后在亲电试剂活化下进行亲核氟化变成偕二氟亚甲基，如二苯甲酮羰基的偕二氟化[127]。

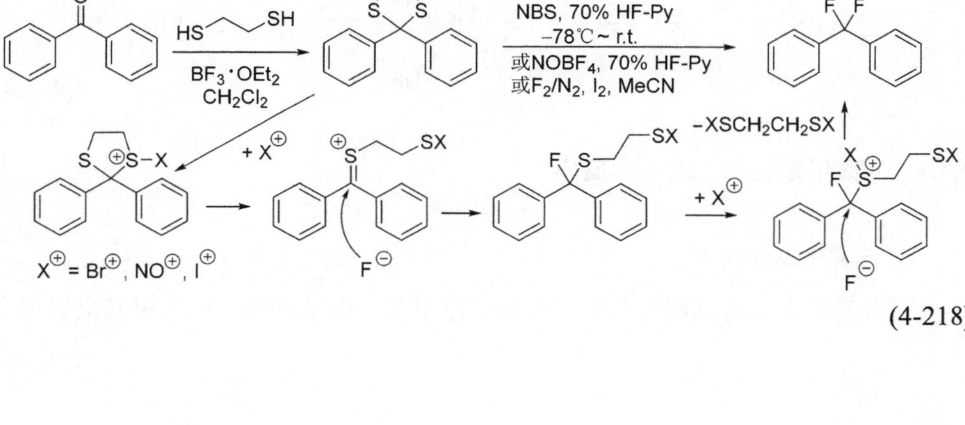

(4-218)

SF_4也可用于对酯羰基进行氟化，如间苯三酚三全氟乙醚的合成[128]。

$$\xrightarrow[\text{100~175℃, 10 h; 75\%}]{SF_4,\ HF}$$ (4-219)

硫代酯也可用相同的方法转化为二氟醚[129]。

$$R^1C(=S)OR^2 \xrightarrow[CH_2Cl_2,\ r.t.]{DAST} R^1CF_2OR^2$$ (4-220)

6. 羧基的亲核氟化合成三氟甲基

将羧基转化为三氟甲基可以经过两步过程：第一步是羧羟基被氟取代变成酰氟，这一步可以用一些活性较低的氟化试剂如α-氟代烯胺或 DAST；然后在更苛刻条件下用 SF_4 把酰氟中的羰基氟化[式(4-221)]。但最方便的还是在 SF_4-HF 中直接将羧酸“一锅煮”转化成三氟甲基[式(4-222)][130]。

$$RCOOH \xrightarrow[\alpha\text{-氟代烯胺, DAST, }SF_4]{\text{温和反应条件}} RCOF \xrightarrow[SF_4,\ aq.\ HF]{\text{强烈反应条件}} RCF_3$$ (4-221)

$$\xrightarrow[\text{r.t., 18 h, 70\%}]{SF_4,\ aq.\ HF}$$ (4-222)

一个主要的副反应是生成双(α,α-二氟烷基)醚，反应经过一碳正离子中间体。三氟甲基化和副反应机理如下：

$$RCOF + SF_3^{\oplus} \longrightarrow \xrightarrow{-SOF_2} \longrightarrow RCF_3$$ (4-223)

$$RCOF + RCF_2^{\oplus} \longrightarrow \longrightarrow RCF_2OCF_2R$$ (4-224)

4.4.4 三氟甲基化和二氟卡宾反应

1. 三氟甲基化反应

引入三氟甲基的试剂较多，主要有三氟甲基三甲基硅烷、三氟甲基金属化合物、三氟碘甲烷、三氟乙酸盐等。

三氟甲基三甲基硅烷（CF_3SiMe_3）也就是著名的 Ruppert 试剂，通常与 TBAF 一起用于三氟甲基化反应。Ruppert 试剂在 TBAF 作用下产生三氟甲基负离子并对羰基进行亲核进攻，然后在酸作用下水解得到相应的三氟甲基加成化合物。

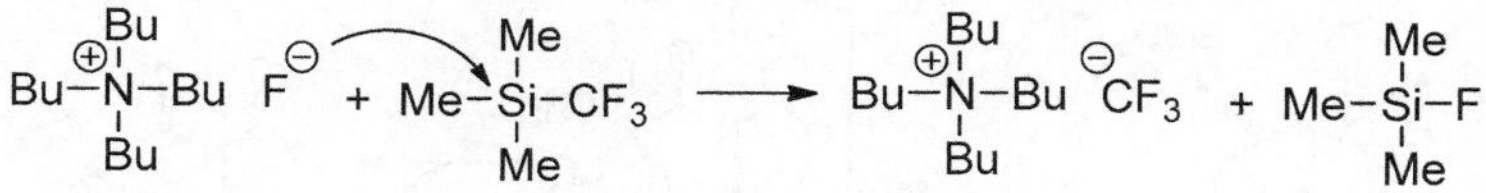

(4-225)

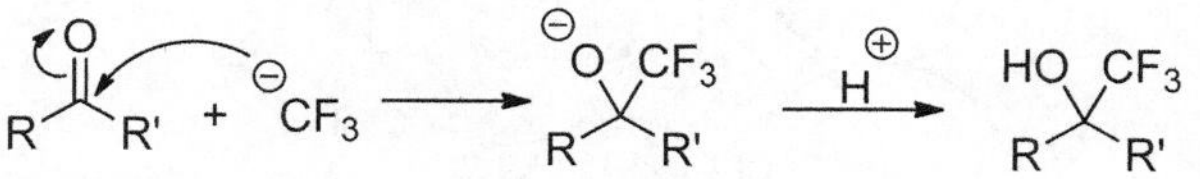

(4-226)

如黄酮受体抗体药物（**4.61**）的合成[131]：

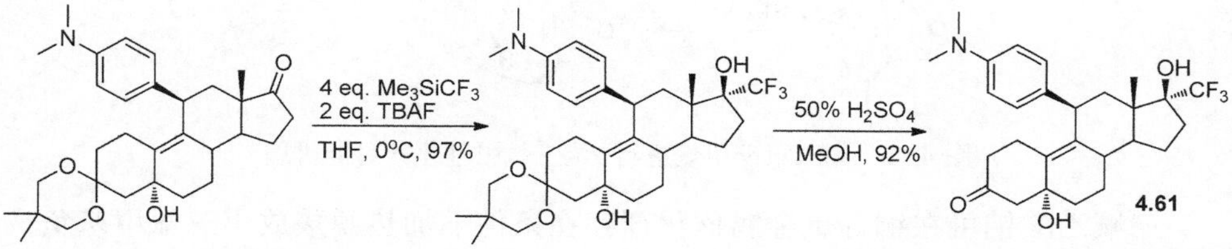

(4-227)

含氟青蒿素也可用这种方法合成[132]：

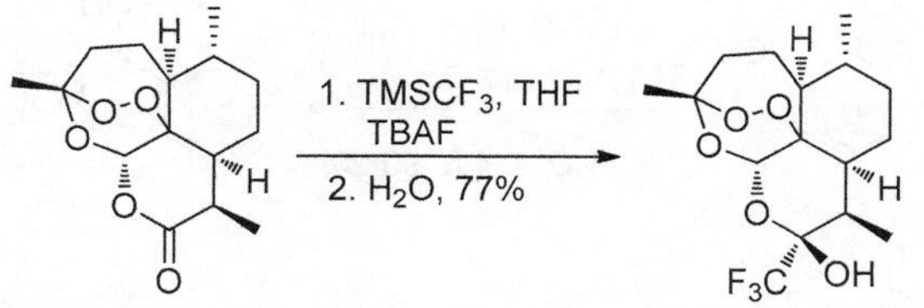

(4-228)

Ruppert试剂与酯反应，可将烷氧基变成三氟甲基，如肉桂酸甲酯的三氟甲基化反应[133]：

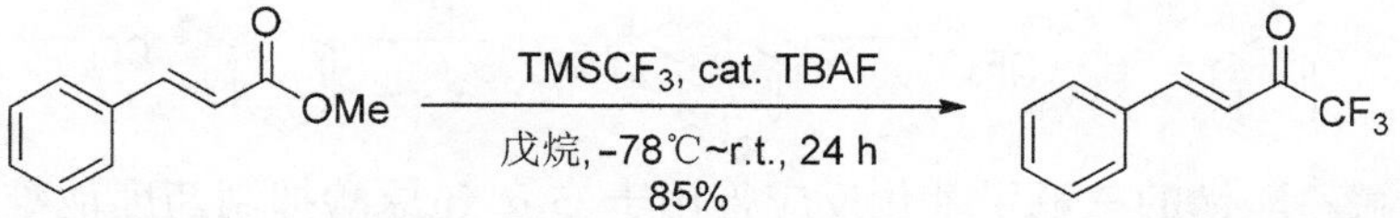

(4-229)

三氟碘甲烷通常在光引发下与底物发生自由基反应引入三氟甲基，如化合物 **4.62** 中咪唑环上引入三氟甲基的反应[134]。

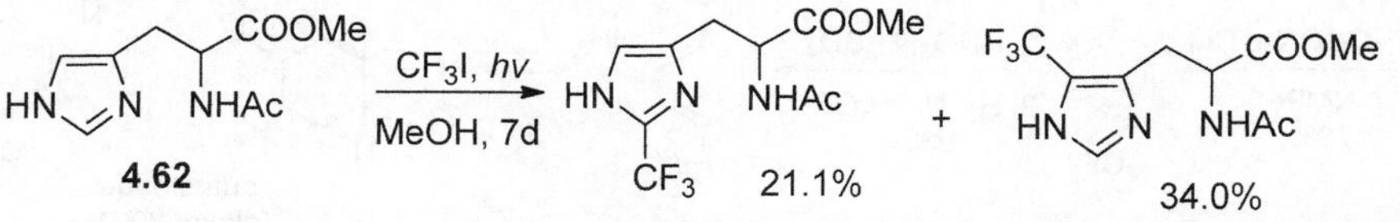

(4-230)

化合物 **4.63** 存在手性辅基，可以诱导羰基α位不对称地引入三氟甲基得到化合物 **4.64**，反应也按自由基机理进行（图 4.12）[135]。

1. LDA, THF, −78 ℃, 1 h
2. CF_3I, Et_3B, −78 ~ −20 ℃, 2 h
70%, 64% *de*

4.63 → **4.64**　　(4-231)

O_2　$EtBO_2\cdot$　Et_3B　$Et\cdot$　EtI　CF_3I　$\cdot CF_3$　CF_3I　LiI

图 4.12　用三氟碘甲烷进行α位三氟甲基化的可能机理

三氟乙酸钠可在铜等重金属催化剂存在条件下加热脱羧放出三氟甲基负离子，然后进攻羰基得到目标产物。通常用 CuI 催化，如苯甲醛的三氟甲基化反应合成α-三氟甲基苄醇 [136]。

1. CF_3CO_2Na, CuI
DMF, 170°C
2. $H_3O^{\oplus}$, 4 h, 99.2%

(4-232)

反应机理如下：

$$CF_3COONa + CuI \xrightarrow{-NaI} CF_3COOCu \xrightarrow{-CO_2} {}^{\ominus}CF_3Cu^{\oplus}$$

(4-233)

用三氟乙酸钠的三氟甲基化反应曾用于 5-α 还原酶抑制药度他雄胺中间体 2,5-二(三氟甲基)苯胺的合成[137]：

CF_3COONa, CuI
NMP
73%

1. HNO_3, H_2SO_4
2. H_2, Ni, ^iPrOH
93%

dutasteride
(glaxo, 2001)

(4-234)

2018年李超忠课题组开发了以(bpy)Cu(CF_3)$_3$为三氟甲基化试剂实现了对醛的C—H键活化三氟甲基化反应，反应按自由基机理进行[138]。

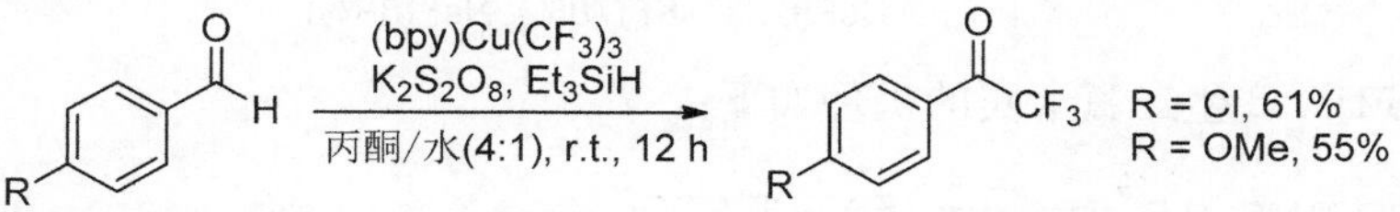

(bpy)Cu(CF_3)$_3$ $K_2S_2O_8$, Et_3SiH 丙酮/水(4:1), r.t., 12 h R = Cl, 61% R = OMe, 55% (4-235)

三氟甲基与硫醚形成的锍鎓盐（**4.65**）为固体，处理方便，具有较高的活性，进行三氟甲基化时按亲电机理反应[139]。

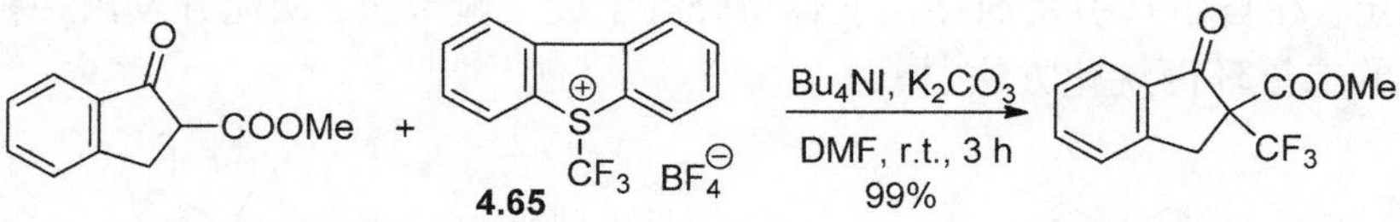

Bu_4NI, K_2CO_3 DMF, r.t., 3 h 99% **4.65** (4-236)

抗偏头痛药物醋酸氟美烯酮的合成可用 CF_3I 光自由基引发三氟甲基化也可用三氟甲基锍盐进行亲电三氟甲基化反应合成[140]。

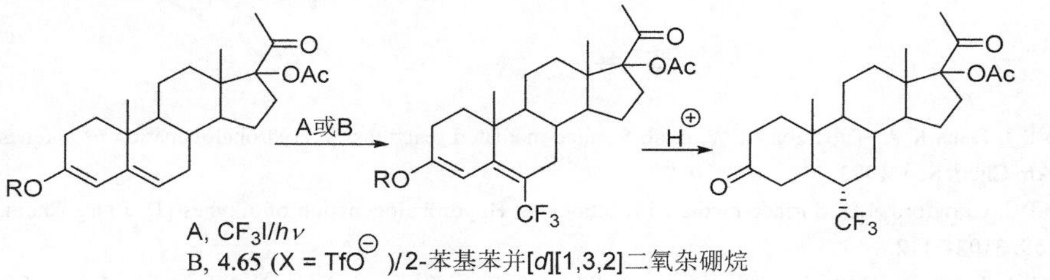

A, $CF_3I/h\nu$

B, 4.65 (X = $TfO^{\ominus}$)/2-苯基苯并[*d*][1,3,2]二氧杂硼烷 (4-237)

2. 二氟卡宾反应

二氟卡宾通常用于对烯键加成生成偕二氟环丙烷结构。一氯二氟乙酸钠、三氟乙酸钠是最常用的二氟卡宾前体。例如前列腺素 **4.66** 就可用一氯二氟乙酸钠为二氟卡宾前体在加热条件下与相应底物反应制备[141]。

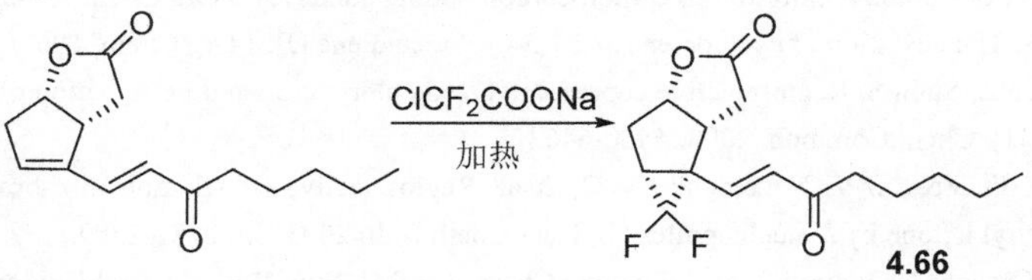

$ClCF_2COONa$ 加热 **4.66** (4-238)

二氟卡宾产生过程如下：

$$ClCF_2COONa \xrightarrow{\text{加热}} :CF_2 + CO_2 + NaCl \tag{4-239}$$

氟磺酰基二氟乙酸三甲基硅醇酯（TFDA）可以在少量氟离子催化下热分解产生二氟卡宾，用于药物中间体的合成取得了满意的效果[142]。

$$\text{CH}_2\text{=CHCH}_2\text{OBz} + \text{TFDA} \xrightarrow{\text{无溶剂, 105°C}} \text{2,2-difluorocyclopropyl-CH}_2\text{OBz}$$

氟化剂：CsF(61%), KF(78%), NaF(89%)　　(4-240)

由 TFDA 产生二氟卡宾的机理如下：

$$FSO_2CF_2COOTMS + F^{\ominus} \xrightarrow[-TMSF]{} FSO_2CF_2COO^{\ominus} \longrightarrow :CF_2 + CO_2 + SO_2 + F^{\ominus} \quad (4\text{-}241)$$

蔡春等采用三氟乙酸钠体系在研究三氟甲基化的同时，还发现三氟甲基阴离子不稳定，在自由基引发剂存在下容易分解生成二氟卡宾，从而开发出一种高效、低成本的二氟环丙烷化方法[143]。

$$\text{4-R-C}_6\text{H}_4\text{C(CH}_3\text{)=CH}_2 + CF_3COONa \xrightarrow[\text{R = H, 86\%; R = Cl, 93\%}]{\text{AIBN, DMF}} \text{1-(4-R-C}_6\text{H}_4\text{)-1-methyl-2,2-difluorocyclopropane} \quad (4\text{-}242)$$

参考文献

[1] Kropp P J, Daus K A, Tubergen M W, et al. Surface-mediated reactions. 3. Hydrohalogenation of alkenes [J]. J Am Chem Soc, 1993, 115: 3071-3079.

[2] Kropp P J, Crawford S D. Surface-mediated reactions. 4. Hhydrohalogenation of alkynes [J]. J Org Chem, 1994, 59: 3102-3112.

[3] Kropp P J, Adkins R. Photochemistry of alkyl halides. 12. Bromides vs. iodides [J]. J Am Chem Soc, 1991, 113: 2709-2717.

[4] Hudrlik P E, Kulkarni A K, Jain S, et al. Stereochemistry of the Wurtz-Fittig preparation of vinylsilanes [J]. Tetrahedron, 1983, 39: 877-882.

[5] Kropp P J, Daus K A, Crawford S D, et al. Surface-mediated reactions. 1. Hydrohalogenation of alkenes and alkynes [J]. J Am Chem Soc, 1990, 112: 7433-7434.

[6] Mayr H, Striepe W. Scope and limitations of aliphatic Friedel-Crafts alkylations. Lewis acid catalyzed addition reactions of alkyl chlorides to carbon-carbon double bonds [J]. J Org Chem, 1983, 48: 1159-1165.

[7] Cantrell T S. The acylation of cyclooctene and 1,5-cyclooctadiene [J]. J Org Chem, 1967, 32: 1669-1672.

[8] Yang L J, Lu Z, Stahl S. Regioselective copper-catalyzed chlorination and bromination of arenes with O_2 as the oxidant [J]. Chem Commun, 2009: 6460-6462.

[9] Rulev A Y, Fedorov S V, Nenajdenko V G, et al. Regioselective substitution in *α*-bromo-*β*-butoxyvinyl trifluoromethyl ketone by *N*-nucleophiles [J]. Russ Chem Bull, 2003, 52: 2287-2289.

[10] Clayden J, Greeves N, Warren S, et al. Organic Chemistry [M]. New York: Oxford University Press, 2001.

[11] Sotokawa T, Noda T, Pi S, et al. A three-step synthesis of halomon [J]. Angew Chem Int Ed, 2000, 39: 3430-3432.

[12] Dowle M D, Davies D I. Synthesis and synthetic utility of halolactones [J] Chem Soc Rev, 1979, 8: 171-197.

[13] Ranganathan S, Muraleedharan K M, Vaish N K, et al. Halo- and selenolactonisation: The two major strategies for cyclofunctionalisation [J]. Tetrahedron, 2004, 60: 5273-5308.

[14] Van Zee N J, Dragojlovic V. Phase-vanishing reactions with PTFE (Teflon) as a phase screen [J]. Org Lett,

2009, 11: 3190-3193.
[15] Ding Y, Jiang X R. A novel highly stereoselective synthesis of the a-ring of taxol *via* two aldol reactions [J]. J Chem Soc Chem Commun, 1995: 1693-1694.
[16] Chen F, Jiang X J, Er J C, et al. Molecular sieves as an efficient and recyclable catalyst for bromolactonization and bromoacetoxylation reactions [J]. Tetrahedron Lett, 2010, 51: 3433-3435.
[17] Cheng Y A, Chen T, Tan C K, et al. Efficient medium ring size bromolactonization using a sulfur-based zwitterionic organocatalyst [J]. J Am Chem Soc, 2012, 134: 16492-16495.
[18] Kabalka G W, Eugene Gooch III E. A mild and convenient procedure for conversion of alkenes into alkyl iodides via reaction of iodine monochloride with organoboranes [J]. J Org Chem, 1980, 45: 3578-3580.
[19] Kabalka G W, Sastry K A R, Hsu H C, et al. Facile conversion of alkenes into alkyl bromides *via* reaction of organoboranes with bromine or bromine chloride [J]. J Org Chem, 1981, 46: 3113-3115.
[20] Brown H C, Lane C F. Organoboranes for synthesis. 10. The base-induced reaction of bromine with oranoboranes. A convenient procedure for the conversion of alkenes into alkyl bromides *via* hydroboration [J]. Tetrahedron, 1988, 44: 2763-2772.
[21] Jindal R, Devi A, Kad G L, et al. Synthesis of heneicos-6(*Z*)-en-11-one, dec-5(*Z*)-en-1-yl acetate, dec-5(*Z*)-en-1-yl-3-methylbutanoate (insect sex pheromones) [J]. Indian J Chem, 2010, 49: 495-499.
[22] Brown H C, Subrahmanyam C, Hamaok T, et al. Vinylic organoboranes. 13. A convenient stereospecific synthesis of (*Z*)-1-halo-1-alkenes from 1-alkynes *via* (*E*)-1-alkenylborane derivatives with halogens1t [J]. J Org Chem, 1989, 54: 6068-6075.
[23] Gung B W, Gibeau C, Jones A. Total synthesis of two novel brominated acetylenic diols (+)-diplyne C and E: stereoselective construction of the (*E*)-1-bromo-1-alkene[J]. Tetrahedron: Asymmetry, 2005, 16: 3107-3114.
[24] Layachi K, Guerro M, Robert A, et al. Synthesis and binding studies of novel thiacalixpodands and bisthiacalixarenes having *O,O''*-dialkylated thiacalix[4]arene unit(s) of 1,3-alternate conformation [J]. Tetrahedron, 1992, 48: 1581-1585.
[25] Jenkins T C, Naylor M A, Neill P, et al. Synthesis and evaluation of α-[[(2-haloethyl)amino]methyl]-2-nitro-1*H*-imidazole-1-ethanols as prodrugs of α-[(1-aziridinyl)methyl]-2-nitro-1*H*-imidazole-1-ethanol (RSU-1069) and its analogs which are radiosensitizers and bioreductively activated cytotoxins [J]. J Med Chem, 1990, 33: 2603-2610.
[26] Krishnaveni N S, Surendra K, Narender M, et al. Highly efficient regioselective ring opening of aziridines to β-haloamines in the presence of β-cyclodextrin in water [J]. Synthesis, 2004: 501-502.
[27] Yadav J S, Subba B V, Kumar G M. Indium trihalide mediated regioselective ring opening of aziridines: A facile synthesis of 2-haloamines [J]. Synlett, 2001: 1417-1418.
[28] Yadav J S, Reddy B V S, Reddy C S, et al. Green protocol for the synthesis of vicinal-halohydrins from oxiranes using the [Bmim]PF_6/LiX reagent system [J]. Chem Lett, 2004, 33: 476-477.
[29] Olah G A, Karpeles R, Narang S C. Synthetic methods and reactions; 107. Preparation of ω-haloalkylcarboxylic acids and esters or related compounds from lactones and boron trihalides[J]. Synthesis, 1982: 963-967.
[30] Kulkami S U, Patil V D. Cleavage of cyclic ethers with boron bromide. A convenient route to the bromosubstituted alcohols, aldehydes and ketones [J]. Heterocycles, 1982, 18: 163-167.
[31] Hoffmann M G, Zeiss H J. A novel and convenient route to *L*-homoserine lactones and *L*-phosphinothricin from *L*-aspartic acid [J]. Tetrahedron Lett, 1992, 33: 2669-2672.
[32] Guindon Y, Therien M, Girard Y, et al. Regiocontrolled opening of cyclic ethers using dimethylboron bromide [J]. J Org Chem, 1987, 52: 1680-1686.
[33] 李红运, 朱旭容. 间氯三氟甲苯的制备[J]. 南京工业大学学报, 2005, 27: 54-57.
[34] 国家医药管理总局. 全国原料药工艺汇编[M]. 北京: 化学工业出版社, 1980.

[35] Havasi G, Nagy F, Godo L, et al. 2-Phenylaminonicotinic acid derivatives [P]. Hung Teljes, 30026, 1984.

[36] Narender N, Srinivasu P, Kulkarni S J, et al. Highly efficient, para-selective oxychlorination of aromatic compounds using potassium chloride and oxone®[J]. Synth Commun, 2002, 32: 279-286.

[37] Branytska O V, Neumann R. An efficient, catalytic, aerobic, oxidative iodination of arenes using the $H_5PV_2Mo_{10}O_{40}$ polyoxometalate as catalyst [J]. J Org Chem, 2003, 68: 9510-9512.

[38] Lee J G, Cha H T. One step conversion of anilines to aryl halides using sodium nitrite and halotrimethylsilane [J]. Tetrahedron Lett, 1992, 33: 3167-3168.

[39] Liu Q -Y, Sun B -Q, Liu Z, et al. A general electrochemical strategy for the Sandmeyer reaction [J]. Chem Sci, 2018, 9: 8731-8737.

[40] 李壮, 吴成岩. 2,4-二氯-5-氟苯甲酸及 2,4-二氯-5-氟苯甲酰乙酸乙酯的全合成[J]. 有机氟化工, 2007, 4: 13-16.

[41] Bunnett J F, Conner R M. Improved preparation of 1-iodo-2,4-dinitrobenzene [J]. J Org Chem, 1958, 23: 305-306.

[42] Barluenga J, Concellon J M, Fernandez-Simon J L, et al. Facile one-pot transformation of carboxylic acid chlorides into 2-substituted allyl alcohols [J]. J Chem Soc Chem Commun, 1988: 536-537.

[43] Harrowven D C, Nunn M I T, Fenwick D R. Aryl iodides from aryllithiums using an iodolactone asan iodine electrophile [J]. Tetrahedron Lett, 2001, 42: 7501-7502.

[44] Boyer B, Keramane E M, Arpin S, et al. BiX_3 as an efficient and selective reagent for the halogen exchange reaction [J]. Tetrahedron, 1999, 55: 1971-1976.

[45] Lyons T W, Sanford M S. Palladium-catalyzed ligand-directed C−H functionalization reactions [J]. Chem Rev, 2010, 110(2): 1147-1169.

[46] Kalyani D, Dick A R, Anani W Q, et al. Scope and selectivity in palladium-catalyzed directed C–H bond halogenation reactions [J]. Tetrahedron, 2006, 62: 11483-11498.

[47] Wan X B, Ma Z X, Li B J, et al. Highly selective C-H functionalization/halogenation of acetanilide [J]. J Am Chem Soc, 2006, 128: 7416-7417.

[48] Moghaddam F M, Tavakoli G, Saeednia B, et al. Palladium-catalyzed carbamate-directed regioselective halogenation: A route to halogenated anilines [J]. J Org Chem, 2016, 81: 3868-3876.

[49] Mei T S, Giri R, Maugel N, et al. Pd(II)-catalyzed monoselective ortho halogenation of C-H bonds assisted by counter cations: a complementary method to directed ortho lithiation [J]. Angew Chem Int Ed, 2008, 47: 5215-5219.

[50] Mboyi C D, Testa C, Reeb S, et al. Building diversity in ortho-substituted *s*-aryltetrazines by tuning *N*-directed palladium C−H halogenation: Unsymmetrical polyhalogenated and biphenyl *s*-aryltetrazines [J]. ACS Catal, 2017, 7: 8493−8501.

[51] Kim E H, Koo B S, Song C E, et al. Halogenation of aromatic methyl ketones using oxone® and sodium halide [J]. Synth Commun, 2001, 31: 3627-3632.

[52] Lee J C, Bae Y H. Efficient α-dodination of carbonyl compounds under solvent-free conditions using microwave irradiation [J]. Synlett, 2003: 507-508.

[53] Yang D, Yan Y L, Lui B. Mild γ-halogenation reactions of 1,3-dicarbonyl compounds catalyzed by Lewis acids [J]. J Org Chem, 2002, 67: 7429-7431.

[54] 金波, 陈国华, 邹爱峰, 等. 吉非替尼的合成[J]. 中国药科大学学报, 2005, 36: 92-94.

[55] 袁晶, 李亚明, 张华. 2-氨基-6-三氟甲基嘧啶衍生物的合成与表征[J]. 化学研究与应用, 2004, 16: 825-827.

[56] Magid R M, Fruchey O S, Johnson W L, et al. Hexachloroacetone/triphenylphosphine: A mild reagent for the regioselective and stereospecific production of allylic chlorides from the alcohols [J]. J Org Chem, 1979, 44: 359-363.

[57] Lee J, Zhong Y L, Reamer R A, et al. Practical synthesis of sultams *via* sulfonamide dianion alkylation:

Application to the synthesis of chiral sultams [J]. Org Lett, 2003, 5: 4175-4177.

[58] Miquel N, Vignando S, Russo G, et al. Efficient synthesis of *O*-, *S*-, *N*- and *C*-glycosides of 2-amino-2-deoxy-*D*-glucopyranose from glycosyl dodides [J]. Synlett, 2004: 341-343.

[59] 施振华, 丁健, 宁奇, 等. 巴柳氮钠的合成[J]. 中国医药工业杂志, 2003, 34, 537-538.

[60] Kabalka G W, Mereddy A R. A facile synthesis of aryl iodides *via* potassium aryltrifluoroborates [J]. Tetrahedron Lett, 2004, 45: 343-345.

[61] Shi J X, Du J F, Ma T W, et al. Synthesis and anti-viral activity of a series of *D*- and *L*-2′-deoxy-2′-fluororibonucleosides in the subgenomic HCV replicon system [J]. Bioorg Med Chem, 2005, 13: 1641-1652.

[62] Rozen S, Gal C. Activating unreactive sites of organic molecules using elemental fluorine [J]. J Org Chem, 1987, 52: 2769-2779.

[63] Schuman P D, Tarrant P, Warner D A, et al. Process for fluorinating uracil and derivatives thereof [P]. US 3954758, 1976.

[64] Gladysz J A, Curran D P, Horvath I T. Handbook of Fluorous Chemistry [M]. Weinheim: Wiley-VCH Verlag GmbH & Co. KGaA, 2004.

[65] Differding E, Regg G M. Nucleophilic substitution versus electron transfer: 1. On the mechanism of electrophilic fluorinations [J]. Tetrahedron Lett, 1991, 32: 3815-3818.

[66] Cartwright M M, Wolf A A. Positive fluorine - misconception or reality? [J]. J Fluorine Chem, 1984, 25: 263-267.

[67] Christe K O. Positive fluorine - reality or misconception? [J]. J Fluorine Chem, 1984, 25: 269-273.

[68] Differding E, Bersier P M. Electrochemical reduction of nitrogen-flourine bonds: Relevance to the reactivity of electrophilic flourinating agents [J]. Tetrahedron, 1992, 48: 1595-1604.

[69] Gilicinski A G, Pez G P, Syvret R G, et al. On the relative power of electrophilic fluorinating reagents of the N-F class [J]. J Fluorine Chem, 1992, 59: 157-162.

[70] Umemoto T, Tomita K. *N*-Fluoropyridinium triflate and its analogs, the first stable 1:1 salts of pyridine nucleus and halogen atom [J]. Tetrahedron Lett, 1986, 27: 3271-3274.

[71] Umemoto T, Kawada K, Tomitat K. *N*-fluoropyridinium triflate and its derivatives: useful fluorinating agents [J]. Tetrahedron Lett, 1986, 27: 4465-4468.

[72] Xu X, Henninger T, Abbanat D, et al. Synthesis and antibacterial activity of C2-fluoro, C6-carbamate ketolides, and their C9-oximes [J]. Bioorg Med Chem Lett, 2005, 15: 883-887.

[73] Liang C H, Yao S, Chiu Y H, et al. Synthesis and biological activity of new 5-*O*-sugar modified ketolide and 2-fluoro-ketolide antibiotics [J]. Bioorg Med Chem Lett, 2005, 15: 1307-1310.

[74] Toscano L, Cappelletti L, Leonardo M, et al. Novel semisynthetic macrolidic antibiotics, microbiological processes for their preparation and related microorganism, novel intermediate compounds for their preparation and related pharmaceutical compositions containing them [P]. EP 82200019, 1982.

[75] Poss A J, Shia G A. Preparation of (8*S*)-8-fluoroerythromycins with N-F fluorinating agents [P]. WO 9608502, 1996.

[76] Tangirala R S, Dixon R, Yang D, et al. Total and semisynthesis and *in vitro* studies of both enantiomers of 20-fluorocamptothecin [J]. Bioorg Med Chem Lett, 2005, 15: 4736-4740.

[77] Shibata N, Ishimaru T, Nakamura M, et al. 20-Deoxy-20-fluorocamptothecin: Design and synthesis of camptothecin isostere [J]. Synlett, 2004: 2509-2512.

[78] Bume D D, Harry S A, Lectka T, et al. Catalyzed and promoted aliphatic fluorination [J]. J Org Chem, 2018, 83: 8803-8814.

[79] Differding E D, Lang R W. New fluorinating reagents - I. The first enantioselective fluorination reaction [J]. Tetrahedron Lett, 1988, 29: 6087-6090.

[80] Baudequin C, Plaquevent J C, Audouard C, et al. Enantioselective electrophilic fluorination in ionic liquids

[J]. Green Chem, 2002, 4: 584-586.

[81] Rozen S, Ben-Shushan G. Selective fluorination of steroids using elemental fluorine [J]. J Org Chem, 1986, 52: 3522-3527.

[82] Shellhamer D F, Curtis C M, Dunham R H, et al. Regioselective chemistry of methoxyxenon fluoride [J]. J Org Chem, 1985, 50: 2751-2758.

[83] Rozen S, Brand M. A new method for introducing iodo and bromo fluorides into organic molecules using elemental fluorine [J]. J Org Chem, 1985, 50: 3342-3348.

[84] Kirsch P, Tarumi K. A novel type of liquid crystals based on axially fluorinated cyclohexane units [J]. Angew Chem Int Ed, 1998, 37: 484-489.

[85] Olah G A, Li X Y, Wang Q, et al. Poly-4-vinylpyridinium poly(hydrogen fluoride): A solid hydrogen Fluoride equivalent reagent [J]. Synthesis, 1993: 693-699.

[86] Zupan M. Halofluorination. Part II. Bromofluorination of arylcyclohexenes [J]. J Fluorine Chem, 1977, 9: 177-185.

[87] Fifolt M J, Olczak R T, Mundhenke R F. Fluorination of aromatic derivatives with fluoroxytrifluoromethane and bis(fluoroxy)difluoromethane [J]. J Org Chem, 1985, 50: 576-4582.

[88] Umemoto T, Tomizawa G. Highly selective fluorinating agents: A counteranion-bound *N*-fluoropyridinium salt system [J]. J Org Chem, 1995, 60: 6563-6570.

[89] Sanford M S, Huljij K L, Anani W Q. Palladium-catalyzed fluorination of carbon-hydrogen bonds[J]. J Am Chem Soc, 2006, 128: 7134-7135.

[90] Yu J Q, Wang X S, Mei T S. Versatile $Pd(OTf)_2 \cdot 2H_2O$-catalyzed *ortho*-fluorination using NMP as a promoter[J]. J Am Chem Soc, 2009, 131: 7520-7521.

[91] Chan K S L, Wasa M, Wang X S, et al. Palladium(II)-catalyzed selective monofluorination of benzoic acids using a practical auxiliary: A weak-coordination approach[J]. Angew Chem Int Ed, 2011, 50: 9081-9084.

[92] Park H, Verma P, Hong K, et al. Controlling Pd(IV) reductive elimination pathways enables Pd(II)-catalysed enantioselective C(sp^3)-H fluorination [J]. Nature Chem, 2018, 10: 755-762.

[93] 祝翠红，闻建平，卢彦昌，等. 醋酸地塞米松氟化反应的优化[J]. 化学工业与工程, 2005, 22: 430-433.

[94] Bruns S, Haufe G. Enantioselective introduction of fluoride into organic compounds: First asymmetric ring opening of epoxides by hydrofluorinating reagents [J]. J Fluorine Chem, 2000, 104: 247-254.

[95] Akiyama Y, Fukuhara T, Hara S. Regioselective synthesis of fluorohydrines *via* S_N2-type ring-opening of epoxides with TBABF-KHF_2 [J]. Synlett, 2003: 1530-1533.

[96] Fan R H, Zhou Y G, Zhang W X, et al. Facile preparation of *β*-fluoro amines by the reaction of aziridines with potassium fluoride dihydrate in the presence of Bu_4NHSO_4 [J]. J Org Chem, 2004, 69: 335-338.

[97] Serguchev Y A, Ponomarenko M V, Lourie L F, et al. Synthesis of halo-fluoro-substituted adamantanes by electrophilic transannular cyclization of bicyclo[3.3.1]nonane dienes [J]. J Fluorine Chem, 2003, 123: 207-215.

[98] Shimizu M, Yoshioka H. Highly selective ring opening of epoxides with silicon tetrafluoride: preparation of fluorohydrins [J]. Tetrahedron Lett, 1988, 29: 4101-4104.

[99] Mstsumoto J, Miyamoto T, Minamida A, et al. Synthesis of fluorinated pyridines by the Balz-Schiemann reaction. An alternative route to enoxacin, a new antibacterial pyridonecarboxylic acid [J]. J Heterocyclic Chem, 1984, 21: 673-679.

[100] Boudakian M M. New developments in the synthesis of lower fluorinated pyridines *via* diazotization-fluorination of aminopyridines in anhydrous hydrogen fluoride [J]. J Fluorine Chem, 1981, 18: 497-506.

[101] Yoneda N, Fukuhara T, Suzuki A. Preparation of aromatic fluorides *via* diazotization and photochemically induced fluoro-dediazoniation of aromatic amines in anhydrous hydrogen fluoride - organic base solutions [J]. Synth Commun, 1989, 19: 865-871.

[102] Ng J S, Katzenellenbogen J A, Kilbourn M E. Aromatic fluorinations suitable for fluorine-18 labeling of estrogens [J]. J Org Chem, 1981, 46: 2520-2528.

[103] Comagic S, Piel M, Schirrmacher R, et al. Efficient synthesis of 2-bromo-1-[^{18}F]fluoroethane and its application in the automated preparation of ^{18}F-fluoroethylated compounds [J]. Appl Radial Isot, 2002, 56: 847-851.

[104] Yadav G D, Paranjape P M. Novelties of solid-liquid phase transfer catalysed synthesis of *p*-toluenesulfonyl fluoride from *p*-toluenesulfonyl chloride [J]. J Fluorine Chem, 2005, 126: 99-106.

[105] 朱志华, 徐佩若, 严之光, 等. 2,6-二氯氟苯的合成研究[J]. 精细化工, 1999, 16: 44-46.

[106] 沈之芹, 陈金华, 金文清, 等. 4-氟苯甲腈的合成研究[J]. 精细化工, 2001, 18: 713-714.

[107] Yoshida Y, Kimura Y. A convenient synthesis of fluorobenzaldehydes by KF/Ph_4PBr/18-crown-6 reagent system [J]. Chem Lett, 1988, 17: 1355-1358.

[108] Kumai S. Furukawa Y, Sasabe M, et al. Preparation of some fluoro-aromatic compounds by fluorodechlorination using quaternary phosphonium halides as fluorination catalysts [J]. Asahi Garasu Kenkyu Hokoku, 1990, 39: 317-326.

[109] Kim D W, Song C E, Chi D Y. Significantly enhanced reactivities of the nucleophilic substitution reactions in ionic liquid [J]. J Org Chem, 2003, 68: 4281-4285.

[110] Su T L, Klein R S, Fox J J. Improved synthesis of *α-D*-ribofuranosides *via* stereoselective alkylation of a dibutylstannylene derivative for ready access to the 2-substituted 2-deoxyarabinofuranosides [J]. J Org Chem, 1982, 47: 1506-1509.

[111] Marson C M, Melling R C. The first enantioselective syntheses of vicinal difluoropyrrolidines and the first catalytic asymmetric synthesis mediated by the C_2 symmetry of *α*-CHFCHF-unit [J]. Chem Commun, 1998: 1223-1224.

[112] 石川延男. 含氟生理活性物质的开发和应用[M]. 闻建勋, 闻宇清译. 上海: 华东理工大学出版社, 2000.

[113] Hu Y F, Luo J, Lü C X. A mild and efficient method for nucleophilic aromatic fluorination using tetrabutylammonium fluoride as fluorinating reagent [J]. Chin Chem Lett, 2010, 21: 151-154.

[114] Ponde D E, Dence C S, Schuster D P, et al. Rapid and reproducible radiosynthesis of [^{18}F] FHBG [J]. Nucl Med Biol, 2004, 31: 133-138.

[115] Karramkam M, Hinnen F, Berrehouma M, et al. Synthesis of a [6-pyridinyl-^{18}F]-labelled fluoro derivative of WAY-100635 as a candidate radioligand for brain 5-HT_{1A} receptor imaging with PET [J]. Bioorg Med Chem, 2003, 11: 2769-2782.

[116] Parish E J, Schroepfer G J Jr. Inhibitors of sterol biosynthesis. Synthesis of 9*α*-fluoro-3*β*-hydroxy-5*α*-cholest-8(14)-en-15-one and related compounds [J]. J Org Chem, 1980, 45: 4034-4037.

[117] Middleton W J. New fluorinating reagents. Dialkylaminosulfur fluorides [J]. J Org Chem, 1975, 40: 574-578.

[118] Lal G S, Pez G P, Pesaresi R J, et al. Bis(2-methoxyethyl)aminosulfur trifluoride: A new broad-spectrum deoxofluorinating agent with enhanced thermal stability [J]. J Org Chem, 1999, 64: 7048-7054.

[119] Bennett C, Clayton S, Tovell D. Simpler fluorine chemistry [J]. Chem Ind, 2010: 21-23.

[120] Muneyama F, Frisque-Hesbain A M, Devos A, et al. Synthesis of alkyl halides under neutral conditions [J]. Tetrahedron Lett, 1989, 30: 3077-3080.

[121] Ernst B, Winkler T. Preparation of glycosyl halides under neutral conditions [J]. Tetrahedron Lett, 1989, 30: 3081-3084.

[122] Hayashi H, Sonoda H, Fukumura K, et al. 2,2-Difluoro-1,3-dimethylimidazolidine (DFI). A new fluorinating agent [J]. Chem Commun, 2002: 1618-1619.

[123] Tozer M J, Herpin T F. Methods for the synthesis of *gem*-difluoromethylene compounds [J]. Tetrahedron, 1996, 52: 8619-8683.

[124] Dmowski W. Advances in fluorination of organic compounds with sulphur tetrafluoride [J]. J Fluorine Chem, 1986, 32: 255-282.

[125] Medebielle M, Ait-Mohand S, Burkhloder C, et al. Syntheses of new difluoromethylene benzoxazole and 1,2,4-oxadiazole derivatives, as potent non-nucleoside HIV-1 reverse transcriptase inhibitors [J]. J Fluorine Chem, 2005, 126: 533-540.

[126] L'Heureux A, Beaulieu F, Bennett C, et al. Aminodifluorosulfinium salts: Selective fluorination reagents with enhanced thermal stability and ease of handling [J]. J Org Chem, 2010, 75: 3401-3411.

[127] Sondej S C, Katzenellenbogen J A. *gem*-Difluoro compounds: A convenient preparation from ketones and aldehydes by halogen fluoride treatment of 1,3-dithiolanes [J]. J Org Chem, 1986, 51: 3508-3513.

[128] Alekseeva L A, Belous V M, Yagupol'skii L M. Tris(pentafluoroethoxy)benzenes and their derivatives [J]. Russ J Org Chem, 1974, 10: 1053-1059.

[129] Street I P, Withers S G. Fluorination of protected mannose derivatives using diethylaminosulfur trifluoride [J]. Can J Chem, 1986, 64: 1400-1403.

[130] Kirsch P, Bremer M. Nematic liquid crystals for active matrix displays: molecular design and synthesis [J]. Angew Chem Int Ed, 2000, 39: 4216-4235.

[131] Cleve A, Klar U, Schwede W. Beneficial effects of fluorine in the anti-progestin ZK 230211 [J]. J Fluorine Chem, 2005, 126: 217-220.

[132] Grellepois F, Chorki F, Crousse B, et al. Anhydrodihydroartemisinin and its 10-trifluoromethyl analogue: Access to novel D-ring-contracted artemisinin trifluoromethyl ketones [J]. J Org Chem, 2002, 67: 1253-1260.

[133] Wiedemann J, Heiner T, Mloston G, et al. Direct rreparation of trifluoromethyl ketones from carboxylic esters: Trifluoromethylation with (trifluoromethyl)trimethylsilane [J]. Angew Chem Int Ed, 1998, 37: 820-821.

[134] Kimoto H, Fujii S. Photochemical trifluoromethylation of some biologically significant imidazoles [J]. J Org Chem, 1984, 49: 1060-1064.

[135] Iseki K, Nagai T, Kobayashi Y. Diastereoselective trifluoromethylation of chiral imide enolates with iodotrifluoromethane mediated by triethylborane [J]. Tetrahedron: Asymmetry, 1994, 5: 961-974.

[136] Chang Y, Cai C. Sodium trifluoroacetate: An efficient precursor for the trifluoromethylation of aldehydes [J]. Terthaedron Lett, 2005, 46: 3161-3164.

[137] Bakshi R K, Rasmusson G H, Patel G F, et al. 4-Aza-3-oxo-5α-androst-1-ene-17β-*N*-arylcarboxamides as dual inhibitors of human type 1 and type 2 steroid 5α.-reductases. Dramatic effect of *N*-aryl substituents on type 1 and type 2 5α-reductase inhibitory potency [J]. J Med Chem, 1995, 38: 3189-3192.

[138] Zhang P, Shen H-G, Zhu L, et al. Radical C(sp^2)–H trifluoromethylation of aldehydes in aqueous solution [J]. Org Lett, 2018, 20: 7062-7065.

[139] Ma J A, Cahard D. Mild electrophilic trifluoromethylation of β-ketoesters and silyl enol ethers with 5-trifluoro methyldibenzothiophenium tetrafluoroborate [J]. J Org Chem, 2003, 68: 8726-8729.

[140] Rasmusson G H, Brown R D, Arth G E. Photocatalyzed reaction of trifluoromethyl iodide with steroidal dienones [J]. J Org Chem, 1975: 40, 672-675.

[141] Crabbe P, Cervantes A. Synthesis of difluoromethylene-prostaglandins [J]. Tetrahedron Lett, 1973, 14: 1319-1321.

[142] Dolbier J W R, Tiana F, Duana J X, et al. Trimethylsilyl fluorosulfonyldifluoroacetate (TFDA): A new, highly efficient difluorocarbene reagent [J]. J Fluorine Chem, 2004, 125: 459-469.

[143] Chang Y, Cai C. Sodium trifluoroacetate: An efficient difluorocarbene recpursor for alkenes [J]. Chem Lett, 2005, 34: 1440-1441.

第 5 章　亲核碳原子上的烃化、羟烷基化和酰化反应

所谓亲核碳原子是指富电子芳烃和烯烃等的碳原子，以及羰基化合物的 α 位、烯烃的烯丙位和芳烃的苄位碳原子。富电子芳烃和烯烃等因存在共轭大π键而具有较高的电子云密度，因而具有亲核性，能与亲电试剂发生烃化、羟烷基化和酰化反应。羰基化合物的 α 位、烯烃的烯丙位和芳烃的苄位碳原子本身虽不具有亲核性，但由于羰基等基团的吸电性，连在 α 位碳原子上的氢原子具有一定的酸性，在碱的作用下可以被脱去，形成碳负离子而成为亲核试剂。

亲核碳原子上的烃化、羟烷基化和酰化反应是形成 C—C 键的经典和有效的方法，在有机合成中应用非常广泛。

5.1　α 位的烃化反应

碱存在下羰基化合物与卤代烃等亲电试剂反应生成 α 位氢被烃基取代的产物，在合成中是增长碳链的有效方法。羰基等化合物 α 位烃基上氢的活性与 α 位氢的酸性强弱有关，酸性强弱又取决于吸电基的吸电性强弱，吸电基的吸电性越强，α 氢的酸性也就越强。常见吸电基的吸电性强弱顺序如下：

$$—NO_2 > —\overset{\overset{O}{\|}}{C}R > —SO_2R > —CN > —COOR > —SOR > —Ph$$

α-氢的酸性强弱可用化合物的酸离解常数的负对数 pK_a 来表示，表 5.1 列出了一些化合物的 pK_a 值，可供参考。

表 5.1　一些化合物分子中氢的 pK_a 值[1]

化合物	pK_a	化合物	pK_a
$Cl_3CCO_2\underline{H}$	0	$EtO\underline{H}$	17
$CH_3CO_2\underline{H}$	4.7	$CH_3CON\underline{H}_2$	17
$pyr\underline{H}^+$	5	t-$BuO\underline{H}$	19
$PhN\underline{H}_3{}^+$	5	$C\underline{H}_3COCH_3$	20
$\underline{H}CN$	9	$C\underline{H}_3SO_2CH_3$	23
$NCC\underline{H}_2CO_2Et$	9	$\underline{H}C\equiv CH$	25
$Et_3N\underline{H}^+$	10	$C\underline{H}_3CO_2Et$	25
$PhO\underline{H}$	10	$C\underline{H}_3CN$	26
$C\underline{H}_3NO_2$	10	$C\underline{H}_3SOCH_3$	31
$EtS\underline{H}$	11	$N\underline{H}_3$	35
$CH_3COC\underline{H}_2CO_2Et$	11	$C_6\underline{H}_6$, $C\underline{H}_2=CH_2$	37
$EtO_2CC\underline{H}_2CO_2Et$	14	$C\underline{H}_3CH=CH_2$	37
$\underline{H}_2O$	15	烷烃	40~44

进行 α 位烃化反应首先要选择合适的碱，脱去 α 位碳原子上的氢，形成碳负离子或烯醇负离子，才能与亲电试剂反应生成烃化产物。当我们需要脱底物分子中的酸性氢时，可以用较弱的碱脱弱酸分子中的氢生成较强的碱，只要底物酸性氢的 pK_a 值减去碱的 pK_b 值不大于 8，称作“pK_a 规则”（The “pK_a rule”）。例如，用 OH^- 作碱脱丙酮羰基 α 位碳原子上的质子时，丙酮的 pK_a (20)与 OH^- 的 pK_b(15)相差 5，平衡常数 K 为 10^{-5}，尽管热力学上可能不利，但反应往往是快速可逆的，产物的不断消耗可使平衡不断向正方向移动。

$$CH_3COCH_3\ (pK_a = 20) + HO^{\ominus}\ (pK_b = 15) \underset{}{\overset{K}{\rightleftharpoons}} CH_3COCH_2^{\ominus}\ (pK_b = 20) + H_2O\ (pK_a = 15) \tag{5-1}$$

如果用三乙胺（pK_b = 10）脱乙酸甲酯(pK_a = 25)的 α-氢，底物酸性氢的 pK_a 值减去碱的 pK_b 值为 15，远大于 8，平衡常数为 10^{-15}，平衡时底物脱氢的比例几乎为零，因而不能有效地脱底物的酸性氢，也就不能顺利地实现 α 位的烃化。

$$H{-}CH_2COOCH_3\ (pK_a = 25) + Et_3N\ (pK_b = 10) \overset{K}{\rightleftharpoons} {}^{\ominus}H_2C{-}COOCH_3\ (pK_b = 25) + Et_3\overset{\oplus}{N}H\ (pK_a = 10) \tag{5-2}$$

碱的 pK_b 值实际上是其共轭酸的 pK_a 值，一些碱的 pK_b 值列入表 5.2 中。

表 5.2　一些碱的 pK_b 值[1]

碱	pK_b	碱	pK_b
N_2	<-10	RCO_2^-	+5
$CF_3SO_3^-$(TfO$^-$)	<-10	^-CN	+9
I^-	−10	NR_3	+10
Br^-	−9	RS^-	+11
$ArSO_3^-$(如 TsO$^-$)	−7	稳定的烯醇负离子	+9 ~ +14
Cl^-	−7	HO^-	+15
RCO_2H	−6	EtO^-	+17
EtOH	−2.5	t-BuO$^-$	+19
H_2O	−1.5	R_2N^-	+35
F^-	+3	CH_3^-	+40

除碱外，溶剂的选择也很重要。为确保碱不被溶剂消耗，所用溶剂的酸性应小于活泼氢化合物的酸性。

5.1.1　活性亚甲基化合物的 α 位烃化

活性亚甲基化合物包括含一个强吸电性硝基的硝基烷，含两个吸电性羰基的 β-二酮、β-羰基酸酯、丙二酸酯，同时含羰基和氰基的氰乙酸酯，含两个氰基的丙二腈等。pK_a 值通常小于 15。其中乙酰乙酸酯的烃化、丙二酸酯的烃化以及苯乙腈的烃化在药物合成中尤为重要。

1. 乙酰乙酸乙酯的 α 位烃化

乙酰乙酸乙酯分子中有两个 α 位烃基，即 2 位和 4 位。C2 位上氢的 pK_a 值为 11，C4 位上氢的 pK_a 值为 24。使用化学计量的碱优先脱 C2 位氢，发生 C2 位烃化；使用过量的碱可生成双烯醇负离子，烃化发生在亲核性更强的 C4 位。烃化产物经水解脱羧生成相应的酮（图 5.1）。

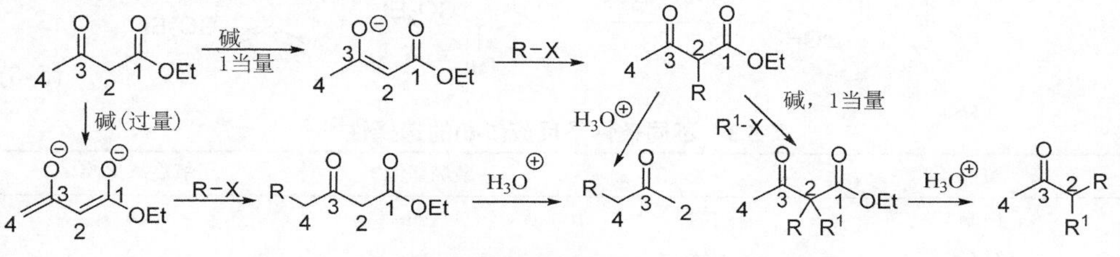

图 5.1　乙酰乙酸乙酯的烃化及烃化产物的转化

乙酰乙酸乙酯经烃化、水解、脱羧合成酮的反应称作乙酰乙酸乙酯合成，烃化和水解脱羧的机理如下：

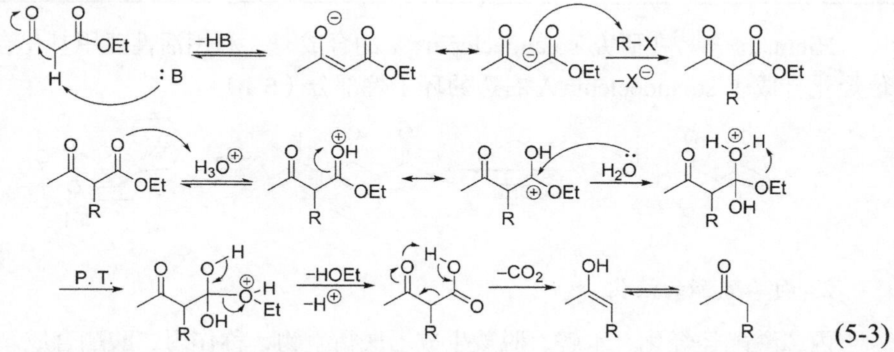

(5-3)

乙酰乙酸与其他醇的酯也能发生类似的烃化反应，例如，乙酰乙酸甲酯在甲醇钠存在下，脱去 α-氢，形成烯醇负离子，再与溴丁烷反应，生成 74%的 α 位烃化产物[2]：

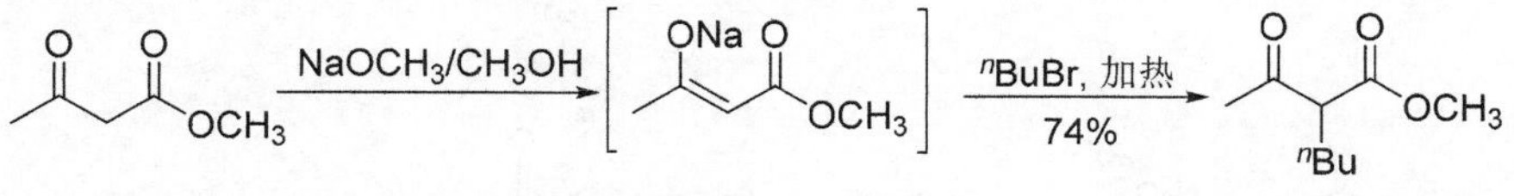

(5-4)

烃化产物分子中仍然含有活泼氢，在碱的作用下，可发生二烃化：

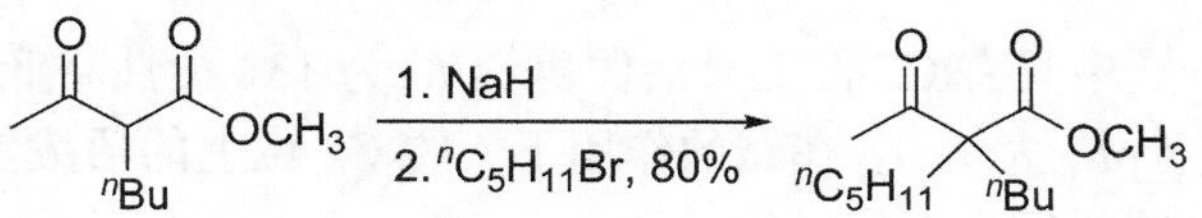

(5-5)

由于一烃化产物的 pK_a 较未烃化的乙酰乙酸甲酯高，所以在一烃化阶段能有效地控制反应，不发生二烃化副反应。

值得指出的是，由于脱 α-氢后形成的碳负离子通常以烯醇负离子的形式存在，一定条件下可能发生氧上的烃化。氧烃化的比例与烃化剂的种类、溶剂的极性、碱的金属离子种类等因素有关。表 5.3 列出了乙酰乙酸甲酯在碳酸钾作碱的条件下与不同烃化剂在不同条件下发生碳烃化和氧烃化的比例。从表中数据可以看出，与碘代烃和溴代烃相比，氯代烃作烃化剂有利于氧烃化，溶剂的极性大有利于氧烃化。

OCH$_3$ —(^{n}BuX/K_2CO_3, 100 °C)→ CO_2Et (^{n}Bu) + O^{n}Bu, CO_2Et

(5-6)

表 5.3 不同条件下反应(5-6)的选择性[2]

溶剂	X	碳烷基化/%	氧烷基化/%
丙酮	Cl	90	10
CH_3CN	Cl	81	19
DMSO	Cl	53	47
DMF	Cl	54	46
DMF	Br	67	33
DMF	I	> 99	1

Hiemstra 等[3]在研究 solanoeclepin A 的合成时，利用活性亚甲基化合物的 α 位烃化合成了 solanoeclepin A 右边的环丁烷部分（**5.1**）。

—(Br, NaOEt)→ ⇒ **5.1**

(5-7)

2. 丙二酸酯的烃化

丙二酸酯经烃化、水解、脱羧生成乙酸衍生物，称作丙二酸酯合成。

RO, OR —(碱, 溶剂)→ RO, OR —(R^1X)→ RO, OR, R^1 —(H_3O^+)→ R^1, OH

↓ 碱，溶剂

RO, OR, R^1 —(R^2X)→ RO, OR, R^2 R^1 —(H_3O^+)→ R^1, OH, R^2

(5-8)

丙二酸酯分子中只有 C2 位上有活泼氢，pK_a 为 13，活性略低于乙酰乙酸乙酯的 C2 位活泼氢（pK_a 为 11）。在碱的作用下，脱 C2 位上的活泼氢形成碳负离子，与卤代烃等亲电试剂反应生成烃化产物。

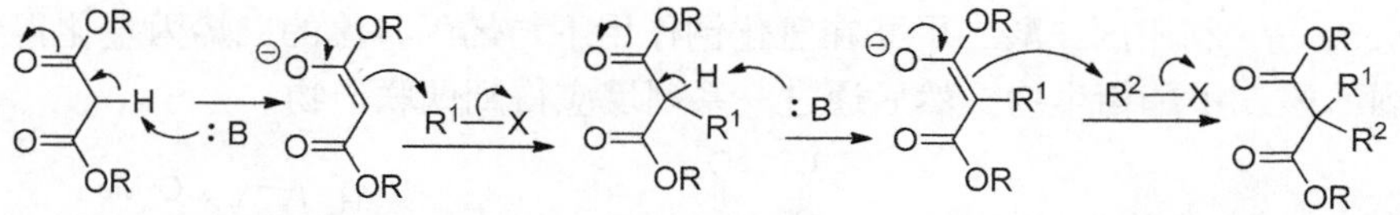

(5-9)

烃化产物再与碱作用，可脱去余下的另一个氢，与亲电试剂反应生成二烃化产物。由于空间位阻增加，二烃化比一烃化困难。为使反应顺利进行，当引入两个不同的伯烃基时，可先引入体积大的，再引入体积小的，例如：

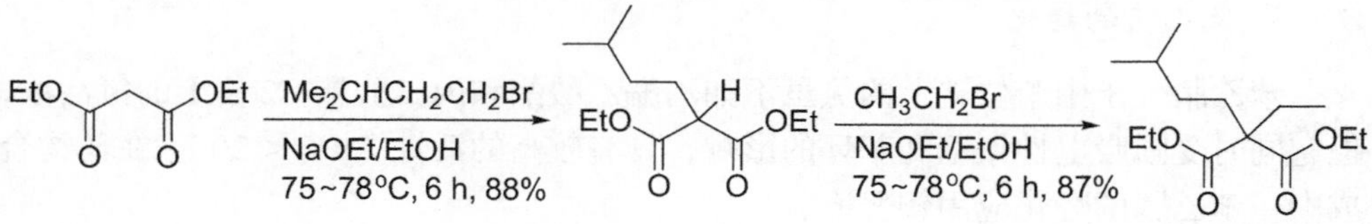

$Me_2CHCH_2CH_2Br$, NaOEt/EtOH, 75~78°C, 6 h, 88%；CH_3CH_2Br, NaOEt/EtOH, 75~78°C, 6 h, 87%

(5-10)

以二卤代烃作烃化剂，利用二烃化反应，可以合成环状化合物，例如：

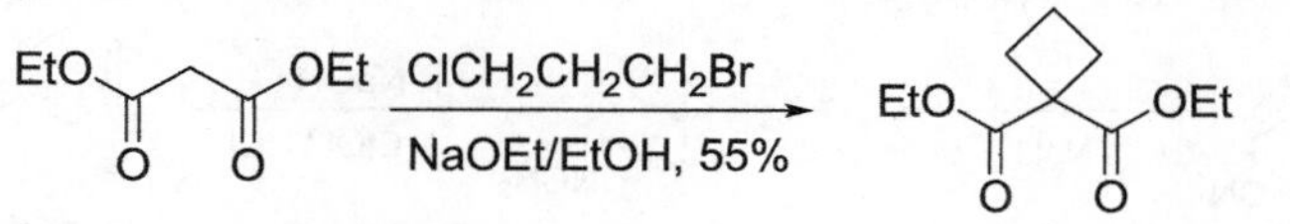

$ClCH_2CH_2CH_2Br$, NaOEt/EtOH, 55%

(5-11)

丙二酸酯烃化产物水解生成丙二酸衍生物，分子中的两个羧基互为 β 位，很容易脱去其中的一个羧基，机理与乙酰乙酸酯衍生物的脱羧机理类似。

丙二酸酯烃化产物还可不经水解直接脱烷氧羰基，反应在氰化钠等具有强亲核性阴离子的盐类作用下进行，例如：

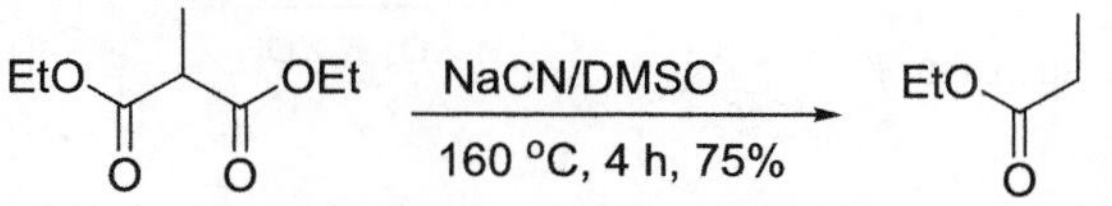

NaCN/DMSO, 160 °C, 4 h, 75%

(5-12)

同样条件下，其他 α 位连有吸电基的酯也可发生类似的脱烷氧羰基化作用，称作 Krapcho 脱烷氧羰基化反应。

MX, 极性非质子溶剂；MX = NaCN, KCN, LiCl, NaCl, NaBr等

(5-13)

在 Krapcho 脱烷氧羰基化反应中，金属盐的阴离子作为亲核试剂进攻酯的烃基或羰基，再经脱羧或脱烷氧羰基生成碳负离子中间体，与水反应得脱烷氧羰基产物，机理如下：

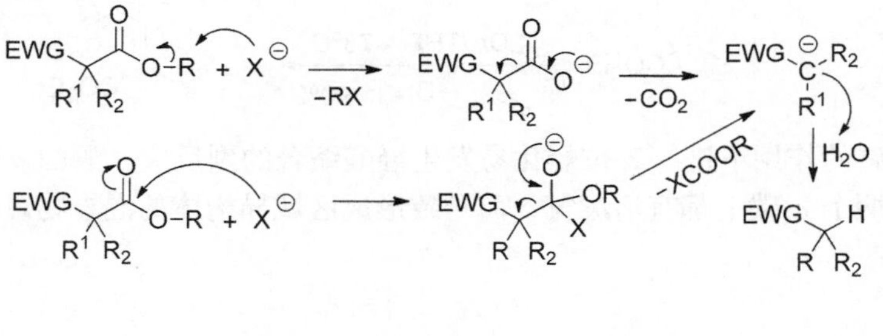

(5-14)

Oliveira 等[4]利用丙二酸二甲酯在氢化钠作用下与烯丙基溴的二烯丙基化得到二取代丙二酸二甲酯衍生物，然后通过一系列反应得到偶联产物。

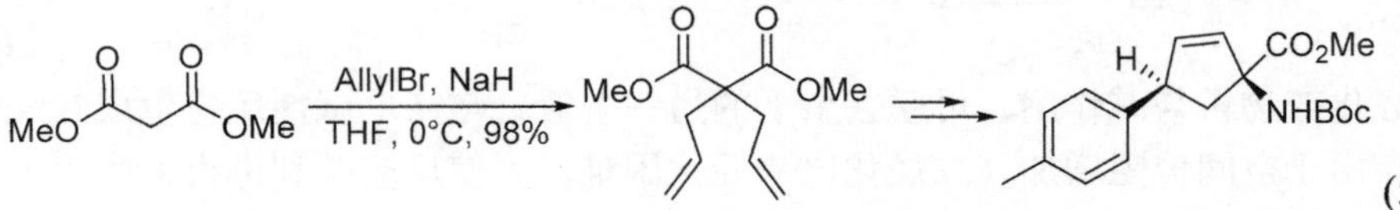

AllylBr, NaH THF, 0°C, 98%

(5-15)

3. 苯乙腈的烃化

苯乙腈分子中苄位碳上的氢虽不如乙酰乙酸酯和丙二酸酯 C2 位上的氢活泼，但它同时受强吸电性氰基和苯环的影响，具有较高的活性（$pK_a < 20$）。在药物合成中，苯乙腈的烃化应用较普遍。

例如，苯乙酸类镇痛药哌替啶（meperidine）可由苯乙腈的烃化合成[5]：

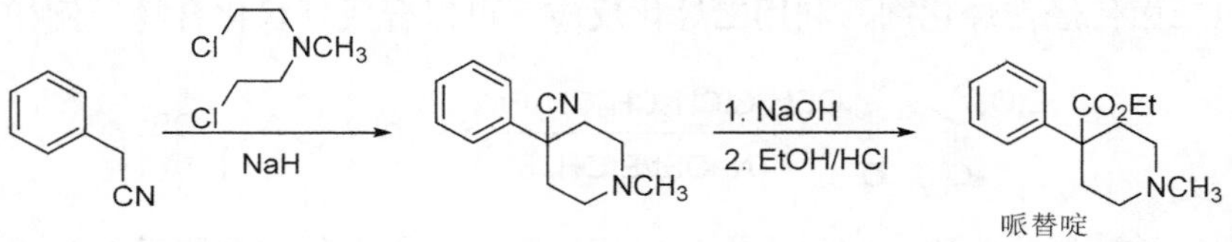

NaH　1. NaOH 2. EtOH/HCl　哌替啶

(5-16)

地苏布达的合成路线如下[6]：

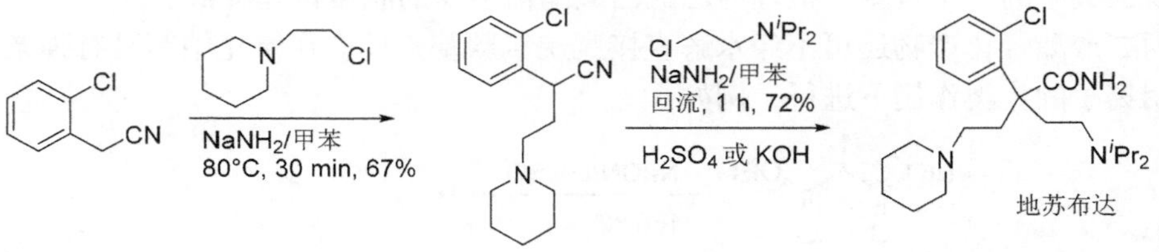

$NaNH_2$/甲苯 80°C, 30 min, 67%　$NaNH_2$/甲苯 回流, 1 h, 72%　H_2SO_4或 KOH　地苏布达

(5-17)

5.1.2 醛、酮及羧酸衍生物的 *α* 位烃化

简单醛、酮和羧酸衍生物（如酯）只含一个吸电子羰基，*α* 氢酸性较弱(pK_a为20~25)，需要用更强的碱才能脱去 *α*-碳上的氢，进而与亲电试剂反应生成烃化产物。

酯在醇钠等相对较弱的碱的作用下易发生 Claisen 缩合，因此酯的 *α* 位烃化要用 LDA 等强碱。例如[7]：

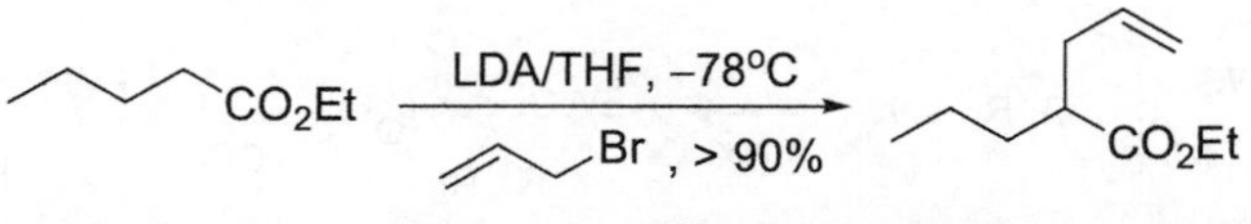

LDA/THF, −78°C　, > 90%

(5-18)

醛在碱的作用下进行 *α* 位烃化易发生羟醛缩合的副反应。酮的 *α* 位烃化常会因为羰基两个 *α* 碳上都有活泼氢，而导致形成区域异构体的混合物。因此，醛酮

的 α 位烃化通常采用间接方法，其中经由烯胺的烃化应用较多，经由亚胺金属盐和腙的烃化在合成中也时有应用。

1. 经由烯醇盐或烯醇硅醚的烃化

由于 α-氢有一定的酸性，醛、酮和酯等羰基化合物通常会以酮式或烯醇式两种形式存在。β-二酮和酮酯等活泼亚甲基化合物以烯醇式存在的比例会更高，或主要以烯醇式存在，而只被一个羰基活化的简单醛、酮及羧酸衍生物烯醇式比例则很低，一般小于 1%。

(5-19)

简单醛、酮及羧酸衍生物通常不能按式（5-20）直接与亲电试剂发生 α 位的烃化反应。

(5-20)

只有在强碱作用下，脱去 α-氢，形成碳负离子或烯醇负离子才能与亲电试剂反应发生 α 位的烃化。二异丙基氨基锂（LDA）、六甲基二硅氮烷锂（LiHMDS）、六甲基二硅氮烷钠（NaHMDS）、六甲基二硅氮烷钾（KHMDS）以及烃基锂（如三苯甲基锂）等是最常用的强碱。羰基化合物与这些强碱作用，先生成烯醇盐（烯醇锂、烯醇钠或烯醇钾）。如果反应在三甲基氯硅烷存在下进行，烯醇盐可转变成烯醇硅醚。对于酮的反应，生成的烯醇盐或烯醇硅醚可能是区域异构体和立体异构体的混合物，其比例视反应条件不同而不同。例如，三甲基氯硅烷存在下，用三苯甲基锂脱去十氢萘酮羰基 α 位的氢，生成两种区域异构的烯醇硅醚，脱位阻小的氢生成前一种烯醇硅醚，称为动力学控制的烯醇硅醚，脱位阻大的氢生成后一种烯醇硅醚，称为热力学控制的（更稳定的）烯醇硅醚[2]：

Ph_3CLi, TMSCl　87%　13%

(5-21)

图 5.2 是用强碱在不同条件下脱去不同羰基化合物分子中的 α-氢的区域选择性。由图可见，低温下反应通常受动力学控制，优先脱去空间位阻小的 α-氢，形成相应的烯醇锂可由 Ireland 模型来解释（图 5.3）。而温度升高，选择性降低，生成更多的热力学控制烯醇锂[2]。

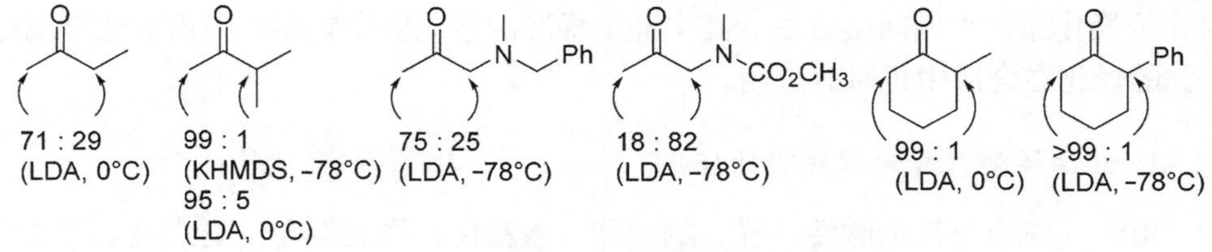

71 : 29 (LDA, 0°C)　99 : 1 (KHMDS, −78°C) 95 : 5 (LDA, 0°C)　75 : 25 (LDA, −78°C)　18 : 82 (LDA, −78°C)　99 : 1 (LDA, 0°C)　>99 : 1 (LDA, −78°C)

图 5.2　不同底物生成烯醇锂的区域选择性

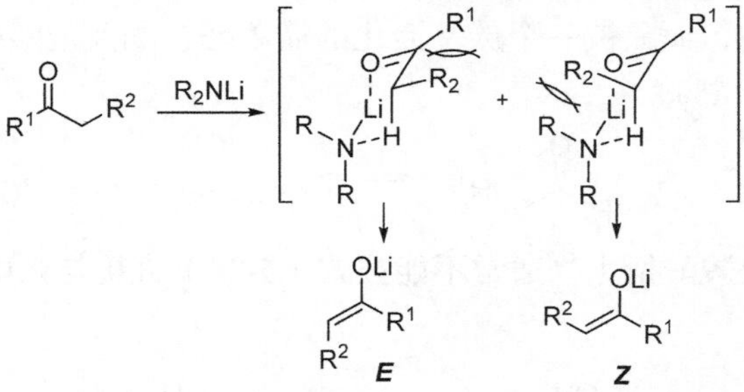

图 5.3　Ireland 模型

形成烯醇盐或烯醇硅醚不仅存在区域选择性问题，还存在立体选择性问题。例如，不同锂碱作用下，由 3-戊酮生成两种顺反异构的烯醇锂（*Z*-烯醇锂和 *E*-烯醇锂），其比例与所用的碱和反应条件有关［式（5-22）］[2]。

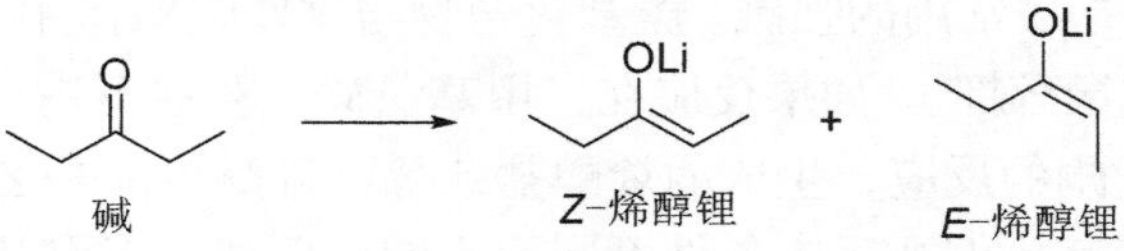

碱	*Z*-烯醇锂	*E*-烯醇锂
LTMP (−78°C)	14%	86%
LTMP/HMPA	92%	8%
LDA	23%	77%
LICA	35%	65%
LHMDS	66%	34%
$(PhMe_2Si)_2NLi$	100%	0%

LTMP: 2,2,6,6-四甲基哌啶锂；LICA: 异丙基环己基氨基锂

(5-22)

由式（5-22）可见，通常条件下，*E*-烯醇锂是主要产物，也是动力学控制的产物。加入六甲基磷酰胺（HMPA）有利于生成更多的热力学产物 *Z*-烯醇锂，可能是因为磷酰胺能加快 *Z*-烯醇锂和 *E*-烯醇锂的平衡转化。丙酸乙酯转化成烯醇锂时，也观察到类似的现象[2]。

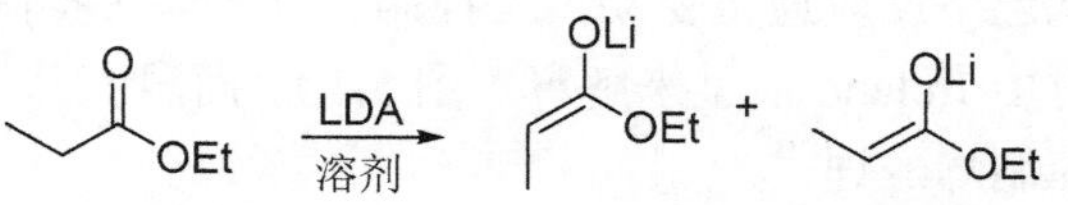

LDA / 溶剂

溶剂		
THF	94%	6%
THF/45%DMPU	7%	93%
THF/23%HMPA	15%	85%

(5-23)

烯醇锂可直接与卤代烃等亲电试剂反应生成烃化产物。对于环外烯醇锂的反应，产物的立体化学受环上 2、3 位或 4 位取代基的控制。当环上的 2 位或 4 位有取代基时，烃化剂进入与取代基处于反式的位置，例如[2]：

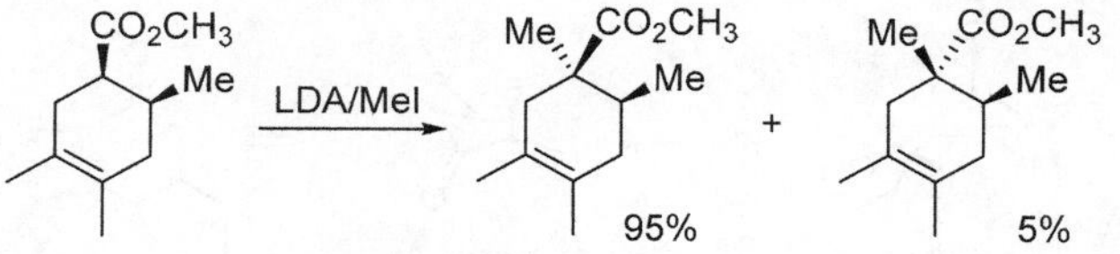

LDA/MeI 95% 5% (5-24)

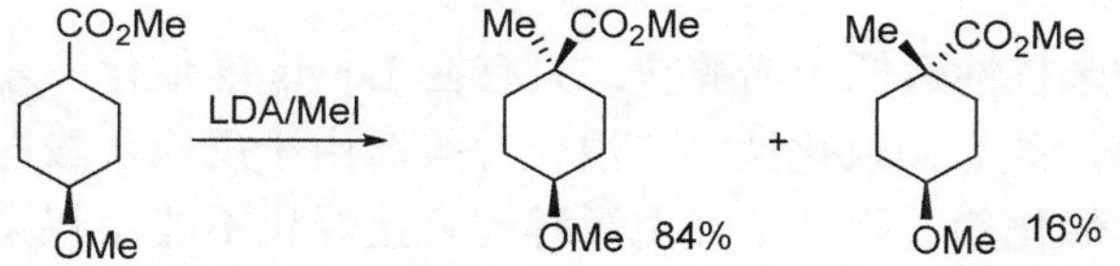

LDA/MeI 84% 16% (5-25)

当环上的 3 位有取代基时，烃基则进入与取代基处于顺式的位置，例如[2]：

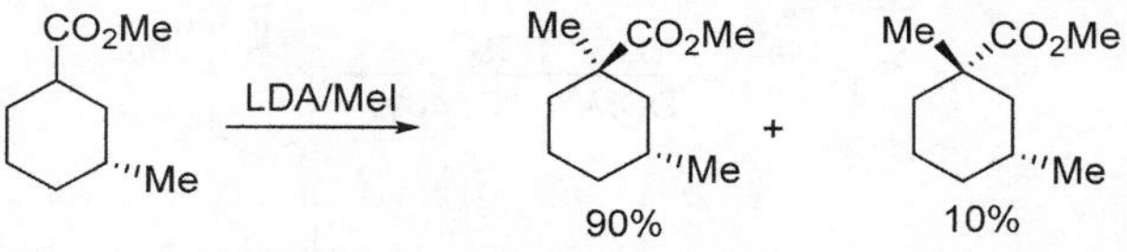

LDA/MeI 90% 10% (5-26)

这一选择性可根据烯醇锂的优势构象和亲电试剂进攻时的位阻解释（图 5.4）[2]。

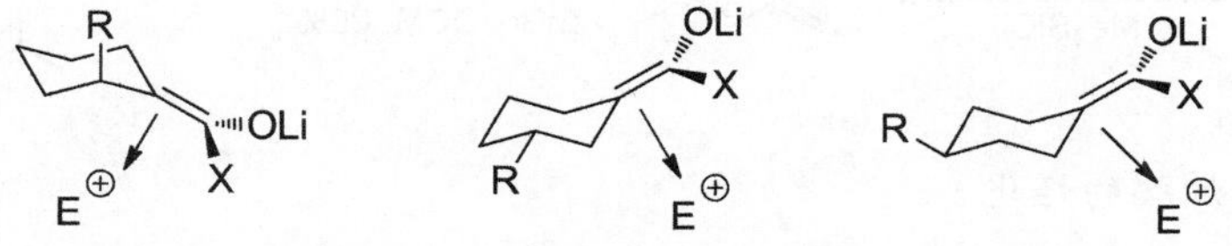

图 5.4 2、3 位或 4 位取代的烯醇锂的构象和亲电试剂进攻的有利方向

对于环内烯醇锂的烃化反应，由于立体效应或立体电子效应的影响，受进攻碳原子的 2 或 3 位已有取代基导致反式烃化产物，4 位已有取代基则导致顺式烃化产物[2]。相似地，这一选择性可根据烯醇锂的优势构象和亲电试剂进攻时的位阻解释。

89% 11%

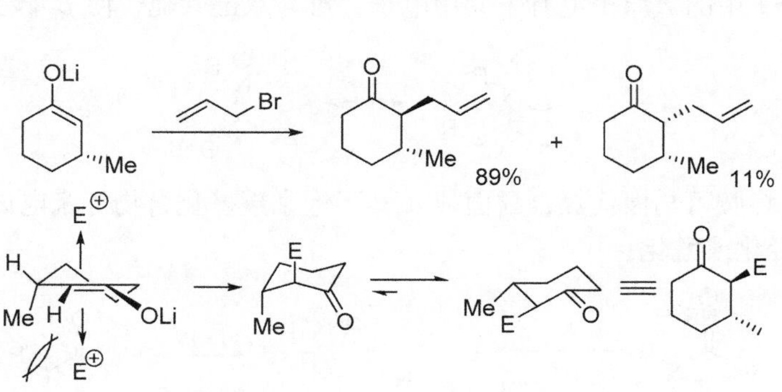

(5-27)

OLi Me $\xrightarrow{CD_3I}$ O Me CD_3 83% + O CD_3 Me 17%

$E^{\oplus}$ Me H OLi $E^{\oplus}$ ⟶ E O ≡ O E

(5-28)

烯醇硅醚的亲核性远低于烯醇锂，只有在 Lewis 酸催化下才能与亲电试剂反应。常用的 Lewis 酸有四氯化钛、二溴化锌等。由于反应在酸性条件下进行，可以用叔卤代烃作烃化剂，弥补了经由烯醇锂直接烃化不能用叔卤代烃作烃化剂的局限[7]

$OSiMe_3$ Me $\xrightarrow[DCM,\ 23^{o}C,\ 48\%]{^{t}BuCl,\ TiCl_4}$ O Me Bu^{t}

(5-29)

O $\xrightarrow[Me_3SiCl]{LDA/THF,\ -78^{o}C}$ Me_3SiO $\xrightarrow[ZnBr_2/DCM,\ 80\%]{\text{Cl}}$ O

(5-30)

2. 经由烯胺的烃化

1936 年，Mannich 和 Davidson 发现醛酮与仲胺反应，经脱水形成烯胺[8]：

R^1(C=O)CH_2R + R^2NHR^3 ⇌ R^2NR^3, R^1, OH, R $\xrightarrow[\text{回流}]{K_2CO_3/\text{甲苯}}$ R^2NR^3, R^1, R

(5-31)

烯胺分子中的氮原子上有未共用电子，可与双键共轭，使 β-碳具有亲核性：

R^2 N R^3, R^1, R ⟷ R^2 $\overset{\oplus}{N}$ R^3, R^1, R, $\ominus$

(5-32)

因此，烯胺可与卤代烃，酰卤或 α,β-不饱和羰基化合物等亲电试剂反应，发生 β-碳的烃化或酰化：

$\overset{\oplus}{N}R^2R^3$, R^1, R, $\ominus$ $\xrightarrow{R^2\ X}$ $\overset{\oplus}{N}R^2R^3$, R^1, R, R^2 $\xrightarrow{H_3O^{\oplus}}$ O, R^1, R, R^2

(5-33)

Stock 等[9]于 1954 年发现这一反应，现在，就把醛或酮经由烯胺而发生的烃化或酰化称作 Stock 烯胺合成。Stock 烯胺合成应用广泛，例如，Ley 等[10]将其用于甘油醛的烃化。

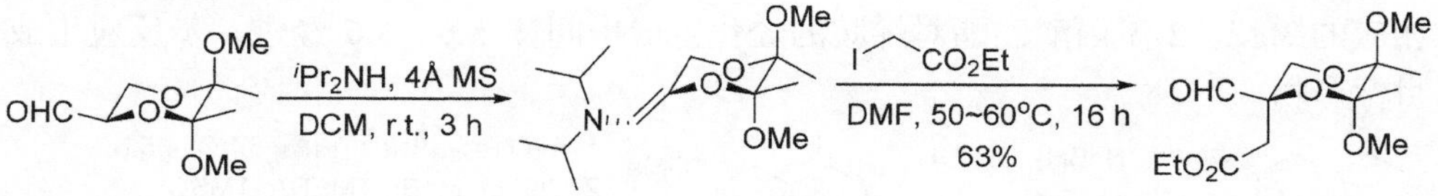

^{i}Pr$_2$NH, 4Å MS; DCM, r.t., 3 h; I⌒CO$_2$Et; DMF, 50~60°C, 16 h; 63%

(5-34)

经由烯胺的 α 位烃化不用强碱催化，可避免羟醛缩合，同时生成烯胺的反应有一定的区域选择性。例如，2-甲基环己酮在对甲苯磺酸催化下与四氢吡咯在甲苯中回流得到烯胺 85∶15 比例的混合物。

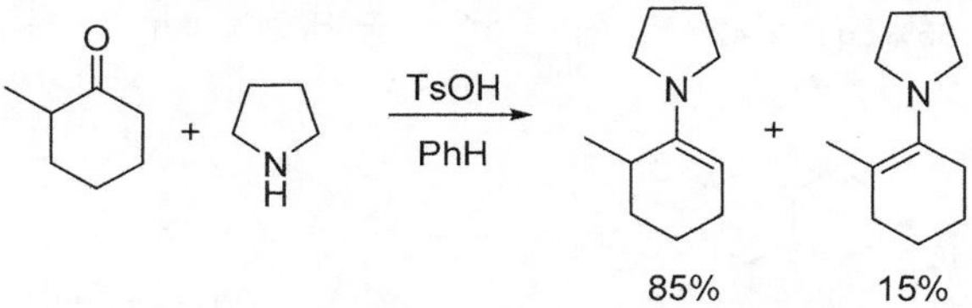

TsOH; PhH; 85%; 15%

(5-35)

3,3-二甲基环己酮与四氢吡咯在苯中回流，生成烯胺 **5.2** 与 **5.3** 的 1∶2 混合物[11]。**5.3** 与碘代丁烯酮通过亲核加成（Michael 加成）而发生烃化。烃化产物转变成 α'位的烯胺后再与碘代烃发生分子内的亲核取代而在 α'位引入烃基，形成桥环酮。

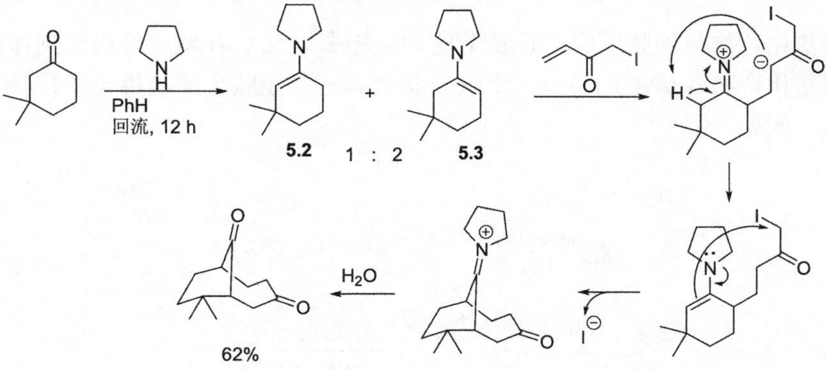

PhH; 回流, 12 h; **5.2**　1 : 2　**5.3**; H_2O; 62%

(5-36)

Stock 烯胺法合成 biactractyloide

biactractyloide 是白术（*Atractylodes macrocephala*）的有效成分，结构如下：

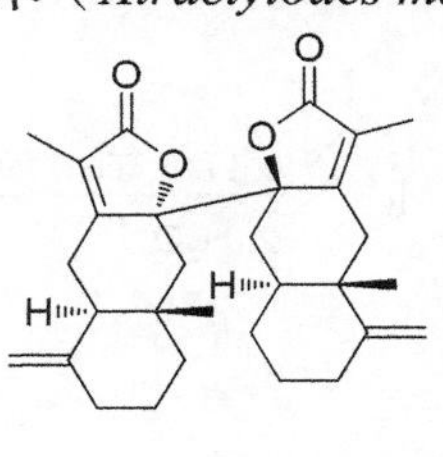

biactractyloide

Baldwin 等[12]报道的合成路线以甲氧基四氢萘酮为原料，经羰基还原和 Birch 还原得中间体 **5.4**。**5.4** 氧化成 α,β-不饱和酮后与甲基铜发生 Michael 加成，加成产物经羰基烯化（Wittig 反应）生成中间体 **5.5**。**5.5** 与四氢吡咯在苯中回流生成相应的烯胺，2-溴丙酸乙酯对烯胺的烃化生成中间体 **5.6**。**5.6** 经进一步反应生成目标产物。

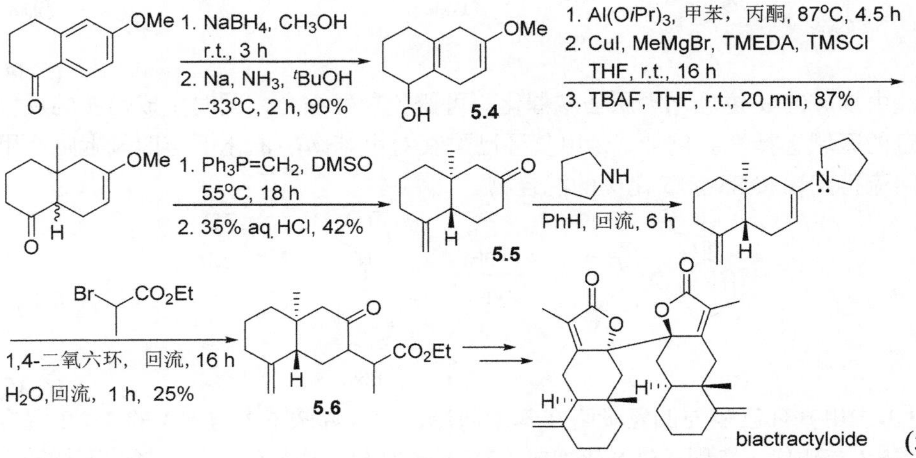

1. $NaBH_4$, CH_3OH, r.t., 3 h; 2. Na, NH_3, ^tBuOH, −33°C, 2 h, 90% → **5.4**; 1. $Al(O\mathit{i}Pr)_3$, 甲苯，丙酮，87°C, 4.5 h; 2. CuI, MeMgBr, TMEDA, TMSCl, THF, r.t., 16 h; 3. TBAF, THF, r.t., 20 min, 87%; 1. $Ph_3P{=}CH_2$, DMSO, 55°C, 18 h; 2. 35% aq. HCl, 42% → **5.5**; 吡咯烷, PhH, 回流, 6 h; $BrCH(CH_3)CO_2Et$, 1,4-二氧六环，回流，16 h; H_2O, 回流，1 h, 25% → **5.6** → biactractyloide (5-37)

3. 经由亚胺金属盐的烃化

羰基化合物与伯胺反应，形成亚胺（席夫碱），然后在碱或格氏试剂作用下脱去原羰基化合物 α-碳上的质子，形成亚胺金属盐，亚胺金属盐可与卤代烃发生烃化反应。例如[13]：

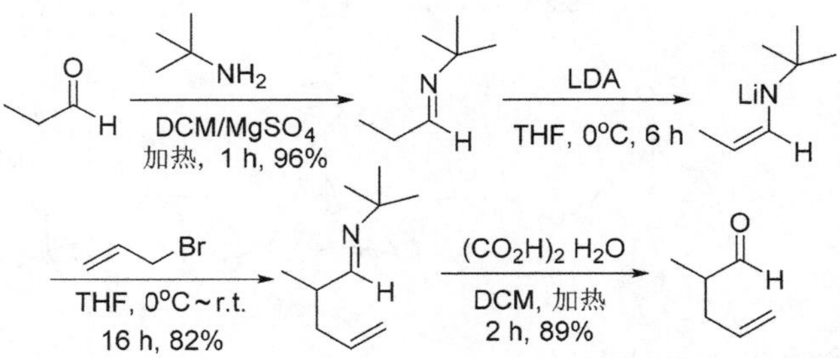

丙醛 + $^tBuNH_2$, DCM/$MgSO_4$, 加热，1 h, 96%; LDA, THF, 0°C, 6 h; 烯丙基溴, THF, 0°C~r.t., 16 h, 82%; $(CO_2H)_2$ H_2O, DCM, 加热, 2 h, 89% (5-38)

如果亚胺分子存在两个 α 位碳原子，在强碱的作用下，通常脱去位阻小的 α-碳上的氢[7]：

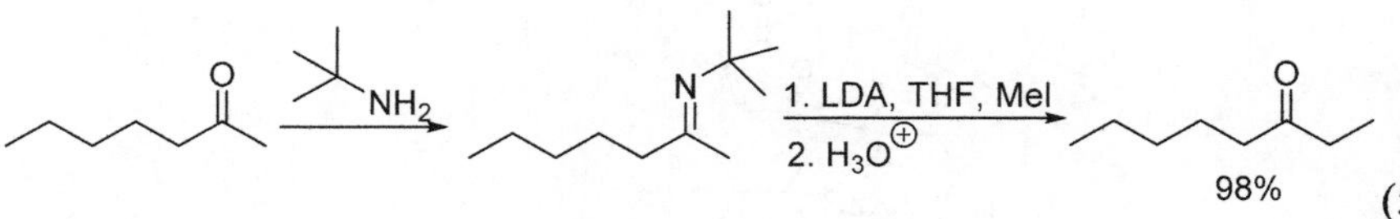

2-庚酮 + $^tBuNH_2$; 1. LDA, THF, MeI; 2. $H_3O^{\oplus}$; 98% (5-39)

4. 经由腙的烃化

与亚胺的碳烃化类似，醛酮与肼缩合形成腙，在碱的作用下脱 α-碳上的氢，也能与卤代烃发生烃化反应。烃化产物经酸催化水解、氧化或臭氧分解可转变成羰基化合物。例如[7]：

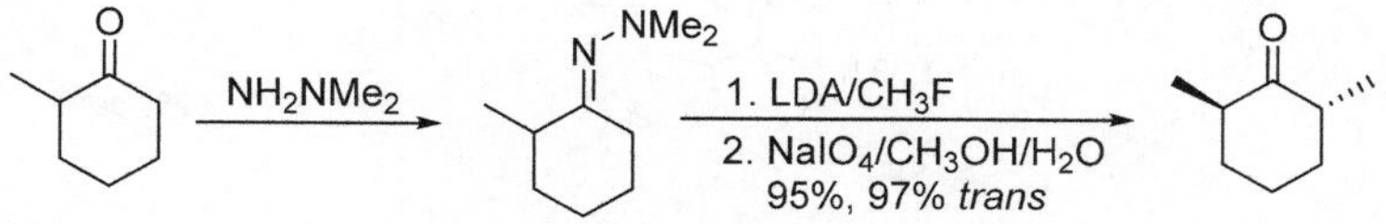

NH_2NMe_2；1. LDA/CH_3F　2. $NaIO_4/CH_3OH/H_2O$　95%, 97% *trans*

(5-40)

碱存在下，腙与卤代烃的烃化反应是亲核取代反应。腙的金属盐也可与 α,β-不饱和羰基化合物发生亲核加成而被烃化。腙的分解机理少有文献报道。酸催化水解机理可能类似于亚胺的水解；腙的臭氧分解可能类似烯烃的臭氧解反应，经由 1,3-偶极环加成的步骤。

手性肼与醛酮缩合生成手性腙，可实现不对称烃化。SAMP 和 RAMP 是两种常用的手性肼。SAMP 可由天然(*S*)-脯氨酸为原料合成[14]：

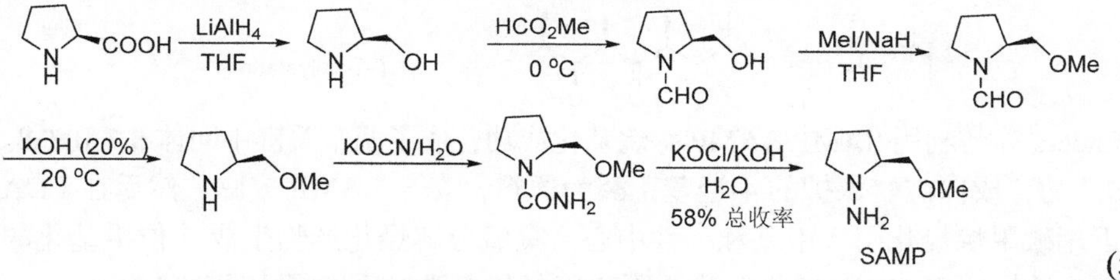

$LiAlH_4$/THF；HCO_2Me/0 °C；MeI/NaH/THF；KOH (20%)/20 °C；KOCN/H_2O；KOCl/KOH/H_2O　58% 总收率　SAMP

(5-41)

RAMP 可由天然(*R*)-谷氨酸(glutamic acid)为原料合成。

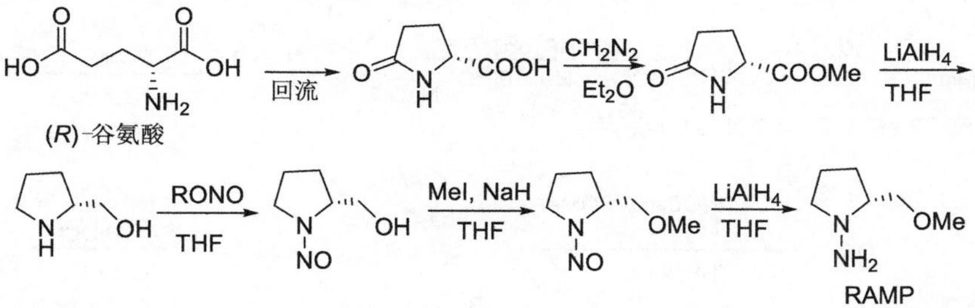

(*R*)-谷氨酸；回流；CH_2N_2/Et_2O；$LiAlH_4$/THF；RONO/THF；MeI, NaH/THF；$LiAlH_4$/THF　RAMP

(5-42)

醛或酮与 SAMP 或 RAMP 形成的腙在二异丙基氨基锂（LDA）或正丁基锂等强碱作用下脱去原羰基 α 位的氢，与亲电试剂反应引入烃基，完成烃化反应。烃化产物经酸催化水解或臭氧分解即可脱去腙，释放出羰基。例如[15]：

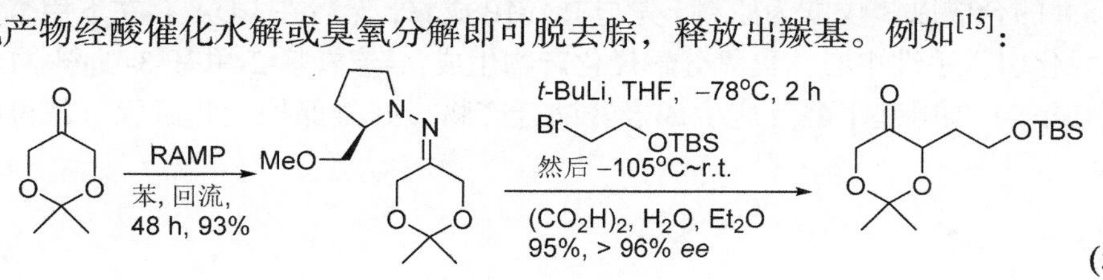

RAMP/苯, 回流, 48 h, 93%；*t*-BuLi, THF, −78°C, 2 h；Br∕∕OTBS；然后 −105°C~r.t.；$(CO_2H)_2$, H_2O, Et_2O　95%, > 96% *ee*

(5-43)

Coltart 等[16]发现，由氨基甲酸酯衍生的手性肼也可用于醛或酮的不对称烃化，反应条件更温和，烃化完成后，腙的脱去也更方便。例如：

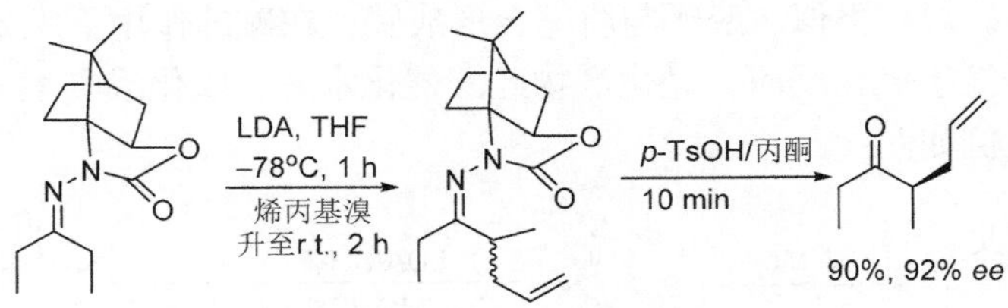

(5-44)

Enders SAMP/RAMP 腙烷基化合成(–)-callystatin A

(–)-callystatin A 是 1997 年从海绵中分离出的具有细胞毒性的聚酮类（polyketide）化合物，结构如下：

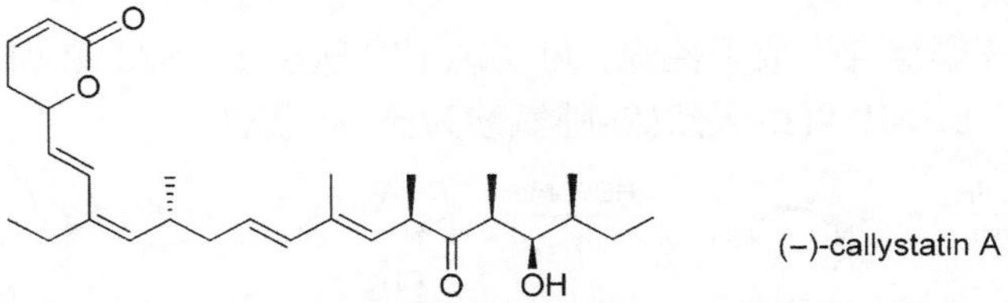

Enders 等[17]利用 SAMP/RAMP 腙烷基化成功合成了两个关键中间体 **5.7** 和 **5.8**。

5.7 的合成以硅醚保护的 4-羟基丁醛为原料，先与 SAMP 成腙，然后在 LDA 存在下用碘甲烷烃化引入甲基和手性中心。臭氧分解烃化产物生成 2 位甲基化的丁醛衍生物。再经 HWE 烯化、酯还原和醇羟基卤置换反应得中间体 **5.7**。

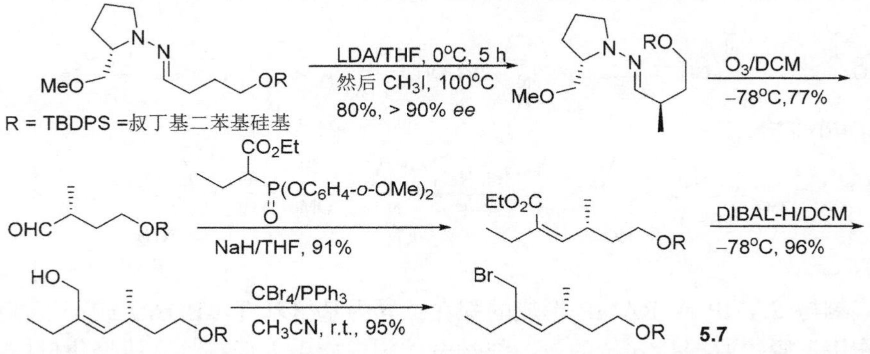

(5-45)

5.8 的合成以 3-戊酮为原料，先与 RAMP 成腙，然后在 LDA 存在下用苄氧甲基氯烃化引入手性中心。臭氧分解烃化产物生成 1-苄氧基-2-甲基-3-戊酮。Lewis 酸存在下与 2-甲基丁醛反应生成羟醛缩合产物。硅醚保护羟基后脱苄基得中间体**5.8**。

1. LDA/Et_2O, 0°C
2. $BnOCH_2Cl$, 100°C
3. O_3/DCM, –78°C, 79%

1. $Sn(OTf)_2/Et_3N$/DCM, –78°C
2. OHC
87%

1. TBSOTf, lut. DCM, r.t., 98%
2. H_2/Pd-C/EtOH, r.t., 95%

5.8 (5-46)

5.8 经羰基还原、伯羟基的 Swern 氧化、Wittig 烯化反应和烯化产物的酯还原和羟基卤置换等步骤转变成中间体 **5.9**。

5.8 DIBAL-H/DCM –78°C, 87%

1. $(COCl)_2$/DMSO/DIPEA DCM, –78°C
2. $Ph_3P=C(CH_3)CO_2Et$ DCM, 回流, 79%

1. DIBAL-H/DCM, –78°C
2. CBr_4/PPh_3/lut. CH_3CN, r.t., 76% (两步收率)

5.9 (5-47)

在后续反应步骤中，中间体 **5.7** 先与三烃基膦反应生成 Wittig 试剂，再在碱的作用下与另一中间体 **5.10** 发生 Wittig 反应。烯化产物脱硅醚保护后经 Swern 氧化将伯羟基转变成醛，再与由中间体 **5.9** 衍生的 Wittig 试剂发生醛基的烯化得目标产物的前体 **5.11**。

5.7 R = TBDPS

1. PBu_3/CH_3CN, r.t.
2. KO^tBu/甲苯, 0°C
86%

5.10

1. TBAF/THF, r.t.
2. $(COCl)_2$/DMSO/DIPEA DCM, –78°C
91% (两步收率)

5.9

1. PBu_3/CH_3CN, r.t.
2. $LiCH_2S(O)CH_3$/甲苯 –78°C
76%

5.11 (5-48)

5.11 经 PCC 氧化（Corey 氧化）后用氟化氢吡啶盐脱去硅醚保护基得目标产物(–)-callystatin A。

5.11
1. PCC/AcOH/4AMS C_6H_6, r.t.
2. HF·吡啶/THF, r.t.
72%

(–)-callystatin A (5-49)

5.2 活泼 α 位的羟烷基化及有关反应

5.2.1 羟醛缩合反应

1. aldol 缩合

羰基化合物等含有 α-活泼氢的化合成在碱的作用下脱去 α-活泼氢所形成的碳负离子或烯醇负离子不仅可与卤代烃等亲电试剂发生亲核取代反应，也可与另一醛酮的羰基发生亲核加成反应，形成 β-羟基酮。例如，一定条件下，两分子的乙醛可缩合生成一分子的 3-羟基丁醛（3-hydroxybutanal，俗称 aldol）。这类 α-羟烷基化反应称作羟醛缩合反应，英文中借用 3-羟基丁醛的俗名，称作 aldol 缩合。

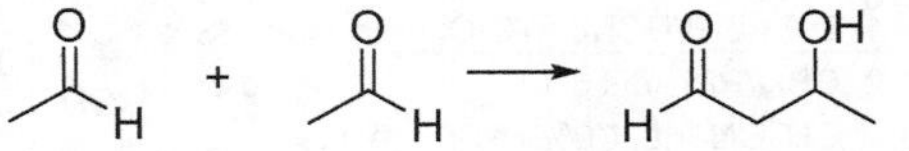

3-羟基丁醛 (aldol)

(5-50)

羟醛缩合反应可在碱的催化下进行。碱催化下先脱去 α-氢形成烯醇负离子，再与另一醛酮发生亲核加成，生成缩合产物。

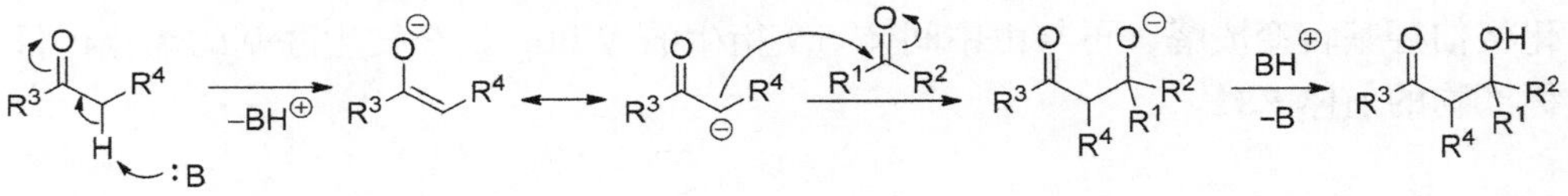

(5-51)

也可在酸催化下进行。酸催化下先发生羰基氧上的质子加成转变成烯醇式，再与另一被质子加成的醛酮的羰基发生亲核加成反应生成缩合产物。

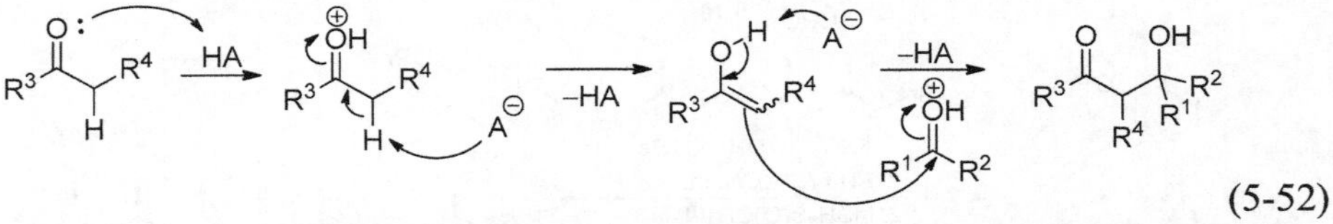

(5-52)

一定条件下，α-羟烷基化产物可脱去一分子水，得到 α,β-不饱和羰基化合物：

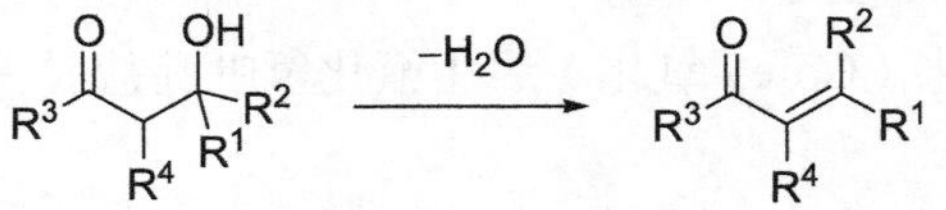

$-H_2O$

(5-53)

在经典的羟醛缩合反应中，如果参与反应的两个组分都含有 α-氢，通常会生成多种缩合产物。所以在合成上有意义的羟醛缩合反应是那些产物比较单一的反应，例如含 α-活性氢的醛酮的自身缩合，含 α-活性氢的醛酮与芳醛和甲醛等不含 α-活性氢的醛、酮的缩合，分子内的羟醛缩合等。

醛的自身缩合速率较快，提高温度可使平衡向生成 α,β-不饱和醛的方向移动。

酮的自身缩合速率慢，平衡偏向反应物。例如，丙酮缩合达到平衡时，羟烷基化产物的浓度仅为丙酮浓度的 0.01%，脱水可使平衡向右移动。醛酮自身缩合在工业上应用的一个典型例子是由乙醛合成异辛醇（2-乙基己醇），异辛醇是生产增塑剂邻苯二甲酸二异辛酯（俗称塑化剂）的重要原料，也是重要的溶剂。

5% NaOH, 15~18°C; H_2/Ni, 140~150°C; 10% NaOH, 70~80°C; CHO; H_2/Ni, 160°C; OH

(5-54)

1,4-二酮或 1,5-二酮可发生分子内的羟醛缩合反应，生成五元或六元环酮，例如：

LDA; $H_3O^{\oplus}$; HO

(5-55)

2. Tollens 缩合

甲醛与含 α-活性氢的醛、酮之间的缩合生成羟甲基化产物，也称作羟甲基化反应或 Tollens 缩合。Tollens 缩合在工业上应用的一个典型例子是由甲醛和乙醛合成季戊四醇，由 Tollens 缩合和缩合产物的 Cannizzaro 反应两步实现：

CH_3CHO + 3 HCHO —25% $Ca(OH)_2$, 15~16°C→ (HO, HO, OH) —HCHO/$Ca(OH)_2$, 55~60°C, 55%~57%→ (HO, OH, HO, OH)

(5-56)

3. Claisen-Schimidt 缩合

芳醛与含 α-活性氢的醛、酮的缩合，又称为 Claisen-Schimidt 缩合。芳醛无 α-氢，可得单一产物，通常生成反式双键。碱催化反应发生在位阻小的 α 位；酸催化反应发生在取代较多的 α 位。

NaOH, H_2O,EtOH; 15~30℃

(5-57)

HCl; NaOH

(5-58)

4. 经由烯醇锂盐的立体选择性羟醛缩合

羟醛缩合反应不仅会生成区域异构的混合产物，还会生成立体异构的混合产物。通常将含 α-氢的醛酮转变成烯醇盐，再与另一醛或酮的羰基加成生成缩合产物。对于以下反应：

$R^2CH_2COR^1$ —LDA→ $R^2(H)C=C(OLi)R^1$ —R^3CHO→ syn 或 threo + anti 或 erythro　　(5-59)

产物的立体化学取决于烯醇盐的构型。在动力学控制的条件下 *E*-烯醇盐的反应得赤式（*erythro*）产物，*Z*-烯醇盐的反应得苏式（*threo*）产物。例如[2]：

Z-烯醇锂 —PhCHO→ syn :anti = 90 : 10　　(5-60)

EtO … —LDA→ E-烯醇锂 —CHO→ anti: 90%~93% + syn: 7%~10%　　(5-61)

这一立体选择性可由 Zimmerman-Traxler 模型来解释，可以根据烯醇盐与羰基加成时的过渡态结构和稳定性来推测产物的相对立体构型。通常认为，在加成的过渡态，烯醇盐的金属离子参与螯合，形成类椅式的六元环状过渡态。如果在过渡态 R^1 和 R^3 处于顺式，则存在明显的 1,3-直立键相互作用，能量较高，对反应不利。相反，如果 R^1 和 R^3 处于反式，则不存在 1,3-直立键相互作用。为避免 R^1 与 R^3 之间的 1,3-直立键相互作用，*E*-烯醇盐经由反式过渡态，*Z*-烯醇盐经由顺式过渡态反应，生成相应的产物[2]。

anti(主要) ⇌ E-烯醇锂 + R^3CHO ⇌ syn(次要)　　(5-62)

syn(主要) ⇌ Z-烯醇锂 + R^3CHO ⇌ anti(次要)　　(5-63)

开链的酮通常更倾向于形成 Z-烯醇盐，得顺式的缩合产物，但改变反应条件，可以改变反应的立体选择性，例如：

LDA, −72°C; PhCHO; −72°C: 100% *syn* (*threo*); 25°C: *anti* (*erythro*)　(5-64)

环酮只能形成 E-烯醇盐，通常以赤式产物为主。例如[2]：

LiOH, OHC; > 95% + < 5%　(5-65)

值得注意的是，这种选择性随烯醇盐上取代基的位阻变化而变化，例如[2]：

OMgBr; CH_3CHO, 0°C; *anti* + *syn*

R	Me	Et	^{i}Bu	^{i}Pr	^{t}Bu
anti/syn	93.5/6.5	87.5/12.5	80/20	46/54	29/71

(5-66)

OLi; ^{t}BuCHO

R	Me	Et	^{n}Pr	^{i}Bu	^{i}Pr	^{t}Bu
anti/syn	0/100	80/00	2/98	3/97	71/29	100/0

(5-67)

5. 经由烯醇硼酸酯的立体选择性羟醛缩合

除转变成烯醇锂外，也可将含 α-氢的羰基化合物转变成烯醇硼或烯醇硅醚再与另一羰基化合物反应。由于 B—O 键（键长 0.136~0.147 nm）较 Li—O 键（键长 0.192~0.200 nm）更具共价键特征（表 5.4），过渡态的结构更紧密，立体选择性更高，例如：

Bu_2BOTf, DIPEA, Et_2O, −78°C; 99% Z; PhCHO; *threo* > 97%　(5-68)

$OB(Bu)_2$; PhCHO; R = Me, $PhCH_2$, Ph; *syn*/*anti* > 95/5　(5-69)

表 5.4 氧与金属键的键长[2]

化学键	Li—O	Mg—O	Zn—O	Al—O	B—O	Ti—O	Zr—O
键长/nm	0.192~0.200	0.201~0.203	0.192~0.216	0.192	0.136~0.147	0.162~0.173	0.215

二丁基三氟甲磺酸硼和二异丙基乙胺通常用来由羰基化合物合成烯醇硼，低温下（–78℃）一般生成 *Z*-烯醇硼，与另一羰基化合物加成得顺式羟醛缩合产物，改用 9-BBN-Cl/^{i}Pr$_2$NEt 体系 *Z* 式选择性更高。二环己基氯化硼[Cl—B(Chx)$_2$]/三乙胺体系与羰基化合物作用可以高选择性地生成 *E*-烯醇硼。例如[2]：

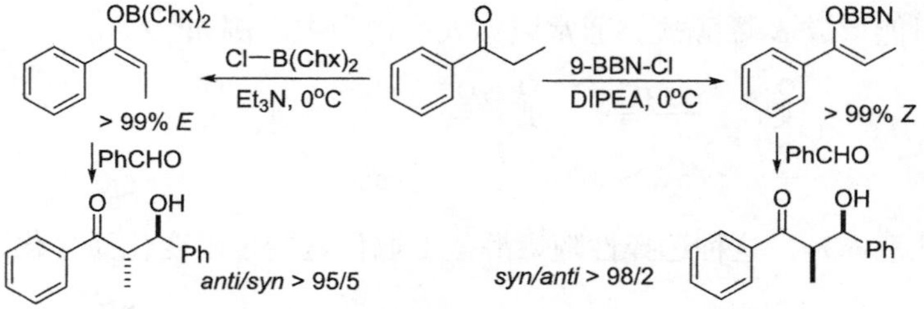

(5-70)

6. Evans 羟醛缩合

Evans 等以手性噁唑酮作为辅助剂，发展了经由烯醇硼的不对称羟醛缩合反应，称作 Evans（不对称）羟醛缩合反应[18]，反应通式如下：

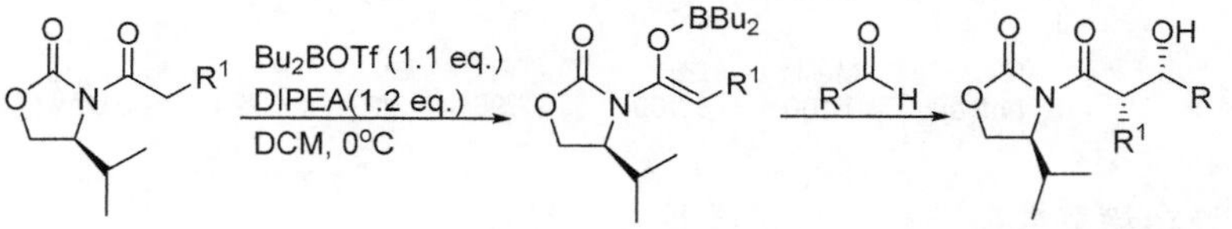

(5-71)

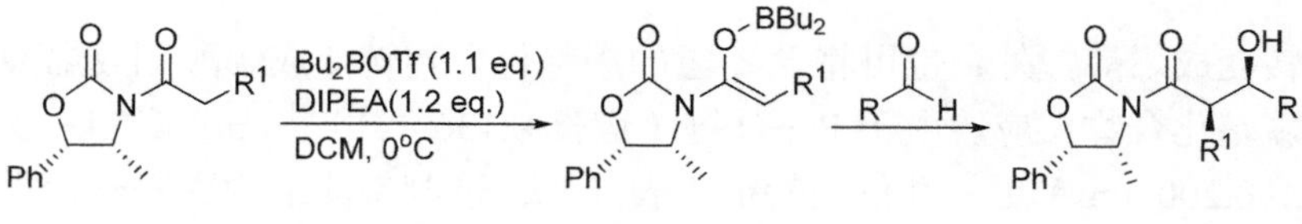

(5-72)

Evans 不对称羟醛缩合反应合成(–)-talaumidin 异构体

(–)-talaumidin 是神经营养素，具有（2*S*, 3*S*, 4*S*, 5*S*）构型，结构如下：

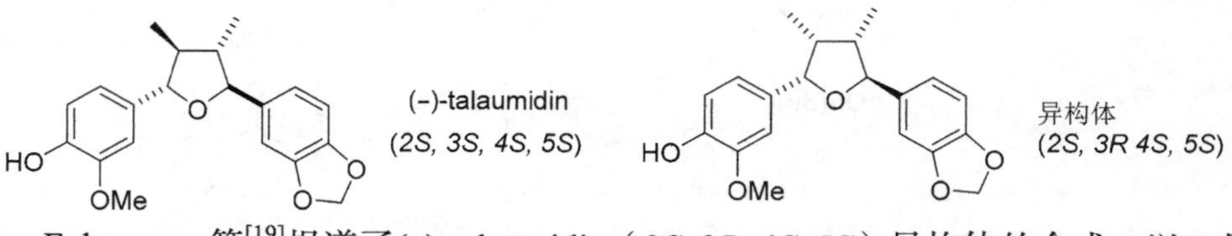

Fukuyama 等[19]报道了(–)-talaumidin（2*S*, 3*R*, 4*S*, 5*S*）异构体的合成，以 3-甲

氧基-4-苄氧基苯甲醛为原料，利用 Evans 不对称羟醛缩合反应构建中间体 **5.12** 分子中的两个手性中心（1,2）。再经硅醚保护羟基、还原脱手性噁唑酮辅助剂、Dess-Martin 氧化、Grignard 反应、再次 Dess-Martin 氧化和 Tabbe 烯化（$Cp_2Ti(Cl)(CH_2)AlMe_2$）得重要中间体 **5.13**。

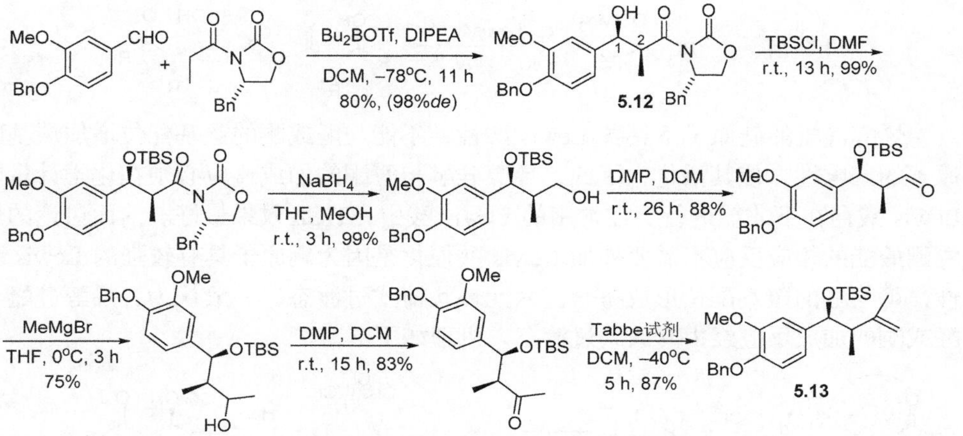

(5-73)

中间体 **5.13** 经硼氢化氧化、Dess-Martin 氧化、Grignard 反应、催化加氢脱苄基、与对甲苯磺酰氯成磺酸酯以及脱硅醚保护基得中间体 **5.14**。

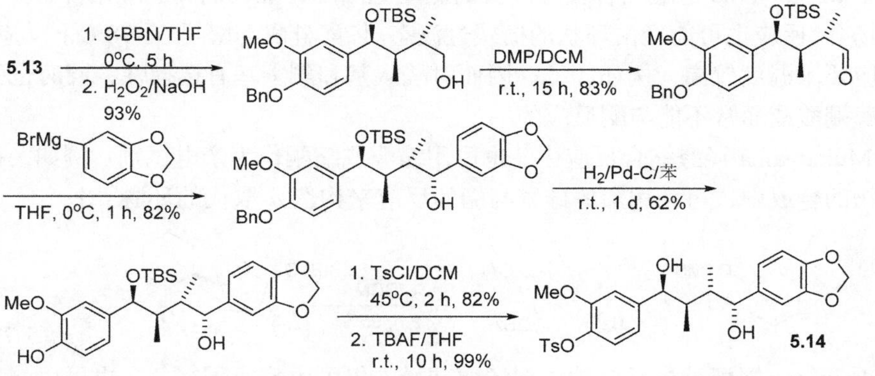

(5-74)

中间体 **5.14** 在氰基亚甲基三甲基膦（CMMP）存在下发生 Mitsunobu 醚化反应，产物水解脱去对甲苯磺酰基得目标产物。

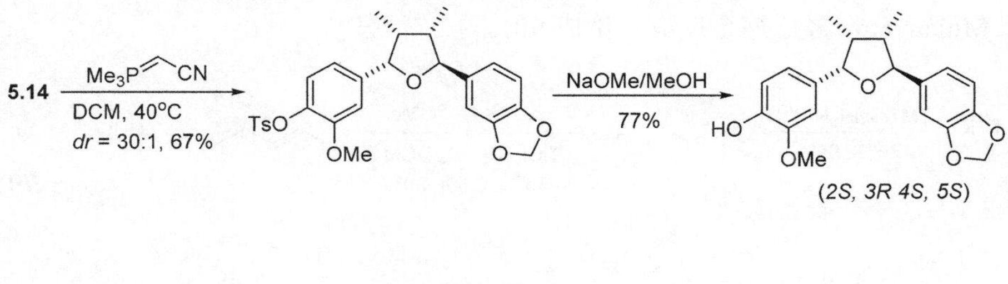

(5-75)

7. Mukaiyama 羟醛缩合

经由烯醇硅醚的羟醛缩合反应称为 Mukaiyama 羟醛缩合反应[8,20]，反应通式如下：

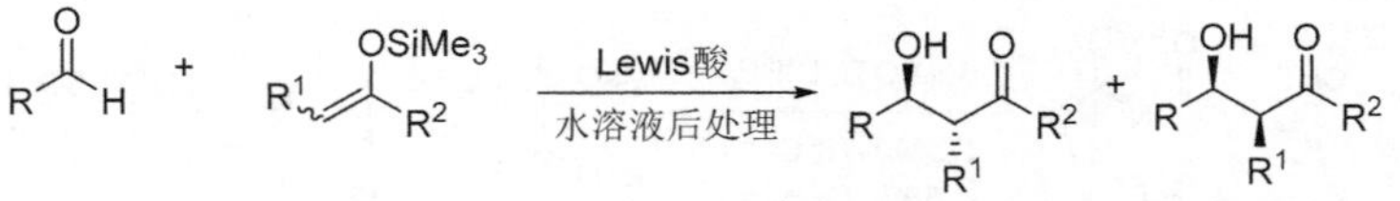

(5-76)

烯醇硅醚的硅原子不具备 Lewis 酸性，不能与醛或酮的羰基配位增加羰基碳原子的亲电性，使其活化，因此，烯醇硅醚与醛酮的加成反应必须在化学计量的 Lewis 酸存在下才能进行。在常用的 Lewis 酸中，$TiCl_4$ 效果最好。前面讨论的烯醇硼酸酯的相应反应不需要外加 Lewis 酸催化是因为硼原子具有较强的 Lewis 酸性，可与醛的羰基配位形成螯合的六元环状椅式过渡态。一般认为，烯醇硅醚与醛或酮的加成反应经由开放式过渡态，机理如下：

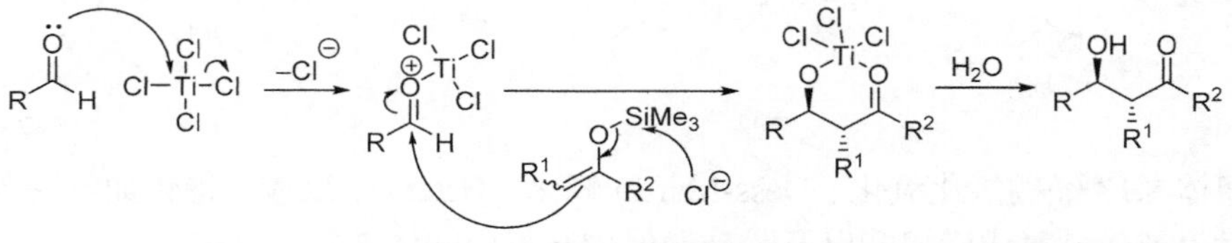

(5-77)

由于 Mukaiyama 羟醛缩合反应涉及的底物范围广，催化剂和反应条件各异，在某些场合，反应也可能经由环状的椅式过渡态。烯醇硅醚与醛可在–78℃下反应；与酮反应要求温度较高，例如 0℃。因而对醛羰基和酮羰基有选择性，同时也弥补了烯醇硼酸酯通常不能与酮反应的不足。

在 Mukaiyama 羟醛缩合反应中，也可用缩醛或缩酮作为亲电试剂。例如，在天然产物的合成中，可利用烯醇硅醚与糖的反应来构造 α-取代的环醚[21]：

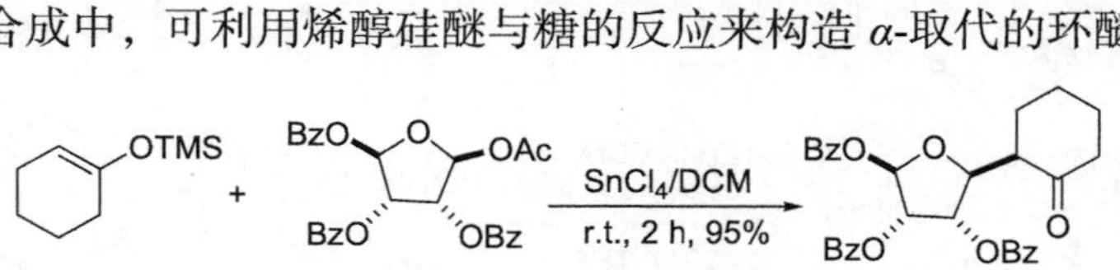

(5-78)

Mukaiyama 羟醛缩合反应的试剂烯醇硅醚不仅可由醛或酮制备，也可由 α,β-不饱和醛或酮以及羧酸衍生物制备。例如，碱催化下，丁烯醛与三甲基氯硅烷反应生成乙烯基衍生的烯醇硅醚，称作插烯型烯醇硅醚，与肉桂醛的二甲缩醛发生插烯型 Mukaiyama 羟醛缩合反应，生成 90%的二烯醛[21]：

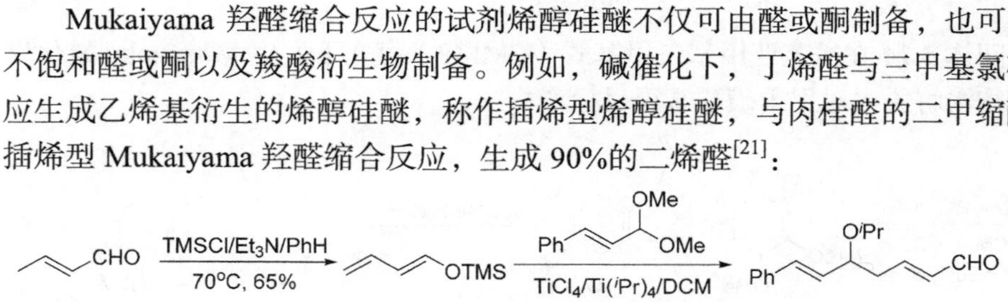

(5-79)

Mukaiyama 羟醛缩合反应通常以 Lewis 酸作为催化剂，如果在反应体系中加入手性 Lewis 酸或可与 Lewis 酸配位的手性配体，则可能实现不对称羟醛缩合反应，例如，在手性配体存在下，以下 Sn(Ⅱ)催化的 Mukaiyama 羟醛缩合反应可实现 94%的对映选择性[22]：

0.24 eq.

$Sn(OTf)_2$(0.2 eq.), SnO(0.2 eq.)

EtCN, −78°C, 94% *ee*

(5-80)

Mukaiyama 羟醛缩合法合成 psilostachyin C

psilostachyin C 是近年分离出来的 G2/M 检验点天然产物抑制剂。G2/M 检验点是细胞周期中继 G1/S 检验点后最重要的细胞周期检验点，是决定细胞分裂的控制点，是细胞进入有丝分裂前修复 DNA 损伤的最后时机。因此 G2/M 检验点是治疗肿瘤的重要生物靶点。psilostachyin C 为倍半萜烯，因其复杂的结构和潜在的抗癌活性受到关注。

psilostachyin C

Lei 等[23]报道的合成路线以 2-甲基环戊烯酮为原料，碘化铜催化下丙烯基溴化镁与 2-甲基环戊烯酮发生 1,4-加成（Michael 加成），用三甲基氯硅烷捕获加成中间体烯醇负离子生成烯醇硅醚。烯醇硅醚在 Lewis 酸催化剂三氟化硼的作用下与 4-戊烯醛发生 Mukaiyama 羟醛缩合反应生成中间体 **5.15**。**5.15** 经烯烃的关环复分解和催化加氢还原双键得中间体 **5.16**。

1. MgBr, CuI(cat.)/THF

2. TMSCl/Et_3N, 85%

CHO, BF_3 Et_2O/DCM, −78°C, 69%

5.15

Grubbs II cat., DCM, 92%

H_2/PtO_2/MeOH, −15°C, 95%

5.16

(5-81)

在接下来的步骤中，为保护 **5.16** 的羰基，选择了 2-甲氧基-5,5-二甲基-1,3-二噁烷和2,2-二甲基-1,3-丙二醇在对甲苯磺酸存在下反应，得到相应缩酮，收率94%。Dess-Martin 氧化分子中环庚醇部分的羟基生成相应的环庚酮衍生物。经 α 位烃化，酯水解，烯醇化，经由混合酸酐的分子内酯化和双键异构得中间体 **5.17**。

5.16 —(p-TsOH/THF, 94%)→ —(DMP/DCM, 92%)→ —(LDA/HMPA, $BrCH_2CO_2Et$, THF, −78°C, 92%)→ —(KOH/MeOH, 100%)→ —($NaOAc/Ac_2O$)→ 5.17　(5-82)

5.17 的不饱和γ-内酯部分经还原生成饱和的γ-内酯。羟醛缩合和缩合产物的脱水引入环外双键。水解缩酮得二氢豚草素 **5.18**。作者尝试了各种过氧酸氧化剂试图将 **5.18** 转变成目标产物，效果都不理想。最后，以 TMSOOTMS 作氧化剂，成功实现了二氢豚草素的 Baeyer-Villiger 氧化，以 60%产率得到目标产物。

5.17 —(H_2/PtO_2/EtOAc, 70%(两步收率))→ —(NaH/$(CH_2O)_n$, 81%)→ —(HCl, 98%)→ 5.18 —($(TMSO)_2$/TMSOTf, DCM, 60%)→ psilostachyin C　(5-83)

8. Robinson 增环反应

如果由脂环酮与 α,β-不饱和酮的 1,4-加成（Michael 加成）来合成 1,5-二酮，再通过分子内的羟醛缩合环化就可以合成桥环酮，称作 Robinson 增环反应[2, 8]，例如：

环己酮 + Ph-CH=CH-COCH₃ —($NaNH_2$, NH_3/Et_2O, 43%)→ (Ph 取代八氢萘酮)　(5-84)

1935 年 Robinson 等首次发现该类反应[24]，立即引起合成化学家的广泛关注，并在天然产物，特别是甾族化合物的合成中得到广泛应用。

不仅环酮与甲基乙烯基酮（MVK）之间可以发生 Robinson 增环反应，2-亚甲基环酮与脂肪酮之间也可发生 Robinson 增环反应，例如[25]：

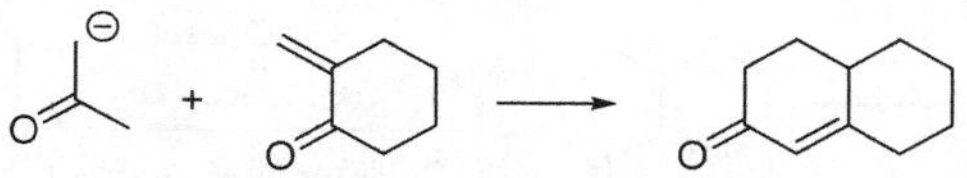

(5-85)

如果把环酮与甲基乙烯基酮之间的反应看作是[2+4]的 Robinson 增环反应，则 2-亚甲基环酮与脂肪酮之间的反应可看作是[3+3]的 Robinson 增环反应。

Robinson 增环反应通过脂环酮与 α,β-不饱和酮的 Michael 加成和分子内的羟醛缩合反应实现，机理如下：

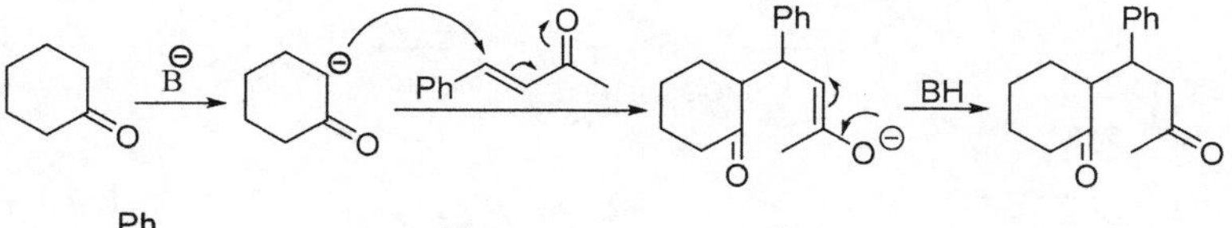

(5-86)

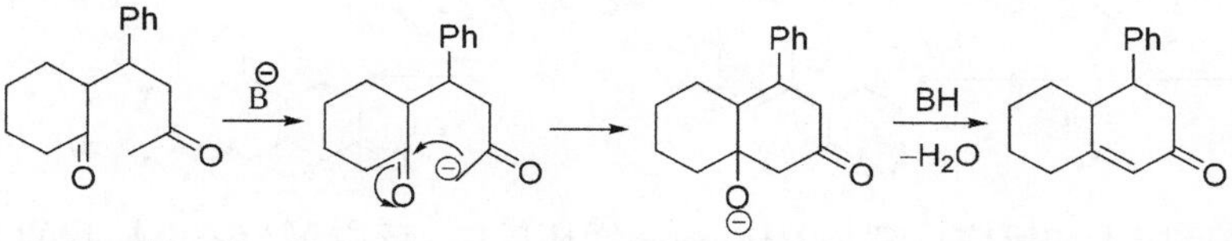

(5-87)

Robinson 增环反应不仅可在碱催化下进行，也可在酸催化下进行[26]：

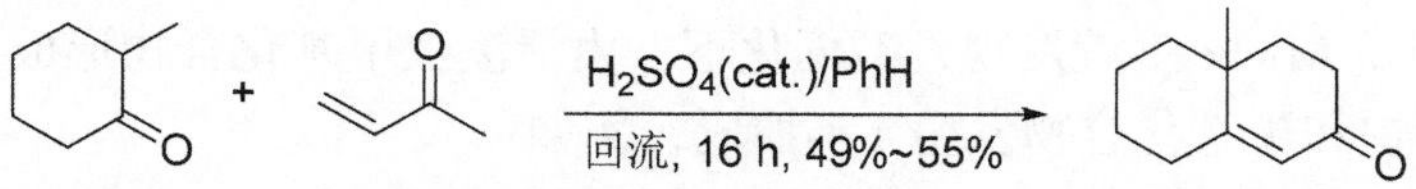

H_2SO_4(cat.)/PhH
回流, 16 h, 49%~55%

(5-88)

如果先将脂环酮转变成烯醇硅醚，则可在 Lewis 酸催化下与甲基乙烯基酮发生 1,4-加成，再在碱的作用下发生分子内的羟醛缩合环化[27]：

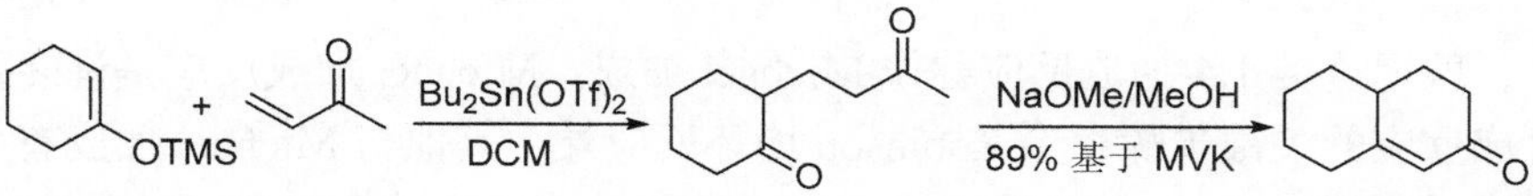

OTMS　$Bu_2Sn(OTf)_2$　DCM　NaOMe/MeOH　89% 基于 MVK

(5-89)

甲基乙烯基酮的聚合往往是 Robinson 增环反应的主要副反应，当脂环酮的 α 位有两个活泼氢时，还可能发生与两分子甲基乙烯基酮加成的副反应，例如：

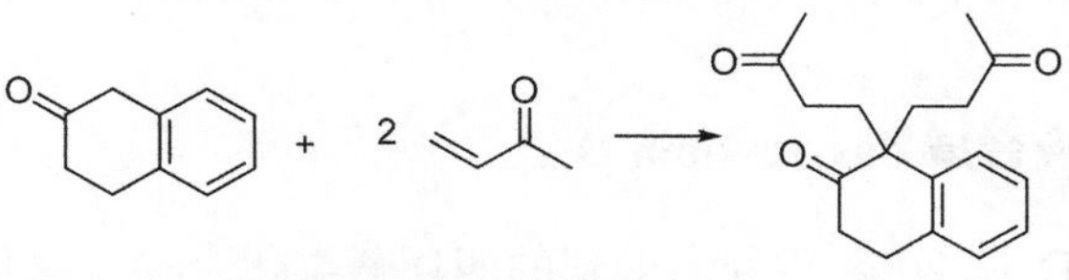

(5-90)

为减少副反应，α,β-不饱和酮可用其前体代替。例如：

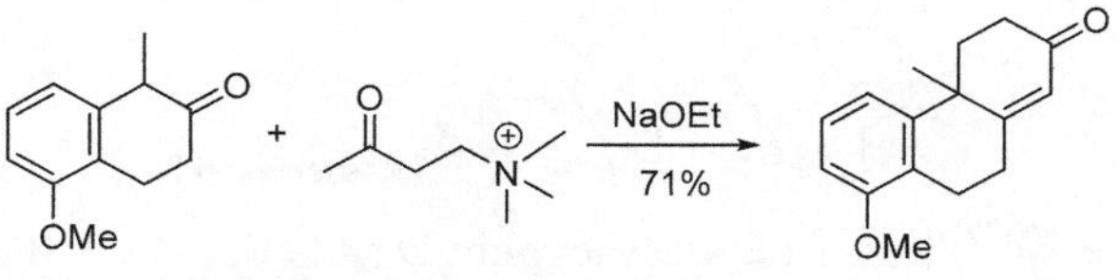

OMe　NaOEt　71%　OMe

(5-91)

或把脂环酮转变成烯胺再参与反应：

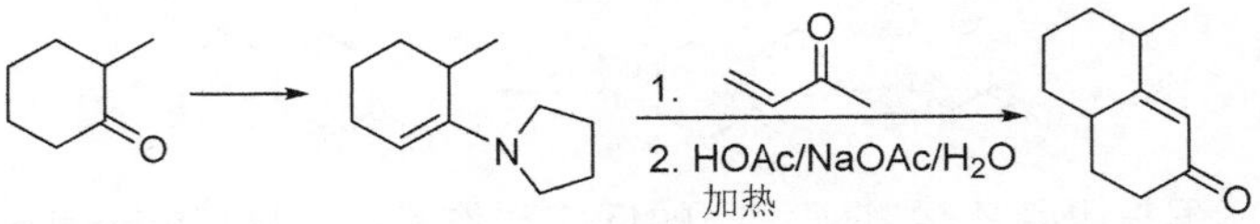

(5-92)

在甾体药物米非司酮（mifepristone）的合成中，以 **5.19**，1,3-环戊二酮和 5-溴- 2 -戊酮为原料，经几步反应，就实现了关键中间体 **5.20** 的合成[28]。

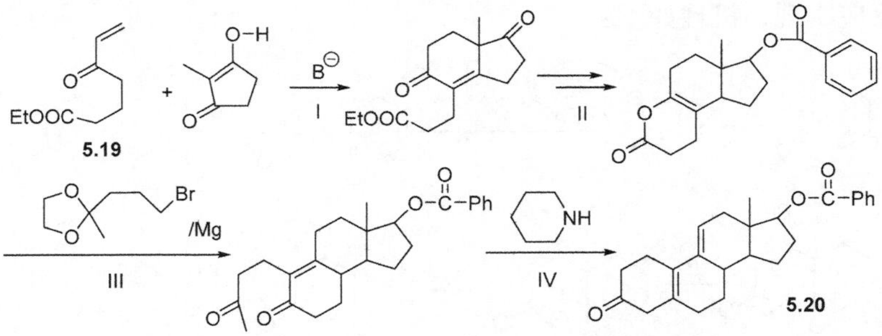

(5-93)

其中反应Ⅰ和反应Ⅳ都是 Robinson 增环反应，反应Ⅳ为经由烯胺的 Robinson 增环反应，反应Ⅰ则是直接的 Robinson 增环反应。

1887 年，Michael 就发现，碱催化下，由活泼亚甲基化合物形成的碳负离子可与 α,β-不饱和羰基化合物发生 1,4-加成，例如：

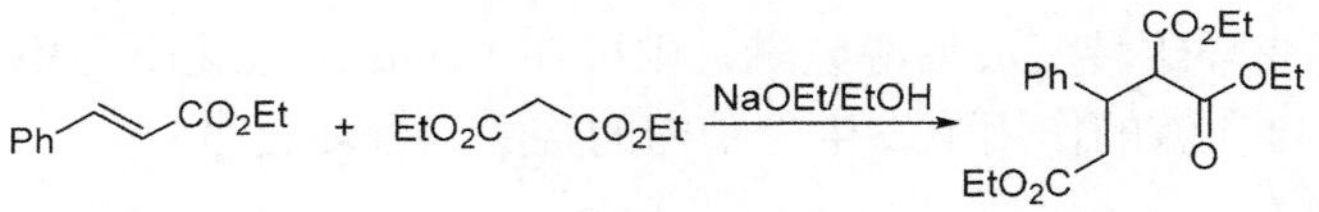

(5-94)

后来，就把这类 1,4-加成反应称作 Michael 加成。Michael 加成反应是许多重要有机合成反应的关键步骤，除 Robinson 增环反应外，其他与 Michael 加成有关的重要合成反应还有 Nenitzescu 吲哚合成和 Hantzsch 二氢吡啶合成等（见第 7 章）。Robinson 增环反应中的亲核试剂是由活泼亚甲基化合物形成的碳负离子，一般发生 1,4-加成。

Robinson 增环反应合成 dasyscyphin D

dasyscyphin D 是 2008 年分离得到的四环萜类化合物，对稻瘟病孢子有抑制作用，结构如下：

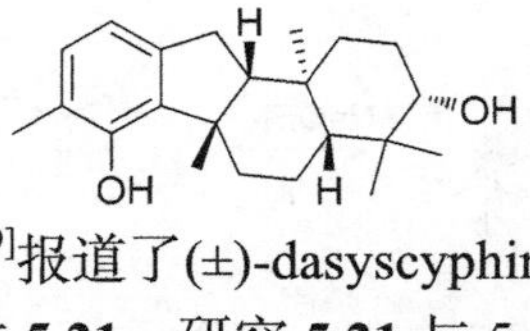

(±)-dasyscyphin D

2011 年，She 等[29]报道了(±)-dasyscyphin D 全合成。以 3-甲基-2-羟基苯乙酮为原料，合成出中间体 **5.21**。研究 **5.21** 与 5-氯-3-戊酮（α,β-不饱和酮的前体）之

间的 Robinson 增环反应发现，碱催化下的反应生成复杂的混合产物，而在 20%的对甲苯磺酸催化下，使用 1.5 倍量的 5-氯-3-戊酮，在苯中回流 3 h，以 87%的产率生成 Robinson 增环产物 **5.22**。延长反应时间或增加 5-氯-3-戊酮的用量，导致生成双 Robinson 增环反应副产物 **5.23**，最高可达 76%。

(1.5 eq.) Cl PTSA (20 mol%), PhMe 回流, 3 h, 87% OH O OMe **5.21** OMe **5.22** (2.5 eq.) Cl PTSA (20 mol%), PhMe 回流, 12h, 76% OMe **5.23**

(5-95)

5.22 虽然也具有四环萜类结构，但立体化学与目标产物不同。为了得到目标产物，在 Birch 还原的条件下先还原 **5.22** 的双键，生成 **5.24**，再与 5-氯-3-戊酮发生第 2 次 Robinson 增环反应，成功合成了中间体 **5.25**。再经双键和羰基的还原得目标产物。

5.22 Li/NH$_3$/^{t}BuOH THF, −78°C, 88% OMe **5.24** (1.5 eq.) Cl PTSA (20 mol%), PhH 回流, 3 h, 55% OMe **5.25**

1. Li/NH$_3$/^{t}BuOH THF, −78°C, CH$_3$I 2. BBr$_3$/DCM, −78°C 68% OH H NaBH$_4$/MeOH −20°C, 92% OH H OH (±)-dasyscyphin D

(5-96)

5.2.2　金属有机化合物与醛酮的缩合

1. Barbier 反应

1899 年 Barbier 发现镁存在下甲基庚烯酮与碘甲烷在乙醚中会生成二甲基庚烯醇[21]：

$$\text{6-methylhept-5-en-2-one} + H_3C{-}I \xrightarrow[H_3O^{\oplus}]{Mg/Et_2O} \text{2,6-dimethylhept-5-en-2-ol (OH)}$$

(5-97)

虽然在此之前的 1875 年，Saytzeff 就报道过甲酸乙酯与烯丙基碘在 Zn 的作用下可以生成 4-羟基-1,6-庚二烯[21]：

$$2\ \text{CH}_2{=}\text{CHCH}_2\text{I} + \text{HCOOEt} \xrightarrow{Zn/H_3O^{\oplus}} \text{hepta-1,6-dien-4-ol (OH)}$$

(5-98)

但由于锌的活性不足，反应对底物的适应面不宽。Barbier 以活性较高的镁代替锌，拓宽了底物的适应性。后来就把卤代烃在镁、铝、锌和锡等金属存在下与羰基化合物发生亲核加成生成醇的反应称作 Barbier 反应[30]，通式如下：

$$\text{R-X} + \text{R}^1\text{C(=O)R}^2 \xrightarrow[\text{M = Mg, Sn, Zn, Al, In, 等}]{\text{M, 溶剂}} \text{R-C(OH)(R}^1\text{)-R}^2 \quad (5\text{-}99)$$

Barbier 反应不分离有机金属中间体，可在水相中反应，具有安全简便的优点。不过，也给机理研究造成了困难。特别是卤代烃与金属首先形成什么样的中间产物至今仍有争议。考虑到 Barbier 反应与 Grignard 反应的相似性，目前，还是倾向于卤代烃 RX 与金属 M 先生成 RMX 型的有机金属试剂，然后再与羰基化合物按单电子转移机理或协同机理加成[8]。

$$\text{R-X} + \text{M} \longrightarrow \text{M}^{\cdot+} + [\text{R-X}]^{\cdot-} \longrightarrow \text{X}\cdot + \cdot\text{M-R} \longrightarrow \text{R-M-X} \quad (5\text{-}100)$$

$$\text{R}^1\text{C(=O)R}^2 + \text{R-M-X} \longrightarrow \left[\text{四元环过渡态}\right]^{\neq} \longrightarrow \text{R}^1\text{C(OMX)(R)R}^2 \xrightarrow{\text{H}_3\text{O}^+/\text{H}_2\text{O}} \text{R}^1\text{C(OH)(R)R}^2$$

$$\text{R-M-X} \xrightarrow{\text{E.T.}} \text{R}^1\dot{\text{C}}(\text{O}^\ominus)\text{R}^2 \;\; {}^\oplus\text{M-X} \;\; \cdot\text{R} \longrightarrow \text{R}^1\text{C(OMX)(R)R}^2 \quad (5\text{-}101)$$

尽管 Barbier 反应在选择性、产物收率、普及的程度以及机理的明确性等方面不如 Grignard 反应，但由于不使用稳定性差的金属有机化合物，不要求无水无氧条件等原因，Barbier 反应在安全性、操作简便性等方面做优于 Grignard 反应。特别是近年来，随着绿色化学的概念不断深入人心，人们也日益认识到 Barbier 反应的潜在优点。通过不断的研究，Barbier 反应原先存在的一些问题也在逐步地改进，在合成中的应用越来越多。

Barbier 反应合成莽草酸衍生物

莽草酸是从中药八角茴香中提取的一种单体化合物，有抗炎、镇痛作用，还可作为抗病毒和抗癌药物中间体，已合成出的几种莽草酸异构体的结构如下：

（四种莽草酸异构体结构式：HO、HO、OH 取代的环己烯甲酸，CO_2H）

Vankar 等[31]利用 Barbier 反应和烯烃环化复分解反应成功合成出其中的两种异构体。

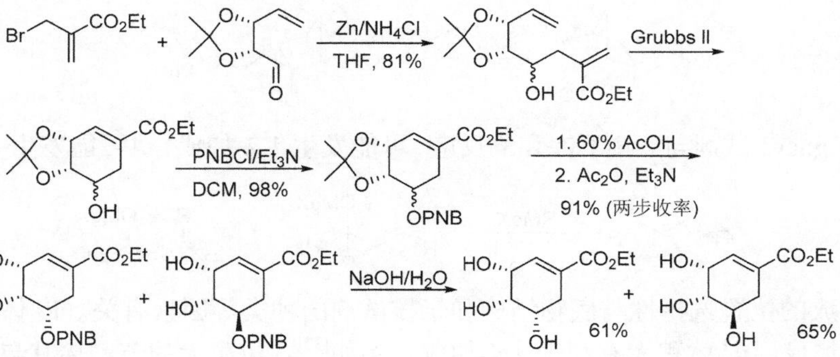

(5-102)

2. Grignard 反应

Barbier 的学生 Grignard 发现 Barbier 反应的规律性不好，易发生还原等副反应，收率不能令人满意。于是，Grignard 尝试先分离出卤代烃与镁的反应产物，再与羰基化合物加成，把原先的一锅煮变成两步反应。Grignard 的尝试非常成功，很快就发现卤代烃与镁在醚中很容易反应形成可溶的试剂，并认为其组成为 RMgX。得到 RMgX 的醚溶液后，再与羰基化合物加成，很多情况下，反应结果优于 Barbier 原先的一锅煮法。后来，有机镁试剂也被称作 Grignard 试剂，Grignard 试剂与含碳杂不饱和键的化合物的加成反应称作 Grignard 反应。

Grignard 试剂可与很多试剂发生反应，构建碳碳键和碳杂键，生成一系列重要的有机化合物，其主要应用范围如图 5.5 所示。

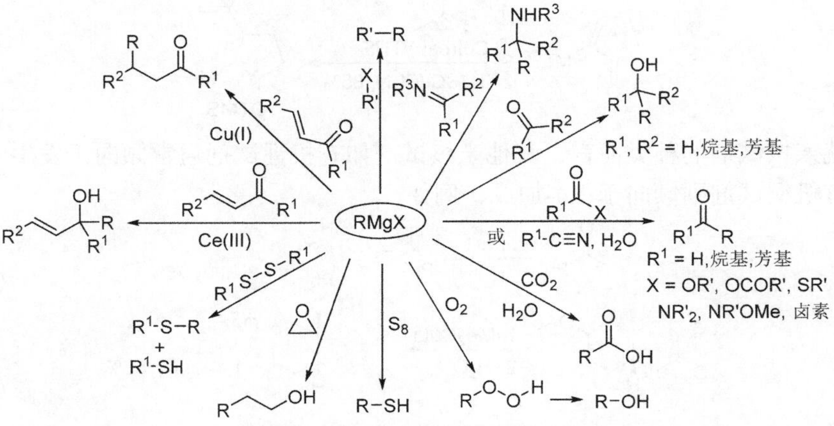

图 5.5　Grignard 反应应用范围

Grignard 试剂与手性原料反应可体现立体选择性。例如，与桥环酮加成时，优先从位阻小的一方进攻羰基，生成外型加成产物，例如：

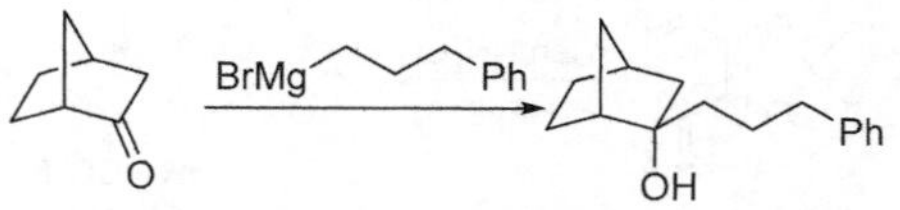

(5-103)

Grignard 试剂与 α,β-不饱和酮反应，可能发生 1,2-加成，也可能发生 1,4-加成：

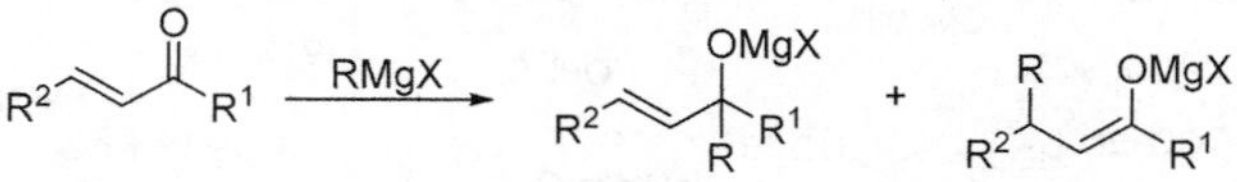

(5-104)

加成的位置选择性与底物结构和亲核试剂的种类等因素有关。R 体积大有利于 1,2-加成，R^1 体积大有利于 1,4-加成。例如[32]，位阻大的苯乙烯基叔丁基酮与乙基溴化镁主要发生 1,4-加成［式（5-105）］，而同样条件下，位阻较小的月桂醛主要发生 1,2-加成［式（5-106）］。

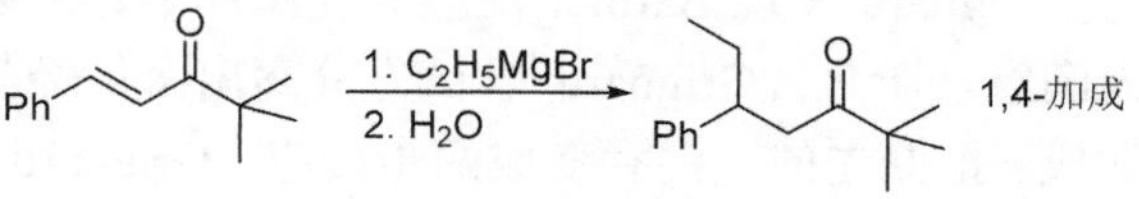

1,4-加成

(5-105)

1,2-加成

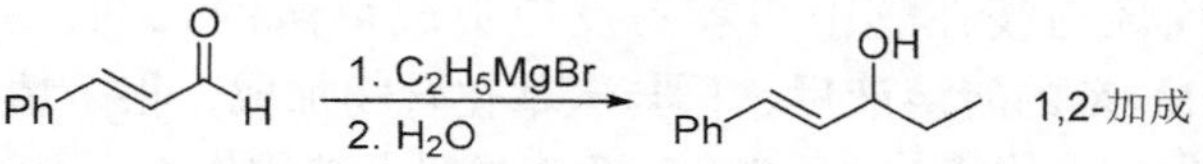

(5-106)

往反应体系中加入催化量的铜盐，可显著提高 1,4-加成产物的比例。例如，利用 Mukaiyama 羟醛缩合法合成 psilostachyin C 的第 1 步就是 Grignard 试剂与 α,β-不饱和酮的加成，为了提高 1,4-加成的比例，加入 CuI 作催化剂[23]。

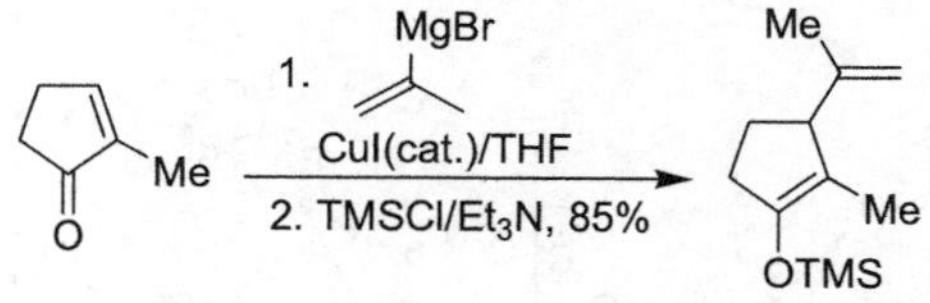

(5-107)

就亲核试剂的种类而言，其他亲核试剂如有机锂试剂通常倾向于发生 1,2-加成，有机铜试剂则倾向于 1,4-加成，例如：

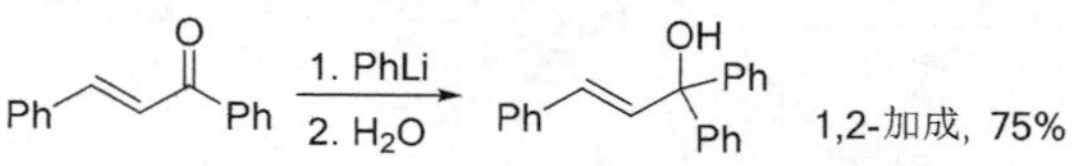

1,2-加成，75%

(5-108)

1,4-加成，55%

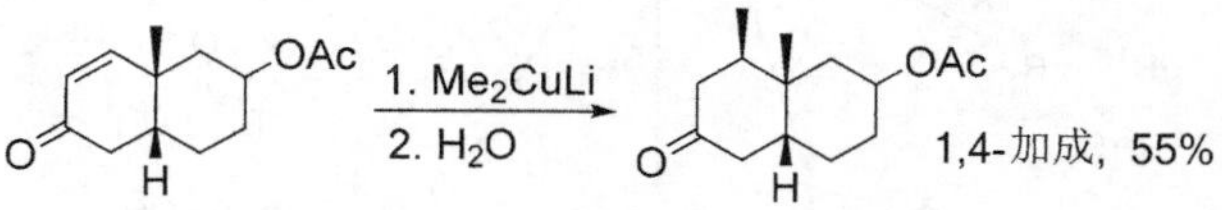

(5-109)

Grignard 反应合成(–)-pyrenophorol

十六元环二醇大环内酯，(–)-(5*S*,8*R*,13*S*,16*R*)-pyrenophorol 于 1969 年从 *Byssochlamys nivea* 中分离得到，由于其二聚体的结构且具有明显的生理活性，吸引化学家的广泛关注。

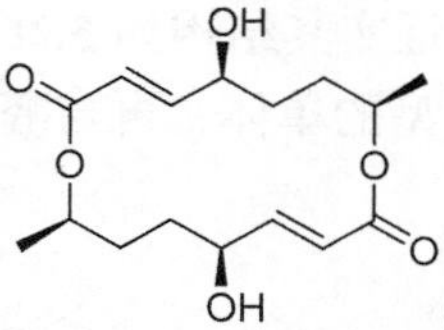

(–)-(5*S*,8*R*,13*S*,16*R*)-pyrenophorol

Alluraiah 等[33]以 *S*-环氧丙烷与 Grignard 试剂开环得到仲醇，TBSCl 硅醚保护，臭氧氧化断裂端烯键生成少一个碳原子的醛，再与乙烯基溴化镁发生 Grignard 反应，得到 *syn* :*anti* =1 : 1 构型的烯丙醇，经 Swern 氧化得到烯酮，在(*S*)-CBS 催化剂作用下，硼烷不对称还原得到烯丙醇，溴化苄对仲羟基进行苄醚保护，臭氧断裂氧化烯键得到醛，再与磷叶立德试剂发生 Wittig 反应得到 α,β-不饱和烯酸酯，后碱性条件下水解得到羧酸，TBAF 脱去硅醚保护，再通过 Mitsunobu 反应两分子缩合生成大环内酯，再用 DDQ 氧化脱去苄基保护，得到目标产物。

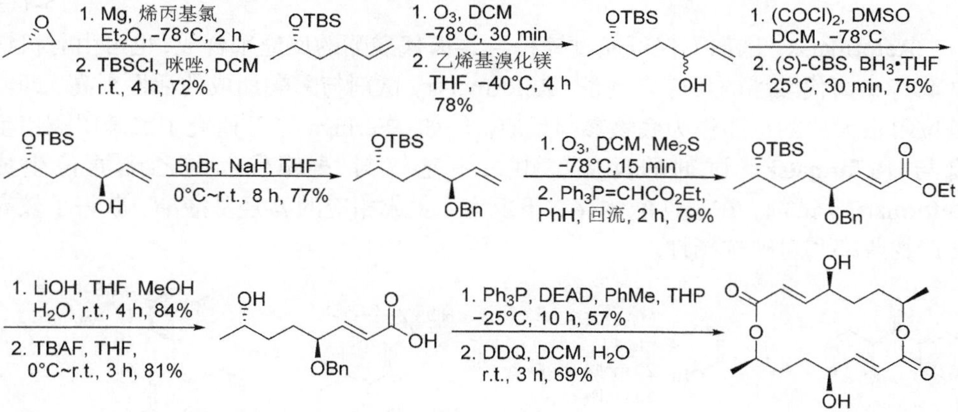

(5-110)

3. Reformatsky 反应

1887 年，Reformatsky 发现锌粉存在下，α-碘代乙酸酯可与丙酮反应生成 β-羟基酸酯：

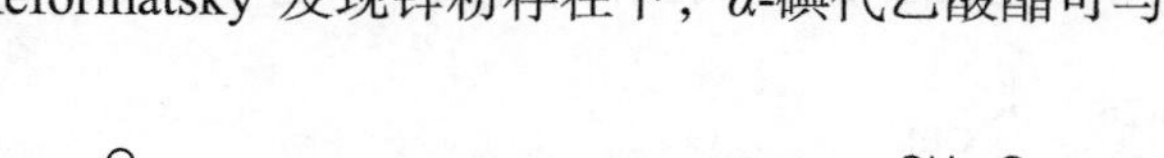

(5-111)

后来就称锌粉存在下 α-卤代酸酯与醛酮缩合生成β-羟基酸酯的反应为 Reformatsky 反应[8, 34]，通式如下：

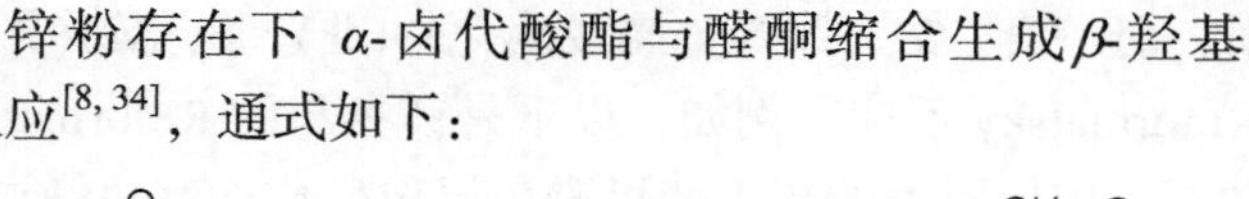

(5-112)

反应中 α-卤代酸酯先与锌粉作用，形成有机锌试剂。在 THF 中，有机锌试剂能以二聚体的形式结晶析出，单晶 X 射线衍射证实其结构如 **5.26**[21]。当有机锌试剂与醛酮加成时，二聚体 **5.26** 先解离成烯醇盐型的单体，再与醛酮反应，经由六元环状过渡态生成*β*-羟基酸酯，机理如下：

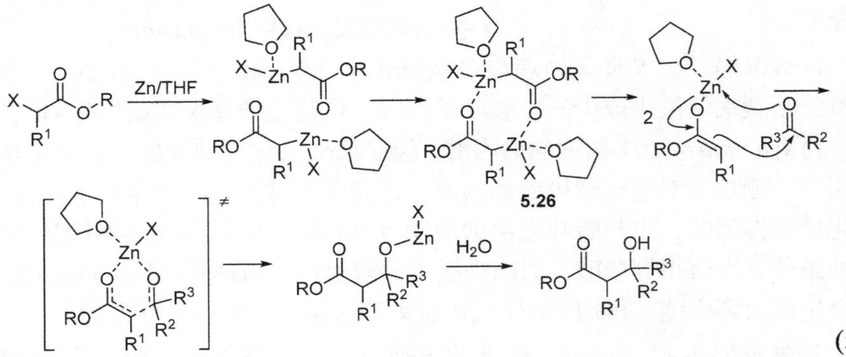

(5-113)

Reformatsky 试剂不仅可通过锌粉与 *α*-卤代酸酯的反应来合成，也可由有机锌试剂与 *α*-卤代酸酯的反应来制备。Reformatsky 试剂与醛酮加成的活性很高，即便是位阻很大的酮也能作为底物参与反应。例如，Feringa 等[35]研究了二苯甲酮衍生物与 Reformatsky 试剂的反应，由二甲基锌与 *α*-碘代乙酸乙酯原位生成 Reformatsky 试剂，在手性配体存在下反应，生成相应的 *β*-羟基酸酯，获得了较高的产物收率和对映选择性。

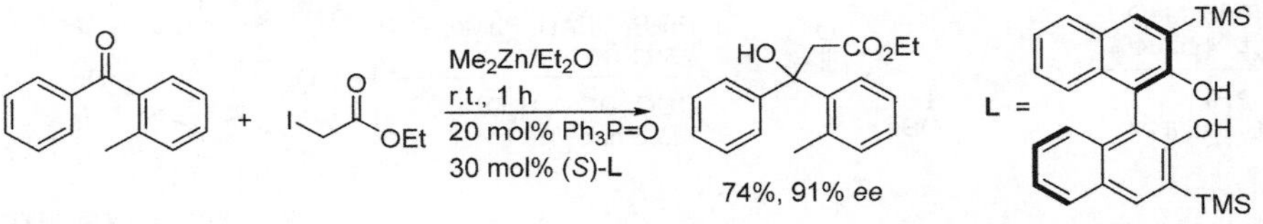

(5-114)

除醛酮外，Reformatsky 试剂还可与其他亲电试剂反应，包括缩醛、羧酸衍生物、*α*,*β*-不饱和羰基化合物、芳基砜、腈以及亚胺等。例如，Poon 等[36]利用 Reformatsky 试剂与手性亚胺的不对称加成合成了一些手性的 *β*-氨基酸酯：

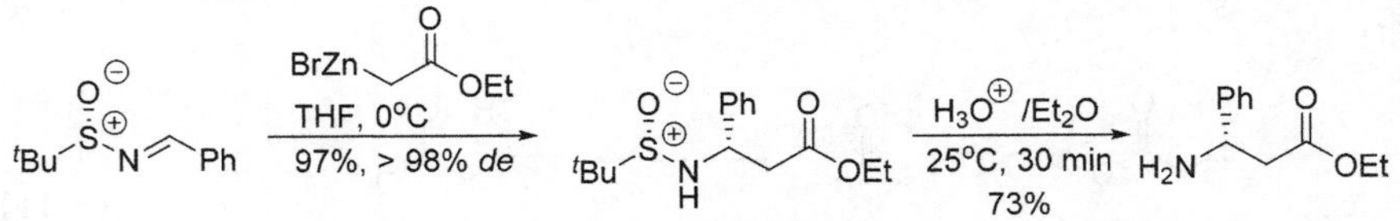

(5-115)

镁、镉、钡、铟、镍、钴、铈等金属或碘化钐(Ⅱ)、氯化铬(Ⅱ)等金属盐也可代替锌粉参与 Reformatsky 反应。例如，以下是镁参与的 Reformatsky 反应实例，因有机镁的活性高，用位阻大的叔丁酯可避免原位生成的有机镁试剂与卤代酸酯的酯基通过加成消除的机理发生亲核取代的副反应[28]。

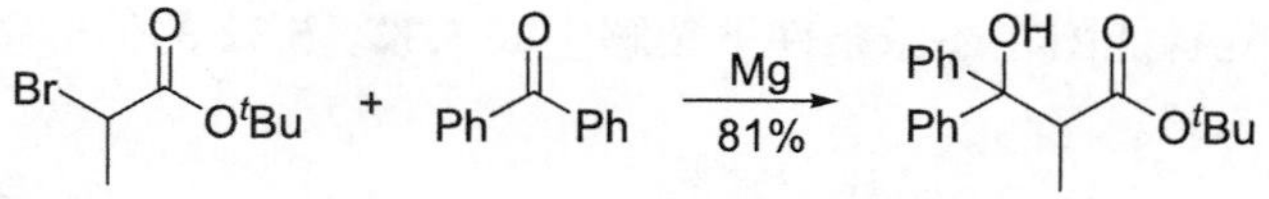

(5-116)

又如，在以下埃博霉素中间体的合成中，利用了氯化铬参与的 Reformatsky 反应[28]：

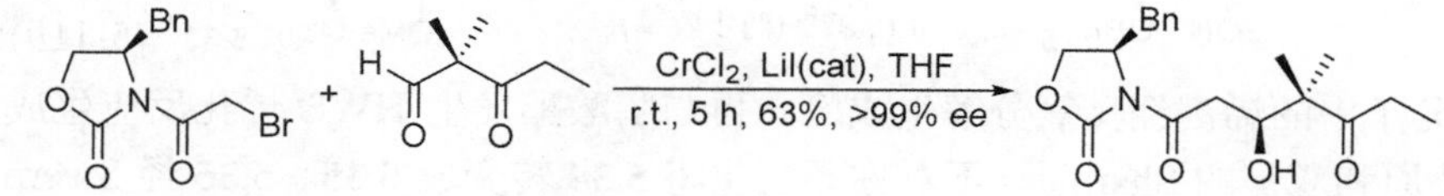

(5-117)

Reformatsky 反应合成海洋天然产物 theopederin

theopederin 是从海绵中分离出的天然产物，具有潜在的抗肿瘤，抗病毒和免疫抑制作用，结构如下：

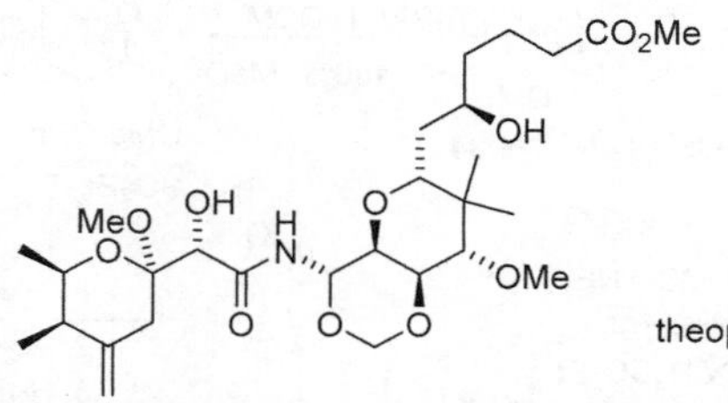

Nakata 等[37]报道的合成路线以 *D*-阿拉伯糖为起始原料，经缩醛保护羟基，邻二醇的高碘酸钠氧化断裂生成醛 **5.27**。**5.27** 经 Wittig 反应，酯化和产物的臭氧解得醛 **5.28**。二碘化钐促进的分子内的 Reformatsky 反应将 **5.29** 转变成 *β*-羟基酸酯中间体 **5.30**。再经 *O*-烃化，酯还原和烯丙基化生成中间体 **5.31**。

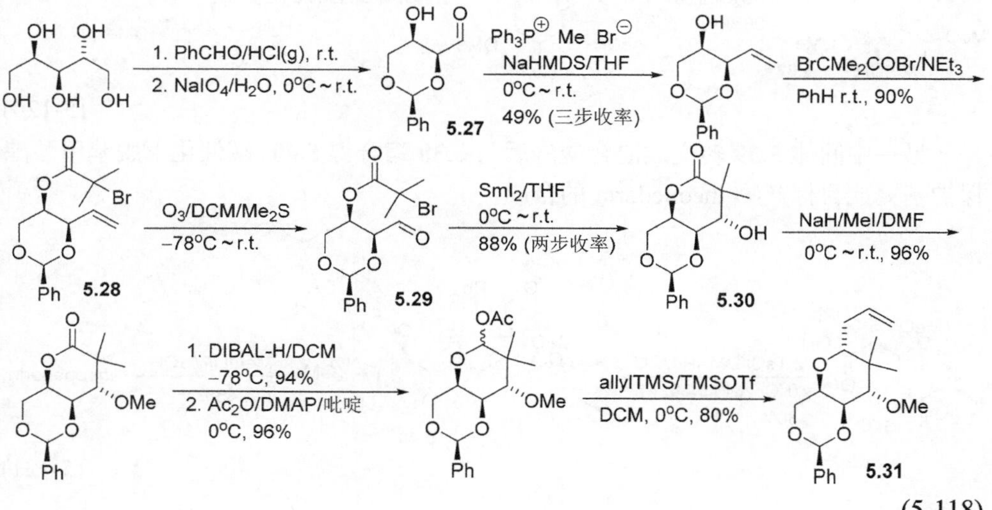

(5-118)

5.31 的缩醛官能团在还原条件下裂解生成 **5.32**。**5.32** 的伯醇基经 Swern 氧化和缩醛保护得 **5.33**。

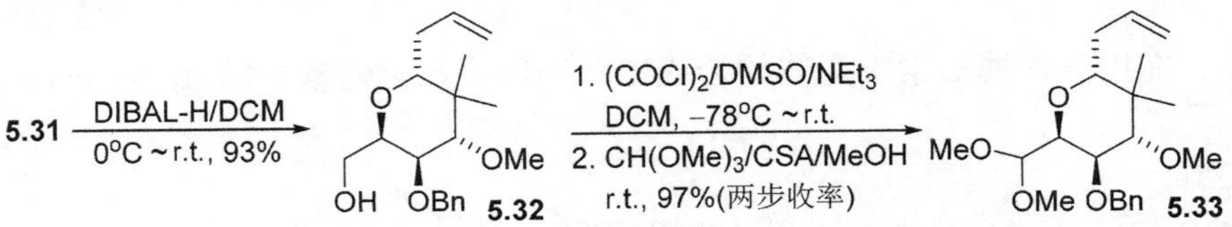

(5-119)

5.33 分子中的烯键经臭氧分解生成醛，再与膦酸酯发生 HWE 烯化反应生成 **5.34**。酯还原和双键的 Sharpless 不对称环氧化将 **5.34** 转变成 **5.35**。**5.35** 经 Swern 氧化和产物醛的 HWE 烯化得 **5.36**。环氧官能团和双键的还原以及氢解脱苄醚保护将 **5.36** 转变成 **5.37**。**5.37** 与甲醛在盐酸存在下环化生成二噁烷衍生物，再经乙酰化，叠氮基取代乙酰氧基和叠氮基的还原生成 **5.38**。

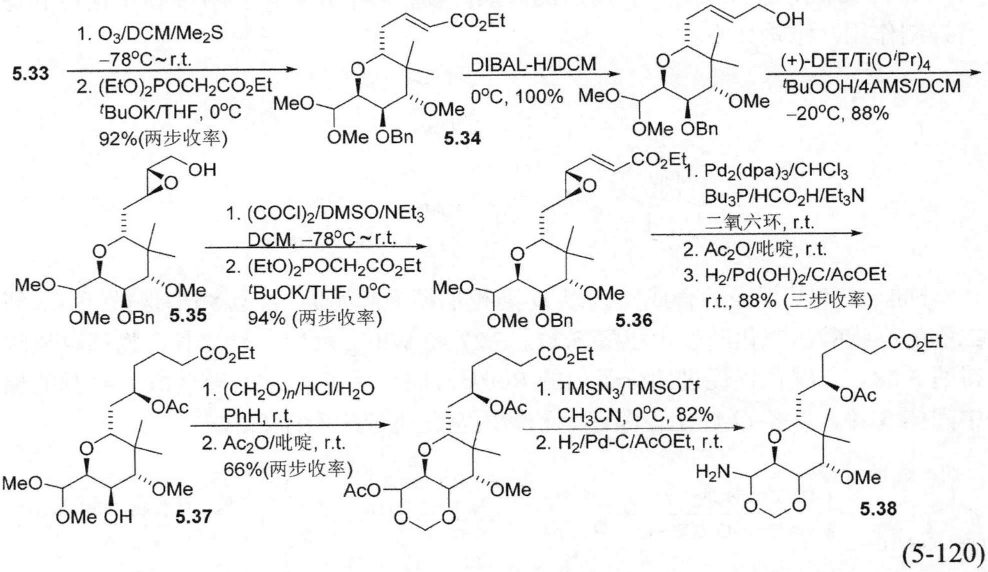

(5-120)

另一中间体 **5.39** 转变成混合酸酐后与 **5.38** 缩合得 **5.40**，碱催化下脱苯甲酸酯保护基完成目标产物 theopederin 的合成。

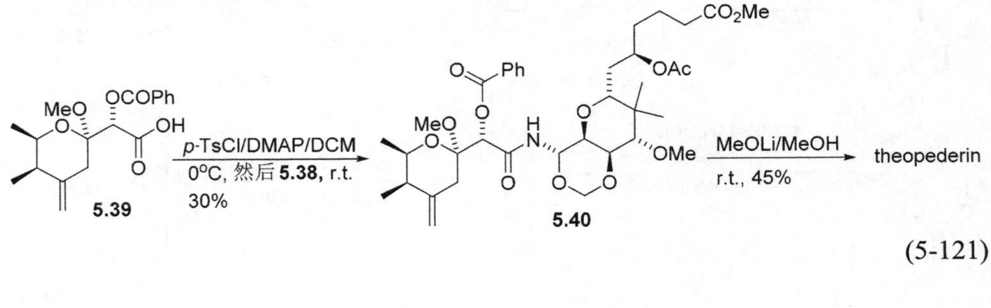

(5-121)

5.2.3　α-卤代酸酯与醛酮的缩合

碱催化下，α-卤代酸酯与醛、酮缩合生成脱水甘油酸酯，称作 Darzens 缩合反应或 Darzens 缩水甘油酸酯缩合反应[28,38,39]，反应通式如下：

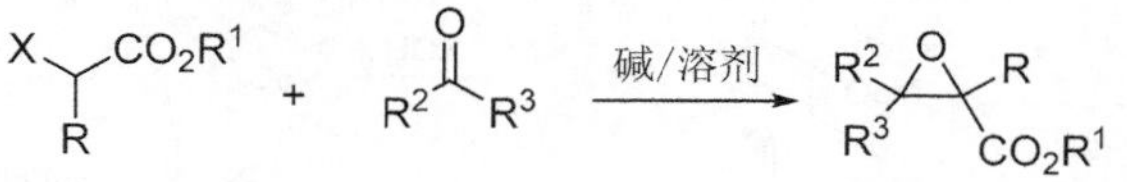

碱/溶剂

(5-122)

Darzens 缩合反应是按羟醛缩合机理进行的，α-卤代酸酯在碱的作用下先脱去 α-氢形成碳负离子，后者与醛或酮的羰基发生亲核加成，形成氧负离子中间体作为亲核试剂进攻卤代酸酯的 α-碳原子，卤素作为离去基团离去生成亲核取代产物环氧化物，机理如下：

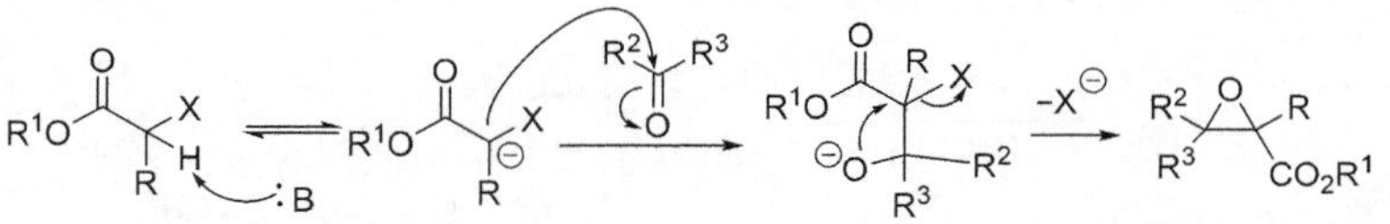

(5-123)

由卤代乙酸衍生的 α,β-环氧酸酯水解生成 α,β-环氧酸，与 β-羰基酸类似很容易脱羧生成醛。因此，Darzens 缩合反应常被用来合成用其他方法不易合成的醛，例如，支气管扩张药喘速宁（trimethoquinol）中间体 **5.41** 的合成[5]：

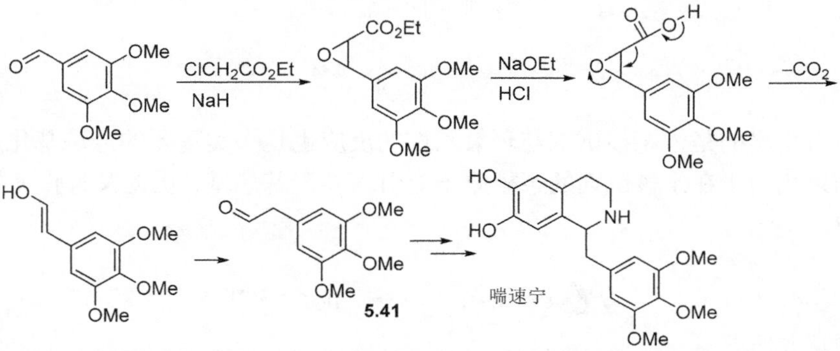

$ClCH_2CO_2Et$, NaH；NaOEt, HCl；$-CO_2$

5.41　喘速宁

(5-124)

Darzens 缩合产物环氧乙烷是亲电试剂，还可与各种亲核试剂发生开环反应，生成甘油酸酯衍生物。例如，在抗肺高压药 ambrisentan 的合成中，氯乙酸甲酯与二苯甲酮发生 Darzens 缩合，产物在 Lewis 酸催化下与甲醇反应，甲醇作为亲核试剂进攻环氧官能团更能稳定正电荷的碳导致开环生成甘油酸酯衍生物 **5.42**，经进一步反应转变成 ambrisentan[40]。

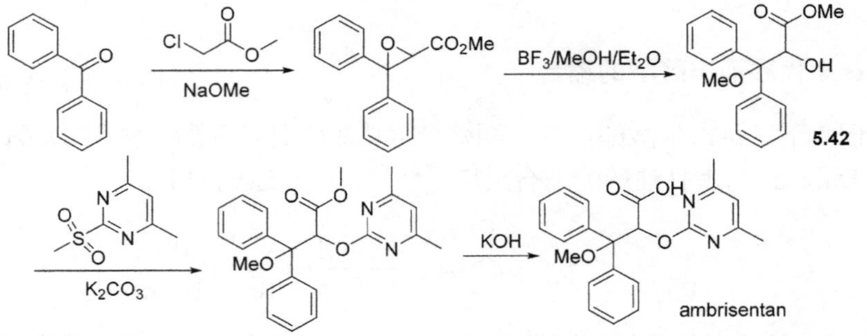

(5-125)

又如在平喘药泊比司特（pobilukast）的合成中，起始的 Darzens 缩合产物在三乙胺存在下与巯基乙酸甲酯反应，由于巯基可进攻环氧乙烷环上的不同碳原子，生成两种区域异构体的混合物 **5.43** 和 **5.44**。前者经逆羟醛缩合转变成起始原料再参与反应，后者不发生转化，水解生成目标产物泊比司特[5]。

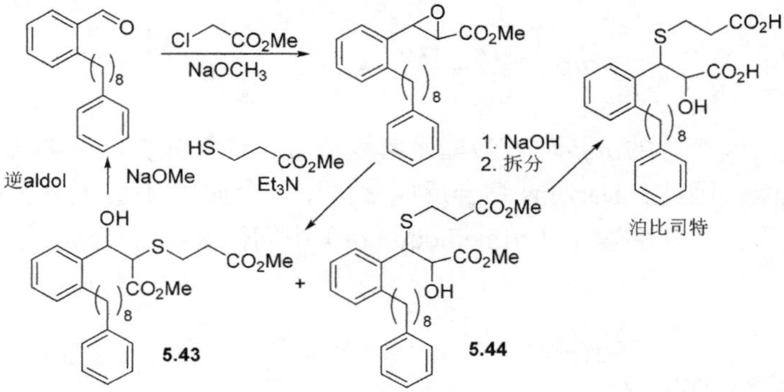

(5-126)

值得指出的是，亲核试剂与环氧乙烷的反应也是一类重要的羟烷基化反应，反应结果相当于在亲核试剂的亲核原子上引入 β-羟基烷基，因此又称作 β-羟烷基化反应。

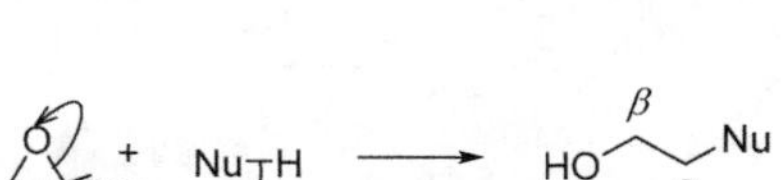

(5-127)

强亲核试剂可直接进攻环氧乙烷环上的碳原子，导致碳氧键断裂而开环，按 S_N2 机理反应生成产物。弱亲核试剂与环氧乙烷的反应慢，通常需在酸催化下使环氧乙烷的氧原子加成质子或与 Lewis 酸结合增加碳原子上的正电荷，利于亲核试剂的进攻。

对于结构不对称的单取代或多取代环氧乙烷的开环反应，亲核试剂进攻环上的不同碳原子将生成不同的产物，反应的选择性取决于反应条件。中性或碱性条件下用强亲核试剂开环时，亲核试剂优先进攻位阻小的环碳原子。酸性条件下反应时，亲核试剂优先进攻更能稳定正电荷的环碳原子，这与烯烃的卤加成反应中亲核试剂对环卤鎓离子的进攻类似。例如：

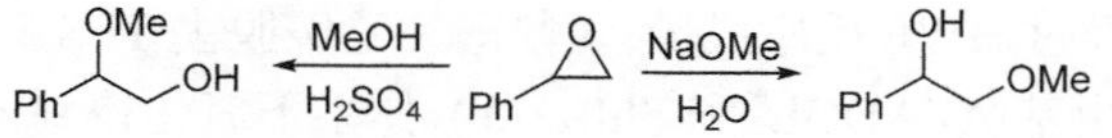

(5-128)

Darzens 缩合反应构建(−)-L-755807

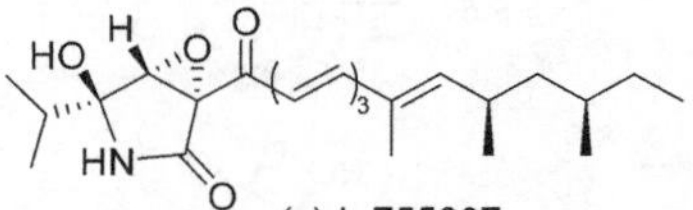

阿尔茨海默病（AD）是一种无法治愈的神经退行性疾病。乙酰胆碱酯酶抑制剂，如多奈哌齐（donepezil，商品名 Aricept）、加兰他敏（galanthamine）等可以用于治疗 AD，但这些药物有所改善 AD 症状虽然不能治愈这种疾病。20 年来，研究人员已经分离出几种含有环氧-γ-内酰胺环天然产品，其中包含(−)-L-755807，其诱导神经突向外生长并被视为 AD 的潜在治疗剂。

(−)-L-755807

Tanaka 等[41]以醇 **5.45** 通过 Parikh-Doering 氧化得到醛，经过高区域选择性的 Darzens 缩合得到环氧化物 **5.46**，用甲酸处理环氧化物 **5.46** 以除去甲硅烷基以及酯水解通过自发内酯化形成单酸，然后转化为相应的 Weinreb 酰胺 **5.47**，氨解断裂内脂生成酰胺，TES 硅醚保护仲醇得到 **5.48**，碱性条件下加成-消除得到 Horner-Wadsworth-Emmons (HWE)反应试剂膦酸酯 **5.49**。

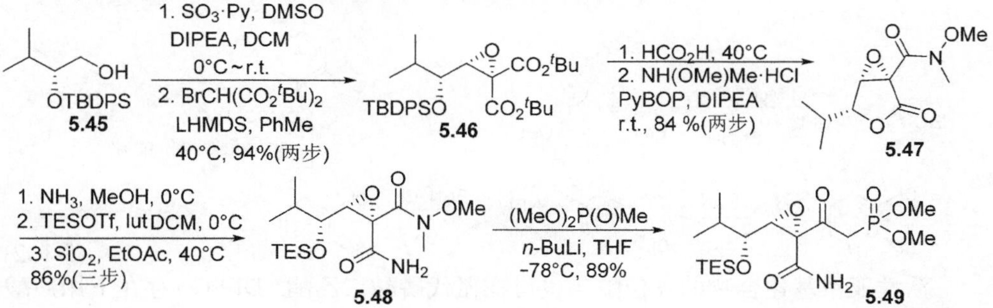

(5-129)

5.50 经 Swern 氧化和 Still-Gennari 烯化得到 **5.51**，DIBAL-H 还原醛得伯醇 **5.52**，羟基用对甲苯磺酰基保护，氢化铝锂还原得到溴乙烯 **5.53**，与硼酸发生 Suzuki-Miyaura 偶联后用 MnO_2 氧化伯醇得到醛 **5.54**。

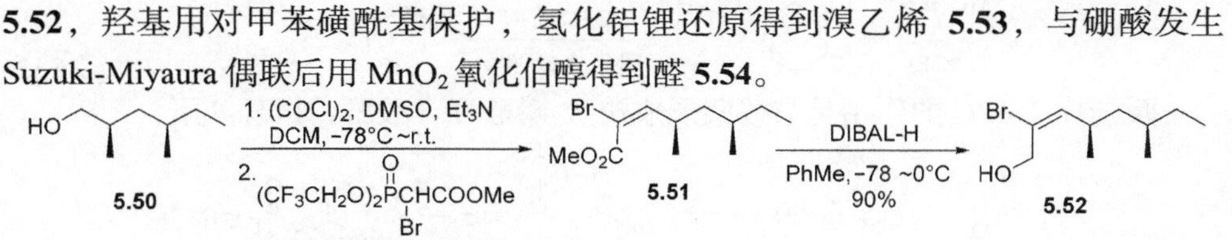

(5-130)

5.54 与 **5.49** 经过 HWE 反应成烯，氢氟酸三乙胺脱去 TES 硅醚保护得到 **5.55**，在金刚烷-*N*-氧自由基 AZADOL®和 $PhI(OAc)_2$ 体系下氧化得到 *dr* = 63:15 的目标产物(–)-L-755807 及对映异构体 **5.56**。

5.54
1. **5.49**, *t*-BuOK, THF, 回流, 85%
2. $3HF \cdot Et_3N$, DMF, 35°C, 92%
OH
O
NH_2
3
5.55
AZADOL®, $PhI(OAc)_2$
DCM, 0°C
HO H O
HN
(–)-L-755807　63%
+
HO H O
HN
5.56　15%

(5-131)

5.3　α 位的酰化反应

5.3.1　活性亚甲基化合物的 α 位酰化

含两个致活基团的活性亚甲基化合物 α-氢的酸性较强($pK_a < 15$)，可以在弱碱催化下与酰氯等酰化剂反应，生成酰化产物，例如[42]：

EtO OEt
$MgCl_2/Et_3N$
$-Et_3\overset{\oplus}{N}H$
Mg^{2+}
EtO OEt
Cl Cl N Cl O
Et_3N
Cl Cl N $\overset{\oplus}{N}Et_3$ $Cl^{\ominus}$
$-Et_3N$, $Cl^{\ominus}$
Cl Cl N O OEt OEt
DMSO, H_2O
150~160°C, 2 h, 92%
Cl Cl N

(5-132)

活性亚甲基化合物的 α 位酰化也可在氰代磷酸二乙酯（DEPC）存在下用羧酸作酰化剂，反应条件温和，收率高，比用酰氯的效果更好。例如[42]：

COOEt COOEt
+
CO_2H
$DEPC/Et_3N$
DMF, r.t., 96%
CO_2Et CO_2Et

(5-133)

反应中 DEPC 的作用是与羧酸形成羧酸-磷酸混合酸酐，机理如下：

Ph O⊖ + EtO–P–CN OEt
DEPC
Ph $P(OEt)_2$ CN
Ph O $P(OEt)_2$
⊖ COOEt COOEt
Ph $P(OEt)_2$ EtO_2C CO_2Et
Ph CO_2Et CO_2Et

(5-134)

5.3.2　酮的 α 位酰化

酮的 α 位酰化可在醇钠或更强的碱存在下进行，可用酰卤、羧酸酯或其他羧酸衍生物作酰化剂，例如[43]：

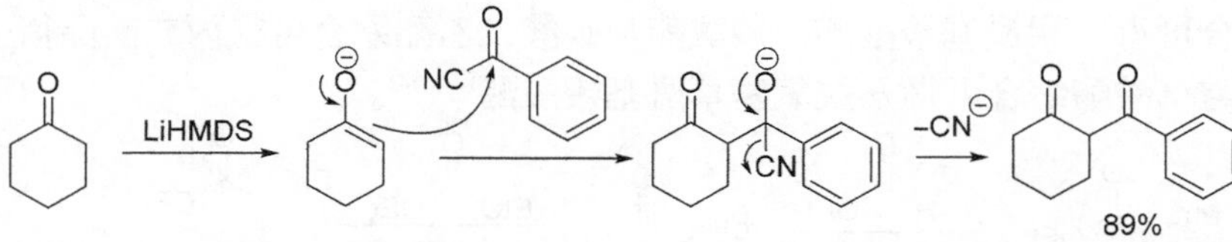

(5-135)

酮的酰化也可经由烯胺来实现，机理与经由烯胺的烃化反应类似，例如[44]：

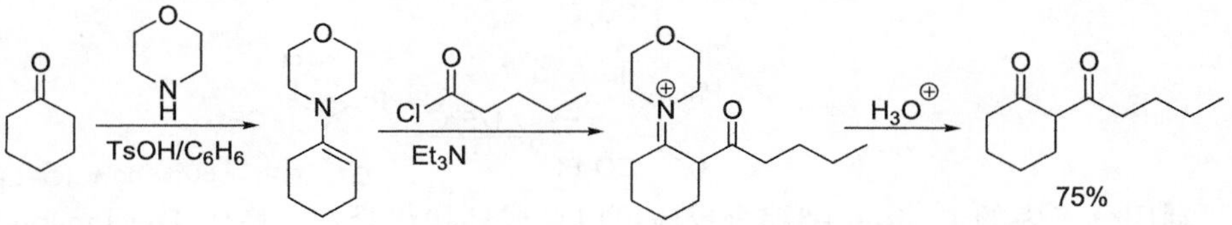

(5-136)

5.3.3　酯的 α 位酰化与 Claisen 酯缩合

在醇钠催化下羧酸酯可使另一具有 α 活性氢的酯酰化，称作 Claisen 酯缩合，反应过程如下：

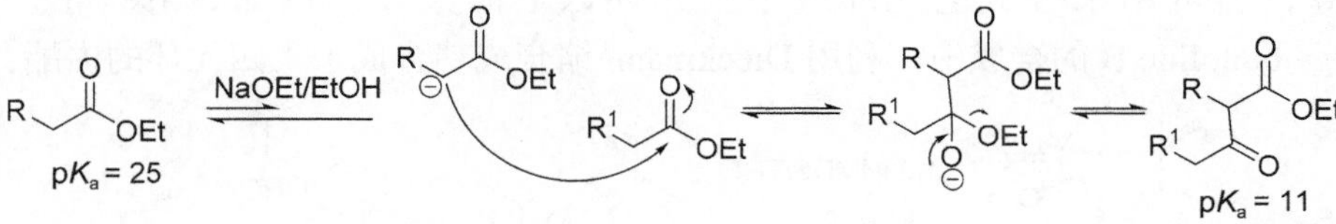

(5-137)

实际上烷基酯的 α-氢酸性较低（pK_a=25），而乙醇的酸性则较高（pK_a =18），乙醇钠的碱性不足以脱烷基酯的 α-氢，或者说用乙醇钠脱烷基酯的 α-氢平衡将偏向于反应物，平衡转化率非常低。但是，产物 β-酮酸酯分子中的亚甲基上的活性氢受到羰基和酯基的共同影响，酸性增强(pK_a = 11)，易转变为钠盐，从而使整个反应的平衡向右移动，有利于最终产物的生成[42]。

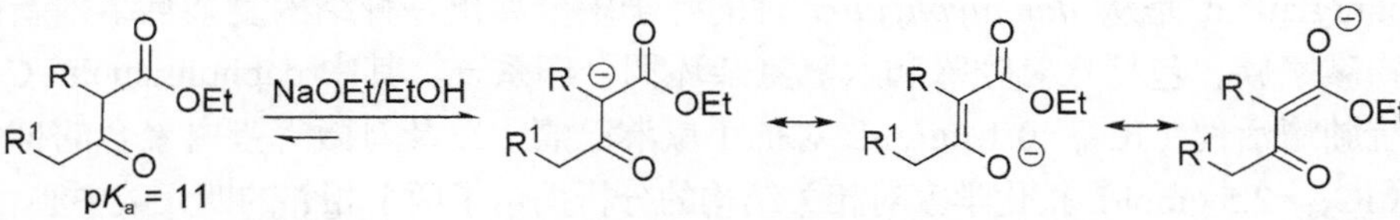

(5-138)

如果羧酸酯分子中 α-碳上只有一个活泼氢，反应产物就不能发生上述不可逆转化，因此要用更强的碱，例如[42]：

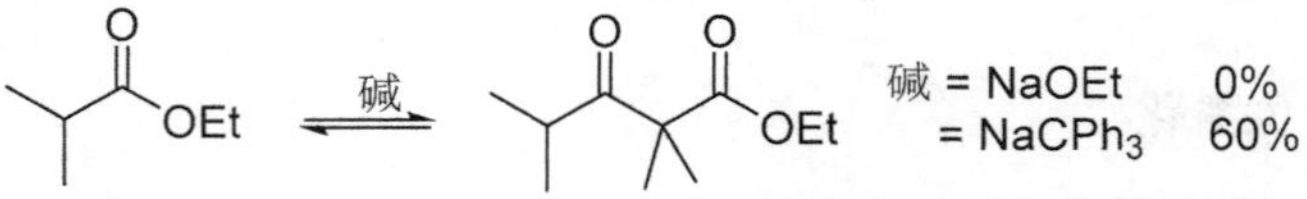

碱 = NaOEt 0%
= $NaCPh_3$ 60%

(5-139)

由于存在交叉缩合，不同酯之间的 Claisen 酯缩合反应最多可形成四种缩合产物。要想得到相对纯净的产物，通常要求其中一种酯不含 α-氢。例如羧酸酯与甲酸酯缩合可得 α-甲酰基羧酸酯，羧酸酯与碳酸二乙酯缩合可得丙二酸酯衍生物，羧酸酯与草酸酯缩合可得 α-烷氧基草酰基羧酸酯[32, 42]。

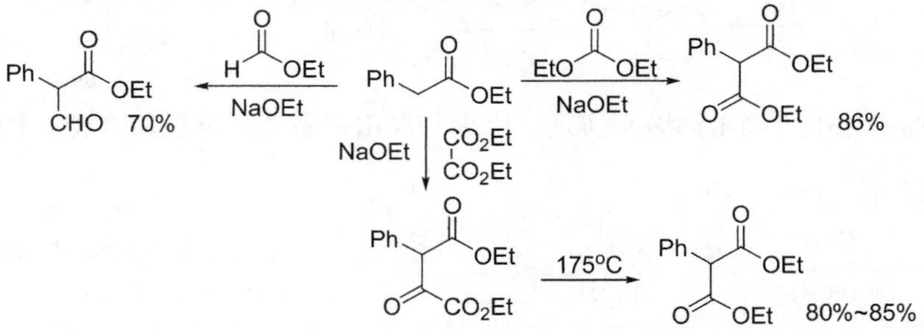

(5-140)

利用分子内的 Claisen 酯缩合反应可以合成环状化合物，称作 Dieckmann 缩合，是合成五元环和六元环 β-酮酸酯的有效方法。例如：

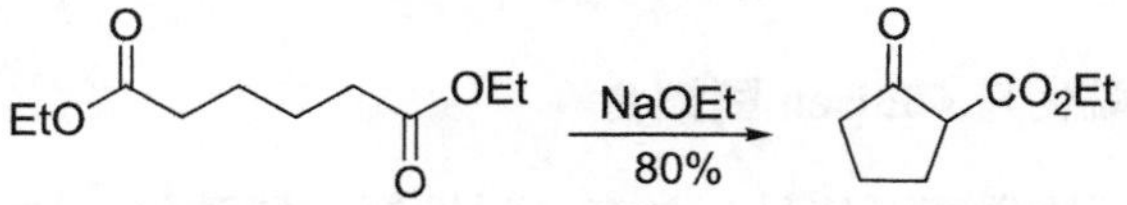

(5-141)

Dieckmann 缩合如果用于形成三至四元环及九至十二元环，收率低，甚至不反应，但可用来合成七元环或十三元环以上的大环。例如，Tse 等[45]在 (–)-galbonolide B 的合成中，利用 Dieckmann 缩合成功合成了十四元环的内酯：

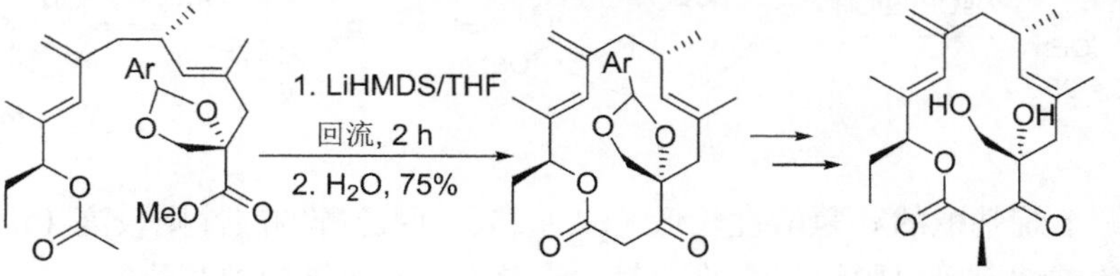

(–)-galbonolide B (5-142)

Dieckmann 反应合成 daphniglaucin C 的四环核心

daphniglaucin 是从 *daphnyphyllum* 种的叶子中分离出一种结构复杂且结构新颖的生物碱家族，包括八氢吲哚和六氢氮杂环稠合环系统。其中 daphniglaucin C 有显著抗肿瘤活性（IC_{50} =0.1 μg/ mL 对抗小鼠淋巴瘤）以及对微管蛋白聚合的抑制作用（IC_{50} =2.5 μmol/L），化学家对相关结构的分析揭示了两个相邻的四元碳中心，将高度凸起的四环核心基序二等分。因而高价值的中间体四环烯酮的立体控制全合成（**5.57**）可以作为这个迷人的生物碱家族的一些个体成员的合成的一般策略。

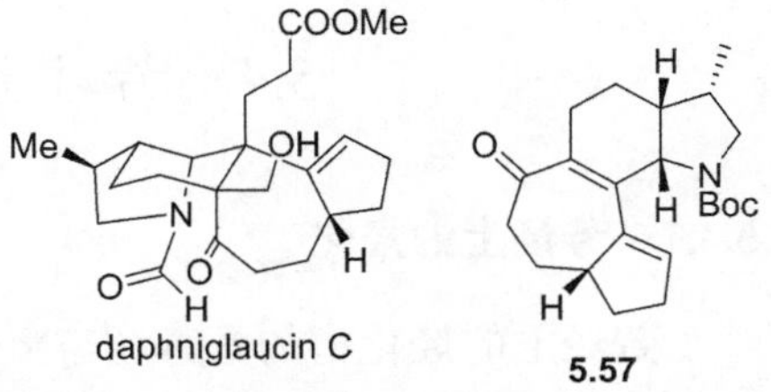

Hanessian 等[46]以市售的 **5.58** 为起始原料与 DMA 反应得到烯胺 **5.59**，与 3-苄氧基丙基溴化镁加成-消除反应得到烯酮 **5.60**，后用 MeMgBr 对 **5.60** 进行 1,2-加成，以 5：1 的比例得到叔烯丙醇 **5.61**，Pearlman 催化剂[$Pd(OH)_2/C$]催化加氢，还原脱苄及脱去羟基并导致烯键迁移得到 **5.62**，继续用 Pd/C 还原烯键，得到唯一 *syn* 产物 **5.63**，一锅煮氧化伯醇到羧酸，酯化得到当量产物 **5.64**，以 KHMDS 作为强碱，完成 Dieckmann 缩合得到 β-酮酸酯 **5.65**，以 KHMDS 作碱与 Comins 三氟甲磺酸化试剂反应生成三氟甲磺酸烯醇酯 **5.66**。

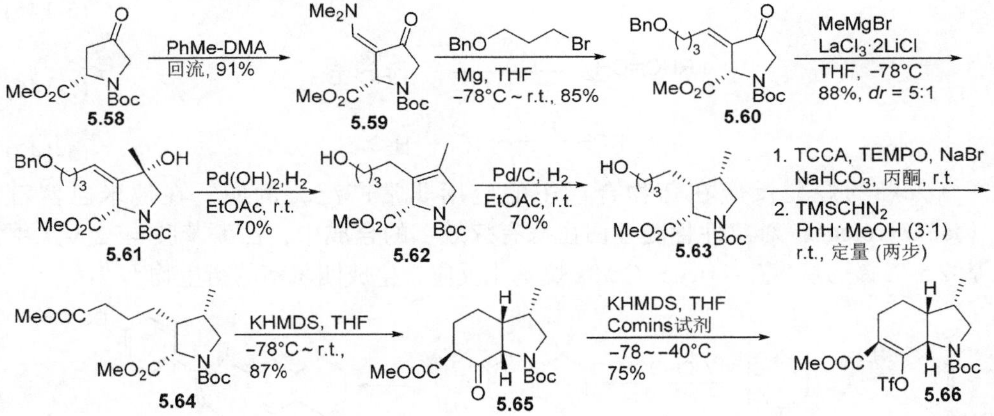

(5-143)

正丁基锂脱去烯基碘 **5.67** 的碘，与三正丁基氯化锡反应得到 **5.68**，与 **5.66** 发生 Stille 偶联得到克级产物二烯 **5.69**，低温水解缩醛得到醛 **5.70**，经过 Pinnick 氧化和酯化得到二酯 **5.71**，NaHMDS 强碱作用发生 Dieckmann 缩合，最后在碱性条件下水解脱羧得到目标产物 **5.57**。

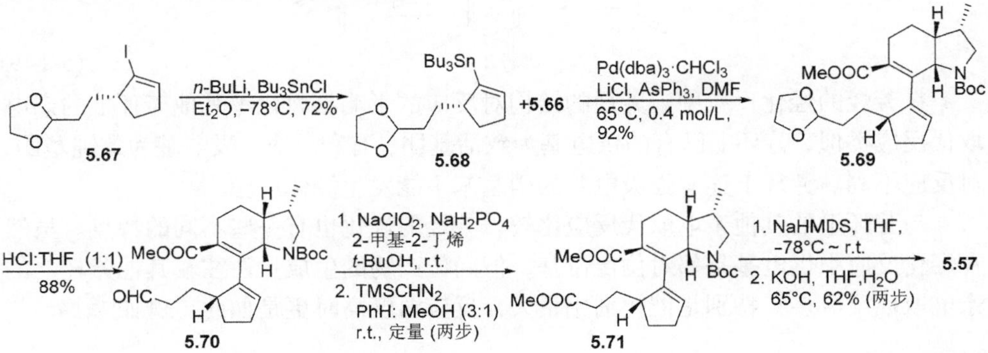

(5-144)

5.4 芳环上的烃化和酰化反应

5.4.1 芳烃上的烃化

芳烃上的烃化指的是芳烃与卤代烃在酸催化下生成烃基取代的芳烃的反应，也称作 Friedel-Crafts 烷基化反应。除卤代烃外，烯烃和醇也可作为烃化剂。但无论使用何种烃化剂，真正的进攻试剂都是由烃化剂与催化酸作用形成的碳正离子或其离子对：

$$R{-}X + AlCl_3 \longrightarrow R^{\oplus}\ AlCl_3X^{\ominus} \tag{5-145}$$

$$RHC{=}CH_2 \xrightarrow{H^{\oplus}} RH\overset{\oplus}{C}{-}CH_3 \tag{5-146}$$

$$ROH \xrightarrow{H^{\oplus}} R^{\oplus} + H_2O \tag{5-147}$$

芳烃的烃化反应在药物合成中的应用非常广泛，例如，在他米巴罗汀（tamibarotene，对急性骨髓性白血病有疗效）的合成中，乙酰苯胺与 2,5-二甲基-2,5-二氯己烷发生 Friedel-Crafts 烷基化反应，生成四氢萘的衍生物[5, 47]：

NHAc, Cl, Cl, $AlCl_3$/DCM, −15°C, 2 h, 67%, NHAc, H, N, O, CO_2Me, 他米巴罗汀

(5-148)

芳烃的烃化是典型的芳环上的亲电取代反应，碳正离子或其离子对作为亲电试剂进攻芳环，经由 σ-络合物生成烃基取代产物：

$R^{\oplus}$, H, R, $-H^{\oplus}$, R, σ-络合物

(5-149)

在芳烃的烃化反应中，芳烃的结构对反应的影响与卤化等其他芳环上的亲电取代反应类似，芳环上已有的供电基为致活基团，有利反应，吸电基为致钝基团，对反应不利。芳环上连有强吸电基的硝基苯不能发生烃化反应。

与芳环上的其他亲电取代反应比较，芳烃的烃化也有一些不同的特点。虽然在烃化反应中供电基是邻对位定位基，但间位产物的生成量往往较其他芳环上的亲电取代反应多，特别是催化剂用量大，反应温度高时更是如此，例如[42]：

产物比例：0°C　2　1　1

90°C　1　1　10

(5-150)

间位产物的生成量与催化剂的种类也有关，以 $AlCl_3$ 作催化剂有利于生成间位产物，以硫酸等质子酸作催化剂则有利于生成邻对位产物[42]。

$AlCl_3$, 80~100°C　75%　　80% H_2SO_4　70°C, 35%

(5-151)

产生这一现象的原因在于 $AlCl_3$ 既是烃化反应的催化剂，也有脱烃基作用（dealkylation），因此，$AlCl_3$ 催化的烃化是可逆过程，在较高温度下可通过脱烃基、再烃化而得到热力学稳定的间位产物。芳烃烃化的另一特点是容易发生多烃化，这是因为烃基为供电基，是致活基团，引入一个烃基后，芳环的活性增加，因而容易发生多烃化。但是，也有观点认为，烃基的活化作用有限，主要是因为烃化产物比未烃化的反应物更容易与催化剂接触，从而导致多烃化[21]。

芳烃烃化的进攻试剂是碳正离子或其离子对，由于碳正离子的重排，反应通常伴随烃基的异构化。特别是当烃化剂过量，$AlCl_3$ 的量增加时，烃基的异构化比例增加[42]：

2 mol　Cl (1 mol)　ACl_3(0.08 mol)　−6°C, 5 h, 41%　60%　40%

(5-152)

1 mol　Cl (3 mol)　ACl_3(1 mol)　−6°C, 5 h, 90%

(5-153)

由于异构化的存在，芳烃的烃化只适于合成仲烷基或叔烷基芳烃，伯烷基芳烃的合成通常采用酰化还原的间接方法，不能采用直接烃化的方法。

5.4.2　芳环上的酰化

芳环上的酰化反应可分为直接酰化和间接酰化。直接酰化是直接往芳环上引入酰基的反应，如 Friedel-Crafts 酰化反应；间接酰化则是往芳环上引入某些可转变成酰基的基团，如 Houben-Hoesch 酰化、Gattermann-Koch 甲酰化、Vilsmeier-Haack-Arnold 甲酰化、Reimer-Tiemann 醛合成等。

1. Friedel-Crafts 酰化

与 Friedel-Crafts 烃化反应类似，Friedel-Crafts 酰化反应也是芳环上的亲电取代反应，通常在 Lewis 酸催化下进行，酰卤是最常用的酰化剂。以酰氯作酰化剂，三氯化铝作催化剂为例，反应中，三氯化铝先与酰氯的羰基氧或卤素配位，形成酰基正离子或带部分正电荷的络合物，酰基正离子或带部分正电荷的络合物作为亲电试剂进攻芳环形成 σ-络合物，再脱去质子形成产物，反应机理如下：

R Cl + $AlCl_3$ → $AlCl_3^{\ominus}$ R ⊕ Cl → R R[1] ⊕ H O–$AlCl_3$ Cl —$-AlCl_3$ / $-HCl$→ R[1] R O

R ⊕ ‖ $AlCl_4^{\ominus}$ → R[1] ⊕ H R O $AlCl_4^{\ominus}$ —$-AlCl_3$ / $-HCl$→

(5-154)

在 Friedel-Crafts 酰化反应中，芳环上已有取代基的活性和定位效应与其他芳环上的亲电取代反应相同，供电子基对反应有促进作用，是邻对位定位基；吸电子基对反应不利，是间位定位基。例如硝米芬（nitromifene）的合成，三氯化铝催化下，溴乙基保护的苯酚与 4-甲氧基苯甲酰氯反应，生成对位酰化的产物[5]：

HO_2C OMe —$SOCl_2$→ ClOC OMe —Br~O–Ph / $AlCl_3$→

Br~O OMe → → Br~O NO_2 OMe

硝米芬

(5-155)

$AlCl_3$、$GaCl_3$、$ZrCl_4$ 等 Lewis 酸是 Friedel-Crafts 酰化反应最有效的催化剂，但也容易引起副反应。$ZnCl_2$、$FeCl_3$、$Et_2O·BF_3$ 等活性低一些，但也具有副反应相对较少的优点，常用于活泼底物的酰化。除酰卤外，酸酐、羧酸、烯酮等也常用作酰化剂。在所有酰化剂中，酰卤活性最高，酸酐次之，羧酸活性较低，只能用于电子云密度高的活泼芳烃的酰化。例如，雌激素拮抗剂阿考比芬（acolbifene）的合成中，在 $Et_2O·BF_3$ 的催化下，以酰化能力较小的羧酸作酰化剂，就可实现底物间苯二酚的酰化，收率达到 81%[5, 48]。

HO OH + HO O OH —$Et_2O·BF_3$/PhMe, 100°C, 3 h, 81%→ HO OH O OH

(5-156)

传统的 Friedel-Crafts 酰化反应少有用酰胺、酯作酰化剂的报道。新近的研究发现，在三氟甲磺酸催化下，氮原子上连有强吸电基的酰胺也可作为酰化剂参与分子内或分间的 Friedel-Crafts 酰化反应[49]。

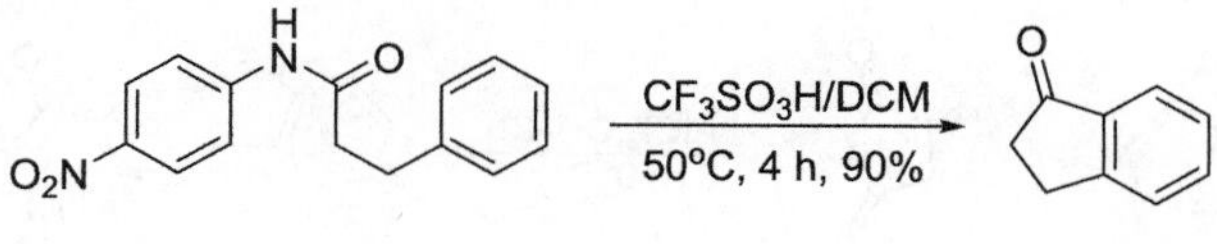

CF_3SO_3H/DCM，50°C, 4 h, 90%　(5-157)

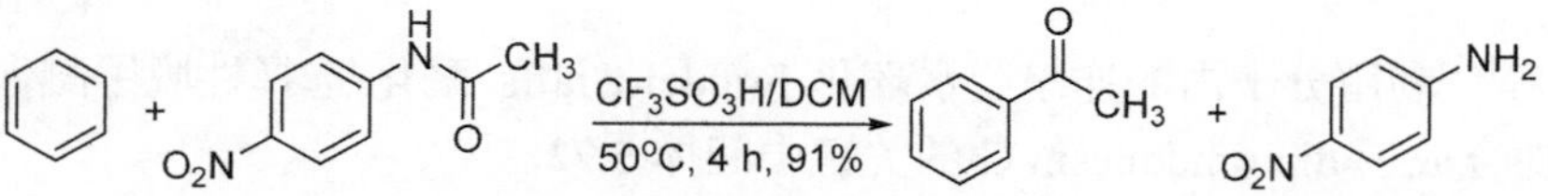

CF_3SO_3H/DCM，50°C, 4 h, 91%　(5-158)

与烃化反应相比，酰化反应通常是不可逆的。由于酰基为吸电基，引入酰基后活性降低，正常情况下，不易发生多酰化。因此，Friedel-Crafts 酰化反应在药物合成中的应用非常广泛，除上述硝米芬和阿考比芬的合成外，还可以举出很多的实例。羟化酶抑制剂 nepicastat、强心剂 prindoxan 以及抗抑郁药 minaprine 等的合成[5]。

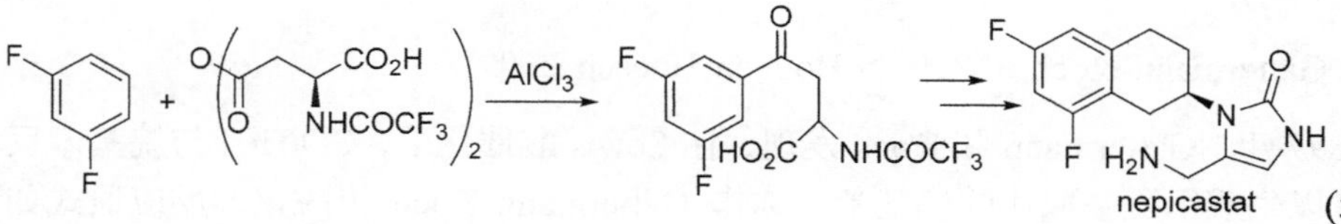

$AlCl_3$　nepicastat　(5-159)

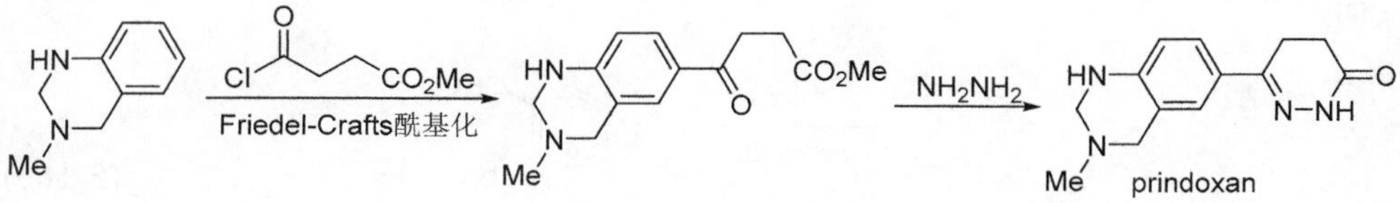

Friedel-Crafts酰基化　NH_2NH_2　prindoxan　(5-160)

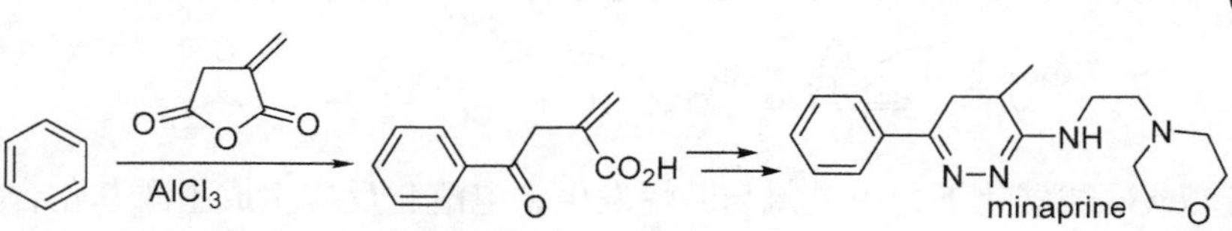

$AlCl_3$　minaprine　(5-161)

取代琥珀酸酐进行 *C*-酰化反应的区域选择性：

琥珀酸酐取代基为供电子基团时（EDG），得到 2-取代 *C*-酰化产物[5]；取代基为吸电子基团（EWG）时，得到 3-取代 C-酰化产物[50]。

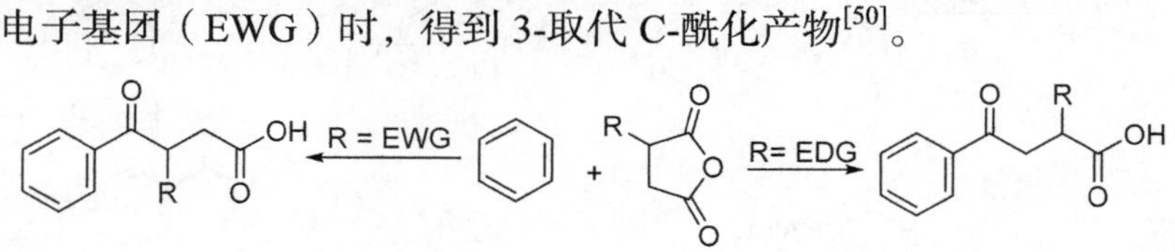

R = EWG　R= EDG　(5-162)

t-Bu + [anhydride] —($AlCl_3$, DCM, 0°C ~ r.t., 过夜, 56%)→ [product: t-Bu, OH]

(5-163)

S + F —($AlCl_3$, CH_2Cl_2, 3 h, 0°C)→ [product: S, F, OH]

(5-164)

Kim 等[51]利用分子内的连串脱水环化/Friedel-Crafts 酰化/选择性脱甲醚保护一锅法成功合成了 diptoindonesin G 的关键中间体 **5.72**。

CO_2Me, OMe, OMe, MeO —(BCl_3(5 eq.), DCM, r.t., 95%)→ HO, OMe, MeO **5.72** ⟶ HO, OH, OH, HO diptoindonesin G

(5-165)

2. Gattermann-Koch 甲酰化和 Houben-Hoesch 酰化

1897 年，Gattermann 和 Koch 发现，在 Lewis 酸催化下，CO/HCl 与烷基苯反应，可以生成甲酰基取代的烷基苯，称作 Gattermann-Koch 甲酰化，反应通式如下[8]：

R —(CO/HCl, Lewis 酸)→ R, CHO　R= 烷基

(5-166)

一般认为，在 Gattermann-Koch 甲酰化反应中，CO 和盐酸先生成甲酰氯：

$^{\oplus}O\equiv C^{\ominus}$ + H—Cl ⇌ $^{\oplus}O\equiv C—H$ + $Cl^{\ominus}$ ⟶ H(C=O)Cl

(5-167)

在 Lewis 酸催化下，甲酰氯与芳烃发生亲电酰化反应生成甲酰基化合物，机理类似于 Friedel-Crafts 酰化反应。

H(C=O)Cl —($AlCl_3$)→ O--$AlCl_3$ (H, Cl) ⇌ H(C=O)Cl-$AlCl_3$; + R-苯 ⟶ Cl, $O^{\ominus}$-$AlCl_3$, H, H, R ⟶ H(C=O), H, R ⟶ ($-H^{\oplus}$) H(C=O)-苯-R

(5-168)

Gattermann-Koch 甲酰化反应一般只适合烷基苯的甲酰化。Gattermann 用 HCN

代替 CO，用活性较低的 Lewis 酸 $ZnCl_2$ 代替 $AlCl_3$，把反应的底物拓展到活泼的酚类化合物，称作 Gattermann 甲酰化。为了避免使用剧毒的 HCN 气体，Adams 用 $Zn(CN)_2/HCl$ 代替 $HCN/HCl/ZnCl_2$ 原位产生 HCN，实现了活泼芳烃的单甲酰化[8]：

R = 烷基，烷氧基，羟基等

(5-169)

Gattermann-Koch 甲酰化也是芳环上的亲电取代反应，$Zn(CN)_2$ 与 HCl 原位生成的 HCN 在盐酸的作用下，形成亚胺正离子，亚胺正离子对芳环的亲电进攻导致芳环上的亲电取代生成芳基亚胺，水解生成甲酰化产物，可能的机理如下：

(5-170)

苯和芳香胺等不发生 Gattermann-Koch 反应，可以用作反应的溶剂。以 $Zn(CN)_2$ 代替 HCN 进行甲酰化，不仅避免了有毒气体 HCN 的使用，且反应更为顺利，加入活性高的 $AlCl_3$ 催化剂、多取代烷基苯、吡咯、吲哚等也能发生反应。例如[42]：

(5-171)

腈和多元酚或其酚醚在 HCl 和 $ZnCl_2$ 存在下反应生成芳香酮，称为 Houben-Hoesch 酰基化反应[8]。

R^1 = OH, OR; R^2 = OH, OR, 烷基, Cl, Br, I

(5-172)

多元酚或其酚醚活性非常高，在 Friedel-Crafts 酰化的条件下，容易发生多酰化等副反应。Houben-Hoesch 酰基化反应作为 Friedel-Crafts 酰化反应的补充，适于单酰基取代的多元酚或其酚醚的合成。

Houben-Hoesch 酰基化反应也是芳环上的亲电取代反应，机理与 Gattermann-Koch 反应类似。腈在盐酸的作用下加成质子转变成亚胺正离子，亚胺正离子作为亲电试剂进攻芳环经由 σ-络合物生成酰化产物，机理如下[8]：

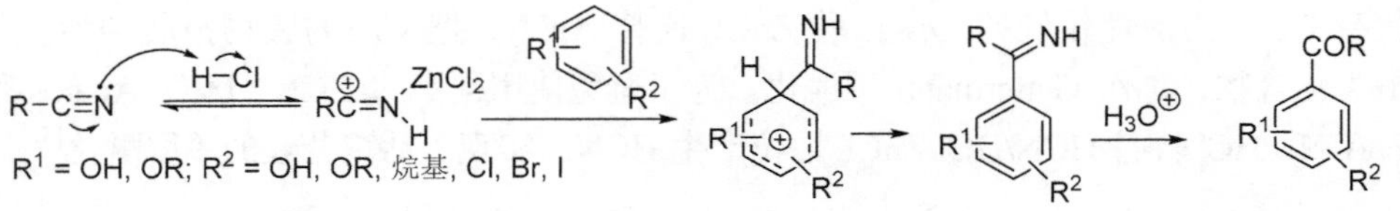

R^1 = OH, OR; R^2 = OH, OR, 烷基, Cl, Br, I

(5-173)

一元酚和苯胺易发生 *O*-或 *N*-酰化，改用 BCl_3 为催化剂，可得 *C*-酰化（邻位）产物[42]：

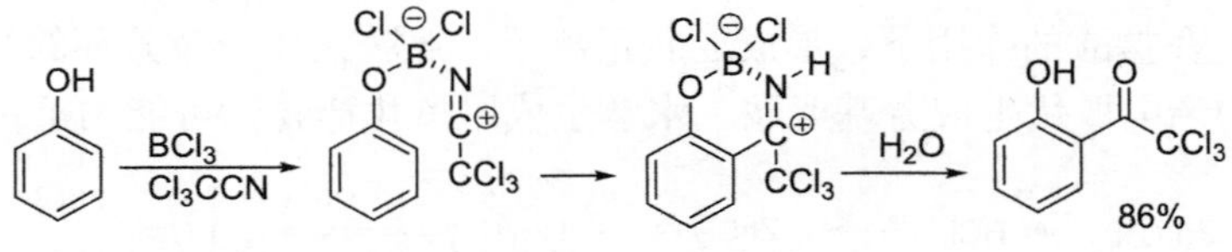

(5-174)

活性较强的卤代腈可使烷基苯、苯和氯苯酰化[52]：

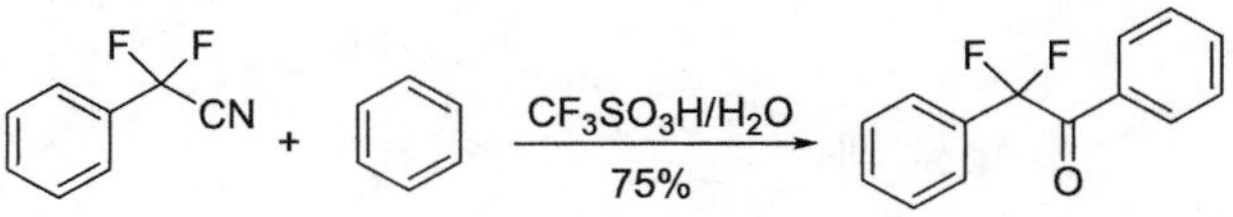

(5-175)

3. Vilsmeier-Haack-Arnold 甲酰化

酚、酚醚、*N,N*-二烷基芳胺、吡咯、噻吩、吲哚等与 *N*-甲基甲酰苯胺和三氯氧磷反应，生成甲酰化产物，称作 Vilsmeier-Haack 甲酰化。例如[8]：

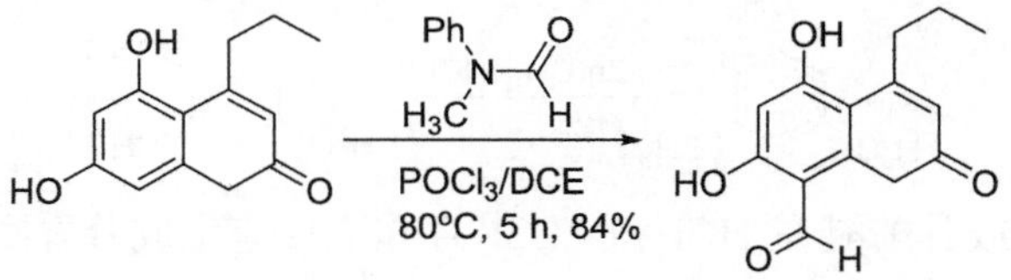

(5-176)

后来，Arnold 等深入研究了此类甲酰化反应，改用更为价廉易得的二甲基甲酰胺（DMF）替代 *N*-甲基甲酰苯胺作甲酰化试剂，称作 Vilsmeier-Haack-Arnold 甲酰化。Vilsmeier-Haack 甲酰化和 Vilsmeier-Haack-Arnold 甲酰化也是芳环上的亲电取代反应，首先 *N*-取代甲酰胺和氧氯化磷按以下机理反应形成带正电的氯代亚甲基铵盐：

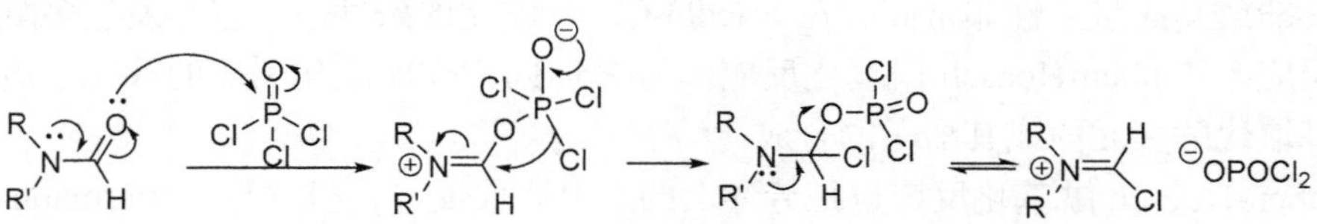

(5-177)

氯代亚甲基铵盐作为亲电试剂进攻芳环经由 *σ*-络合物生成产物：

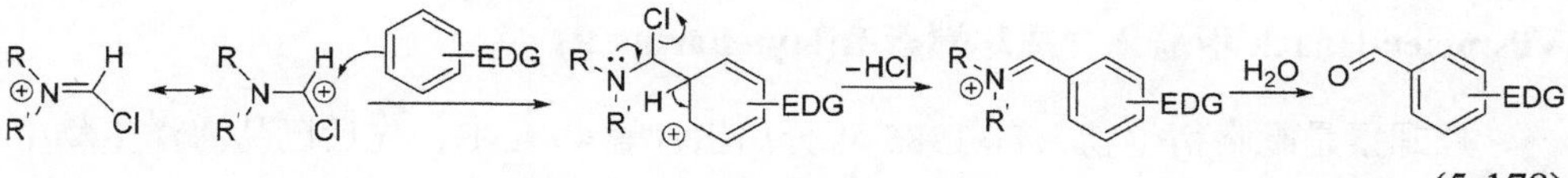

(5-178)

Vilsmeier-Haack 反应适合活泼芳烃的甲酰化，包括芳胺、酚和酚醚等。单取代的芳胺和酚醚通常生成对位甲酰化的产物，例如[21]：

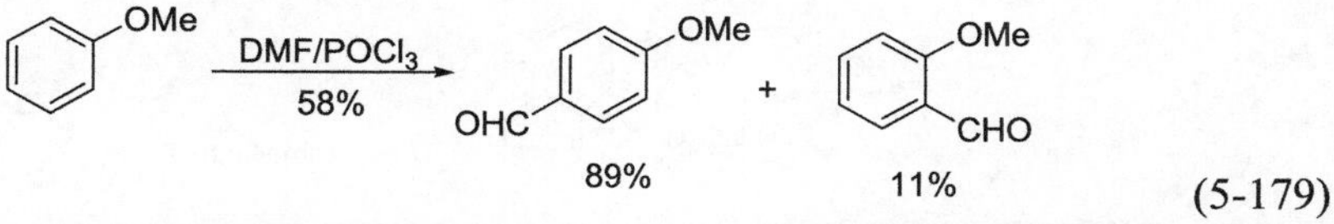

(5-179)

吡咯、呋喃、噻吩等五元芳杂环活性高，在没有任何活泼官能团存在的条件下也能起反应，例如[21]。

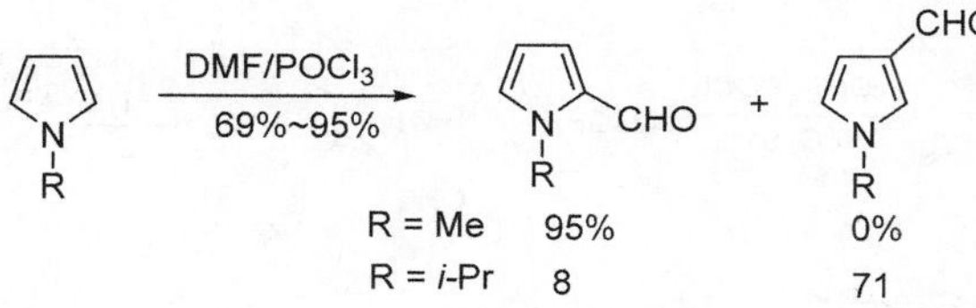

(5-180)

烯烃也可作为底物参与 Vilsmeier-Haack 反应，产物为 α,β-不饱和醛，例如以下二苯乙烯衍生物与 Vilsmeier 试剂反应，发生烯键的酰化，生成 α,β-不饱和醛，说明烯键的酰化较活泼芳环的酰化更容易[21]。

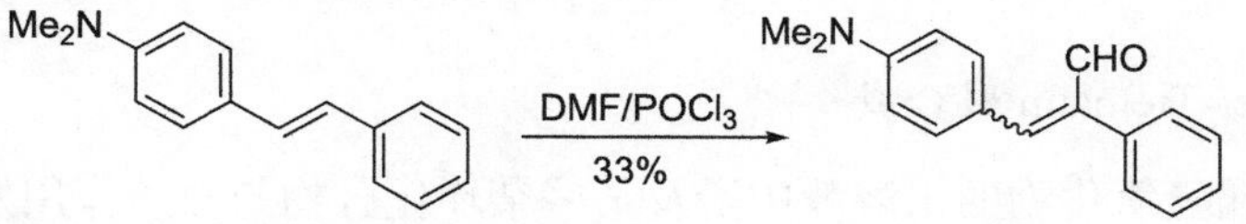

(5-181)

共轭烯烃的反应活性更高，更容易发生酰化，例如[21]。

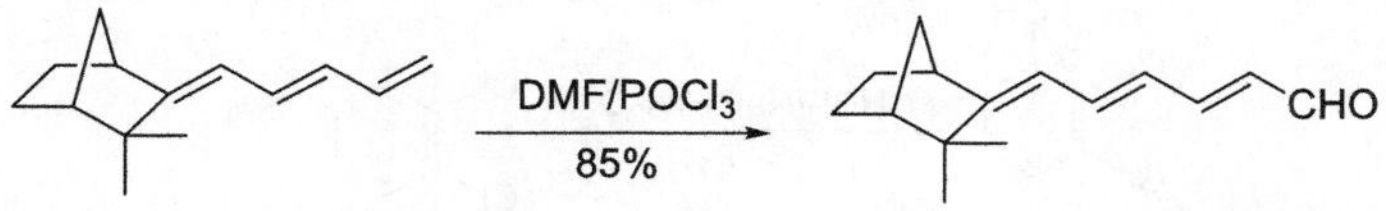

(5-182)

烯烃与 Vilsmeier 试剂反应的机理与芳烃类似，反应中氯代亚甲基铵盐作亲电试剂进攻烯烃，以苯乙烯衍生物的反应为例，机理如下：

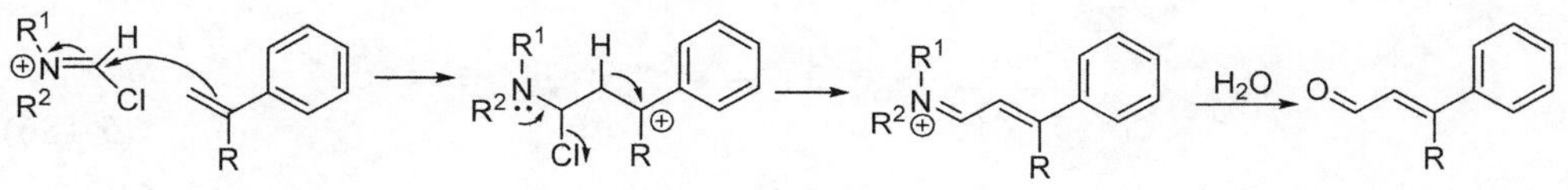

(5-183)

Vilsmeier-Haack 甲酰化合成片螺素 R(lamellarins R)

片螺素是吡咯衍生物，自 1985 年分离出片螺素 A~D，先后已从海洋生物中分离出 70 多种片螺素类生物碱。片螺素具有多种生物活性，包括抗肿瘤活性。片螺素 R 的结构如下：

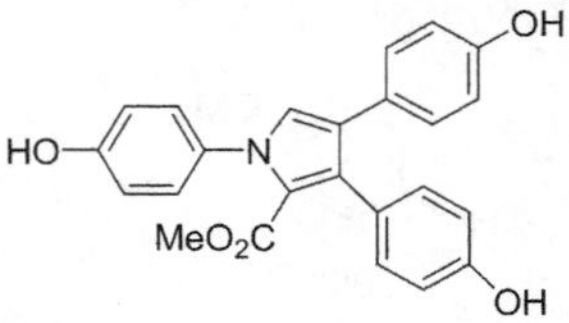

lamellarins R

Jia 等[53]报道的合成路线利用 Vilsmeier-Haack 甲酰化在吡咯环上引入甲酰基，再经 Pinnick 氧化、酯化、脱保护等步骤得目标产物。

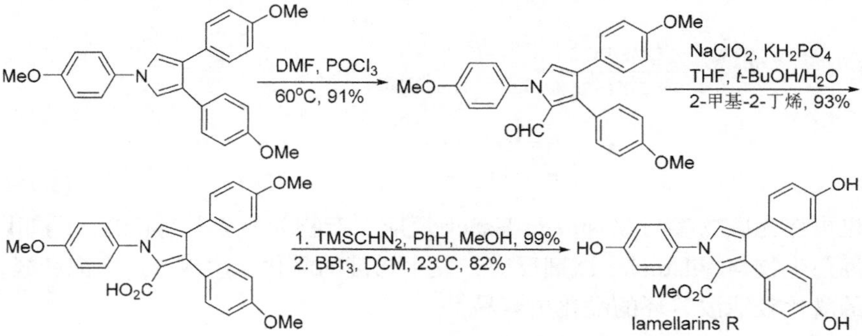

DMF, $POCl_3$ 60°C, 91%；$NaClO_2$, KH_2PO_4 THF, t-BuOH/H_2O 2-甲基-2-丁烯, 93%；1. $TMSCHN_2$, PhH, MeOH, 99% 2. BBr_3, DCM, 23°C, 82%；lamellarins R (5-184)

4. Reimer-Tiemann 醛合成

在碱金属氢氧化物的水溶液中酚及某些杂环化合物与卤仿作用发生甲酰化，称作 Reimer-Tiemann 醛合成或 Reimer-Tiemann 反应。例如[8]：

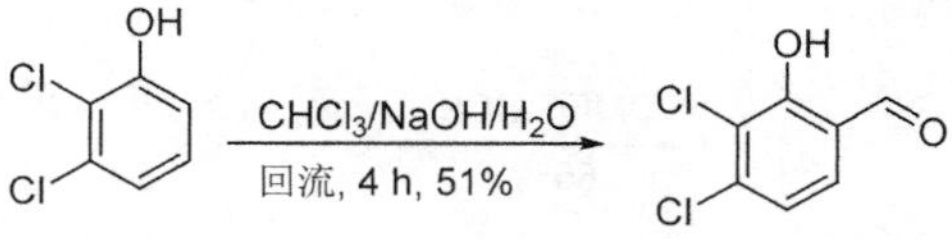

$CHCl_3$/NaOH/H_2O 回流, 4 h, 51% (5-185)

反应中，卤仿与碱作用发生 α-消除形成二卤卡宾，二卤卡宾与芳烃加成后水解得甲酰化产物，机理如下：

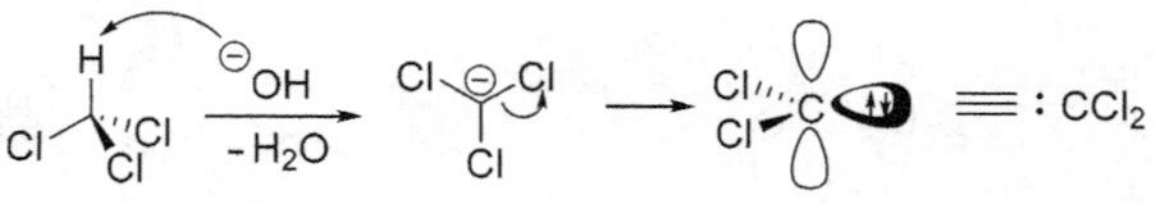

$^{\ominus}OH$, $-H_2O$；$\equiv :CCl_2$ (5-186)

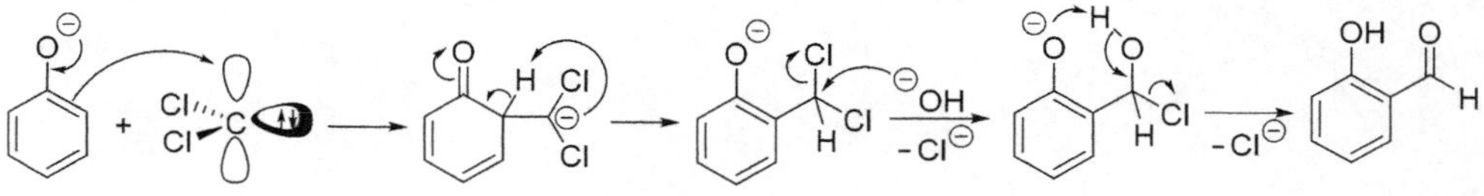

$^{\ominus}OH$, $-Cl^{\ominus}$；$-Cl^{\ominus}$ (5-187)

Reimer-Tiemann 反应是唯一在碱性条件下进行的富电子芳烃的酰化反应，除酚外，吡咯等五元芳杂环也能起反应。对于酚的反应，除生成邻位甲酰基酚外，还可能通过以下机理生成 4 位二氯甲基取代的环己二烯酮：

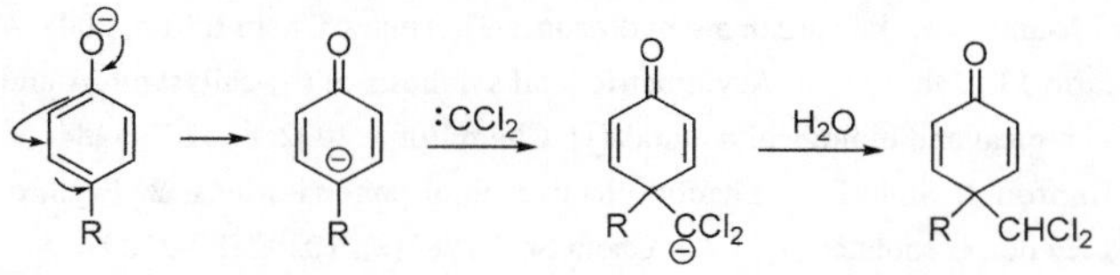

(5-188)

吡咯作底物时，除正常的甲酰化产物外，还可能生成氯代吡啶：

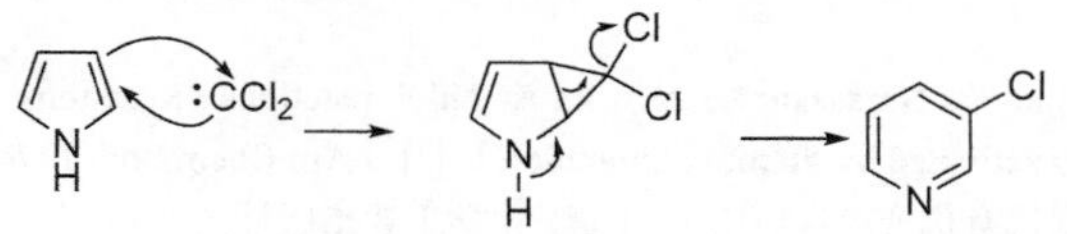

(5-189)

参 考 文 献

[1] Robert B G. The Art of Writing Reasonable Organic Reaction Mechanisms[M]. New York: Springer-Verlag Press, 2003.

[2] Boger D L. Modern Organic Synthesis[M]. San Diego: Rush Press, 1999.

[3] Blaauw R H, Briere J-F, de Jong R, et al. Intramolecular photochemical dioxenone-alkene [2+2] cycloadditions as an approach to the bicyclo [2.1.1] hexane moiety of solanoeclepin A[J]. J Org Chem, 2001, 66: 233-242.

[4] Oliveira C C, dos Santos E A F, Nunes J H B, et al. Stereoselective arylation of substituted cyclopentenes by substrate-directable Heck–Matsuda reactions: A concise total synthesis of the sphingosine 1-phosphate receptor (S1P1) agonist VPC01091[J]. J Org Chem, 2012, 77(18): 8182-8190.

[5] Lednicer D. Strategies for Organic Drug Synthesis [M]. Second Edition. New Jersey: John Wiley & Sons, Inc., 2009.

[6] Yonan P K, Novotney R L, Woo C M, et al. Synthesis and antiarrhythmic activity of *α*,*α*′-bis [(dialkylamino)alkyl]phenylacetamides[J]. J Med Chem, 1980, 23: 1102-1108.

[7] Carruthers W, Coldham I. 当代有机合成方法[M]. 王全瑞，李志铭，译. 上海: 华东理工大学出版社, 2006.

[8] Laszlo K, Barbara C. Strategic Applications of Named Reactions in Organic Synthesis[M]. Beijing: Science Press, 2007.

[9] Stork G, Terrell R, Szmuszkovicz J. Synthesis of 2-alkyl and 2-acyl ketones[J]. J Am Chem Soc, 1954, 76: 2029-2030.

[10] Bridgwood K L, Tzschucke C C, O'Brien M, et al. Enantiopure 2-substituted glyceraldehyde derivatives by aza-Claisen rearrangement or C-alkylation of enamines[J]. Org Lett, 2008, 10: 4537-4540.

[11] Alison J F, Samuel J D, Gary A K, et al. A useful *α*,*α*′-annulation reaction of enamines[J]. Tetrahedron, 1998, 54: 12721-12736.

[12] Bagal S K, Adlington R M, Baldwin J E, et al. Biomimetic synthesis of biatractylolide and biepiasterolide[J]. Org Lett, 2003, 5: 3049-3052.

[13] Kimpe N De, Smaele D De, Hofkens A , et al. Synthesis of 3-alkenylamines, 4-alkenylamines and 3-allenylamines via a transamination procedure[J]. Tetrahedron, 1997, 53: 10803-10816.

[14] Enders D, Fey P, Kipphardt H. (*S*)-(−)-1-Amino-2-methoxymethylpyrolidine (SAMP) and (*R*)-(+)-1-amino-

2-methoxymethylpyrolidine (RAMP), versatile chiral auxillaries[J]. Org Synth, 1993, 8: 26-31.

[15] Enders D, Hundertmark T. Asymmetric synthesis of (+)- and (–)-streptenol A[J]. Eur J Org Chem, 1999: 751-756.

[16] Lim D, Coltart D M. Simple and Efficient asymmetric α-alkylation and α,α-bisalkylation of acyclic ketones by using chiral *N*-amino cyclic carbamate hydrazones[J]. Angew Chem Int Ed, 2008, 47: 5207-5210.

[17] Enders D, Vicario J L, Job A, et al. Asymmetric total synthesis of (–)-callystatin A and (–)-20-*epi*-callystatin A employing chemical and biological methods[J]. Chem Eur J, 2002, 8: 4272-4284.

[18] Evans D A, Bartroli J, Shih T L. Enantioselective aldol condensations. 2. Erythro-selective chiral aldol condensations *via* boron enolates [J]. J Am Chem Soc, 1981(8), 103: 2127-2109.

[19] Harada K, Horiuchi H, Tanabe K, et al. Asymmetric synthesis of (–)-chicanine using a highly regioselective intramolecular Mitsunobu reaction and revision of its absolute configuration[J]. Tetrahedron Lett, 2011, 52(23): 3005-3008.

[20] Mukaiyama T, Banno K, Narasaka K. New cross-aldol reactions. Reactions of silyl enol ethers with carbonyl compounds activated by titanium tetrachloride [J]. J Am Chem Soc, 1974, 96: 7503-7509.

[21] 胡跃飞, 林国强. 现代有机合成反应[M], 北京: 化学工业出版社, 2008.

[22] Kobayashi S, Furuta T, Hayashi T, et al. Catalytic asymmetric syntheses of antifungal sphingofungins and their biological activity as potent inhibitors of serine almitoyltransferase (SPT) [J]. J Am Chem Soc, 1998, 120(5): 908-919.

[23] Li C, Tu S, Wen S, et al. Total synthesis of the G2/M DNA damage checkpoint inhibitor psilostachyin C[J]. J Org Chem, 2011, 76(9): 3566-3570.

[24] Rapson W S, Robinson R. Synthesis of substances related to the sterols. II. New general method for the synthesis of substituted cyclohexenones[J]. J Chem Soc, 1935: 1285-1288.

[25] Du Feu E C, McQuillin F J, Robinson R. Synthesis of substances related to the sterols. XIV. A simple synthesis of certain octalones and ketotetrahydrohydrindenes which may be of angle-methyl-substituted type. A theory of the biogenesis of the sterols[J]. J Chem Soc, 1937: 53-60.

[26] Heathcock C H, Ellis J E, McMurry J E, et al. Acid-catalyzed Robinson annelations[J]. Tetrahedron Lett, 1971, 12: 4995-4996.

[27] Sato T, Wakahara Y, Otera J, et al. Importance of Lewis acid mediated electron transfer in Mukaiyama-Michael reaction of ketene silyl acetals[J]. J Am Chem Soc, 1991, 113: 4028-4030.

[28] 姚其正. 药物合成反应[M]. 北京: 中国医药科技出版社, 2012.

[29] Zhang L, Xie X, Liu J, et al. Concise total synthesis of (±)-dasyscyphin D[J]. Org Lett, 2011, 13: 2956-2958.

[30] Blomberg C, Hartog F A. The Barbier reaction: A one-step alternative for syntheses *via* organomagnesium compounds[J]. Synthesis, 1977: 18-30.

[31] Kancharla P K, Doddi V R, Kokatla H, et al. A concise route to (–)-shikimic acid and (–)-5-*epi*-shikimic acid, and their enantiomers *via* Barbier reaction and ring-closing metathesis[J]. Tetrahederon Lett, 2009, 50: 6951-6954.

[32] 邢其毅, 裴伟伟, 徐瑞秋, 等. 基础有机化学 [M]. 第 3 版. 上册. 北京: 高等教育出版社, 2005.

[33] Alluraiah G, Sreenivasulu R, Chandrasekhar C, et al. An alternative stereoselective total synthesis of (–)-pyrenophorol[J]. Nat Prod Res, 2018: 1-6.

[34] Ocampo R, Dolbier W R Jr. The Reformatsky reaction in organic synthesis. Recent advances [J]. Tetrahedron, 2004, 60: 9325-9374.

[35] Fernández-Ibáñez M, Maciá B, Minnaard A J, et al. Catalytic enantioselective reformatsky reaction with *ortho*-substituted diarylketones[J]. Org Lett, 2008, 10: 4041-4044.

[36] Brinner K, Doughan B, Poon D J. Scalable synthesis of β-amino esters *via* Reformatsky reaction with *N-tert*-butanesulfinyl imines[J]. Synlett, 2009: 991-993.

[37] Nishii Y, Higa T, Takahashi S, et al. First total synthesis of theopederin B[J]. Tetrahedron Lett, 2009, 50: 3597-3601.

[38] Bachelor F W, Bansal R K. Darzens glycidic ester condensation [J]. J Org Chem, 1969, 34: 3600-3604.

[39] Tanaka K, Shiraishi R. Darzens condensation reaction in water [J]. Green Chem, 2001, 3: 135-136.

[40] Sorbera L A, Castañer J A. (+)-2(*S*)-(4,6-Dimethylpyrimidin-2-yloxy)-3-methoxy-3,3- diphenylpropionic Acid[J]. Drug Future, 2005, 30: 765-770.

[41] Tanaka III K, Kobayashi K, Kogen H. Total synthesis of (−)-L-755807: Establishment of relative and absolute configurations[J]. Org Lett, 2016, 18(8): 1920-1923.

[42] 闻韧. 药物合成反应[M]. 第 3 版. 北京: 化学工业出版社, 2010.

[43] Wiles C, Watts P, Haswella S J, et al. The regioselective preparation of 1,3-diketones[J]. Tetrahedron Lett, 2002, 43, 2945-2948.

[44] 陆国元. 有机反应与有机合成[M]. 北京: 科学出版社, 2009.

[45] Tse B. Total synthesis of (−)-galbonolide B and the determination of its absolute stereochemistry[J]. J Am Chem Soc, 1996, 118: 7094-7100.

[46] Hanessian S, Dorich S, Menz H. Concise and stereocontrolled synthesis of the tetracyclic core of daphniglaucin C[J]. Org Lett, 2013, 15(16): 4134-4137.

[47] Hamada Y, Yamada I, Uenaka M, et al. Method for preparing benzoic acid derivatives[P]. US5214202, 1993.

[48] Labrie F, Merand Y, Gauthier S. Benzopyran-containing compounds and method for their use[P]. US6060503, 2000.

[49] Raja E K, DeSchepper D J, Nilsson Lill S O, et al. Friedel-Crafts acylation with amides[J]. J Org Chem, 2012, 77: 5788-5793.

[50] Roth B D, O'brien P M, Sliskovic D R. Fluorinated butyric acids and their derivatives as inhibitors of matrix metalloproteinases[P]. US 6037361, 2000.

[51] Kim K, Kim I. Total synthesis of diptoindonesin G *via* a highly efficient domino cyclodehydration/intramolecular Friedel-Crafts acylation/regioselective demethylation sequence[J]. Org Lett, 2010, 12: 5314-5317.

[52] Raja E K., Klumpp D A. Fluoro-substituted ketones from nitriles using acidic and basic reaction conditions[J]. Tetrahedron Lett, 2011, 52: 5170-5172.

[53] Li Q, Jiang J, Fan A, et al. Total synthesis of lamellarins D, H, and R and ningalin B[J]. Org Lett, 2011, 13: 312-315.

第 6 章　成烯缩合、烯烃复分解和环丙烷化反应

有机化合物的骨架是由碳链或碳环构成的，碳碳单键、碳碳双键和碳碳三键是构成碳链的基本化学键。第 5 章讨论了亲核碳原子上的烃化、羟烷基化和酰化反应，通过这些反应可以构建碳碳单键，增长碳链。碳碳双键的构建在合成上也非常重要，通过碳碳双键的构建不仅可以增长碳链，还可以通过碳碳双键的转化，往分子中引入其他官能团。

环烷烃是相应烯烃的同分异构体，对于有机化合物分子骨架的构成也很重要，许多药物和天然产物分子含有碳环作为重要的结构单元。环丙烷及其衍生物是一类非常重要的环烷烃，一方面由于环的张力大，环丙烷体系非常活泼，容易发生开环或扩环反应，在合成上有广泛的应用。另一方面，环张力导致的不稳定并未影响环丙烷作为一个结构单元出现在许多天然产物和药物分子中。

由五六元碳环构成的环烷烃比较稳定，可通过分子内的 Claisen 缩合（或称 Dieckmann 缩合），Robinson 环化等传统的方法合成，也可由相应环烯烃的还原合成。由于存在较大的环张力，许多经典的环化反应不能用于环丙烷及其衍生物的合成，为了构建天然产物和药物分子中的环丙烷结构单元，环丙烷化反应一直是药物合成领域的重要研究课题，有很多成熟高效的合成方法报道，包括卡宾及其前驱体与烯烃的环加成反应、Simmons-Smith 环丙烷化反应以及 Kulinkovich 环丙醇的合成反应等。

本章主要讨论通过羰基加成和加成产物的消除构建碳碳双键的反应、烯烃的环化复分解合成环烯烃的反应以及重要的环丙烷化反应。

6.1　经由羟醛缩合的成烯缩合反应

广义上讲，任何生成烯烃的缩合反应都可以称为成烯缩合反应。为了讨论问题方便，本节所谓成烯缩合反应是指含活泼氢的化合物与醛酮缩合成烯的反应，通常由羟醛缩合和缩合产物的消除两步来完成。有机膦、有机硅、有机锌等元素有机化合物或金属有机化合物与醛酮通过加成和消除也能缩合成烯烃，本书将其称为羰基烯化反应，在 6.2 节讨论。

6.1.1　活泼亚甲基化合物与醛酮缩合成烯

丙二酸酯、β-酮酸酯、氰乙酸酯、硝基乙酸酯等活泼亚甲基化合物在胺、铵

盐或其他碱催化下可与醛或酮缩合，生成α,β-不饱和化合物，称作 Knoevenagel 反应，例如[1]：

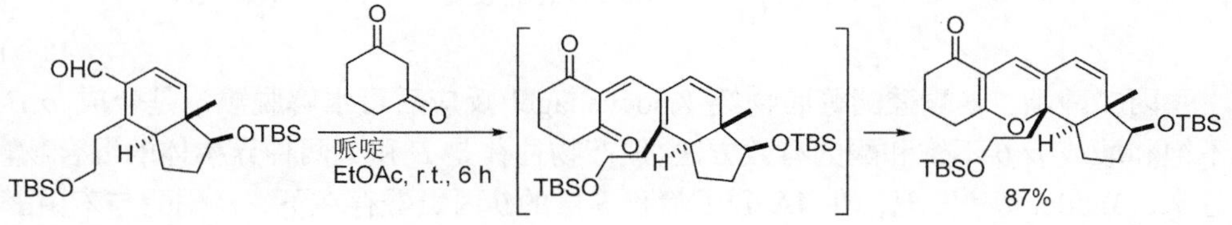

(6-1)

Knoevenagel 反应的机理与所用催化剂有关。伯、仲胺或羧酸铵盐催化下，反应可能经由以下亚胺正离子中间体：

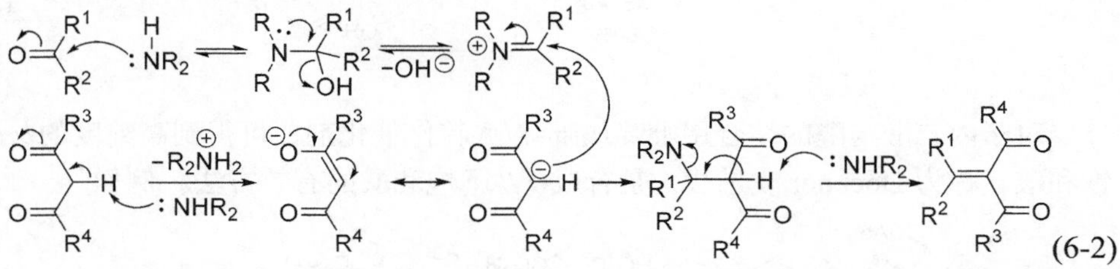

(6-2)

即伯、仲胺催化剂先与醛酮缩合生成亚胺正离子，活泼亚甲基化合物则在催化剂作用下脱去α-氢，形成烯醇负离子，烯醇负离子或碳负离子作为亲核试剂进攻亚胺正离子，生成缩合产物。以羧酸铵盐作催化剂时，可能先释出氨，再与醛或酮生成亚胺正离子中间体。

实际合成中，应根据底物的活性选择合适的催化剂。氰乙酸酯、丙二腈、硝基烷等化合物的亚甲基活性较高，可用弱碱（羧酸铵盐等）作催化剂，例如[2]：

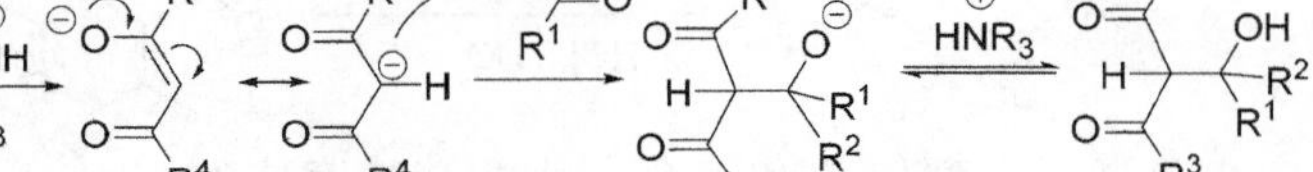

(6-3)

叔胺催化下，反应可能按羟醛缩合型机理进行，烯醇负离子或碳负离子作为亲核试剂直接进攻底物醛或酮的羰基生成缩合产物：

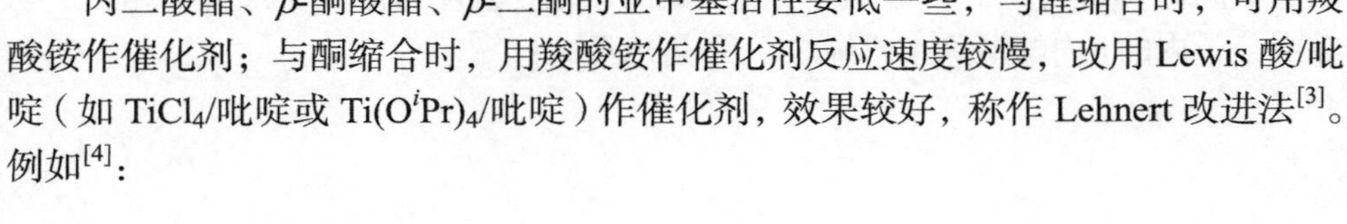

(6-4)

丙二酸酯、β-酮酸酯、β-二酮的亚甲基活性要低一些，与醛缩合时，可用羧酸铵作催化剂；与酮缩合时，用羧酸铵作催化剂反应速度较慢，改用 Lewis 酸/吡啶（如 $TiCl_4$/吡啶或 $Ti(O^iPr)_4$/吡啶）作催化剂，效果较好，称作 Lehnert 改进法[3]。例如[4]：

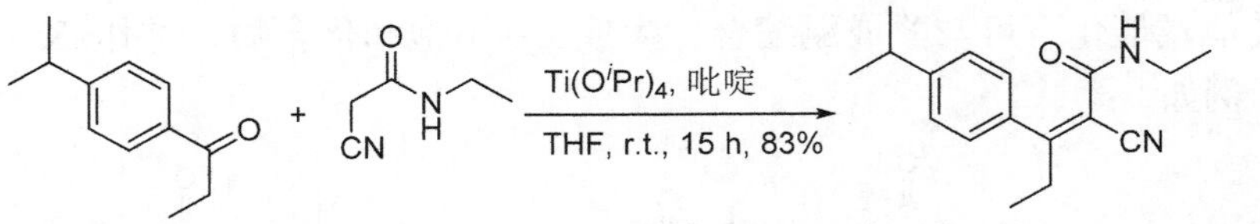

(6-5)

丙二酸酯、β-酮酸酯等底物经 Knoevenagel 反应后可水解脱羧，是合成 α,β-不饱和酸或 α,β-不饱和酮的有效方法，但产物往往是 E 和 Z 两种异构体的混合物。近来，Taddei 等[5]发现，在 4Å 分子筛和等量的β-丙氨酸存在下，β-酮酸与苯甲醛及其衍生物可发生脱羧缩合，生成 α,β-不饱和酮，以 E 型产物为主。

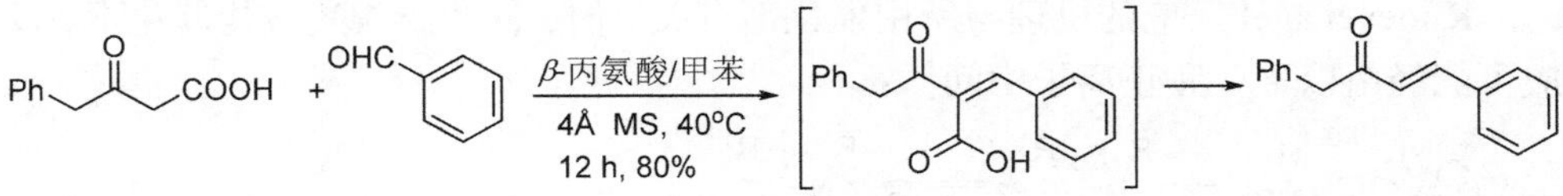

(6-6)

对于丙二酸与醛的缩合用吡啶或吡啶/哌啶作催化剂，可得到高纯度的α,β-不饱和酸，称为 Doebner 改进法，是合成α,β-不饱和酸的有效方法，例如[6]：

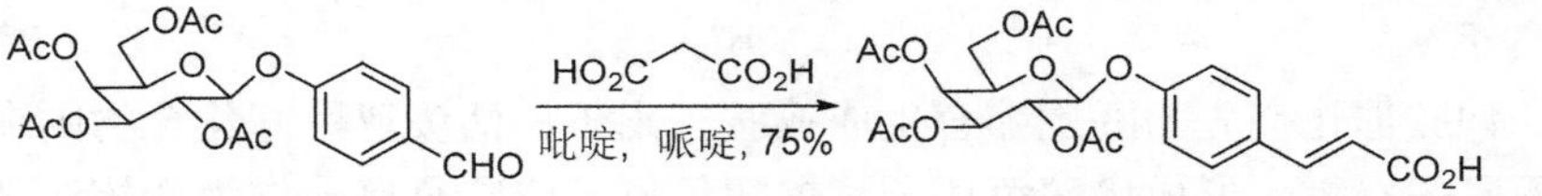

(6-7)

Park 等[7]用乙酸/吡咯烷作催化剂，催化对甲氧基苯甲醛和氰乙酸乙酯的 Knoevenagel 缩合反应。

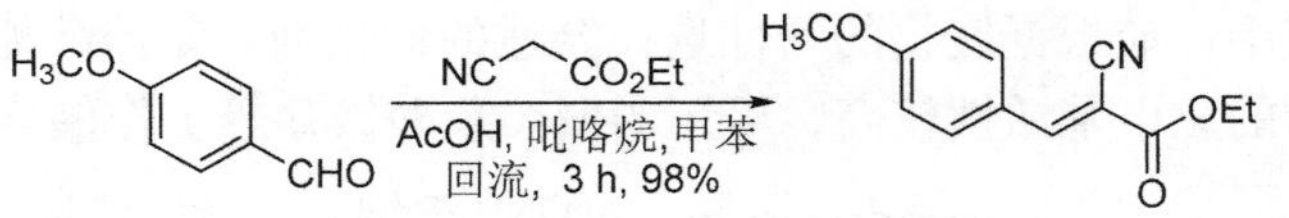

(6-8)

6.1.2 丁二酸酯与醛酮缩合成烯

丁二酸酯与醛或酮在碱存在下缩合生成不饱和羧酸，称作 Stobbe 反应[8]：

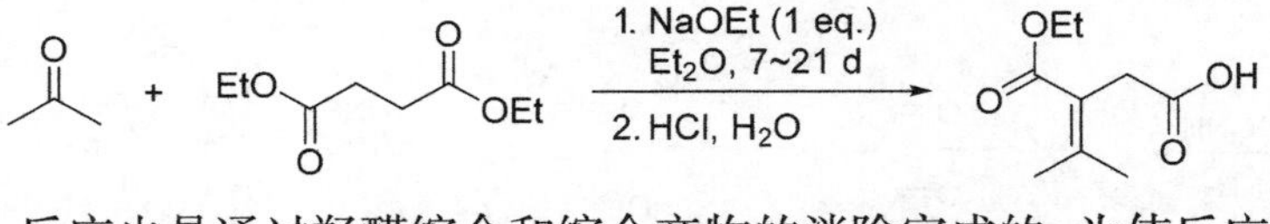

(6-9)

Stobbe 反应也是通过羟醛缩合和缩合产物的消除完成的。为使反应顺利进行，通常需要用化学计量的碱。丁二酸酯先在碱的作用下脱去α-碳上的氢，形成碳负离子中间体，碳负离子中间体进攻醛或酮的羰基，发生羟醛缩合反应。缩合产物经由分子内的γ-内酯消除生成烯烃，反应机理如下[2]：

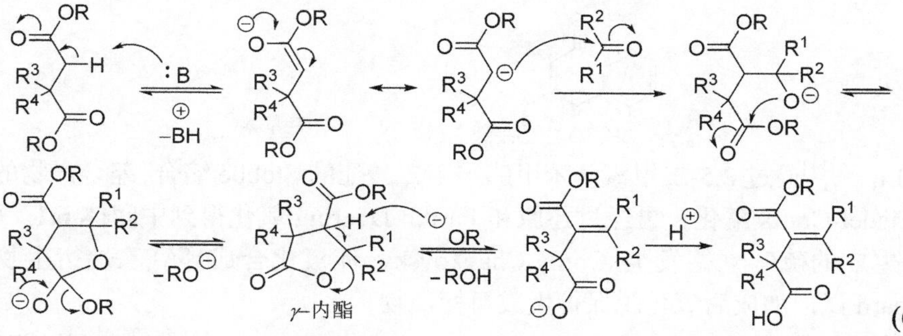

(6-10)

Stobbe 缩合可能发生的主要副反应包括醛、酮的自身缩合（羟醛缩合），活泼酮被丁二酸酯酰化（Claisen 酯缩合)以及芳醛的 Cannizzaro 反应等。

Stobbe 反应的产物既是β,γ-不饱和酸，又是α,β-不饱和酯，通过官能团的进一步转化，在合成上有重要应用。例如，酯水解后会伴随脱羧，生成β,γ-不饱和酸，是合成β,γ-不饱和酸的有效方法。例如[9]：

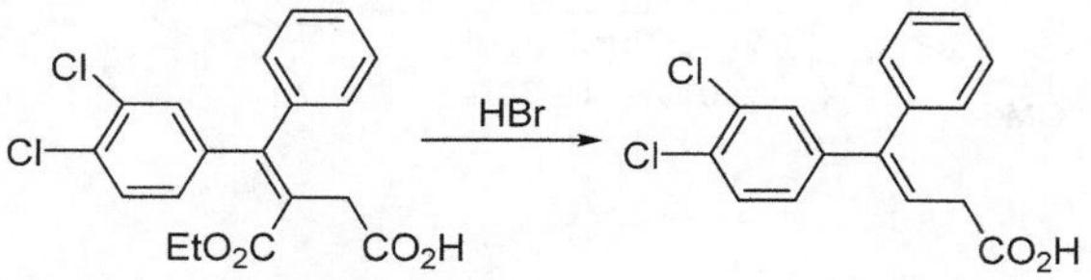

(6-11)

产物的羧基经酯化生成取代的丁二酸酯，可再次发生 Stobbe 反应。例如，Xia 等[10]利用丁二酸酯的二次 Stobbe 反应合成了二香草基四氢呋喃阿魏酸酯。

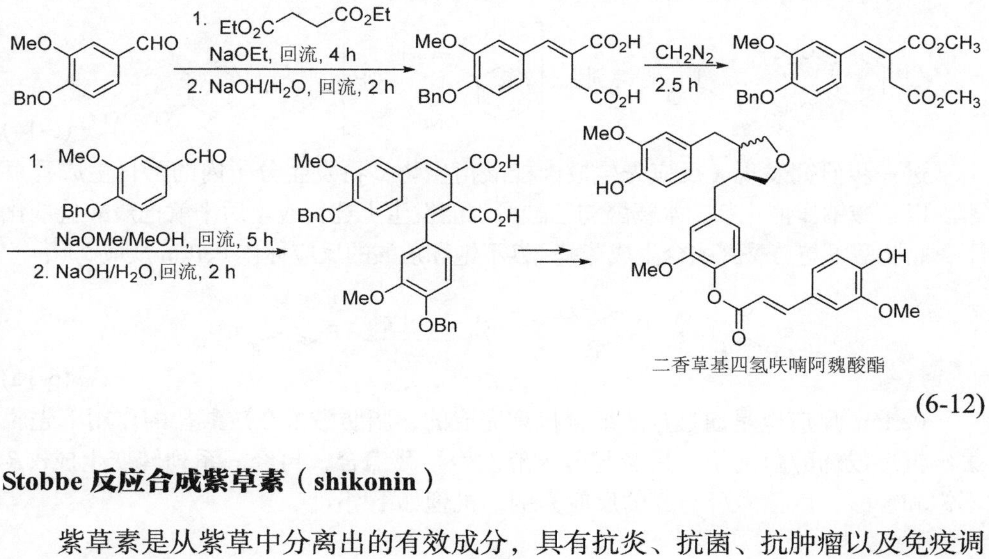

二香草基四氢呋喃阿魏酸酯

(6-12)

Stobbe 反应合成紫草素（shikonin）

紫草素是从紫草中分离出的有效成分，具有抗炎、抗菌、抗肿瘤以及免疫调节作用，结构如下：

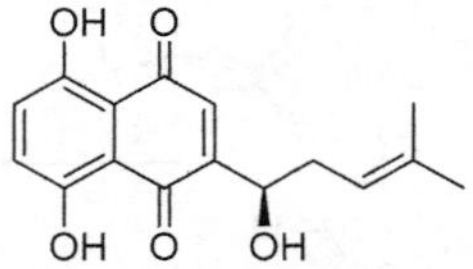

紫草素

Lu 等[11]通过 2,5-二甲氧基苯甲醛与丁二酸酯的 Stobbe 缩合，缩合产物的分子内 Friedel-Crafts 酰化，再经过还原和 Parikh-Doering 氧化得到中间体 **6.1**。**6.1** 与原位生成的硫叶立德发生 Corey-Chaykovsky 环氧化合成环氧乙烷衍生物，与 Grignard 试剂加成后氧化脱保护生成目标产物。

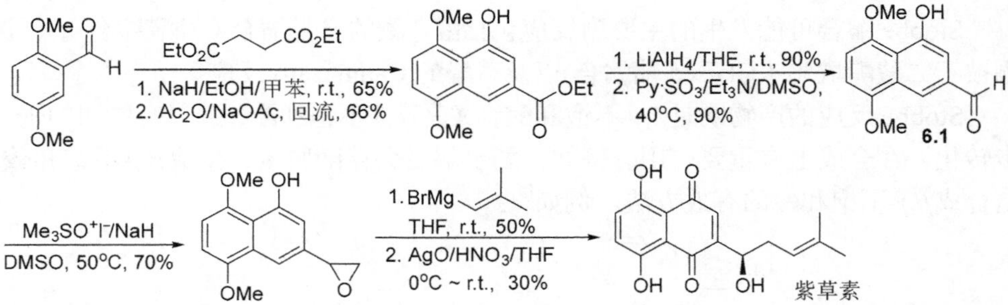

EtO_2CCH₂CH₂CO_2Et: 1. NaH/EtOH/甲苯, r.t., 65%; 2. Ac_2O/NaOAc, 回流, 66%; 1. $LiAlH_4$/THE, r.t., 90%; 2. Py·SO_3/Et_3N/DMSO, 40°C, 90%; **6.1**; $Me_3SO^+I^-$/NaH, DMSO, 50°C, 70%; 1. BrMg, THF, r.t., 50%; 2. AgO/HNO_3/THF, 0°C ~ r.t., 30%; 紫草素

(6-13)

6.1.3 酸酐与醛酮缩合成烯

1868 年，Perkin 发现，在乙酸酐中加热水杨醛的钠盐生成香豆素[3]：

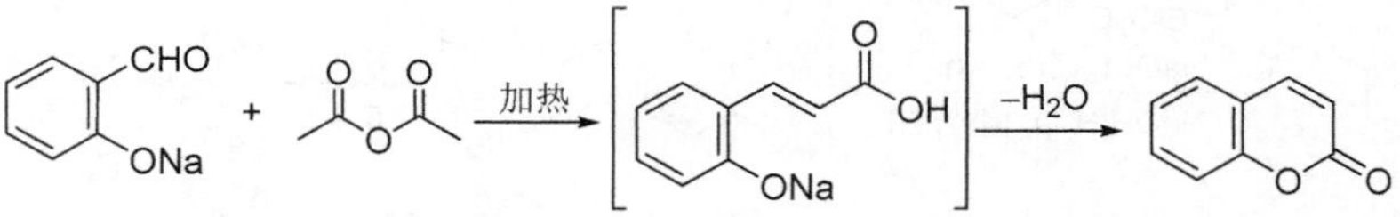

加热; $-H_2O$

(6-14)

进一步研究发现，反应先生成肉桂酸衍生物，再发生分子内的酯化生成香豆素。以乙酸钠作催化剂，水杨醛与乙酸酐也能发生上述反应。后来就把羧酸盐催化下，脂肪酸酐与芳香醛缩合生成芳基α,β-不饱和羧酸的反应称作 Perkin 反应[3, 12]：

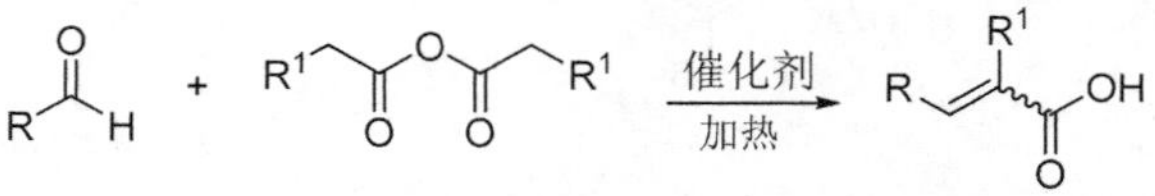

催化剂; 加热

(6-15)

Perkin 反应也是通过羟醛缩合机理完成的，脂肪酸酐在羧酸盐的作用下先脱去α-氢形成烯醇负离子，后者与芳香醛发生羟醛缩合，再经一系列转变生成α,β-不饱和羧酸，以乙酸酐与醛的反应为例，机理如下[2]：

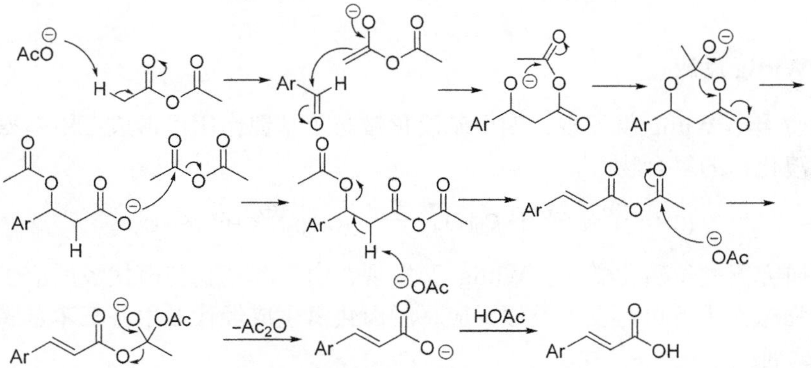

(6-16)

因为酸酐的α-氢活性较低，催化剂羧酸盐的碱性又较弱，Perkin 反应需要在较高的温度（150 ~ 200℃）下进行。芳香醛分子中有吸电基可增加反应活性，供电基则降低反应活性。

乙酸酐存在下 α-芳基乙酸与芳醛也能发生缩合反应生成α,β-不饱和羧酸，例如，Keira 等[13]利用 3,4,5-三甲氧基苯乙酸在乙酸酐存在下与芳醛的 Perkin 缩合及缩合产物的脱羧合成了(*Z*)-康布瑞塔卡汀（combretastatin），再经 I_2 催化的双键构型转化合成了抗肿瘤新药(*E*)-康布瑞塔卡汀：

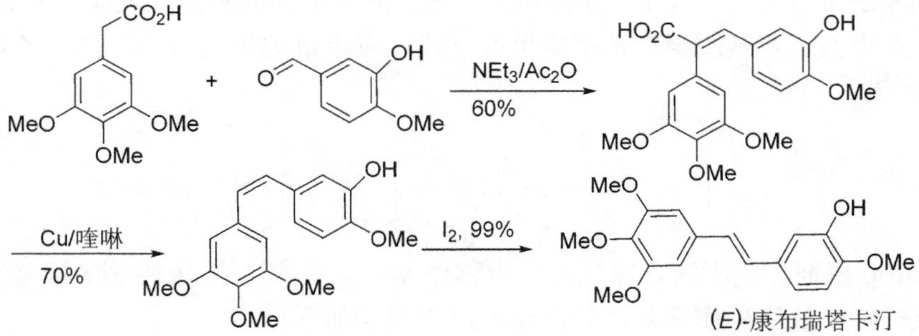

(*E*)-康布瑞塔卡汀　(6-17)

6.2　叶立德参与的成烯缩合反应

叶立德是英文 ylide 的音译，由 yl（表示有机基团的后缀）和 ide（表示盐的后缀）两个后缀结合而成，表示相邻原子间存在正负电荷，也称为内鎓盐。季铵盐、季鏻盐以及有机胂、有机硅等元素有机化合物在一定条件下可脱去分子中与氮、磷、砷或硅相连的碳原子上的氢原子，形成碳负离子或内鎓盐，进而与羰基化合物缩合生成烯烃或环氧化物，在合成中应用广泛。Wittig 反应、Peterson 反应等是这类缩合反应的典型例子。

6.2.1　Wittig 反应

1947 年，Wittig 就发现，四甲基溴化铵与苯基锂作用可形成三甲基氨甲基叶立德与溴化锂的复合物[14]。

$$(CH_3)_4\overset{\oplus}{N}Br^{\ominus} + C_6H_5Li \longrightarrow (CH_3)_3\overset{\oplus}{N}\overset{\ominus}{C}H_2 + C_6H_6 \tag{6-18}$$

在研究五配位磷化学时，Wittig 又发现，由三苯基膦与卤代烃反应生成的季鏻盐在强碱作用下也可发生类似反应，脱卤化氢生成烃代亚甲基三苯基膦，称作 Wittig 试剂：

$$Ph_3P: + R^1R^2CH{-}X \xrightarrow{-X^{\ominus}} Ph_3\overset{\oplus}{P}{-}CHR^1R^2 \xrightarrow[-\overset{\oplus}{B}H]{:B} \underset{\mathbf{6.2}}{Ph_3P{=}CR^1R^2} \longleftrightarrow \underset{\mathbf{6.3}}{Ph_3\overset{\oplus}{P}{-}\overset{\ominus}{C}R^1R^2} \tag{6-19}$$

烃代亚甲基三苯基膦存在 **6.2** 和 **6.3** 所示的共振结构。共振结构 **6.2** 磷原子价壳层电子数为 10，考虑到磷原子可利用空的 3d 轨道成键，因而有一定的合理性。第二个共振结构磷原子价壳层电子数为 8，满足八偶律，因而也有其合理性。第二个共振结构相邻原子上存在正负电荷，称作内鎓盐或叶立德（ylide）。共振的结果使碳原子带负电荷，可作为亲核试剂与醛、酮发生加成和消除反应，生成烯烃。例如，亚甲基三苯基膦与二苯甲酮可按下式反应定量地生成 1,1-二苯基乙烯和三苯氧膦[14]：

$$Ph_2C{=}O + Ph_3\overset{\oplus}{P}{-}\overset{\ominus}{C}H_2 \longrightarrow Ph_2C{=}CH_2 + Ph_3P{=}O \tag{6-20}$$

Wittig 试剂与醛酮缩合成烯的反应称作 Wittig 反应[3, 15]，因醛酮的羰基反应后转变成烯烃，故又称作羰基烯化反应，反应通式如下：

$$R^3R^4C{=}O + Ph_3\overset{\oplus}{P}{-}\overset{\ominus}{C}R^1R^2 \longrightarrow R^3R^4C{=}CR^1R^2 + Ph_3P{=}O \tag{6-21}$$

烃基 R^1、R^2 的性质对 Wittig 试剂的活性和稳定性影响很大。如果 R^1、R^2 为吸电基，可以分散叶立德结构中碳原子上的负电荷，使试剂趋于稳定；如果 R^1、R^2 为供电基，会增加叶立德结构中碳原子上的负电荷，使试剂的活性增加，而稳定性降低。实际应用时，应根据 Wittig 试剂的稳定性确定反应条件。稳定的 Wittig 试剂（R^1、R^2 为吸电基）可在 NaOH 水溶液中制备和反应；不稳定的 Wittig 试剂（R^1、R^2 为氢或烷基，与磷相邻的碳上的氢的 pK_a 为 18~20）要求无水条件以及 BuLi/醚、PhLi/醚、LDA/THF、$NaNH_2/NH_3$ 或 NaH/THF 等作为碱和溶剂，N_2 气保护下制备和反应 [2]。

$$Ph_3\overset{\oplus}{P}-CH_2-C_6H_4-NO_2 \xrightarrow{Na_2CO_3/H_2O} Ph_3\overset{\oplus}{P}-\overset{\ominus}{C}H-C_6H_4-NO_2 \tag{6-22}$$

$$Ph_3\overset{\oplus}{P}-CH_2CH_3 \xrightarrow{BuLi/Et_2O} Ph_3\overset{\oplus}{P}-\overset{\ominus}{C}HCH_3 \tag{6-23}$$

关于 Wittig 反应的机理，目前仍有不同的看法。一般认为反应中 Wittig 试剂先与醛或酮发生亲核加成，再经由氧磷杂四元环中间体消除三苯氧膦生成烯烃：

$$R^1R^2C=O + R^3R^4\overset{\ominus}{C}-\overset{\oplus}{P}Ph_3 \longrightarrow R^3R^4C(\overset{\oplus}{P}Ph_3)-CR^1R^2(O^{\ominus}) \longrightarrow \text{oxaphosphetane} \longrightarrow R^1R^2C=CR^3R^4 + Ph_3P=O \tag{6-24}$$

消除三苯基氧膦是同向消除，反应的立体化学取决于第一步加成的立体化学，赤式加成物生成 Z 型烯烃；苏式加成物生成 E 型烯烃，加成物的立体化学与烯烃的构型之间的关系如下[2]：

$$Ph_3\overset{\oplus}{P}-\overset{\ominus}{C}HR^1 + R^2CHO \;\begin{cases}\xrightarrow{\text{主要}} \text{betaine (erythro)} \longrightarrow \text{oxaphosphetane} \longrightarrow (Z)\text{-}R^1CH=CHR^2\\ \xrightarrow{\text{次要}} \text{betaine (threo)} \longrightarrow \text{oxaphosphetane} \longrightarrow (E)\text{-}R^1CH=CHR^2\end{cases} \tag{6-25}$$

也有观点认为第 1 步 Wittig 试剂与醛或酮的反应是协同的π2a + π2s 的环加成反应[16]。

$$RCHO + Ph_3\overset{\oplus}{P}-\overset{\ominus}{C}HCH_3 \longrightarrow [\text{TS}] \;\underset{\not\longleftarrow}{\longrightarrow}\; \text{oxaphosphetane} \longrightarrow (Z)\text{-}H_3CCH=CHR \tag{6-26}$$

活泼的 Wittig 试剂与羰基加成速率快，形成四元环状中间体是不可逆过程，通常得到动力学控制的 Z 型烯烃。例如[16]：

$$CH_3(CH_2)_4CH_2\overset{\oplus}{P}Ph_3 \xrightarrow[\text{NaN(SiMe}_3)_2,\ \text{THF},\ -78^\circ\text{C},\ 80\%]{OHC(CH_2)_8CO_2CH_3} CH_3(CH_2)_4CH=CH(CH_2)_8CO_2CH_3\ (>98\%\ Z) \tag{6-27}$$

85%, > 99% Z　　(6-28)

Schlosser 发现以苯基锂作碱，加入卤化锂可快速断裂氧磷杂四元环中间体的 P—O 键，使反应逆转，将顺式中间体转变成更稳定的反式中间体，提高 *E* 型烯烃的选择性。实际操作时，使反应在低温下分阶段进行，按 Wittig 试剂、PhLi、底物、PhLi(或 PhLi/LiX)、HCl 和 KO^{t}Bu 的顺序加料更有利于 *E* 型烯烃的生成。例如[16, 17]：

$$Ph_3\overset{\oplus}{P}-CH_2CH_3 \xrightarrow[25^\circ C,\ 10\ min]{PhLi/Et_2O} Ph_3\overset{\oplus}{P}-\overset{\ominus}{C}HCH_3 \xrightarrow[-70^\circ C,\ 5\ min]{C_5H_{11}CHO} \cdots \xrightarrow[-30^\circ C,\ 5min]{PhLi,} \cdots \xrightarrow{HCl} \cdots \xrightarrow[Et_2O,\ 25^\circ C,\ 2\ h]{KO^tBu/^tBuOH} C_5H_{11}CH{=}CHCH_3$$

70%, 99% *E*　　(6-29)

三苯基膦与α-卤代腈、α-卤代酸酯等形成的季鏻盐α-碳上的氢受两个吸电基的影响 pK_a 值很低，脱去α-碳上的氢后形成稳定的 Wittig 试剂，活性远低于活泼的 Wittig 试剂。通常只能与醛反应，与酮的反应非常慢。与醛反应时，第 1 步的速率也很慢，是可逆的，产物以热力学稳定的 *E* 型烯烃为主，例如[14]：

$$\text{3,4,5-(MeO)}_3C_6H_2CHO + Ph_3P{=}CHCN \xrightarrow[6.5\ h,\ 99\%]{PhH,\ 回流} \text{3,4,5-(MeO)}_3C_6H_2CH{=}CHCN$$

(6-30)

Yadav 等[18]在研究具有抗菌、抗肿瘤活性的天然产物(+)-synargentolide A 的全合成时，以葡萄糖内酯为起始原料，先合成中间体 **6.4**。**6.4** 的伯羟基经 Swern 氧化生成醛，再与稳定的 Wittig 试剂 $Ph_3P{=}CHCO_2Et$ 反应，以 93%的收率得到 *E* 型烯烃。

6.4 $\xrightarrow[TEA/\ DCM,\ -78^\circ C]{(COCl)_2/DMSO}$ [醛] $\xrightarrow[苯,回流,\ 2\ h,\ 93\%]{Ph_3P=CHCO_2Et}$ … ⟶ (+)-synargentolide A　　(6-31)

Reddy 等[19]在研究具有潜在的麻醉、镇痛和抗菌活性的 deoxocassine 的合成时，利用合成的 Witting 试剂 **6.5** 和醛发生 Wittig 反应生成烯烃 **6.6**。

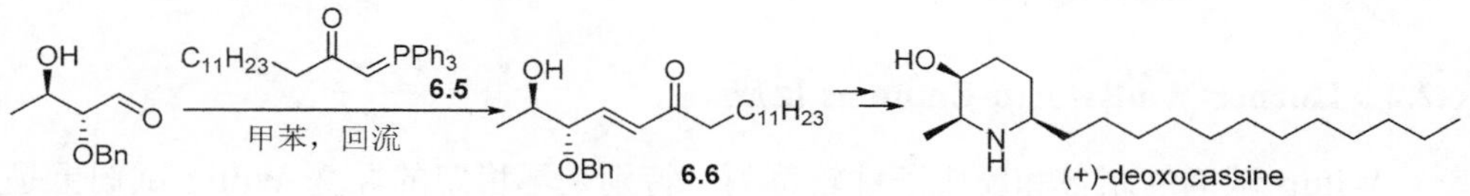

(6-32)

Wittig 反应合成血栓素 A_2 受体拮抗剂伐哌前列素（vapiprost）[9]

血栓素 A_2(TXA$_2$)是强效血小板聚集剂和血管收缩剂，与血管闭塞性疾病有关。TXA$_2$ 受体拮抗剂伐哌前列素能选择性拮抗 TXA$_2$ 受体而抑制人血小板聚集，效果优于阿司匹林和 TXA$_2$ 合成酶抑制剂，结构如下：

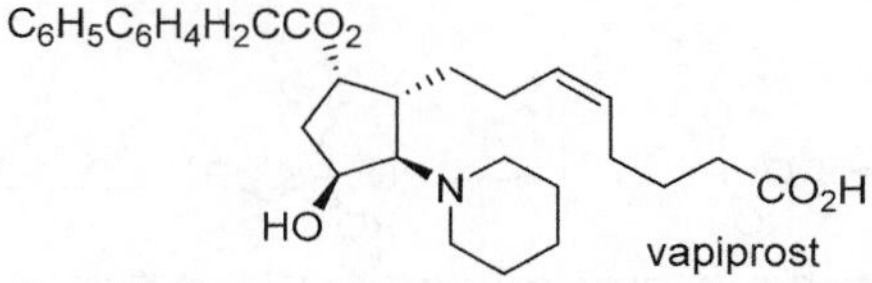

文献报道的合成路线以二环[3.2.0]庚-2-烯-6-酮为起始原料，乙酸中与次溴酸加成得中间体 **6.7**。**6.7** 分子中的溴离去后形成碳正离子中间体，经重排后与哌啶结合，同时发生乙酸酯的水解生成中间体 **6.8**。**6.8** 经酯化，Bayer-Villiger 氧化和还原，生成中间体 **6.9**。

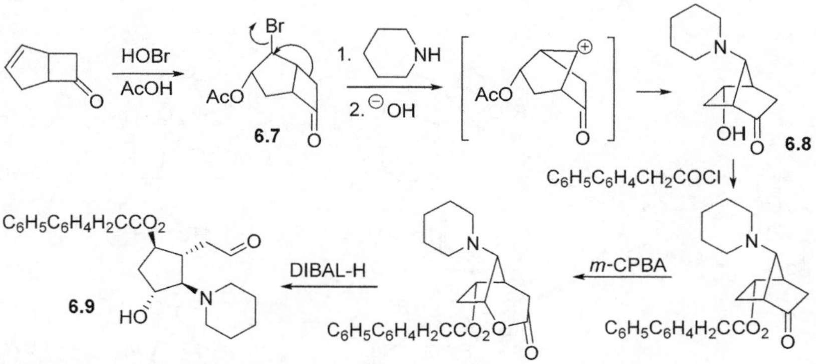

(6-33)

6.9 经过与甲氧基甲基膦酸酯反应，得到同系物 **6.10**。然后用来自丁酸三苯鳞的叶立德进行第二次 Wittig 缩合，最后进行 Swern 氧化和二异丁基铝氢化物还原得到羟基碳的构型转化，获得目标产物。

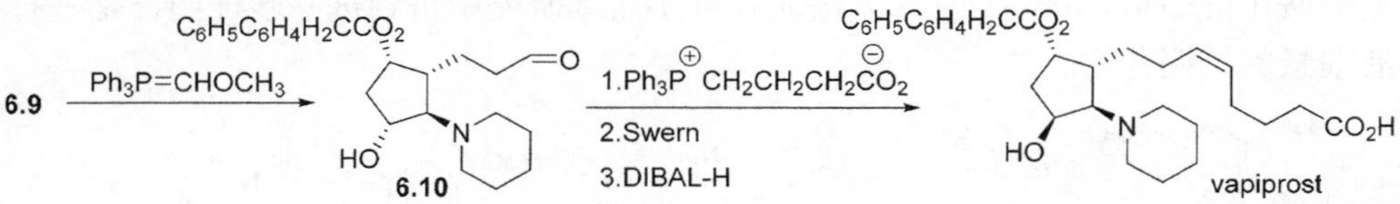

(6-34)

6.2.2 Horner-Wadsworth-Emmons 反应

Wittig 试剂的制备和反应条件较苛刻，特别是不稳定的烃基 Wittig 试剂更是如此，因而出现了一些改进方法。也许是受到含吸电基的 Wittig 试剂较稳定的启发，Horner 以及 Wadsworth 和 Emmons 等先后发现碱存在下，含吸电基的烃基氧膦以及烃基膦酸酯也能发生类似反应，例如[2]：

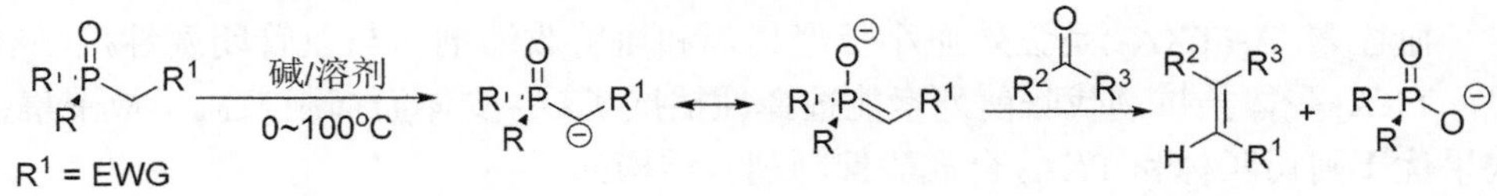

碱/溶剂
0~100°C
R^1 = EWG
R^2 R^3

(6-35)

碱/溶剂
0~100°C
R^1 = CN, COOR, C(O)R, CHO, SO_2Ph, Ph; R^1 ≠ 烷基, H

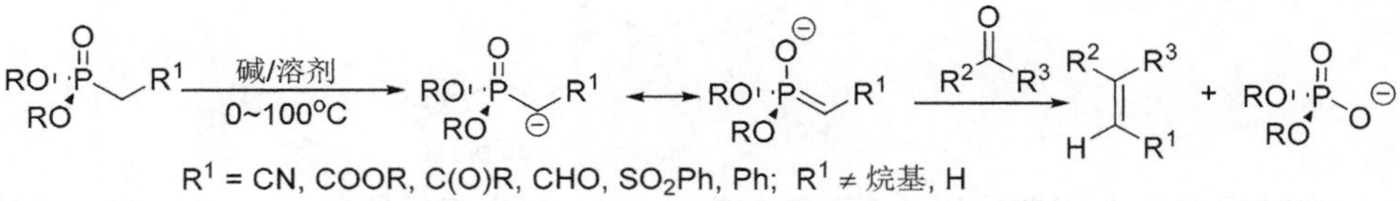

(6-36)

后来就把膦酸酯的成烯缩合反应称作 Horner-Wadsworth-Emmons（HWE）反应或 Wittig-Horner 反应[20]。反应中，膦酸酯在碱的作用下脱去α-氢形成碳负离子中间体，后者与羰基化合物发生加成和消除反应生成烯烃，机理与 Wittig 反应类似[2]：

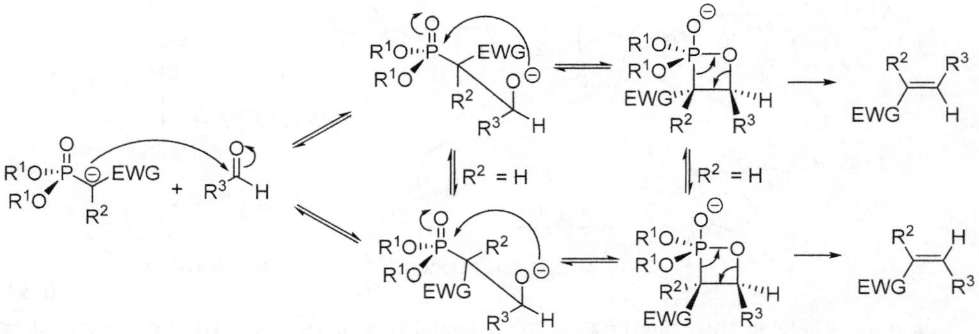

R^1O EWG R^2 + R^3 H
R^2 = H
R^2 = H

(6-37)

Moses 等[21]设计了一种 HWE 烯化反应方法，用于直接非立体选择性构建荜茇酰胺（piperlongumine）。荜茇酰胺在许多后续研究中得到进一步证明，是一种有前景的抗癌药物。

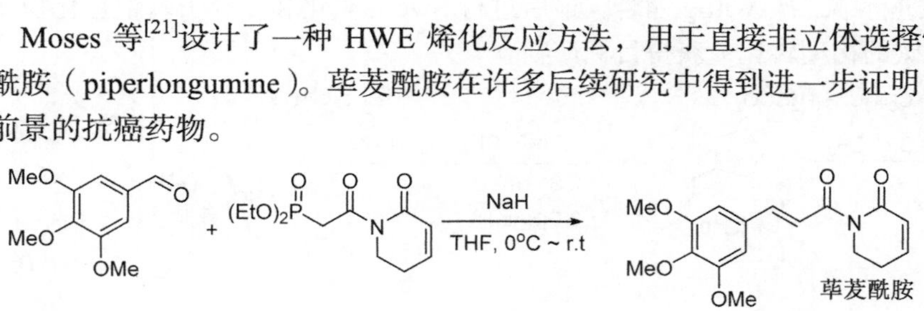

MeO MeO OMe + $(EtO)_2P$
NaH
THF, 0°C ~ r.t
荜茇酰胺

(6-38)

HWE 反应的试剂膦酸酯可由亚磷酸酯与卤代烃经 Arbuzov 重排反应制备，反应过程如下：

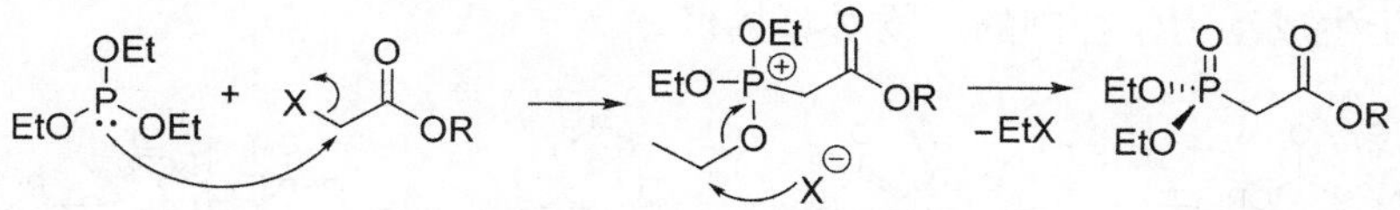

(6-39)

与 Wittig 反应比较，HWE 反应具有试剂亲核性强、反应条件温和、副产物磷酸酯易溶于水而被除去等优点，有些反应还可在水溶液中进行。例如[2]：

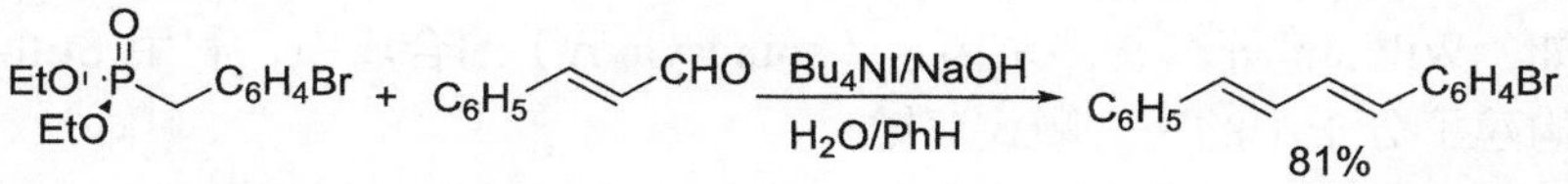

(6-40)

HWE 反应的主要产物一般为 E 型烯烃，特别是位阻大的烃基膦酸酯（如烃基膦酸二异丙酯）与位阻大的醛、酮反应时，E 型烯烃的选择性很高。使用位阻小的烃基膦酸酯（如烃基膦酸二甲酯）有时也会得到以 Z 型烯烃为主的产物，例如[16]。

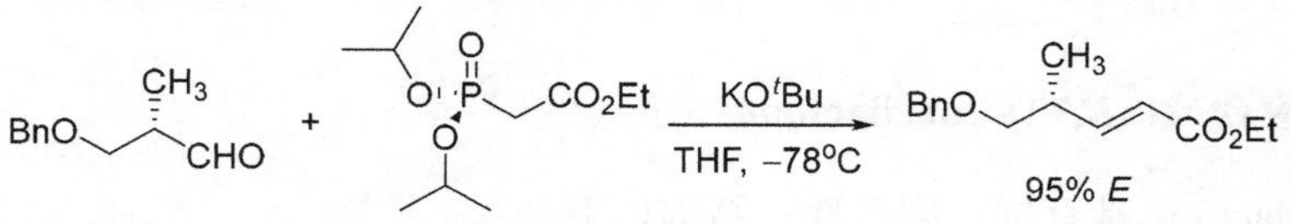

(6-41)

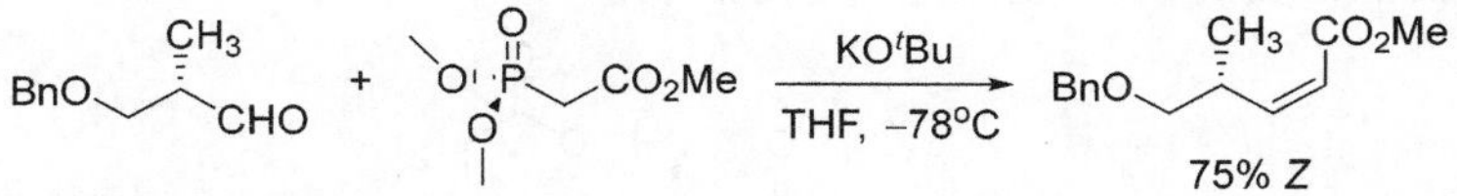

(6-42)

硫代膦酸酯和膦酰胺也能发生类似的反应[2]：

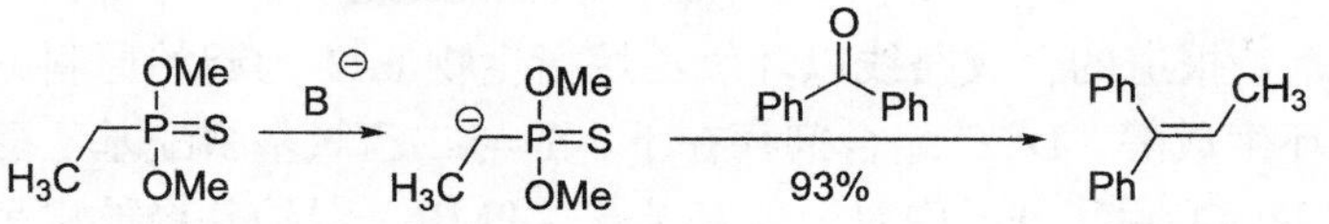

(6-43)

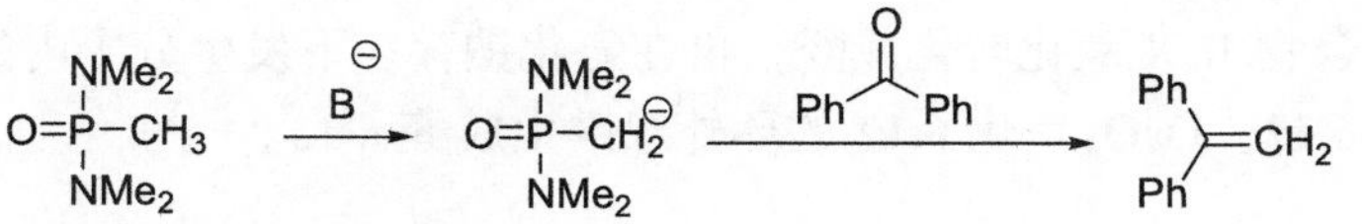

(6-44)

Deng 等[22]在合成细胞松弛酶二聚体 asperchalasines A、D、E 和 H 的过程中应用了 HWE 反应构建大环。

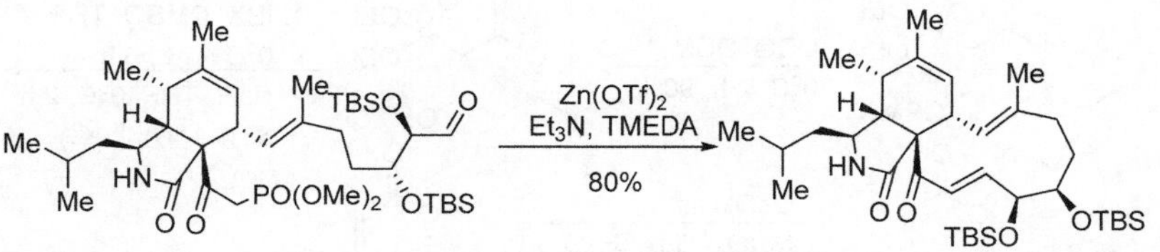

(6-45)

改用三氟乙醇的烃基膦酸酯进行羰基烯化，也可以得到 Z 型烯烃为主的产物，称作 Still-Gennari 改进法[16]。这是因为引入吸电性的三氟烷基，形成氧磷杂四元环中间体的速率提高，膦酸酯负离子对羰基的加成成为速率控制步骤，反应不可逆，利于生成动力学控制的产物 *Z* 型烯烃。

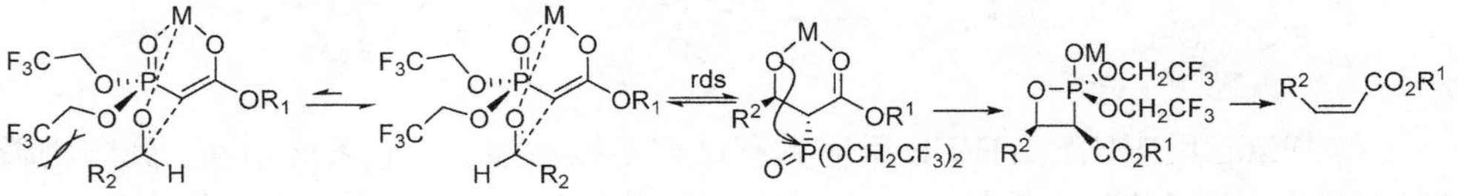

(6-46)

例如，William 等[23]在多杀菌素（spinosyn A）的合成中，利用 Still-Gennari 改进法构建了分子中的一个顺式双键。

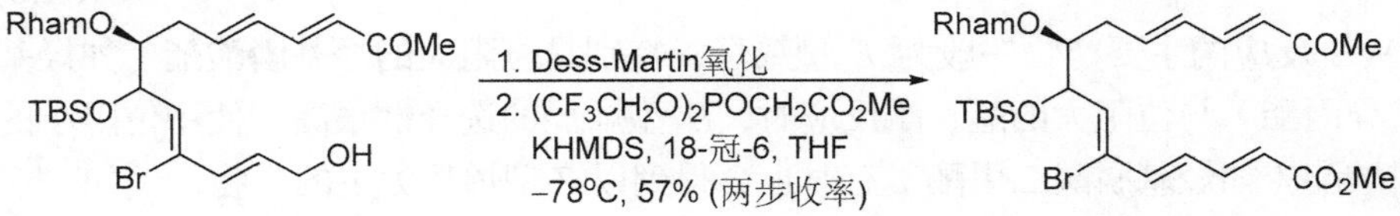

1. Dess-Martin氧化
2. $(CF_3CH_2O)_2POCH_2CO_2Me$
KHMDS, 18-冠-6, THF
−78°C, 57% (两步收率)

(6-47)

HWE 反应合成(5*R*,7*S*)-kurzilactone

kurzilactone 具有抗肿瘤活性，结构如下：

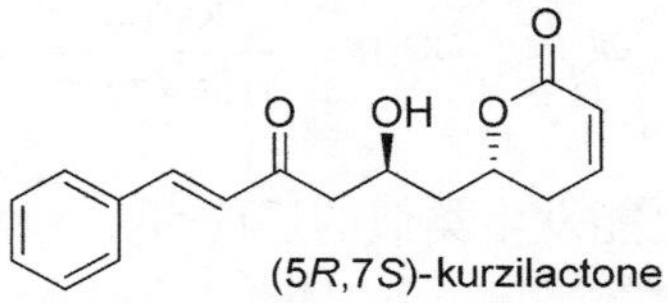

(5*R*,7*S*)-kurzilactone

Yadav 等[24]报道的合成路线以环氧乙烷衍生物 **6.11** 为起始原料，与乙烯基溴化镁反应开环生成醇。DCC 缩合剂存在下，醇与二乙氧基膦酰基乙酸缩合生成相应的酯。用 DDQ 脱酯分子中对甲氧基苄基（PMB）保护基释放出另一个羟基，经高价碘化合物 IBX 氧化转化成醛，再在氢化钠存在下发生分子内的 HWE 烯化生成*δ*-内酯 **6.12**。OsO_4 氧化 **6.12** 的环外双键生成醛 **6.13**。

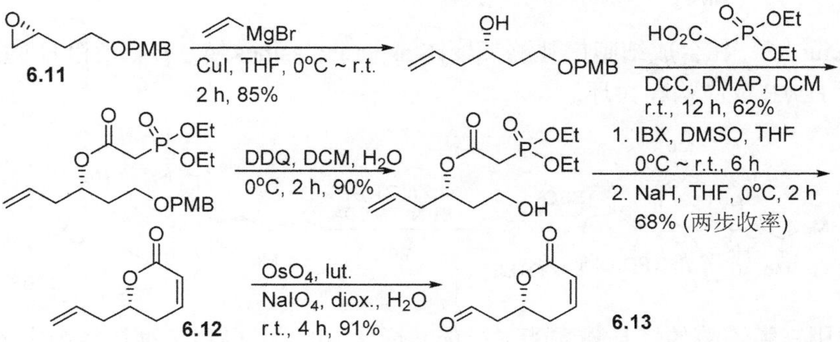

CuI, THF, 0°C ~ r.t.
2 h, 85%

DCC, DMAP, DCM
r.t., 12 h, 62%

DDQ, DCM, H_2O
0°C, 2 h, 90%

1. IBX, DMSO, THF
0°C ~ r.t., 6 h
2. NaH, THF, 0°C, 2 h
68% (两步收率)

OsO_4, lut.
$NaIO_4$, diox., H_2O
r.t., 4 h, 91%

(6-48)

在后续的合成反应中，中间体 **6.13** 与烯醇硅醚 **6.14** 发生 Mukaiyama 羟醛缩合反应生成目标产物。

Et$_3$N, CF$_3$SO$_3$TMS, DCM, −10°C, 30 min；OSiMe$_3$；**6.14**；**6.13**, Et$_2$O·BF$_3$, DCM, −78°C, 2 h, 81% (两步收率)；O OH O O；(5*R*,7*S*)-kurzilactone

(6-49)

6.2.3　Peterson 烯化反应

1968 年，Peterson[25]发现，碱作用下，含α-氢的有机硅化合物也能与醛或酮发生加成和消除生成烯烃，这类反应称作 Peterson 烯化反应[3]，也可看成是硅代的 Wittig 反应。反应通式如下：

Me$_3$Si⌒R^1 + R^{2}C(O)R^3 —碱→ R^2(R^3)C=CH(R^1)

(6-50)

起初认为 Peterson 烯化反应的机理与 Wittig 反应类似，α-硅烷在碱的作用下先脱去α-氢，形成α-硅基碳负离子，后者与醛或酮的羰基发生亲核加成，再消除硅醇生成产物。后来的研究表明，Peterson 烯化反应的机理较 Wittig 反应复杂。当α-硅烷分子中α-碳上的取代基 R^1 为吸电基时，加成物很容易经由氧硅杂四元环状过渡态发生消除反应生成烯烃。与氧磷杂四元环状过渡态相比，氧硅杂四元环状过渡态中 Si—C 键更易断裂[14]，消除硅醇可能按分步机理进行，经由开环的碳负离子中间体，单键的旋转导致消除的立体化学难以预测。

R$_3$Si⌒R^1 (⊖) + R^{2}C(O)R^3；−R$_3$SiO$^{\ominus}$；R$_3$Si—O；SiR$_3$

(6-51)

但是，当 R^1 为供电基时，消除硅醇的速率较慢，加成中间体可分离出来，通过柱色谱得到纯异构体。纯异构体在酸催化下发生对向消除，碱催化下发生同向消除。由于 R^1 为供电基时开环的碳负离子中间体不稳定，难以生成，产物的立体化学可控。

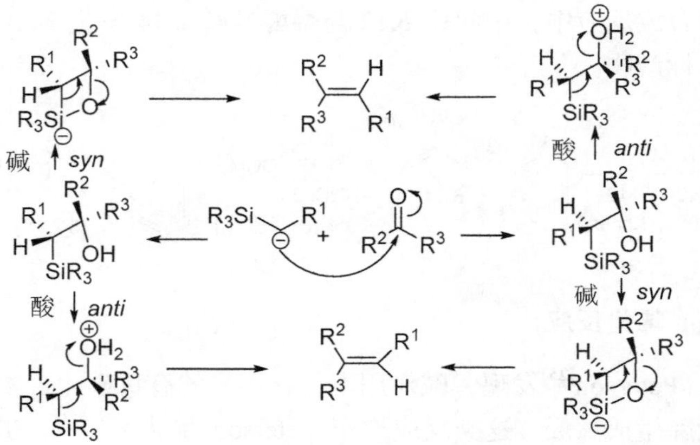

(6-52)

与 Wittig 反应比较，Peterson 烯化反应的优点在于α-硅基碳负离子活性更高，可以与各种羰基化合物反应。另外，副产物三烷基硅醇或硅醚水溶性好，挥发性高，容易与产物分离。缺点是α-硅基碳负离子与醛酮的加成选择性低，通常会生成赤式和苏式加成物的混合物，如果不分离加成物，产物往往是 E 型烯烃和 Z 型烯烃的混合物。尽管如此，Peterson 烯化反应作为 Wittig 反应的重要补充，在合成上有广泛的应用。例如 Jean-Marie 等[26]在研究倍半萜 lancifolol 的合成时，利用环戊酮衍生物的 Wittig 反应构建环外双键未获成功，而相应的 Peterson 烯化反应则成功合成了中间体 **6.15**。

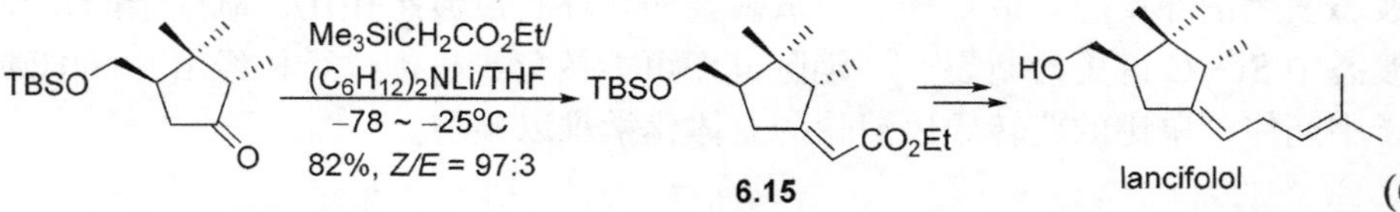

(6-53)

Somfai 等[27]使用 Peterson 烯化反应获得(E)-1,3-二烯烃 **6.16**，Peterson 烯化反应可以高度选择性地形成末端二烯烃。

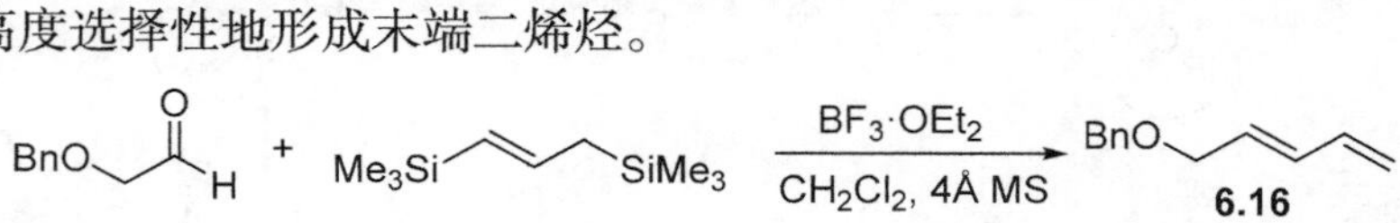

(6-54)

Peterson 烯化反应合成 norrisolide

norrisolide 是从软体动物中分离出的海洋天然产物。Snapper 等[28]通过逆合成分析，将 norrisolide 的合成分解成中间体 **6.17** 和 **6.18** 的合成。

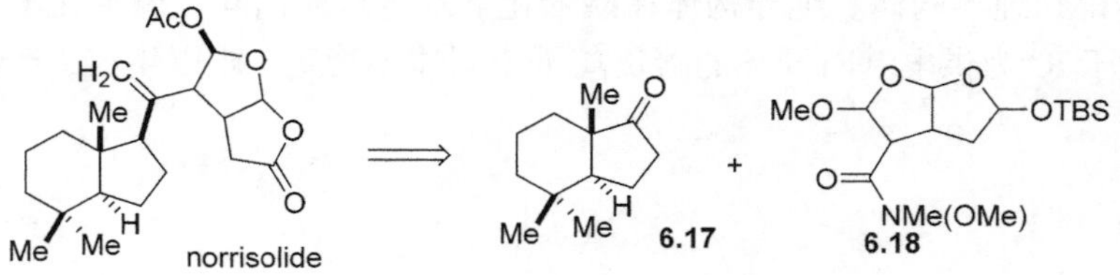

中间体 **6.18** 的合成以呋喃-2(3*H*)-酮为原料，Muller 催化剂存在下与 2-重氮丙二酸二甲酯发生环丙烷化反应生成 **6.19**。**6.19** 在苯中加热到 185℃发生环丙烷的开环生成中间体 **6.20**，再经双键加氢，羰基还原和羟基保护生成中间体 **6.20**。**6.20** 与 *N*-甲基盐酸羟胺甲醚反应生成 Weinreb 酰胺 **6.18**。

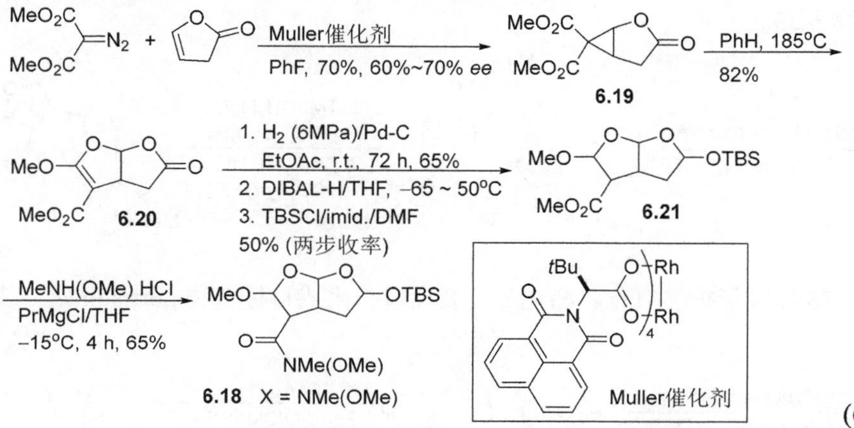

(6-55)

6.17 的合成以 2-甲基环戊烯酮为原料，铜盐存在下与 Grignard 试剂发生 1,4-加成生成环戊烯醇中间体的硅醚，与甲基锂反应转变成烯醇锂后与烯丙基溴反应生成中间体 **6.22**。**6.22** 经分子内的环化复分解和产物环己烯的加氢还原得外消旋 **6.17**，其中(–)-**6.17** 用 Corey-Bakshi-Shibata 还原反应进行动力学拆分，得到 36%的未反应的(+)-**6.17**。

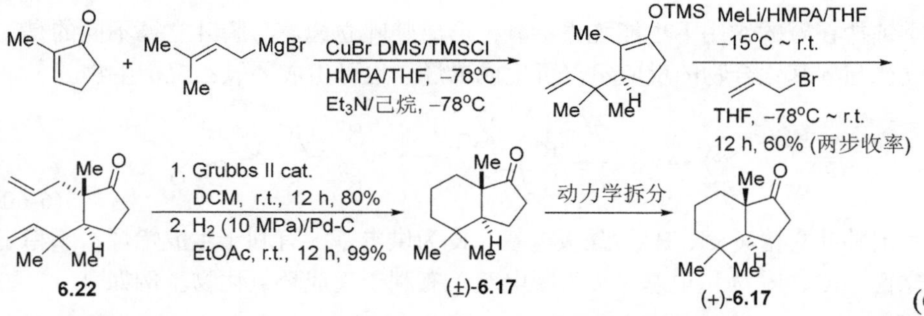

(6-56)

在接下来的反应中，**6.17** 先与 2,4,6-三异丙基苯磺酰肼反应生成腙，再在碱的作用下消除生成烯基锂，与 Weinreb 酰胺 **6.18** 发生亲核取代反应生成酮 **6.23**。

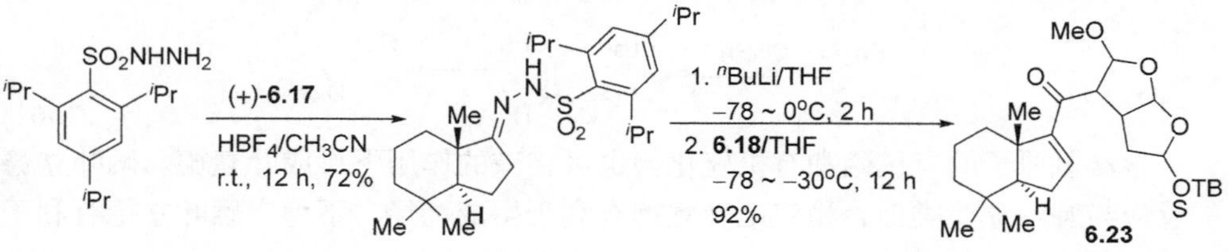

(6-57)

6.23 经铑催化加氢生成 **6.24**。为了将 **6.24** 的羰基转变成烯烃，尝试了几种羰基烯化反应，包括 Takai 反应（醛与卤仿在 $CrCl_2$ 存在下生成卤代烯烃的反应，也称 Takai-Utimoto 烯化）和 Nysted 反应（醛与锌试剂 $BrZnCH_2ZnCH_2ZnBr$ 在 THF 中生成烯烃的反应），都不成功，最后通过分步的 Peterson 烯化反应，成功得到烯化产物 **6.25**。

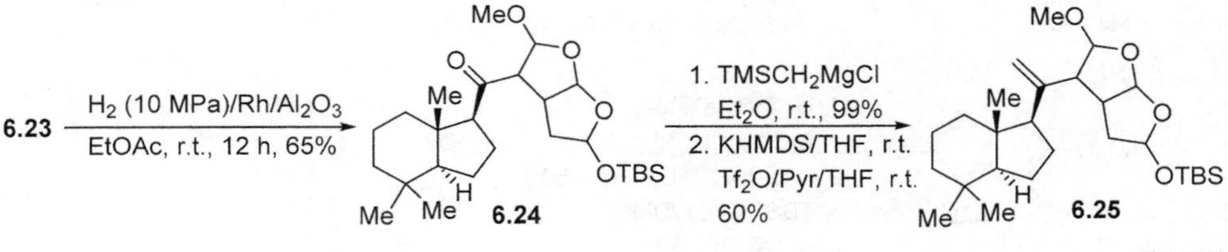

6.23 —[H_2 (10 MPa)/Rh/Al_2O_3; EtOAc, r.t., 12 h, 65%]→ 6.24 —[1. $TMSCH_2MgCl$, Et_2O, r.t., 99%; 2. KHMDS/THF, r.t. Tf_2O/Pyr/THF, r.t. 60%]→ 6.25

(6-58)

6.25 经脱保护、氧化、酯化等后续反应，生成目标产物 norrisolide。

6.25 —[1. TBAF/AcOH/THF, r.t.; 2. PCC/NaOAc/DCM 4Å MS, 70% (两步收率)]→ —[1. TFA/H_2O; 2. Ac_2O/DMAP/Et_3N DCM, r.t. 40% (两步收率)]→ norrisolide

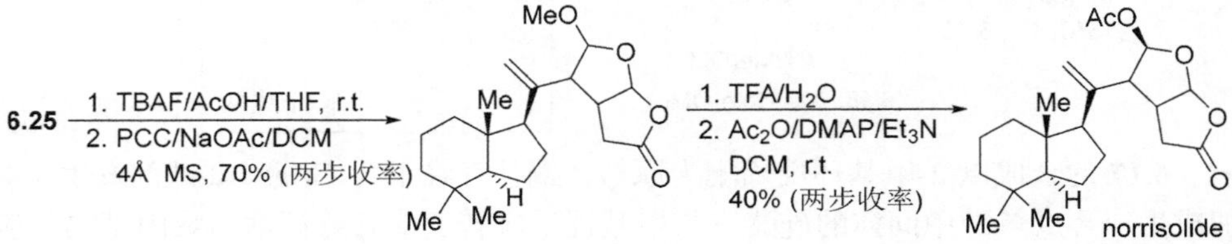

(6-59)

6.2.4　其他叶立德参与的成烯缩合反应

季钾盐在碱的作用下也能脱去α-氢，形成胂叶立德。与膦叶立德不同的是，胂叶立德与羰基化合物的反应不仅可生成烯烃，也可生成环氧乙烷衍生物。

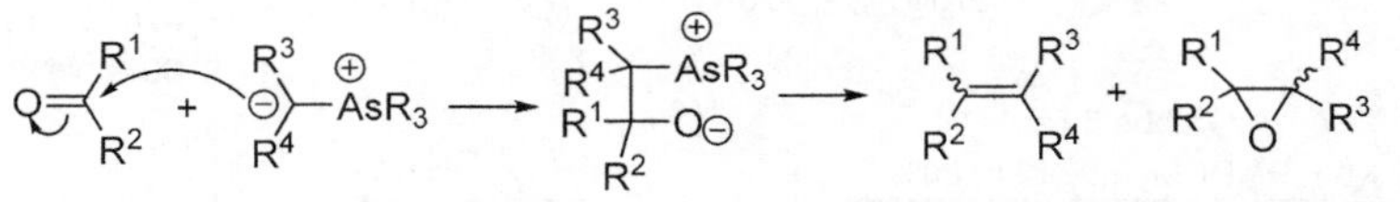

$R^1R^2C=O$ + $R^3R^4C^{\ominus}-\overset{\oplus}{As}R_3$ ⟶ $R^3R^4C(\overset{\oplus}{As}R_3)-C(R^1)(R^2)O^{\ominus}$ ⟶ $R^1R^2C=CR^3R^4$ + 环氧化物 (R^1, R^2, R^3, R^4)

(6-60)

稳定胂叶立德（R^3、R^4 为强吸电基，R 为供电基）有利于生成烯烃；不稳定胂叶立德（R^3、R^4 为供电基，R 为吸电基）有利于生成环氧化物。例如[2]：

RCHO —[$Et_3\overset{\oplus}{As}-\overset{\ominus}{C}HPh$]→ $Et_3\overset{\oplus}{As}-CH(Ph)-CH(R)-O^{\ominus}$ ⟶ RCH=CHPh

RCHO —[$Ph_3\overset{\oplus}{As}-\overset{\ominus}{C}HPh$]→ $Ph_3\overset{\oplus}{As}-CH(Ph)-CH(R)-O^{\ominus}$ ⟶ R、Ph 取代环氧乙烷

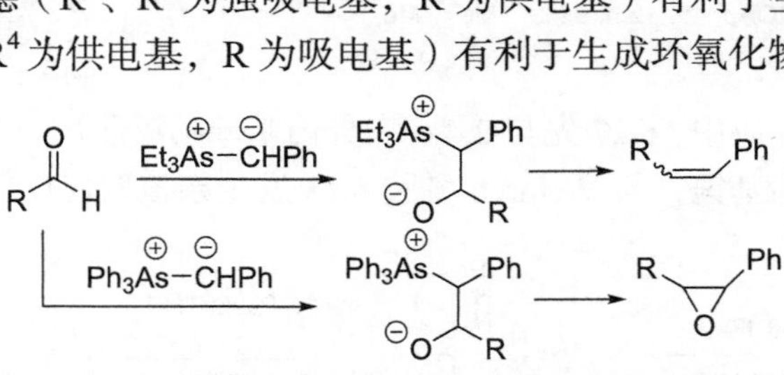

(6-61)

含α-氢原子的有机硒和有机硫化物也可在碱的作用下形成叶立德。硒叶立德的反应与胂叶立德类似，稳定硒叶立德有利于生成烯烃，不稳定硒叶立德有利于生成环氧化物。例如[2]：

$$Me_2\overset{\oplus}{Se}-\overset{\ominus}{C}HCOPh + RC(O)R^1 \longrightarrow R^1RC{=}CHCOPh \tag{6-62}$$

$$Me_2\overset{\oplus}{Se}-\overset{\ominus}{C}H_2 + PhC(O)Ph \xrightarrow[90\%]{KO^tBu/DMSO} \text{2,2-二苯基环氧乙烷} \tag{6-63}$$

烷基硫叶立德的反应则主要生成环氧化物，称为 Johnson-Corey-Chaykovsky 反应（详见 6.4.4 小节）：

$$\xrightarrow{Me_2\overset{\oplus}{S}-\overset{\ominus}{C}H_2} \tag{6-64}$$

烃基苯基砜在碱的作用下也可脱去α-氢，形成的碳负离子与羰基化合物发生加成和消除生成烯烃，称作 Julia-Lythgoe 烯化反应[3, 29]。

$$\xrightarrow{R^1C(O)R^2} \xrightarrow{R^3C(O)X} \xrightarrow{Na(Hg)/EtOH} \tag{6-65}$$

Julia-Lythgoe 烯化反应的加成中间体需经氧酰化，然后在还原剂作用下才能消除生成烯烃。例如[16]：

TBSO, CHO, OTBS; Li–CH–Ts, BzCl; BzO, Ts, TBSO, OTBS; Na(Hg)/THF, MeOH, $-20^{\circ}C$, 总收率80%; TBSO, OTBS

(6-66)

Narender 等[30]在合成天然产物 hermitamide A 和 hermitamide B 的过程中使用 Julia-Lythgoe 烯化反应作为关键步骤得到二者的前体。

OMe, C_7H_{15}, N, N, N, N, Ph, O, S, O; O=CH(CH$_2$)$_3$OBn; KHMDS, THF, $-78^{\circ}C$, 16 h, 83%; OMe, C_7H_{15}, OBn

(6-67)

如果用苯并噻唑或四唑等杂环取代苯基砜的苯环，则加成的中间体可以经由 Smiles 重排一步生成烯烃[31]。

N, S, O, S, O, R; R^1CHO; $-SO_2$, Smiles 重排; R^1, H, H, R

(6-68)

与 Wittig 反应比较，Julia-Lythgoe 烯化反应具有更高的立体选择性，通常生成 E 型烯烃，在合成上是 Wittig 反应的重要补充。其中，烃基磺酰基苯并噻唑（BT）适合于苯甲醛和α,β-不饱和醛的烯化，烃基磺酰基苯基四唑（PT）则适合于非共轭醛的烯化，可以高选择性地生成 E 型烯烃，也称作 Julia-Kocienski 烯化。例如[32]：

DBU/THF
0°C, 16 h, 81%
99% E

(6-69)

不过，这一选择性规律也有例外。最近 Fall 等发现，以下 Julia-Kocienski 烯化反应高选择性地生成 Z-烯烃[33]。

$(Me_3Si)_2NLi$
75%, 100% Z

(6-70)

Takikawa 等[34]在合成 DNA 聚合酶 λ 抑制剂(S)-(+)-hymenoic acid 时，得到关键中间体 **6.26** 和 **6.27** 后使用 Julia-Kocienski 烯化反应将二者反应构建了目标化合物的基本骨架，再经过三步得到需要的目标产物(S)-(+)-hymenoic acid。

LiHMDS
THF
E/Z=4:1
(S)-(+)-hymenoic acid

(6-71)

Qiao 等[35]设计合成天然大环内酯化合物 stagonolide C 时，在合成中间体 **6.28** 和 **6.29** 后，用碱催化 **6.28** 与 **6.29** 发生 Julia-Lythgoe 烯化反应，得到 60%的烯化产物。

NaHMDS
HMPA
–78°C, 60%
stagonolide C

(6-72)

以上讨论的羰基烯化反应只能以醛或酮为底物，不能以羧酸衍生物为底物，存在一定的局限性。1978 年，Tebbe 发现二氯二茂钛（Cp_2TiCl_2）与两分子的三甲基铝反应，生成桥亚甲基结构的铝钛络合物，称作 Tebbe 试剂。

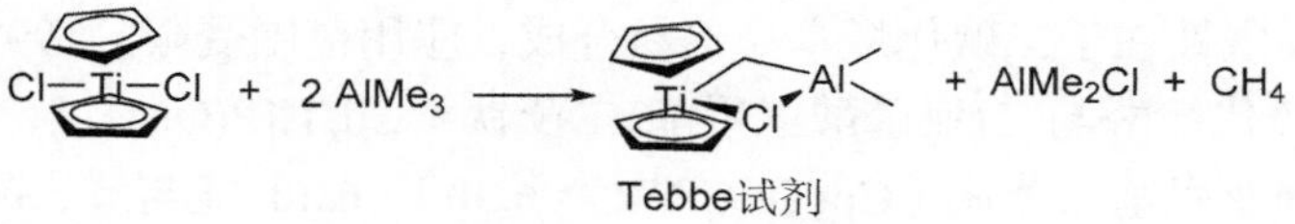

(6-73)

Tebbe试剂在Lewis碱的作用下，可以分解成钛卡宾结构的亚甲基二茂钛（$Cp_2Ti{=}CH_2$）。亚甲基二茂钛不仅能与醛或酮反应生成端烯烃，还能与酯、酰胺、酸酐等羧酸衍生物反应，生成烯醇醚、烯胺或烯醇羧酸酯，称作Tebbe烯化反应。Tebbe烯化反应弥补了Wittig试剂不与羧酸衍生物反应的局限性。例如[3]：

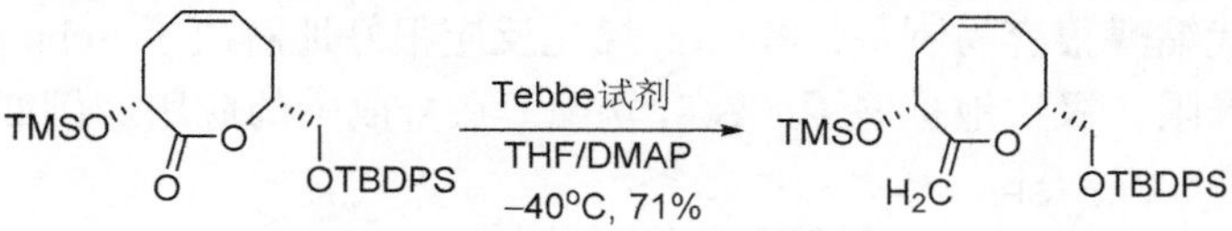

(6-74)

Tebbe烯化反应机理如下：

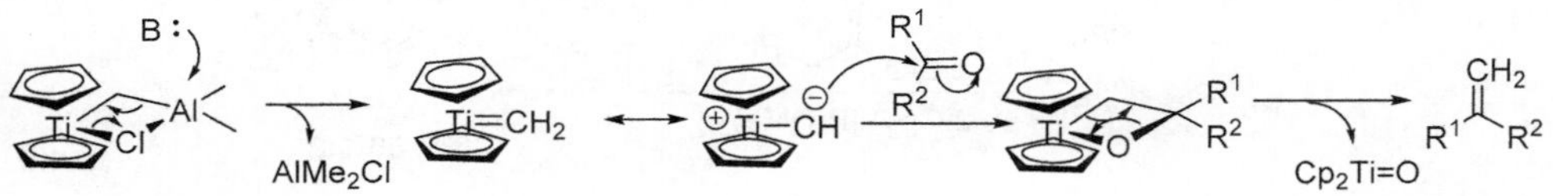

(6-75)

三甲基铝具有一定的Lewis酸性，使得Tebbe试剂不适合对酸敏感的底物。Petasis发现二甲基二茂钛（Cp_2TiMe_2）也可分解释放出亚甲基二茂钛（$Cp_2Ti{=}CH_2$），与羰基化合物发生烯化反应。二甲基二茂钛可由二氯二茂钛与甲基锂或相应的Grignard试剂制备，可以用于对酸敏感的羰基化合物的烯化。例如[3]：

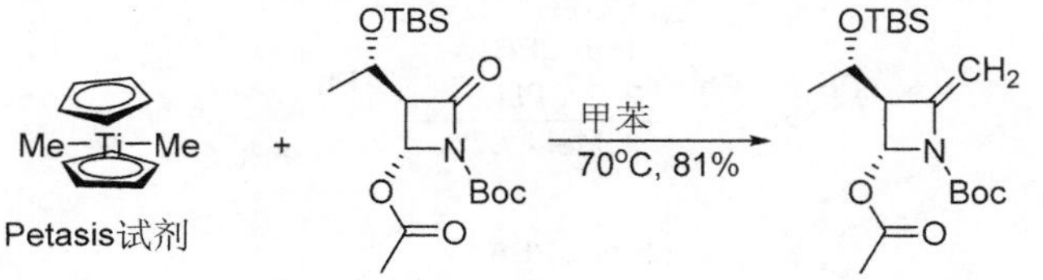

(6-76)

二甲基二茂钛称作Petasis试剂，相应的羰基烯化反应称作Petasis-Tebbe烯化反应。

Tebbe烯化反应和Petasis-Tebbe烯化反应的最大局限在于只能合成端烯烃，即只能合成一取代烯烃或1,1-二取代烯烃，不能用于1,2-二取代烯烃或多取代烯烃的合成。1986年，Takai和Utimoto等发现，二氯化铬存在下，二碘代烃或卤仿可与醛或酮发生羰基烯化反应生成烯烃或卤代烯烃，称作Takai-Utimoto烯化反应，通式如下[3]：

(6-77)

该法的局限性在于二碘代烃本身不易合成，应用范围受限。1997 年，Takeda 等[36]发现，硫代缩醛与二(亚磷酸三甲酯)二茂钛（$Cp_2Ti[P(OMe)_3]_2$）反应，生成二烃基取代的亚甲基二茂钛（$Cp_2Ti{=}CR^1R^2$，**6.30**），**6.30** 能与醛、酮或酯发生羰基烯化反应，生成相应的烯烃，称作 Takeda 烯化反应。

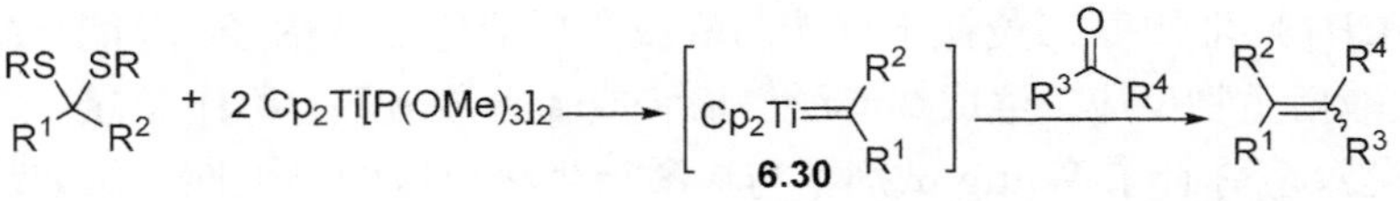

(6-78)

由于硫代缩醛很容易制备，Takeda 烯化反应很好地解决了 Tebbe 烯化只能合成端烯烃的局限，极大地扩展了“钛叶立德”在合成中的应用。例如[37]：

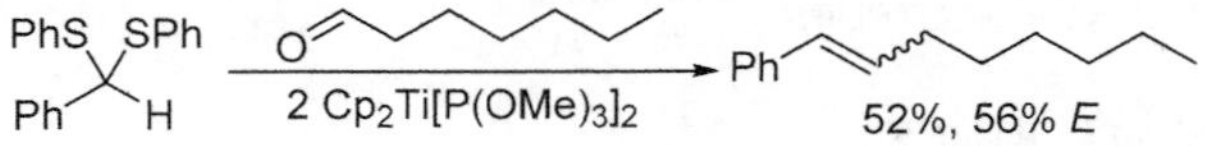

(6-79)

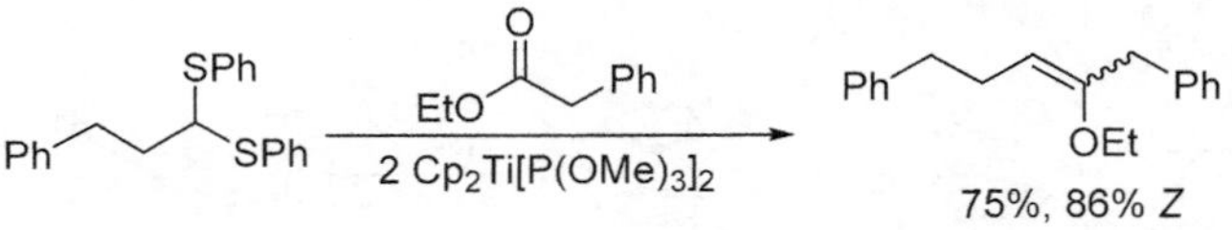

(6-80)

6.2.5 基于氧磷杂四元环中间体的烯烃构型转化

在烯烃的合成反应中，常常会得到构型相反的产物，通过构型转化才能得到所希望的产物。间氯过氧苯甲酸/二苯基膦化锂/碘甲烷体系是实现烯烃构型转化的有效试剂，例如[16]：

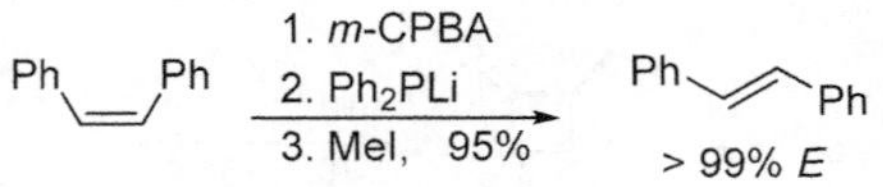

(6-81)

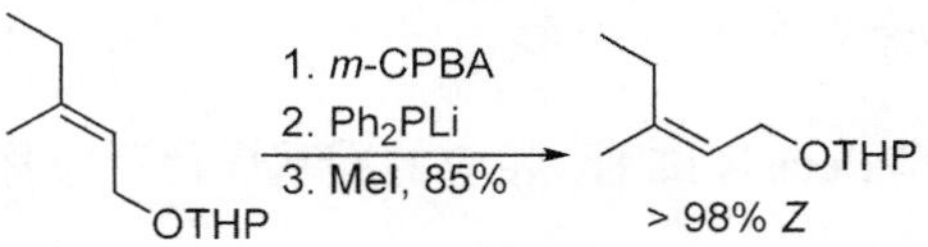

(6-82)

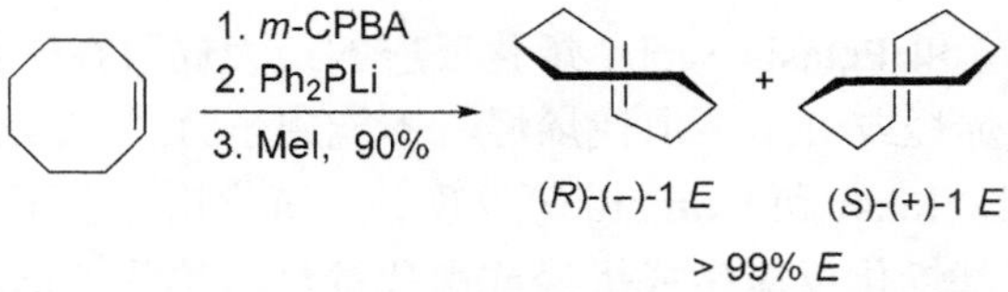

(6-83)

反应中，间氯过氧苯甲酸先与烯烃发生环氧化反应，生成环氧乙烷衍生物，环氧乙烷衍生物与二苯基膦化锂发生开环反应，生成的产物与碘甲烷发生季鏻化反应生成季鏻盐，经单键旋转后环化成氧磷杂四元环中间体，消除三烃基氧膦就得到构型转化的烯烃[16]。

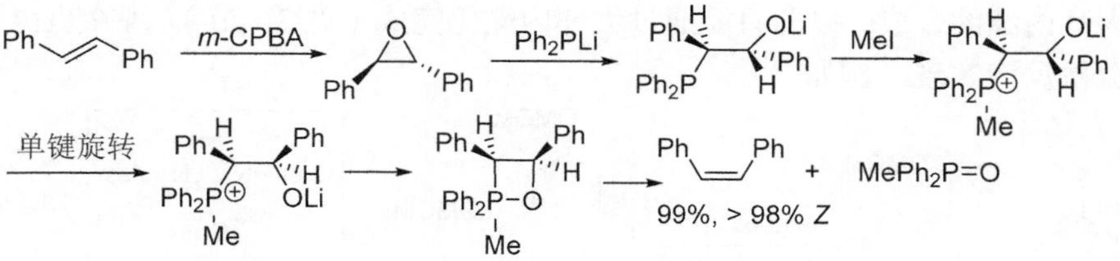

(6-84)

6.3　烯烃复分解反应

烯烃复分解反应（olefin metathesis，OM）是指在金属催化剂作用下，两分子烯烃经双键的断裂和重组生成两分子新的烯烃的反应[式(6-85)]。

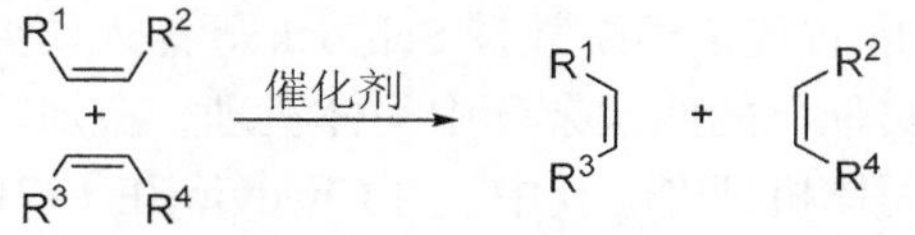

(6-85)

烯烃复分解反应是 20 世纪五六十年代在研究 Ziegler-Natta 聚合催化剂时发现的。例如，1957 年，Eleuterio 就注意到环烯在 Ziegler-Natta 型催化剂作用下会发生开环复分解聚合（ring opening-metathesis polymerization，ROMP）[14]，例如：

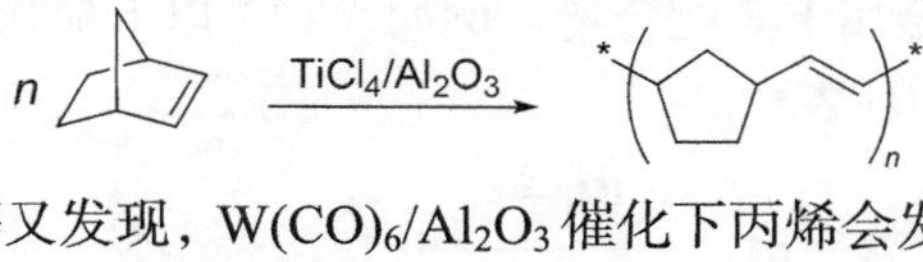

(6-86)

1964 年 Banks 等又发现，$W(CO)_6/Al_2O_3$ 催化下丙烯会发生歧化，生成 2-丁烯和乙烯[16]：

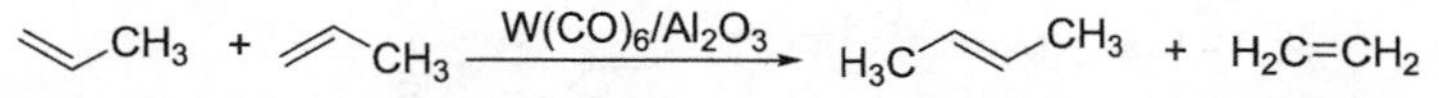

(6-87)

同种烯烃的复分解反应产物比较单一，不同烯烃的交叉复分解往往会生成复杂的混合物，因此在随后的一段时间内，烯烃复分解反应主要用于大的化工过程，在药物、天然产物等复杂分子的合成中应用较少。

近年来，随着研究的不断深入，特别是关环复分解（ring closing metathesis，RCM）反应的发展，烯烃复分解反应在有机合成中得到了越来越广泛的应用。关环复分解是指非环状的α,ω-二烯烃在催化剂作用下发生复分解生成环烯烃和另一小分子量烯烃的反应。如果参与复分解的两个烯键都是末端烯键，则生成环烯烃和乙烯。

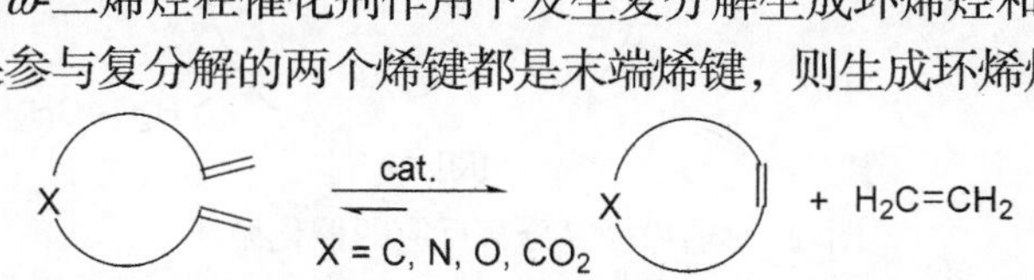

(6-88)

关环复分解是分子数增加的反应，熵的增加有利于平衡向生成产物的方向移动，此外，产物之一的乙烯沸点低，除去乙烯，也可使平衡向右移动。由于关环复分解反应的发展，许多以前难以合成的目标化合物可以通过关环复分解来合成。

例如，大环内酯的合成，以前只能通过大环内酯化完成（见 7.1 节），现在也可由关环复分解反应实现。例如[38]：

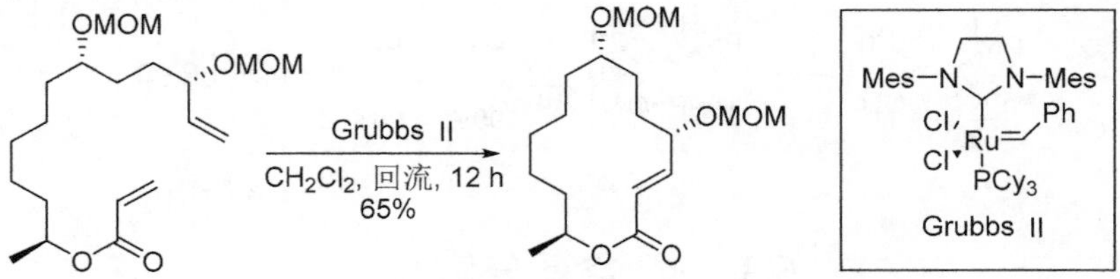

(6-89)

6.3.1 机理

自 20 世纪 70 年代以来，法国石油研究所研究员 Chauvin、美国加州理工学院教授 Grubbs 和美国麻省理工学院教授 Schrock 等深入研究了烯烃复分解反应的机理，先后提出了卡宾催化的四元杂环中间体机理，金属环丁烷配合物中间体机理和金属杂环戊烷中间体机理[14]。其中，由 Chauvin 在 1971 年提出的卡宾催化的四元杂环中间体机理是目前广泛认同的烯烃复分解反应机理。该机理认为，烯烃复分解反应的真正催化剂是金属卡宾配合物，关键步骤是金属卡宾配合物与底物烯烃的[2 + 2]环加成反应以及环加成产物四元杂环中间体的逆环加成型的分解，从而得到新的烯烃和金属卡宾配合物。例如，对于以下端烯的复分解反应机理可用图 6.1 所示的催化循环表示。

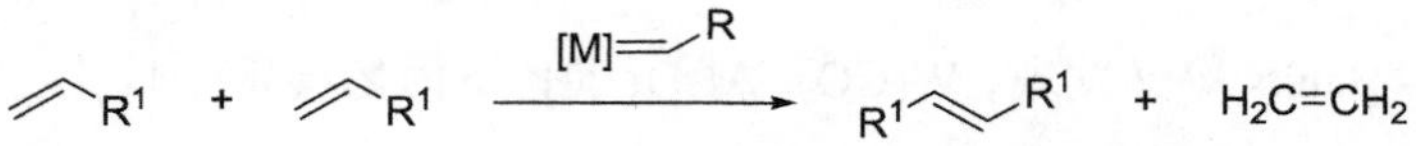

(6-90)

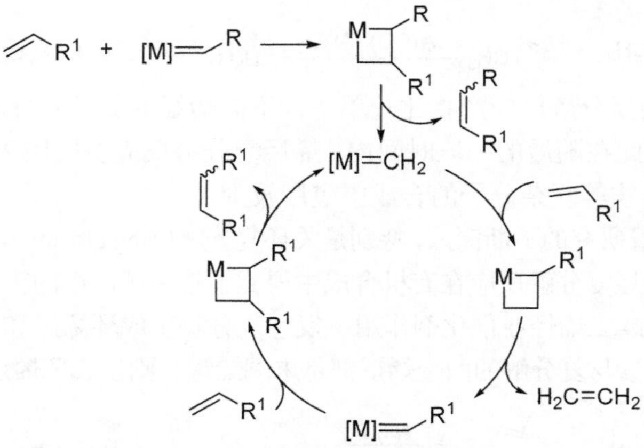

图 6.1　端烯烃复分解反应的催化循环

卡宾催化的四元杂环中间体机理得到了后续实验的有力支持。例如，Nicolaou 等[39]发现 Tebbe 试剂与某些烯基酯发生羰基烯化反应生成的烯醇醚，可接着发生关环复分解反应生成环状烯醇醚。

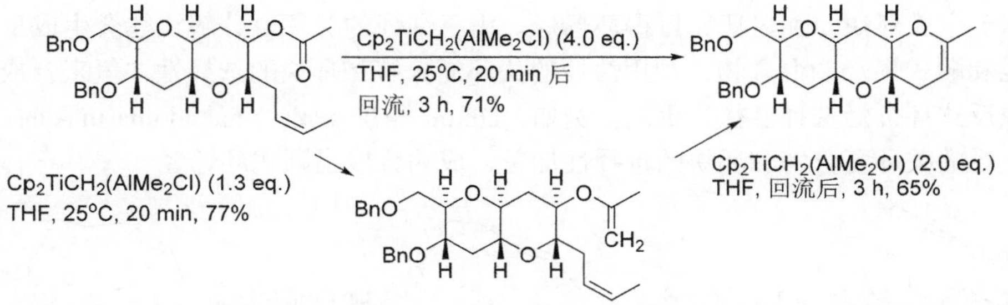

$Cp_2TiCH_2(AlMe_2Cl)$ (4.0 eq.)
THF, 25°C, 20 min 后
回流, 3 h, 71%

$Cp_2TiCH_2(AlMe_2Cl)$ (1.3 eq.)
THF, 25°C, 20 min, 77%

$Cp_2TiCH_2(AlMe_2Cl)$ (2.0 eq.)
THF, 回流后, 3 h, 65%

(6-91)

Tebbe 烯化反应经由卡宾中间体已得到很多实验事实支持，Tebbe 试剂能催化烯烃复分解反应，表明烯烃复分解反应也可能按卡宾催化机理进行。Grubbs 利用 Tebbe 试剂进行烯烃复分解反应，在吡啶存在下分离出了四元杂环中间体[40]，证实了图 6.1 所示的催化循环中四元杂环中间体是现实存在的。

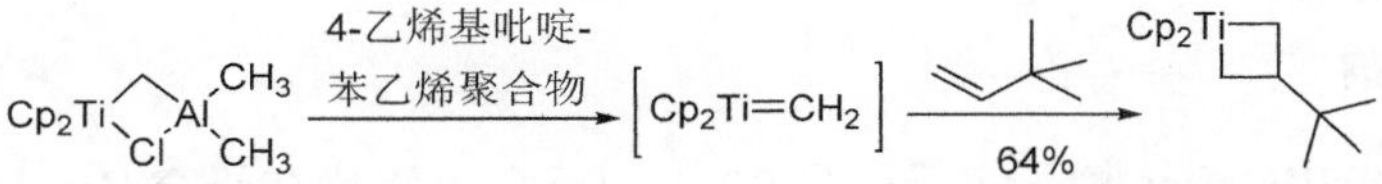

4-乙烯基吡啶-苯乙烯聚合物
$[Cp_2Ti{=}CH_2]$
64%

(6-92)

6.3.2　烯炔和炔炔复分解

不仅烯烃之间会发生复分解反应，烯烃与炔烃之间、炔烃与炔烃之间也会发生复分解反应。烯烃与炔烃之间的交叉复分解（enyne cross metathesis，ECM）反应生成二烯烃，可用以下通式表示：

催化剂
ECM

(6-93)

分子内适当位置同时含有烯键和炔键时，可能发生烯炔关环复分解（ring closing enyne metathesis，RCEM），例如：

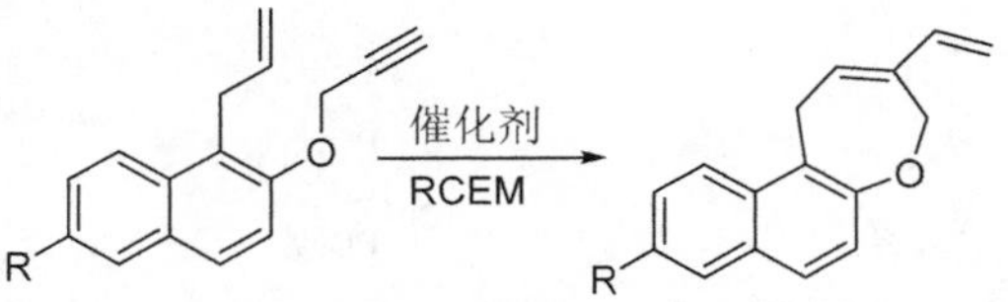

催化剂
RCEM

(6-94)

两分子炔烃在催化剂作用下，按下式反应生成两分子新的炔烃的反应称作炔烃复分解反应（acetylene cross metathesis，ACM）。

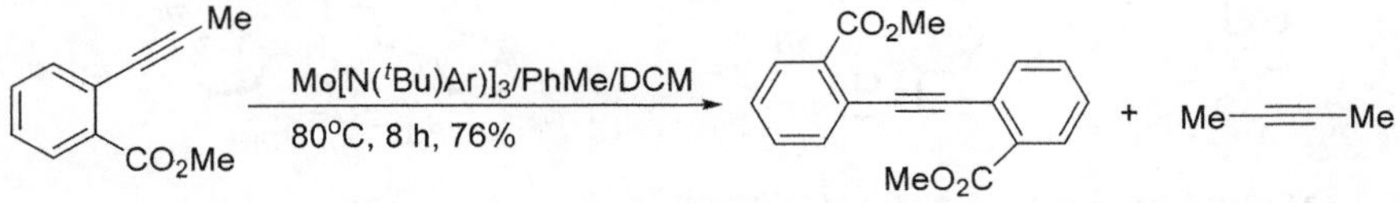

$Mo[N(^tBu)Ar]_3$/PhMe/DCM
80°C, 8 h, 76%

(6-95)

二炔也可能发生分子内的关环复分解反应（ring closing acetylene metathesis，

RCAM）生成环炔，加氢还原可得环烯烃。由于烯烃的关环复分解往往会生成反式烯烃和顺式烯烃的混合物，利用炔烃的关环复分解和环炔的选择性加氢来合成顺式或反式环烯烃选择性往往更高。例如，Dixon 等在合成(–)-nakadomarin A 时，利用炔烃的关环复分解和环炔的选择性加氢，成功合成出顺式环烯烃。

$Mo(CO)_6$, 2-氟苯酚, PhCl, 回流, 2.5 h, 36%；H_2, Lindlar催化剂, 喹啉, EtOAc, 1 h, 86%

(6-96)

6.3.3 催化剂

前面已指出，烯烃复分解反应是 20 世纪五六十年代在研究 Ziegler-Natta 聚合催化剂时发现的，当时使用的催化剂大多是过渡金属盐与主族金属烷基化物或载体组成的混合物，如 WCl_6/Me_4Sn、MoO_3/SiO_2、$W(CO)_6/Al_2O_3$ 等。这些催化剂虽然成本低，但活性不高，反应条件苛刻，对底物分子中的官能团容忍度低，应用有限。此外，这类催化剂组成复杂，难以确定实际参与催化循环的是哪种物质，难以从理论上分析影响催化剂活性的因素。

金属卡宾催化的四元杂环中间体机理的提出推动了催化剂的研究向着结构明确的卡宾配合物的方向发展。在随后的几十年中，相继合成出数十种卡宾配合物用于催化烯烃复分解反应，主要是 Mo、W 和 Ru 的卡宾配合物，其中比较典型的有 Schrock 催化剂（**6.31**），第 1 代和第 2 代 Grubbs 催化剂（**6.32**，**6.33**），Grubbs-Hoveyda 第 2 代催化剂（**6.34**）和不对称催化剂（**6.35**，**6.36**）等（图 6.2）。

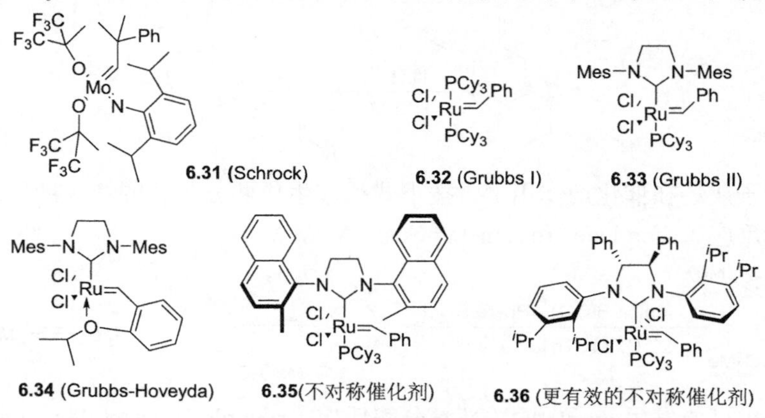

图 6.2 烯烃复分解反应的常用催化剂

不同的催化剂有着不同的性质和特点、中心原子的种类、配体的结构、卡宾碳上取代基等因素都会影响催化剂的性质，没有一种催化剂能适合所有的反应。Schrock 催化剂的中心原子为 Mo 或 W，配体是供电性的烷氧基和氨基，卡宾碳原子上的电子云密度高，具有亲核性，在烯烃复分解反应中可转移 CR_2（R = H、烷基、芳基、烷氧基、氨基等），催化活性高，适合位阻大的烯烃、烯基醚和含硫烯烃的复分解反应。例如，下述生成四取代烯烃的关环复分解反应用 Schrock 催化剂收率高，用第 1 代 Grubbs 催化剂则无反应发生[41]。

EtO_2C EtO_2C 　PhH, 65°C, 24 h; **6.31**, 93%; **6.32**, N.R.　EtO_2C EtO_2C

(6-97)

对于以下三取代烯烃的合成，当 R 为乙基或异丙基时，用 Schrock 催化剂和 Grubbs 催化剂都能得到满意的结果，但是，当 R 为叔丁基时，Schrock 催化剂能成功催化相应的关环复分解反应生成环戊烯衍生物，用第 1 代 Grubbs 催化剂不能得到预期产物。这说明底物的立体位阻不会影响 Schrock 催化剂的活性，而第 1 代 Grubbs 催化剂则不适合立体位阻大的底物[38]。

EtO_2C EtO_2C R　R = ^{t}Bu　PhH, 65°C, 24 h; **6.31**, 96%; **6.32**, N.R.　EtO_2C EtO_2C R

(6-98)

底物分子中取代基的电性对 Schrock 催化剂的活性影响也不大，例如，以下烯烃复分解反应中，底物分子中的苯基和甲氧羰基对产物收率影响很小，用第 1 代 Grubbs 催化剂则得不到满意的结果[41]。

EtO_2C EtO_2C Ph　PhH, 65°C, 24 h; **6.31**, 97%; **6.32**, 25%　EtO_2C EtO_2C Ph

(6-99)

EtO_2C EtO_2C CO_2Me　PhH, 65°C, 24 h; **6.31**, 89%; **6.32**, 5%　EtO_2C EtO_2C CO_2Me

(6-100)

Schrock 催化剂还能用于含硫烯烃的关环复分解反应，例如以下烯丙基硫醚在 Schrock 催化剂作用下发生关环复分解，可以得到 94%的产物，而第 1 代 Grubbs 催化剂由于钌是软酸，易与硫原子配位，在含硫底物存在下会失去活性[42]。

S Ph　**6.31** (10 mol%); PhH, 50°C, 94%　S Ph

(6-101)

Schrock 催化剂的主要缺点是稳定性较差，对水和空气敏感，对底物分子中的官能团容忍度较低，特别是当底物分子中含有活泼氢时容易分解。Grubbs 催化剂稳定性较好，对空气和水较稳定，对底物分子中的官能团容忍度较高。例如，以下烯丙醇的关环复分解反应，用第 1 代 Grubbs 催化剂关环产物的收率为 98%，而 Schrock 催化剂在此条件下则发生分解，无关环复分解反应发生[42]。

EtO_2C, EtO_2C, CH_2OH —— PhH, 65°C, 24 h; **6.31**, N.R.; **6.32**, 98% ——→ EtO_2C, EtO_2C, CH_2OH

(6-102)

针对第 1 代 Grubbs 催化剂活性较低的缺点，发展了第 2 代 Grubbs 催化剂，其中 **6.33** 是典型的代表，已实现商品化。第 2 代 Grubbs 催化剂引入了氮杂环卡宾（*N*-heterocyclic carbene，NHC）配体，不仅配位较膦配体牢固，同时由于 NHC 的供电性更强，增加了催化剂的活性。例如，Danishefsky 等在合成埃博霉素（epothilone）时，拟通过 **6.37** 的关环复分解反应构建 C9 与 C10 间的双键。尝试了 Schrock 催化剂和第 1 代 Grubbs 催化剂均不成功，而用第 2 代 Grubbs 催化剂实现了相应的关环复分解，收率 89%[43]。

6.37 —— **6.33**/DCM, 回流, 89%; **6.32** (10 mol%)/PhH, 回流, N.R. ——→

(6-103)

以六氟苯作溶剂，第 2 代 Grubbs 催化剂也能实现四取代烯烃的合成，例如[42]。

TsN —— **6.33** (1 mol%); C_6F_6 (0.1mol/L), 80°C; 99% ——→ TsN

(6-104)

Hoveyda 在第 2 代 Grubbs 催化剂的基础上，设计合成了对水和空气更稳定的催化剂 **6.34**，称作 Grubbs-Hoveyda 第 2 代催化剂，已实现商品化，反应后可通过柱色谱回收，适合用于大规模的烯烃复分解反应。手性催化剂 **6.35** 和 **6.36** 可用于不对称烯烃复分解反应。例如，**6.36** 用于 **6.38** 的关环复分解反应，对映体过量达 92%[44]。

6.36 (2 mol%)/DCM
40°C, 2 h, 77%, 92% *ee*
6.38

(6-105)

6.3.4 影响烯烃复分解反应的主要因素

除催化剂外，底物结构、添加剂等因素对烯烃复分解反应也有重要影响。底物结构的影响包括立体效应和电子效应。一般而言，底物空间位阻越大，复分解反应速率越慢。电子效应的影响与所用催化剂有关。例如，对于 Schrock 催化剂催化的反应，底物分子中的吸电基对反应速率影响不大；对于第 1 代 Grubbs 催化剂催化的反应，底物分子中的吸电基则会使反应速率明显降低[式(6-100)]。

特别值得指出的是，底物分子中烯丙位的取代基对复分解反应影响特别显著。烯丙位的烃基取代基由于空间位阻会阻碍催化循环的进行，对反应不利，如叔丁基乙烯几乎不能发生复分解反应。对于 Grubbs 催化剂催化的反应，烯丙位的羟基对复分解反应则有显著的促进作用，可能是因为羟基能与催化剂发生某种有利于复分解的结合。例如，以下 3,5-二羟基-1,6-庚二烯在第 1 代 Grubbs 催化剂作用下，室温下即可发生关环复分解反应生成 93%的产物[42]。

TBSO OH 6.32 (4 mol%)/PhH r.t., 93% TBSO OH

(6-106)

烯丙位的羟基对烯炔关环复分解（RCEM）反应也有类似的促进作用，例如[42]。

R N Boc 6.32 (4 mol%)/DCM, r.t. R = H, 32%; R = OH, 99% R N Boc

(6-107)

底物分子中如果存在烷氧羰基和氨基等官能团，有可能与钌系催化剂的中心原子作用，影响催化剂的活性。例如，利用关环复分解反应合成大环内酯或氮杂环化合物时，就会遇到类似的问题。Fürstner 等发现，往反应体系中添加少量的钛酸四异丙基酯可以阻止这些官能团与催化剂作用，使烯烃复分解反应顺利进行。例如，以下大环内酯的合成，如果不加添加剂，收率很低，加入 5 mol%的钛酸四异丙基酯，可以得到 55%收率[42]。

6.39(2.5 mol%), DCM
22%, 无$Ti(O^iPr)_4$
55%, 5 mol% $Ti(O^iPr)_4$, 40°C

Cl, PCy_3, Ru, Cl, PCy_3, Ph, Ph
6.39

(6-108)

在天然产物(—)-gloeosporone 的合成中，利用第 1 代 Grubbs 催化剂，同时加入 30 mol%的钛酸四异丙基酯，由 **6.40** 的关环复分解反应成功得到中间体 **6.41**，收率 80%[45]。

TBDMSO　6.40　C_5H_{11}
6.32 (3.0 mol%)
$Ti(O^iPr)_4$ (30 mol%)
DCM, 40°C, 80%
TBDMSO　6.41　C_5H_{11}　(6-109)

除钛酸四异丙基酯外，加入氯化铯有时也能起到类似的作用，例如[46]。

6.32 (5 mol%)
CsCl (2 eq.)
DCM (高度稀释)
85%
(6-110)

由于氨基的亲核性，易与催化剂作用，利用关环复分解合成氮杂环化合物比较困难，有时加入钛酸四异丙基酯可使关环复分解反应顺利进行，例如[47]：

Ph　OCH_3
6.33 (5 mol%)/DCM, 40°C
24% 无 $Ti(O^iPr)_4$
93%, 20 mol% $Ti(O^iPr)_4$
Ph　OCH_3
(6-111)

如果用烷氧羰基、磺酰基或酰基将底物分子中的氨基保护起来，降低氮原子的亲核性，就可以在无添加剂的条件下进行关环复分解反应，例如[48]：

COPh　CO_2Me
1. 6.33 (3 mol%)/DCM, r.t.
2. H_2/Pd-C, EtOAc
总产率 71%
COPh　CO_2Me　(6-112)

利用关环复分解反应合成大环烯烃时，不仅底物分子中的官能团对反应有影响，底物的构象也是影响反应的重要因素。有时往反应体系中添加具有螯合作用的模板剂，可以调节底物分子的构象，使发生复分解反应的两个双键相互接近，有利于反应的进行。例如，在第 1 代 Grubbs 催化剂作用下，由二烯 **6.42** 的关环复分解合成冠醚 **6.43** 时，不加模板剂，产物收率仅为 39%，*E/Z* 比为 68：32。加入高氯酸锂作为模板剂，产物收率可提高至 95%，新生成的双键构型全部为 *Z* 型[49]。

6.42
6.32 (5 mol%)/DCM/THF, 45°C
不加模板剂, 39%, *E/Z* (62:38)
$LiClO_4$ (5 eq.), 95%, 100% *Z*
6.43　(6-113)

烯烃复分解反应通常在二氯甲烷、乙醚、四氢呋喃和甲苯等溶剂中进行。溶剂有时会显著影响产物的立体构型。例如，以下环醚的合成，在二氯甲烷中进行时，所得产物为 E 型烯烃，在乙醚中反应，则生成 E 和 Z 两种烯烃的等量混合物[42]。

6.32
DCM, 69%, 100% E
Et_2O, 52%, E/Z = 50:50

(6-114)

Leigh 等发现将分子打结是降低柔性大环和链的自由度的有效策略。他们于 2016 年报道了一种带联吡啶配体的长链二烯 **6.44** 在氯化铁作模板剂的条件下用第二代 Grubbs 催化剂通过烯烃关环复分解（RCM）构建五叶结的方法[50]。

6.44

2018 年，Koide 等[51]报道了 stresgenin B 这种热激蛋白表达抑制剂的首次全合成，全合成中运用了关环复分解反应。首先经过多步得到烯丙醇 **6.45** 后，使用硝基-Grela 催化剂进行关环复分解反应，随后的氧化反应可以采用一锅法，使用 MnO_2 进行，得到烯酮 **6.46**。烯酮 **6.46** 到目标产物的过程中传统的烯化方法（如 Wittig、HWE、Reformatsky、Julia 和 Peterson 烯化等）均未成功，但在 Ce 介导的 Peterson 烯化反应（见 6.2.3 小节）中可以直接得到 40%的产物 stresgenin B。

1.nitro-Grela
DCE, 60°C
2.MnO_2
84% (两步收率)

6.45 6.46

LDA, $CeCl_3$
$MeSiCH_2CO_2Me$
THF, –78°C,
40% (E/Z=2.7:1)

stresgenin B

nitro-Grela

(6-115)

关环复分解合成抗生素 kendomycin

kendomycin 是从链霉菌种分离得到的，具有潜在的内皮素拮抗活性和细胞抑制活性，也是潜在的抗骨质疏松剂和抗生素。结构如下：

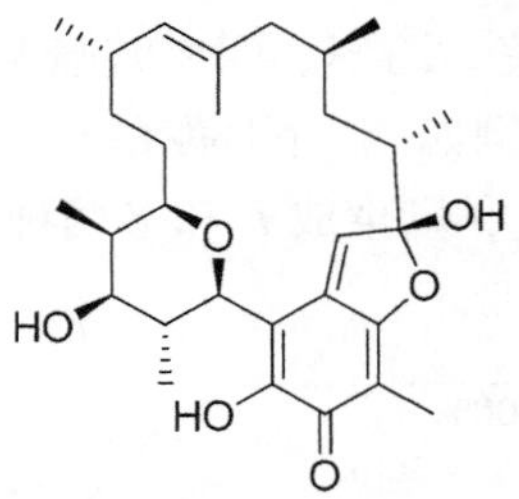

kendomycin

2009 年，Mulzer 等[52]报道了 kendomycin 的合成路线。中间体 **6.52** 的合成以醛 **6.47** 为原料，经 Colvin 增碳反应生成炔 **6.48**。**6.48** 经锆氢化、碘代和 Negishi 偶联生成 **6.49**。再经二甲基过氧丙酮（DMDO）氧化生成环氧化物，钯催化下重排成酮 **6.50**［式（6-116）］。

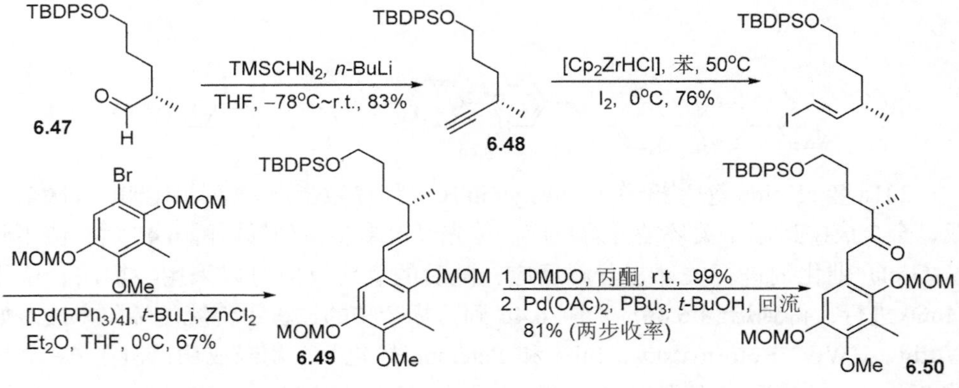

(6-116)

6.50 在酸催化下同时脱去苯环上的两个甲氧甲基保护基，释放出的 6 位酚羟基与侧链上的羰基缩合形成呋喃环。重新引入甲氧甲基保护 3 位上的酚羟基，再脱去硅醚保护基生成中间体 **6.51**。**6.51** 的伯羟基经 IBX 氧化生成醛，再由 Pinnick 氧化得中间体 **6.52**。

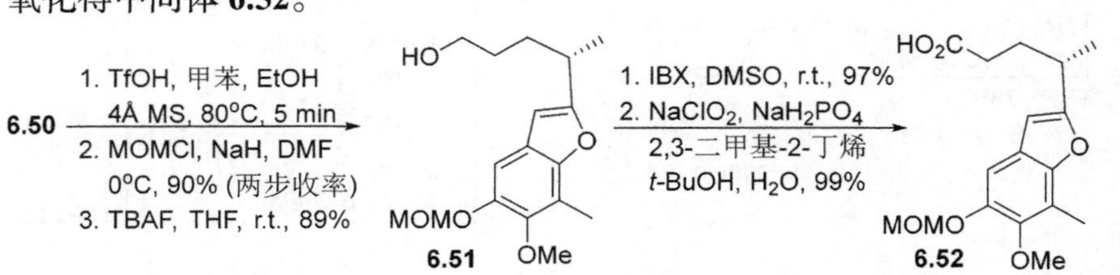

(6-117)

中间体 **6.54** 由丁烯基溴化镁与丁烯醛在 Duthaler-Hafner 试剂（**6.53**）存在下的不对称羟烷基化反应合成：

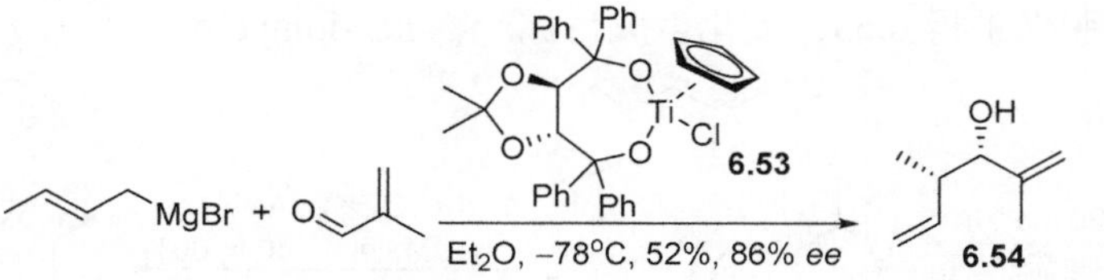

6.53
Et_2O, –78°C, 52%, 86% *ee*
6.54

(6-118)

中间体 **6.57** 采用 Evans 羟醛缩合反应合成。Evans 酰胺先与丙烯醛发生羟醛缩合生成 **6.55**。经羰基还原和脱辅基内酯化得到 **6.56**。**6.56** 在酸催化下与丙酮和甲醇的缩酮反应生成环缩酮，羧基则转变成甲酯，氢化铝锂还原甲酯为伯醇，再经 Parikh-Doering 氧化生成醛。

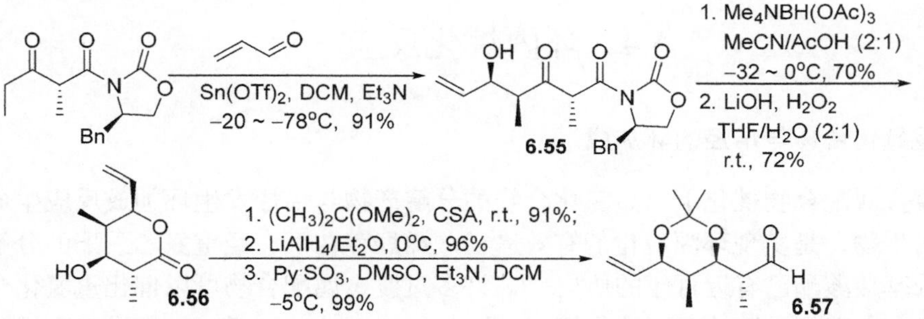

$Sn(OTf)_2$, DCM, Et_3N, –20 ~ –78°C, 91%
1. $Me_4NBH(OAc)_3$, MeCN/AcOH (2:1), –32 ~ 0°C, 70%
2. LiOH, H_2O_2, THF/H_2O (2:1), r.t., 72%
6.55
1. $(CH_3)_2C(OMe)_2$, CSA, r.t., 91%;
2. $LiAlH_4/Et_2O$, 0°C, 96%
3. Py·SO_3, DMSO, Et_3N, DCM, –5°C, 99%
6.56　6.57

(6-119)

在接下来的反应中，**6.52** 与 **6.54** 在碳二亚胺类缩合剂作用下发生成酯缩合生成 **6.58**。**6.58** 在碱性条件下转变成烯醇盐，然后发生 Claisen-Ireland 重排，重排产物的羧基经还原生成伯醇 **6.59**。**6.59** 与甲磺酰氯反应生成甲磺酸酯，再与氢化铝锂发生亲核取代反应将羟基还原成甲基得 **6.60**。**6.60** 与强碱发生邻位金属化后与醛 **6.57** 发生羟烷基化反应得中间体 **6.61**。

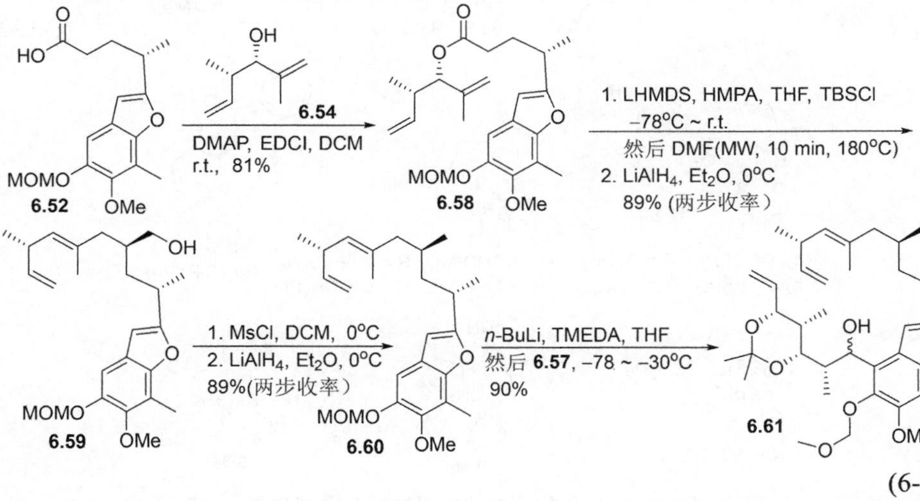

6.52　6.54　DMAP, EDCI, DCM, r.t., 81%　6.58
1. LHMDS, HMPA, THF, TBSCl, –78°C ~ r.t. 然后 DMF(MW, 10 min, 180°C)
2. $LiAlH_4$, Et_2O, 0°C, 89% (两步收率)
6.59
1. MsCl, DCM, 0°C
2. $LiAlH_4$, Et_2O, 0°C, 89%(两步收率)
6.60
n-BuLi, TMEDA, THF, 然后 6.57, –78 ~ –30°C, 90%
6.61

(6-120)

6.61 在第 2 代 Grubbs 催化剂（**6.33**）作用下发生关环复分解反应生成 **6.62**。

还原双键，脱保护得 **6.63**，氧化生成目标产物 kendomycin。

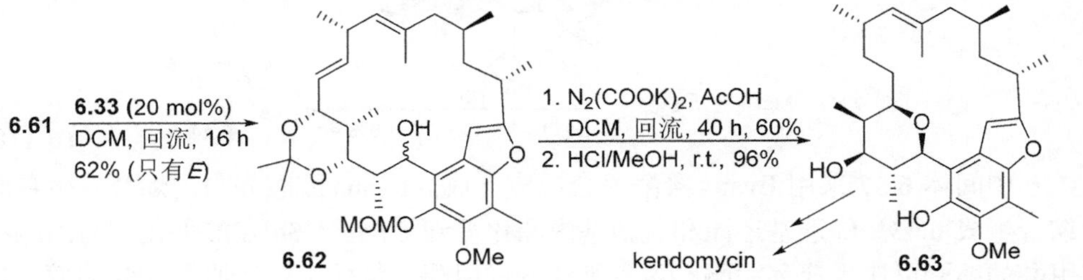

(6-121)

6.4　环丙烷化反应

6.4.1　重氮化合物与烯烃的环加成

过渡金属配合物催化下，重氮化合物的分解产物与烯烃发生环加成反应生成环丙烷衍生物，是实现环丙烷化的有效途径。烯烃存在下，经重氮乙酸酯的分解合成环丙基羧酸酯已有近百年的历史[53]。许多过渡金属配合物可以催化重氮化合物的分解，实现与烯烃的环丙烷化反应。其中，Cu、Rh、Ru 和 Co 等过渡金属的配合物效果较好。例如，在铑配合物 $Rh_2(S\text{-}DOSP)_4$（结构见图 6.3）的催化下，苯基乙烯基重氮乙酸甲酯与苯乙烯发生环丙烷化反应，生成产物 **6.64**，收率和选择性均较高[54]。

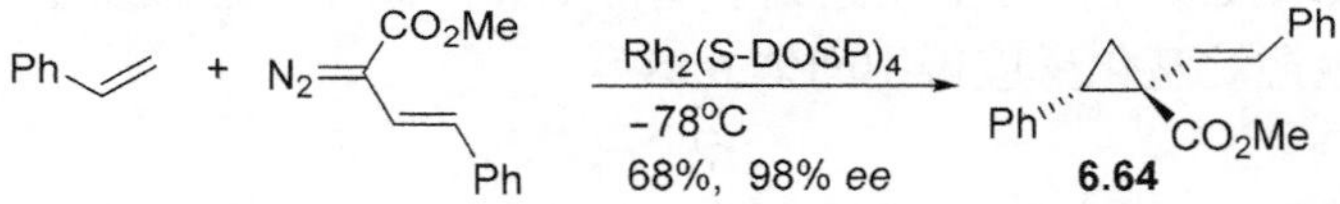

(6-122)

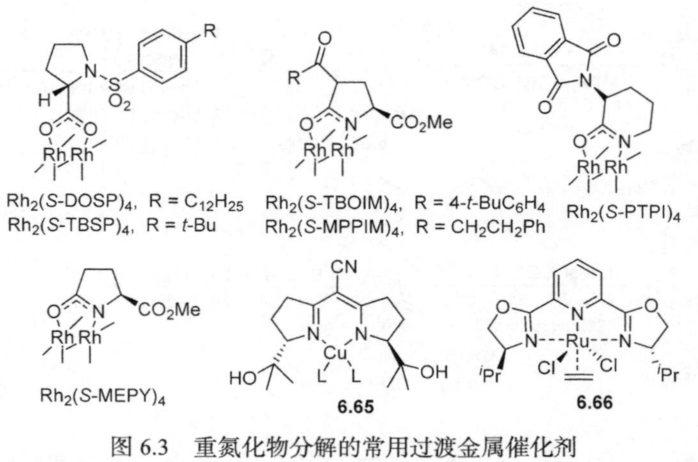

图 6.3　重氮化物分解的常用过渡金属催化剂

重氮乙酸烯丙基酯或苯基烯丙基酯 **6.67** 在第 1 代铑催化剂 Rh_2(*S*-MEPY)$_4$（结构见图 6.3）存在下发生分子内的环丙烷化反应，生成 3-氧杂双环[3.1.0]已 2-酮 **6.68**，收率和选择性也很高。相应的甲基烯丙基酯 **6.69** 在 Rh_2(*S*-MEPY)$_4$ 的催化下发生分子内的环丙烷化反应时，也能得到较高的收率，但对映选择性几乎消失。

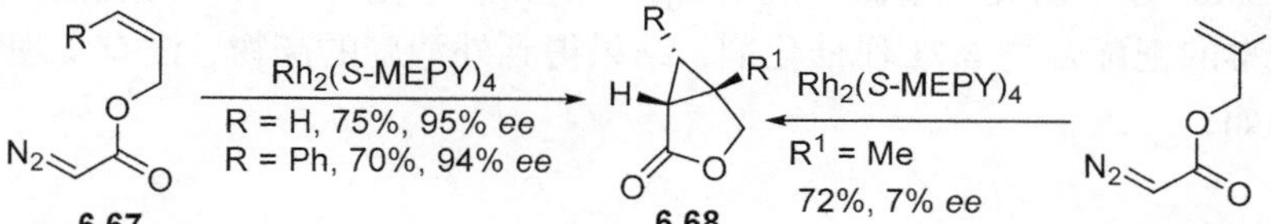

(6-123)

改用 Rh_2(*S*-MPPIM)$_4$ 作催化剂可以提高对映选择性[53]。

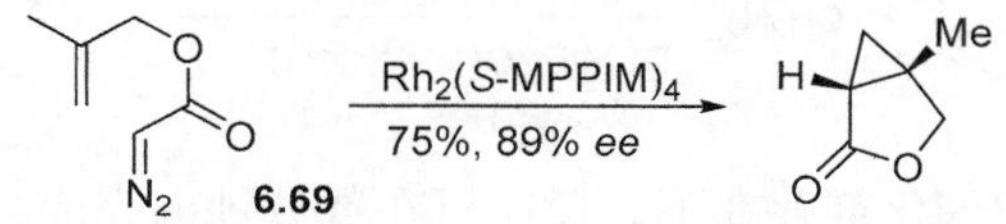

(6-124)

关于金属配合物催化重氮化合物分解以及后续的环丙化机理还不是很清楚，目前较为认同反应经由亲电性金属卡宾中间体的机理。重氮化合物 $R^1R^2C{=}N_2$ 作为亲核试剂先与金属配合物 ML_n 结合，形成 $L_nM^-{—}CR^1R^2{—}N_2^+$，脱氮后转变成金属卡宾中间体 $L_nM{=}CR^1R^2$。金属卡宾中间体再与烯烃反应，生成环丙烷衍生物，同时释放出催化剂，实现催化循环（见图 6.4 右半部分）[55]。

近年来研究发现，钯配合物也能催化重氮化物与烯烃的环丙烷化反应[55]，特别重氮甲烷与烯烃的环丙烷化反应用钯配合物催化效果很好。例如，使用过量的重氮甲烷，在无配体的条件下，用 $Pd(OAc)_2$ 作催化剂，可实现二烯 **6.70** 分子中环外 1,1-二取代双键的环丙烷化，环内的三取代双键不发生反应[56]。

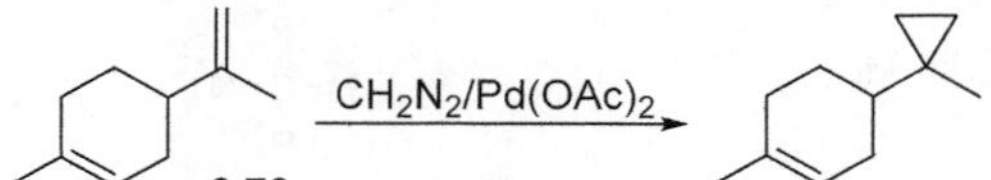

(6-125)

以乙酸钯为催化剂，重氮甲烷可与手性烯基硼酸酯反应，生成环丙烷衍生物，收率和选择性高[57]。

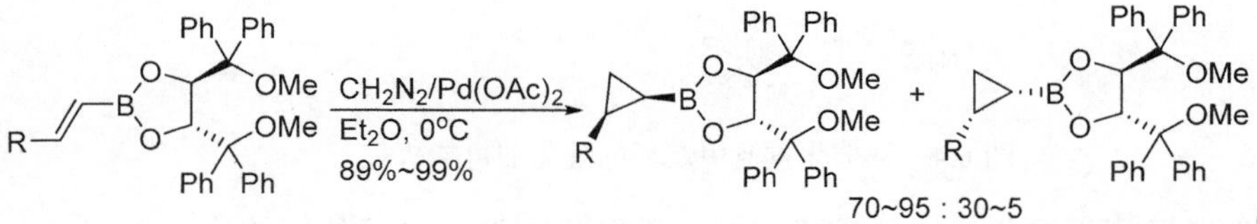

(6-126)

Markó 等[58]研究了乙酸钯催化下，重氮甲烷与共轭二烯烃发生环丙烷化反应的区域选择性，发现环丙烷化反应优先发生在与吸电基相连的双键上。

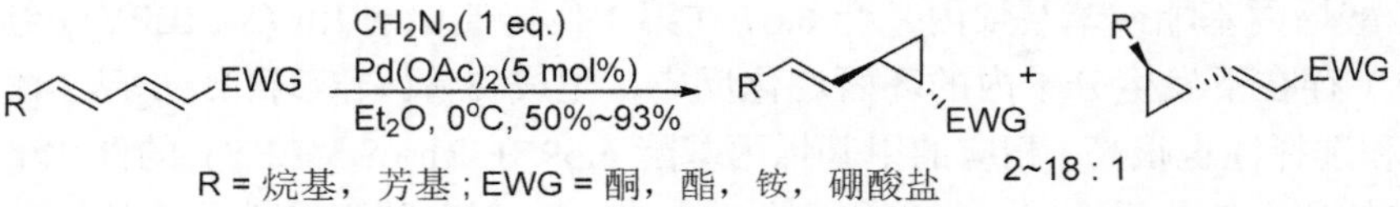

R⁀⁀EWG —— CH_2N_2(1 eq.), $Pd(OAc)_2$(5 mol%), Et_2O, 0°C, 50%~93% → R, EWG + R, EWG

R = 烷基，芳基；EWG = 酮，酯，铵，硼酸盐　　2~18 : 1

(6-127)

Denmark 等[59]研究了重氮甲烷与α,β-不饱和羰基化合物的环丙烷化反应，以手性噁唑啉的钯配合物 **6.71** 作催化剂，结果得到外消旋的产物，没有实现不对称催化，例如：

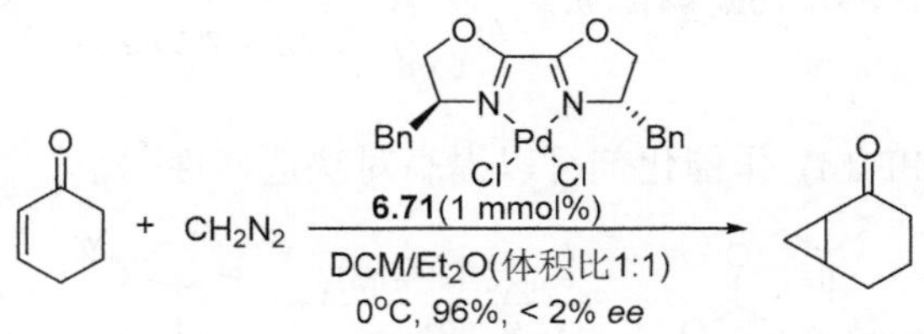

O + CH_2N_2 —— (O, O, N, N, Bn, Pd, Bn, Cl, Cl) **6.71**(1 mmol%), DCM/Et_2O(体积比1:1), 0°C, 96%, < 2% *ee* → O

(6-128)

实验发现，在钯催化剂存在下，反应可在数分钟内完成，不加催化剂无环丙烷化反应发生。

关于钯催化重氮化物的环丙烷化机理目前有两种观点。一种观点认为钯催化的环丙烷化反应与铜和铑等过渡金属催化的环丙烷化反应类似，也是经由金属卡宾中间体进行的；另一种观点则认为二价钯与烯烃有较强的配位能力，反应可能经由烯基钯配合物中间体，重氮甲烷作为亲核试剂进攻与钯配位的烯烃。两种观点都认为反应经由钯杂环丁烷中间体（图 6.4，M=Pd）。

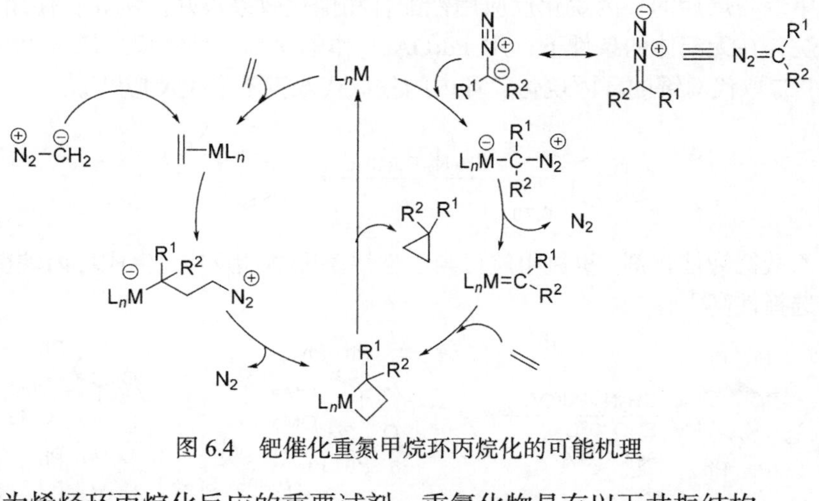

L_nM　$\oplus N_2-\overset{\ominus}{C}H_2$　$\|-ML_n$　$N\equiv\overset{\oplus}{N}-\overset{\ominus}{C}R^1R^2$ ⟷ $\overset{\ominus}{N}=\overset{\oplus}{N}=CR^2R^1$ ≡ $N_2=CR^1R^2$

$L_n\overset{\ominus}{M}-CR^1R^2-\overset{\oplus}{N_2}$　N_2　$L_nM=CR^1R^2$　R^2R^1(cyclopropane)

$L_n\overset{\ominus}{M}-CR^1R^2-CH_2CH_2-\overset{\oplus}{N_2}$　N_2　L_nM(metallacyclobutane, R^1, R^2)

图 6.4　钯催化重氮甲烷环丙烷化的可能机理

作为烯烃环丙烷化反应的重要试剂，重氮化物具有以下共振结构：

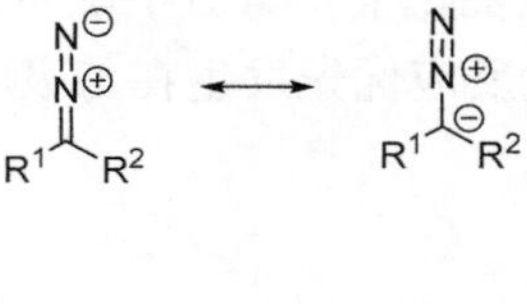

$$\overset{\ominus}{N}=\overset{\oplus}{N}=CR^1R^2 \longleftrightarrow N\equiv\overset{\oplus}{N}-\overset{\ominus}{C}R^1R^2$$

(6-129)

共振的结果使得与重氮基相连的碳原子带负电荷，该碳原子上连有吸电子基团时，相应的重氮化合物较稳定，如重氮乙酸酯等。如果分子中的 R^1 或 R^2 为供电子基团，相应的重氮化合物就很不稳定，限制了重氮化合物在合成上的应用。为了拓展重氮化合物在合成上的应用范围，经过广泛的研究，发现在一些反应中可以直接加入重氮化合物的前驱体，原位生成重氮化物参与相应的反应。例如，对甲苯磺酰腙就是一个较为理想的重氮化物前驱体，可以在碱性条件下原位生成重氮化物参与后续反应，包括与烯烃的环丙烷化反应。

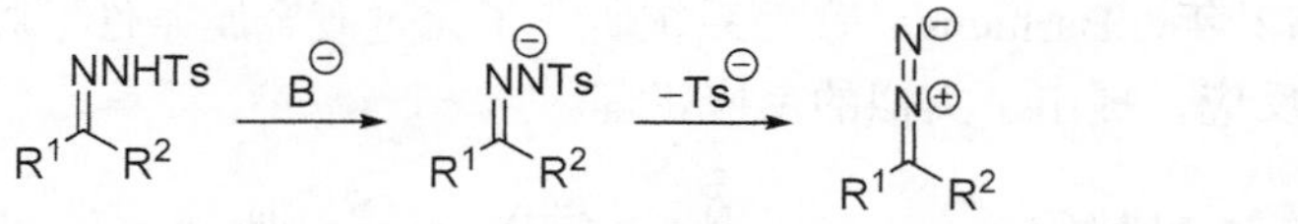

(6-130)

通过腙原位生成重氮化合物参与后续的环丙烷反应的研究近年来取得了很大的进展，例如，Aggarwal 等[60]在乙酸铑或者卟啉配位的铁催化剂的催化下实现了腙与烯胺的环丙烷化反应，条件温和。

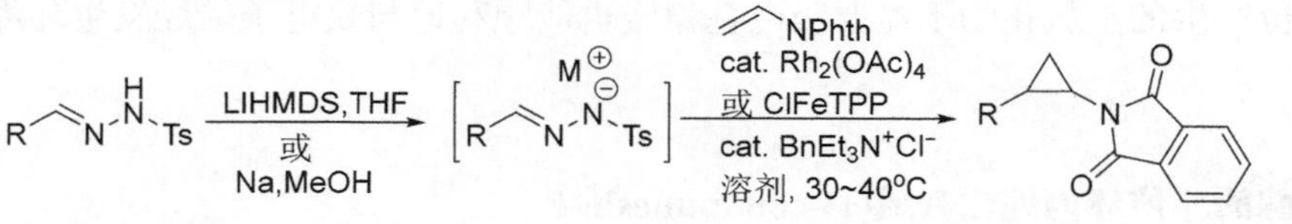

(6-131)

所得产物经肼解脱去苯二甲酰基得游离伯胺（Gabriel 合成），与 2-氨基-5-氰基吡啶和三光气反应得到 **6.72**，是 HIV-1 逆转录酶抑制剂的重要成分。

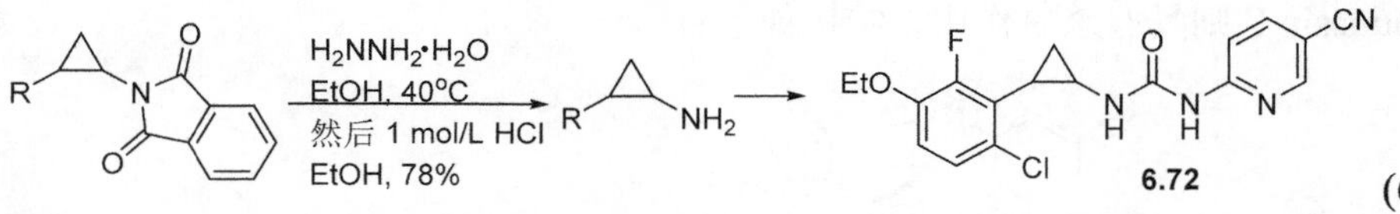

(6-132)

2003 年，Aggarwal 等[61]又将腙的原位环丙烷化反应用到环丙基氨基酸的合成中，如多巴脱羧酶抑制剂(±)-(*E*)-2,3-桥亚甲基-*m*-酪氨酸（**6.73**）的合成。

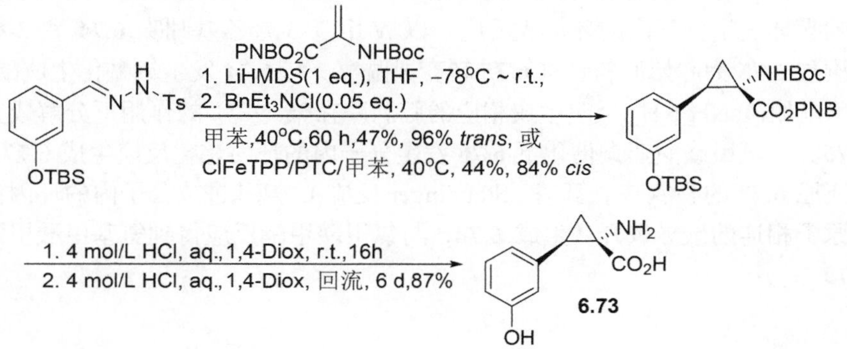

(6-133)

式(6-133)中腙与烯胺的环丙烷化反应如果在无过渡金属存在的条件下进行，主要生成反式产物（96%反式）；如果加入过渡金属催化剂，例如 ClFeTPP，则以顺式产物为主（84%顺式）。立体选择性的差别表明不同条件下反应可能按不同的机理进行。无过渡金属催化剂存在时，由腙分解产生的重氮化物在不可能转变成金属卡宾的情况下，直接与烯烃发生 1,3-偶极环加成反应生成吡唑啉中间体，再经脱氮生成环丙烷衍生物；过渡金属存在下，腙的分解产物重氮化物可转变成金属卡宾，然后与烯烃发生环丙烷化反应。

2012 年，Barluenga 等[62]系统研究了无过渡金属条件下腙与端烯烃的原位环丙烷化反应，提出了类似的反应机理。

NNHTs R1 R2 —K2CO3, △→ N⊖ N⊕ R1 R2 —R3 R4→ R1 R2 N N R3 R4 —−N2→ R1 R2 R3 R4　(6-134)

反应以碳酸钾为碱，条件温和，操作简单，底物的适应性非常好，收率高。由腙原位产生的重氮化物不需要吸电基稳定也能顺利地与缺电子烯烃发生环丙烷化反应。

分子内腙的原位环丙烷化合成(±)-communesin F

communesin 系列化合物是一类具有七环结构的天然产物，包括 communesin A、B、C、D、E、F、G、H 等。communesin A、B、C、D 具有潜在的抗癌活性，communesin F 则具有杀虫作用，结构如下：

Ac N N N Me N H　communesin F

2007 年 Yang 等[63]报道的合成路线核心步骤在于三氟甲磺酸亚铜催化的重氮化合物与吲哚环发生分子内的环加成反应。以 *N*-甲基-3-羟乙基吲哚 **6.74** 和 2-叠氮基苯乙酮酸 **6.75** 为起始原料，将 **6.75** 转变成酰氯，与 **6.74** 发生氧酰化生成酯，与对甲苯磺酰肼($TsNH_2NH_2$)反应生成相应的腙。腙在碱 DBU 的作用下分解成重氮化物 **6.76**。三氟甲磺酸亚铜催化下 **6.76** 发生分子内的环丙烷化反应生成 **6.77**。三丁基膦还原 **6.77** 的叠氮基成氨基（Staudinger 反应），氨基进攻分子内的环丙基与吲哚氮原子相连的碳导致开环生成 **6.78**，与氯甲酸甲酯反应得到氨基甲酸甲酯衍生物 **6.79**。

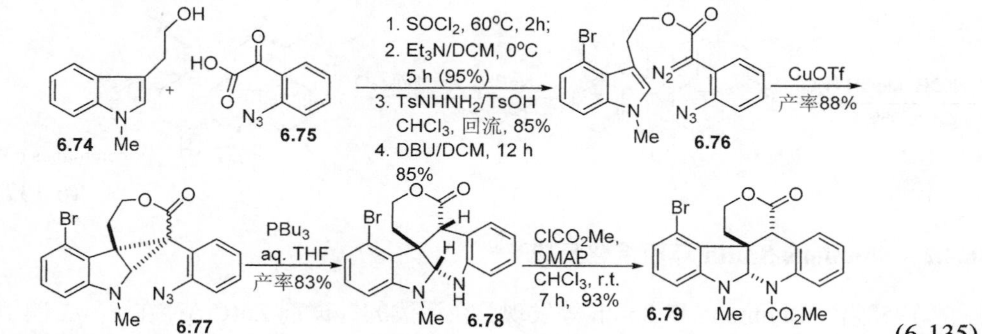

(6-135)

6.79 经羰基α位的烯丙基化和烯烃的氧化断裂生成醛 **6.81**。醛基成肟，肟还原成胺后导致分子内的环化和开环，形成 **6.82**。**6.82** 中分子中的伯羟基经 Dess-Martin 氧化，产物醛与羟胺成肟，肟还原成胺，Boc 保护氨基得 **6.83**。**6.83** 与烯烃发生 Heck 偶联，产物在酸催化下发生分子内的环化形成 **6.85**。

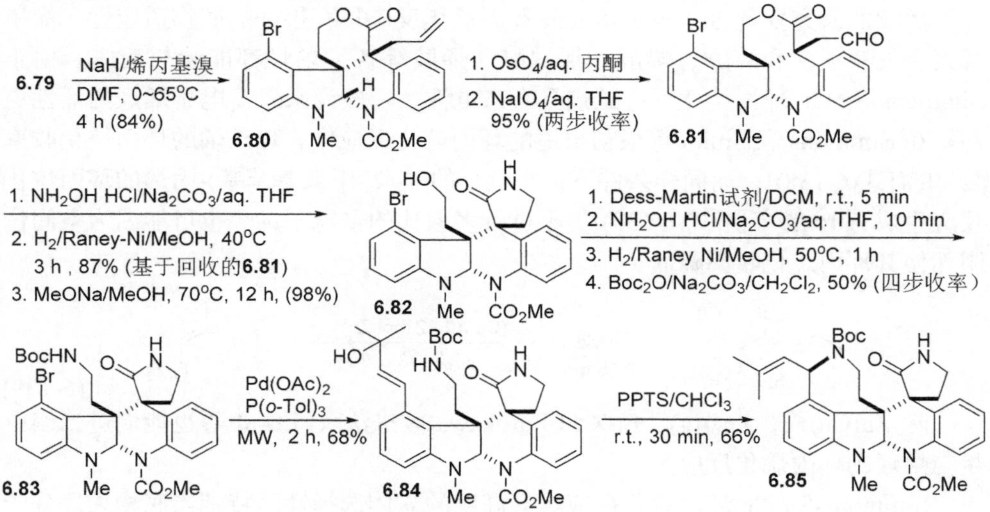

(6-136)

6.85 先与 $Et_3O^+BF_4^-$（Meerwein 试剂）作用，再脱去 Boc 保护基，期望发生分子内的环化生成 **6.87**，却意外地得到 **6.86**，好在 **6.86** 与硅胶接触就能顺利地转变成 **6.87**。碱催化水解除去 **6.87** 分子中的甲氧羰基保护基，再在乙酸酐存在下用硼氢化钠还原亚胺生成目标产物。

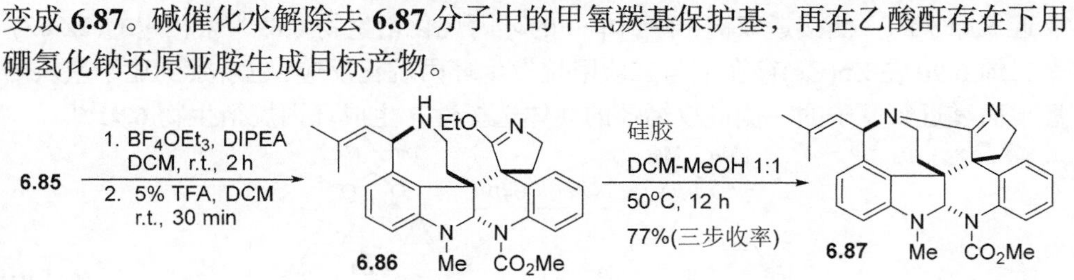

KOH, MeOH/H_2O, 24 h, 65%; $NaBH_4$, AcOH/Ac_2O, 0°C, 73%; communesin F

(6-137)

6.4.2　Simmons-Smith 环丙烷化反应

1958 年，Simmons 和 Smith 等发现，在活泼的锌试剂 Zn(Cu)存在下，二碘甲烷可与烯烃反应，生成相应的环丙烷衍生物，例如[64]：

0.3 mol + CH_2I_2 0.15 mol —Zn(Cu) (0.22 mol Zn), Et_2O, 回流, 48 h, 48%→

(6-138)

后来，就把这类反应称作 Simmons-Smith 环丙烷化反应[3]。

后续的研究发现 Simmons-Smith 环丙烷化反应具有很好的底物适应性。简单烯烃、α,β-不饱和醛酮、烯醇、烯醇醚、烯胺等各类烯烃都能参与反应。由于 Simmons-Smith 环丙烷化反应试剂具有亲电性，一般说来，富电子烯烃的活性更高。在 Simmons 和 Smith 等最初报道的环丙烷化反应中，环己烯的环丙烷化收率为 48%[式(6-138)]；而同样条件下，富电子的 1-(2′-甲氧基苯基)-丙烯的环丙烷化反应生成 70%的产物[式(6-139)]。不过，多取代的富电子烯烃也可能因为空间位阻而使其环丙烷化收率降低。

OMe 0.3 mol + CH_2I_2 0.15 mol —Zn(Cu) (0.22 mol Zn), Et_2O, 回流, 48 h, 70%→ OMe

(6-139)

除 Zn(Cu)外，Zn(Ag)、Et_2Zn（Furukawa 改进法）、EtZnI 等也能促进二碘甲烷与烯烃的环丙烷化反应。

Simmons-Smith 环丙烷化反应具有高度的立体选择性。特别当底物烯烃分子中存在 OH、OAc、OR、NHR 等官能团时，对反应有很强的定向作用，环丙烷化反应优先发生在双键平面靠近杂原子的一侧。例如，由 *D*-甘露醇衍生的(2*E*,6*E*)-辛二烯 **6.88** 在二乙基锌存在下与二碘甲烷发生环丙烷化反应，亚甲基从双键平面靠近氧原子的一侧接近双键，得到单一的环丙烷化衍生物 **6.89**[65]。相应的(2*Z*,6*Z*)-辛二烯 **6.90** 在 Zn(Cu)存在下与二碘甲烷发生环丙烷化反应，也观察到亚甲基从烯烃平面靠近氧原子的一侧进攻烯烃的立体选择性，生成环丙烷衍生物 **6.91**[3]。

Me Me O O Me **6.88** Me —CH_2I_2/Et_2Zn→ Me Me O O Me **6.89** Me

(6-140)

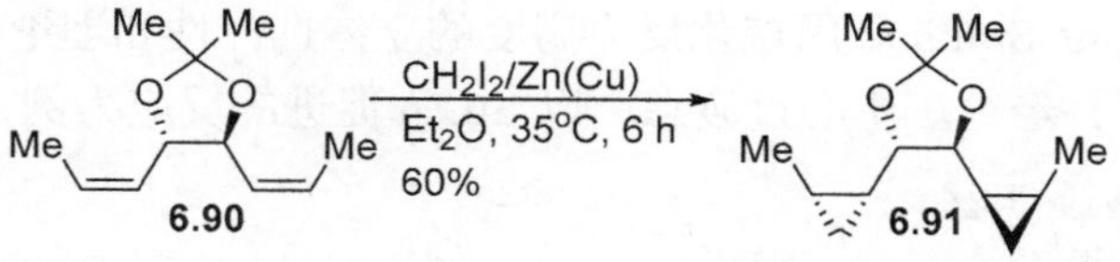

(6-141)

Yamamoto 等[66]在研究手性α,β-不饱和缩醛 **6.92** 的不对称环丙烷化反应时，观察到很高的非对映选择性，并认为反应中原位生成的锌试剂$(ZnCH_2I)_2$同时与邻近的缩醛氧原子和酯羰基氧原子配位导致出现非对映选择性。

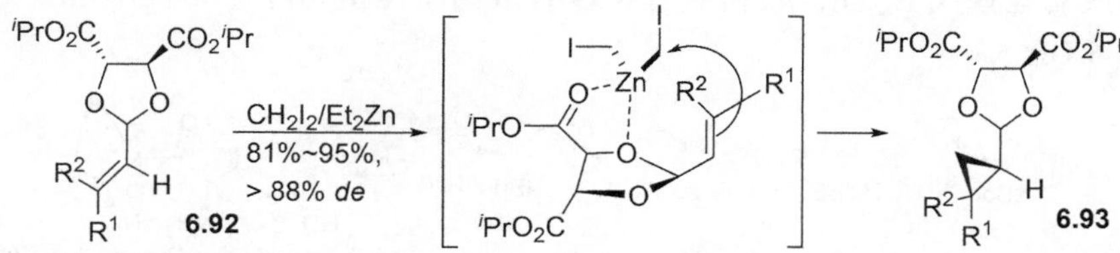

(6-142)

手性烯基硼酸酯 **6.94** 的环丙烷化反应也表现出类似的非对映选择性，产物经氧化生成环丙醇[67]。

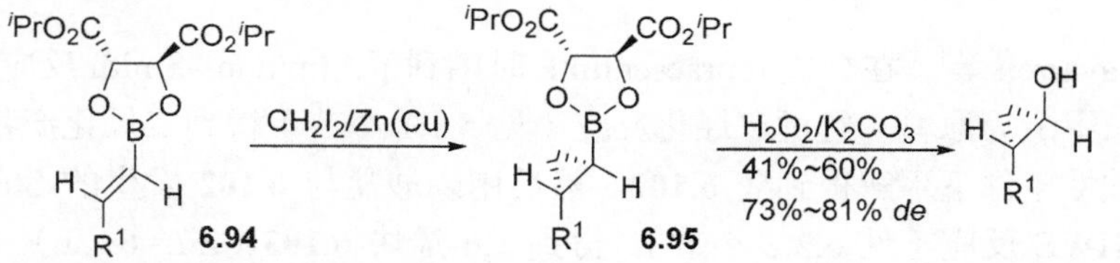

(6-143)

Zhao 等[68]在研究倍半萜金粟兰内酯 F（chloranthalactone F）的全合成时，利用手性底物 **6.96** 分子中烯丙位羟基的定位作用，实现了高选择性的环丙烷化反应，合成出倍半萜金粟兰内酯的关键中间体 **6.97**。

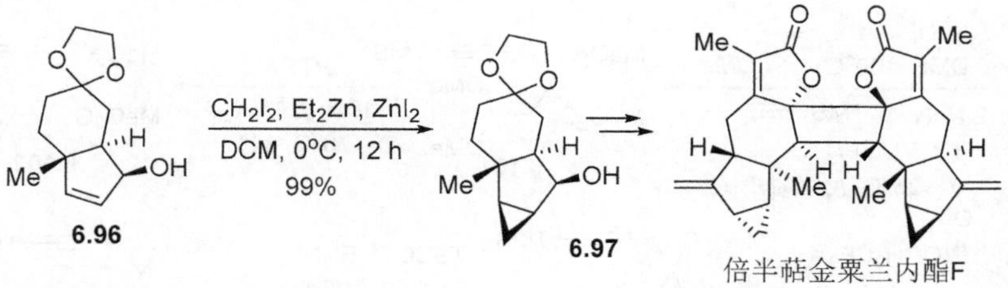

倍半萜金粟兰内酯F　(6-144)

Charette 等[69]在研究烯丙醇衍生物的环丙烷化反应时发现使用化学计量的手性丁基硼酸酯 **6.98** 可以实现高 *ee* 值的不对称环丙烷化反应，例如：

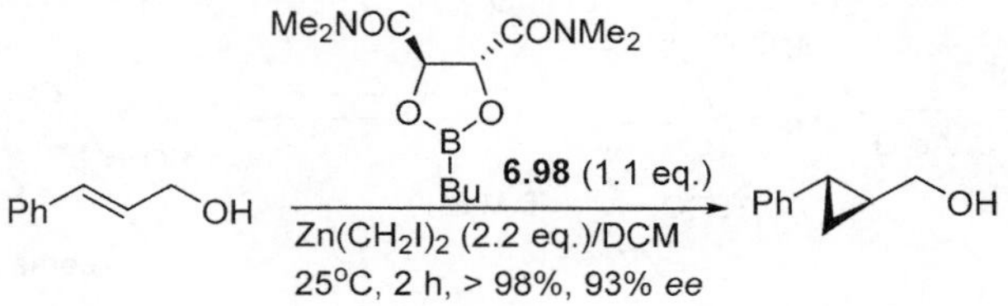

(6-145)

根据 Simmons-Smith 环丙烷化反应高度的立体选择性和理论研究，反应可能按协同机理进行，经由三中心过渡态。以 Et_2Zn 促进的反应为例，机理如下[3]：

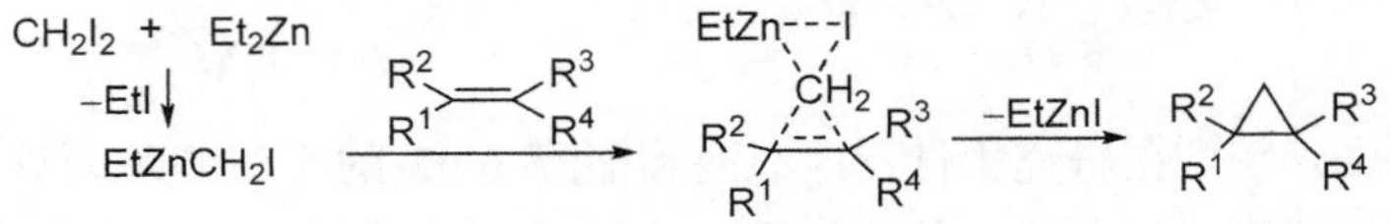

(6-146)

Liu 等[70]开发了一种改进的 Simmons-Smith 反应，用一种廉价、安全的 Zn/CuBr 混合物成功地替代 Et_2Zn，顺利地由 **6.99** 合成出了沙格列汀（saxagliptin）的关键中间体 **6.100**。

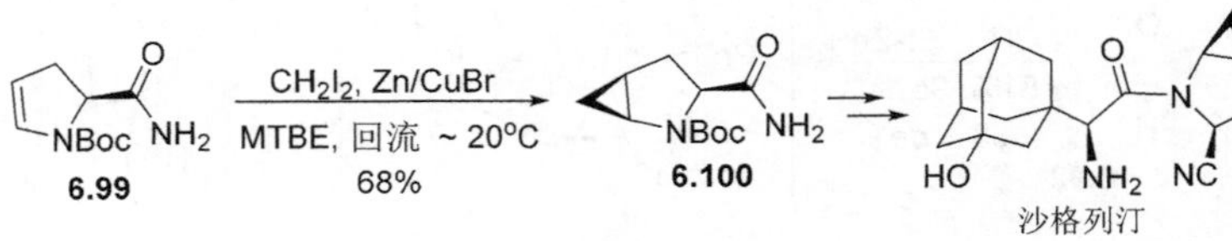

(6-147)

Simmons-Smith 环丙烷化反应合成 repraesentin F

Echavarren 等[71]在合成 repraesentin F 时用到了 Simmons-Smith 反应。合成以丙二酸二甲酯为原料，经过双烃化反应（见 5.1.1 小节）得到二烃化产物 **6.101**，然后在酸性条件下水解得到醛 **6.102**。然后用磷酸盐与 **6.102** 发生的 Still-Gennari 改进的 HWE 反应（见 6.2.2 小节），得到 1,6-烯炔 **6.103**（*Z*/*E*=6：1）。然后形成 TBS 烯醇醚，再经过 Simmons-Smith 环丙烷化得到环丙基苯炔 **6.104**。用甲醇 K_2CO_3 除去 TMS 基团，然后乙酰化所得的末端炔，得到环丙基苯炔 **6.105**。再经过多步得到需要的目标产物 repraesentin F。

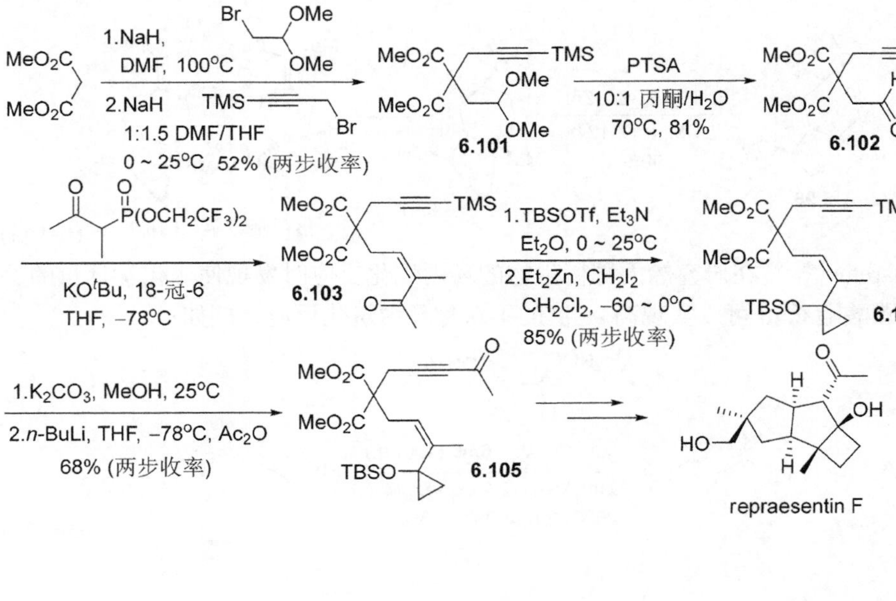

(6-148)

6.4.3 Kulinkovich 环丙醇和环丙胺合成

1989 年，Kulinkovich 等[72]发现，在钛酸异丙酯催化下，乙基溴化镁可与羧酸酯反应，生成环丙醇衍生物，后来就把这类反应称作 Kulinkovich 反应。例如：

1. EtMgBr/Ti(O^{i}Pr)$_4$ (10 mol%)　−20°C ~ r.t.
2. $H_3O^{\oplus}$, 91%

(6-149)

Kulinkovich 反应中，乙基溴化镁先与钛酸异丙酯作用，通过转移金属化形成二乙基钛中间体 $Et_2Ti(O^iPr)_2$，然后经β-氢消除和还原消除生成乙烷和钛杂环丙烷中间体。钛杂环丙烷中间体与羧酸酯的羰基发生配位插入反应生成氧钛杂环戊烷，脱烷氧基溴化镁后发生分子内的 Ti—C 键断裂，断裂下来的烷基负离子进攻羰基碳生成环丙醇衍生物，催化循环如图 6.5 所示。

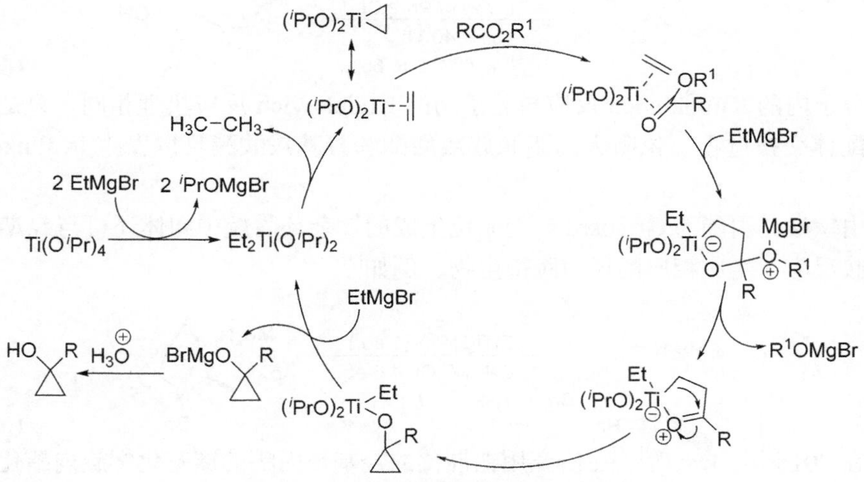

图 6.5　Kulinkovich 反应的可能机理[3, 73]

除乙基溴化镁外，取代的乙基卤化镁 $R^1CH_2CH_2MgX$ 也能与羧酸酯 RCO_2Me 发生 Kulinkovich 反应，生成 R 与 R^1 互为顺式的环丙醇衍生物，例如[3]：

TIPSO～MgCl　→（CO$_2$Me 环戊烯；ClTi(O^{i}Pr)$_3$, 60%）　HO … OTIPS

(6-150)

在 Kulinkovich 反应体系中加入烯烃，Grignard 试剂与钛酸异丙酯生成的钛杂环丙烷中间体可与烯烃发生配体交换，生成新的钛杂环丙烷中间体，然后与羧酸酯反应，生成环丙醇衍生物。例如，在次甲霉素 B（methylenomycin B）的合成中，往 Kulinkovich 反应体系（钛酸异丙酯、异丙基溴化镁和丙酸乙酯）中加入高烯丙

醇 **6.106**，生成相应的环丙醇衍生物 **6.107**[68]。如果不加入高烯丙醇，产物应为**6.108**。

$CH_3CH_2CO_2Et$
$Ti(O^iPr)_4/^iPrMgBr$
71%
6.106　**6.107** (主产物)　次甲霉素 B
6.108 (未形成)　(6-151)

底物羧酸酯分子中有烯键存在时，Grignard 试剂与钛酸异丙酯生成的钛杂环丙烷中间体也可与底物分子中的烯键发生配体交换，形成新的钛杂环丙烷中间体，然后发生分子内的 Kulinkovich 反应生成环丙醇衍生物。例如[73]：

CO_2Me　$^nBuMgCl/ClTi(O^iPr)_3$ (50 mol%)
THF 或 Et_2O, 55%　(6-152)

$Ti(O^iPr)_4/^iPrMgCl$
−45 ~ −40°C
然后 0°C, 2 h, 85%　(6-153)

分子内的 Kulinkovich 反应与分子间的 Kulinkovich 反应机理相同，只是多了一步配体交换过程。位阻大的脂肪族羧酸酯和芳基羧酸酯难以发生 Kulinkovich 反应。

由钛酸异丙酯与 Grignard 试剂原位生成的钛杂环丙烷中间体还可与 *N,N*-二烷基酰胺反应，生成相应的环丙胺衍生物，例如[3]：

$ClTi(O^iPr)_3$(1 eq.)
C_5H_9MgCl (4.5 eq.)
THF, r.t., 83%　(6-154)

在 2016 年，Dai 等[74]在研究用钯催化的羟基环丙醇的羰基化螺旋内酯化反应来快速合成 oxaspirolactone 时，用市售的香紫苏内酯(sclareolide)通过 Kulinkovich 环丙烷化反应得到羟基环丙醇底物 **6.109**。

Cp_2ZrCl_2
n-PrMgCl, 57%
香紫苏内酯　**6.109**　(6-155)

Kulinkovich 反应合成 epothilone D（埃博霉素 D）

Kulinkovich 等[75]在合成高效候选抗肿瘤新药的埃博霉素 D 时反复运用了

Kulinkovich 反应。首先以酯 **6.110** 为起始原料，经 Kulinkovich 反应生成环丙醇衍生物 **6.111**。经过多步转变成硅醚后再次发生 Kulinkovich 反应，生成二环丙基衍生物 **6.113**。再经过多步得到中间体 **6.114**。

EtMgBr (5 eq.), Ti(O^{i}Pr)$_4$ (0.5 eq.), THF, 82%; EtMgBr (6 eq.), Ti(O^{i}Pr)$_4$ (2 eq.), Et$_2$O, −35°C, 74%

6.110 **6.111** **6.112** **6.113** **6.114**

(6-156)

中间体 **6.116** 的合成以己二酸二乙酯为原料，经双 Kulinkovich 反应生成二环丙醇衍生物 **6.115**。再经过多步得到中间体 **6.116**。中间体 **6.118** 的合成以缩酮保护的甘油酸为原料，经 Kulinkovich 反应生成环丙醇 **6.117**。再经过多步得到中间体**6.118**。

EtMgBr (5 eq.), Ti(O^{i}Pr)$_4$ (0.5 eq.), THF, 90%

6.115 **6.116**

(6-157)

EtMgBr, Ti(O^{i}Pr)$_4$ (1 eq.), THF, 60%

6.117 **6.118**

(6-158)

在接下来的反应中，中间体 **6.116** 与 **6.118** 在 Grignard 试剂和钛酸异丙酯存在下发生 Kulinkovich 反应生成 **6.119**。经过多步得到 **6.120**。碱催化下，**6.120** 与中间体 **6.114** 发生羟醛缩合生成 **6.121**。最后再经过多步得到目标产物。

Ti(O^{i}Pr)$_4$ (1 eq.), THF, 66%; **6.114**, LDA, THF, 80%

6.116 **6.118** **6.119** **6.120** **6.121** 埃博霉素D

(6-159)

6.4.4 经由 Michael 加成的环丙烷化反应

1961 年，Johnson 等[76]发现取代苯甲醛衍生物和 9-二甲基锍基芴叶立德不会发生类 Wittig 反应，而是得到了亚苄基芴氧化物。

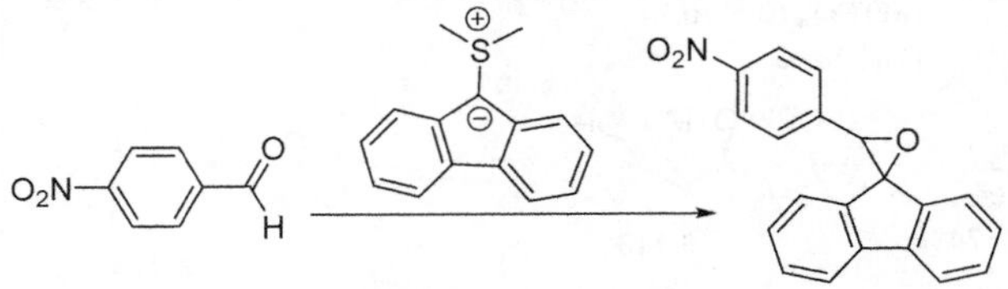

(6-160)

1965 年，Corey 和 Chaykovsky 等[77]发现，碱存在下，$(CH_3)_2S^+(O)CH_3I^-$等锍盐(称为 Corey-Chaykovsky 试剂)可与α,β-不饱和酮加成，生成环丙基酮，例如：

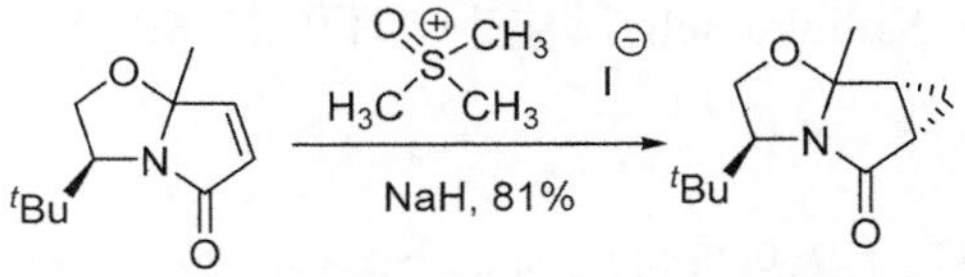

NaH, 81%

(6-161)

反应过程中，锍盐先在碱作用下脱α-氢形成硫叶立德，作为亲核试剂与底物α,β-不饱和酮发生 Michael 加成，再经分子内的亲核取代形成环丙烷的结构单元，可能的机理如下：

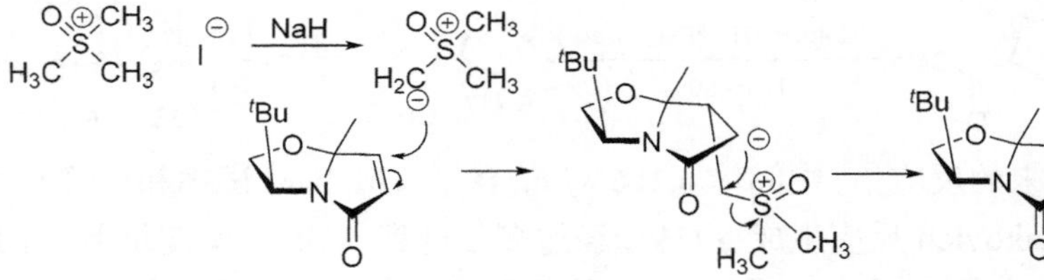

NaH

(6-162)

后来把这一类反应称为 Johnson-Corey-Chaykovsky 反应（有时称为 Corey-Chaykovsky 反应或 CCR），用于合成环氧化合物、氮杂环丙烷和环丙烷。该反应包括在酮、醛、亚胺或烯酮中加入硫酰亚胺以生成相应的三元环。该反应是非立体选择性的，有利于产物中的反式取代，与初始立体化学无关。通过这种方法合成环氧化物是烯烃传统环氧化反应的重要后合成替代方法。

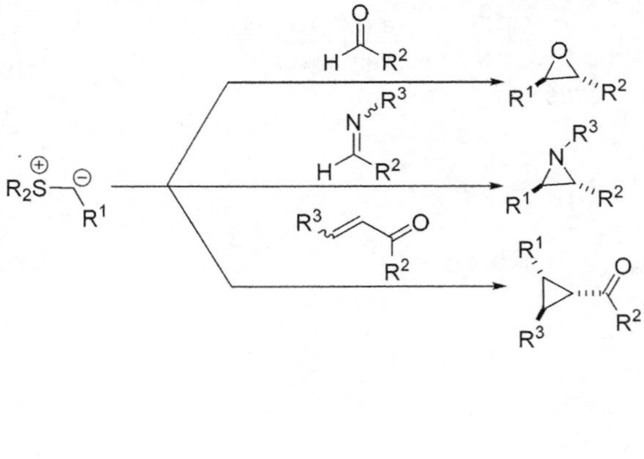

(6-163)

Johnson-Corey-Chaykovsky 反应的反应机理包括将内鎓盐亲核加成到羰基或亚胺基团上。负电荷转移到杂原子上，并且因为锍阳离子是良好的离去基团，所以随后带负电荷的杂原子发生分子内亲核取代反应形成三元环，同时使锍阳离子以硫醚的形式离去。在相关的 Wittig 反应中通过四元环中间体进行烯化，形成了更强的磷-氧双键，阻止了环氧乙烷的形成[78]。

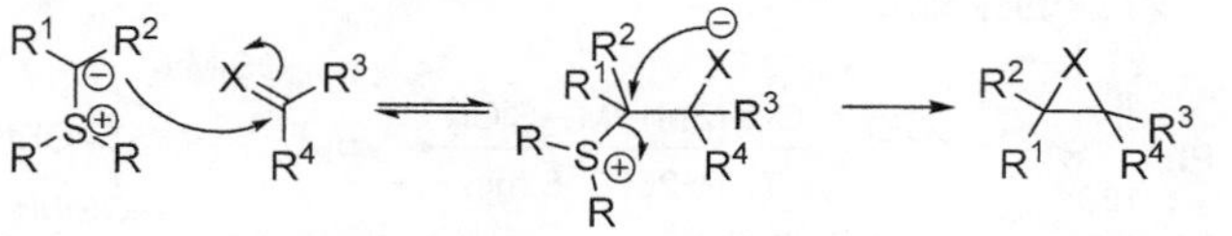

(6-164)

所观察到的反式非立体选择性是由于初始加成的可逆性造成的，从而允许相对于顺式甜菜碱有利的反式甜菜碱的平衡。叶立德的初始加成导致具有相邻电荷的甜菜碱结构的形成；密度泛函理论计算表明，决速步骤是将中心键旋转到锍的背面攻击所必需的构象异构体[79]。

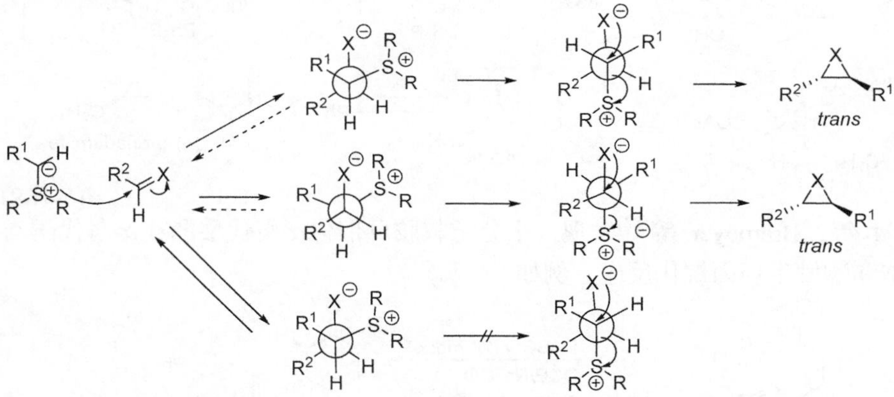

(6-165)

在天然产物(−)-halicholactone 的合成中，利用樟脑衍生的手性硫叶立德与丙烯酸叔丁酯的 Michael 加成得到关键中间体环丙基甲酸叔丁酯 **6.122**[80]。

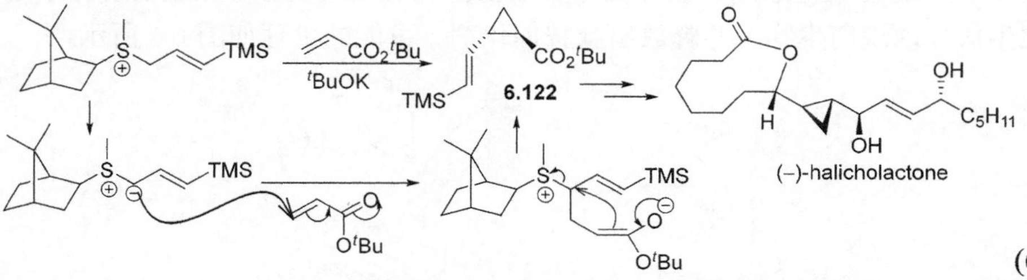

(6-166)

一定条件下，有机锌试剂 $CH_2(ZnI)_2$ 与 α,β-不饱和酮的 Michael 加成产物也可发生分子内的环化，生成环丙烷衍生物。例如[81]，γ-乙酰氧基-α,β-不饱和酮与 $CH_2(ZnI)_2$ 的 Michael 加成产物可通过分子内的亲核取代生成环丙烷衍生物。

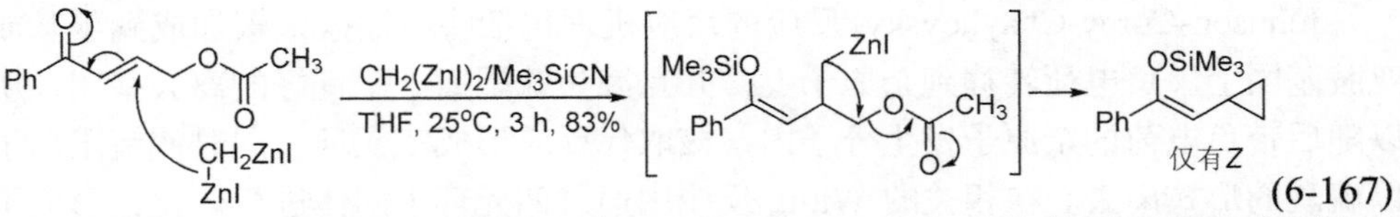

(6-167)

类似条件下，酮酯 **6.123** 与 $CH_2(ZnI)_2$ 的 Michael 加成产物则可通过分子内的亲核加成生成环丙酮的半缩酮[81]。

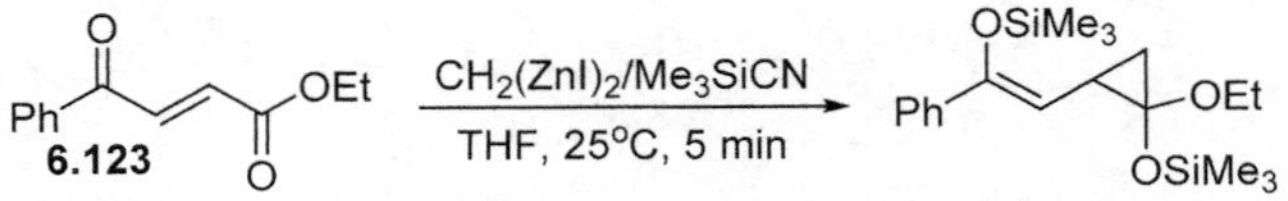

(6-168)

在天然产物(±)-grenadamide 的合成中，利用膦叶立德与α,β-不饱和酮的 Michael 加成得到中间体环丙基甲酸叔丁酯 **6.124**[80]。

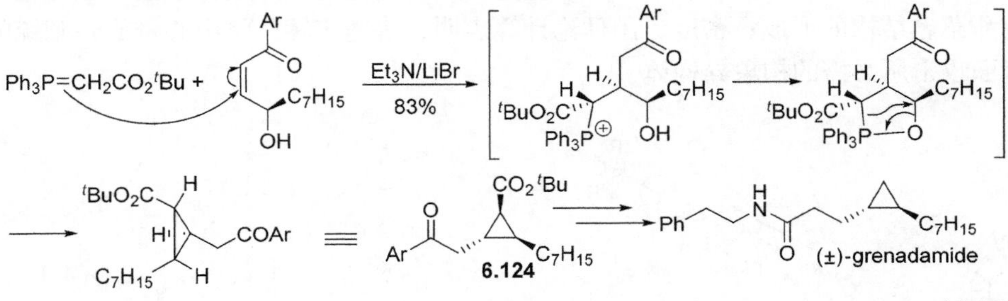

(6-169)

2004 年，Bremeyer 等[82]发现，小分子叔胺可催化α-卤代酸酯或α-卤代酮与α,β-不饱和酮发生环丙烷化反应，例如：

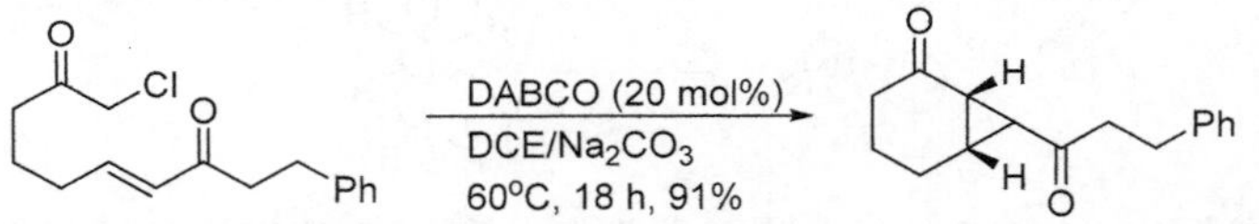

(6-170)

反应中，叔胺先与α-卤代酸酯或α-卤代酮作用，生成季铵盐，然后在碱的作用下脱α-氢形成氮叶立德，再与α,β-不饱和酮发生 Michael 加成，加成物经分子内的环化生成环丙烷衍生物，并释放出叔胺催化剂，可能的机理如图 6.6 所示。

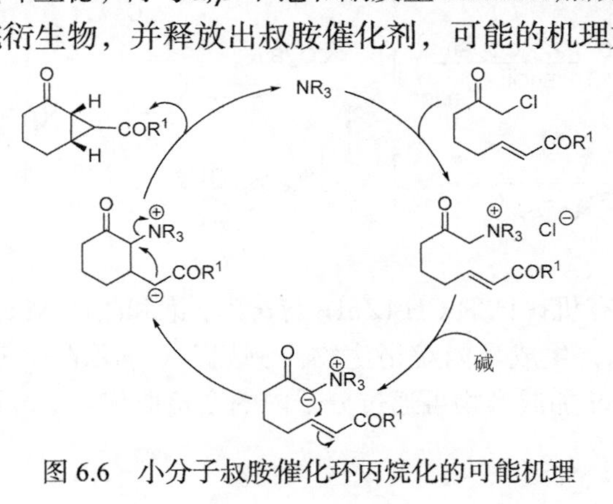

图 6.6 小分子叔胺催化环丙烷化的可能机理

这类有机小分子催化的环丙烷化反应原料来源丰富，条件温和，用手性叔胺作催化剂还可实现不对称催化环丙烷化，在合成中有很好的应用前景。例如，2008年，Kumaraswamy 等[83]利用手性叔胺$(DHQD)_2Pyr$为环丙烷化的催化剂，实现了类花生酸[(–)-eicosanoid]中间体的不对称合成。

$BrCH_2CO_2{}^tBu$, $(DHQD)_2Pyr$ (10 mol%), Cs_2CO_3, 85%; $^tBuO_2C$; OBn; H; O; (–)-eicosanoid

(6-171)

参 考 文 献

[1] Yamashita S, Iso K, Hirama M. A concise synthesis of the pentacyclic framework of cortistatins[J]. Org Lett, 2008, 10: 3413-3415.

[2] 姚其正. 药物合成反应[M]. 北京：中国医药科技出版社, 2012.

[3] Laszlo K, Barbara C. Strategic applications of named reactions in organic synthesis [M]. Beijing: Science Press, 2007.

[4] Robichaud B A, Liu K G. Titanium isopropoxide/pyridine mediated Knoevenagel reactions[J]. Tetrahedron Lett, 2011, 52: 6935-6938.

[5] Balducci E, Attolino E, Taddei M. A stereoselective and practical synthesis of (*E*)-*α*,*β*-unsaturated ketones from aldehydes[J]. Eur J Org Chem, 2011: 311-318.

[6] Figueiredo R C, Meyer N B, Prado M A F, et al. Synthesis of dimeric aryl *β*-*D*-galactopyranosides for the evaluation of their interaction with the erythrina cristagalli Lectin[J]. Quim Nova, 2009, 32: 2128-2132.

[7] Jung J C, Lim E, Lee Y, et al. Total synthesis of flocoumafen *via* Knoevenagel condensation and intramolecular ring cyclization: general access to natural products[J]. Molecules, 2012, 17: 2091-2102.

[8] Johnson W S, Daub G H. The Stobbe condensation[J]. Org React, 1951, 6: 1-73.

[9] Lednicer D. Strategies for Organic Drug Synthesis and Design[M]. Second Edition. New Jersey: John Wiley & Sons, Inc, 2009.

[10] Xia Y M, You J, Wang Q. Total synthesis of (±)-divanillyltetrahydrofuran ferulate[J]. J Chem Sci, 2010, 122: 433-436.

[11] Lu Q, Tang H L, Shao Y Q, et al. A new facile synthesis of shikalkin[J]. Chin Chem Lett, 2008, 19: 172-174.

[12] Johnson J R. Perkin reaction and related reactions[J]. Org React, 1942, 1: 210-265.

[13] Keira G, John A H, Lucy A H, et al. Novel syntheses of *cis* and *trans* isomers of combretastatin A-4[J]. J Org Chem, 2001, 66: 8135-8138.

[14] 胡跃飞, 林国强. 现代有机合成反应[M]. 北京：化学工业出版社, 2008.

[15] Maryanoff B E, Reitz A B. The Wittig olefination reaction and modifications involving phosphoryl-stabilized carbanions. Stereochemistry, mechanism, and selected synthetic aspects[J]. Chem Rev, 1989, 89: 863-927.

[16] Boger D L. Modern Organic Synthesis[M]. San Diego: Rush Press, 1999.

[17] Schlosser M, Christmann K F. *Trans*-selective olefin synthesis[J]. Angew Chem Int Ed Engl, 1966, 5: 126-126.

[18] Yadav J S, Thirupathaiah B, Singh V K, et al. Total synthesis of (+)-synargentolide A[J]. Tetrahedron: Asymmetry, 2012, 23: 931-937.

[19] Kishore C, Reddy A S, Yadav J S, et al. A concise total synthesis of (+)-deoxocassine and (−)-deoxoprosophylline from *D*-xylose[J]. Tetrahedron Lett, 2012, 53: 4551-4554.

[20] Boutagy J, Thomas R. Olefin synthesis with organic phosphonate carbanions[J]. Chem Rev, 1974, 74: 87-99.

[21] Han L C, Stanley P A, Wood P J, et al. Horner-Wadsworth-Emmons approach to piperlongumine analogues with potent anti-cancer activity[J]. Org Biomol Chem, 2016, 14: 7585-7593.

[22] Long X, Ding Y, Deng J. Total synthesis of asperchalasines A, D, E and H[J]. Angew Chem Int Ed, 2018, 57: 14221-14224.

[23] Dustin J M, Scott A F, William R R. Application of the intramolecular vinylogous Morita-Baylis-Hillman reaction toward the synthesis of the spinosyn A tricyclic nucleus[J]. Org Lett, 2002, 4: 3157-3160.

[24] Mohapatra D K, Karthik P, Yadav J S. Highly concise and stereoselective total synthesis of (5*R*,7*S*)-kurzilactone[J]. Helv Chim Acta, 2012, 95: 1226-1230.

[25] Peterson D J. Carbonyl olefination reaction using silyl-substituted organometallic compounds[J]. J Org Chem, 1968, 33: 780-784.

[26] Jean-Marie G, Gerard A, Honore M. First enantioselective total synthesis of both enantiomers of lancifolol correlation: Absolute configuration/specific rotation[J]. Tetrahedron Lett, 2001, 42: 6125-6128.

[27] Borg T, Tuzina P, Somfai P. Lewis acid-promoted addition of 1,3-bis(silyl)propenes to aldehydes: A route to 1,3-dienes[J]. J Org Chem, 2011, 76: 8070-8075.

[28] Granger K, Snapper M L. Concise synthesis of norrisolide[J]. Eur J Org Chem, 2012: 2308-2311.

[29] Julia M, Paris J M. Syntheses with the help of sulfones. V. General method of synthesis of double bonds[J]. Tetrahedron Lett, 1973, 14: 4833-4836.

[30] Satyanarayana S, Reddy B V S, Narender R. A concise total synthesis of lyngbic acid, hermitamides A and B[J]. Tetrahedron Lett, 2014, 55: 6027-6029.

[31] Blakemore P R. The modified Julia olefination: Alkene synthesis *via* the condensation of metallated heteroarylalkylsulfones with carbonyl compounds[J]. J Chem Soc Perkin Trans 1, 2002: 2563-2585.

[32] Kumar A, Sharma S, Tripathi V D, et al. Synthesis of chalcones and flavanones using Julia-Kocienski olefination[J]. Tetrahedron, 2010, 66: 9445-9449.

[33] Gándara Z, Pérez M, Pérez-García X, et al. Stereoselective synthesis of (22*Z*)-25-hydroxyvitamin D_2 and (22*Z*)-1α, 25-dihydroxyvitamin D_2[J]. Tetrahedron Lett, 2009, 50: 4874-4877.

[34] Takahashi K , Matsui M , Kuse M, et al. First synthesis of (*S*)-(+)-hymenoic acid, a DNA polymerase λ inhibitor isolated from *Hymenochaetaceae* sp[J]. Biosci Biotechnol Biochem, 2018, 82: 42-45.

[35] Wu J Z, Wang Z, Qiao C. Synthesis of stagonolide C from Mulzer epoxide[J]. Tetrahedron Lett, 2012, 53: 1153-1155.

[36] Horikawa Y, Watanabe M, Takeda T, et al. New carbonyl olefination using thioacetals[J]. J Am Chem Soc, 1997, 119: 1127-1128.

[37] Breit B. Dithioacetals as an entry to titanium-alkylidene chemistry: New and efficient carbonyl olefination [M]//Schmalz H G. Organic Synthesis Highlights IV. Weinheim: Wiley-VCH Verlag GmbH, 2000.

[38] Kundoor G R, Battina S K, Krishna P R. A concise and stereoselective total synthesis of pestalotioprolide C using ring-closing metathesis[J]. Synthesis, 2018: 1152-1158.

[39] Nicolaou K C, Postema M H D, Claiborne C F. Olefin metathesis in cyclic ether formation. Direct conversion of olefinic esters to cyclic enol ethers with Tebbe-type reagents[J]. J Am Chem Soc, 1996, 118: 1565-1566.

[40] Howard T R, Lee J B, Grubbs R H. Titanium metallacarbene-metallacyclobutane reactions: Stepwise metathesis[J]. J Am Chem Soc, 1980, 102: 6876-6878.

[41] Kirkland T A, Grubbs R H. Effects of olefin substitution on the ring-closing metathesis of dienes[J]. J Org Chem, 1997, 62: 7310-7318.

[42] Kotha S, Dipak M K. Strategies and tactics in olefin metathesis[J]. Tetrahedron, 2012, 68: 397-421.

[43] Meng D, Bertinato P, Balog A, et al. Total syntheses of epothilones A and B[J]. J Am Chem Soc, 1997, 119: 10073-10092.

[44] Funk T W, Berlin J M, Grubbs R H. Highly active chiral ruthenium catalysts for asymmetric ring-closing olefin metathesis[J]. J Am Chem Soc, 2006, 128: 1840-1846.

[45] Furstner A, Langemann K. Total syntheses of (+)-ricinelaidic acid lactone and of (−)-gloeosporone based on transition-metal-catalyzed C−C bond formations[J]. J Am Chem Soc, 1997, 119: 9130-9136.

[46] Muthusamy S, Gnanaprakasam B, Suresh E. New approach to the synthesis of macrocyclic tetralactones *via* ring-closing metathesis using Grubbs' first-generation catalyst[J]. J Org Chem, 2007, 72: 1495-1498.

[47] Yang Q, Xiao W J, Yu Z. Lewis acid assisted ring-closing metathesis of chiral diallylamines: An efficient approach to enantiopure pyrrolidine derivatives[J]. Org Lett, 2005, 7: 871-874.

[48] Kotha S, Shah V R. Design and synthesis of 1-benzazepine derivatives by strategic utilization of Suzuki-Miyaura cross-coupling, aza-Claisen rearrangement and ring-closing metathesis[J]. Eur J Org Chem, 2008: 1054-1064.

[49] Marsella M J, Maynard H D, Grubbs R H. Template-directed ring-closing metathesis: Synthesis and polymerization of unsaturated crown ether analogs[J]. Angew Chem lnt Ed, 1997, 36: 1101-1103.

[50] Marcos V, Stephens A J, Jaramillo-Garcia J, et al. Allosteric initiation and regulation of catalysis with a molecular knot[J]. Science, 2016, 352: 1555-1559.

[51] Chan W C, Koide K. Total synthesis of the reported structure of stresgenin B enabled by the diastereoselective cyanation of an oxocarbenium[J]. Org Lett, 2018, 20: 7798-7802.

[52] Magauer T, Martin H J, Mulzer J. Total synthesis of the antibiotic kendomycin by macrocyclization using photo-Fries rearrangement and ring-closing metathesis[J]. Angew Chem Int Ed, 2009, 48: 6032-6036.

[53] Donaldson W A. Synthesis of cyclopropane containing natural products[J]. Tetrahedron, 2001, 57: 8589-8627.

[54] Davies H M L, Bruzinski P, Hutcheson D K, et al. Asymmetric cyclopropanations by rhodium (II) *N*-(arylsulfonyl)prolinate catalyzed decomposition of vinyldiazomethanes in the presence of alkenes. Practical enantioselective synthesis of the four stereoisomers of 2-phenylcyclopropan-1-amino acid[J]. J Am Chem Soc, 1996, 118: 6897-6906.

[55] 严国兵, 匡春香, 彭程, 等. 钯催化重氮化合物反应的研究进展[J]. 有机化学, 2009, 29: 813-821.

[56] Paulissen R, Hubert A J, Teyssie P. Transition metal catalysed cyclopropanation of olefin[J]. Tetrahydron Lett, 1972, 13: 1465-1466.

[57] Luithle J E A, Pietruszka J. Synthesis of enantiomerically pure cyclopropanes from cyclopropylboronic acids[J]. J Org Chem, 1999, 64: 8287-8297.

[58] Markó I E, Giard T, Sumida S, et al. Regio- and stereoselective cyclopropanation of functionalised dienes. Novel methodology for the synthesis of vinyl- and divinyl-cyclopropanes[J]. Tetrahedron Lett, 2002, 43: 2317-2320.

[59] Denmark S E, Stavenger R A, Faucher A M, et al. Cyclopropanation with diazomethane and bis(oxazoline)palladium(II) complexes[J]. J Org Chem, 1997, 62: 3375-3389.

[60] Aggarwal V K, Vicente J d, Bonnert R V. Catalytic cyclopropanation of alkenes using diazo compounds generated in situ. A novel route to 2-arylcyclopropylamines[J]. Org Lett, 2001, 3: 2785-2788.

[61] Adams L A, Aggarwal V K, Bonnert R V, et al. Diastereoselective synthesis of cyclopropane amino acids using diazo compounds generated in situ[J]. J Org Chem, 2003, 68: 9433-9440.

[62] Barluenga J, Quiñones N, Tomás-Gamasa M, et al. Intermolecular metal-free cyclopropanation of alkenes using tosylhydrazones[J]. Eur J Org Chem, 2012, 12: 2312-2317.

[63] Yang J, Wu H, Shen L, et al. Total synthesis of (±)-communesin F[J]. J Am Chem Soc, 2007, 129: 13794-13795.

[64] Simmons H G, Smith R D. A new synthesis of cyclopropanes from olefins[J]. J Am Chem Soc, 1958, 80:

5323-5324.

[65] Barrett A G M, Kasdorf K, Williams D J. Approaches to the assembly of the antifungal agent FR-900848: Studies on double asymmetric cyclopropanation and X-ray crystallographic study of (1*R*,2*R*)-1,2-bis[(1*S*,2*S*)-2-methylcyclopropyl]-1,2-ethanediyl 3,5-dinitrobenzoate[J]. J Chem Soc Chem Commun, 1994: 1781-1782.

[66] Mori A, Arai I, Yamamoto H, et al. Asymmetric Simmons-Smith reactions using homochiral protecting groups[J]. Tetrahedron, 1986, 42: 6447-6458.

[67] Imai T, Mineta H, Nishida S. Asymmetric cyclopropanation of 1-alkenylboronic esters and its application to the synthesis of optically active cyclopropanols[J]. J Org Chem, 1990, 55: 4986-4988.

[68] Qian S, Zhao G. Total synthesis of (+)-chloranthalactone F[J]. Chem Commun, 2012, 48: 3530-3532.

[69] Charette A B, Juteau H. Design of amphoteric bifunctional ligands: application to the enantioselective Simmons-Smith cyclopropanation of allylic alcohols[J]. J Am Chem Soc, 1994, 116: 2651-2652.

[70] Ding D, Pan X, Yu W, et al. A cost-effective and safe process of *L*-*cis*-4,5-methanoproline amide, the key synthetic intermediate of saxagliptin, *via* an improved Simmons-Smith reaction[J]. Heterocycles, 2015, 91: 719-725.

[71] Sofia F, Echavarren A M. Total synthesis of repraesentin F and configuration reassignment by a gold(I)-catalyzed cyclization cascade[J]. Org Lett, 2018, 20: 5784-5788.

[72] (a) Kulinkovich O G, Sviridov S V, Vasilevskii D A, et al. Reaction of ethylmagnesium bromide with carboxylic acid esters in the presence of tetraisopropoxytitanium[J]. Zh Org Khim, 1989, 25: 2244-2245; (b) Kulinkovich O G, Sviridov S V, Vasilevskii D A. Titanium(IV) isopropoxide-catalyzed formation of 1-substituted cyclopropanols(III) in the reaction of ethylmagnesium bromide(II) with methyl alkanecarboxylates(I)[J]. Synthesis, 1991: 234-234.

[73] Haym I, Brimble M A. The Kulinkovich hydroxycyclopropanation reaction in natural product synthesis[J]. Org Biomol Chem, 2012, 10: 7649-7665.

[74] Davis D C, Walker K L, Hu C, et al. Catalytic carbonylative spirolactonization of hydroxycyclopropanols[J]. J Am Chem Soc, 2016, 138: 10693-10699.

[75] Hurski A L, Kulinkovich O G. Total synthesis of epothilone D by sixfold ring cleavage of cyclopropanol intermediates[J]. Tetrahedron Lett, 2010, 51: 3497-3500.

[76] Johnson A W, LaCount R B. The chemistry of ylids. VI. Dimethylsulfonium fluorenylide—A synthesis of epoxides[J]. J Am Chem Soc, 1961, 83: 417-423.

[77] Corey E J, Chaykovsky M. Dimethyloxosulfonium methylide ($(CH_3)_2SOCH_2$) and dimethylsulfonium methylide ($(CH_3)_2SCH_2$). Formation and application to organic synthesis[J]. J Am Chem Soc, 1965, 87: 1353-1364.

[78] Li A H, Dai L X, Aggarwal V K. Asymmetric ylide reactions: Epoxidation, cyclopropanation, aziridination, olefination, and rearrangement[J]. Chem Rev, 1997, 97: 2341-2372.

[79] Aggarwal V K, Richardson J. The complexity of catalysis: Origins of enantio- and diastereocontrol in sulfur ylide mediated epoxidation reactions[J]. Chem Commun, 2003: 2644-2651.

[80] Chen D Y K, Pouwer R H, Richard J A. Recent advances in the total synthesis of cyclopropane-containing natural products[J]. Chem Soc Rev, 2012, 41: 4631-4642.

[81] Nomura K, Hirayama T, Matsubara S. Nucleophilic cyclopropanation reaction with bis(iodozincio)methane by 1,4-addition to α,β-unsaturated carbonyl compounds[J]. Chem Asian J, 2009, 4: 1298-1303.

[82] Bremeyer N, Smith S C, Ley S V, et al. An intramolecular organocatalytic cyclopropanation reaction[J]. Angew Chem Int Ed, 2004, 43: 2681-2684.

[83] Kumaraswamy G, Padmaja M. Enantioselective total synthesis of eicosanoid and its congener, using organocatalytic cyclopropanation, and catalytic asymmetric transfer hydrogenation reactions as key steps[J]. J Org Chem, 2008, 73: 5198-5201.

第 7 章 构建碳杂键的缩合反应

有机化合物的骨架是由碳原子构成的，可以是链状的（碳链），也可以是环状的（碳环），往碳链或碳环上引入氧、氮、硫等杂原子就形成各种官能团。有机化合物之所以具有活泼的化学性质，与官能团的存在密切相关。因此构建碳杂键在药物合成中非常重要。本章讨论常见的构建碳杂键的缩合反应。

7.1 成酯缩合反应

许多重要的药物分子中含有羧酸酯官能团，如解热镇痛药阿司匹林（乙酰水杨酸）和各种大环内酯抗生素。因此，成酯缩合是药物合成的重要反应之一。醇的氧酰化和羧酸的氧烃化是合成酯的基本反应。常用的酰化剂有羧酸及其衍生物。酚的氧酰化与醇的氧酰化类似，但酚羟基比醇羟基的亲核性要小，酰化比醇羟基困难。要用酰氯、酸酐等强酰化剂。对于羧酸的氧烃化，常用的烃化剂有卤代烃、磺酸酯以及烷氧基鏻盐（Mitsunobu 反应）等。

7.1.1 羧酸与醇直接缩合成酯

1. 酸催化酯化

羧酸的活性较低，催化剂存在下才能与醇缩合成酯，与伯、仲醇按 $A_{Ac}2$ 机理反应：

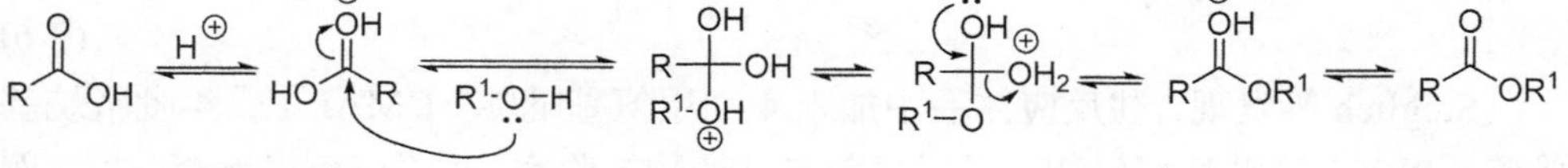

(7-1)

与叔醇的反应则按 $A_{Al}1$ 机理进行：

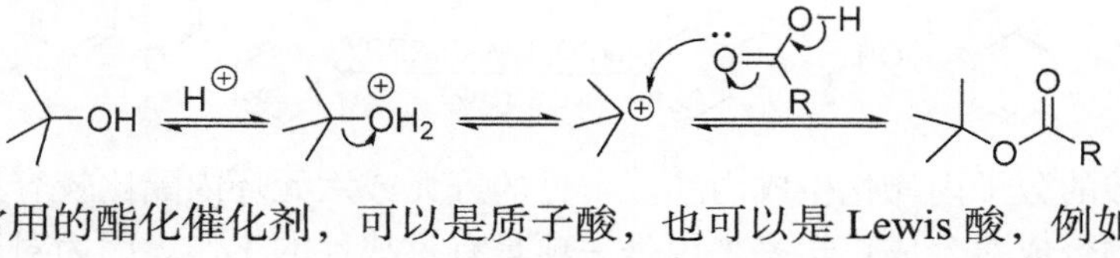

(7-2)

酸是常用的酯化催化剂，可以是质子酸，也可以是 Lewis 酸，例如[1]：

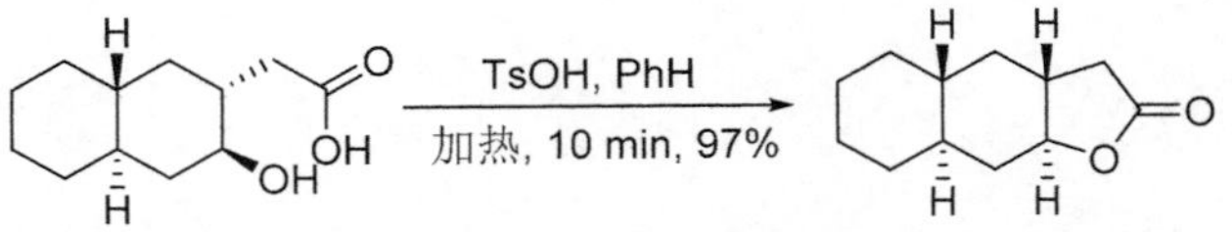

(7-3)

当分子中存在双键等对质子酸敏感的基团时，用 Lewis 酸催化效果更好[1]：

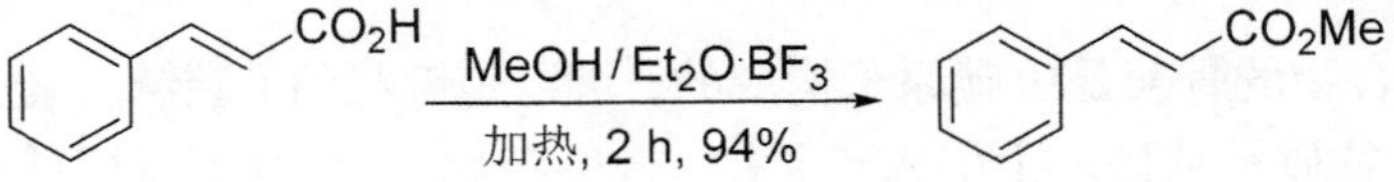

(7-4)

2. Steglich 酯化和 Keck 大环内酯化

二环己基碳二亚胺（DCC）及其类似物是良好的缩合剂，在酯和肽的合成中广泛使用。

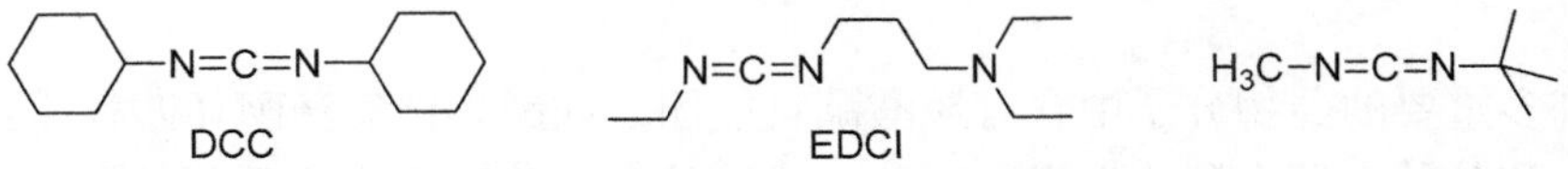

DCC　EDCI

由醇和酸合成酯时，DCC 的缩合作用是与酸形成活泼酯，醇作为亲核试剂进攻活泼酯生成产物，机理如下：

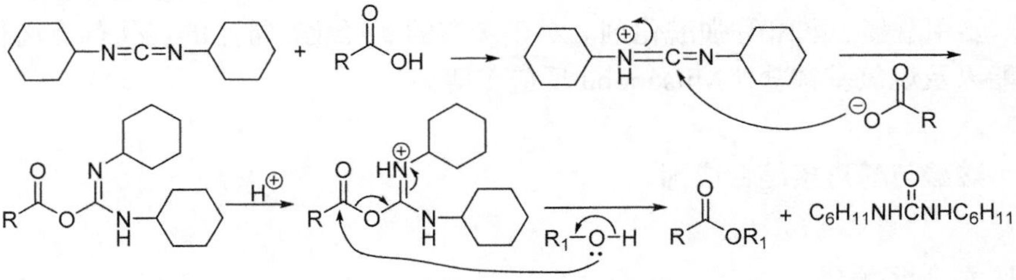

(7-5)

单独使用 DCC 合成酯，收率往往不高，例如苯甲酸与苯酚的酯化[1]：

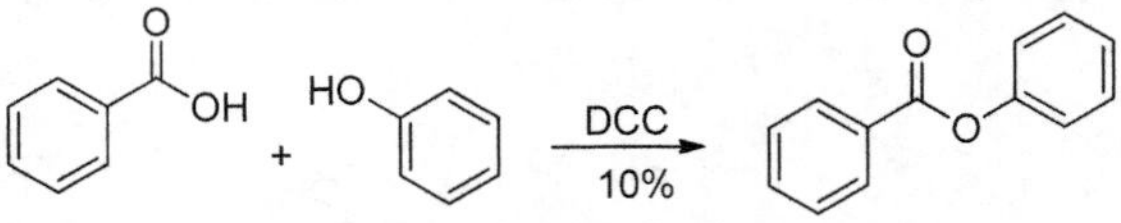

(7-6)

Steglich 等发现，往反应体系中加入 4-二甲氨基吡啶（DMAP）或 4-吡咯烷基吡啶（PPY）等吡啶衍生物，可以显著提高产物的收率，称作 Steglich 酯化[2]。例如[1]：

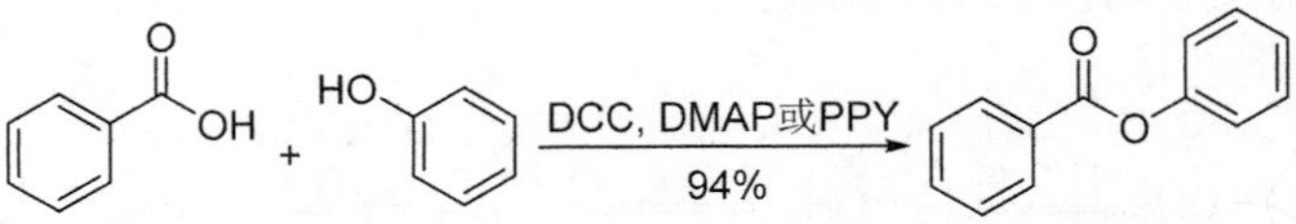

(7-7)

羟基酸的分子内酯化生成内酯。常见的五元或六元环内酯比较容易合成，而大环内酯的合成对合成化学家来说是一项具有挑战性的工作。因为对于长链的羟基酸，分子内的羟基与羧基碰撞到一起并起反应的概率很低，分子间的羟基和羧基缩合成低聚物或聚合物的可能性要大得多。为了避免分子间的缩合，反应必须在非常低的浓度下进行。1985 年，Keck 等发现，往 Steglich 酯化体系中加入 DMAP 盐酸盐，在稀溶液中可以实现大环内酯的合成，无 DMAP 盐酸盐存在时，不能生成大环内酯[3]。

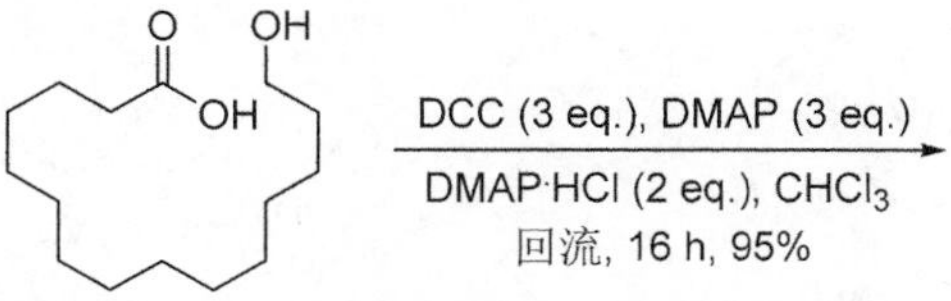

DCC (3 eq.), DMAP (3 eq.)
DMAP·HCl (2 eq.), $CHCl_3$
回流, 16 h, 95%

(7-8)

Keck 大环内酯化的机理与 DCC 缩合机理类似，DMAP 和 DMAP 盐酸盐的存在有助于反应过程中的质子转移：

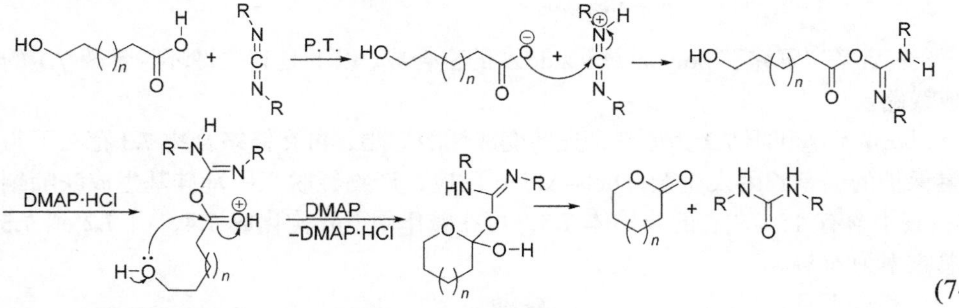

P.T.　DMAP·HCl　DMAP　−DMAP·HCl

(7-9)

DMAP 盐酸盐也可用对甲苯磺酸吡啶盐（PPTS）代替[4]：

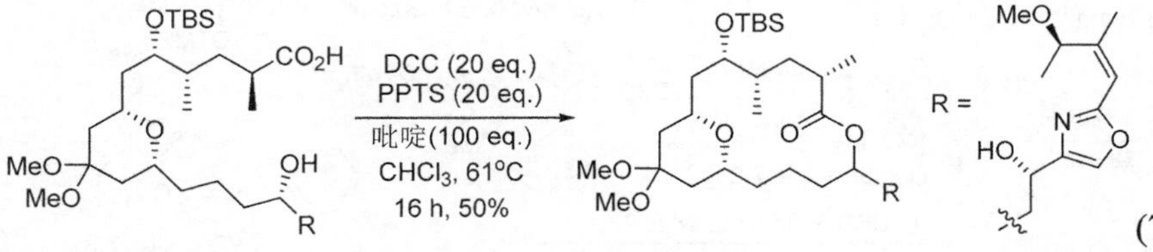

DCC (20 eq.)
PPTS (20 eq.)
吡啶(100 eq.)
$CHCl_3$, 61°C
16 h, 50%

(7-10)

Keck 大环内酯化的优点是试剂简便易得，但反应中 DCC 要过量很多（如上式过量 20 倍），后处理较复杂。尽管如此，Keck 大环内酯化反应在药物和天然产物合成中仍有广泛的应用，例如，Molinski 等[4]在研究海洋天然产物的合成时，利用 Keck 大环内酯化成功构建了 enigmazole A 的内酯环。

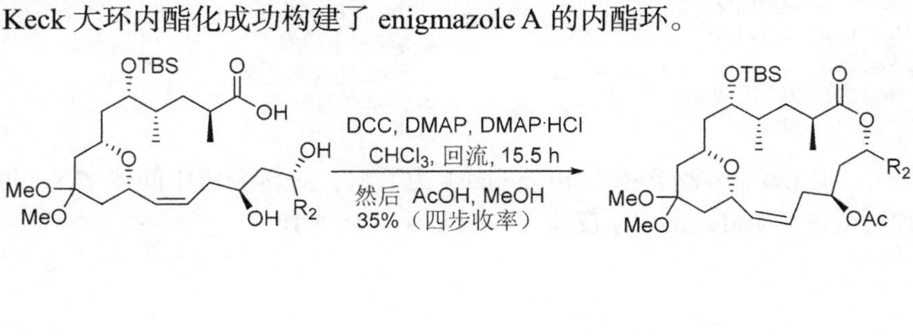

DCC, DMAP, DMAP·HCl
$CHCl_3$, 回流, 15.5 h
然后 AcOH, MeOH
35%（四步收率）

(7-11)

Keck 大环内酯化合成(–)-polycavernoside A

polycavernoside A 是 1993 年分离出来的海藻毒素，老鼠 99%致死量（LD_{99}）为 200~400 μg/kg。1991 年在关岛和 2002~2003 年在菲律宾曾因误食带毒素的海藻引起过严重的中毒事件。polycavernoside A 及其关键环状骨架 **7.1** 的结构如下：

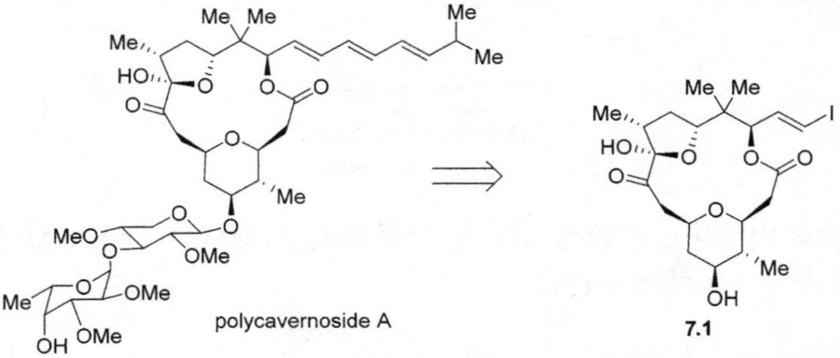

polycavernoside A

7.1

Sasaki 等[5]研究了 polycavernoside A 的全合成，以下是其关键环状骨架 **7.1** 的合成线路。

以α,β-不饱和酮 **7.2** 为原料，先转变成烯醇硅醚，再在铬络合物 **7.3** 存在下与硅醚保护的羟基乙醛发生杂 Diels-Alder 反应，产物经脱三甲基硅基生成呋喃酮 **7.4**，其中含有 15%左右的异构体 **7.5**，可在碱作用下异构化成 **7.4**，由 **7.2** 到 **7.5** 的总收率为 60%。

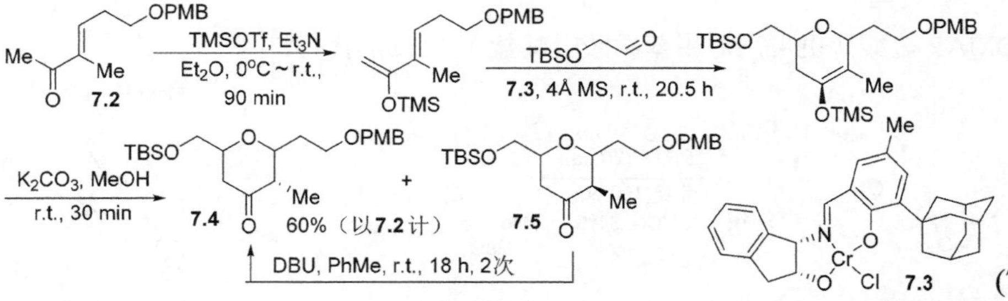

TMSOTf, Et_3N; Et_2O, 0°C ~ r.t., 90 min; **7.3**, 4Å MS, r.t., 20.5 h; K_2CO_3, MeOH, r.t., 30 min; 60%（以**7.2**计）; DBU, PhMe, r.t., 18 h, 2次

(7-12)

7.4 经 Luche 还原、三异丙基硅醚保护、脱三丁基硅醚保护、碘化和消除等步骤生成中间体 **7.7**。

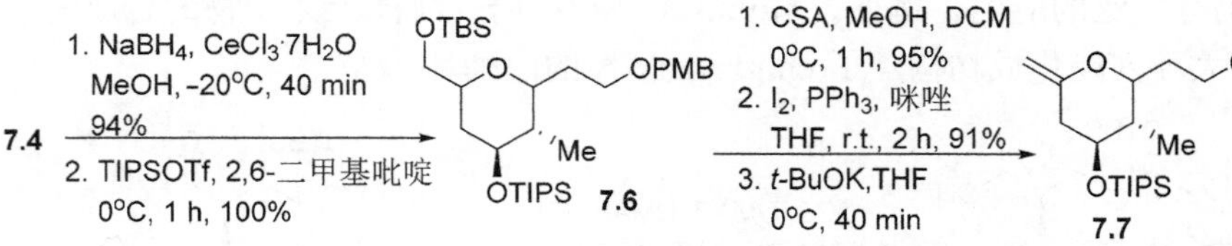

1. $NaBH_4$, $CeCl_3 \cdot 7H_2O$, MeOH, –20°C, 40 min, 94%; 2. TIPSOTf, 2,6-二甲基吡啶, 0°C, 1 h, 100%; **7.6**; 1. CSA, MeOH, DCM, 0°C, 1 h, 95%; 2. I_2, PPh_3, 咪唑, THF, r.t., 2 h, 91%; 3. *t*-BuOK, THF, 0°C, 40 min; **7.7**

(7-13)

另外，以(*R*)-(+)-香矛醛（citronellal）为原料，先转变成中间体 **7.8**。再经臭氧解和铬促进的 Reformatsky 反应等步骤得中间体 **7.10**。

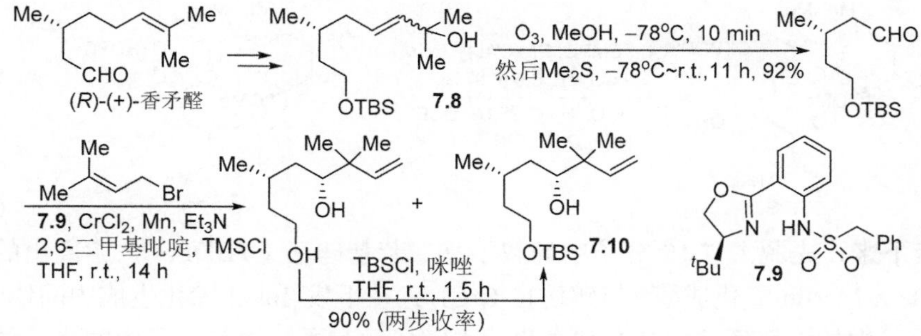

(7-14)

7.10 经 Sharpless 不对称双羟基化、硅醚保护、脱硅醚保护得中间体 **7.11**。TEMPO/PhI(OAc)$_2$ 体系将中间体 **7.11** 的伯羟基氧化成内酯，强碱作用下将内酯转变成烯醇醚得中间体 **7.12**。

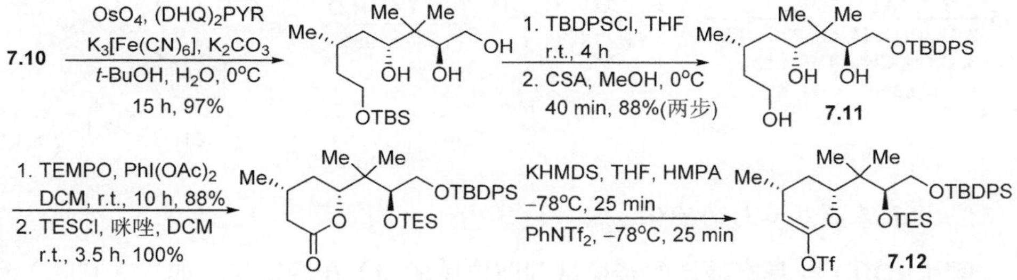

(7-15)

7.7 经硼氢化生成硼烷，钯催化下与 **7.12** 发生 Suzuki 偶联生成中间体 **7.13**，用 *m*-CPBA 氧化所得环氧产物与甲醇发生开环生成邻二醇的单甲醚，氧化得中间体 **7.14**。用樟脑磺酸和 DDQ 分别脱去 **7.14** 中的三乙基硅基和对甲氧基苄基，游离出的伯羟基经 TEMPO/PhI(OAc)$_2$ 体系氧化成羧酸。接下来尝试了不同的大环内酯化方法，发现以对甲苯磺酸吡啶盐代替对二甲氨基吡啶盐酸盐的 Keck 大环内酯化反应较为成功，以 99%的收率生成大环内酯化产物 **7.15**。

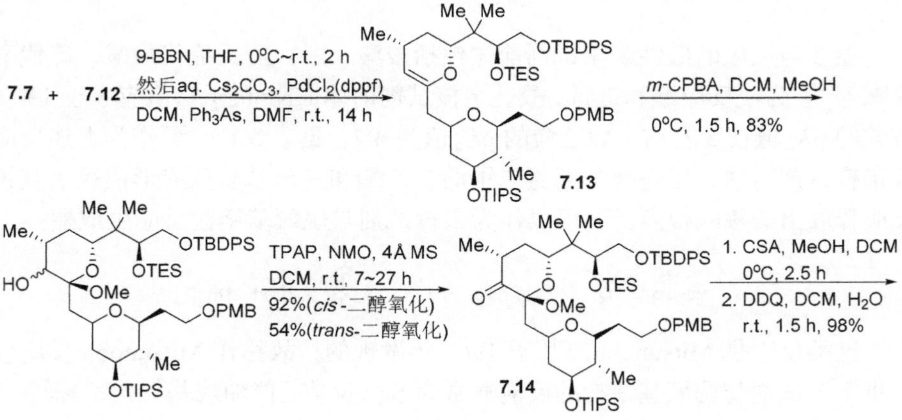

1. TEMPO, $PhI(OAc)_2$, DCM, H_2O, r.t., 6.5 h, 97%
2. DCC, 吡啶, PPTS, DCE, 回流, 2 h, 99%

7.15

(7-16)

接下来，先脱去 **7.15** 分子中的叔丁基二苯基硅基（TBDPS），游离出的伯羟基经 Dess-Martin 氧化成醛，与碘仿在 $CrCl_2$ 存在下发 Takai 烯化生成中间体 **7.16**。**7.16** 分子中的六元环缩羰基在酸催化下水解成醇和酮，再与分子中的另一羰基形成五元环的缩羰得中间体 **7.1**。

7.15 → 1. Py·HF, Py, THF, 0°C, 10.5 h, 86%; 2. DMP, DCM, r.t., 2 h, 80%; 3. $CrCl_2$, CHI_3, THF, r.t., 3 h, 88% → 7.16 → TFA, THF, H_2O, r.t., 30 h, 98% → 7.1

(7-17)

3. 烷氧基磷盐参与的酯化

醇（ROH）与具有酸性的亲核试剂前体（HNu）在烃基膦（如三苯基膦）和偶氮二甲酸酯（如偶氮二甲酸二乙酯，DEAD）存在下会发生反应，生成偶联产物 RNu。反应机理如下：

$EtO_2C{-}N{=}N{-}CO_2Et$ + Ph_3P → $EtO_2C{-}N^{\ominus}{-}N(P^{\oplus}Ph_3){-}CO_2Et$ →(HNu, $-Nu^{\ominus}$) $EtO_2C{-}NH{-}N(P^{\oplus}Ph_3){-}CO_2Et$ + H–O–R → $Ph_3P^{\oplus}{-}O{-}R$ + $EtO_2C{-}NH{-}NH{-}CO_2Et$；$Ph_3P^{\oplus}{-}O{-}R$ + $Nu^{\ominus}$ → RNu + $Ph_3P{=}O$

(7-18)

能参与反应的酸性亲核试剂前体包括羧酸、酚、醇、硫代羧酸、硫代酰胺、硫脲等[6]。为使反应顺利进行，酸性亲核试剂前体 HNu 的 pK_a 值应小于 13。例如，羧酸的 pK_a 值在 5 左右（如乙酸的 pK_a 值为 4.7，见表 5.1），可作为上述反应的酸性亲核试剂前体，促进醇与偶氮二甲酸二乙酯和三苯基膦反应形成烷氧基磷盐，反应释放出的羧酸根离子又可以作为亲核试剂与烷氧基磷盐反应生成酯：

$Ph_3P^{\oplus}{-}O{-}R$ + $^{\ominus}O{-}C(=O){-}R_1$ → $R_1{-}C(=O){-}O{-}R$ + $Ph_3P{=}O$

(7-19)

这类反应是 Mitsunobu 等[7]于 1967 年发现的，故称作 Mitsunobu 反应。最后一步亲核试剂与烷氧基磷盐的反应通常为 S_N2 反应，伴随烷基的构型翻转。因此，手性醇参与反应时，会生成构型转化的酯，将酯水解可得构型翻转的醇。例如，Kibayashi 等[8]在合成海洋生物活性化合物 lepadiformine 时，利用 Mitsunobu 反应实现了仲醇中间体 **7.17** 的构型翻转。

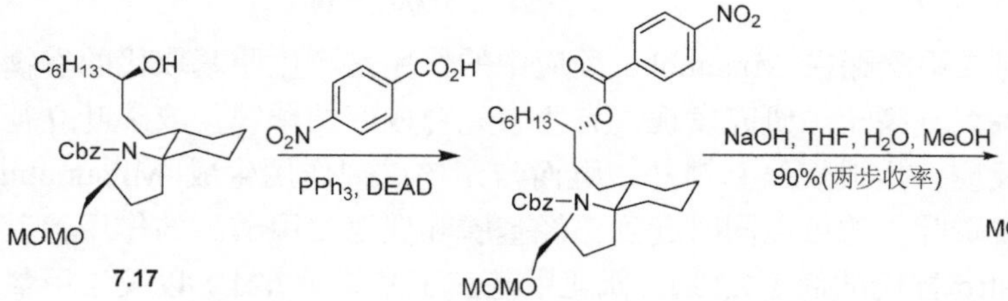

(7-20)

如果醇的位阻特别大，亲核试剂的体积又很小（如甲酸或乙酸），Mitsunobu 反应也可能生成构型保持的产物[6]。这是因为位阻大的醇不易与肼基取代的季鏻盐反应生成烷氧基季鏻盐，体积小的亲核试剂则可能优先与肼基取代的季鏻盐反应生成酰氧基季鏻盐，醇进攻酰氧基鏻盐的酰基碳原子，脱去三烃基氧膦就生成构型保持的酯。

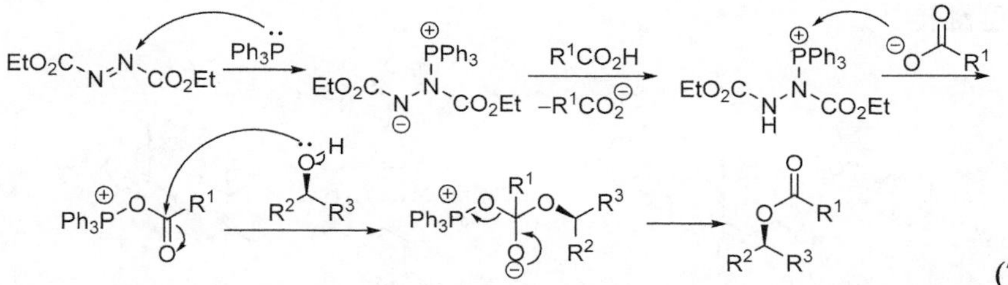

(7-21)

使用位阻小的亲核试剂不仅会降低反应的立体选择性，还可能导致副反应，这是因为位阻小的酰氧基鏻盐还可能受到上步产生的肼负离子的进攻生成酰基肼类副产物。

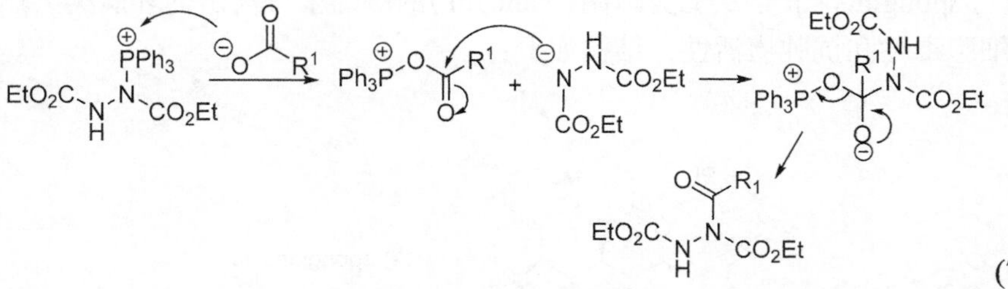

(7-22)

Mitsunobu 反应中使用的膦试剂除三苯基膦外，还可以是其他三芳基膦以及三烷基膦。反应副产物三烃基氧膦不溶于水，较难与产物分开。偶氮二甲酸酯反应后生成的肼基二甲酸酯也不易除去。这些都给产物的分离造成一定的困难。为了便于产物的分离，先后发展了一些替代的试剂，如带丙酸叔丁酯基的膦试剂 **7.18**，反应后水解成溶于水的丙酸衍生物，方便除去。用偶氮二甲酰胺类试剂（如 TMAD，

7.19）代替偶氮二甲酸酯，反应后生成的肼二甲酰胺也容易水洗除去。

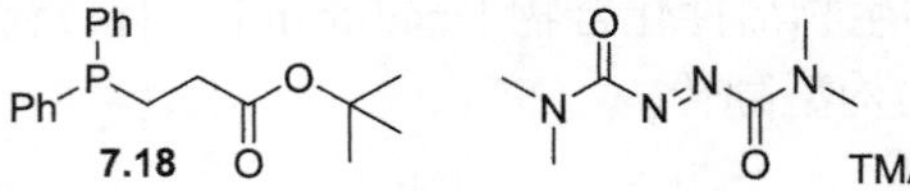

Ph Ph P O O **7.18**　O N N N N O O TMAD, **7.19**

三烃基膦和偶氮二甲酸酯在 Mitsunobu 反应中的作用是产生肼基取代的季鏻盐，与醇作用产生烷氧基鏻盐。研究发现，有些事先合成好的季鏻盐或磷叶立德也可与醇发生类似反应，生成烷氧基鏻盐，继而与亲核试剂作用生成 Mitsunobu 产物。这些季鏻盐或磷叶立德可以同时起到三烃基膦和偶氮二甲酸酯的作用，其中比较典型的有 Castro 替代试剂（**7.20**）、氰亚甲基三丁基膦（**7.21**）以及二甲氧羰基亚甲基三丁基膦（**7.22**）[9]。

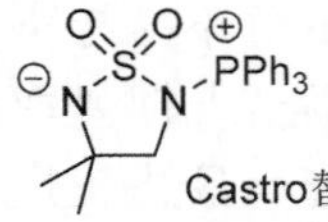

O O S N N PPh_3

Castro替代试剂，**7.20**　$Bu_3P{=}CHCN$ **7.21**　$Bu_3P{=}C(CO_2Me)_2$ **7.22**

例如，使用 Castro 替代试剂可实现对硝基苯甲酸与甾醇的酯化，反应伴随羟基构型翻转[6]。

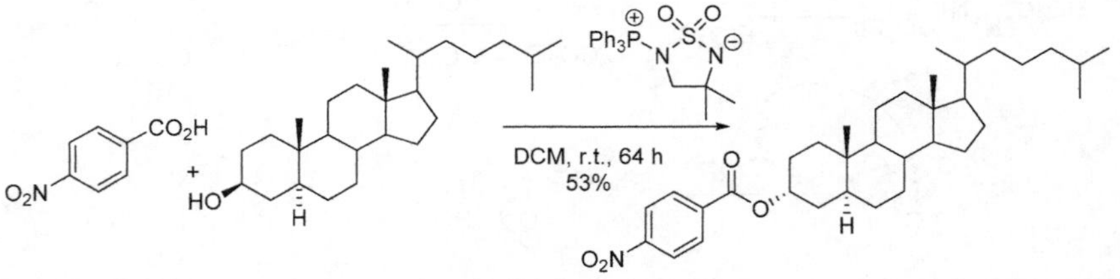

O_2N CO_2H + HO H　Ph_3P O O S N N　DCM, r.t., 64 h　53%　O O H O_2N

(7-23)

Mitsunobu 反应合成(–)-spongidepsin

(–)-spongidepsin 是从瓦努阿图（Vanuatu）的海绵中分离出的环肽类天然产物，具有细胞毒性和抗肿瘤活性，结构如下：

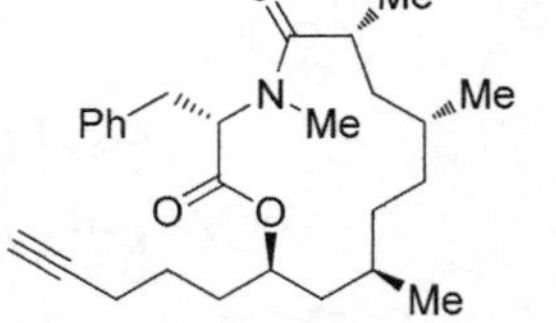

O Me Ph N Me Me O O Me

(–)-spongidepsin

Cossy 等[10]报道的其全合成。以商品化的试剂 Roche 酯为原料，硅醚保护羟基和还原得醛 **7.23**。**7.23** 与烯丙基锡试剂反应得高烯丙醇中间体 **7.24**，转变成甲磺酸酯后用 $LiAlH_4$ 还原，然后脱硅醚保护得 **7.25**，Jones 氧化生成羧酸 **7.26**。

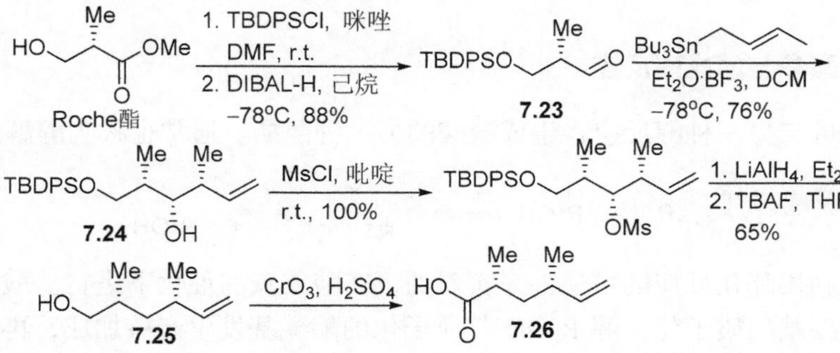

(7-24)

另外，以烯醇 **7.27** 为原料，经硅醚保护醇羟基和双键的臭氧解得醛 **7.28**。SmI_2 催化下，**7.28** 与烯丙酯 **7.29** 发生自由基加成生成内酯 **7.30**。**7.30** 经α位的烃化、酯的还原和产物醛的羰基烯化（Wittig 反应）得中间体 **7.31**。

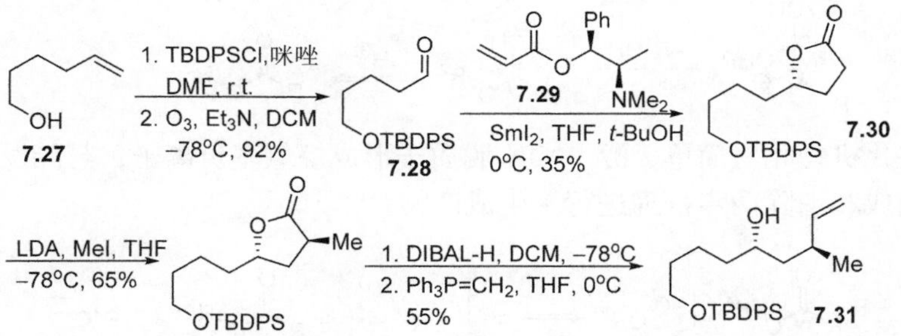

(7-25)

7.31 与 Boc 保护的 *N*-甲基苯丙氨酸发生构型转化的 Mitsunobu 反应生成酯 **7.32**，脱去 Boc 保护基后在碳二亚胺缩合剂作用下与 **7.26** 反应形成酰胺键。再经烯烃的环化复分解、脱硅醚保护、双键还原、伯醇氧化和 Seyferth-Gilbert 增碳反应得目标产物。

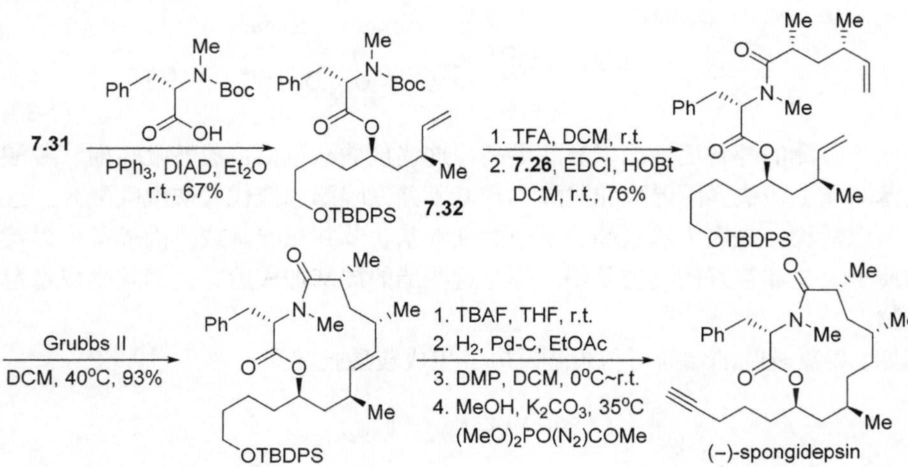

(7-26)

7.1.2　活泼酯参与的成酯反应

羧酸酯可与另一种醇反应，生成羧酸的另一种醇酯。通常也称为醇解反应。

$$RCOOR^1 + R^2OH \rightleftharpoons RCOOR^2 + R^1OH \tag{7-27}$$

醇解是利用酯化反应的可逆性来实现的，在酸或碱的催化下进行。酸催化下首先发生酯羰基的质子化，醇 R^2OH 与质子化的酯羰基发生亲核加成，再经质子转移和消除醇 R^1OH 生成产物，机理如下：

$$RCOOR^1 \xrightleftharpoons{H^{\oplus}} RC(=\overset{\oplus}{O}H)OR^1 \xrightleftharpoons{R^2OH} RC(OH)(OR^1)(\overset{\oplus}{O}HR^2) \xrightleftharpoons{P.T.} RC(OH)(OR^2)(\overset{\oplus}{O}HR^1) \xrightleftharpoons{-R^1OH} RC(=\overset{\oplus}{O}H)OR^2 \xrightleftharpoons{-H^{\oplus}} RCOOR^2 \tag{7-28}$$

碱催化机理相对简单，醇 R^2OH 脱质子形成烷氧基负离子，与酯发生亲核取代（经加成和消除两步机理进行）生成产物：

$$RCOOR^1 + {}^{\ominus}OR^2 \rightleftharpoons RC(O^{\ominus})(OR^1)(OR^2) \rightleftharpoons RCOOR^2 + R^1O^{\ominus} \tag{7-29}$$

在醇解反应中，通常是碱性较强的烷氧基取代碱性较弱的烷氧基，特别是由甲醇酯制备其他醇酯，甲醇沸点低，可蒸馏除去，使平衡向所希望的方向移动。例如[1]：

$$\text{MeOOC, COOMe-二氧戊环} + {}^iPrOH \xrightarrow[\text{70°C, 3 h; 91\%}]{Ti(O^iPr)_4} \text{}^iPrO_2C\text{, }CO_2{}^iPr\text{-二氧戊环} + MeOH \tag{7-30}$$

有些羧酸酯的醇解活性比甲醇酯更高，这些羧酸酯包括：羧酸吡啶酯、羧酸三硝基苯基酯、羧酸异丙烯酯和羧酸 1-羟基苯并三唑酯、硫代羧酸吡啶酯等。这些酯之所以活泼，是因为这些酯分子中的吡啶基、苯并三唑基或异丙烯基可以接受醇的质子，是非常好的离去基团。醇与这些酯的羰基加成后，会消除生成稳定的化合物。

例如，2-氯吡啶的𬭩盐可与羧酸反应，生成羧酸吡啶酯：

$$\text{2-氯-1-甲基吡啶}^{\oplus}\ I^{\ominus} \xrightarrow[\text{加热}]{RCOOH,\ Et_3N} \text{2-(RCOO)-1-甲基吡啶}^{\oplus}\ I^{\ominus} \tag{7-31}$$

利用羧酸吡啶酯与分子内的醇羟基反应，也可合成大环内酯[1]：

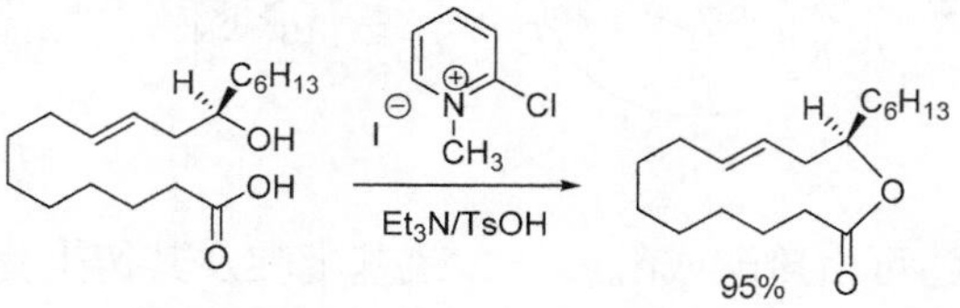

(7-32)

反应的动力在于生成稳定的二氢吡啶酮，机理如下：

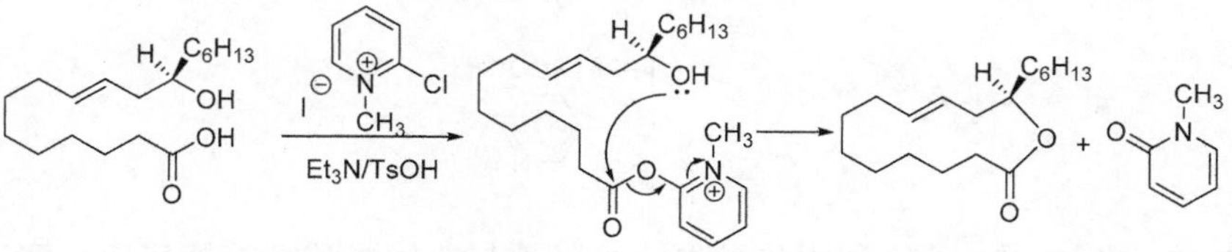

(7-33)

羧酸异丙烯酯也很容易与醇反应，生成羧酸酯和丙酮[1]。反应通常在酸或碱催化的条件下进行。Ishii 等[11]发现，如果以钐络合物和肟酯作催化剂，还可以实现叔醇的酯化，例如：

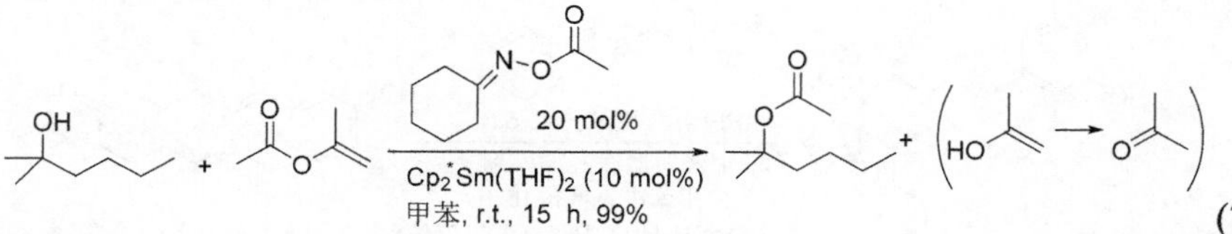

(7-34)

无钐络合物存在不起反应，不加肟酯收率降低至 34%，不加乙酸丙烯酯只有 18%的产物生成。反应的可能机理如下：

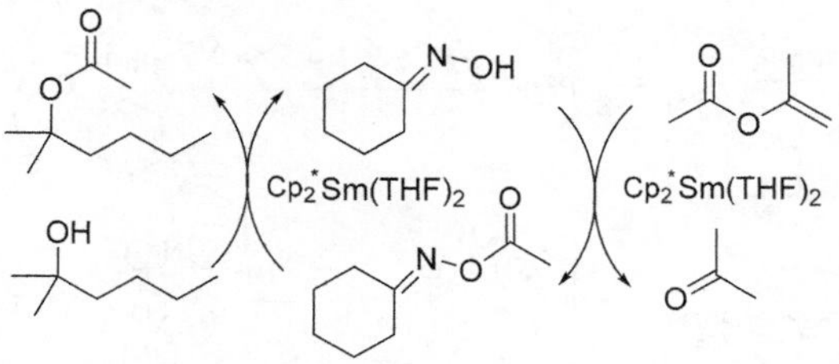

(7-35)

1-羟基苯并三唑（HOBt）与酰氯反应生成 HOBt 酯，HOBt 酯是一个强力的酰化剂，与醇迅速反应形成羧酸酯和 HOBt[1]。

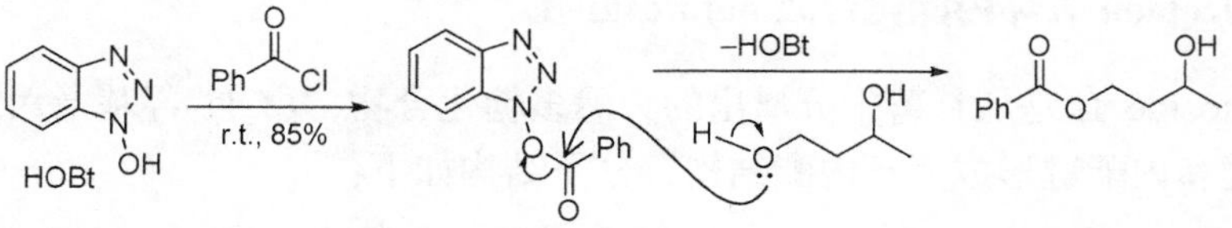

(7-36)

硫代羧酸吡啶酯与醇可按以下机理反应生成新的酯，反应的动力在于生成稳定的二氢硫代吡啶酮。

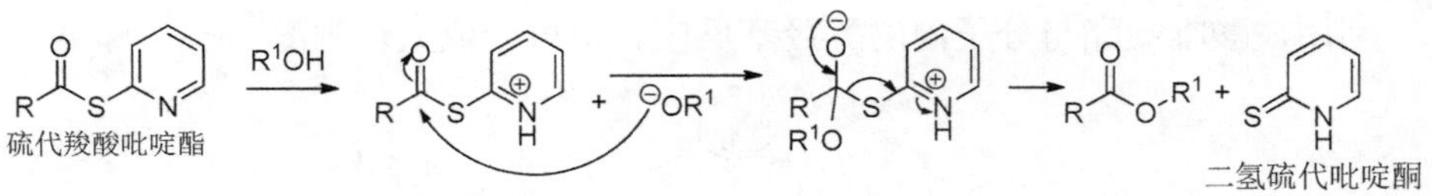

硫代羧酸吡啶酯 二氢硫代吡啶酮

(7-37)

硫代羧酸吡啶酯可由羧酸或酰氯与 2-巯基吡啶及其衍生物反应生成：

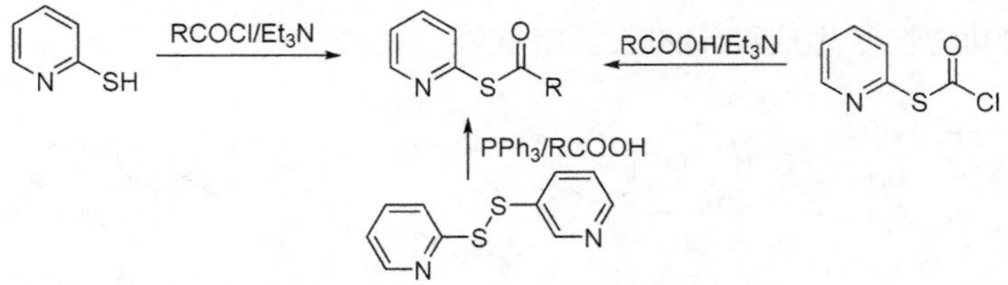

(7-38)

Corey 和 Nicolaou 等利用分子内的醇羟基与硫代羧酸吡啶酯反应，实现了大环内酯的合成，称作 Corey-Nicolaou 大环内酯化反应[12,13]。反应底物羟基硫代羧酸吡啶酯可由二吡啶二硫醚与羟基羧酸在三苯膦存在下反应原位生成。例如：

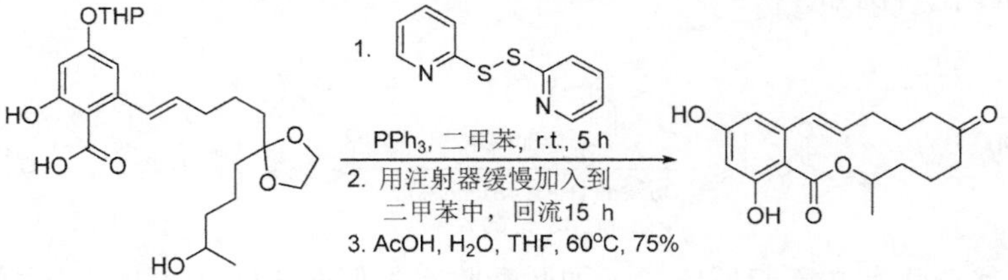

1. PPh_3，二甲苯，r.t.，5 h
2. 用注射器缓慢加入到二甲苯中，回流15 h
3. AcOH，H_2O，THF，60°C，75%

(7-39)

Corey-Nicolaou 大环内酯化反应机理如下：

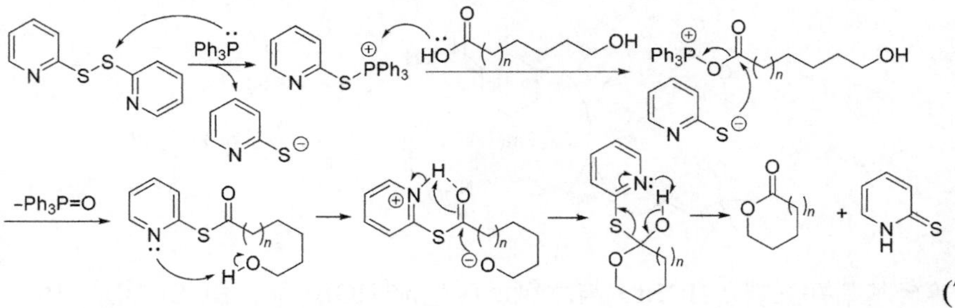

(7-40)

Corey-Nicolaou 大环内酯化合成 batatoside L

batatoside L 是从甘薯中分离出的天然多糖化合物，由 11-羟基十六烷酸与糖以缩醛键和内酯键形成大环内酯结构，分子结构如下：

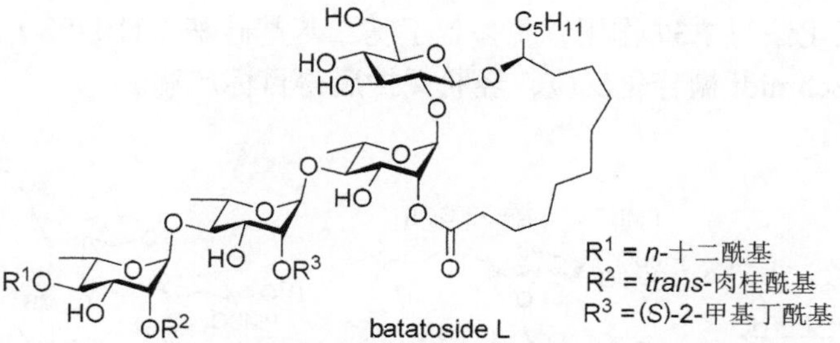

R[1] = n-十二酰基
R[2] = trans-肉桂酰基
R[3] = (S)-2-甲基丁酰基

batatoside L

药理研究表明 batatoside L 对喉部肿瘤有一定的治疗作用。Xie 等[13b]研究了 batatoside L 的合成，以 11-羟基十六烷酸甲酯和糖 **7.33** 为原料，在经典的 Schmidt 糖苷化条件下反应生成中间体 **7.34**。

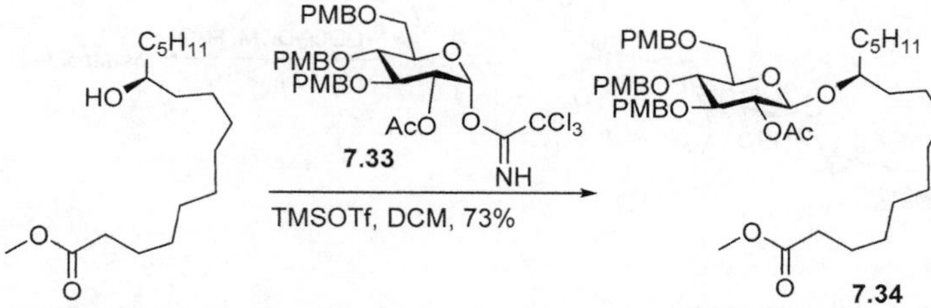

7.33

TMSOTf, DCM, 73%

7.34　(7-41)

尝试 $NaOCH_3/CH_3OH$ 体系水解 **7.34** 的 2 位乙酸酯，未能成功。在 CH_3OH/CH_2Cl_2 中用 7 倍量的 DBU 成功脱除了 2 位的乙酸酯保护基，再与糖 **7.35** 在经典的 Schmidt 糖苷化条件下反应生成中间体 **7.36**。**7.36** 在 MeOH-THF-H_2O 混合溶剂中用氢氧化钾皂化生成羟基羧酸，羟基羧酸与二吡啶二硫醚在三苯基膦存在下反应原位生成羟基硫代羧酸吡啶酯，然后发生 Corey-Nicolaou 大环内酯化反应生成 **7.37**。

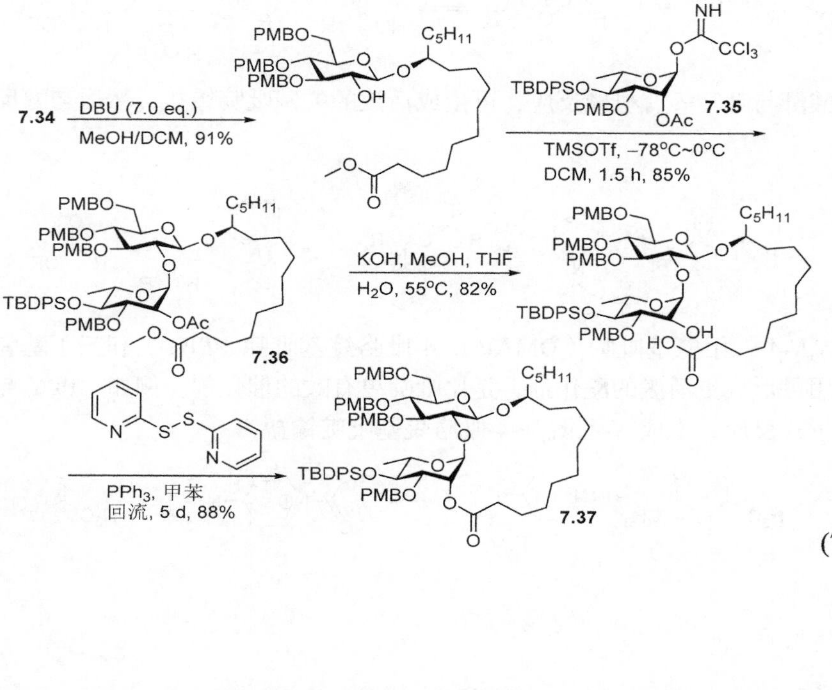

7.34 DBU (7.0 eq.), MeOH/DCM, 91%

7.35

TMSOTf, −78°C~0°C, DCM, 1.5 h, 85%

7.36

KOH, MeOH, THF, H_2O, 55°C, 82%

PPh_3, 甲苯, 回流, 5 d, 88%

7.37

(7-42)

四丁基氟化铵与 **7.37** 作用，脱去叔丁基二苯基硅基（TBDPS）保护基，再与糖 **7.38** 发生 Schmidt 糖苷化反应，经脱保护后得目标产物。

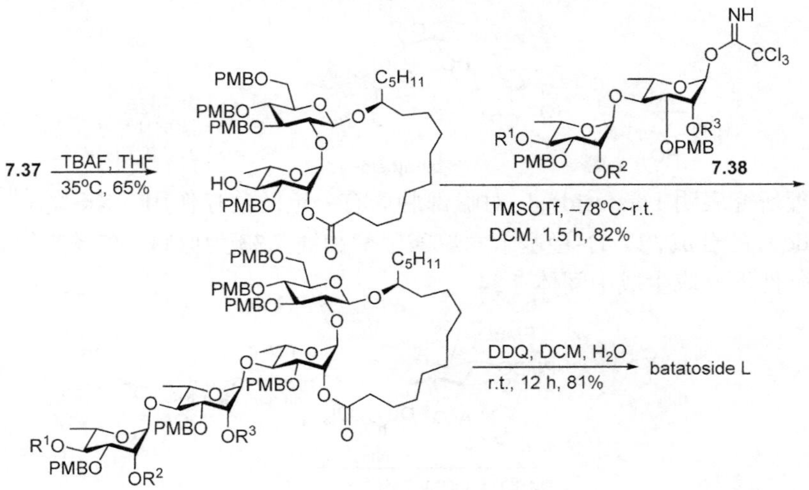

7.37
TBAF, THF
35°C, 65%
7.38
TMSOTf, –78°C~r.t.
DCM, 1.5 h, 82%
DDQ, DCM, H2O
r.t., 12 h, 81%
batatoside L

(7-43)

7.1.3　酸酐参与的成酯反应

酸酐是强酰化剂，与醇发生不可逆的 *O*-酰化反应生成酯。反应通常在酸或碱的催化下进行。酸催化下酸酐加成质子后离解成乙酰正离子，与醇反应生成酯，机理如下：

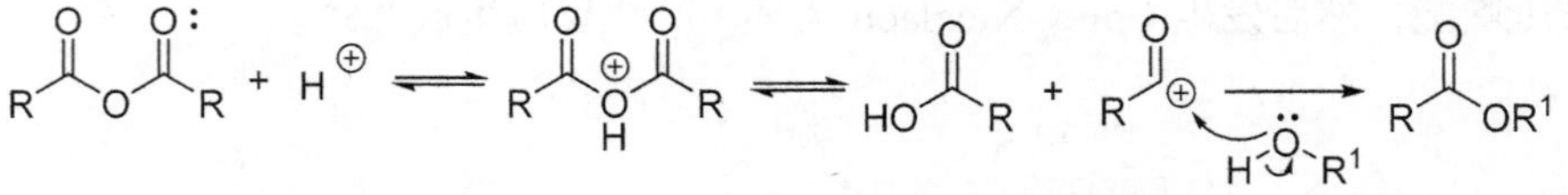

(7-44)

酸酐与吡啶等有机碱反应，可生成活泼的酰基吡啶鎓盐，然后与醇反应生成酯：

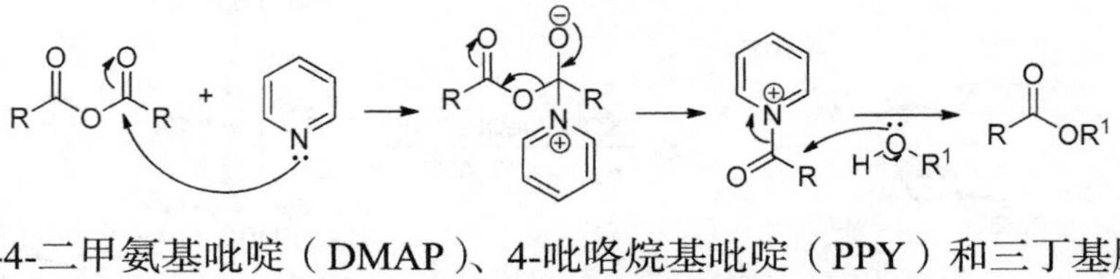

(7-45)

N,*N*-4-二甲氨基吡啶（DMAP）、4-吡咯烷基吡啶（PPY）和三丁基膦等与酸酐作用可形成更活泼的酰化剂，是比吡啶更有效的催化剂。例如，PPY 与乙酸酐可按下式反应，生成 *N*-乙酰基-4-吡咯烷基吡啶鎓盐：

PPY

(7-46)

N-乙酰基-4-吡咯烷基吡啶鎓盐具有以下共振结构，较乙酰基吡啶鎓盐更容易形成：

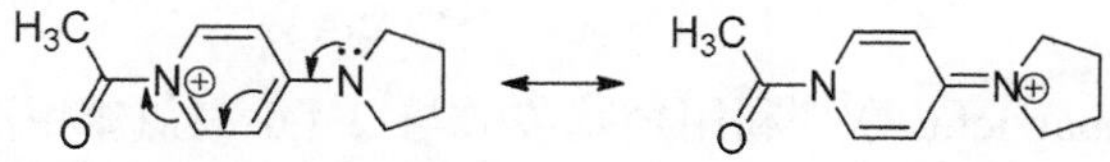

(7-47)

N-乙酰基-4-吡咯烷基吡啶鎓盐与醇按下式反应生成酯：

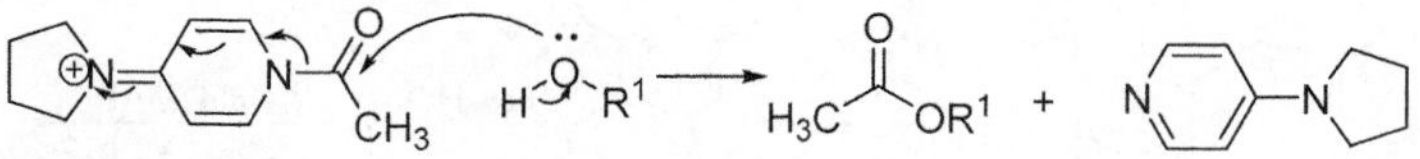

(7-48)

以下醇的苯甲酰化反应是在三丁基膦的催化下进行的[1]：

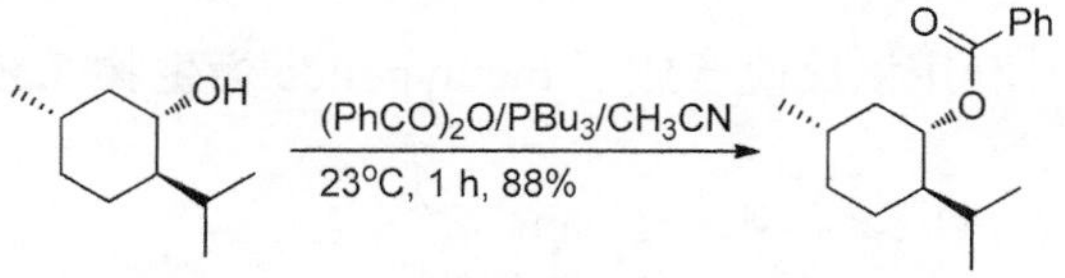

(7-49)

三丁基膦的催化作用与 PPY 类似，先与酸酐反应生成酰基鏻盐，酰基鏻盐作为强酰化剂使醇酰化，反应机理如下：

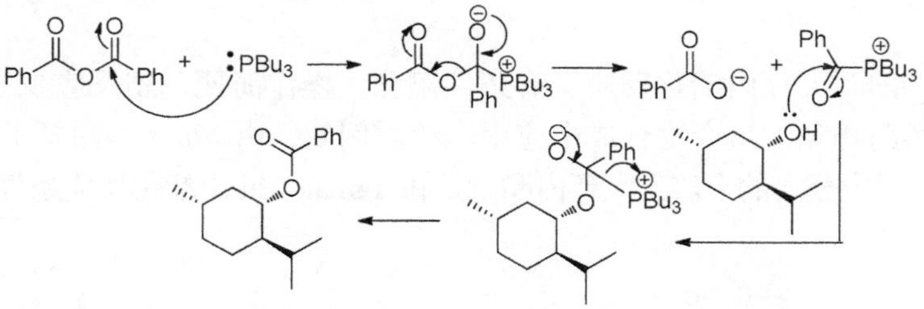

(7-50)

与简单羧酸酐比较，羧酸与某些有机或无机酸形成的混合酸酐具有更强的酰化能力，这些混合酸酐包括羧酸与 2,2,2-三氟乙酸形成的混合酸酐，羧酸与磺酸形成的混合酸酐，羧酸与 2,4,6-三氯苯甲酸形成的混合酸酐等。

实际合成中，混合酸酐可以原位生成。例如，羧酸与醇在三氟乙酸酐存在下可生成酯和三氟乙酸，反应先生成羧酸与三氟乙酸的混合酸酐，再与醇反应生成酯。三氟甲基的吸电性远大于一般的烃基，三氟乙酸根是更好的离去基团，当醇进攻羧酸与三氟乙酸的混合酸酐时，三氟乙酸根更容易作为离去基团离去。

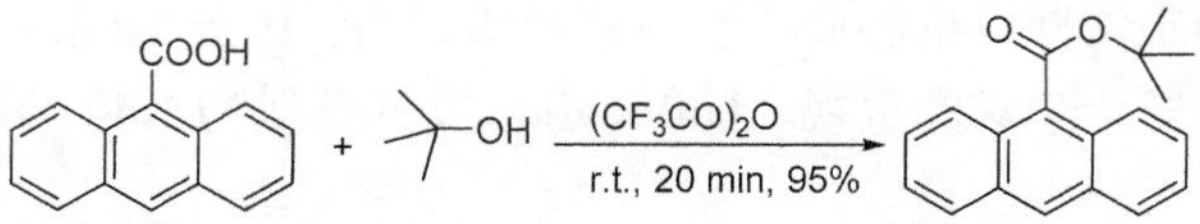

(7-51)

羧酸与醇在对甲苯磺酰氯存在下也可发生反应生成羧酸酯。对甲苯磺酰氯的作用是与羧酸形成羧酸对甲苯磺酸混合酸酐，然后再与醇反应生成酯。反应的动力在于对甲苯磺酸基是一个很好的离去基团。

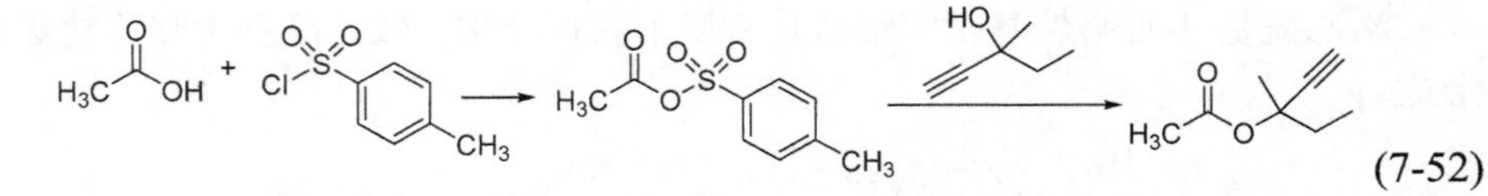

(7-52)

1979 年，Yamaguchi 等[14]利用羟基羧酸与 2,4,6-三氯苯甲酰氯反应生成混合酸酐，实现了大环内酯的合成，称作 Yamaguchi 大环内酯化反应[13]。

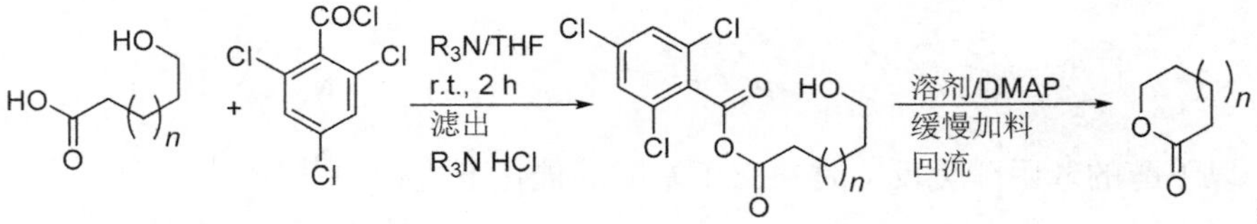

(7-53)

Yamaguchi 等[14]利用该反应合成了 methynolide 衍生物 **7.39**。

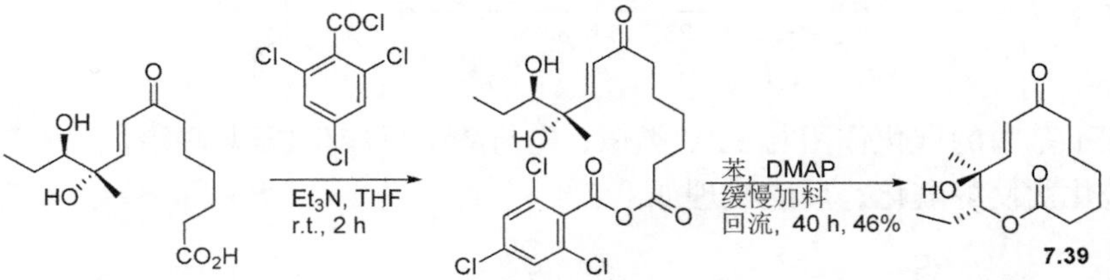

(7-54)

Yamaguchi 大环内酯化反应具有条件温和、操作简便、副反应少等优点，在大环内酯类药物和天然产物合成中应用广泛。例如，由 Yang 和同事于 2005 年从曲霉菌培养物中分离的十四元大环内酯就是在 Yamaguchi 内酯化反应条件下得到[15]。

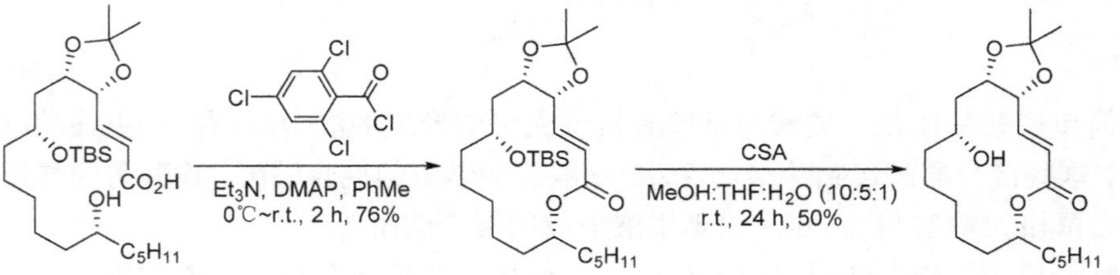

(7-55)

Yamaguchi 大环内酯化合成 laulimalide 类似物

laulimalide 是 1988 年分离出的海洋天然活性大环内酯，纳摩尔级别的用量就能显示出高的细胞毒性，抗肿瘤活性与紫杉醇相当，因此 laulimalide 及其类似物的合成引起了合成化学家的重视。laulimalide 及其类似物 **7.40** 的结构如下。

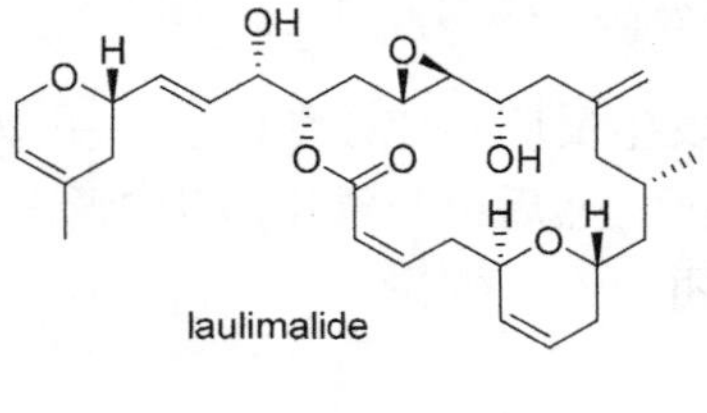

laulimalide

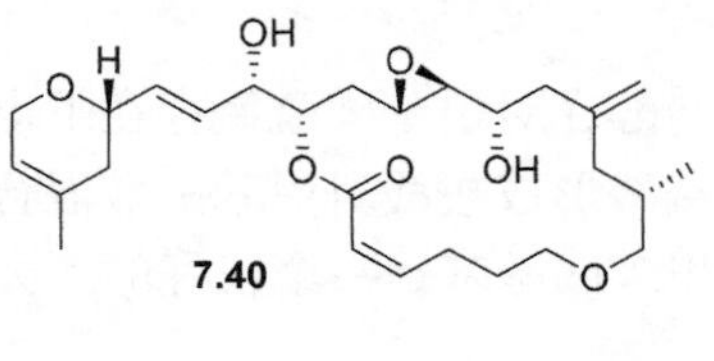

7.40

最近，Mulzer 等[16]报道了 laulimalide 类似物 **7.40** 的合成。以手性溴化物 **7.41** 为原料，与碘化钠发生亲核取代反应生成碘化物 **7.42**。以 **7.42** 为烃化剂，与酰基噁唑啉酮 **7.43** 发生 Evans 烃化生成 **7.44**。**7.44** 的酰胺键经硼氢化锂还原生成醇，醇的氧烃化生成中间体 **7.45**。

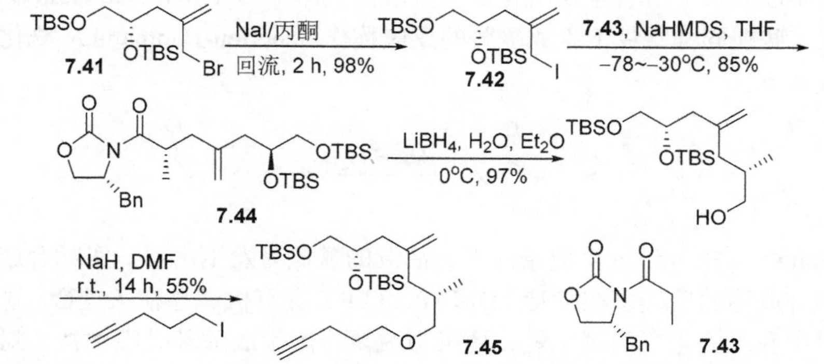

(7-56)

用氟化铵脱去 **7.45** 分子中伯羟基上的三丁基硅基保护基，所得伯醇经 Dess-Martin 氧化生成 **7.46**。**7.46** 与另一中间体 **7.47**[17]发生 Julia-Kocienski 烯化反应生成 *E* 型烯烃 **7.48**，强碱条件下 **7.48** 与二氧化碳反应生成炔丙酸，脱三乙基硅基保护基得中间体 **7.49**。**7.49** 通过 Yamaguchi 大环内酯化生成的产物在氢氟酸吡啶盐作用下脱去三丁基硅基生成炔内酯中间体 **7.50**。选用 Lindlar 催化剂选择性催化加氢还原炔内酯成烯内酯，烯内酯环上的烯丙醇官能团经 Sharpless 不对称环氧化生成目标产物 **7.40**。

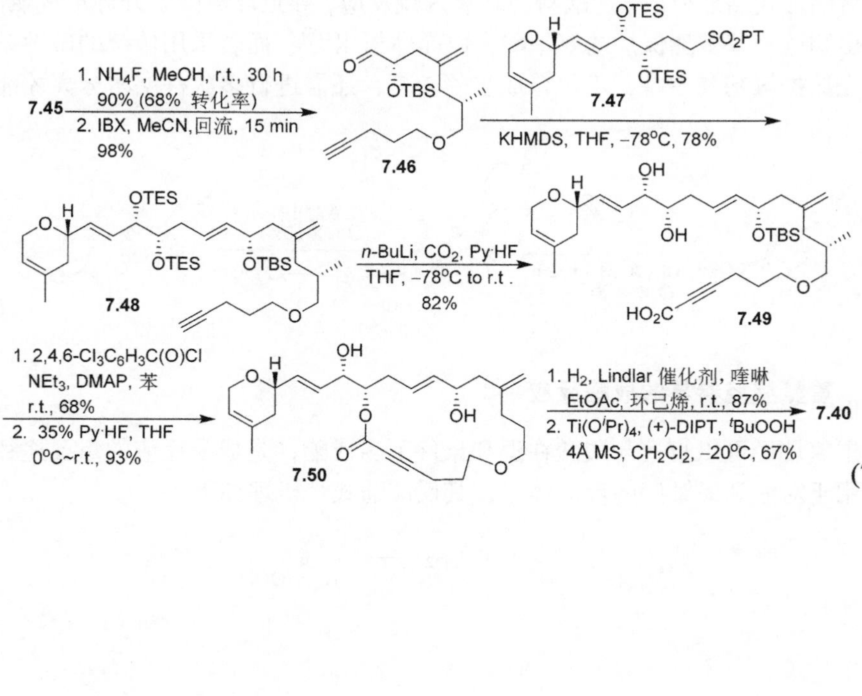

(7-57)

7.1.4　酰氯参与的成酯反应

酰氯是活泼酰化剂，100 多年前，Schotten 和 Baumann 就发现在氢氧化钠等碱的存在下酰氯可与醇发生氧酰化反应生成酯，称作 Schotten-Baumann *O*-酰化反应（酰氯与胺在同样条件下生成酰胺的反应称作 Schotten-Baumann *N*-酰化反应），反应通式如下：

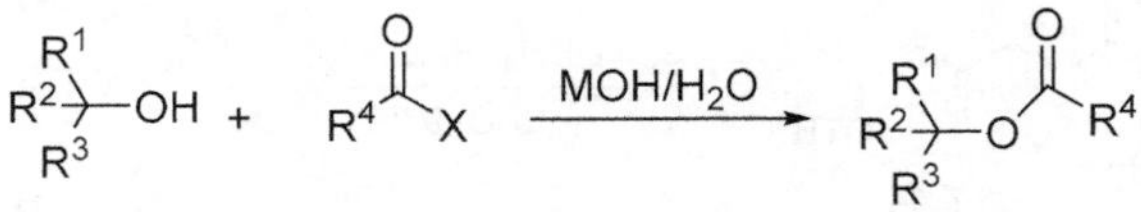

$$R^1R^2R^3C\text{-}OH + R^4COX \xrightarrow{MOH/H_2O} R^1R^2R^3C\text{-}O\text{-}COR^4 \tag{7-58}$$

在 Schotten-Baumann 反应条件下，活泼的酰氯易发生水解。实际合成中，酰氯与醇缩合成酯的反应多在吡啶、DMAP 和 PPY 等有机碱存在下进行。这些有机碱不仅可中和反应生成的氯化氢，还可与酰氯作用生成酰基吡啶鎓盐，对反应有催化作用：

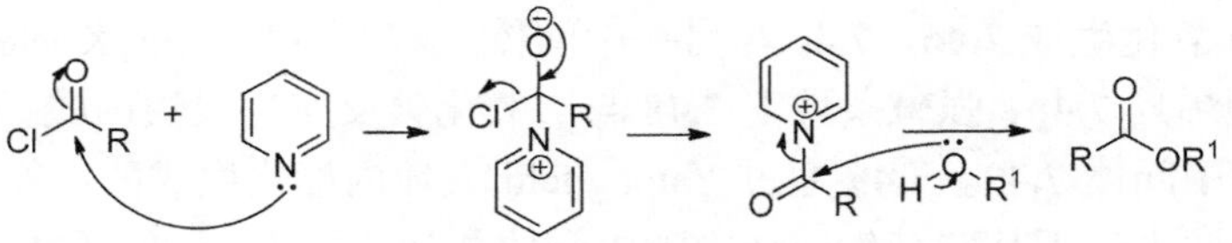

(7-59)

氨基酸侧链的羟基与酰氯在三氟乙酸中反应，生成侧链羟基的酯，分子中的氨基和羧基不用保护。例如，羟基脯氨酸与酰氯在三氟乙酸中反应，生成的酯以盐酸盐的形式结晶析出。盐酸盐与环氧丙烷反应，导致环氧丙烷开环形成氯丙醇，游离出侧链羟基被酯保护的氨基酸，以晶体析出[18]，而若采用传统的碱性条件，必须先保护氨基和羧基，不仅合成步骤较多，还需进行多次柱层析分离才能得到纯的产物。

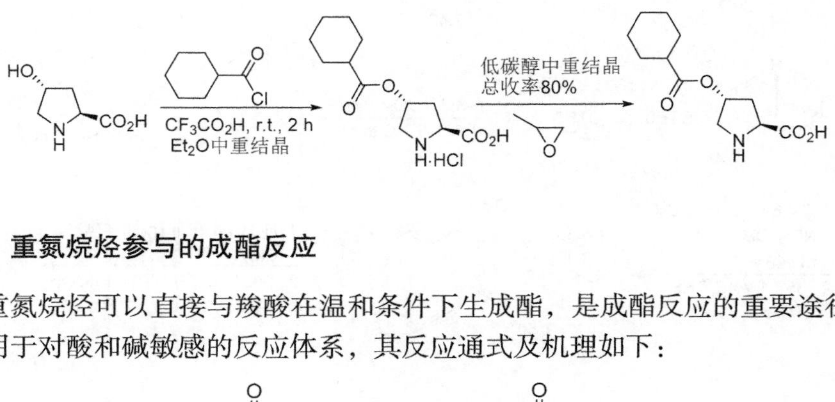

CF_3CO_2H, r.t., 2 h；Et_2O中重结晶；低碳醇中重结晶，总收率80%

(7-60)

7.1.5　重氮烷烃参与的成酯反应

重氮烷烃可以直接与羧酸在温和条件下生成酯，是成酯反应的重要途径，尤其适用于对酸和碱敏感的反应体系，其反应通式及机理如下：

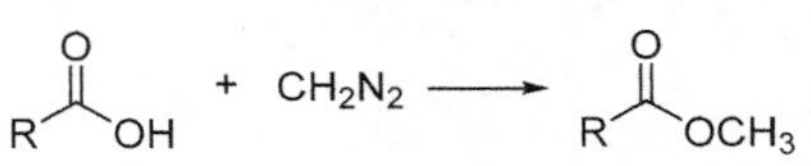

$$RCOOH + CH_2N_2 \longrightarrow RCOOCH_3 \tag{7-61}$$

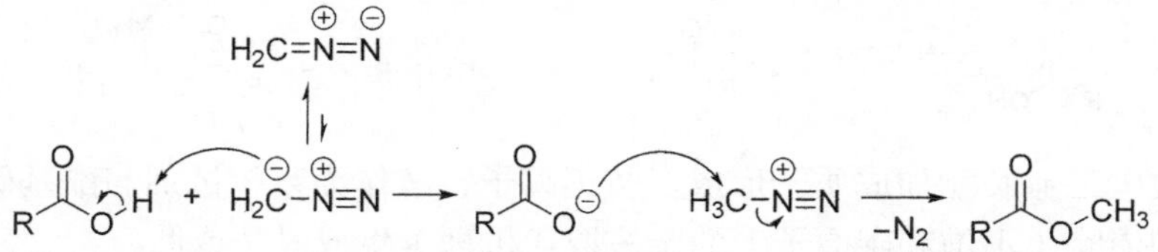

(7-62)

由于重氮甲烷具有易爆性以及致癌性，所以常常用 $TMSCHN_2$，它是一种重要的羧酸甲酯化反应试剂。与重氮甲烷一样，甲酯化反应可以在非常温和的条件下进行，对大多数有机官能团不产生影响，非常适合复杂产物的合成。许多种溶剂可以用于该反应，乙醚和甲醇的混合比较，产物的产率几乎在定量的水平，如下反应：

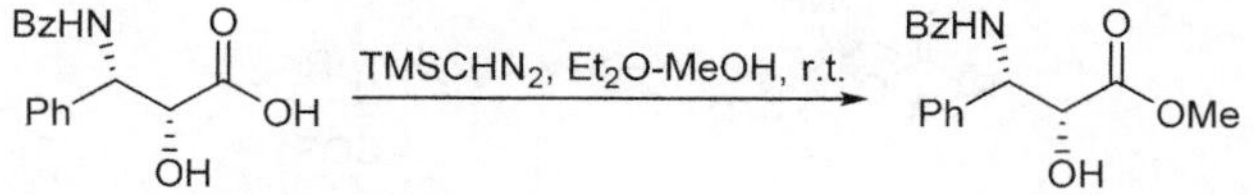

(7-63)

2013 年 Hanessian[19]在研究 daphniglaucin 类虎皮楠生物碱的过程中，也用 $TMSCHN_2$ 与羧酸反应生成羧酸甲酯中间体：

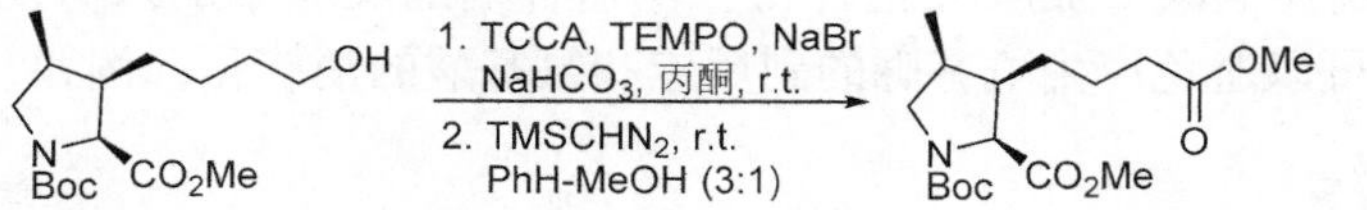

(7-64)

7.2　成肽缩合反应

7.2.1　缩合剂存在下羧酸与胺直接成肽

羧酸与胺生成酰胺的反应是合成肽的基本反应，反应过程包括胺对羧酸羰基的亲核加成和高温脱水，机理如下：

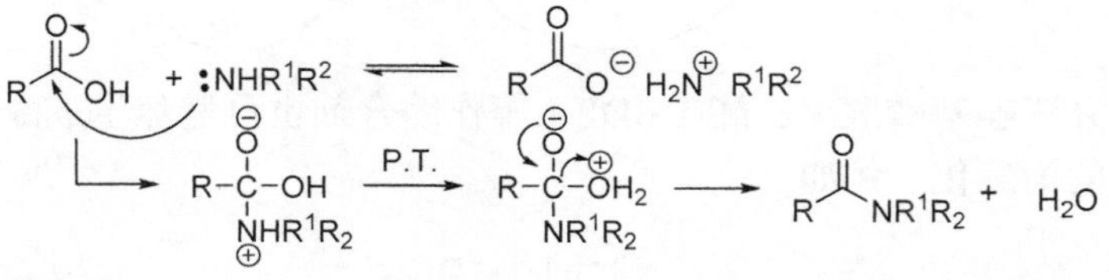

(7-65)

由于羧酸的反应活性低，反应中羧酸还可能与胺成盐使胺的亲核能力下降。因此，羧酸与胺缩合成肽的反应常在碳二亚胺类缩合剂存在下进行，包括二环己基碳二亚胺（DCC）、乙基-*N*,*N*-二乙基丙基碳二亚胺（EDCI）以及甲基叔丁基碳二亚胺等。反应中，羧酸既是底物，又是酸催化剂，先使碳二亚胺质子化，形成亚胺正离子。羧酸根作为亲核试剂与质子化的碳二亚胺发生亲核加成反应生成活泼的羧酸碳二亚胺酯：

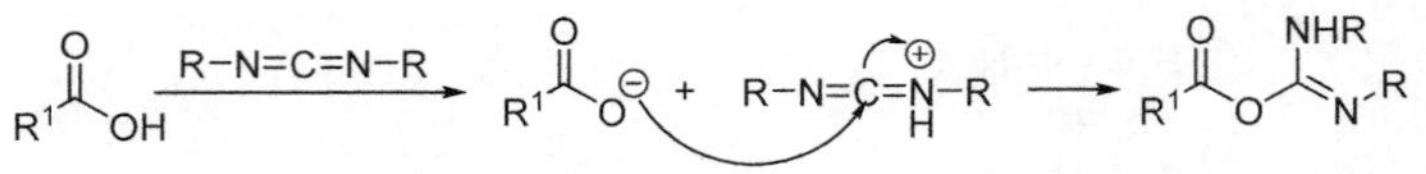

(7-66)

羧酸碳二亚胺酯加成质子形成亚胺正离子，胺作为亲核试剂与酰基碳发生亲核加成和消除（不饱和碳原子上的亲核取代机理）生成酰胺或肽。

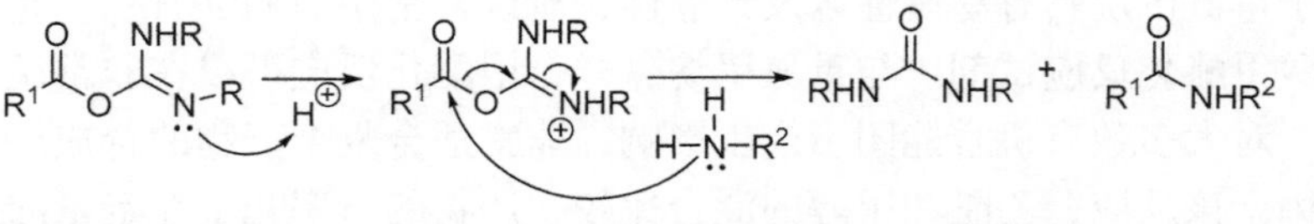

(7-67)

羧酸碳二亚胺酯也可发生分子内的反应生成酰基脲副产物。

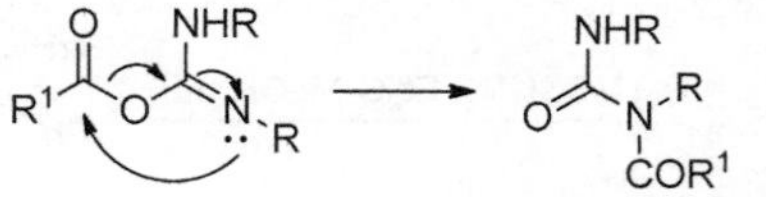

酰基脲副产物

(7-68)

生成酰基脲副产物和可能发生的氨基酸的消旋化是 DCC 缩合法的主要缺点。在 DCC（或其他碳二亚胺类化合物）作缩合剂的反应中加入 1-羟基苯并三唑（HOBt），可以避免产生酰基脲的副反应和氨基酸的消旋化，例如：

EDCI, NMM, DCM
DMF, r.t., 2 h, 90%

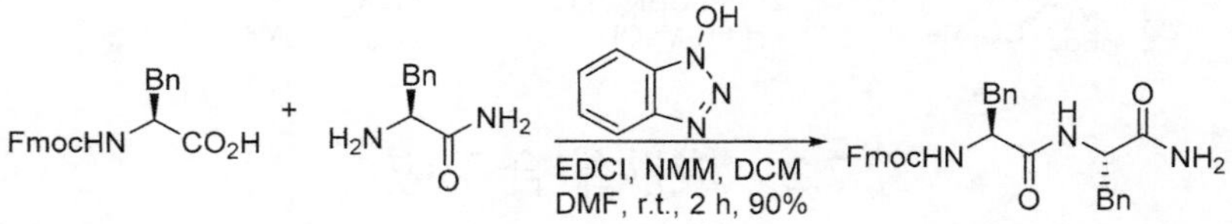

(7-69)

HOBt 的作用是快速与羧酸碳二亚胺酯反应，形成活泼的羟胺酯，避免发生分子内的酰基化，反应机理如下：

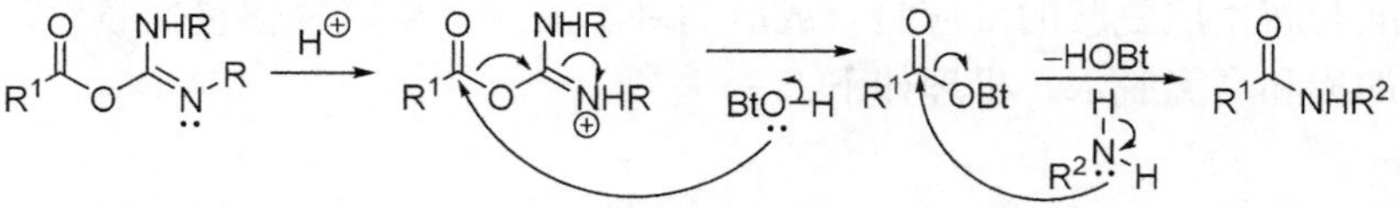

(7-70)

改用苯并三唑基磷酸二乙酯（BDP）等作缩合剂也可避免生成酰基脲的副反应和氨基酸的消旋化。例如：

BDP
Et_3N/DMF
r.t., 20 min, 95%

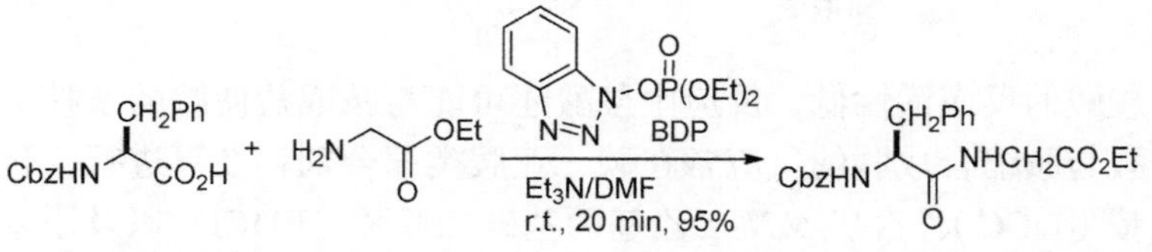

(7-71)

反应中，羧酸首先与 BDP 作用，形成活泼的羧酸苯并三唑酯，然后再与胺发生氮原子上的酰化反应，机理如下：

R^1 O H + EtO EtO P O O−Bt —$-H^{\oplus}$→ BtO$^{\ominus}$ + R^1 O O P O OEt OEt → R^1 O OBt —−HOBt→ R^1 O NHR^2
H R^2 N H

(7-72)

除 BDP 外，BOP 和 HBTU 等也可用作缩合剂，特别是 HBTU 反应后转变成四甲基脲，安全无毒，有明显的优点。BOP 和 HBTU 作缩合剂的反应机理与 BDP 类似，其中，HBTU 参与的缩合机理如下：

R^1 O H + $(Me_2N)_2C^{\oplus}$−OBt —$-H^{\oplus}$→ $^{\ominus}$OBt + R^1 O O $C^{\oplus}(NMe_2)_2$ → R^1 O OBt
HBTU
R^2 N H H
R^1 O NHR^2

N−O$C^{\oplus}(NMe_2)_2$ PF_6^- HBTU
N−O$P^{\oplus}(NMe_2)_3$ PF_6^- BOP

(7-73)

DCC 缩合法合成头孢丙烯（cefprozil）

头孢丙烯又称头孢昔罗，属第 2 代头孢菌素，主要用于治疗敏感菌引起的咽炎、扁桃体炎、支气管炎以及尿路感染等。结构如下：

NH_2 H N S CH_3 HO O O N CO_2H

头孢丙烯

头孢丙烯可由 7-氨基-3-氯甲基-3-头孢烯-4-羧酸二苯甲酯和 *N*-Boc 保护的 2-(4-羟基苯基)甘氨酸为原料合成。二者首先在 DCC 存在下缩合成酰胺中间体，再经卤素置换、季鏻化、Wittig 烯化和脱保护得目标产物[20]。

NHBoc OH HO O + H_2N S O N Cl CO_2CHPh_2 —DCC, THF, r.t., 1.5 h→ BocHN H N S HO O O N Cl CO_2CHPh_2

1. NaI, 丙酮, r.t., 30 min
2. PPh_3, r.t., 16 h
88% (三步收率)

→ BocHN H N S HO O O N $P^{\oplus}Ph_3$ $I^{\ominus}$ CO_2CHPh_2

NaOH, $CHCl_3$, H_2O, r.t., 10 min
CH_3CHO, r.t., 30 min, 31%

BocHN H N S CH_3 HO O O N CO_2CHPh_2 —CF_3CO_2H, r.t., 30 min, 40%→ NH_2 H N S CH_3 HO O O N CO_2H

头孢丙烯　(7-74)

7.2.2 酸酐或酰卤与胺缩合成肽

酸酐作为酰化剂的活性高于羧酸和羧酸酯，但不及酰卤，对于难酰化的物质，可加入强酸催化，但碱性强的胺不能用酸催化，反应机理如下：

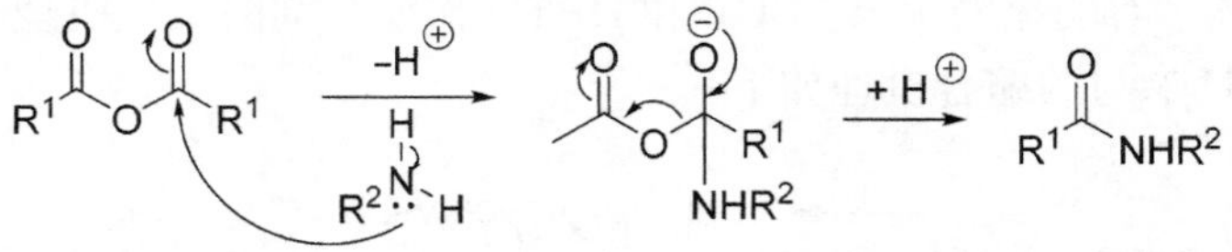

(7-75)

有些混合酸酐具有更强的酰化能力，不仅可用于 *O*-酰化合成酯（见 7.1.3 小节）也可用于合成酰胺。例如，羧酸与对甲苯磺酸的混合酸酐，羧酸与磷酸的混合酸酐以及羧酸与碳酸的混合酸酐等。

混合酸酐法在 β-内酰胺抗生素的合成中应用较多，例如盐酸头孢卡品酯（cefcapene pivoxil hydrochloride）的合成[20]。

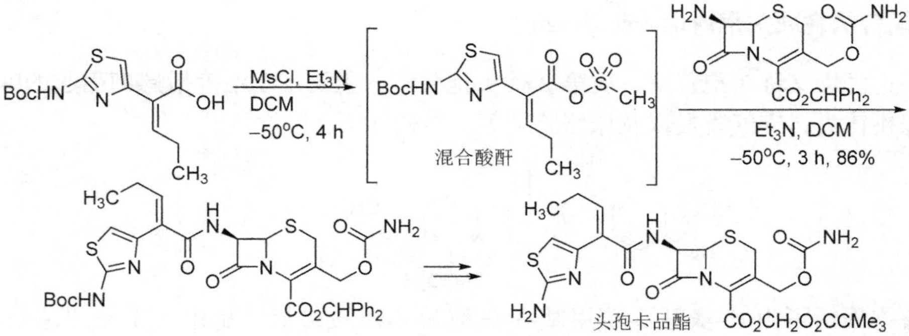

混合酸酐　头孢卡品酯

(7-76)

酰卤的酰化活性高，与胺反应激烈，易发生消旋化。反应中需加入吡啶、三乙胺或其他碱性物质中和反应生成的卤化氢。吡啶还可与酰卤反应，生成活泼的酰基吡啶鎓盐，对反应有促进作用（见 7.1.3 和 7.1.4 小节）。

芳香胺的活性通常较脂肪胺低，用活性强的酰卤可实现芳香胺的酰化，例如[1]：

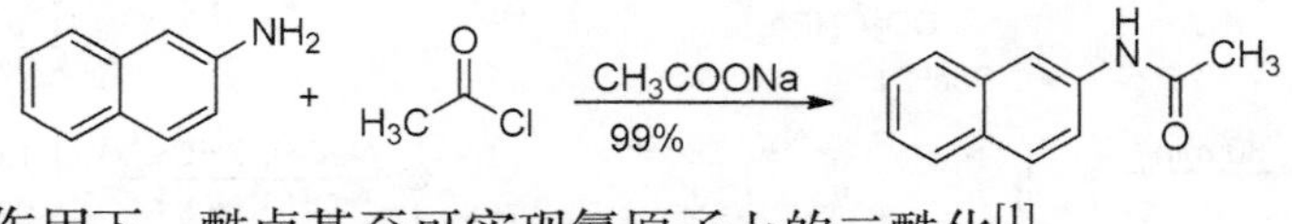

(7-77)

在强碱作用下，酰卤甚至可实现氮原子上的二酰化[1]：

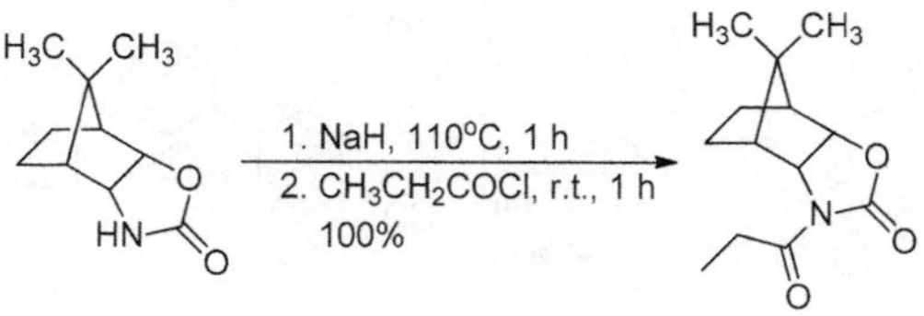

(7-78)

酰卤与胺的缩合在抗生素的合成中也有广泛应用，例如头孢泊肟酯（cefpodoxime proxetil）的合成[20]。

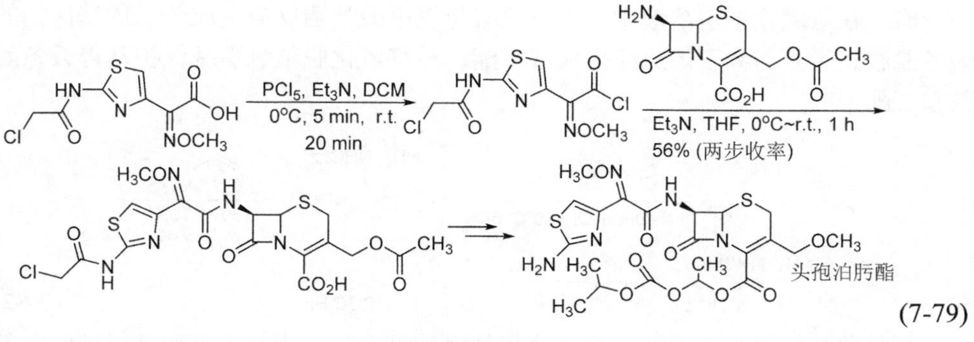

PCl$_5$, Et$_3$N, DCM
0°C, 5 min, r.t.
20 min

Et$_3$N, THF, 0°C~r.t., 1 h
56% (两步收率)

头孢泊肟酯

(7-79)

7.2.3　氨基的保护

由不同的氨基酸合成肽时，通常是一种氨基酸的羧基与另一种氨基酸的氨基缩合成酰胺（肽）键。对于羧基参与反应的氨基酸，对其氨基必须实施保护；否则，就会生成自身缩合产物，降低目标产物的收率，增加产物分离提纯的困难。

往氨基氮原子上引入酰基，烃基或烷氧羰基是保护氨基的常用方法。酰基或烃基保护基相对较稳定，反应结束后脱除保护基相对困难，只有甲酰基、卤乙酰基和三苯甲基等酰基和烃基较易脱去，在肽的合成中可用作氨基的保护基。烷氧羰基易引入，易脱除，是肽合成中重要的氨基保护基。常用的烷氧羰基保护基包括苄氧羰基（Cbz）、叔丁氧羰基（Boc）和芴甲氧羰基（Fmoc）等。

碱存在下，氨基酸与氯甲酸苄酯或苄氧羰基腈反应可生成苄氧羰基保护的氨基酸。

X = Cl 或 CN　碱　溶剂

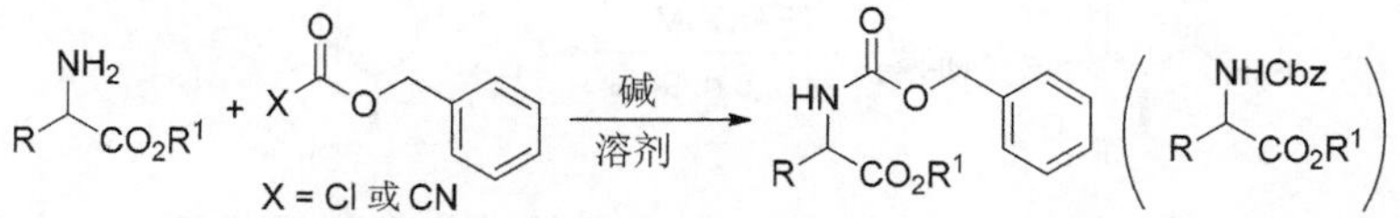

(7-80)

该反应与酰氯和胺缩合成肽的反应类似，属于不饱和碳原子上的亲核取代反应，按加成消除两步机理进行。首先氨基酸的氨基作为亲核试剂与氯甲酸苄酯的羰基发生亲核加成，再消除氯负离子或氰基负离子生成苄氧羰基保护的氨基酸。

苄氧羰基对酸和碱稳定，可在催化加氢的条件下快速脱去。催化加氢脱保护的具体机理尚不十分明确，反应生成甲苯和氨基甲酸，氨基甲酸分解放出二氧化碳得脱保护产物。

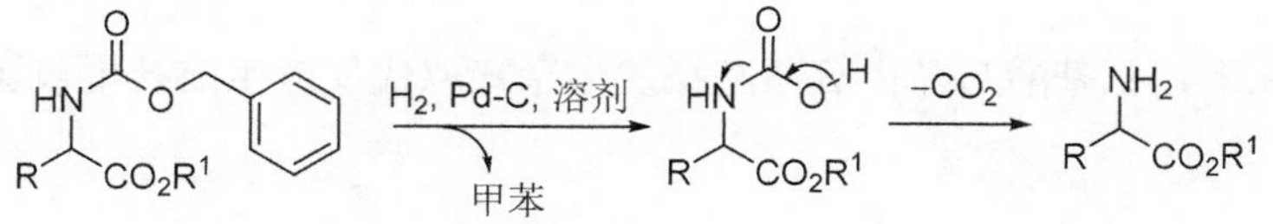

H$_2$, Pd-C, 溶剂　甲苯　$-CO_2$

(7-81)

苄氧羰基保护基的引入和脱除条件温和，选择性高，在氨基酸的保护和肽的合成中应用较多。例如文献在合成天冬酰胺叔丁酯时，采用了苄氧羰基保护氨基的策略。在氢氧化钠水溶液中，天冬氨酸与氯甲酸苄酯反应生成苄氧羰基保护的天冬酰胺，后者与异丁烯反应生成叔丁酯，转移氢化脱苄氧羰基保护基得天冬酰胺叔丁酯 [21]。

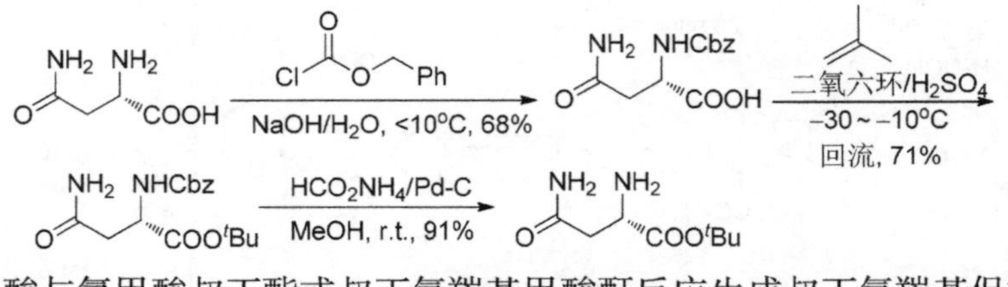

(7-82)

氨基酸与氯甲酸叔丁酯或叔丁氧羰基甲酸酐反应生成叔丁氧羰基保护的氨基酸：

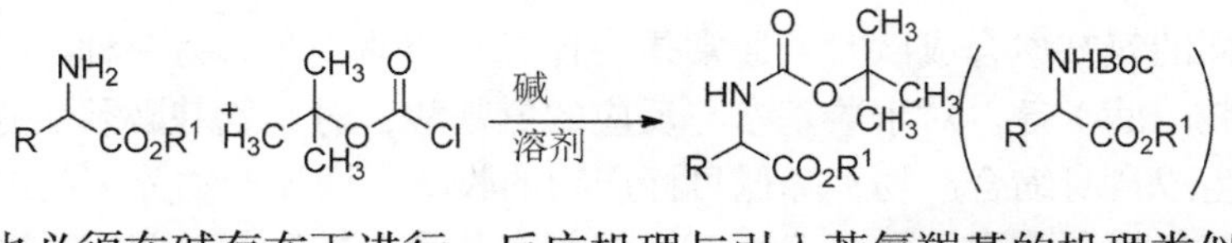

(7-83)

反应也必须在碱存在下进行。反应机理与引入苄氧羰基的机理类似，也是羰基碳原子上的亲核取代反应，氨基酸的氨基氮原子作为亲核原子，先与氯甲酸叔丁酯的羰基发生亲核加成，再脱去氯负离子生成叔丁氧羰基保护的产物。

叔丁氧羰基对催化加氢和碱稳定，易在酸性条件下脱除。常用的脱保护试剂有三氟乙酸（TFA）、氢卤酸等。例如，二肽 Boc-Phe-Phe-NH_2 在二氯甲烷中与 TFA 室温反应 6 h，生成 94%的脱保护产物 H-Phe-Phe-NH_2 TFA[22]。

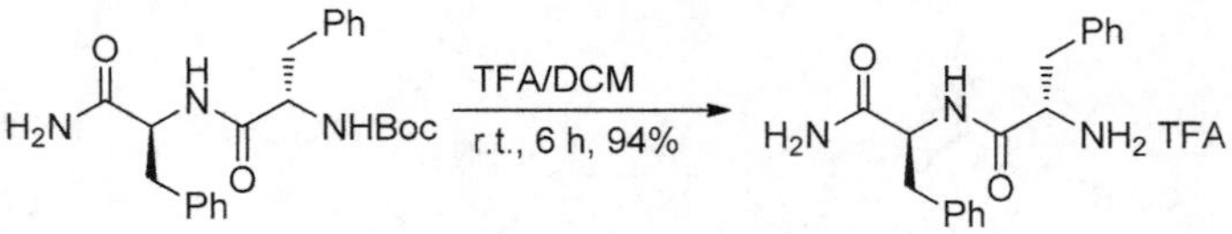

(7-84)

酸催化脱叔丁氧羰基保护基的机理是先在羰基氧上加成质子，接着消除叔丁基正离子生成氨基甲酸，脱二氧化碳得脱保护产物。

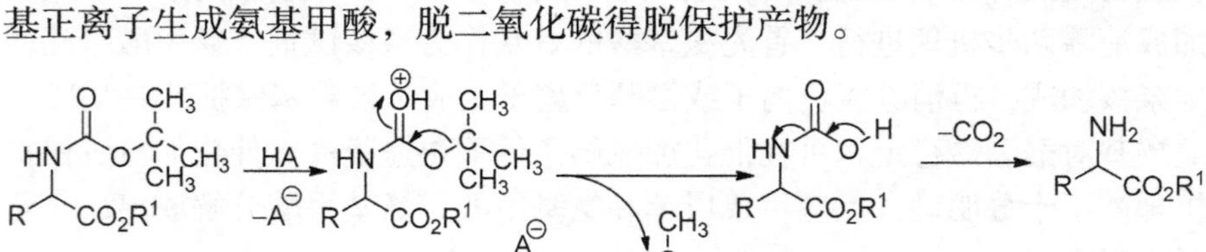

(7-85)

碱存在下，氨基酸与芴甲氧羰酰氯发生亲核取代反应生成芴甲氧羰基保护的氨基酸：

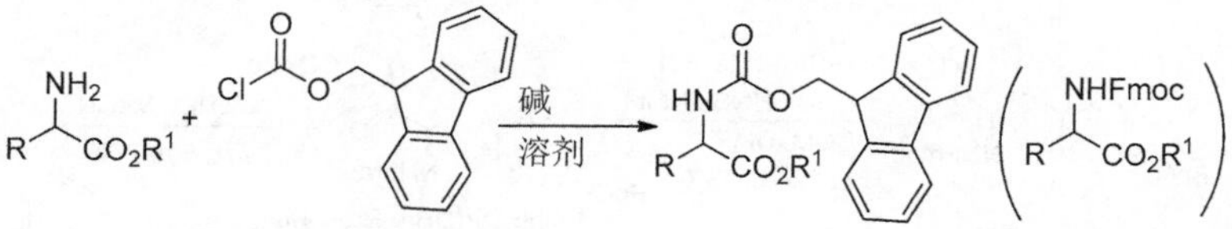

(7-86)

芴甲氧羰基对酸稳定，易在碱性条件下快速脱除。常用的脱保护试剂有二甲胺、吗啉、吡啶等。碱催化脱芴甲氧羰基是消除反应，机理如下：

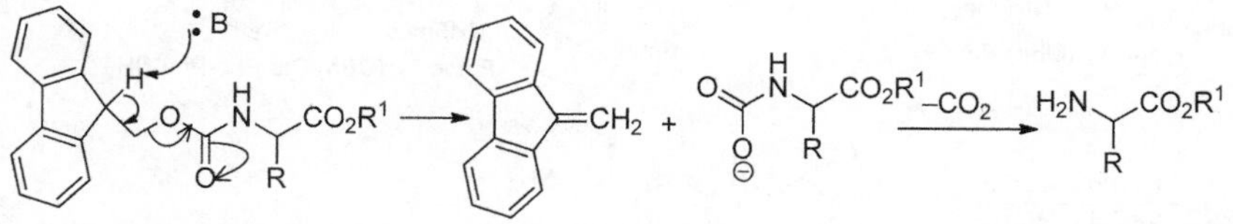

(7-87)

芴甲氧羰基也可在催化加氢的条件下脱去，脱除速度较苄氧羰基慢，延长反应时间可使反应完全。例如，Fmoc-Tyr(Bn)-cAsn(CHPh)-Phe-Phe-NH_2 在 H_2/Pd-C 作用下，室温 8 h 可同时脱去酪氨酸残基氮端的 Fmoc 保护基和侧链的苄醚保护基[22]。

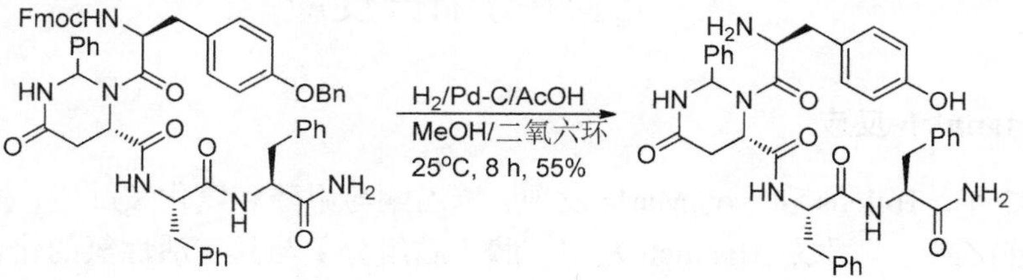

(7-88)

EDCI/HOBt 缩合法合成内吗啡肽-2(endomorphin-2, EM2)

内吗啡肽-2 是 1997 年分离出的μ-阿片受体激动剂，具有潜在的镇痛作用，是由酪氨酸，脯氨酸和苯丙氨酸组成的四肽，结构如下：

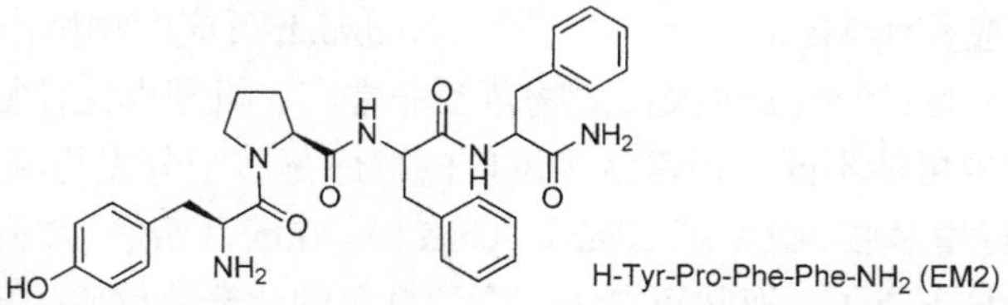

H-Tyr-Pro-Phe-Phe-NH_2 (EM2)

Shi 等[23]以 EDCI/HOBt 为缩合剂，先由芴甲氧羰基保护的酪氨酸与脯氨酸甲酯盐酸盐缩合成二肽 Fmoc-Tyr(OBn)-Pro-OMe，酸催化下脱脯氨酸碳端的甲酯保护基后与二肽 H-Phe-Phe-NH_2 缩合得四肽 Fmoc-Tyr(OBn)-Pro-Phe-Phe-NH_2。催化加氢同时脱去四肽分子中酪氨酸残基上的 Fmoc 和苄醚保护基得目标产物。

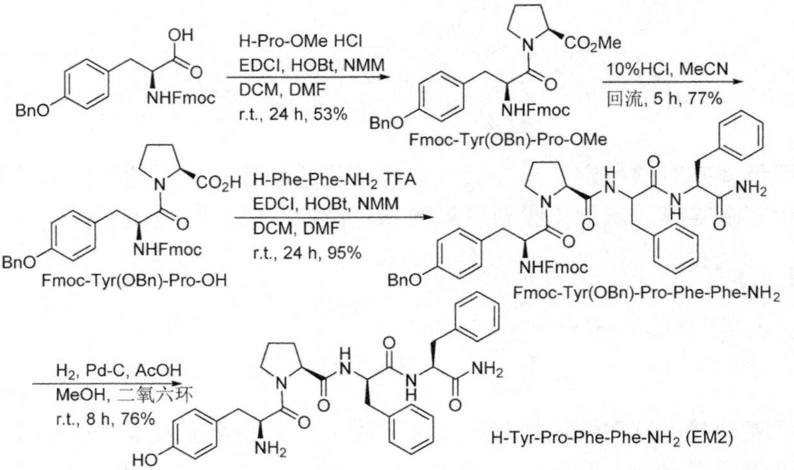

BnO, OH, O, NHFmoc —H-Pro-OMe HCl, EDCl, HOBt, NMM, DCM, DMF, r.t., 24 h, 53%→ N, CO_2Me, O, NHFmoc, BnO, Fmoc-Tyr(OBn)-Pro-OMe —10%HCl, MeCN, 回流, 5 h, 77%→

N, CO_2H, O, NHFmoc, BnO, Fmoc-Tyr(OBn)-Pro-OH —H-Phe-Phe-NH_2 TFA, EDCl, HOBt, NMM, DCM, DMF, r.t., 24 h, 95%→ N, H, N, O, O, H, N, NH_2, O, O, NHFmoc, BnO, Fmoc-Tyr(OBn)-Pro-Phe-Phe-NH_2

—H_2, Pd-C, AcOH, MeOH, 二氧六环, r.t., 8 h, 76%→ N, H, N, O, O, N, H, NH_2, O, O, NH_2, HO, H-Tyr-Pro-Phe-Phe-NH_2 (EM2)

(7-89)

7.3 多组分缩合反应

7.3.1 Mannich 反应

1903 年，Tollens 和 von Marle 发现，苯乙酮与甲醛和氯化铵反应，生成三(2-苯甲酰基)乙胺。不久，Mannich 发现，胺（胺组分）与具有活性氢的化合物（酸组分）和醛（醛组分）之间可按以下通式发生三组分缩合：

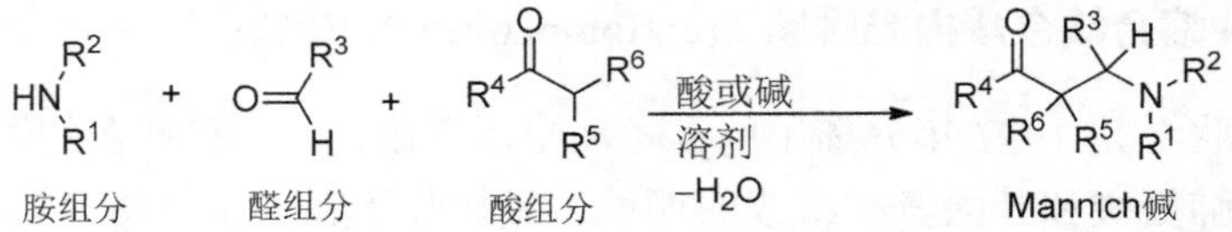

HNR^1R^2 (胺组分) + $O{=}CHR^3$ (醛组分) + $R^4C(O)CHR^5R^6$ (酸组分) —酸或碱, 溶剂, $-H_2O$→ $R^4C(O)CR^5R^6$–CHR^3–NR^1R^2 (Mannich碱)

(7-90)

后来就把这类反应称作 Mannich 反应[13,24,25]。Mannich 反应产物称作 Mannich 碱。

Mannich 反应的三个组分涉及的底物范围非常广，机理也比较复杂。底物不同，条件不同，机理也可能不同。通常认为反应的顺序是胺组分先与醛组分发生羰基的亲核加成，生成羟甲基胺、亚甲基二胺或 Schiff 碱。在酸性条件下，羟甲基胺或 Schiff 碱可能转变成亚胺正离子，亚胺正离子与含活性氢的化合物反应生成缩合产物。

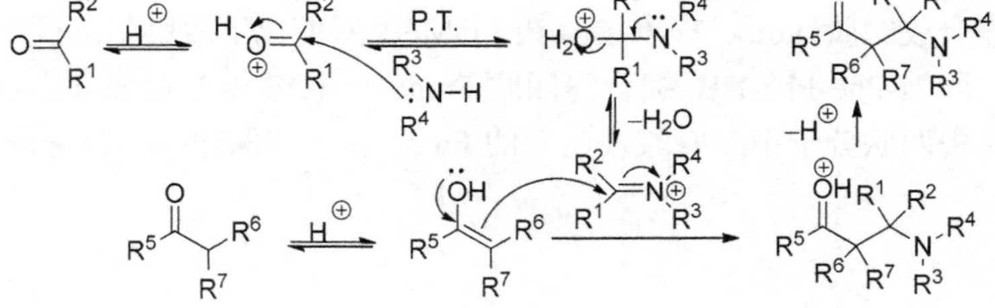

$O{=}CR^1R^2$ ⇌($H^{\oplus}$) $H{-}O^{\oplus}{=}CR^1R^2$ + $:NHR^3R^4$ ⇌(P.T.) $H_2O^{\oplus}{-}CR^1R^2{-}\ddot{N}R^3R^4$ ⇌($-H_2O$) $R^1R^2C{=}N^{\oplus}R^3R^4$

$R^5C(O)CHR^6R^7$ ⇌($H^{\oplus}$) $R^5C(\ddot{O}H){=}CR^6R^7$ → $R^5C({=}O^{\oplus}H)CR^6R^7$–$CR^1R^2$–$NR^3R^4$ →($-H^{\oplus}$) $R^5C(O)CR^6R^7$–CR^1R^2–NR^3R^4

(7-91)

这一机理可以称之为醛胺缩合型机理。不过，醛胺缩合型机理也可能不经由亚胺正离子中间体，而是羟甲基胺或亚甲基二胺直接与酸组分反应生成产物。例如，2,4-二甲基酚与吗啉和甲醛三组分缩合生成相应的 Mannich 碱，对 2,4-二甲基酚为一级反应。如果先由吗啉和甲醛制备亚甲基二吗啉，再与 2,4-二甲基酚反应，不仅反应产物的结构不变，反应的动力学也与三组分直接反应的动力学一致，说明亚甲基二胺（此处为亚甲基二吗啉）可作为 Mannich 反应的中间体[6]。

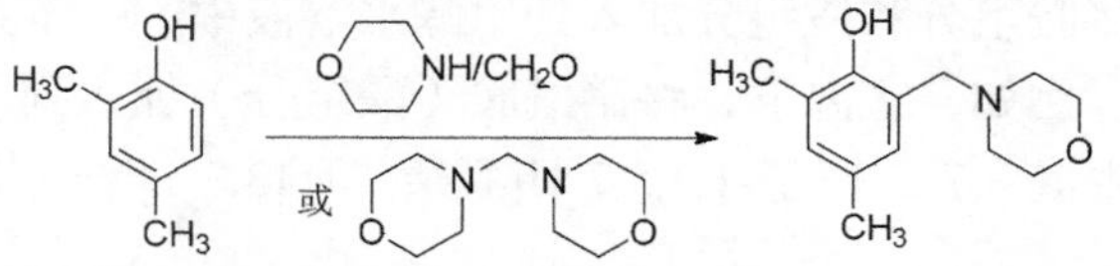

(7-92)

又如，由甲醛，尿素和硝仿合成相应的 Mannich 碱时，先由尿素和甲醛反应生成二羟甲基脲，再与硝仿在无酸催化的条件下反应生成产物。

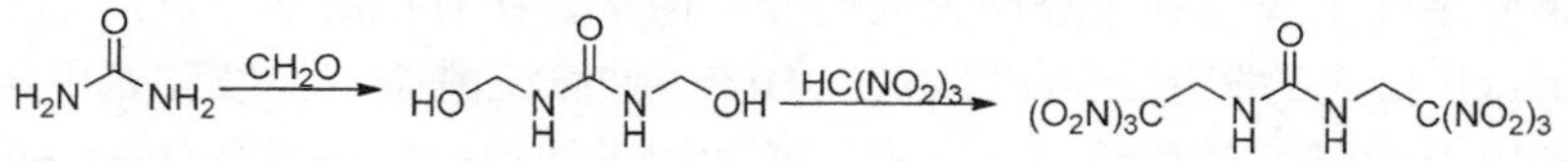

(7-93)

尿素为酰胺，分子中的吸电性羰基不利于亚胺正离子的生成，又没有酸催化，因此不大可能经由亚胺正离子中间体，可能是硝仿先给出质子，使二羟甲基脲的羟基氧质子化，通过 S_N2 反应生成产物：

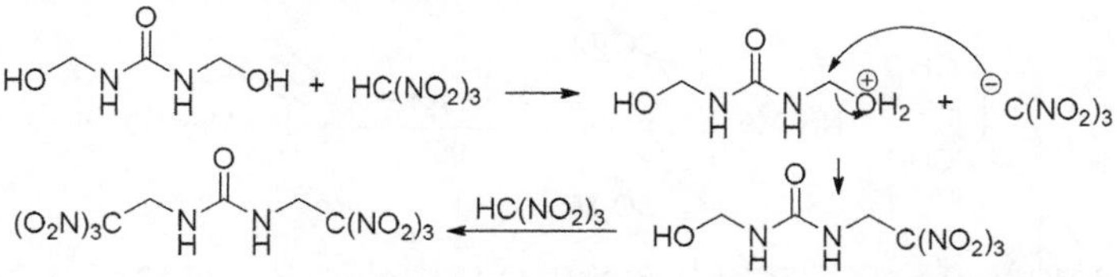

(7-94)

一定条件下，Mannich 反应也可能按羟醛缩合型机理进行，即酸组分先与醛组分发生羟醛缩合反应，再与胺脱水生成产物。例如，由甲醛、硝仿和氨合成相应的 Mannich 碱时，先由甲醛和硝仿通过羟醛缩合制备三硝基乙醇，再与氨反应生成 Mannich 碱。

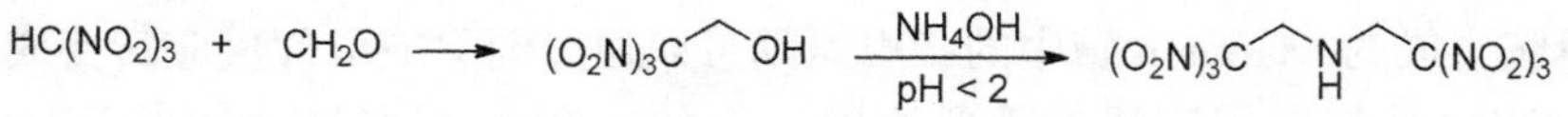

(7-95)

也有人认为这类反应的机理比较复杂，羟醛缩合产物（此处为三硝基乙醇）可能先分解释放出甲醛，甲醛与氨缩合成亚胺正离子，再与酸组分反应生成产物。但是，一定条件下，羟醛缩合型的 Mannich 反应确实存在。例如，亚磺酰胺 **7.51** 与甲醛反应，高产率地生成羟甲基化产物 **7.52**，**7.52** 可在醇钠等强碱存在下与胺组分反应生成相应的 Mannich 碱。由于亚胺正离子是强酸，不可能在强碱条件下生成，因此，反应可能是按 **7.56** 为中间体的羟醛缩合型机理进行的[6]。

7.51 —CH_2O→ 7.52 —NHR_2→

(7-96)

Mannich 反应的醛组分可以是甲醛，脂肪醛或芳香醛。特别是甲醛，活性高，在 Mannich 反应中应用最多。以甲醛作为醛组分的 Mannich 反应一般可以在甲醛水溶液中进行。将胺组分和酸组分加入到甲醛水溶液中，一定条件下，就可析出产物，操作简便。例如，室温下，将硝酰胺（酸组分）加入到甲醛水溶液中，缓慢滴加氨水即可生成 3,7-二硝基-1,3,5,7-四氮杂二环[3.3.1]辛烷（DPT）沉淀[26]。

NH_2NO_2 + CH_2O —NH_3/H_2O, r.t.; pH = 6, 70%→ O_2NN…NNO_2

(7-97)

如果使用聚甲醛或其他醛作为醛组分，通常要在有机溶剂中反应。

Mannich 反应的胺组分可以是氨、伯胺、仲胺或酰胺。伯胺和氨可与 2 分子或 2 分子以上的醛组分和酸组分反应，通常用于结构较复杂或环状 Mannich 碱的合成。例如，1917 年，Robinson 利用甲胺（伯胺）与丁二醛和 3-氧戊二酸的反应一步合成出托品酮，收率 90%。而托品酮的首次合成（1901 年，Willstatter），以环庚酮为原料，需经十多步反应，总收率只有 0.75%。

CHO/CHO + NH_2Me + CO_2M/=O/CO_2M —H_2O, pH = 5; 90%→ NMe=O

(7-98)

利用氨和伯胺可与多个醛组分和酸组分反应的特点，虽然可以合成结构复杂的化合物，也会生成一些不希望的副产物。仲胺只有一个氢原子，只能与 1 分子的醛组分和酸组分反应，产物单一。因此，仲胺是 Mannich 反应中使用最多的胺组分。常用的仲胺包括二甲胺、二乙胺、哌啶、吗啉等。特别是二甲胺，反应活性高，可以与各种类型的醛组分和酸组分反应，在 Mannich 反应中应用更广泛。由二甲胺生成的 Mannich 碱中的二甲氨基可以通过消除或取代反应转变成其他官能团，这也是其应用广泛的重要原因。例如，在 5-羟色胺类镇吐药昂丹司琼（ondansefron）的合成中，由二甲胺与甲醛和相应酸组分反应生成 Mannich 碱 **7.53**，**7.53** 分子中的二甲氨基被 2-甲基咪唑取代得目标产物昂丹司琼：

—CH_2O, $HNMe_2$→ 7.53 (NMe_2) —(2-甲基咪唑)→ 昂丹司琼

(7-99)

2-甲基咪唑取代二甲氨基的反应可能按亲核取代机理进行，也可能为消除加

成机理。

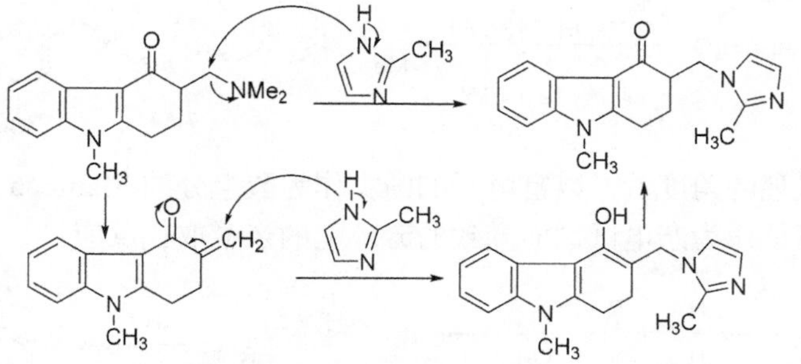

(7-100)

由 N,N,N',N'-四甲基亚甲基二胺可制备 N,N-二甲基亚甲基胺正离子的盐；再与活泼氢化合物反应生成含二甲氨基的 Mannich 碱，利用二甲氨基 Mannich 碱氧化成氧化胺后的 Cope 消除或季铵化后的 Hoffmann 消除可在活泼氢所在位置引入亚甲基，称作 Eschenmoser 亚甲基化反应[27]：

$$Me_2NCH_2NMe_2 \xrightarrow{HI} Me_2\ddot{N}-CH_2-\overset{\oplus}{N}HMe_2\ I^{\ominus} \xrightarrow{HI} Me_2\overset{\oplus}{N}=CH_2\ I^{\ominus} + H_2\overset{\oplus}{N}Me_2 I^{\ominus} \tag{7-101}$$

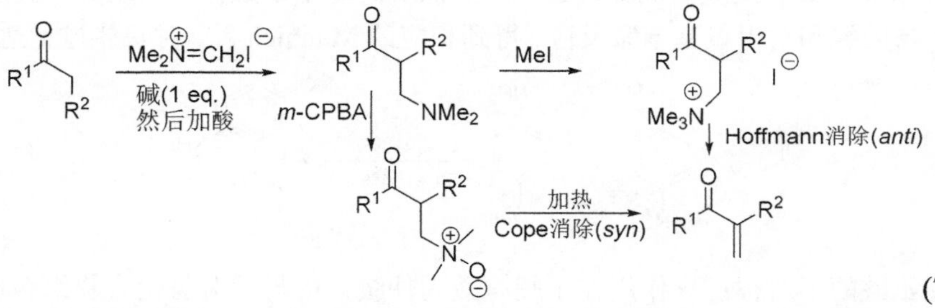

(7-102)

Gregory 等[28] 利用 Eschenmoser 改进的 Mannich 反应在以下薁酮(azulenone)衍生物羰基的α位成功引入了亚甲基。

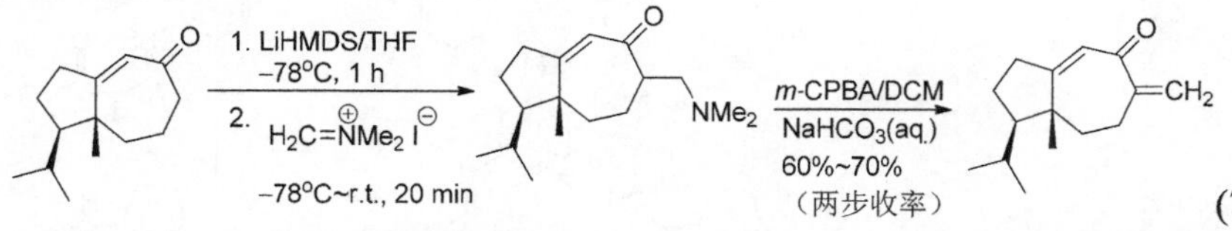

(7-103)

Mannich 反应的酸组分除活泼亚甲基化合物外，也可以是富电子的芳烃或杂芳烃，例如，许多酚类化合物都能参与 Mannich 反应[6]。由酚类化合物合成的 Mannich 碱，分子中同时含有可与金属配位的氧原子和氮原子，作为配体在过渡金属催化的合成反应中广泛应用。Balakrishna 等以 2,4-二叔丁基酚为酸组分，与哌嗪和甲醛缩合生成相应 Mannich 碱 **7.54**，并发现该 Mannich 碱是 Suzuki 和 Heck 偶联反应中钯催化剂的良好配体[29]。朱叶峰等[30]以 **7.54** 为配体，在水溶液中实现了卤代芳烃的铜催化氨化。

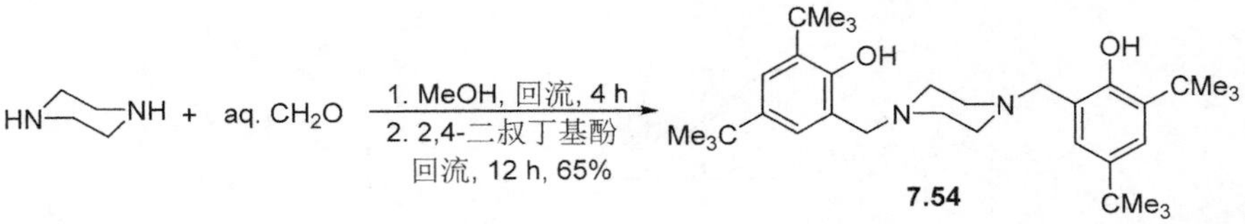

HN NH + aq. CH_2O $\xrightarrow[\text{2. 2,4-二叔丁基酚, 回流, 12 h, 65\%}]{\text{1. MeOH, 回流, 4 h}}$ 7.54

CMe_3, OH, Me_3C, N, N, OH, CMe_3, CMe_3

(7-104)

从反应机理的角度看，以富电子的酚类作为酸组分的 Mannich 反应，实际上就是亚胺正离子作为亲电试剂而导致的芳环上的亲电取代反应：

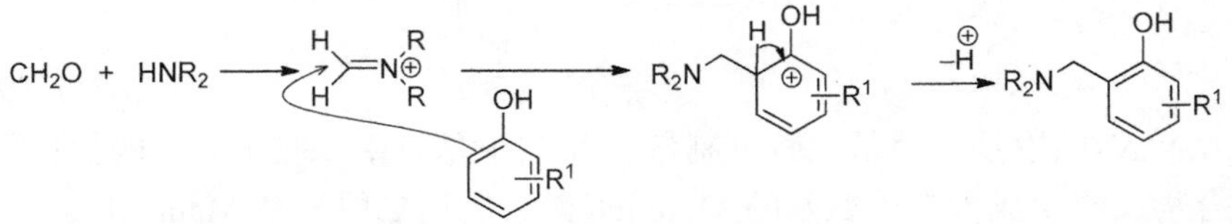

CH_2O + HNR_2 → $H_2C{=}N^{\oplus}R_2$ (+ OH-C$_6$H$_4$-R^1) → R_2N (H, OH, ⊕, R^1) $\xrightarrow{-H^{\oplus}}$ R_2N (OH, R^1)

(7-105)

除甲醛外的所有醛都是潜手性化合物。使用潜手性的醛作为 Mannich 反应的醛组分，将生成具有手性的 Mannich 碱。经典的 Mannich 反应不需外加催化剂，因此难以实现不对称催化。近年来发现，脯氨酸等手性的小分子有机催化剂可诱导不对称 Mannich 反应。例如，List 等[31]以对硝基苯甲醛作为醛组分，在脯氨酸催化下与丙酮和对甲氧基苯胺反应，得到相应的 Mannich 碱，对映体过量达 94%。

丙酮 + 对硝基苯甲醛（NO_2）+ 对甲氧基苯胺（NH_2, OMe）$\xrightarrow[50\%,\ 94\%\ ee]{L\text{-脯氨酸}}$ MeO, NH, O, O_2N

(7-106)

脯氨酸的不对称诱导作用在于脯氨酸为仲胺，可与活泼氢化合物缩合成手性烯胺，手性烯胺与亚胺或亚胺正离子发生对映选择反应[27]：

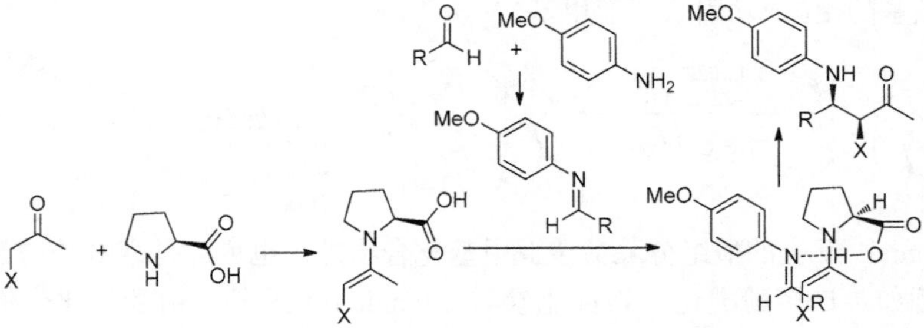

RCHO + MeO-C$_6$H$_4$-NH_2 → MeO-C$_6$H$_4$-N=CH-R

X-CH$_2$COCH$_3$ + L-脯氨酸（NH, O, OH）→ 烯胺（N, OH, O, X）→ MeO, N···H-O, H, X, R, O → MeO, NH, R, X, O

(7-107)

List 等还以乙醛为醛组分，在 20 mol%的脯氨酸催化下，与 *N*-Boc 保护的亚胺反应，实现了双 Mannich 反应，收率和对映选择性均达到 99%[32]。

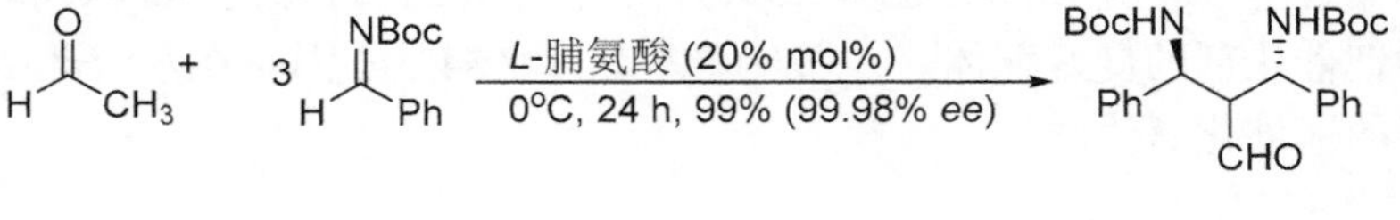

H-CO-CH_3 + 3 PhCH=NBoc $\xrightarrow[0^{\circ}C,\ 24\ h,\ 99\%\ (99.98\%\ ee)]{L\text{-脯氨酸}\ (20\%\ mol\%)}$ BocHN, NHBoc, Ph, Ph, CHO

(7-108)

Fardpour[33]等利用 2-萘酚和 2-氨基苯并噻唑与不同醛之间的一锅三组分 Mannich 反应在无溶剂条件下以高产率进行。

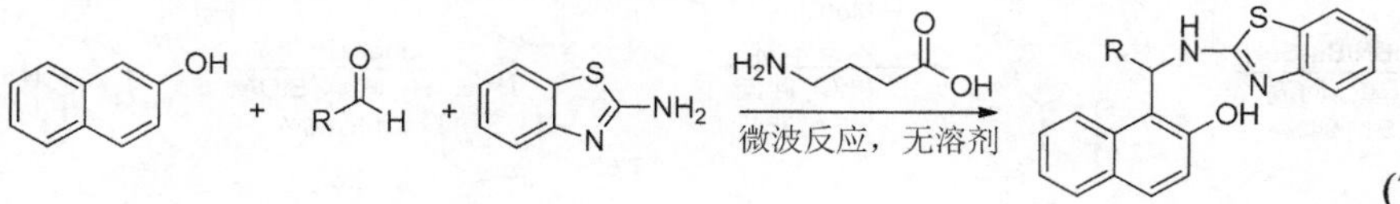

(7-109)

Mannich 反应合成(–)-nakadomarin A

(–)-nakadomarin A 是从海绵中分离出的海洋天然产物，有潜在的抗肿瘤、抗菌等生物活性，结构如下：

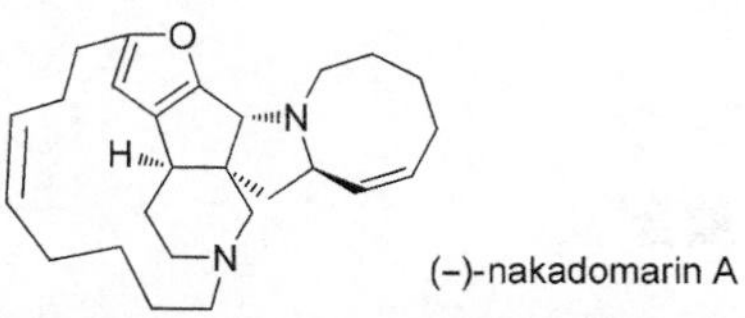

(–)-nakadomarin A

Dixon 等[34]报道了(–)-nakadomarin A 的合成，以硝基烯 **7.55** 和β-羰基酸酯 **7.56** 为原料，在金鸡纳碱衍生的手性胺 **7.57** 的催化下发生不对称 Micheal 加成生成 **7.58**。**7.58** 与甲醛和炔胺 **7.59** 发生 Mannich 反应，生成的 Mannich 碱经内酰胺化得中间体 **7.60**。

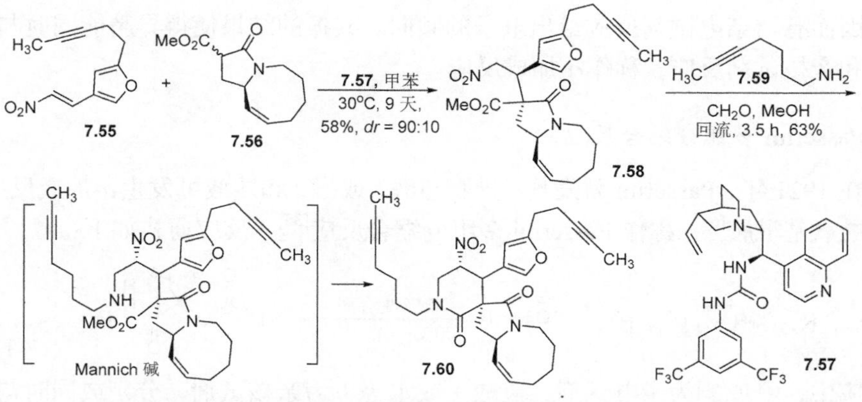

(7-110)

7.60 经自由基机理还原脱硝基得中间体 **7.61**。**7.61** 在 Grela 改进的 Mortreux 催化剂存在下发生二炔的环化复分解生成环炔中间体 **7.62**。Lindlar 催化剂存在下加氢还原 **7.62** 的炔键生成相应的烯烃，再经分子内的羰基还原和呋喃环的还原偶联生成目标产物。

7.60 —AIBN/Bu_3SnH, 甲苯，回流, 3.5 h, 64%→ 7.61 —$Mo(CO)_6$, 2-氟苯酚, PhCl, 回流, 2.5 h, 36%→ 7.62 —Lindlar催化剂, H_2, 喹啉, EtOAc, 1 h, 86%→ —DIBAL-H, 甲苯, –20°C, 2 h, 57%→ —Tf_2O, 2,6-*di*-*t*-BuPy, DCM, r.t., 2.5 h, 然后 $NaBH_4$, MeOH, 0°C~r.t., 30 min, 41%→ [$TfO^{\ominus}$] → (–)-nakadomarin A

(7-111)

7.3.2　异腈参与的多组分缩合

异腈的结构可用共振式表示如下：

$$:\ddot{C}{=}N{-}R \longleftrightarrow :\overset{\ominus}{C}{\equiv}\overset{\oplus}{N}{-}R \tag{7-112}$$

前一个共振式碳原子的价电子层未达到八电子构型，有与亲核试剂反应接受电子的倾向；第二个共振式碳原子的价电子层达到了八电子构型，且碳原子带负电荷，因而有与亲电试剂反应给出电子的倾向。共振的结果使得异腈能同时与亲电试剂和亲核试剂反应，称作α-加成反应。

1. Passerini 多组分缩合反应

早在 1921 年，Passerini 就发现，异腈与醛（或酮）和羧酸可发生α-加成反应，生成α-酰氧基酰胺[6]，称作 Passerini 多组分缩合反应[35]，反应通式如下：

$$R^1COOH + R^2COR^3 + \overset{\ominus}{C}{\equiv}\overset{\oplus}{N}{-}R \xrightarrow[0^{\circ}C\sim r.t.]{\text{非极性溶剂}} R^1COO{-}C(R^2)(R^3){-}CONH{-}R \tag{7-113}$$

反应中，醛或酮为亲电试剂，羧酸（或水等）为亲核试剂，分别或同时与异腈发生α-加成反应，再经酰基迁移生成缩合产物α-酰氧基酰胺，可能的机理如下：

$R^3C(O)R^2$ —$\overset{\ominus}{C}{\equiv}\overset{\oplus}{N}{-}R$→ $R^2R^3C(O^{\ominus}){-}C{\equiv}\overset{\oplus}{N}{-}R$ + $HOC(O)R^1$ → $R^3R^2C(OH){-}C(OCOR^1){=}N{-}R$ → $R^1COO{-}C(R^2)(R^3){-}CONH{-}R$

(7-114)

至今，Passerini 多组分反应在合成中仍有重要应用。例如，Timothy 等在丝氨酸蛋白酶抑制剂 eurystatin 的合成中利用 Passerini 多组分反应合成了其中间体[36]。

DCM, 0°C ~ r.t.; 3~5 d, 80%

(7-115)

2010 年，Julien [37]研究了用氧气分子作为末端氧化剂催化好氧氧化醇的 Passerini 三组分反应，在催化需氧条件下，Passerini 三组分反应中使用醇代替醛。在氯化铜，$NaNO_2$ 和 TEMPO 存在下，在甲苯中混合醇、异氰化物和羧酸，在氧气气氛下，以良好的收率得到加合物。

$$R^1CH_2OH + R^2NC + R^3COOH \xrightarrow[\substack{NaNO_2\ (15\ mol\%) \\ 氧气气氛,\ 甲苯,\ r.t.}]{\substack{CuCl_2(15\ mol\%) \\ TEMPO(15\ mol\%)}} R^1CH(OCOR^3)CONHR^2 \tag{7-116}$$

2. Ugi 多组分缩合反应

1962 年，Ugi 报道了首个基于异腈的四组分缩合反应[13, 38-40]。Ugi 四组分缩合反应是在 Passerini 三组分反应体系中加入胺，使异腈与亲核试剂，醛（或酮）和胺发生缩合，生成酰胺衍生物，称作 Ugi 多组分缩合反应。以羧酸作亲核试剂产物为α-酰氨基烷基酰胺，反应通式如下：

$$R^1\text{-}NH_2 + R^2COR^3 + \overset{\ominus}{C}\equiv\overset{\oplus}{N}\text{-}R \xrightarrow{R^4COOH} R^4CON(R^1)CR^2R^3CONHR \tag{7-117}$$

Ugi 多组分缩合的机理与 Passerini 多组分缩合的机理类似，也是基于异腈与亲电试剂和亲核试剂的α-加成反应。与 Passerini 多组分缩合不同的是，Ugi 多组分缩合的亲电试剂不是醛或酮，而是由醛或酮与胺缩合生成的亚胺正离子，反应机理如下：

$-H_2O$; R^4CO_2H; $-R^4CO_2^{\ominus}$

(7-118)

Ugi 反应的底物中，羧酸、醛（或酮）和胺的商品化试剂品种多，性质稳定，价格低廉，易获得。底物异腈稳定性相对较差，商品化试剂少，不易获得，往往需要临时合成。

Ugi 反应中，异腈转变成产物中的酰胺部分，由不同的异腈可以得到不同的酰胺。由于异腈商品化程度不高，制备也比较困难，一定程度上限制了 Ugi 反应产物的多样性。为了拓展 Ugi 反应的应用，除了开发更简便的异腈制备方法外，Ugi 反应产物的官能化也是一条行之有效的途径。基本思路就是设法水解 Ugi 反应产物的酰胺键，使其转变成羧酸或羧酸酯，再与不同的胺缩合就可以得到不同的酰胺。此外，酰胺键水解成羧酸也是通过 Ugi 反应合成α-氨基酸的必需步骤。遗憾的是，酰胺键通常很稳定，需要剧烈的条件才能水解。

1995 年，Armstrong 等发现，1-环己烯基异腈与乙酸，苯甲醛和对甲氧基苯胺缩合生成 *N*-环己烯基酰胺[41]。

CN + PMB−NH$_2$ + CHO —— CH_3CO_2H / MeOH, r.t., 12 h ——→ Ph, O, N, H, PMB, N, O, CH_3

(7-119)

与普通酰胺难以水解不同，酸催化下，*N*-环己烯基酰胺很容易经由五元环状中间体 **7.63** 水解成相应的羧酸。

Ph, O, N, H, PMB, N, O, CH_3 —— HCl/THF / r.t., 12 h ——→ Ph, O, ⊕, N, H, PMB, N, O, CH_3 ——→ Ph, O, PMB, N, ⊕, O, CH_3, **7.63** —— H_2O ——→ PMB, O, H_3C, N, OH, O, Ph, 83%

(7-120)

羧酸与各种胺缩合，可以合成出所希望的酰胺，相当于由 1-环己烯基异腈可以合成出各种不同的酰胺。因此，1-环己烯基异腈也被称为可转化异腈。

N-环己烯基酰胺在水解过程中产生的五元环中间体 **7.63** 容易脱去羰基α位（同时也是苄位和亚胺正离子的α位）的活泼氢，形成 1,3-偶极体，加入亲偶极试剂捕获，脱二氧化碳后生成吡咯衍生物，这一发现将 Ugi 反应的应用拓展到杂环的合成中[6]。

7.63 ——→ Ph, ⊖, O, PMB, N, ⊕, O, CH_3 —— MeO_2C—≡—CO_2Me / PhMe, 110°C ——→ PMB, N, MeO_2C, Ph, O, MeO_2C, H_3C, O —— $-CO_2$ ——→ MeO_2C, CO_2Me, H_3C, N, Ph, PMB

(7-121)

相继的研究发现，除 1-环己烯基异腈外，4-取代-1-环己烯基异腈，硝基取代的苯基异腈等异腈衍生的 Ugi 缩合产物也很容易发生酰胺键的水解，可作为可转化异腈使用。相较于 1-环己烯基异腈，4-取代-1-环己烯基异腈和硝基取代的苯基异腈更稳定，操作更方便。

Ugi 反应对羰基化合物组分和酸组分没有特殊要求。醛和酮都可以作为羰基化合物组分参与 Ugi 反应。氨基酸、羰基酸等取代羧酸都可以作为酸组分参与 Ugi 反应。对胺组分的要求必须是伯胺，仲胺和叔胺不能参与 Ugi 反应。

Ugi 反应的酸组分在反应中实际上起亲核试剂的作用，除羧酸衍生物外，很多具有亲核性的试剂都能参与 Ugi 反应。例如叠氮根离子、氰酸根离子、硫氰酸根离子等[6]。用这些亲核试剂代替羧酸参与反应，可以得到四唑、咪唑酮等杂环化合物，例如[42]：

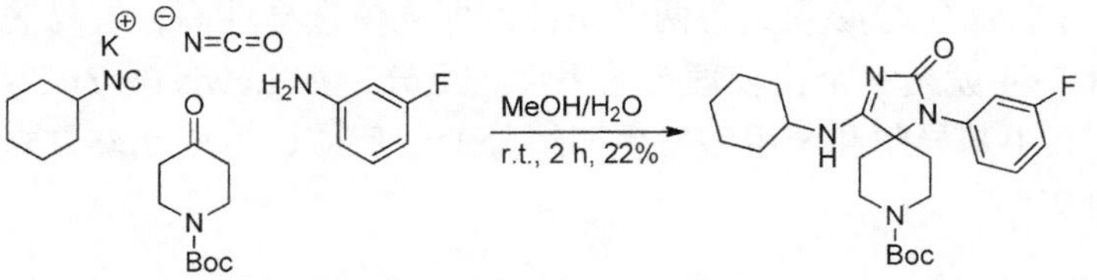

$$\text{MeOH}/H_2O,\ \text{r.t., 2 h, 22\%} \quad (7\text{-}122)$$

在分子中适当的位置同时含有氨基和羧基、羰基和羧基、异氰基和羧基或异氰基和氨基的双官能团化合物也能作为 Ugi 反应的底物。通过这些带双官能团的底物的 Ugi 反应往往可以一步合成出结构复杂的杂环化合物。例如，同时含有氨基和羧基的β-氨基酸与异腈组分和醛（或）酮组分的 Ugi 反应可合成β-内酰胺衍生物[6]。

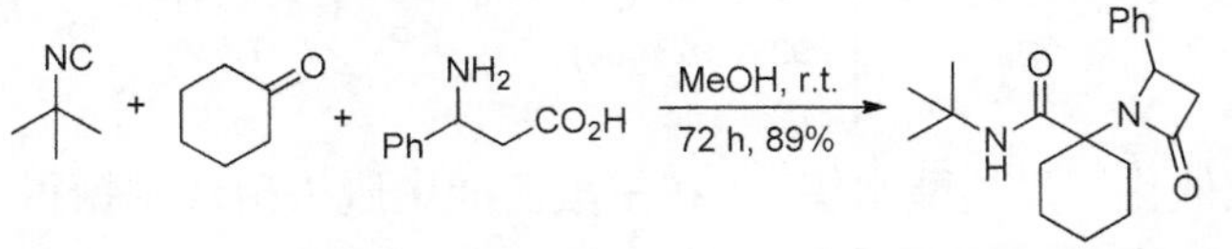

$$\text{MeOH, r.t., 72 h, 89\%} \quad (7\text{-}123)$$

Sureshbabu 等[43]由β-氨基酸与甲醛和 Fmoc 保护的氨基异腈合成了一系列具有β-内酰胺结构的肽类似物，例如：

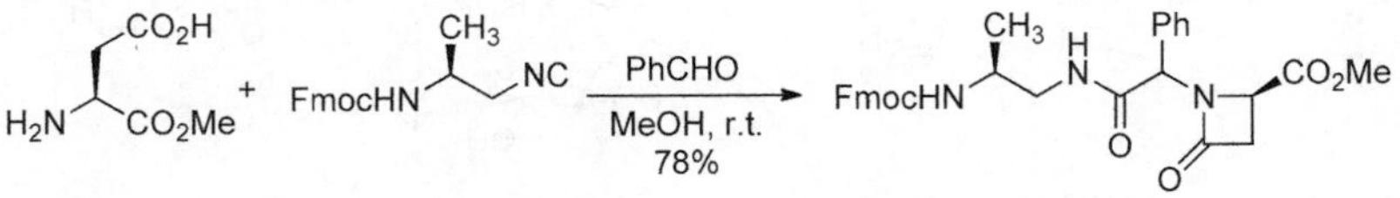

$$\text{PhCHO, MeOH, r.t., 78\%} \quad (7\text{-}124)$$

1998 年，Bienaymé 等[44]、Blackburn 等[45]和 Groebke 等[46]几乎同时发现，2-氨基吡啶与醛形成的亚胺可与异腈发生α-加成，生成咪唑稠合的稠环化物。α-加成反应中，亚胺的碳原子为亲电试剂，吡啶环上的氮原子则为亲核试剂。因此，2-氨基吡啶在反应中起到了胺组分和酸组分的双重作用。2-氨基吡啶参与的这类 Ugi 反应现在也称作 Bienaymé-Blackburn-Groebke 反应。例如[44]：

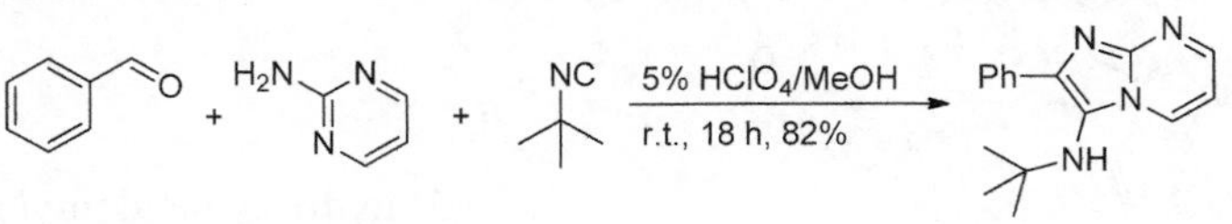

$$5\%\ HClO_4/\text{MeOH},\ \text{r.t., 18 h, 82\%} \quad (7\text{-}125)$$

如果 Ugi 反应的酸组分是氨基酸或多肽片段的羧基，异腈组分是由氨基酸或多肽片段的氨基衍生出来的，以 NH_3 作为胺组分，通过 Ugi 反应就可以用一个新生成的氨基酸将两个氨基酸或多肽片段连接起来，称作四组分多肽合成。但是，NH_3 参与的 Ugi 反应收率通常较低。为解决这一问题，通常采用伯胺 RNH_2 来代替 NH_3 参与反应，反应结束后再除去产物中来自于胺组分的烃基 R。由于苄基比较容易除去而常用于四组分多肽合成。

不对称 Ugi 反应在氨基酸和多肽的合成中极为重要。研究发现，手性的酸组分、醛组分或异腈组分都不能有效地诱导不对称 Ugi 反应。诱导不对称 Ugi 反应最有效的手段是使用手性的胺组分。因此，利用 Ugi 反应立体选择性地合成氨基酸或多肽，手性胺组分必须具备两个条件，即立体选择性高，容易脱去。硫代氨基吡喃木糖 **7.64** 就是一个比较理想的手性胺组分，在 Lewis 酸 $ZnCl_2$ 存在下 **7.64** 与叔戊醛、叔丁基异腈和苯甲酸发生四组分 Ugi 反应，生成 **7.65**，立体选择性和产率均达到 92%[47]。

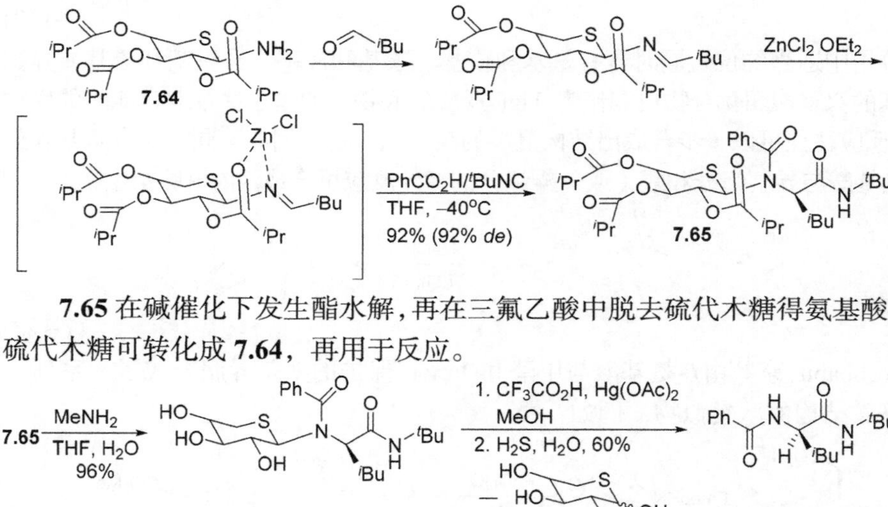

(7-126)

7.65 在碱催化下发生酯水解，再在三氟乙酸中脱去硫代木糖得氨基酸衍生物。硫代木糖可转化成 **7.64**，再用于反应。

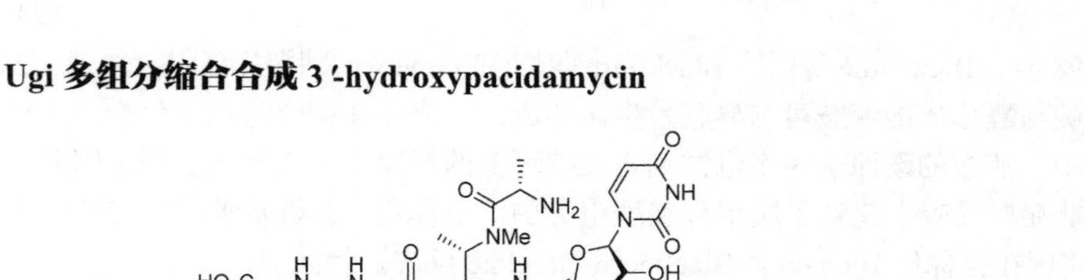

(7-127)

Ugi 多组分缩合合成 3′-hydroxypacidamycin

3′-hydroxypacidamycin

3′-hydroxypacidamycin 是 1989 年从天蓝淡红链霉菌（*Streptomyces coeruleorubidus* AB 1183F-64）分离得到的肽类抗生素。Ichikawa 等[48]研究了其合成，拟由脲二肽 **7.66**、α-氨基醛 **7.67**、异腈 **7.68** 和 2,4-二甲氧基苄胺（可除去的胺）四组分的 Ugi 缩合反应合成目标化合物的核心结构。

室温下，将事先制备的脲二肽 **7.66**、α-氨基醛 **7.67**、异腈 **7.68** 和 2,4-二甲氧基苄胺加入乙醇中反应 48 h，得到两种立体异构的 Ugi 缩合产物 **7.69** 和 **7.70**，收率分别为 33%和 30%。

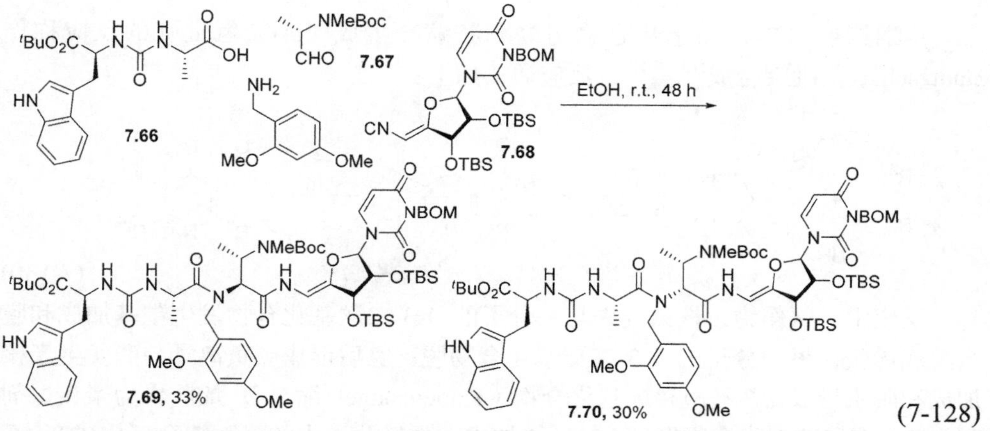

(7-128)

7.69 与三氟乙酸反应，脱去分子中的 Boc 保护基，再在缩合剂 HATU 作用下，与 Boc 保护的 *L*-丙氨酸缩合形成肽键，最后脱去分子中的所有保护基得目标产物。

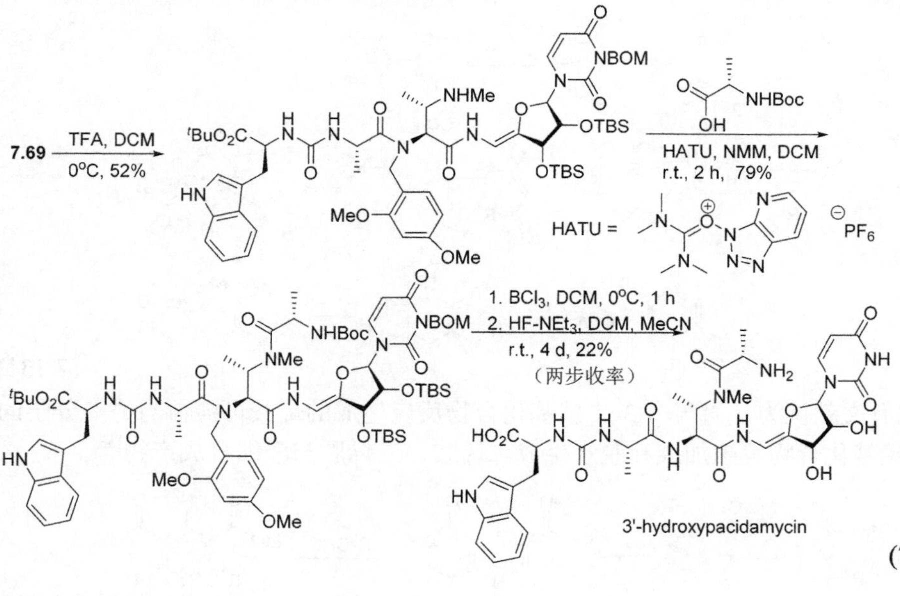

(7-129)

7.3.3　活泼亚甲基化合物参与的多组分缩合

1,3-二羰基化合物、氰乙酸酯、丙二腈等活泼亚甲基化合物分子中亚甲基上的氢 pK_a值通常小于 11，有较强的酸性，能在温和条件下参与一些重要的缩合反应，在杂环化合物合成中有重要应用。

1. Hantzsch 二氢吡啶合成

β-酮酯或 1,3-二羰基化合物与醛和胺缩合生成 1,4-二氢吡啶的反应称作 Hantzsch 二氢吡啶合成[13, 49-52]，反应通式如下：

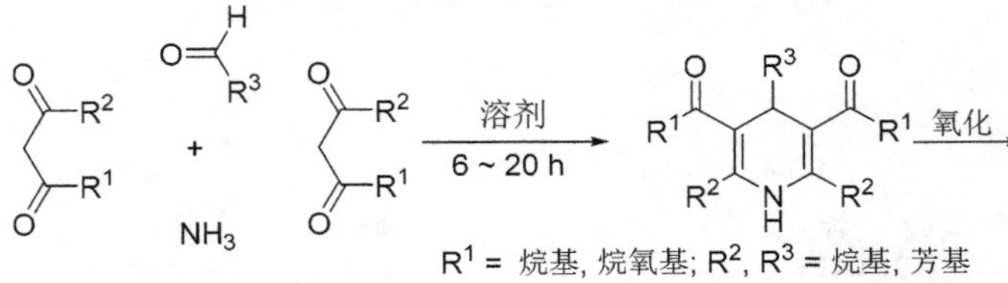

溶剂 6 ~ 20 h；氧化

R^1 = 烷基, 烷氧基; R^2, R^3 = 烷基, 芳基

(7-130)

反应中，氨作为亲核试剂先与一分子的 1,3-二羰基化合物发生羰基加成和脱水生成烯胺；另一分子的 1,3-二羰基化合物脱α-氢后形成碳负离子与醛发生亲核加成和脱水形成α,β-不饱和羰基化合物（Knoevenagel 缩合）；烯胺作为亲核试剂与α,β-不饱和羰基化合物发生 Michael 加成，再经分子内的醛胺缩合环化成产物，机理如下[13]：

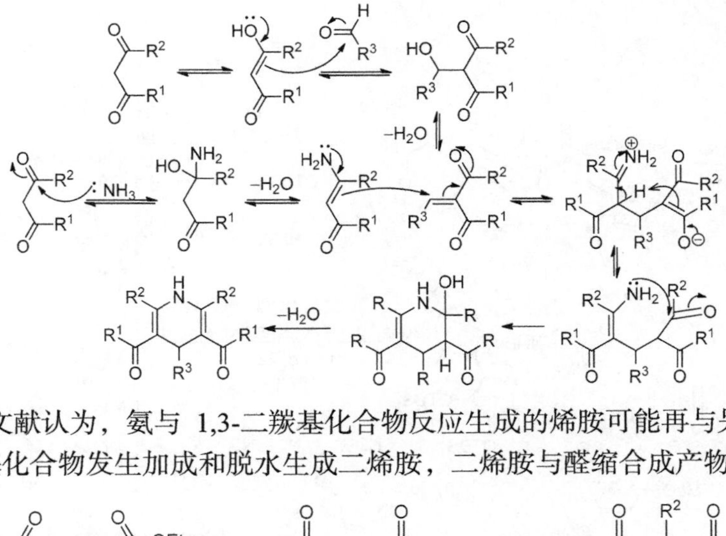

(7-131)

也有文献认为，氨与 1,3-二羰基化合物反应生成的烯胺可能再与另一分子的 1,3-二羰基化合物发生加成和脱水生成二烯胺，二烯胺与醛缩合成产物[53]。

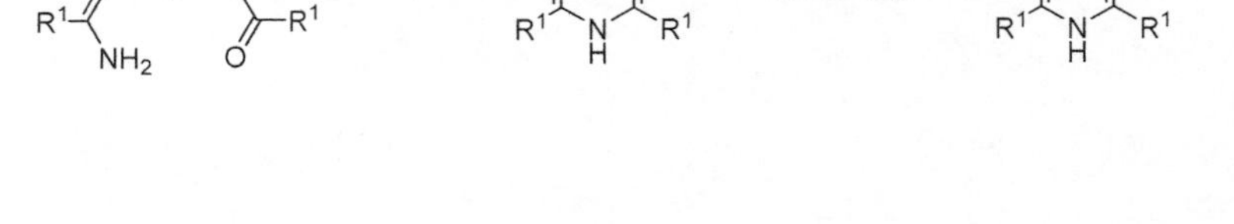

R^2CHO

(7-132)

另一种可能的机理是 1,3-二羰基化合物与 Knoevenagel 缩合产物发生 Micheal 加成，生成 1,5-二羰基化合物，再与氨经加成和脱水生成产物[53]。

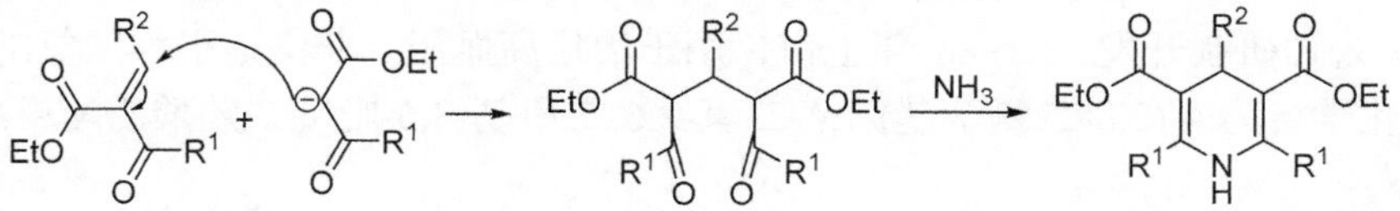

(7-133)

实际的反应机理可能与反应条件和底物结构有关，例如，三氟乙酰乙酸乙酯与苯甲醛和氨缩合得到二羟基六氢吡啶衍生物 **7.71**，反应可能经由 1,5-二羰基化合物[53]。

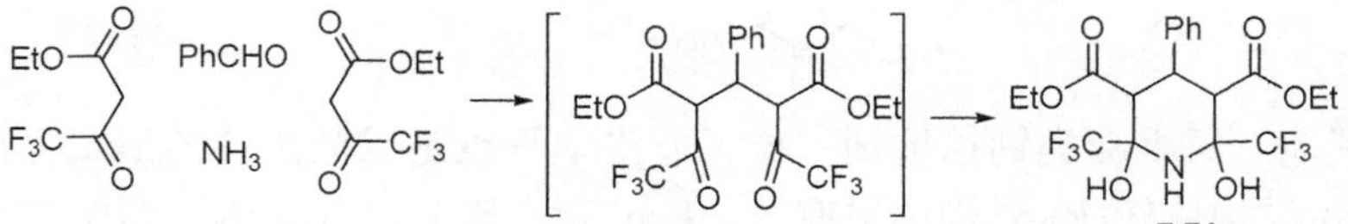

(7-134)

各种脂肪醛、芳香醛以及糖醛都能用于 Hantzsch 二氢吡啶合成。活泼亚甲基化合物包括乙酰乙酸乙酯和 1,3-二酮及其衍生物。也可以使用两种不同的活泼亚甲基化合物进行交叉缩合，例如[52]：

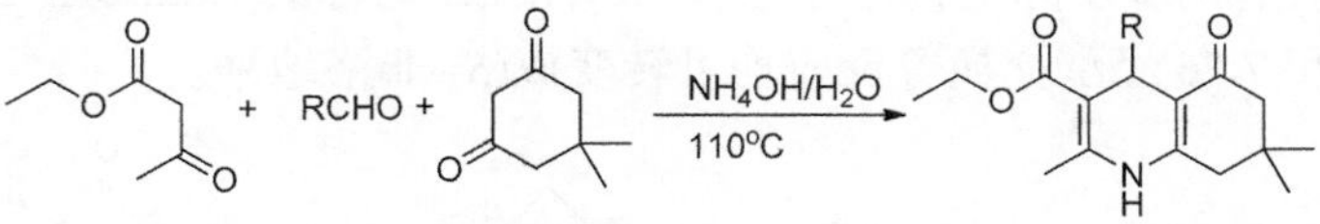

(7-135)

由于二氢吡啶结构单元在药物和天然产物中非常普遍，近年来，关于 Hantzsch 二氢吡啶合成反应的研究受到广泛关注，发展了一些类 Hantzsch 反应（Hantzsch-type reaction）。例如，以萘胺作为胺组分，与二甲酮和芳醛反应可生成吖啶酮衍生物[54]。

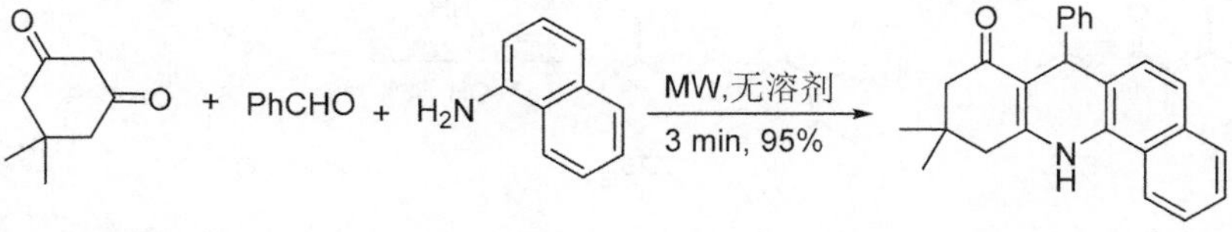

(7-136)

又如，5-氨基吡唑作为胺组分与芳醛和嘧啶三酮反应，生成二氢吡啶衍生物 **7.72**[52]。

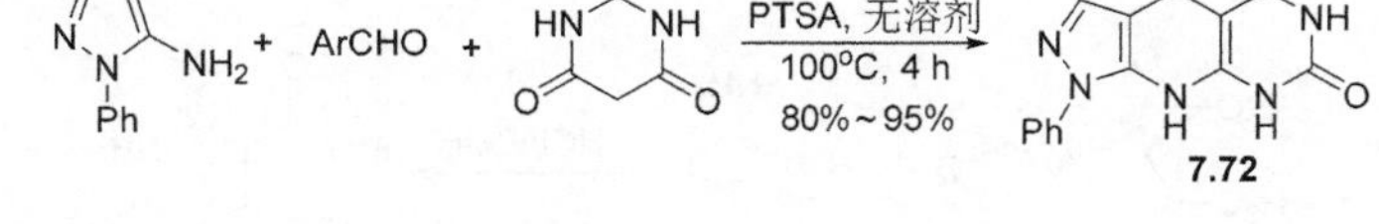

(7-137)

Hantzsch 二氢吡啶合成法合成(*S*)-非洛地平

非洛地平（felodipine）是钙拮抗剂（钙离子通道阻滞剂），由瑞典阿斯特拉（Astra）公司研制开发，1988 年上市，用于治疗高血压。非洛地平为二氢吡啶衍生物，化学名为 4-(2,3-二氯苯基)-1,4-二氢-2,6-二甲基-3,5-吡啶二羧酸乙酯甲酯，结构如下：

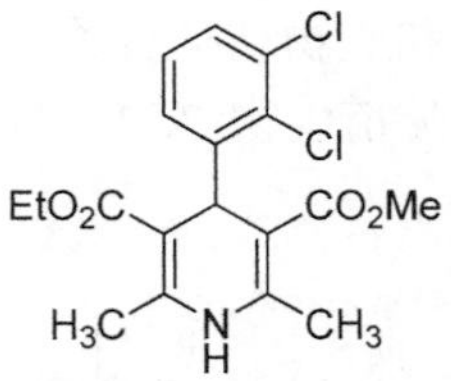

非洛地平

和其他二氢吡啶类钙拮抗剂一样，非洛地平也是以消旋体的形式上市的。实际上，(*S*)-异构体较(*R*)-异构体更有效。Lee 等[55]基于 Hantzsch 二氢吡啶合成反应发展了一条合成(*S*)-异构体的路线。以(*R*)-缩水甘油为原料，经四氢吡喃醚保护，硫代苯酚开环，与双乙烯酮反应生成 **7.73**。**7.73** 作为活泼亚甲基化合物先与 2,3-二氯苯甲醛发生 Knoevenagel 缩合，缩合产物再与烯胺 **7.74** 发生反应生成异构体 **7.75** 和 **7.76**。后两步实际上就是经由 Knoevenagel 缩合的 Hantzsch 二氢吡啶合成反应。**7.75** 和 **7.76** 经酯交换等反应均可转变成(*S*)-非洛地平。

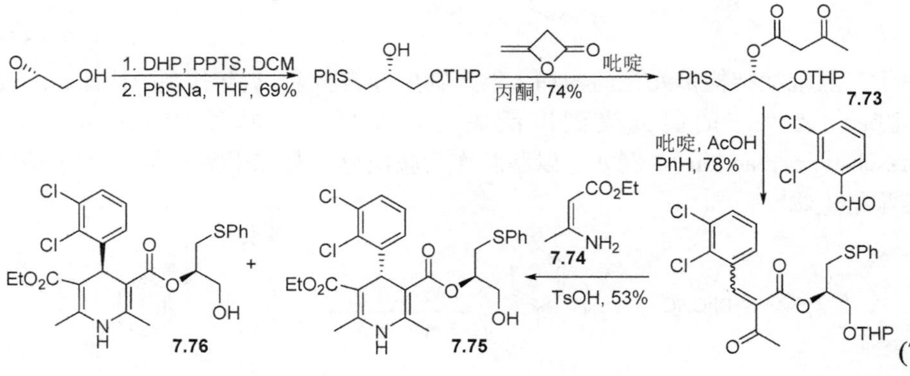

1. DHP, PPTS, DCM
2. PhSNa, THF, 69%
吡啶
丙酮, 74%
7.73
吡啶, AcOH
PhH, 78%
7.74
TsOH, 53%
7.76
7.75

(7-138)

2. Biginelli 反应

1893 年，Biginelli 发现，乙酰乙酸乙酯与芳香醛和脲在含酸乙醇中回流反应生成嘧啶酮衍生物[13]。

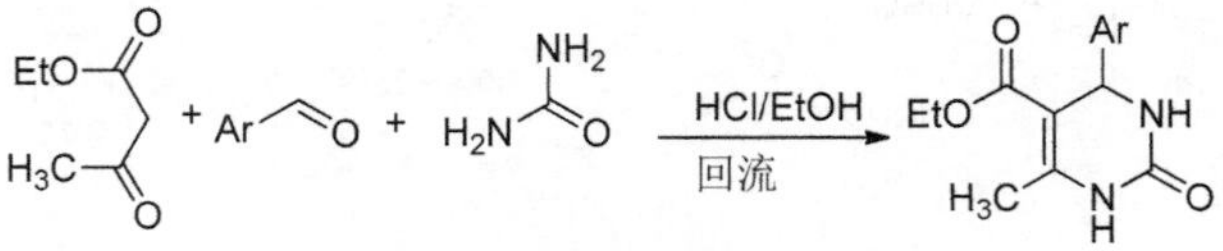

HCl/EtOH
回流

(7-139)

后来，就把 1,3-二羰基化合物与醛和脲或硫脲缩合生成嘧啶衍生物的反应称作 Biginelli 反应[13, 56, 57]，反应通式如下：

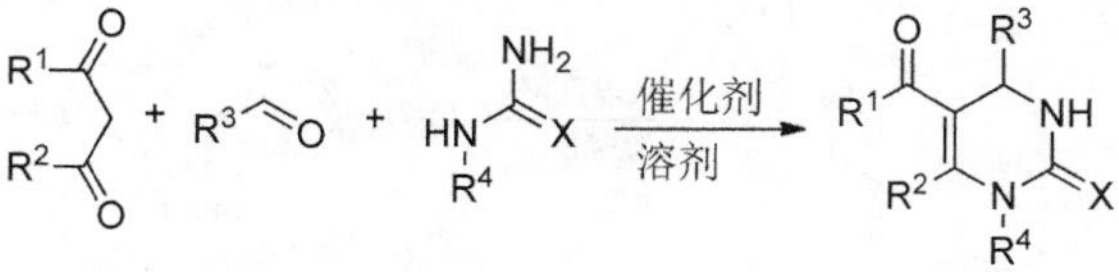

(7-140)

Biginelli 反应是较早发现的多组分缩合反应。反应中，脲先与醛发生醛胺缩合生成亚胺正离子，由 1,3-二羰基化合物衍生的碳负离子作为亲核试剂与亚胺正离子发生亲核加成，加成中间体经分子内的醛胺缩合生成嘧啶衍生物[27]：

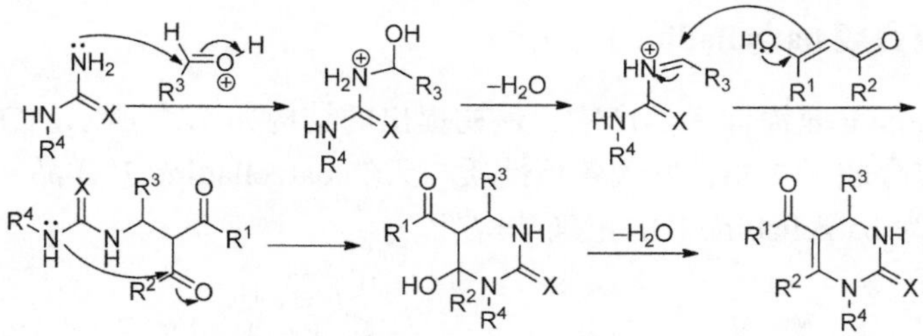

(7-141)

Biginelli 反应通常在含少量催化剂的乙醇或 THF 等溶剂中回流条件下进行。所用催化剂除盐酸外，也可以是 H_2SO_4、TsOH 等质子酸，或 $BF_3 \cdot OEt_2$、$FeCl_3$、$Yb(OTf)_3$ 等 Lewis 酸以及酸性离子液体等。例如，Dondoni 等[58]以 Lewis 酸 $Yb(OTf)_3$ 为催化剂，由乙酰乙酸乙酯，间羟基苯甲醛和硫脲间的 Biginelli 反应一步合成了 monastrol，该化合物是从 16320 种小分子组成的化合物库中筛选得到的，能抑制哺乳动物细胞分裂。

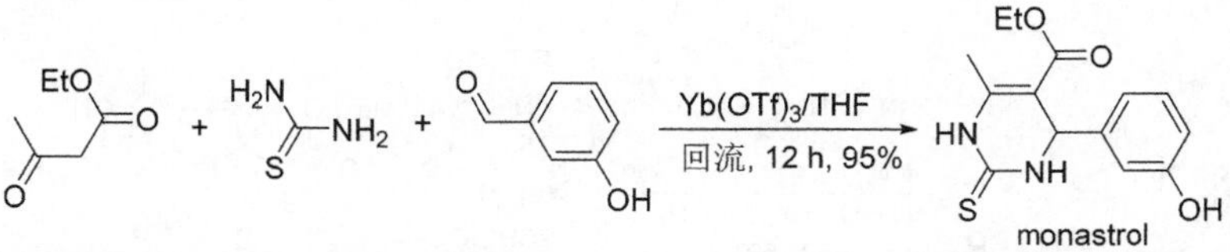

(7-142)

脂肪醛、芳香醛和杂芳香醛都能参与 Biginelli 反应，不过脂肪醛或位阻大的芳香醛参与的反应收率可能会低一些。活泼亚甲基化合物可以是 1,3-二酮、乙酰乙酸酯或乙酰乙酰胺类化合物。例如，Kumar 等[59]以乙酰乙酰胺为原料。经 Biginelli 反应合成了一些酰胺基嘧啶衍生物，发现其中的一些具有显著的抗癌活性。例如：

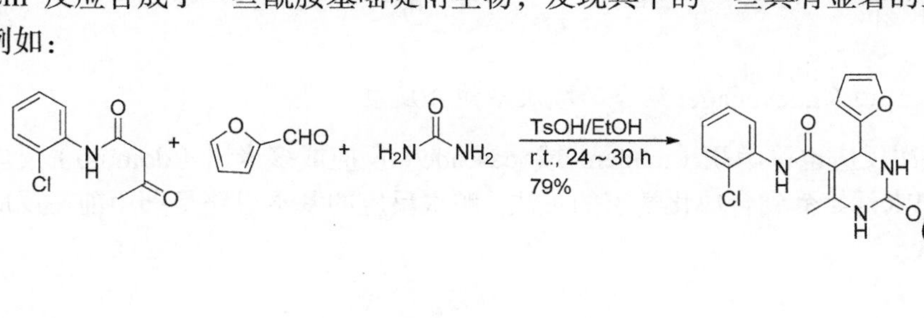

(7-143)

对于单取代脲或单取代硫脲参与的 Biginelli 反应，总是生成 *N*-1 取代的嘧啶衍生物。例如[60]：

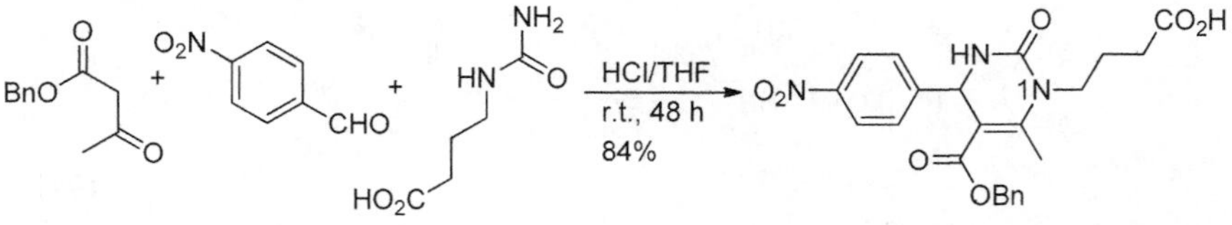

(7-144)

在传统的 Biginelli 反应条件下，*N,N'*-二取代脲或硫脲不能与醛和活泼亚甲基化合物反应生成嘧啶衍生物。

Biginelli 反应合成 batzelladine F

batzelladine F 是海洋天然产物，最初提出的结构如 **7.77** 所示。Overman 等由 Biginelli 反应合成了 **7.78**，发现各项性质与天然 batzelladine F 样品一致，因此，确定了 **7.78** 为 batzelladine F 的正确结构[61]。

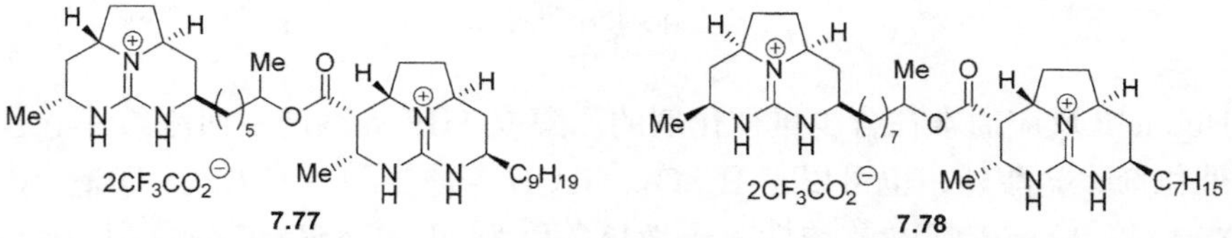

Overman 等合成 **7.78** 的路线以乙酰乙酸酯 **7.79** 和胍盐 **7.80** 为原料，经 Biginelli 反应生成 **7.81**。**7.81** 经阴离子交换、*O*-甲磺酰化、分子内亲核环化和烯键的加氢还原得目标产物 **7.78**。

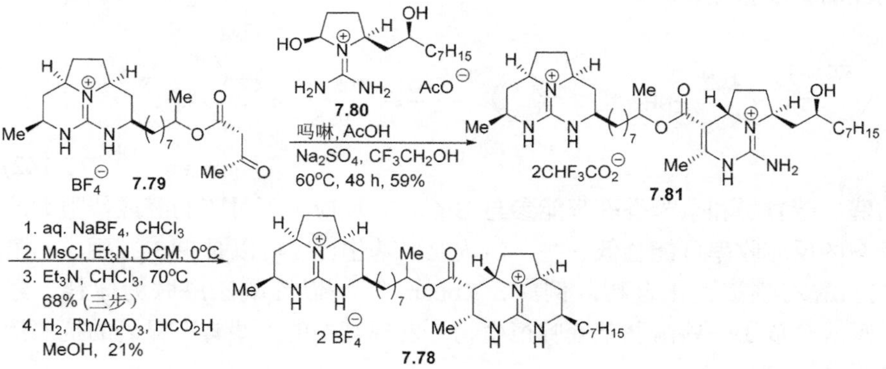

(7-145)

3. 经由 Knoevenagel 缩合的顺次多组分反应

顺次反应也称串联（tandem 或 cascade）反应或多米诺（domino）反应，从 20 世纪末开始受到合成化学家的关注。顺次反应的基本思路是利用前一反应的产物作为后一反应的底物，将不同的化学反应串联起来，将多步合成变成一锅合成（one-pot synthesis）。顺次反应概念的提出和实践，极大地提高了有机合成的效率。通过顺次反应的研究，发现了许多新的多组分反应。本节讨论通过 Knoevenagel 缩合与其他反应的串联发展起来的一些多组分缩合反应。

在讨论 Hantzsch 反应的机理时，我们看到活泼亚甲基化合物可能先与醛发生 Knoevenagel 缩合，缩合产物再与其他组分反应生成产物。Atwal 等发现，由活泼亚甲基化合物与醛生成的 Knoevenagel 缩合产物，可与氧或硫被保护的脲或硫脲反应，生成嘧啶衍生物，称作 Atwal 改进的 Biginelli 反应[13]。

NaHCO3, DMF, 加热; HCl

Biginelli 产物　　(7-146)

氧化镁存在下，将芳香醛与丙二腈一起研磨，生成 Knoevenagel 缩合产物，再加入二甲酮一起研磨，由二甲酮脱α-氢形成的碳负离子作为亲核试剂，与 Knoevenagel缩合产物发生 Michael加成，继而环化生成色酮（chromone）衍生物[52]。

MgO, r.t. 研磨 10 min; MgO, r.t.,研磨 15 min, 73%~94%

Ar = 2-羟苯基; 4-硝基苯基; 4-甲氧苯基　　(7-147)

这类色酮衍生物大多具有抗菌活性。例如，当 Ar 为 4-硝基苯基时，对大肠杆菌的最低抑菌浓度为 64 μg/mL，对耐氨苄青霉素的假单胞菌的最低抑菌浓度为 128 μg/mL[52]。

酰甲基吡啶盐与α,β-不饱和酮和氨（或铵盐）缩合生成取代吡啶的反应称作 Krohnke 吡啶合成[13]：

THF; $^{\ominus}$OAc; Michael 加成; $-HNC_5H_5$, $-H_2O$

(7-148)

Krohnke 吡啶合成反应中的α,β-不饱和酮也可由相应的醛与含活泼氢的化合物原位生成，例如[52]：

NH_4OAc, AcOH, MW
180°C, 3~5 min, > 80%

(7-149)

参 考 文 献

[1] 闻韧. 药物合成反应[M]. 第 3 版. 北京：化学工业出版社, 2010.

[2] Neises B, Steglich W. 4-Dialkylamino-pyridines as acylation catalysis[J]. Angew Chem, 1978, 90: 556-557.

[3] Boden E P, Keck G E. Proton-transfer steps in Steglich esterification: A very practical new method for macrolactonization[J]. J Org Chem, 1985, 50: 2394-2395.

[4] Skepper C K, Quach T, Molinski T F. Total synthesis of enigmazole A from cinachyrella enigmatica. Bidirectional bond constructions with an ambident 2,4-disubstituted oxazole synthon[J]. J Am Chem Soc, 2010, 132: 10286-10292.

[5] Kasai Y, Ito T, Sasaki M. Total synthesis of (–)-polycavernoside A: Suzuki-Miyaura coupling approach[J]. Org Lett, 2012, 14: 3186-3189.

[6] 胡跃飞, 林国强. 现代有机合成反应[M]. 北京：化学工业出版社, 2008.

[7] Mitsunobu O, Yamada M, Mukaiyama T. Preparation of esters of phosphoric acid by the reaction of trivalent phosphorus compounds with diethyl azodicarboxylate in the presence of alcohols[J]. Bull Chem Soc Jpn, 1967, 40: 935-939.

[8] Abe H, Aoyagi S, Kibayashi C. First total synthesis of the marine alkaloids (±)-fasicularin and (±)-lepadiformine based on stereocontrolled intramolecular acylnitroso-Diels-Alder reaction[J]. J Am Chem Soc, 2000, 122: 4583-4592.

[9] Dembinski R. Recent advances in the Mitsunobu reaction: Modified reagents and the quest for chromatography-free separation[J]. Eur J Org Chem, 2004: 2763-2772.

[10] Ferrié L, Reymond S, Capdevielle P, et al. Total synthesis of (–)-spongidepsin[J]. Org Lett, 2006, 8: 3441-3443.

[11] Tashiro D, Kawasaki Y, Sakaguchi S, et al. An efficient acylation of tertiary alcohols with isopropenyl acetate mediated by an oxime ester and $Cp_2^*Sm(thf)_2$[J]. J Org Chem, 1997, 62: 8141-8144.

[12] Kurti L, Czako B. Strategic applications of named reactions in organic synthesis[M]. Beijing: Science Press, 2007.

[13] (a) Corey E J, Nicolaou K C. Efficient and mild lactonization method for the synthesis of macrolides[J]. J Am Chem Soc, 1974, 96: 5614-5616; (b) Xie L, Zhu S Y, Shen X Q, et al. Total synthesis of batatoside L[J]. J Org Chem, 2010, 75: 5764-5767.

[14] Inanaga J, Hirata K, Saeki H, et al. A rapid esterification by mixed anhydride and its application to large-ring lactonization[J]. Bull Chem Soc Jpn, 1979, 52: 1989-1993.

[15] Kannan V, Kavirayani R. Total synthesis of Sch 725674[J]. Tetrahedron, 2018, 74: 2488-2492.

[16] Gollner A, Altmann K-H, Gertsch J, et al. Synthesis and biological evaluation of a des-dihydropyran laulimalide analog[J]. Tetrahedron Lett, 2009, 50: 5790-5792.

[17] Gollner A, Altmann K-H, Gertsch J, et al. The laulimalide family: Total synthesis and biological evaluation of neolaulimalide, isolaulimalide, laulimalide and a nonnatural analogue[J]. Chem Eur J, 2009, 15: 5979-5997.

[18] Kristensen T E, Hansen F K, Hansen T. The selective *O*-acylation of hydroxyproline as a convenient method for the large-scale preparation of novel proline polymers and amphiphiles[J]. Eur J Org Chem, 2009: 387-395.

[19] Hanessian S, Dorich S, Menz H. Concise and stereocontrolled synthesis of the tetracyclic core of daphniglaucin C[J]. Org Lett, 2013, 16: 4134-4137.

[20] 陈仲强, 陈虹. 现代药物的制备与合成[M]. 北京: 化学工业出版社, 2007.

[21] 魏运洋. 天冬酰胺叔丁酯的改良合成[J]. 化学通报, 2000: 49-51.

[22] 施志浩. 内吗啡肽-2 及其类似物的合成与镇痛活性研究[D]. 博士学位论文. 南京: 南京理工大学, 2007.

[23] Shi Z-H, Wei Y-Y, Wang C-J, et al. Synthesis and analgesic activities of endomorphin-2 and its analogues[J]. Chem Biodivers, 2007, 4: 458-467.

[24] Thompson B B. The Mannich reaction. Mechanistic and technological considerations [J]. J Pharm Sci, 1968, 57: 715-733.

[25] Arend M, Westermann B, Risch N. Modern variants of the Mannich reaction [J]. Angew Chem Int Ed Engl, 1998, 37: 1045-1070.

[26] 魏运洋, 吕春绪, 陆明, 等. 亚甲基二硝胺的杂环化和 Mannich 反应产物的合成[J]. 应用化学, 1994, 11: 104-106.

[27] 姚其正. 药物合成反应 [M]. 北京: 中国医药科技出版社, 2012.

[28] Dudley G B, Tan D S, Kim G, et al. Remarkable stereoselectivity in the alkylation of a hydroazulenone: Progress towards the total synthesis of guanacastepene [J]. Tetrahedron Lett, 2001, 42: 6789-6791.

[29] Mohanty S, Suresh D, Balakrishna M S, et al. An inexpensive and highly stable ligand 1,4-bis(2-hydroxy-3,5-di-*tert* butylbenzyl)piperazine for Mizoroki-Heck and room temperature Suzuki-Miyaura cross-coupling reactions[J]. Tetrahedron, 2008, 64: 240-247.

[30] (a) Zhu Y, Shi Y, Wei Y. Simple synthesized Mannich bases as ligands in Cu-catalyzed *N*-arylation of imidazoles in water[J]. Monatsh Chem, 2010, 141: 1009-1013; (b) Zhu Y, Wei Y. A simple and efficient copper catalyzed amination of aryl halides by aqueous ammonia in water[J]. Can J Chem, 2011, 89: 1-5.

[31] List B, Pojarliev P, Biller W T, et al. The proline-catalyzed direct asymmetric three-component Mannich reaction: Scope, optimization, and application to the highly enantioselective synthesis of 1,2-amino alcohols [J]. J Am Chem Soc, 2002, 124: 827-833.

[32] Chandler C, Galzerano P, Michrowska A, et al. The proline-catalyzed double Mannich reaction of acetaldehyde with *N*-Boc imines[J]. Angew Chem Int Ed Engl, 2009, 48(11): 1978-1980.

[33] Fardpour M, Safari A, Javanshir S. γ-aminobutyric acid and collagen peptides as recyclable bifunctional biocatalysts for the solvent-free one-pot synthesis of 2-aminobenzothiazolomethyl-2-naphthols[J]. Green Chem Lett Rev, 2018, 11(4): 429-438.

[34] Jakubec P, Kyle A F, Calleja J, et al. Total synthesis of (–)-nakadomarin A: alkyne ring-closing metathesis[J]. Tetrahedron Lett, 2011, 52: 6094-6097.

[35] Banfi L, Riva R. The Passerini Reaction[J]. Org React, 2005, 65: 1-140.

[36] Owens T D, Araldi G-L, Nutt R F, et al. Concise total synthesis of the prolyl endopeptidase inhibitor eurystatin A *via* a novel Passerini reaction-deprotection-acyl migration strategy [J]. Tetrahedron Lett, 2001, 42: 6271-6274.

[37] Brioche J, Masson G, Zhu J P. Passerini three-component reaction of alcohols under catalytic aerobic oxidative conditions[J]. Org Lett, 2010,12: 1432-1435.

[38] Ugi I. The α-addition of immonium ions and anions to isonitriles coupled with secondary reactions [J].

Angew Chem, 1962, 74: 9-22.
[39] Gokel G, Luedke G, Ugi I. Four-component condensations and related reactions [J]. Isonitrile Chem, 1971: 145-199.
[40] Ugi I. Recent progress in the chemistry of multicomponent reactions [J]. Pure Appl Chem, 2001, 73: 187-191.
[41] Keating T A, Armstrong R W. Molecular diversity *via* a convertible isocyanide in the Ugi four-component condensation [J]. J Am Chem Soc, 1995, 117: 7842-7843.
[42] Akritopoulou-Zanze I, Djuric S W. Applications of MCR-derived heterocycles in drug discovery[M] // Orru R, Ruijter E, eds. Synthesis of heterocycles *via* multicomponent reactions Ⅱ. Topics in Heterocyclic Chemistry [M]. Vol 25. Berlin: Springer, 2010.
[43] Vishwanatha T M, Narendra N, Sureshbabu V V. Synthesis of β-lactam peptidomimetics through Ugi MCR: First application of chiral Nb-Fmoc amino alkyl isonitriles in MCRs[J]. Tetrahedron Lett, 2011, 52: 5620-5624.
[44] Bienaymé H, Bouzid K. A new heterocyclic multicomponent reaction for the combinatorial synthesis of fused 3-aminoimidazoles[J]. Angew Chem Int Ed, 1998, 37: 2234-2237.
[45] Blackburn C, Guan B, Fleming P, et al. Parallel synthesis of 3-aminoimidazo[1, 2-*a*]-pyridines and pyrazines by a new three component condensation[J]. Tetrahedron Lett, 1998, 39: 3635-3638.
[46] Groebke K, Weber L, Mehlin F. Synthesis of imidazo[1,2-*a*]annulated pyridines, pyrazines and pyrimidines by a novel three-component condensation[J]. Synlett, 1998: 661-663.
[47] Ross G F, Herdtweck E, Ugi I. Stereoselective U-4CRs with 1-amino-5-desoxy-5-thio-2,3,4-*O*-isobutanoyl-*D*-xylopyranose—An effective and selectively removahle chiral auxiliary[J]. Tetrahedron, 2002, 58: 6127-6133.
[48] Okamoto K, Sakagami M, Feng F, et al. Synthesis of pacidamycin analogues *via* an Ugi-multicomponent reaction[J]. Bioorg Med Chem Lett, 2012, 22: 4810-4815.
[49] Phillips A P. Hantzsch's pyridine synthesis [J]. J Am Chem Soc, 1949, 71: 4003-4007.
[50] Eisner U, Kuthan J. Chemistry of dihydropyridines [J]. Chem Rev, 1972, 72: 1-42.
[51] Stout D M, Meyers A I. Recent advances in the chemistry of dihydropyridines [J]. Chem Rev, 1982, 82: 223-243.
[52] Wan J-P, Liu Y. Recent advances in new multicomponent synthesis of structurally diversified 1,4-dihydropyridines[J]. RSC Adv, 2012, 2: 9763-9777.
[53] Anil S, Sanjay K, Jagir S S. Hantzsch reaction: recent advances in Hantzsch 1,4-dihydropyridines[J]. J Sci Ind Res, 2008, 67: 95-111.
[54] Nadaraj V, Selvi S T, Mohan S. Microwave-induced synthesis and anti-microbial activities of 7,10,11,12-tetrahydrobenzo[*c*]acridin-8(9*H*)-one derivatives[J]. Eur J Med Chem, 2009, 44: 976-980.
[55] Kwon K, Shin J A, Lee H-Y. A facile synthesis of (*S*)-felodipine[J]. Tetrahedron, 2011, 67: 10222-10228.
[56] Oliver Kappe C. 100 Years of the Biginelli dihydropyrimidine synthesis [J]. Tetrahedron, 1993, 49: 6937-6963.
[57] Oliver Kappe C. Recent advances in the Biginelli dihydropyrimidine synthesis, new tricks from an old dog [J]. Acc Chem Res, 2000, 33: 879-888.
[58] Dondoni A, Massi A, Sabbatini S. Improved synthesis and preparative scale resolution of racemic monastrol[J]. Tetrahedron Lett, 2002, 43: 5913-5916.
[59] Kumar B R P, Sankar G, Baig R B N, et al. Novel Biginelli dihydropyrimidines with potential anticancer activity: A parallel synthesis and CoMSIA study[J]. Eur J Med Chem, 2009, 44: 4192-4198.
[60] Fewell S W, Smith C M, Lyon M A, et al. Small molecule modulators of endogenous and co-chaperone-stimulated Hsp70 ATPase activity[J]. J Biol Chem, 2004, 279: 51131-51140.
[61] Morrisa J C, Phillips A J. Marine natural products: synthetic aspects[J]. Nat Prod Rep, 2008, 25: 95-117.

第 8 章　交叉偶联反应

偶联反应是最近几十年发展起来的一类新反应，是指两分子底物在催化剂作用下或无催化剂条件下通过碳碳或碳杂单键偶联在一起形成新分子的反应。

在过去的几十年间，金属有机化学的迅速发展，为有机合成提供了一系列新的反应和方法，将有机合成的技术和水平提升到了一个前所未有的高度。在金属参与的有机合成反应中，金属有机化合物或配合物可以是计量的合成试剂，也可以是催化剂，其中过渡金属催化的偶联反应无疑是在合成中应用最为广泛的一类反应，是形成碳碳键和碳杂键的非常有效的方法，已经发展成为有机合成的常规方法。本章首先讨论过渡金属催化的形成碳碳键的偶联反应，然后再介绍各种形成碳杂键的偶联反应。

8.1　Heck 反应

8.1.1　机理和影响因素

1970 年，Heck 发现在钯催化下，卤代芳烃或卤代烯烃可与烯烃发生偶联，生成新的多取代烯烃，后来就把这类反应称作 Heck 反应[1]，反应通式如下：

$$\text{R-X} + \text{HC(R}^1\text{)=C(R}^2\text{)R}^3 \xrightarrow[\text{溶剂, 加热}]{\text{Pd(0), 配体, 碱}} \text{RC(R}^1\text{)=C(R}^2\text{)R}^3 \tag{8-1}$$

几乎同时，Mizoroki 等也发现了类似的偶联反应，因此，Heck 反应也称作 Mizoroki-Heck 反应[2]。除卤代芳烃外，芳香族磺酸酯也能作为底物参与 Heck 反应。

通常认为，Heck 反应参与催化循环的催化剂是二配位的 Pd(0)配合物。作为催化剂前体加入的可以是四配位的 Pd(0)配合物如 $Pd(PPh_3)_4$，或 Pd(II)的盐如 $Pd(OAc)_2$、$PdCl_2$ 等，用量可低至万分之几。例如，以 0.05 mol% $Pd(OAc)_2$/1 mol% PPh_3 体系为催化剂，溴苯与丙烯酸偶联生成 74%的肉桂酸[3]：

$$\text{PhBr} + \text{CH}_2\text{=CHCO}_2\text{H} \xrightarrow[\text{150°C, 2 h, 74\%}]{\text{Pd(OAc)}_2\text{ (0.05 mol\%)},\ \text{PPh}_3\text{(1 mol\%)}/n\text{-Bu}_3\text{N}} \text{PhCH=CHCO}_2\text{H} \tag{8-2}$$

如果加入的催化剂前体是 Pd(Ⅱ)的盐则需经由氧化还原过程才能转变成二配位的 Pd(0)配合物，这一过程也是催化剂前体的活化过程，可以在膦配体和亲核试剂的共同作用下完成，例如，以 $Pd(OAc)_2$ 为催化剂前体，可按下式转变成二配位 Pd(0)配合物 $Pd(PPh_3)_2$[3]：

$$\mathrm{AcO{-}Pd{-}OAc} + 2\,\mathrm{PPh_3} \rightleftharpoons \mathrm{Ph_3P{-}Pd(OAc)_2{-}PPh_3} \underset{-\,^{\ominus}\mathrm{OAc}}{\overset{\mathrm{PPh_3}}{\rightleftharpoons}} \mathrm{Ph_3P{-}Pd(OAc)(PPh_3){-}\overset{\oplus}{P}Ph_3} \underset{-\,\mathrm{OAc}}{\overset{^{\ominus}\mathrm{OAc}}{\rightleftharpoons}}$$

$$\mathrm{Ph_3P{-}Pd{-}PPh_3} + \mathrm{Ph_3\overset{\oplus}{P}{-}OAc} \underset{-\mathrm{H}^{\oplus}}{\overset{\mathrm{H_2O}}{\longrightarrow}} \mathrm{Ph_3P(OH){-}OAc} \longrightarrow \mathrm{HOAc} + \mathrm{Ph_3P{=}O} \qquad (8\text{-}3)$$

四配位的 Pd(0)配合物只需解离两个配体就可原位转化成二配位的 Pd(0)配合物参与催化循环。

$$\mathrm{Pd(PPh_3)_4} \rightleftharpoons \mathrm{Ph_3P{-}Pd{-}PPh_3} + 2\,\mathrm{PPh_3} \qquad (8\text{-}4)$$

Heck 反应的机理由过渡金属络合物的基本反应构成，包括底物卤代芳烃或卤代烯烃与过渡金属配合物的氧化加成，烯烃的配位和插入，β-氢消除和还原消除等步骤（图 8.1）[2]。

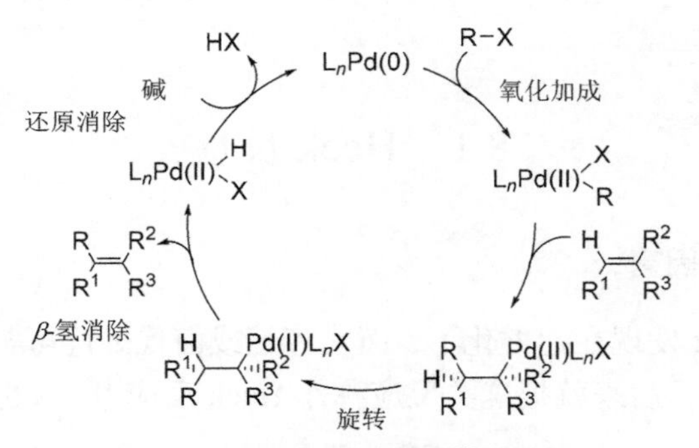

图 8.1　Heck 反应的可能机理

卤代烃或磺酸酯与过渡金属配合物的氧化加成反应可以按亲核取代机理、单电子转移机理或自由基机理进行[4]。

某些低价富电子过渡金属络合物具有较强的亲核性，与脂肪族卤代烃或磺酸酯以及吸电基活化的芳香族卤代烃或磺酸酯发生氧化加成时，可按经典的 S_N2 机理或芳环上的亲核取代机理反应：

$$\mathrm{L_nM} + \mathrm{{>}C{-}X} \longrightarrow \left[\mathrm{L_nM{-}C{-}X}\right]^{\neq} \longrightarrow \left[\mathrm{L_nM{-}C{<}}\right]^{\oplus}\mathrm{X}^{\ominus} \longrightarrow \mathrm{{>}C{-}ML_n(X)} \qquad (8\text{-}5)$$

例如，d^{10}Pd(0)络合物 $Pd(PPh_3)_4$ 与 PhCHDCl 和 PhCH(Me)Br 发生氧化加成时，均观察到手性碳原子的构型转化，表明反应是按亲核取代机理进行的[4]。

含供电基的卤代芳烃或芳磺酸酯通常不能发生亲核取代反应，与过渡金属配合物的氧化加成可能按单电子转移机理[式(8-6)]或自由基链反应机理[式(8-7)]反应。

$$L_nM + RX \rightleftharpoons [L_nM]^{+\cdot} \| [RX]^{-\cdot} \rightarrow R\cdot + X^{\ominus} \rightarrow R-ML_n(X) \quad (8\text{-}6)$$

$$In\cdot + RX \xrightarrow{-InX} R\cdot \xrightarrow{L_nM} L_nMR\cdot \xrightarrow{RX} R-ML_n(X) \quad (8\text{-}7)$$

无论反应按何种机理进行，就底物结构而言，发生氧化加成的难易与离去基团的种类、取代基的电性等因素有关。氧化加成反应中，底物卤代烃或磺酸酯为亲电试剂或接受电子，因此，底物分子中的吸电基有利于氧化加成反应的进行，带供电基的卤代芳烃或磺酸酯较难发生氧化加成。底物分子中的离去基团对氧化加成反应也有重要影响。离去基团的 pK_b 值越负，越容易离去，对氧化加成越有利。由表 5.2 可知，I、TfO、Br、TsO 和 Cl 负离子的 pK_b 值分别为–10、–10、–9、–7 和–7。因此，氧化加成反应的难易按碘代烃、三氟甲磺酸酯、溴代烃、对甲苯磺酸酯、氯代烃的顺序降低。特别是氯代芳烃的氧化加成反应慢，在通常情况下不能参与 Heck 反应。但是氯代芳烃是工业上大量生产的化工原料，使用氯代芳烃的成本远低于其他卤代芳烃或磺酸酯。因此，发展适合氯代芳烃的催化体系一直是 Heck 反应的重要研究课题。研究发现，富电子的高位阻三价膦配体，氮杂卡宾配体以及 *β*-氨基酸参与的钯催化体系能催化含吸电基或无取代基的氯苯与烯烃的偶联反应。例如，2006 年，Gao 等[5]发现，以 *N,N*-二甲基-*β*-丙氨酸作为钯的配体，可以有效地催化对氯苯乙酮与苯乙烯的 Heck 偶联，生成 96%的偶联产物。

$$4\text{-}ClC_6H_4COCH_3 + CH_2{=}CHPh \xrightarrow[K_2CO_3/NMP,\ 130^{\circ}C,\ 10\ h,\ 96\%]{Pd(OAc)_2\ (0.1\ mol\%),\ Me_2NCH_2CH_2CO_2H\ (0.1\ mol\%)} 4\text{-}CH_3COC_6H_4CH{=}CHPh \quad (8\text{-}8)$$

氧化加成反应中，过渡金属配合物通常为亲核试剂或给出电子。因此，催化剂配体的供电性越强越有利于氧化加成。例如， PBu_3 作配体比 PPh_3 更有利于氧化加成。但配体的选择要综合考虑，富电子的配体虽然有利于氧化加成，但不利于后续的还原消除反应。此外，富电子膦配体稳定性较差，对空气敏感，操作起来较麻烦。

为了克服富电子膦配体存在的缺点，先后发展了许多更稳定，活性更高的膦配体或含膦配体的配合物，如双齿配体 dppp、dppf、BINAP 等以及环钯配合物 **8.1** 等。

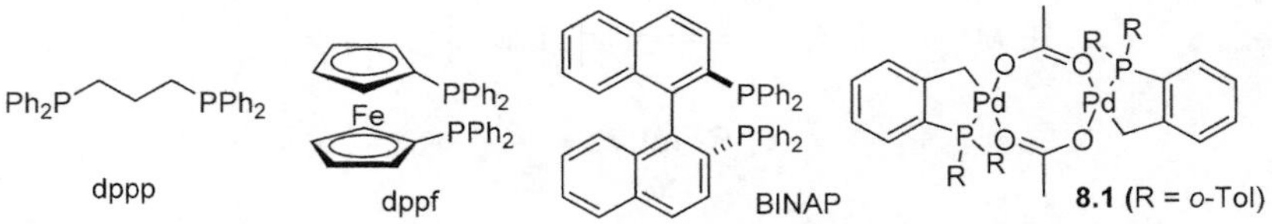

特别是环钯配合物的结构非常特殊，是甲苯脱苄位氢与钯形成的配合物。当 R 为邻甲苯基（*o*-Tol）时，称作 Herrmann 催化剂。Herrmann 催化剂合成方法简单，只需将 $Pd(OAc)_2$ 与 $P(o\text{-}Tol)_3$ 在溶剂中混合加热即可生成，对空气和水不敏感，能够长期存放，具有较高的催化活性和选择性[3]。

二配位的 Pd(0)配合物与卤代芳烃或卤代烯烃发生氧化加成后，实际上转变成了四配位的配合物，必须解离出一个配体，腾出空位才能与烯烃配位，然后发生插入反应。如果解离出的是膦配体，则形成中性的三配位配合物，称为中性途径（neutral pathway）；如果解离出的是氧化加成时引入的卤素或磺酸基，则形成带正电荷的三配位配合物，称作阳离子途径（cationic pathway）[2]。

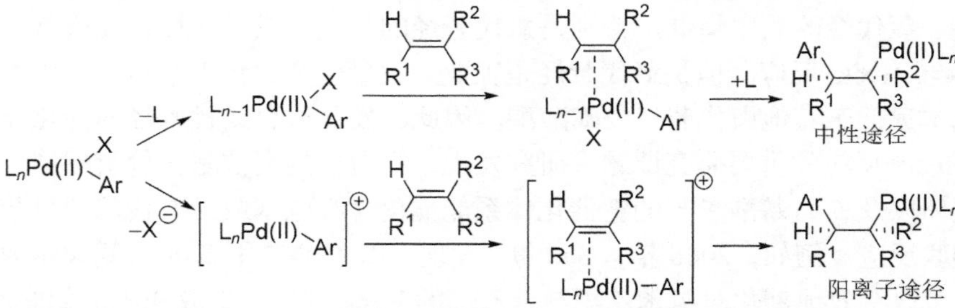

(8-9)

配位和插入步骤决定着卤代芳烃或卤代烯烃中的烃基与烯烃的哪一个碳原子发生偶联。对于端烯烃而言，与取代基 R 相连的双键碳原子称作 *α*-碳原子，末端碳原子称作 *β*-碳原子。*α* 位插入生成烃基与 *α*-碳原子相连的产物，*β* 位插入生成烃基与 *β*-碳原子相连的产物。

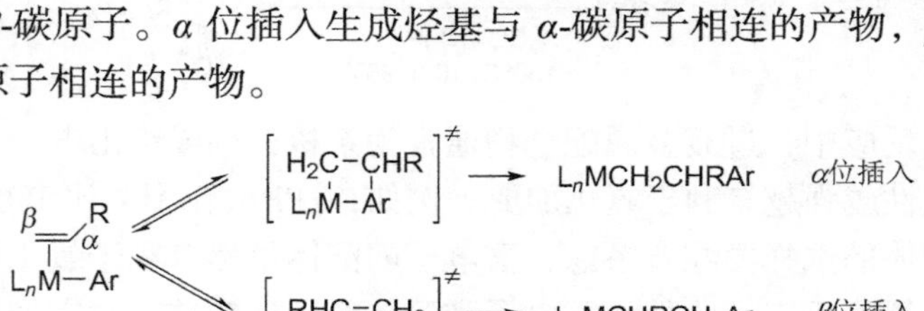

(8-10)

实验发现，当反应按阳离子途径进行时区域选择性较高，可能是因为阳离子配合物的电子效应较强，对插入的选择性影响大。反应按何种途径进行，取决于钯配合物中配体 L 与离去基团 X 的性质。一些双齿配体（如 dppp、dppf、BINAP 等）与钯的配位较牢固，有利于反应按阳离子途径进行。另外，三氟甲磺酸根的 pK_b 值为–10，与钯的配位能力比不上膦配体，使用三氟甲磺酸酯与烯烃进行偶联反应也有利于反应按阳离子途径进行。使用弱的配位溶剂（如 DMF）参与 Heck

反应或加入银盐类的“食卤剂”也可以促使反应按阳离子途径进行。

如果反应按阳离子途径进行，双键上连有吸电基的烯烃通常生成 β 位插入产物，双键上连有供电基的烯烃则生成 α 位插入产物。这是因为受取代基的电性影响，烯烃的π键电子云会发生偏移，使双键碳原子极化。吸电基会使 β-碳带正电荷，供电基则会使 β-碳带负电荷。例如，乙烯基醚和丙烯酸酯的 β-碳受取代基电性的影响分别带正电荷和负电荷：

(8-11)

(8-12)

反应按阳离子途径进行表明催化剂的中心原子带正荷，与带吸电基的烯烃发生配位插入时，带正电的中心原子必然会与带负电的 α-碳原子结合，烃基则转移到 β-碳原子上，生成 β 位插入产物。与带供电基的烯烃发生配位插入时，情况则相反，带正电的中心原子必然会与带负电的 β-碳原子结合，烃基则转移到 α-碳原子上，生成 α 位插入产物。

β位插入

(8-13)

α位插入

(8-14)

例如，以 dppp 为配体，取代的三氟甲磺酸苯酯与乙烯基丁基醚的偶联反应主要生成 α 位插入产物[3, 6]。

$Pd(OAc)_2$, dppp; DMF, 80 °C, 1.5~6 h

R = H, *o*, *m*, *p*-OCH_3; *o*, *m*, *p*-CN; *o*, *p*-NO_2, $\alpha/\beta \geqslant 99/1$; R = *m*-NO_2, $\alpha/\beta = 95/5$

(8-15)

以 dppf 为配体，取代的三氟甲磺酸苯酯与酰氨基乙烯反应也得到 α 位插入产物[3, 7]。

$Pd_2(dba)_3$ (1.5 mol%); dppf (3 mol%)/DIPEA; 二氧六环, 85 °C, 1 h

(8-16)

丙烯酸酯、丙烯腈等带吸电基的烯烃与卤代烃在各种催化体系下的 Heck 反应通常都生成 β 位插入产物。例如，相转移条件下，碘代嘧啶 **8.2** 与丙烯酸甲酯在 $Pd(OAc)_2/PPh_3$ 催化下生成 90%的 β 位偶联产物[8]。

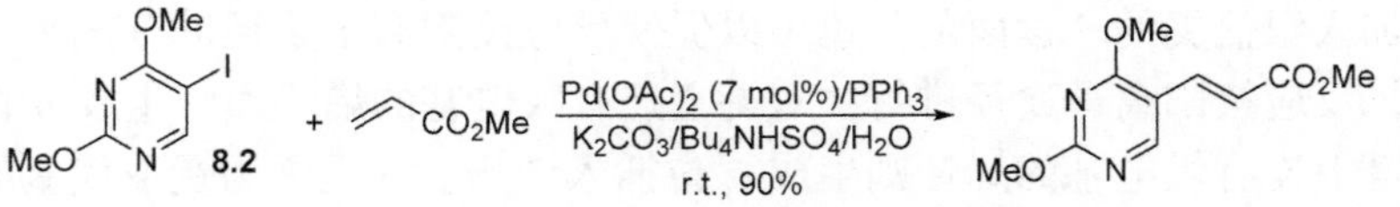

(8-17)

又如，在 $Pd(OAc)_2/P(o\text{-}Tol)_3$ 体系的催化下，4-溴苯甲醛与丙烯腈的反应生成79%的 β 位偶联产物[8]。

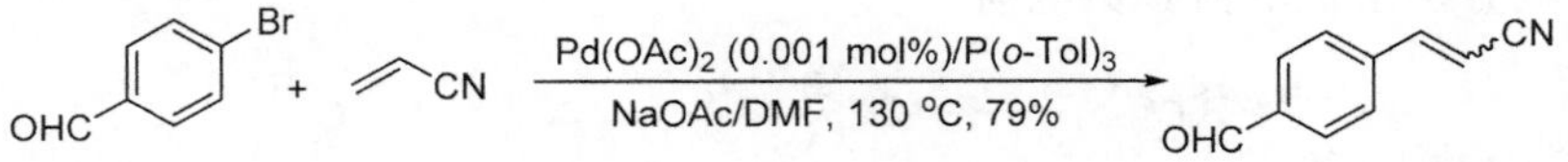

(8-18)

β-氢消除过程是插入过程的逆反应，也是产物的生成步骤。产物的立体化学，即生成 Z 型烯烃还是 E 型烯烃的选择性是由 β-氢消除过程决定的。根据微观可逆性原理，β-氢消除过程也应当经由四中心过渡态，只有与钯处于同一侧的氢才能被消除，因此，通常得到热力学稳定的 E 型烯烃。

8.1.2 无磷催化体系

传统的 Heck 反应使用的膦配体成本较高，毒性较大，反应后较难与产物分离，不适合工业应用。因此，无膦配体或无配体催化体系的研究受到广泛关注。例如，1995 年，Herrmann 等发现图 8.2 所示的氮杂卡宾（*N*-heterocyclic carbene, NHC）可作为配体用于 Heck 反应。

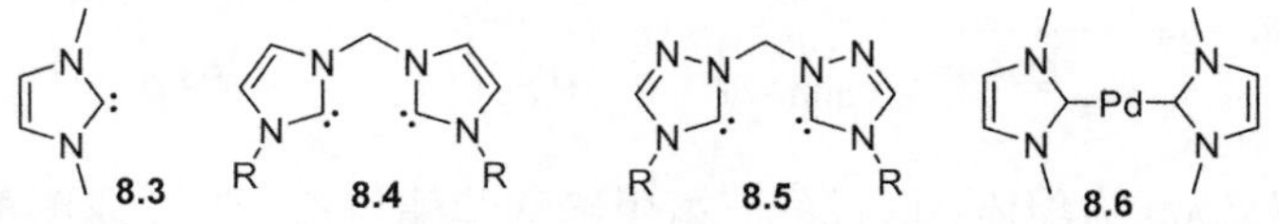

图 8.2 常见的氮杂卡宾配体及其配合物

由卡宾配体 **8.3** 与钯形成的配合物 **8.6** 可在极低的浓度下催化 4-溴苯甲醛与丙烯酸正丁酯的 Heck 偶联反应[3]。

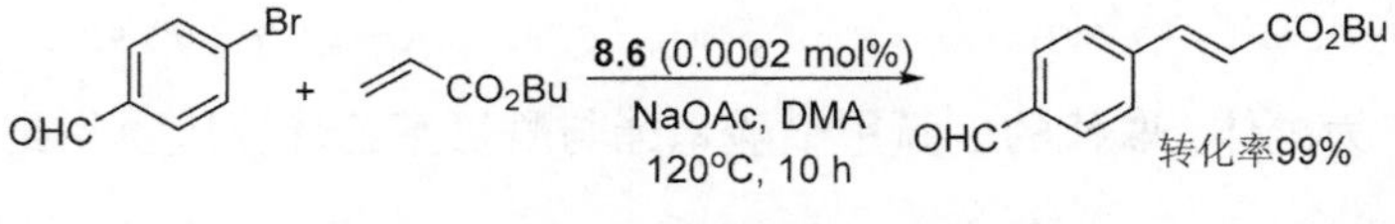

(8-19)

摆脱膦配体的另一途径是使用无配体的催化体系，这方面的研究也已取得显著进展。早在 20 世纪 80 年代，Beletskaya[9]和 Jeffery[10]等就发现，使用 TBAC 作为相转移催化剂，以碳酸氢钠或碳酸钾为碱，乙酸钯作催化剂，可有效地催化碘苯与烯烃在室温条件下发生偶联反应，生成 E 型烯烃。

$Pd(OAc)_2$ (2 mol%), $NaHCO_3$, TBAC; DMF, 20~30°C, 1~3 d, 87%~98%

R = OMe, Me, H; Ar = *m*-MeC_6H_4, *p*-ClC_6H_4, *p*-$MeOC_6H_4$　(8-20)

de Vries 等[11]将相转移催化条件应用于苯丙氨酸衍生物的合成，发现反应具有高度的立体选择性，由 13 种取代溴苯反应生成的中间体经双键加氢后得到的产物 *ee* 值达 92%~99%。

Br, F; NHAc, CO_2Me; $Pd(OAc)_2$ (0.3 mol%); $BnNEt_3Br/{}^iPr_2NEt$/NMP; 125 °C, 3 h, 67%; CO_2Me, NHAc, F　(8-21)

负载催化剂的研究也是无磷催化体系研究的重要方向，最重要的进展是发展以碳为载体的 Pd-C 催化体系应用于 Heck 反应。早在 1995 年，Beller 等[12]就发现，非均相的 Pd-C 催化剂能在温和条件下（40~60℃）催化重氮盐与烯烃的偶联，反应在无碱无配体条件下进行，收率高。缺点是重氮盐须从芳胺合成，不如使用卤代烃方便。

N_2BF_4, MeO; CO_2Et; Pd-C (5 mol%), EtOH; 40~60 °C, 98%; CO_2Et, MeO　(8-22)

碳负载的钯催化剂应用于 Heck 反应，其活性与相应的均相催化剂无明显差别，但有时会导致卤代芳烃脱卤还原的副反应。Arai 等[13]研究了 Pd-C 催化下溴苯与苯乙烯的偶联反应，发现体系中的钯可以固态负载于载体上，也可溶于溶液中或以胶体的形式存在于溶液中，反应结束后可再沉积于载体上。在优化条件下，Pd-C 催化剂的活性非常高，用量可低至底物物质量的 0.25%。

Br, R; Ph; Pd-C (0.0025~0.05 mol%); NaOAc, NMP, 140°C, 2~6 h; 80%~92%; Ph, R

R = H, Cl, MeO, MeCO　(8-23)

纳米钯粒子对于 Heck 反应通常有很高的催化活性。Calo 等[14]发现，在四丁基溴化铵（TBAB）与四丁基乙酸铵（TBAA）的混合离子液体中，纳米钯能催化烯烃与氯苯的偶联反应，即使氯苯的苯环上有供电基，也能得到 90%以上的收率。

Cl, MeO; Ph; Pd-NPs (1.5 mol%); TBAB/TBAA, 120 °C, 2 h; 95%; Ph, MeO　(8-24)

8.1.3　羰基化 Heck 反应

钯催化下，卤代烃或磺酸酯等与烯烃、炔烃、金属有机化合物以及各种含杂原子的亲核试剂的偶联反应已成为有机合成中构建 C—C 键和 C—X 键的有力工具。这类偶联反应大多可在 CO 存在下进行，在发生偶联的两个组分之间插入羰基，生成醛、酮、羧酸及其衍生物等各类化合物，是往有机分子中引入含氧官能团的有效途径（图 8.3）[15]。

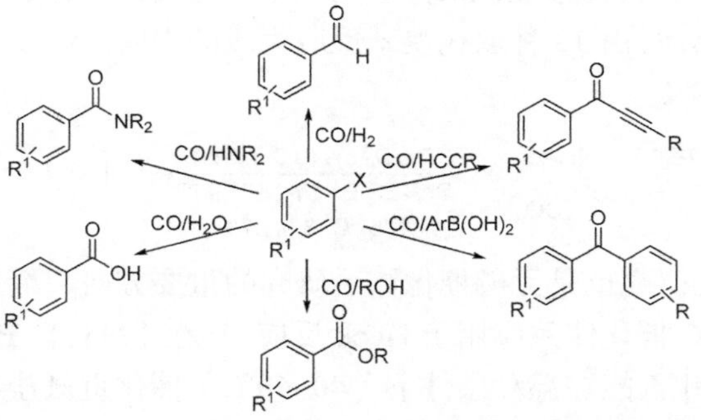

图 8.3 钯催化下卤代烃与各种试剂的羰基化偶联反应

近年来，关于羰基化 Heck 反应的研究也受到研究者的关注。2003 年 Larock 等[16]发现，邻碘苯乙烯及其衍生物在常压的 CO 气氛中可发生分子内的羰基化 Heck 偶联生成茚满酮。

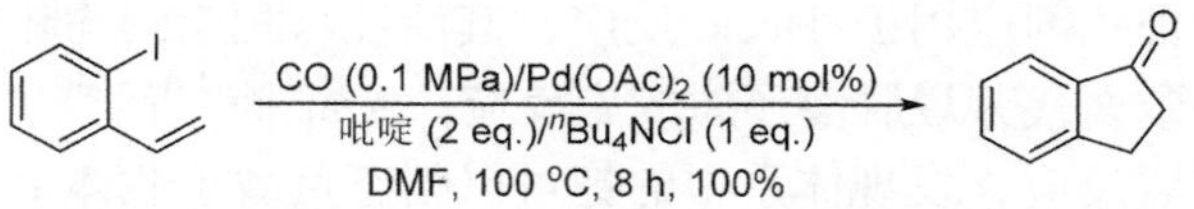

CO (0.1 MPa)/$Pd(OAc)_2$ (10 mol%)；吡啶 (2 eq.)/$^nBu_4NCl$ (1 eq.)；DMF, 100 °C, 8 h, 100%

(8-25)

与传统的 Heck 反应相比，该类分子内的羰基化 Heck 反应伴随着烯烃的还原，Larock 等认为溶剂和试剂中存在的少量水参与了反应，提供了还原所必需的氢原子，并提出了如图 8.4 所示的反应机理。

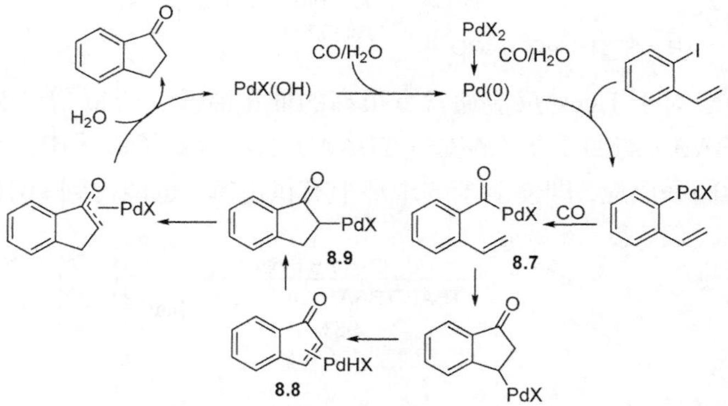

图 8.4 Larock 羰基化 Heck 反应的可能机理

首先，加入的催化剂前体二价钯盐在 CO 的作用下被还原成零价钯 Pd(0)。Pd(0)先与卤代芳烃发生氧化加成，加成物与 CO 发生羰基插入形成中间体 **8.7**。

8.7 经分子内的烯烃配位插入，β-氢消除形成中间体 **8.8**。**8.8** 如果发生配位烯烃的解离则生成正常的羰基化偶联产物。但在 Larock 羰基化 Heck 反应条件下，**8.8** 发生了烯氢插入反应形成中间体 **8.9**。**8.9** 在体系中存在的水的作用下分解生成茚满酮产物，同时释放出二价钯盐。二价钯盐在 CO 的作用下再被还原成零价钯 Pd(0) 参与催化循环。

与 Larock 等的工作相比，2010 年 Beller 等[15]报道的分子间的羰基化 Heck 反应则生成正常的 α,β-不饱和羰基化合物。反应以 $PdCl_2$ 作催化剂，在苯基咪唑类配体（**8.10**）存在下进行，配体的咪唑环 2 位被二金刚烷基膦（PAd_2）官能团取代。Beller 等以碘苯和苯乙烯为底物，优化反应条件，发现配体的种类和用量、烯烃的用量、CO 的压力等对反应有至关重要的影响。其所研究的配体包括 PPh_3、PCy_3、$P(^tBu)_3HBF_4$、dppe、dppf 等常用膦配体以及图 8.5 所示的一些配体，只有配体 **8.10** 给出较高的收率。增加催化剂用量，烯基醚、丙烯酸酯等其他烯烃也能与碘苯发生羰基化偶联反应。

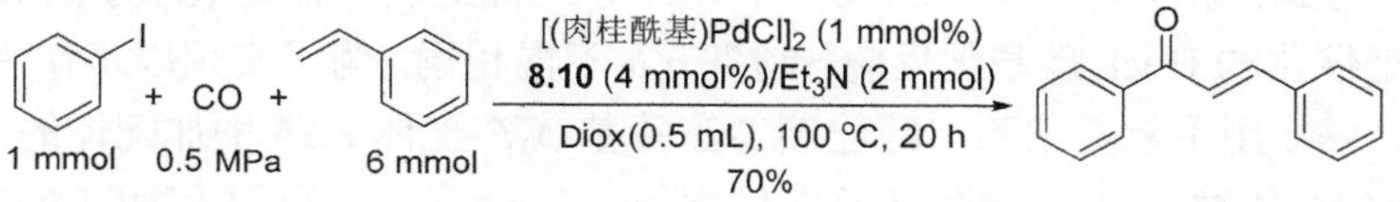

1 mmol + CO (0.5 MPa) + 6 mmol —[(肉桂酰基)PdCl]$_2$ (1 mmol%), **8.10** (4 mmol%)/Et$_3$N (2 mmol), Diox(0.5 mL), 100 °C, 20 h, 70%→ (8-26)

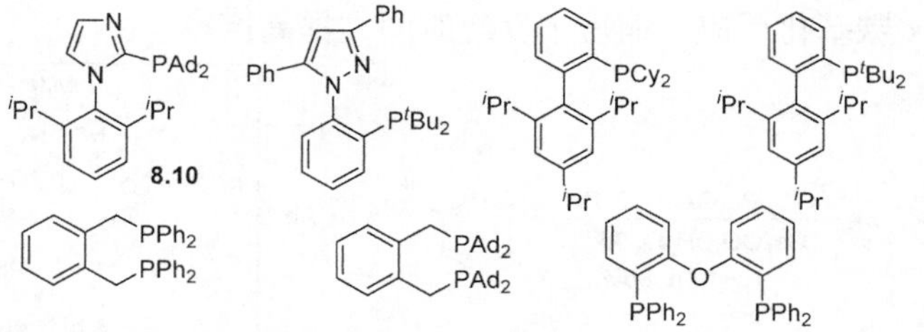

图 8.5　Beller 等在羰基化 Heck 反应中试验过的部分配体

为了解释上述羰基化 Heck 反应，Beller 等提出了以下的反应机理。催化剂前体先在 CO 作用下还原成配合物 **8.11**，接着与卤代烃发生氧化加成生成中间体 **8.12**。再经 CO 的配位和插入生成酰基钯中间体 **8.13**。**8.13** 与烯烃发生配位插入反应生成中间体 **8.14**，最后经还原消除生成羰基化偶联产物（图 8.6）。其中烯烃的配位和插入为反应的速控步。中间体 **8.12** 和 **8.13** 可分离出来，结构得到了单晶 X 射线衍射的证实。

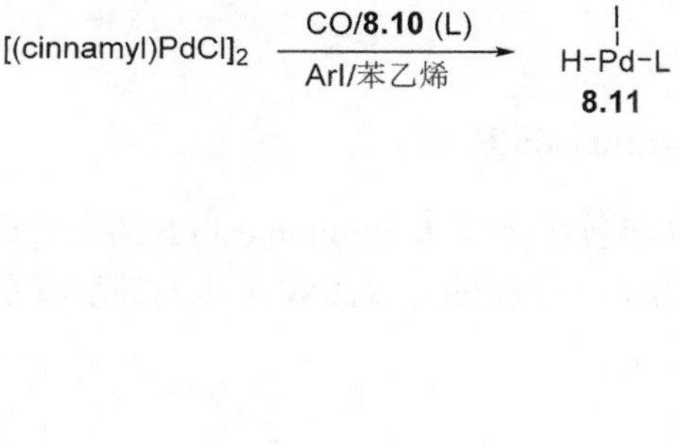

[(cinnamyl)PdCl]$_2$ —CO/**8.10** (L), ArI/苯乙烯→ H–Pd(I)–L **8.11**

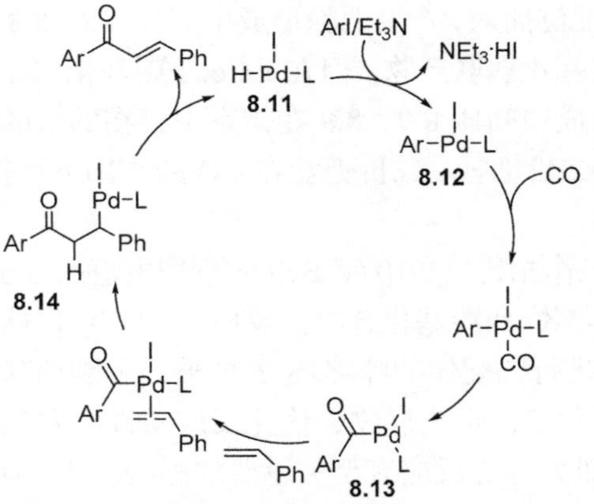

图 8.6　Beller 等提出的羰基化 Heck 反应机理[15]

但在 Beller 所报道的反应中，由于酰基-Pd 中间体与 NEt_3 发生亲核取代的竞争反应，导致产率并不优秀。2018 年，Gao 等[17]报道了一种高效亲水的 *N,P*-配体应用于钯催化的 Heck 羰基化反应，制备 α,β-不饱和酮。为了实现以水作为溶剂进行反应，Gao 用甲氧基聚乙二醇连接 *S*-三嗪基-*N,P*-配体 **8.15** 增加配体的亲水性，并用 Cs_2CO_3 代替 NEt_3 以消除亲核取代竞争。在 95℃，水作为溶剂的条件下，最终实现了 Heck 羰基化反应，缩短了反应时间，提高产率。

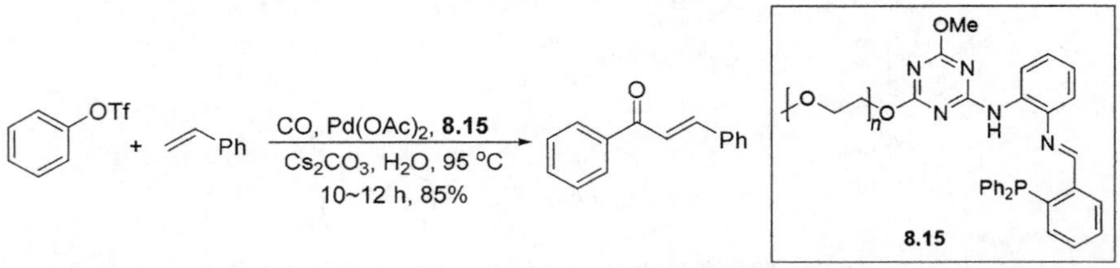

(8-27)

2018 年，Karak 等[18]报道了一种抗结核活性物质 denigrins A 的全合成，其合成路线的关键是以马来酸酐和二甲氧基苯基四氟硼酸碘鎓盐为底物，通过 Heck 反应合成二芳基化中间体 **8.16**。

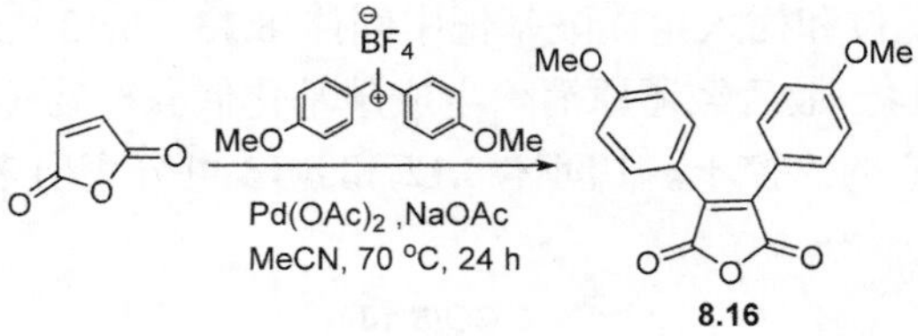

(8-28)

Heck 反应合成(–)-communesin F

Yang 等[19]于 2007 年首次完成了 communesin F 的全合成（见 6.4.1 小节）。2010 年，Weinreb 等[20]提出了一条新的合成路线，其关键步骤是利用四取代烯烃的分子内 Heck 反应构建季碳中心。

Weinreb 等的合成以四氢吡啶衍生物 **8.17** 为原料，经 Suzuki 偶联生成中间体 **8.18**。**8.18** 在碱催化下水解成羧酸，转变成酰氯后再与芳胺 **8.19** 反应生成酰胺中间体 **8.20**。**8.20** 与氯甲酸乙酯在二氯甲烷中反应，氮原子上的苄基转换成乙氧羰基，再在碱作用下与碘甲烷发生酰胺氮上的甲基化反应生成中间体 **8.21**。

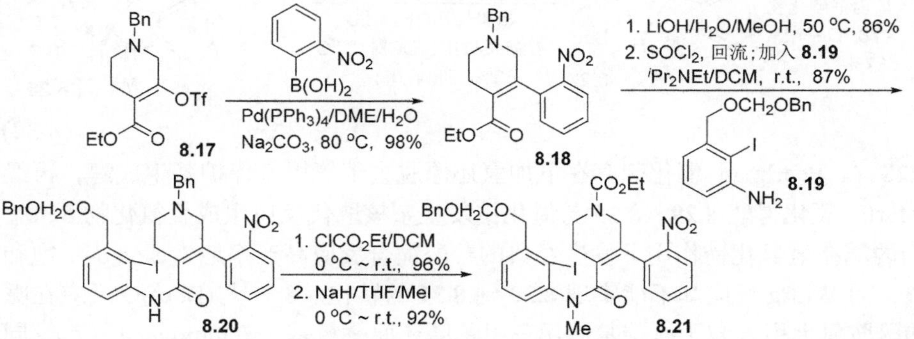

(8-29)

8.21 分子中四氢吡啶环上的四取代烯键在 $Pd(OAc)_2/PPh_3$ 体系的催化下与分子内的碘苯发生少见的相转移条件下的 Heck 偶联反应，高产率地生成中间体 **8.22**，再经硝基还原和新生成的氨基的 Boc 保护得中间体 **8.23**。

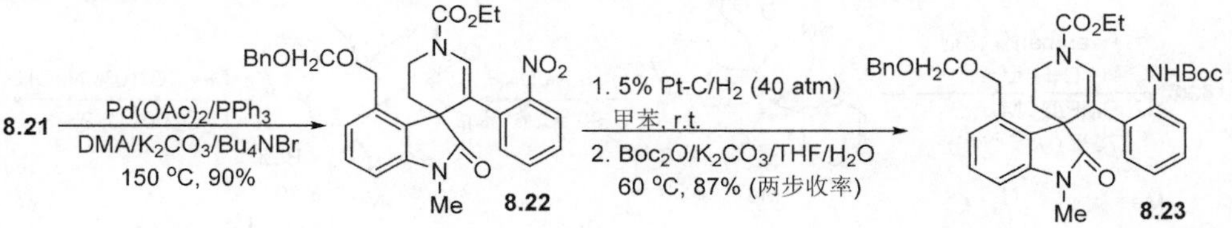

(8-30)

8.23 在 $Me_2EtN{\cdot}AlH_3$ 的作用下发生酰胺羰基的部分还原和分子内环化生成中间体 **8.24**。碱催化下脱 **8.24** 的乙氧羰基保护基，所得产物与氰基叠氮化物发生环加成反应，加成产物脱氮生成 **8.25**。**8.25** 经氰基亚胺的水解和氨基的 Boc 保护得中间体 **8.26**。

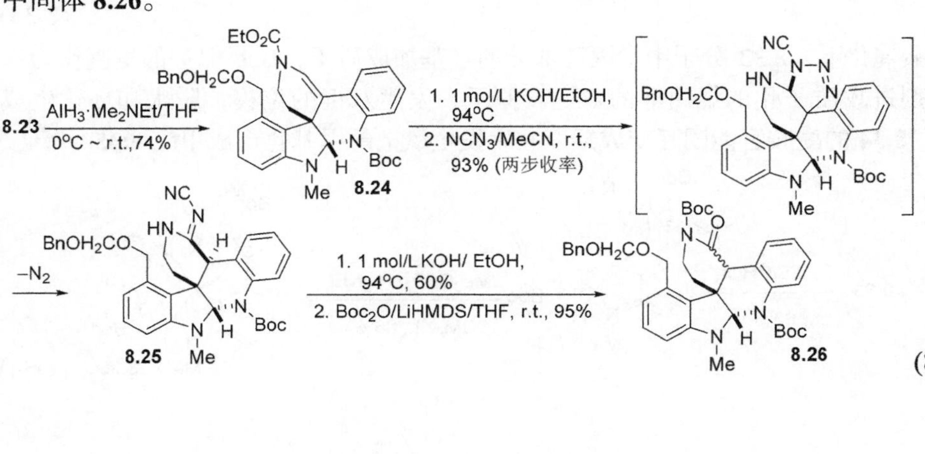

(8-31)

8.26 在碱催化下与烯丙基碘化物发生烯丙基化反应生成 **8.27**，再经 Boc 水解，双键的氧化断裂成醛，醛还原成醇和醇的酯化等步骤得中间体 **8.28**。

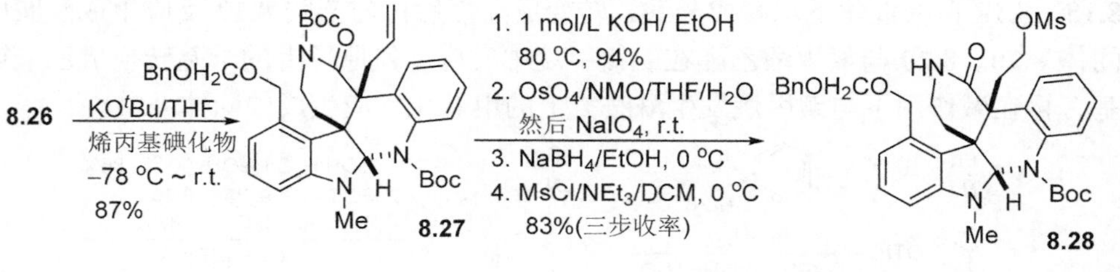

(8-32)

8.28 在 Pearlman 催化剂存在下加氢还原脱去苄氧甲基保护基生成醇，再经 Dess-Martin 氧化得醛 **8.29**。**8.29** 与氮化钠发生亲核取代反应生成叠氮化物 **8.30**。**8.30** 与丙酮在氢氧化钠作用下发生经典的羟醛缩合反应高产率地生成 *α*,*β*-不饱和酮 **8.31**，而 Wittig 反应却不能实现 **8.30** 到 **8.31** 的转化。**8.31** 与$(Boc)_2O$反应在哌啶酮的酰胺氮上引入叔丁氧羰基后用三甲基膦还原叠氮基（Staudinger 反应），同时发生分子内的酰氨基转移，生成 **8.32**。THF 中 **8.32** 与甲基锂发生 1,2-加成得中间体 **8.33**。

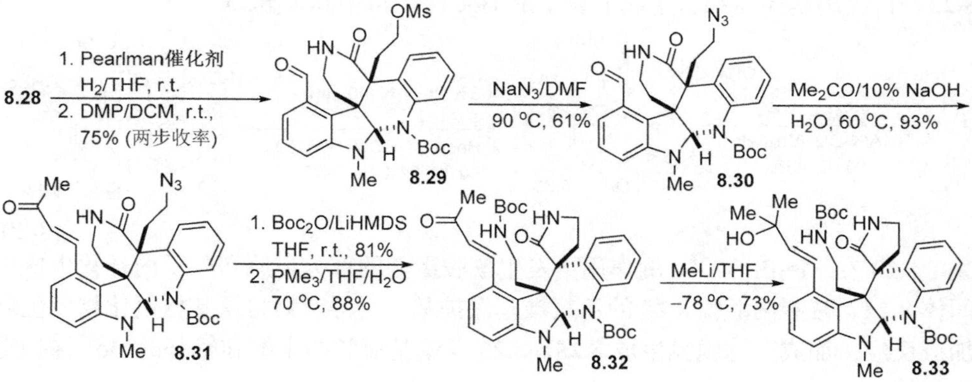

(8-33)

酸催化下，**8.33** 分子中烯丙醇部分的羟基加成质子，Boc 保护的氨基作为亲核试剂进攻质子化的烯丙醇的双键碳原子，发生双键的位移，脱水和环化生成 **8.34**。**8.34** 的酰胺官能团互变成羟亚胺后发生氧上的甲基化形成甲醚 **8.35**。

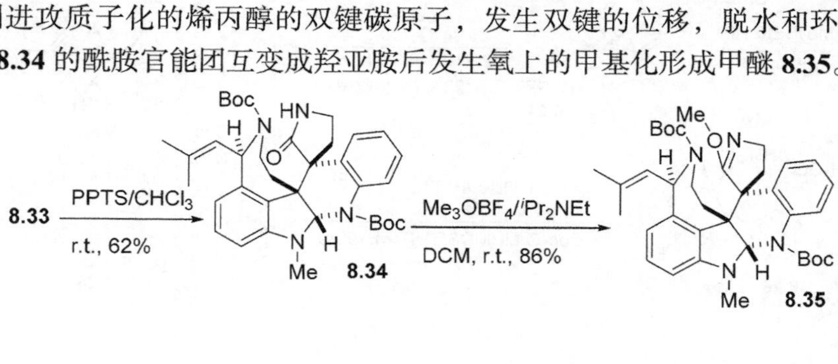

(8-34)

TFA 脱 **8.35** 分子中氮上的 Boc 保护基，游离出的仲胺作为亲核试剂进攻亚胺碳原子成功构建目标分子中的哌啶环。再经氮上的酰化和脱芳胺氮上的 Boc 保护基得目标产物。

8.35 —(5% TFA, DCM, r.t., 88%)→ … —($NaBH_4$, Ac_2O, HOAc)→ … —(40% TFA, DCM, r.t., 66%（两步收率）)→ …

(8-35)

8.2　金属有机化合物参与的构建 C—C 键的钯催化偶联反应

8.2.1　Sonogashira 交叉偶联反应

1963 年 Castro 和 Stephens 发现惰性气体中芳香族卤代烃与化学计量的炔基铜在吡啶中回流生成二取代炔烃，这一反称为 Castro-Stephens 偶联[21]：

$$R{-}X + Cu{-}{\equiv}{-}R^1 \xrightarrow[\text{溶剂, 回流}]{\text{Cu(I)/碱}} R{-}{\equiv}{-}R^1 \tag{8-36}$$

Castro-Stephens 偶联使用化学计量的铜（Ⅰ）盐，而大多数铜（Ⅰ）盐在有机溶剂中不溶，因此 Castro-Stephens 偶联为非均相反应，在较高的温度下才能进行，对底物卤代芳烃的官能团容忍度不高，收率低。

1975 年，Sonogashira 发现在钯催化剂（如 $PdCl_2(PPh_3)_2$）存在下，使用催化量的铜盐即可实现芳香族或烯基卤化物与芳基或烷基取代的炔烃的偶联，这一改进方法称作 Sonogashira 偶联[22]。

$$R{-}X + H{-}{\equiv}{-}R^1 \xrightarrow[\text{Cu(I)/碱, 溶剂}]{\text{Pd(0) 或 Pd(II)/配体}} R{-}{\equiv}{-}R^1 \tag{8-37}$$

Sonogashira 偶联可在接近室温的条件下进行，例如：

(MeO, Me, OMe, I 取代苯) + H—≡—CH₂OH —($PdCl_2(PPh_3)_2$ (3 mol%), CuI (20 mol%), Et_3N (7 eq.), r.t., 20 h, 100%)→ (MeO, Me, OMe 取代苯)—≡—CH₂OH

(8-38)

与 Castro-Stephens 偶联反应比较，Sonogashira 偶联反应使用催化量的铜盐，无需事先合成大量的具有爆炸可能的炔基铜，反应更为安全。溶剂和试剂不要求绝对干燥，但要求绝对无氧以避免炔烃在铜盐的催化下发生自身偶联（Glaser 偶联）。底物卤代烃（或磺酸酯）的反应活性按碘代烃、磺酸酯、溴代烃、氯代烃的顺序降低。

与 Heck 偶联反应类似，在 Sonogashira 偶联反应中，底物卤代烃或磺酸酯也是通过氧化加成与钯催化剂结合。与 Heck 偶联不同的是，铜盐存在下，炔烃可能不像烯烃那样通过配位插入与钯催化剂结合，而是先与铜催化剂形成炔基铜，炔基铜与钯催化剂通过转移金属化反应形成炔基钯配合物，再经还原消除生成偶联产物，反应机理如图 8.7 所示[3]。

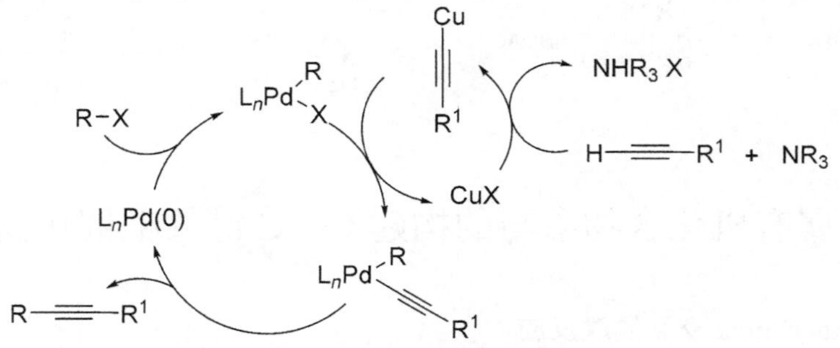

图 8.7　Sonogashira 偶联的可能机理

图 8.7 左边的钯循环（palladium-cycle）是过渡金属催化的偶联反应的经典机理，与后面将要讨论的 Suzuki 偶联、Negishi 偶联、Stille 偶联等金属有机化合物参与的偶联反应类似。右边为铜循环，确切机理至今知之不多。铜催化剂与膦配体之间是否存在结合以及碱的作用等细节问题有待进一步研究。

与 Heck 反应类似，强供电性配体能促进氧化加成反应，因而对 Sonogashira 偶联反应有利。虽然 PPh_3 是 Sonogashira 偶联反应最常用的配体，其他单齿、双齿、多齿膦配体或氮、膦配体也常用于 Sonogashira 偶联反应。例如，在氮膦配体 **8.36** 存在下，4-溴苯丙酸与三甲基硅基乙炔（TMSA）偶联，产物脱三甲基硅基保护基得 4-乙炔基苯丙酸[23]。

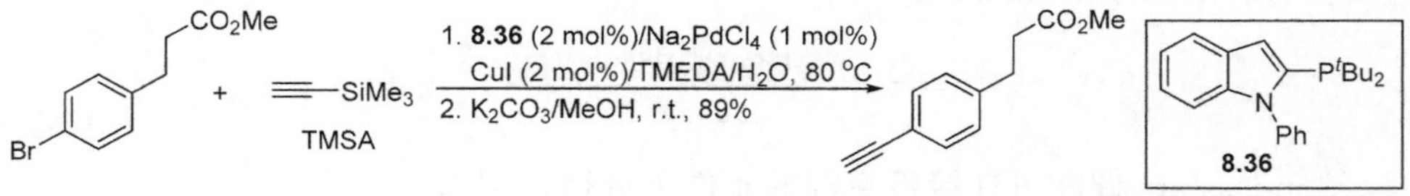

(8-39)

铜盐参与的 Sonogashira 偶联反应虽然条件温和，应用广泛，也存在明显的缺点，特别是无氧条件的要求较苛刻。近年来，无铜参与的 Sonogashira 偶联反应受到研究者的关注。实验发现，只要提高催化剂和配体的用量，许多反应都可以在无铜条件下进行。例如[23]：

Br
TBDMSO
TBDMSO
N N N N O
+ ≡—Ph
(^{t}Bu)$_2$P
8.37 (12 mol%)
Pd(PPh$_3$)$_4$ (6 mol%)
Cs_2CO_3, MeCN
90°C, 69%
Ph
TBDMSO
TBDMSO

(8-40)

Ph
O O
+ I
Pd(OAc)$_2$ (5 mol%)
PPh$_3$ (10 mol%)
NaOAc/DMF, 80 °C
62%
Ph
O O

(8-41)

无铜参与的 Sonogashira 偶联反应机理与 Heck 反应非常类似，卤代烃通过氧化加成与钯结合，炔烃则通过配位和脱质子与钯结合，可能的反应机理如图 8.8 所示[23]。如果使用亲核性强的有机胺作为碱，在反应的某一阶段，胺可能会与配合物中的配体 L 或由 RX 的氧化加成引入的配体 X 交换。如果胺与阴离子 X 交换，则生成阳离子中间体；如果胺与配体 L 交换，则生成电中性的中间体；如果胺仅作为碱脱炔烃的质子，则生成阴离子中间体。实际的反应机理与底物的结构，反应条件，所用碱的种类等因素均有关系。

R—≡—R^1
L$_2$Pd(0)
R−X
L$_2$Pd(II)(X)(R)
H—≡—R^1
L
R-Pd(L)(L)-X ← H—≡—R^1
$R_3\overset{\oplus}{N}H\ X^{\ominus}$　R$_3$N + L
R-Pd(L)(L)—≡—R^1
L-Pd(R)(L)—≡—R^1

图 8.8　无铜条件下 Sonogashira 偶联反应的可能机理

Toyota 等[24]以喹啉衍生物 **8.38** 与三甲基硅基乙炔之间的 Sonogashira 偶联合成了中间体 **8.39**，再经一系列的转换得喜树碱类似物 mappicine。

OH
N Cl
8.38
+ SiMe$_3$ ≡ H
Pd(PPh$_3$)$_2$/CuI/NEt$_3$
DMF, r.t., 1 h, 98%
OH
N
SiMe$_3$
8.39
⟶
N N O
OH
mappicine

(8-42)

2018 年，Subir 等[25]发表了一条对映选择性合成(–)-halenaquinone 的合成路线。

作者合成的最后，采用 Sonogashira 反应使中间体 **8.40** 与三异丙基硅基乙炔反应，水解脱去硅醚保护后采用 Bergman 成环反应构建醌环，得到目标产物。

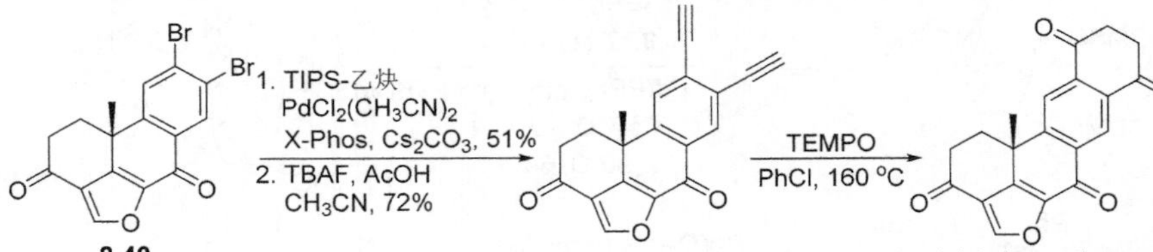
Br
Br
1. TIPS-乙炔
PdCl2(CH3CN)2
X-Phos, Cs2CO3, 51%
2. TBAF, AcOH
CH3CN, 72%
TEMPO
PhCl, 160 °C
(−)-halenaquinone

8.40

(8-43)

8.2.2 Suzuki 交叉偶联反应

1979 年，Suzuki 和 Miyaura 发现在 Pd(0)配合物 $Pd(PPh_3)_4$ 催化下，由炔的硼氢化原位生成的烯基硼烷可与卤代芳烃偶联，生成苯乙烯衍生物。例如[26]：

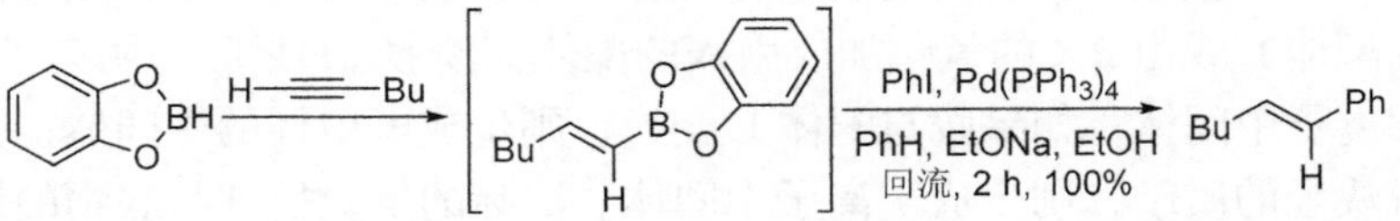
BH
H—≡—Bu
Bu
H
PhI, Pd(PPh3)4
PhH, EtONa, EtOH
回流, 2 h, 100%
Bu
Ph
H

(8-44)

后来，就把钯催化下有机硼化合物与有机卤化物或磺酸酯的偶联称作 Suzuki 偶联或 Suzuki-Miyaura 偶联[27-29]，反应通式如下：

$$R^1\text{-}BY_2 \ + \ X\text{-}R^2 \xrightarrow{\text{Pd(0)/配体/碱}} R^1\text{-}R^2 \tag{8-45}$$

Suzuki 偶联反应条件温和，后处理简单，无机副产物易除去，水对反应干扰小，硼烷或硼酸酯毒性小，反应有好的立体选择和区域选择性，是形成碳碳单键的有效方法，在合成上有广泛的应用。Suzuki 偶联反应的不足之处在于反应需碱催化，可能导致外消旋化等副反应，有时可能会生成一些自偶联副产物。

与铜催化的 Sonogashira 偶联反应类似，Suzuki 偶联反应也是由过渡金属配合物的基本反应实现的，包括底物卤代烃与钯催化剂的氧化加成，有机硼化物与钯配合物的转移金属化以及还原消除等反应。不同的是，有机硼化物与钯配合物的转移金属化反应需在碱的作用下才能进行。这是因为有机硼化合物是 Lewis 酸，是亲电试剂，只有在碱的作用下，使硼原子达到八隅体结构，烃基才能带着电子转移至钯原子上。碱在反应中的另一个作用是与钯配合物经复分解交换卤素，常用的碱包括碱金属碳酸盐、碱金属氢氧化物、醇钠、醇钾以及氢氧化铈等。反应机理如下（图 8.9）[3]：

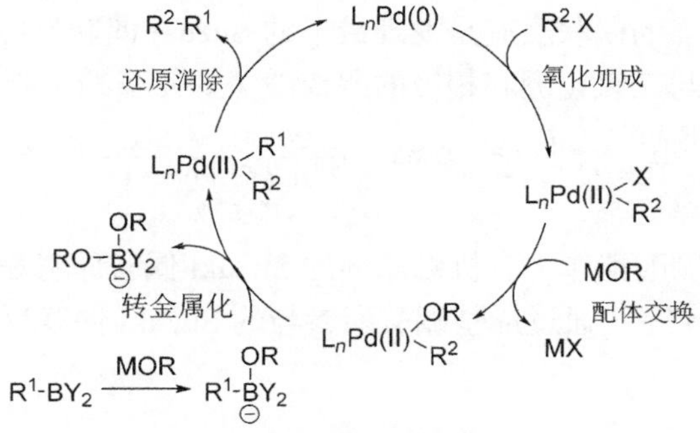

图 8.9　Suzuki 偶联的可能机理

与 Heck 偶联和 Sonogashira 偶联一样，Suzuki 偶联所用的催化剂前体也有两种，一种是无需配体参与的，一种是需要配体参与的。无需配体参与的常用催化剂有 $Pd(PPh_3)_4$、$PdCl_2(PPh_3)$、$PdCl_2(dppf)$、$PdCl_2(dppb)$、$PdCl_2(allyl)_2$ 等。需要配体参与的常用催化剂包括 $Pd(OAc)_2$、$PdCl_2$、$Pd_2(dba)_3$ 等。其他如环钯催化剂、钠米钯催化剂等也有应用。当反应需要配体参与时，可根据底物结构，选用单齿、双齿或多齿膦配体，也可选用氮膦配体以及氮杂卡宾配体等。

使用氯代烃作为亲电试剂时，与钯配合物的氧化加成较难进行，选用位阻大的强供电性配体有利于反应。例如，以位阻大的强供电性三环己基钯作配体，可以实现氯代烷烃与烷基硼烷的偶联[29]。

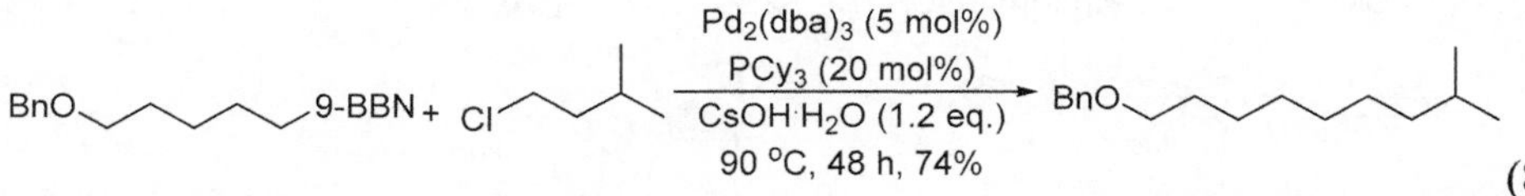

(8-46)

Suzuki 偶联一般使用芳基，烯基卤代烃或相应的磺酸酯作为亲电底物。烷基卤代烃或磺酸酯与钯配合物的氧化加成反应较难进行，氧化加成所生成的烷基配合物容易发生 β-氢消除，因而早期的 Suzuki 偶联反应很少使用烷基卤代烃或磺酸酯。近来发展了一些有效的催化体系可以实现烷基卤代烃或磺酸酯与有机硼化合物的偶联，例如，式(8-46)使用的 $Pd_2(dba)_3/PCy_3/CsOH$ 体系。而在 $Pd(OAc)_2/PCy_3/K_3PO_4$ 体系催化下，溴代烷烃与有机硼化合物的偶联可在室温下进行[29]。

Suzuki 偶联使用的有机硼化合物可以是烃基硼酸、烃基硼酸酯、三烃基硼或烃基氟硼酸盐。芳基硼酸及其酯较早应用于 Suzuki 偶联，在合成中成功应用的实例很多。例如，在 $Pd(PPh_3)_2$ 催化下，苯基硼酸与溴代吡咯衍生物偶联，生成苯基吡咯衍生物，可作为合成苯基卟啉的原料[28]。

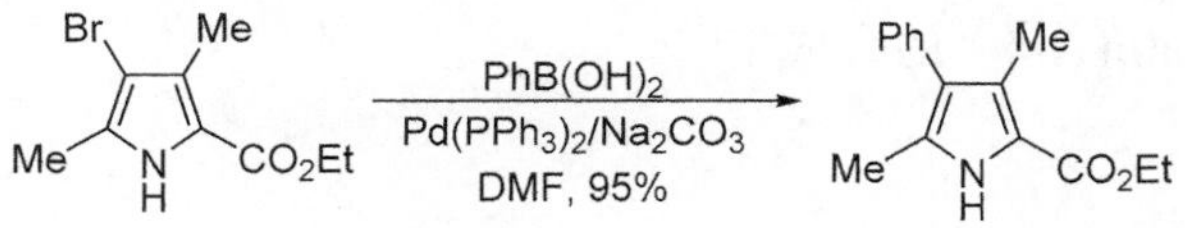

(8-47)

烯基硼酸酯参与的偶联反应是发现最早的 Suzuki 偶联反应。烯基硼酸酯可以由三甲基烯基硅烷与三氯化硼和相应的醇或酚（如儿茶酚）制备[28]。

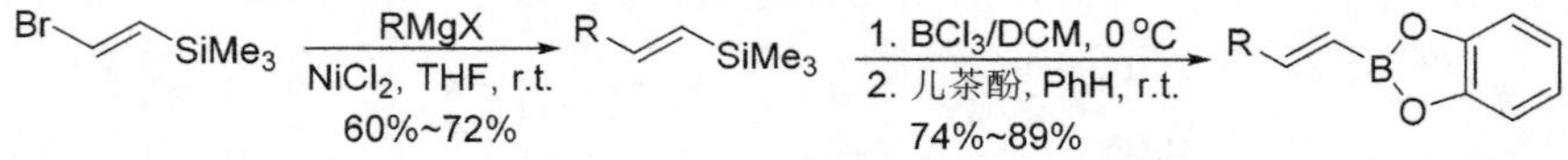

(8-48)

因此，以烯基硼酸酯作为有机硼试剂的 Suzuki 偶联原料易得，在合成中应用广泛。例如，Marko 等[30]通过烯基硼酸酯参与的 Suzuki 偶联反应制备了美倍霉素的左半部分。

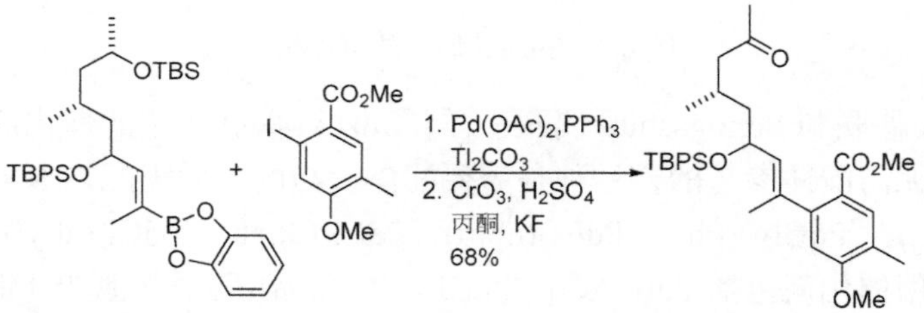

(8-49)

又如，从海藻中分离出的天然产物 curacin A 具有抗有丝分裂、抗肿瘤活性。White 等报道的全合成也利用了烯基硼酸酯参与的 Suzuki 偶联反应构建目标产物的左半部分[28]。

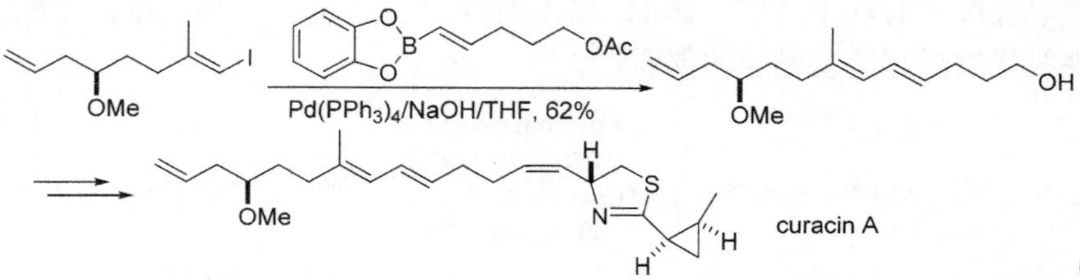

(8-50)

炔基硼化物极易水解，通常不能作为 Suzuki 偶联的有机硼化合物。1995 年，Soderquist[31] 和 Fürstner 课题组[32]几乎同时发现 9-甲氧基-9-BBN（*B*-methoxy-9-borabicyclo[3.3.1]-nonane，**8.41**）与金属炔化物（如炔基锂等）反应，可以生成稳定的炔硼加成物 **8.42**。

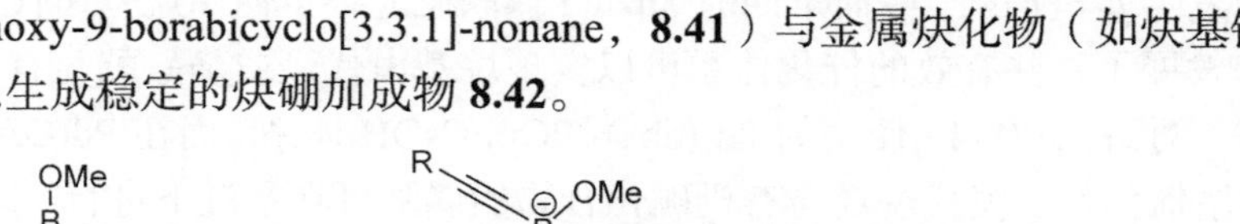

(8-51)

8.42 作为炔基硼化物在钯催化下与卤代烃偶联生成新的炔烃。该方法作为 Sonogashira 偶联的替代方法，在合成上也有重要应用，例如在抗肿瘤药康普立停 A-4（combretastatin A-4）的合成中[28]。

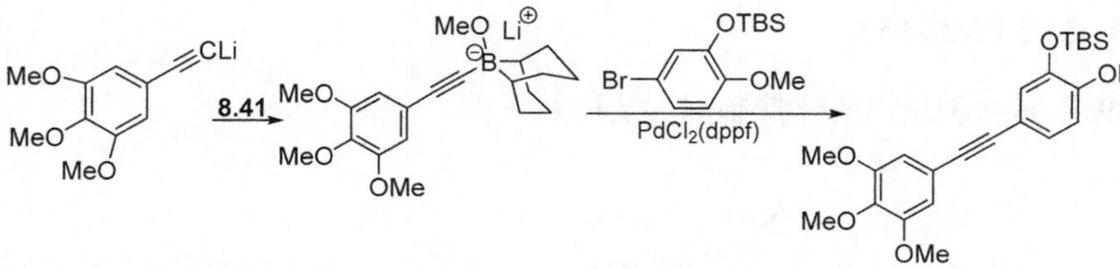

(8-52)

与含 C(sp^2)—M（M 表示金属）键的芳基和烯基金属有机化合物相比，含 C(sp^3)—M 键的烷基金属有机化合物参与的偶联反应要困难得多，这是因为烷基金属有机化合物稳定性较差，遇到活泼氢即会分解成烷烃，如果有 β-氢存在，则容易发生 β-氢消除生成烯烃。将过渡金属催化的偶联反应拓展到烷基金属有机化合物的研究一直是该领域面临的重要课题。经过多年的研究，发现了许多有效的催化体系可以实现烷基金属有机化合物与卤代烃或磺酸酯的偶联，包括烷基硼化物与卤代烃或磺酸酯的偶联。实际反应时，烷基硼化物可由相应的烯烃与 9-BBN 经硼氢化反应原位生成。例如碳青霉烯衍生物的合成和醌式吖啶衍生物的合成[29]。

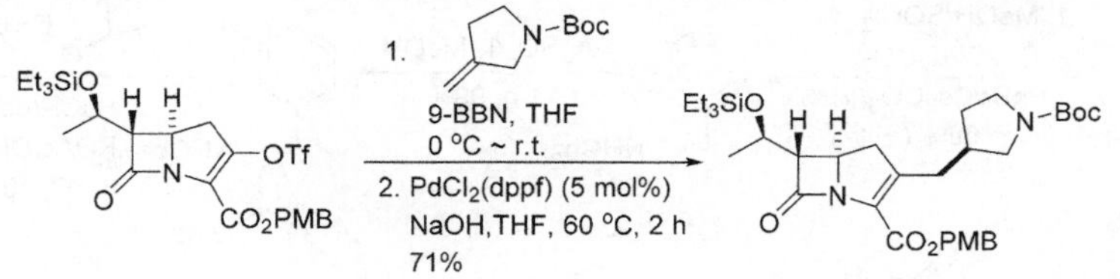

(8-53)

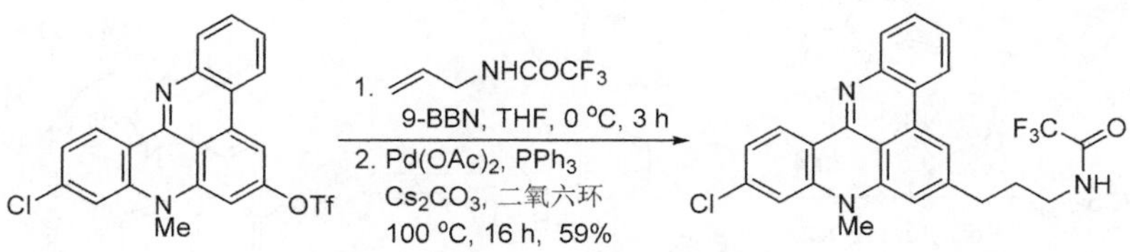

(8-54)

前已介绍，Suzuki 偶联反应需要碱催化，但碱会介导产生催化循环以外的其他副产物，如质子化-去硼化、氧化及自偶联反应，与此同时也限制了底物的适用范围。2018 年，Sanford 等[33]报道了不需要外源碱参与的 Suzuki 反应。采用氧化加成活性高的芳基酰氟对镍催化剂氧化加成并消除羰基形成具有转金属化活性的中间体[Ar-Ni-F]，[Ar-Ni-F]能直接与芳基硼酸反应，还原消除后得到联芳香烃类产物。芳基酰氟可由羧酸衍生物原位生成，通过选择配体可以改变反应选择性，获得单一的联芳产物。

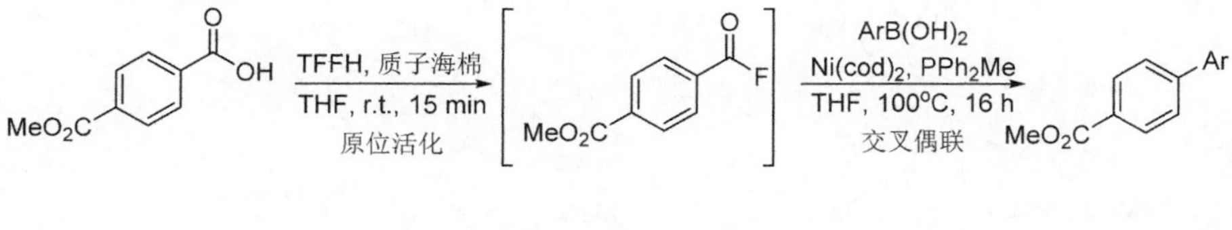

(8-55)

Suzuki 偶联合成 TMC-95A

TMC-95A 是一种蛋白酶体抑制剂，结构如下：

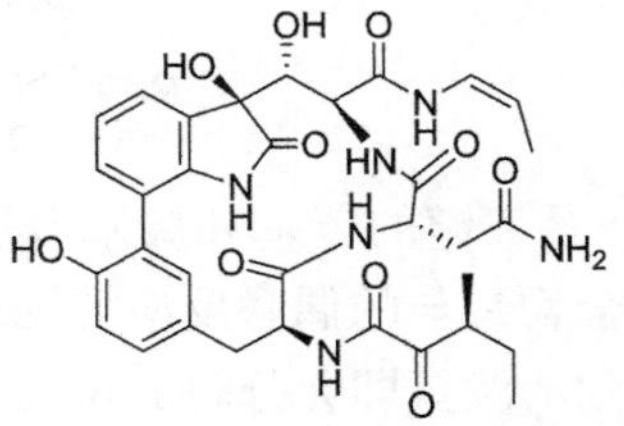

TMC-95A

Lin 等[34]以酪氨酸为原料合成了 TMC-95A。通过甲酯化，*N*-苄氧羰化和苄醚化分别保护酪氨酸的羧基、氨基和酚羟基。硫酸银存在下与碘反应成功实现酪氨酸酚羟基邻位的碘化。Miyamura 硼酸化反应得有机硼中间体 **8.43**。钯催化下 **8.43** 与另一中间体 **8.44** 发生 Suzuki 偶联生成 **8.45**，再经进一步反应得目标产物。

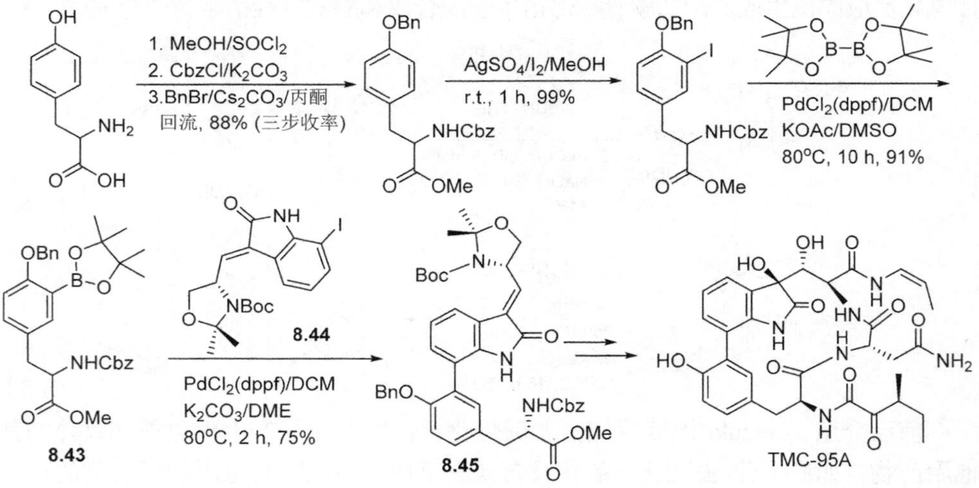

1. $MeOH/SOCl_2$
2. $CbzCl/K_2CO_3$
3. $BnBr/Cs_2CO_3$/丙酮
回流, 88% (三步收率)

$AgSO_4/I_2/MeOH$
r.t., 1 h, 99%

$PdCl_2(dppf)/DCM$
KOAc/DMSO
80°C, 10 h, 91%

8.43　8.44

$PdCl_2(dppf)/DCM$
K_2CO_3/DME
80°C, 2 h, 75%

8.45　TMC-95A

(8-56)

Suzuki 偶联合成片螺素（lamellarins）

片螺素是五环吡咯生物碱类化合物的典型代表，有很强的细胞毒性和抗癌活性，片螺素 G 和片螺素 S 的结构如下：

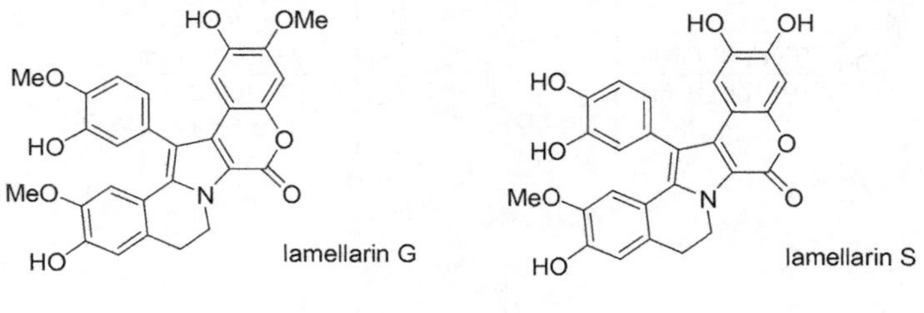

lamellarin G　　lamellarin S

Banwell 等[35]利用 Suzuki 偶联和脱羰 Heck 偶联合成了片螺素 G 三甲醚和片螺素 S。合成路线以 Boc 保护的吡咯为原料，经溴化、烷氧羰化、碘化和脱碘得中间体 **8.46**。

1. NBS
2. BuLi, 然后 $ClCO_2Me$
50% (两步收率)

DMF, 130°C, 12 h
然后 NIS, 80°C, 4 h
97%

$Zn/I_2/DMA$
120°C, 2.5 h
69%

8.46

(8-57)

钯催化下，**8.46** 与硼酸酯 **8.47** 发生 Suzuki 偶联生成中间体 **8.48**。**8.48** 与 **8.49** 在偶氮二甲酸二异丙酯（DIAD）和三苯膦存在下反应（Mitsunobu 反应）生成中间体 **8.50**。钯催化下 **8.50** 与芳基硼酸 **8.51** 发生 Suzuki 偶联，偶联产物经酯水解生成中间体 **8.52**。钯催化下 **8.52** 发生分子内的脱羰 Heck 反应生成目标产物之一片螺素 G 三甲醚。

8.47　**8.46**/Pd(0)　K_2CO_3/NBS　53% (两步收率)　**8.48**

8.49　DIAD/PPh_3　62%　**8.50**

1. **8.51**　2. 水解　46% (两步收率)　**8.52**

$Pd(OAc)_2$　48%

lamellarin G 三甲醚

(8-58)

将底物 **8.47**、**8.49** 和 **8.51** 分子中的相应甲氧基换成异丙氧基，经同样的反应后用 BCl_3 选择性地脱异丙基生成另一目标产物片螺素 S。

8.2.3　其他金属有机化合物参与的偶联反应

1. Kumada 交叉偶联反应

镍膦配合物催化下，卤代烯烃或卤代芳烃与格氏试剂偶联生成多取代烯烃的反应称作 Kumada 偶联[36, 37]，反应通式如下：

$$R^1R^2C{=}C(R^3)X + R\text{-}Mg\text{-}X \xrightarrow[\text{溶剂}]{NiCl_2L_2/\text{配体}} R^1R^2C{=}C(R^3)R \qquad (8\text{-}59)$$

改用钯膦配合物催化，可实现卤代烯烃或卤代芳烃与有机锂的偶联：

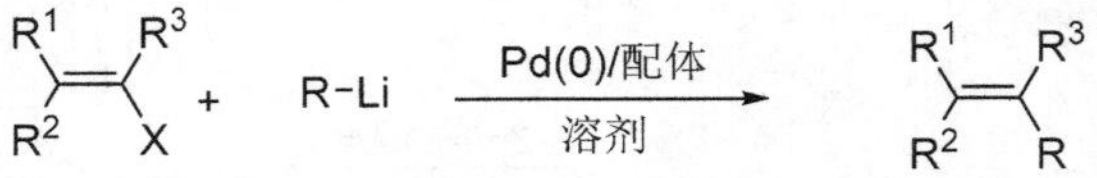

$$R^1R^2C{=}C(R^3)X + R\text{-}Li \xrightarrow[\text{溶剂}]{Pd(0)/\text{配体}} R^1R^2C{=}C(R^3)R \qquad (8\text{-}60)$$

对于镍催化的偶联，配体种类对活性有影响，含不同配体的催化剂活性顺序为：

$$Ni(dppp)Cl_2 > Ni(dppe)Cl_2 > Ni(PR_3)_2Cl_2 \sim Ni(dppb)Cl_2$$

卤代烯烃经 Kumada 偶联构型不变。有 *β*-氢的烷基 Grignard 试剂不会发生 *β*-氢消除，但仲烷基 Grignard 试剂可能异构化，生成伯烷基产物。dppf 为配体可加速 *β*-氢消除和还原消除，抑制仲烷基的异构化，可用于仲烷基 Grignard 试剂的偶联。

在镍催化的 Kumada 偶联反应中，加入的镍盐催化剂可能先与 Grignard 试剂发生转移金属化反应生成二烃基镍，二烃基镍发生还原消除后与卤代烃发生氧化加成生成烃基卤化镍，再与 Grignard 试剂发生转移金属化反应得二烃基镍，还原消除生成产物。而在钯催化的 Kumada 偶联反应中，底物卤代烃可以与零价钯配合物直接发生氧化加成反应，再经转移金属化和还原消除生成产物，反应机理如下（图 8.10）[3]：

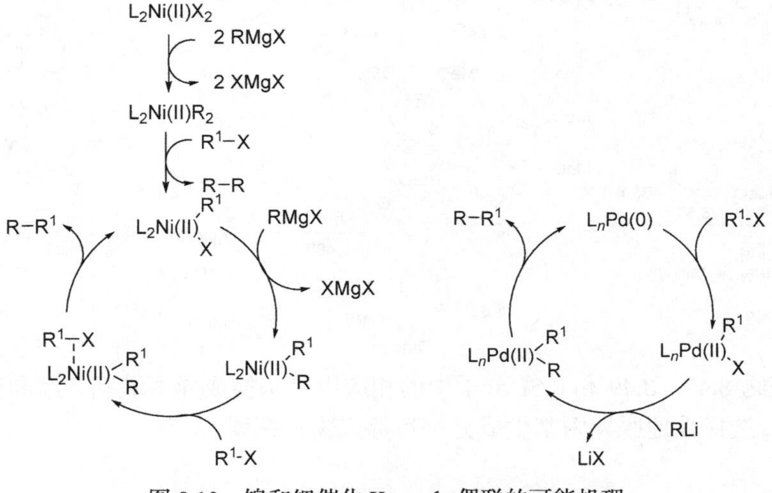

图 8.10　镍和钯催化 Kumada 偶联的可能机理

Alexey 等[38]报道了 dehydrodesoxyepothlione B 的全合成，其中利用碘代烯烃 **8.53** 与 4-溴丁烯衍生的 Grignard 试剂之间的 Kumada 偶联，合成出中间体 **8.54**：

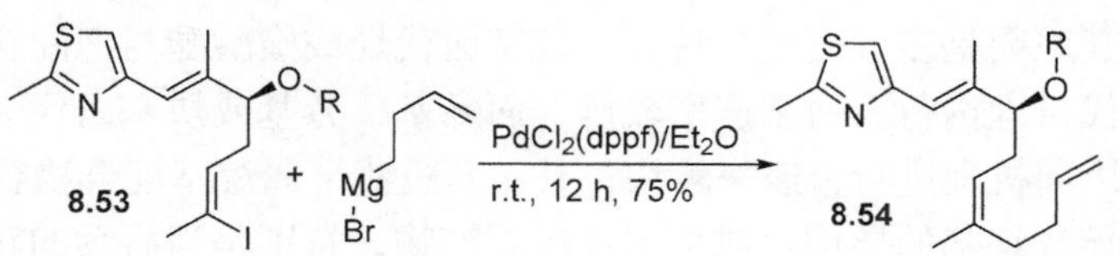

(8-61)

2. Negishi 偶联反应

镍或钯催化下，卤代烃与有机锌试剂发生的偶联反应称作 Negishi 偶联[39-41]，反应通式如下：

$$R^1\text{-}X + R^2Zn\text{-}X \xrightarrow[\text{溶剂}]{NiL_n \text{ 或 } PdL_n/\text{配体}} R^1\text{-}R^2 \quad (8\text{-}62)$$

Negishi 偶联的机理与 Kumada 偶联类似，钯催化下的机理可表示如下（图 8.11）[3]：

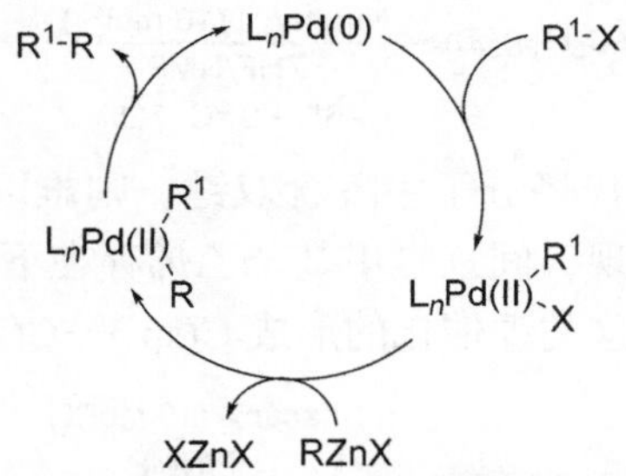

图 8.11 钯催化 Negishi 偶联的可能机理

与 Suzuki 偶联比较，Negishi 偶联所用的有机锌试剂在钯催化下的偶联活性高，不需加助催化剂（如 Suzuki 偶联需碱作助催化剂）；与 Kumada 偶联比较，有机锌化合物碱性小于 Grignard 试剂和有机锂，官能团容忍度较 Kumada 偶联好；与下节讨论的 Stille 偶联比较，有机锌毒性小于有机锡。

有机锌试剂可由卤代烃与锌粉在适当的溶剂中反应直接制备，也可由 Grignard 试剂或有机锂等金属有机化合物与锌盐反应原位生成，制备过程非常便捷。例如 Jeannie 等[42]在合成天然抗菌药(–)-hectochlorin 时，利用异丁烯基溴化镁与溴化锌的原位反应产生有机锌试剂，再与溴代噻唑衍生物发生 Negishi 偶联合成中间体：

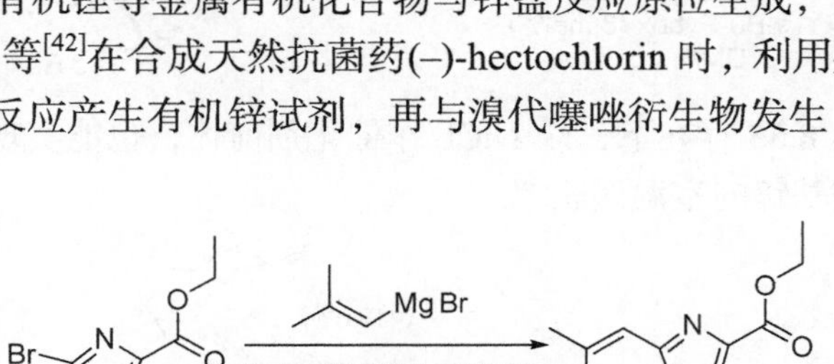

(8-63)

前面已指出，在构建 C—C 键的偶联反应中，形成 $C(sp^3)$—$C(sp^3)$键的偶联反应较困难，其原因是多方面的。首先，烷基卤代烃或磺酸酯与钯配合物的氧化加成按亲核取代机理进行，通常速率较慢，而烯基、芳基或炔基卤代烃与钯的氧化加成一般按协同机理进行，速率较快；其次，过渡金属烷基配合物容易发生 β-氢消除反应，导致烷基的异构化或生成烯烃副产物，特别是当后续的转移金属化反应和还原消除反应速率较慢时，更易发生副反应。锌原子的外层有空的 p 轨道，有利于与钯和镍等过渡金属配合物发生转移金属化反应。与其他金属有机化合物参与的偶联反应相比，有机锌参与的偶联反应发生 β-氢消除的可能性要小。此外，有机锌具有 Lewis 酸性，能活化卤代烃或磺酸酯，有利于氧化加成。因此，通过 Negishi 偶联更容易实现 $C(sp^3)$—$C(sp^3)$键的构建。

1996 年，Knochel 等发现，镍催化剂 $Ni(acac)_2$ 存在下，含有双键的卤代烷烃可与烷基锌发生形成 $C(sp^3)$—$C(sp^3)$键的偶联[43]。

+ $(n\text{-}C_5H_{11})_2Zn$ → $Ni(acac)_2$ (10 mol%), THF/NMP, −35 ~ 0 °C, 72%

(8-64)

同样条件下，如果卤代烃分子中不含双键，则难以发生形成 $C(sp^3)$—$C(sp^3)$键的偶联。随后的研究发现，间三氟甲基苯乙烯存在下，卤代烃分子中的羰基，二噻烷等官能团也能促进这类镍催化的形成 $C(sp^3)$—$C(sp^3)$键的偶联[44]。

+ $(n\text{-}C_5H_{11})_2Zn$ → $Ni(acac)_2$ (10 mol%), THF/NMP, 间三氟甲基苯乙烯 (0.2 ~ 1.0 eq.), −35 ~ 0 °C, 70%

(8-65)

2003 年，Fu 等[45]发现以 Ni 络合物作催化剂，在 DMA 中室温下即可实现无烯基或羰基活化的卤代烷与烷基锌的偶联。

X, Y = I, Br; YZn~~~Ph; $Ni(cod)_2$ (4 mol%), s-Bu-Pybox (8 mol%), DMA, r.t., 73%; Ph; ^{s}Bu; s-Bu-Pybox

(8-66)

在四烯配体 **8.55** 存在下，以 $NiCl_2$ 作催化剂前体，也能实现无烯基或羰基活化的卤代烷与烷基锌的室温偶联[46]。

n-Oct~~X + $(i\text{-}Pr)_2Zn$ → **8.55** (9 mol%), $NiCl_2$ (3 mol%), $MgBr_2$ (3 eq.), THF/NMP, 25°C, 1 h, 79% → n-Oct

(8-67)

Negishi 偶联合成 *β*-胡萝卜素

β-胡萝卜素（*β*-carotene）是一种重要的食用色素，由于它具有食品着色剂和营养增补剂的双重功效，被广泛用作饮料、食品及饲料添加剂。*β*-胡萝卜素的结构如下：

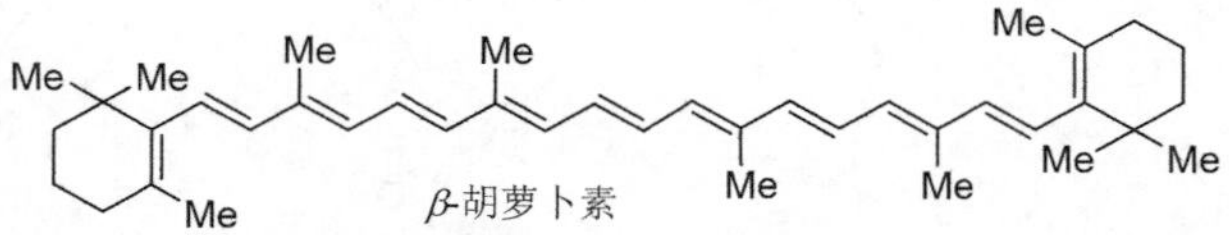

β-胡萝卜素

β-胡萝卜素的合成方法很多，例如由 Wittig 反应合成，但往往会生成 *Z* 型和 *E* 型烯烃的混合物。2001 年，Negishi 等[47]将锆催化的炔的烃铝化反应和钯催化的 Negishi 偶联反应结合起来，高选择性地合成了 *β*-胡萝卜素及其类似物。以 1-溴-2-碘乙烯和炔基溴化锌为起始原料，在钯催化下发生 Negishi 偶联反应生成炔烯**8.56**。

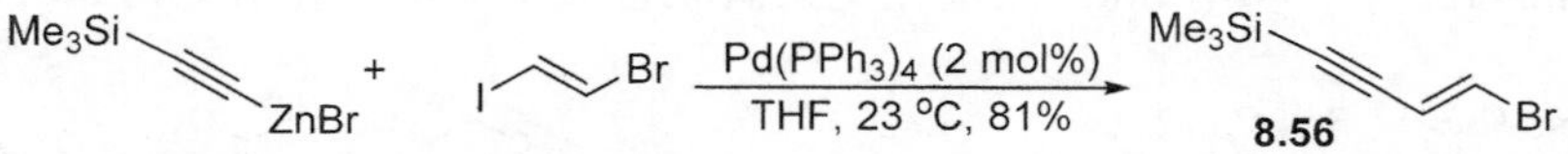

$$Me_3Si{-}C{\equiv}C{-}ZnBr + I{-}CH{=}CH{-}Br \xrightarrow[\text{THF, 23 °C, 81\%}]{Pd(PPh_3)_4\ (2\ mol\%)} \mathbf{8.56} \tag{8-68}$$

另一炔烯 **8.57** 经锆烃化后与 **8.56** 发生 Negishi 偶联生成中间体 **8.58**。**8.58** 脱三甲基硅基保护基后再经锆烃化和 Negishi 偶联得目标产物。

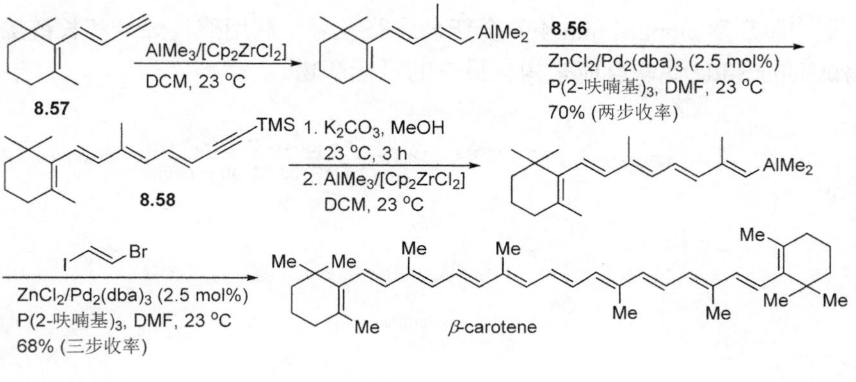

8.57 —— $AlMe_3/[Cp_2ZrCl_2]$, DCM, 23 °C → (AlMe$_2$) —— **8.56**, $ZnCl_2/Pd_2(dba)_3$ (2.5 mol%), P(2-呋喃基)$_3$, DMF, 23 °C, 70% (两步收率) → **8.58** (TMS) —— 1. K_2CO_3, MeOH, 23 °C, 3 h; 2. $AlMe_3/[Cp_2ZrCl_2]$, DCM, 23 °C → (AlMe$_2$) —— I/\=\/Br, $ZnCl_2/Pd_2(dba)_3$ (2.5 mol%), P(2-呋喃基)$_3$, DMF, 23 °C, 68% (三步收率) → *β*-carotene

(8-69)

3. Stille 交叉偶联反应

钯催化下，卤代烃与有机锡试剂发生的偶联反应称作 Stille 偶联[48-50]，反应通式如下：

$$R^1\text{-}SnR_3 + R^2\text{-}X \xrightarrow{Pd(0)/\text{配体}} R^1\text{-}R^2 \tag{8-70}$$

Stille 偶联的特点是试剂活性低，对水不敏感，操作方便，但有机锡试剂毒性较大。Stille 偶联的机理与 Kumada 偶联和 Negishi 偶联类似，如图 8.12 所示。由于有机锡的活性相对较低，转移金属化反应的速率较慢，在 CO 存在下，可先发生 CO 插入再转移金属化，生成羰基化交叉偶联产物，也称作 Stille 羰基化交叉偶联[51]，这是其他几种偶联反应无法实现的。

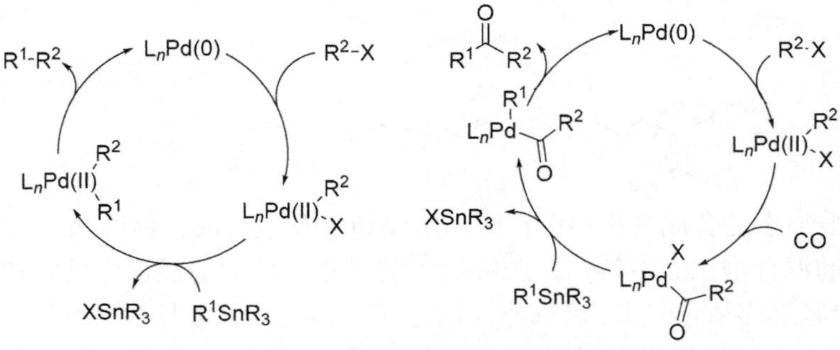

R^1-R^2
$L_nPd(0)$
R^2-X
$L_nPd(II)$
$XSnR_3$
R^1SnR_3
CO

图 8.12　Stille 偶联和 Stille 羰基化交叉偶联的可能机理

Jeanneret 等[52]利用 Stille 羰基化交叉偶联合成了酰基糖苷衍生物 **8.59**：

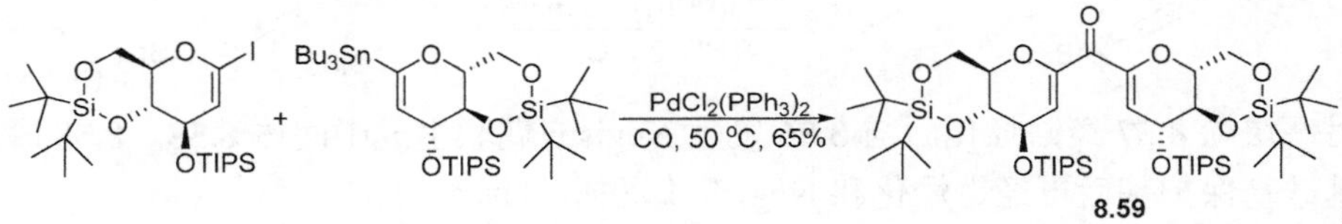

Bu_3Sn
OTIPS
$PdCl_2(PPh_3)_2$
CO, 50 °C, 65%

8.59　(8-71)

Ogura 等[53]在开发 amphirionin-4 的全新合成路径时，利用碘代烯烃和长链烯烃的有机锡试剂的 Stille 偶联反应来构建最终的目标产物。

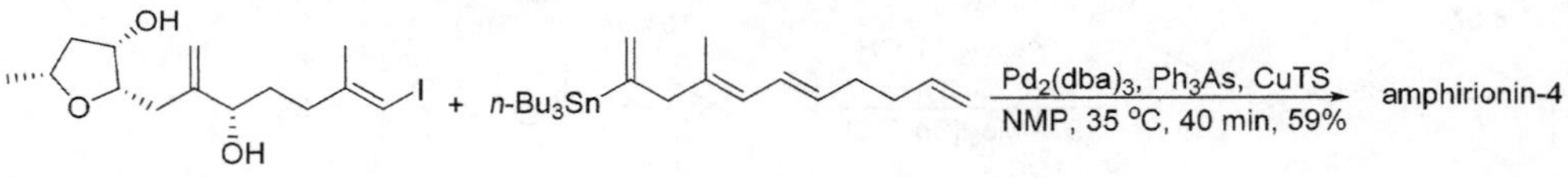

OH
n-Bu_3Sn
$Pd_2(dba)_3$, Ph_3As, CuTS
NMP, 35 °C, 40 min, 59%
amphirionin-4

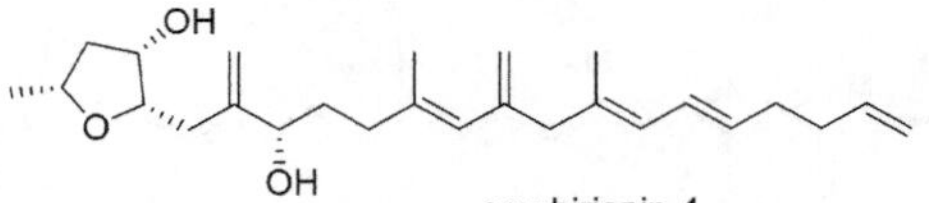

amphirionin-4

(8-72)

8.3　形成碳杂键的偶联反应

许多药物的分子中含氮、氧等杂原子，形成碳杂键的偶联反应在药物合成中有广泛的应用。Ullmann 二芳基醚和二芳基胺的合成以及 Buchwald-Hartwig 交叉偶联等传统的形成碳杂键的偶联反应，近年来受到了研究者的广泛关注，从催化剂的种类，底物的适应范围以及反应条件的绿色化等方面得到了进一步的发展。本节简要介绍这两类偶联反应及其机理，感兴趣的读者如果希望深入了解这两类偶联反应近年来的研究进展以及在合成上的应用，可查阅相关文献[54-56]。

8.3.1　Ullmann 二芳基醚和二芳基胺的合成

1904 年，Ullmann 发现铜粉可催化卤代芳烃与酚的偶联[3]：

$$\text{R-C}_6\text{H}_4\text{-X} + \text{HO-C}_6\text{H}_4\text{-R'} \xrightarrow[\text{碱/溶剂}]{\text{Cu(0) 或 Cu(I)}} \text{R-C}_6\text{H}_4\text{-O-C}_6\text{H}_4\text{-R'} \tag{8-73}$$

1906 年，Goldberg 将 Ullmann 二苯醚合成反应应用于二苯胺的合成[3]：

$$\text{R-C}_6\text{H}_4\text{-X} + \text{H}_2\text{N-C}_6\text{H}_4\text{-R}^1 \xrightarrow[\text{碱/溶剂}]{\text{Cu(0) 或 Cu(I)}} \text{R-C}_6\text{H}_4\text{-NH-C}_6\text{H}_4\text{-R}^1 \tag{8-74}$$

加入配体可使反应在室温下进行，否则需在 100~300℃下反应。这类反应称为 Ullmann 二芳基醚和二芳基胺的合成。

对于芳环上有强吸电基的芳烃，可通过芳环上的亲核取代反应合成相应的芳胺或芳醚。芳环上无强吸电基的芳烃不能发生芳环上的亲核取代反应，Ullmann 二芳基醚和二芳基胺合成法的发展为合成芳环上无强吸电基的芳胺或芳醚提供了新途径。Ullmann 二芳基醚和二芳基胺合成反应的机理不同于芳环上的亲核取代反应，通常认为在有配体存在的条件下，反应受过渡金属铜配合物的催化，涉及过渡金属配合物的氧化加成、还原消除、配体交换等基本过程。以 Ullmann 二芳基胺的合成为例，可能的机理如下（图 8.13）[3]：

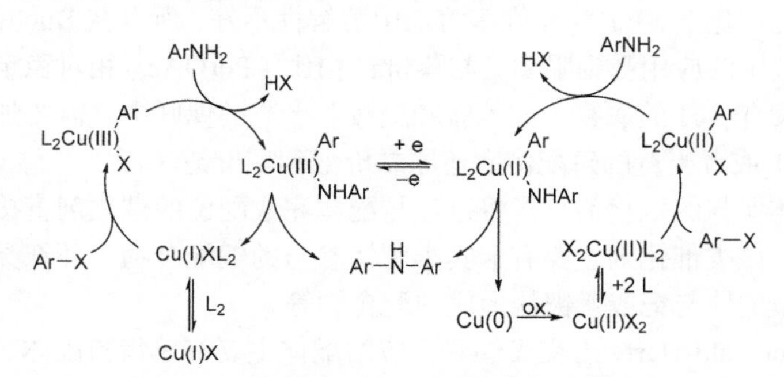

图 8.13　Ullmann 二芳基胺合成的可能机理

8.3.2　Buchwald-Hartwig 交叉偶联反应

1983 年，Migita 等报道了钯催化下卤代芳烃与三丁基氨基锡偶联生成芳胺的反应。1995 年，Buchwald 和 Hartwig 发现，在强碱存在下，可以避免使用对水敏感的不稳定的三丁基氨基锡，由胺或醇与卤代芳烃直接偶联生成芳胺或芳醚，后来就把这类反应称作 Buchwald-Hartwig 交叉偶联[3]，反应通式如下：

$$\text{R-C}_6\text{H}_4\text{-OR}^3 \xleftarrow[\text{Pd(OAc)}_2]{\text{Na}^{\oplus}\ {}^{\ominus}\text{OR}^3} \text{R-C}_6\text{H}_4\text{-X} \xrightarrow[\text{L}_2\text{PdCl}_2/\text{碱}]{\text{H-NR}^1\text{R}^2} \text{R-C}_6\text{H}_4\text{-NR}^1\text{R}^2 \tag{8-75}$$

具体的反应机理可能包括底物与钯配合物的氧化加成，碱与卤素以及氨化剂与碱的配体交换和还原消除等基本步骤（图 8.14）[3]。

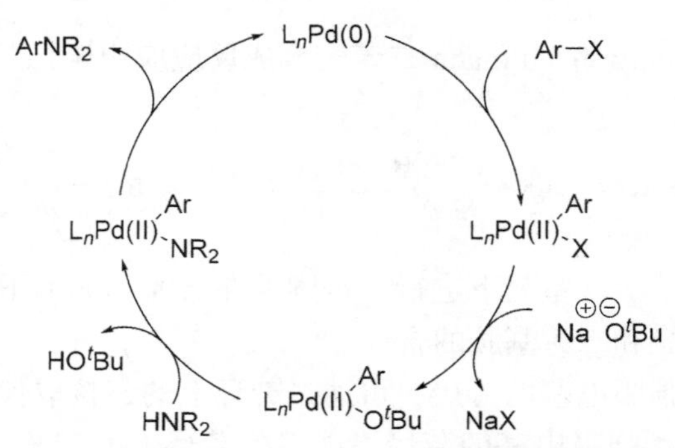

图 8.14　Buchwald-Hartwig 交叉偶联的可能机理

Buchwald-Hartwig 交叉偶联反应所用的催化剂也分为需要配体参与和无需配体参与两种情况。需要配体参与的催化剂可分为两类：零价钯催化剂 Pd(0)和二价钯催化剂 Pd(Ⅱ)。$Pd(dba)_2$ 和 $Pd_2(dba)_3$ 是两种常见的零价钯催化剂，优点是反应中不需要添加其他的物质来还原，缺点是零价钯在空气中不稳定。$Pd(OAc)_2$ 是最常用的二价钯催化剂，$PdCl_2$ 在许多溶剂中溶解性不好，所以在 Buchwald-Hartwig 交叉偶联反应中的应用受到限制。与零价钯相比，$Pd(OAc)_2$ 相对稳定，且价格便宜，但是在没有 β-H 的底物（如苯胺和酰胺）参与的偶联中，需要加入其他还原剂（如 Et_3N）或者当量的磷配体来还原二价钯到零价钯。

无需配体参与的催化剂是指将已经与配体完成配位的催化剂直接加入到反应体系中使用。该类催化剂主要有卡宾类配体参与的钯配合物，环钯类配合物以及一些常见简单配体与钯或者钯盐形成的配合物等。

用于 Buchwald-Hartwig 交叉偶联反应的配体主要有单齿膦配体、二茂铁类配体、卡宾类配体以及膦氧化物类配体。其中膦配体的报道最多，应用最广泛。

碱的参与也是保证 Buchwald-Hartwig 交叉偶联反应顺利进行的条件，常用的碱包括 NaO^tBu、LHMDS、Cs_2CO_3、K_3PO_4、K_2CO_3、DBU 等。其中 NaO^tBu、LHMDS 等强碱活性高，能在较低的温度下反应，但可能影响底物分子中的其他官能团，底物的适应范围受到限制。K_3PO_4、K_2CO_3、DBU 等碱性较弱，通常需要较高的反应温度和较长的反应时间，或在微波促进下才起反应。应根据底物的结构和活性来选择合适的碱。

Buchwald-Hartwig 交叉偶联反应常用的溶剂有甲苯、THF、DME、二氧六环、DMF、NMP、DMSO 等。其中，甲苯和二氧六环用得比较多。值得一提的是，当用碘苯作亲电试剂时，反应过程中生成的无机碘盐在甲苯中溶解性不好，选用甲苯作溶剂能促进反应的进行。为了使反应在均相中进行，也可选择混合溶剂，例如二氧六环/间二甲苯混合溶剂、甲苯/叔丁醇混合溶剂等。

Buchwald-Hartwig 交叉偶联反应涉及两种底物：卤代烃和胺。溴代芳烃是卤代芳烃中研究得比较早也比较多的一类亲电试剂。与溴代芳烃相比，氯代芳烃价格低廉，更适于工业应用。但是氯代芳烃活性较低，往往需要较为苛刻的条件。最近报道的一些二烷基联苯膦配体，能使氯苯与胺的偶联在室温甚至较低温度下进行，例如与 RuPhos 配位的钯配合物 **8.60** 可以催化对甲氧基氯苯与二丁胺的室温偶联[57]。

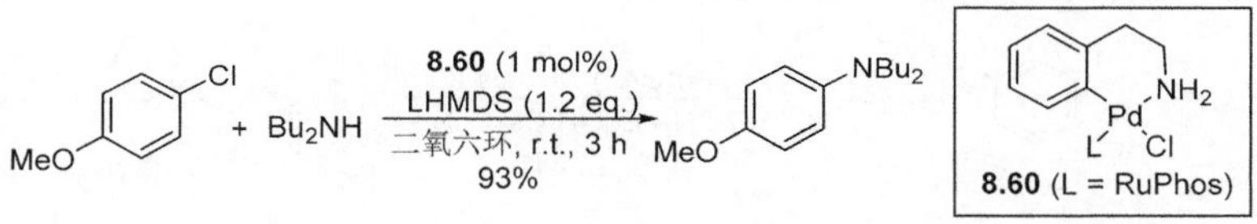

(8-76)

该反应的困难不仅在于氯苯本身活性低，还在于对位被强供电性的甲氧基取代，活性就更低，而二丁胺的位阻又很大。钯配合物 **8.60** 能催化两个极度不活泼的底物的偶联，这说明与二烷基联苯膦配体配位的钯配合物对 Buchwald-Hartwig 交叉偶联反应具有非常高的催化活性。

卤代芳杂环化合物（如卤代吡啶、卤代噻吩等）也可发生 Buchwald-Hartwig 交叉偶联反应，生成氨基取代的杂环化合物，在医药领域有重要应用。例如，在 $Pd(OAc)_2$/DavePhos 的催化体系中，氯代和溴代吡啶可与芳胺发生形成 C—N 键的交叉偶联反应[58]。

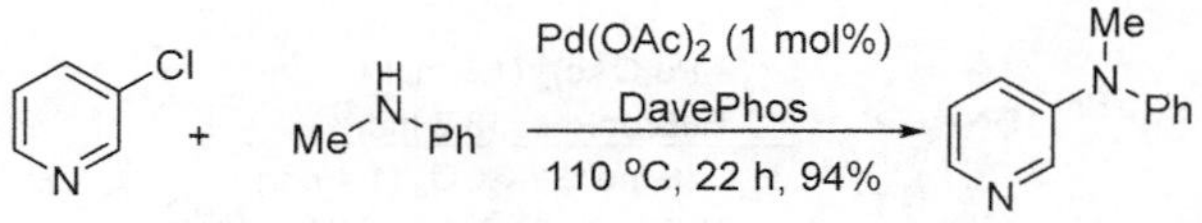

(8-77)

与缺电子的六元杂环相比，富电子的五元杂环卤化物与胺的反应活性低很多，实现卤代五元杂环与胺的偶联是合成化学家面临的重大挑战。Buchwald 小组发现，由(allyl)$PdCl_2$ 与适当的配体组成的催化体系能很好地催化卤代五元杂环化合物与酰胺的偶联反应。例如 1-甲基-4-溴咪唑与苯乙酰胺的反应，实验发现，配体的种类对反应有至关重要的影响，在所研究的 6 种联苯膦类配体中，AdBrettPhos 的活性最高[59]。

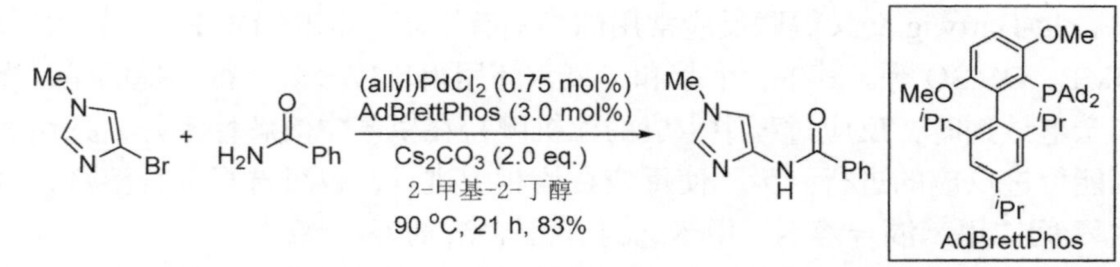

(8-78)

除卤代烃外，磺酸酯类化合物也可作为 Buchwald-Hartwig 交叉偶联反应的亲电试剂。磺酸酯类化合物包括三氟甲磺酸酯、对甲苯磺酸酯和全氟丁基磺酸酯。这类磺酸取代的化合物可以通过相应的醇或酚经过磺酰化反应来制备，为醇或酚类化合物用于 Buchwald-Hartwig 交叉偶联反应提供了可能。例如，在甲苯/叔丁醇的混合溶剂中，对甲苯磺酸基取代的芳香化合物与吡咯烷在 $Pd(OAc)_2$/X-Phos 的作用下能偶联生成 *N*-苯基取代的吡咯烷，产率较高[60]。

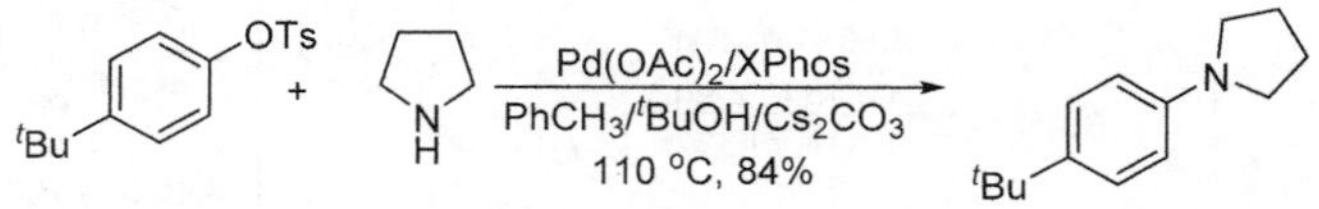

(8-79)

对甲苯磺酸取代的杂环类化合物也可发生 Buchwald-Hartwig 交叉偶联反应[61]。

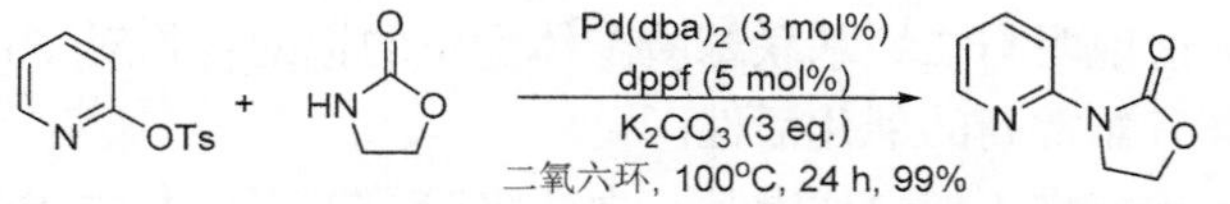

(8-80)

脂肪族环胺、非环脂肪胺、芳香胺、酰胺、亚胺、肼及其腙类化合物以及氮杂环芳香化合物等都可以作为 Buchwald-Hartwig 偶联反应的亲核试剂。例如，$Pd(OAc)_2$/BuBrettPhos 催化下，2-氨基噻唑与 4-溴苯甲醚反应，生成 84%的偶联产物[62]。

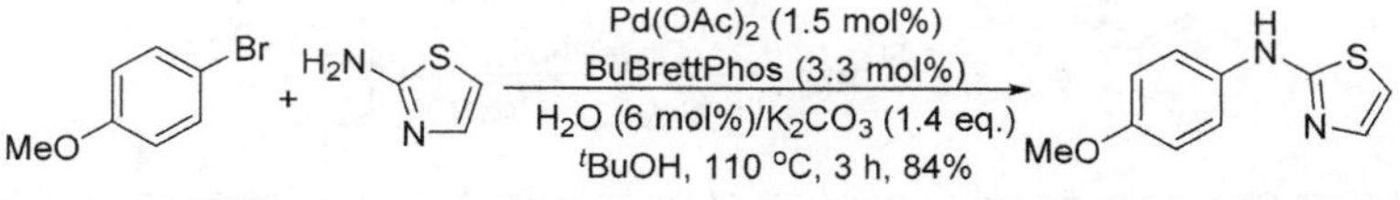

(8-81)

钯催化下，二苯甲酮腙可与卤苯发生偶联反应，生成的 *N*-苯基二苯甲酮腙在对甲苯磺酸的作用下水解释放出苯肼，与醛或酮反应原位生成新的醛腙或酮腙，并进一步环化成吲哚，称作 Buchwald-Hartwig 吲哚合成[63]。例如：

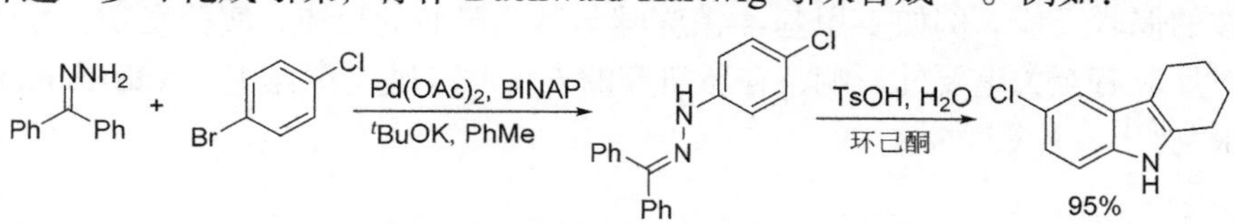

(8-82)

近年来，一些反应活性较低的小分子（如氨水和水合肼等）以及一些含氮的无机盐（如 $NaNO_2$ 和 NaOCN 等）也被用作 Buchwald-Hartwig 偶联反应的亲核试剂。例如，在 *P,N*-螯合型配体取代苯基二金刚烷基膦（$ArPAd_2$）作用下，取代氯苯或者对甲苯磺酸取代的芳基化合物能与氨水发生偶联，底物适用范围广[64]。例如：

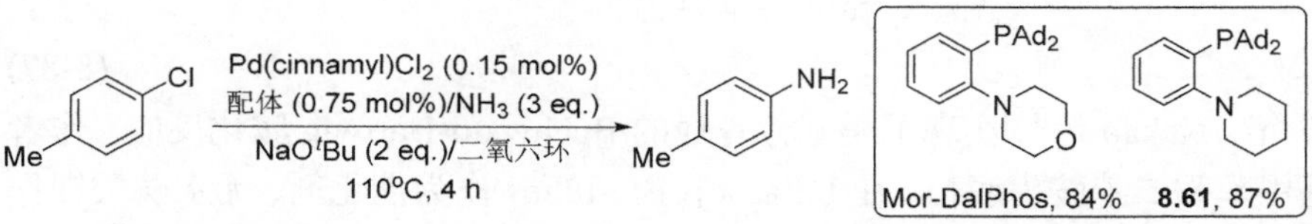

(8-83)

以 $Pd_2(dba)_3$/^{t}BuBrettPhos 体系作催化剂，芳基亲电试剂还能与 $NaNO_2$ 偶联生成硝基苯，为芳基化合物的硝化提供了一种新的方法。与传统的硝化方法相比，该方法可以生成定位硝化产物，不会有异构体的生成[65]，例如：

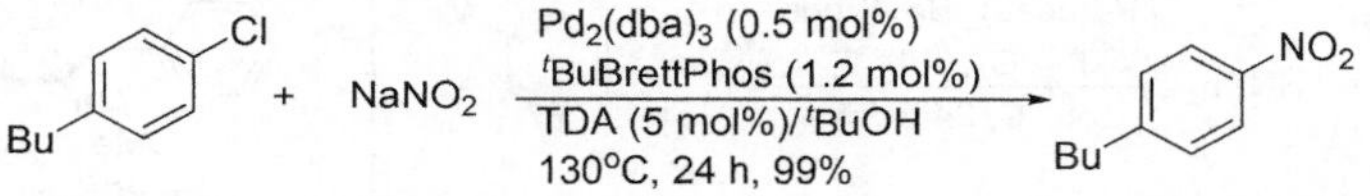

(8-84)

最近，Buchwald 课题组报道了取代氯苯或者对甲苯磺酸酚酯与 NaOCN 的偶联，生成的异氰酸苯酯再与胺反应生成脲，通过一锅两步法合成了一些不对称芳基脲[66]，例如：

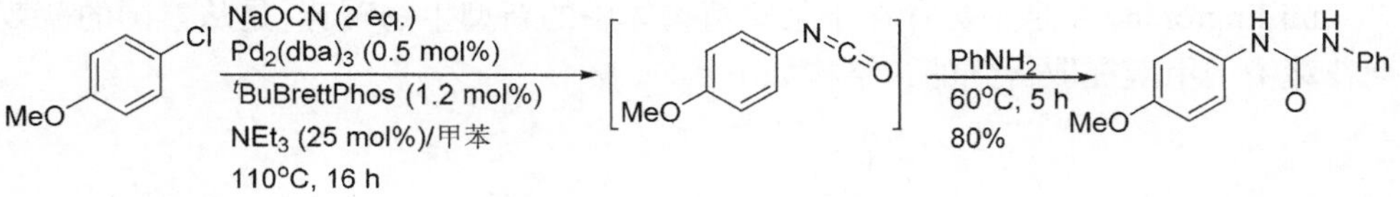

(8-85)

Buchwald-Hartwig 交叉偶联反应也可在 CO 存在下进行，生成羰基化偶联产物。例如，由乙酸钯与适当的配体组成的催化体系可以实现溴苯与一氧化碳和氨的羰基化偶联[67]。在所研究的多种膦配体中，$BuPAd_2$ 的效果最好，苯甲酰胺的收率达到 86%。

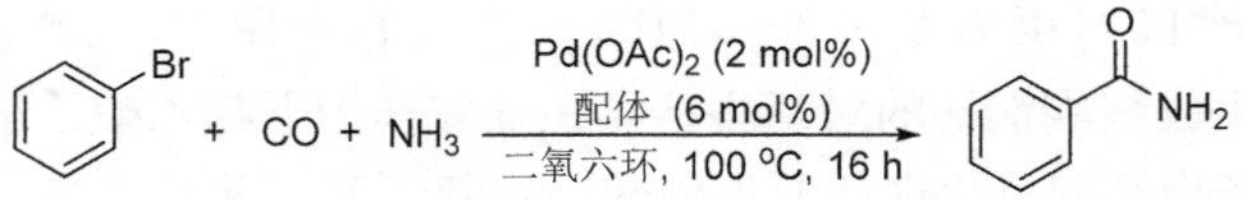

(8-86)

随着对 Buchwald-Hartwig 交叉偶联反应研究的不断深入，该催化体系不但可以用来形成 C—N 键，还可以用来形成 C—O、C—P、C—S、C—B 等碳杂键。例如，在钯的催化下，氯苯衍生物与二硼酸可以发生形成 C—B 键的偶联，生成的芳基硼酸与 KHF_2 原位反应，生成相应的氟硼酸盐，可作为 Suzuki 偶联反应的底物[68]。

1 mol%
L = XPhos
XPhos (3 mol%)
二氧六环, 100 °C, 16 h
KHF_2
90%

(8-87)

2017 年，Nakao 等[69]实现了硝基芳香烃的 Buchwald-Hartwig 胺化反应。作者以对硝基甲苯和二苯胺为底物，在 $Pd(acac)_2$/BrettPhos 作为催化剂、无水磷酸钾作为碱、正庚烷作为溶剂的最佳条件下收率为 75%。反应具有良好的底物普适性，能够成为替代卤代芳香烃进行 Buchwald-Hartwig 胺化反应的新手段。

$Pd(acac)_2$/BrettPhos
K_3PO_4, 正庚烷
130 °C, 24 h, 75%
BrettPhos

(8-88)

Buchwald-Hartwig 交叉偶联反应合成生物碱苷 millingtonine A

millingtonine A 是一类存在于某些植物体中的新型生物碱苷，是从泰国的菠萝菊花芽中用甲醇提取得到的，结构如下：

millingtonine A

最近，Wegner 等[70]运用 Buchwald-Hartwig 交叉偶联反应合成了 millingtonine A。设计的合成路线以对甲氧基苯酚为原料，乙二醇中用二(三氟乙酰氧基)碘苯（PIFA）氧化生成缩酮保护的对苯醌，再在强碱作用下与乙酸乙酯发生羟醛缩合反应，生成的产物经硼氢化锂还原得伯醇，用叔丁基二苯基硅基（TBDPS）保护伯醇的羟基得中间体 **8.62**。

$PIFA/(CH_2OH)_2$
DCM, 0 °C, 88%
1. LiHMDS/EtOAc
−78 °C, 99%
2. $LiBH_4$/MeOH
THF, 0 °C, 72%
3. TBDPSCl/DIPEA
DCM, 0 °C ~ r.t., 90%
8.62

(8-89)

在接下来的反应中，Cbz 保护的二氢吡咯与溴反应生成二电子三中心溴鎓离子，用 **8.62** 捕获得中间体 **8.63**。**8.63** 在三丁基锡作用下发生自由基环化生成中间体 **8.64** 的异构体混合物。

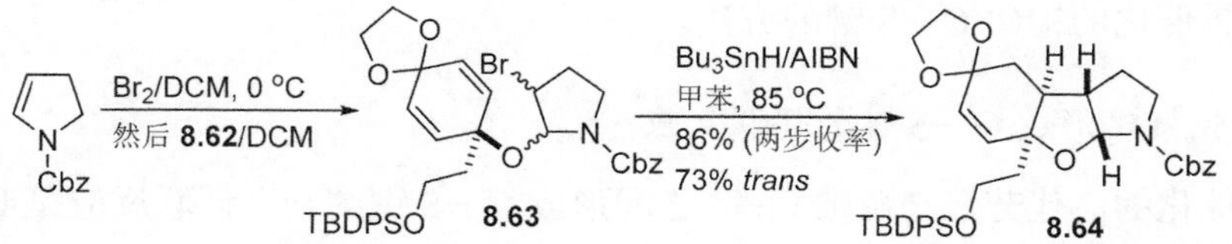

(8-90)

为了脱 **8.64** 分子中的 Cbz 保护基，首先尝试了钯碳催化剂与氢的还原体系，发现 **8.64** 分子中的缩酮保护基被脱去，Cbz 保护基未受影响。提高温度，则导致烯键还原。改用 Pearlman 催化剂[$Pd(OH)_2/C$]成功脱去了 **8.64** 分子中的 Cbz 保护基，所得产物在 $Pd(dba)_3/P(^tBu)_3$ 体系的催化下与硅醚保护的 4-溴苯乙醇发生 Buchwald-Hartwig 交叉偶联反应生成中间体 **8.65**。

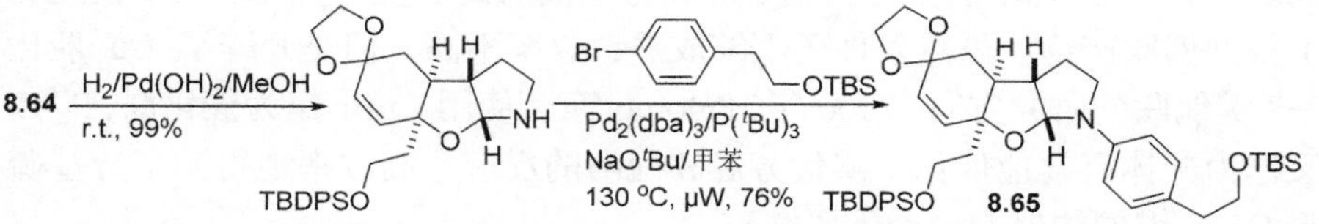

(8-91)

8.65 与四丁基氟化铵（TBAF）反应，成功脱去分子中的叔丁基二苯基硅基和三丁基硅基保护基，生成的二醇与新戊酰基（Piv）保护的糖酯 **8.66** 发生糖苷化反应生成 **8.67**。最后经碱水解脱新戊酰基和酸催化水解脱缩酮保护基得目标产物。

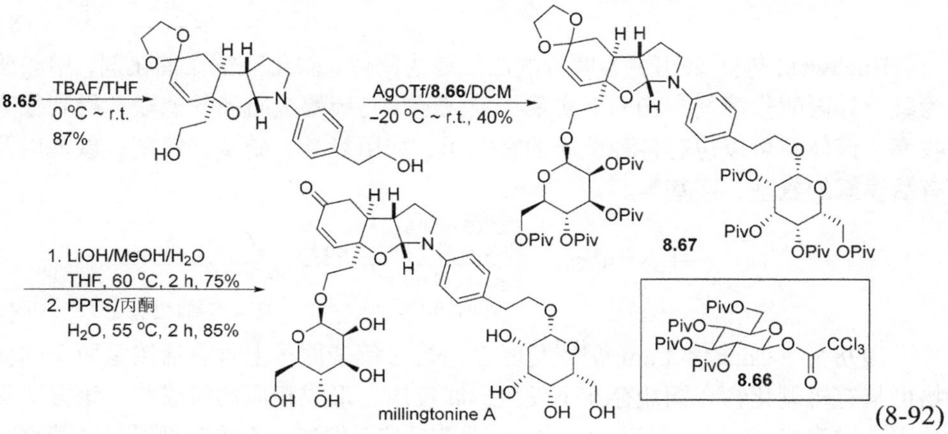

(8-92)

8.3.3　构建 C—S 键的偶联反应

含硫化合物在染料、医药、农药、日用化工品、有机光电材料以及高聚物的制备中有着广泛的应用。含硫化合物的合成往往涉及 C—S 键的构建。利用过渡金属催化的偶联反应是构建 C—S 键的有效手段。本小节主要讨论铜、钯和镍催化的构建 C—S 键的反应，这些反应中的许多可以看成是 Ullmann 二芳基醚和二芳基胺合成反应以及 Buchwald-Hartwig 交叉偶联反应的拓展[71]。最后简要介绍一些无金属催化的构建 C—S 键的方法。

1. 铜催化形成 C—S 键的偶联反应

铜催化的卤代芳烃与硫酚（醇）之间形成 C—S 键的交叉偶联反应是 Ullmann 反应的拓展，与形成 C—O、C—N 键的偶联反应相比较，形成 C—S 键的偶联反应的研究相对要少很多。其原因主要有以下两点：首先，硫的亲核性比氮和氧的亲核性要强，这一特性就导致了含硫元素的化合物往往具有很强的配位能力，很容易造成金属催化剂的中毒，从而抑制反应的进行；其次，硫酚（醇）这类化合物对空气较为敏感，易被氧化生成二硫化物。

Suzuki 等研究了 CuI 催化的碘代芳烃和芳基硫酚的反应，在 70~80℃较温和的条件下得到偶联产物。虽然条件还不够成熟，收率不高，但是开辟了 Cu 催化构建 C—S 键偶联的研究方向。2000 年，Palomo 等[72]使用 CuBr 作为催化剂，P_2-Et 既为碱又作为配体有效地催化了碘代芳烃和硫酚的反应，高收率地得到了芳基硫醚，对于 C—S 键的构建是一个重要突破。

$$\text{Ar-I} + \text{Ar'-SH} \xrightarrow[\text{甲苯, 回流}]{\text{CuBr (20 mol\%)/P}_2\text{-Et}} \text{Ar-S-Ar'} \qquad \text{P}_2\text{-Et: } (\text{Me}_2\text{N})_3\text{P=N-P(=NEt)(NMe}_2)_2 \tag{8-93}$$

Buchwald 等[73]采用更为廉价的乙二醇为配体，碘化亚铜作催化剂，用碳酸钾为碱，异丙醇作溶剂，80℃下实现了碘代芳烃与硫醇或硫酚的偶联，得到很高的收率。该体系可以包容各种性质的官能团，如甲氧基、硝基、氰基、羰基以及带有活泼氢的氨基、羟基等。

$$\text{X-C}_6\text{H}_4\text{-I} + \text{R}^1\text{-SH} \xrightarrow[\text{K}_2\text{CO}_3\text{ (2 eq.)},\ ^i\text{PrOH, 80}^\circ\text{C}]{\text{CuI (5 mol\%)},\ \text{HOCH}_2\text{CH}_2\text{OH (2 eq.)}} \text{X-C}_6\text{H}_4\text{-S-R}^1 \quad \text{R}^1\text{= 芳基, 烷基} \tag{8-94}$$

1998 年，Chan 和 Lam 等[74]发现 O、N、S 等杂原子上含有活泼氢原子的化合物可与有机硼化物在铜盐存在下发生偶联反应，形成相应的醚或胺，该方法很快被用来构建 C—S 键，称为 Chan-Lam 偶联反应。例如，乙酸铜可以促进芳硼酸和烷基硫醇之间的反应，在 DMF 中回流即得到偶联产物，收率较高。苯硫酚作底物也可以得到较高收率的偶联产物。

$$\text{R-C}_6\text{H}_4\text{-B(OH)}_2 + \text{C}_6\text{H}_{11}\text{-SH} \xrightarrow[\text{4 Å MS/DMF}]{\text{Cu(OAc)}_2\text{ (1.5 eq.)},\ \text{吡啶 (3 eq.)}} \text{R-C}_6\text{H}_4\text{-S-C}_6\text{H}_{11} \quad \text{R= H, Me, } t\text{-Bu, Cl, CN, NO}_2\text{, OMe} \tag{8-95}$$

Liebeskind 等[75]认为上述反应中起催化作用的是 Cu(Ⅰ)，Cu(Ⅱ)的作用是氧化硫醇为二硫醚，自身则转化成 Cu(Ⅰ)。为将硫醇完全氧化成二硫醚，必须加入过量的二价铜盐 Cu(Ⅱ)。基于这种认识，Liebeskind 推测二硫醚或其类似物也能参与反应。进一步的研究证实了这一推测。例如，在催化量的 3-甲基水杨酸铜（CuMeSal）存在下，*N*-苯硫基丁二酰亚胺类活性含硫试剂可以在温和条件下与芳基硼酸偶联，生成相应的二芳基硫醚。

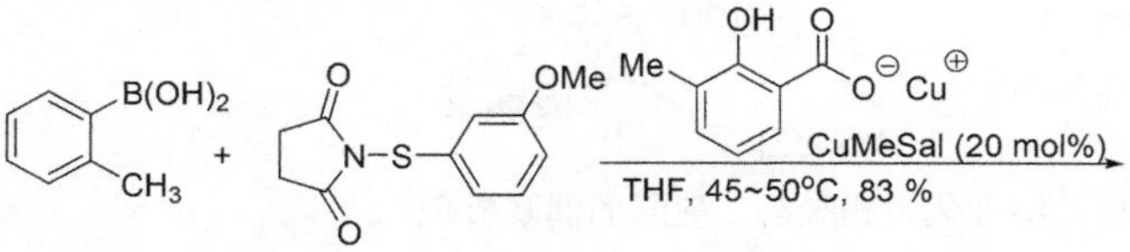

CuMeSal (20 mol%)
THF, 45~50°C, 83 %

(8-96)

反应可能经由 *N*-苯硫基丁二酰亚胺与铜催化剂的氧化加成，加成物与芳硼酸的转移金属化和生成产物的还原消除等步骤，机理如下（图 8.15）：

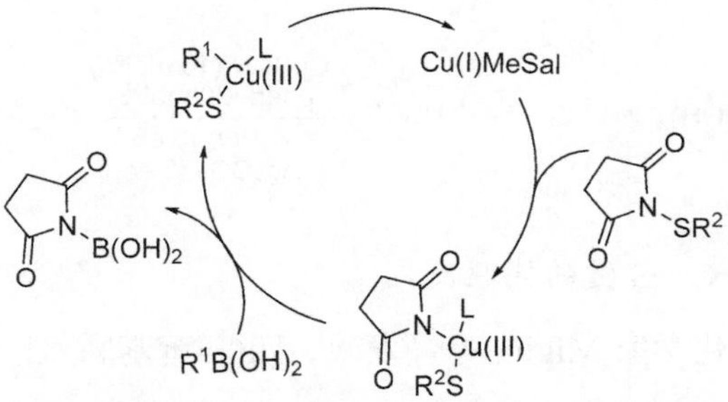

图 8.15　铜催化芳硼酸与 *N*-苯硫基丁二酰亚胺的偶联机理

随后的研究又发现，CuI 可以催化有机硼酸和二芳基二硫醚之间的偶联反应，例如[76]：

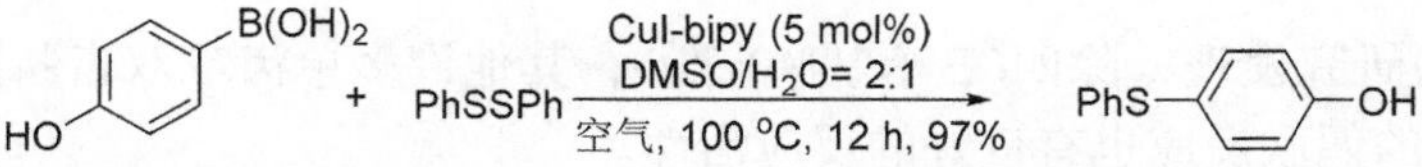

CuI-bipy (5 mol%)
$DMSO/H_2O$= 2:1
空气, 100 °C, 12 h, 97%

(8-97)

与芳硼酸参与的 Suzuki 偶联反应不同，芳硼酸与二硫醚或其类似物的偶联不需要碱的催化。芳硼酸 $ArB(OH)_2$ 与二硫醚 RSSR 的偶联也是通过氧化加成，转移金属化和还原消除机理进行的，生成硫醚 ArSR 和不活泼的 $RSCu(I)L_n$ 中间体，为使该中间体再与芳硼酸反应需要空气作氧化剂，使其与卤负离子作用形成 $RSCuXL_n$ 后参与偶联反应，机理如下（图 8.16）：

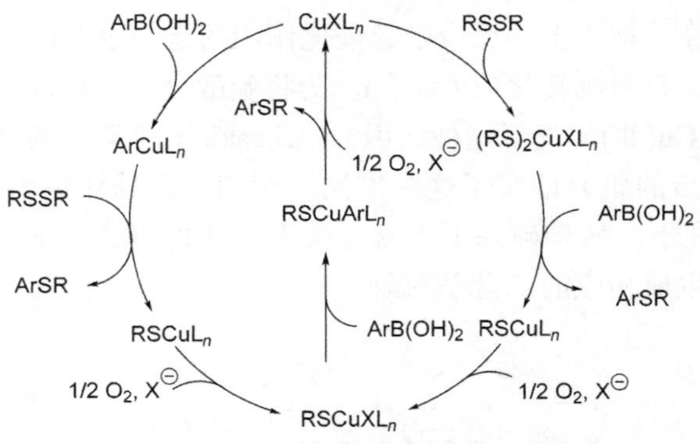

图 8.16　铜催化芳硼酸与二硫醚的偶联机理

卿凤翎等[77]使用硫氰化亚铜催化芳硼酸、$TMSCF_3$ 和硫粉之间的三组分偶联来合成三氟甲硫醚类化合物，避免了直接使用不稳定的三氟甲硫基试剂，收率较高。

$$\text{Ar–B(OH)}_2 + \text{S}_8 + \text{TMSCF}_3 \xrightarrow[\text{K}_3\text{PO}_4\ (3\ \text{eq.}),\ \text{Ag}_2\text{CO}_3\ (2\ \text{eq.})]{\text{CuSCN (10 mol\%)},\ \text{phen (20 mol\%)}} \text{ArSCF}_3 \tag{8-98}$$

2. 钯催化形成 C—S 键的偶联反应

1978 年，日本化学家 Migita 等[78]发现，四(三苯基膦)钯可以催化卤代芳烃与硫酚的偶联。

$$\text{R}^1\text{-C}_6\text{H}_4\text{-X} + \text{R}^2\text{SH} \xrightarrow[\text{100 °C 或 回流}]{\text{Pd(PPh}_3)_4,\ \text{DMSO},\ ^t\text{BuONa}} \text{R}^1\text{-C}_6\text{H}_4\text{-SR}^2 \tag{8-99}$$

R^1=H, *p*-Me, *p*-OMe, *p*-Cl; R^2= Ph, Et

后来的研究发现，除四(三苯基膦)钯外，其他许多单齿或双齿膦配体对于构建 C—S 键的偶联反应也有良好的反应活性。

例如，Fukuzawa 等[79]发现在 Zn 存在的条件下，$PdCl_2(dppf)$可以催化溴苯与二硫醚或二硒醚的偶联反应，高产率地生成硫醚或硒醚。二硫醚或二硒醚在空气中稳定，操作方便。

$$\text{R-C}_6\text{H}_4\text{-Br} + \text{PhZZPh} \xrightarrow[\text{Zn, THF}]{\text{PdCl}_2\text{(dppf)}} \text{R-C}_6\text{H}_4\text{-Z-Ph} \tag{8-100}$$

R= 芳基, 烷基; Z= S, Se

Madec 等[80]使用 $Pd_2(dba)_3$ 作催化剂，在二茂铁衍生物类配体（JosiPhos）和无机碱 Cs_2CO_3 存在下实现了碘苯与含有叔丁醇酯基的亚砜之间的不对称交叉偶联，高产率地生成新的亚砜化合物。

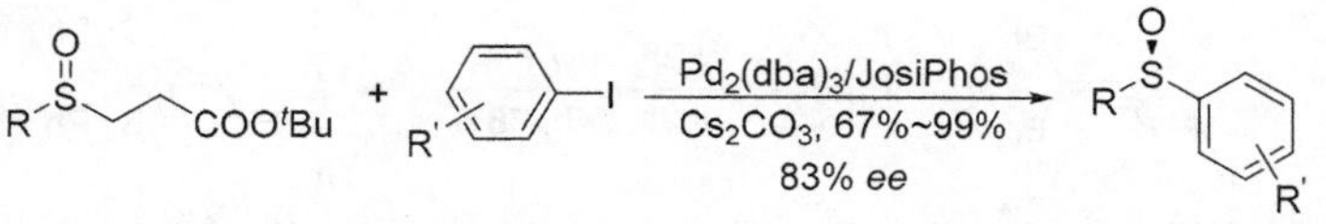

(8-101)

Doi 等[81]使用 Pd(Ⅱ)/CuI 双金属体系作催化剂，通过 *N*-芳基硫代酰胺类化合物邻位 C—H 键的活化，实现了断裂 C—H 键同时构建 C—S 键的偶联反应，得到苯并噻唑类化合物。

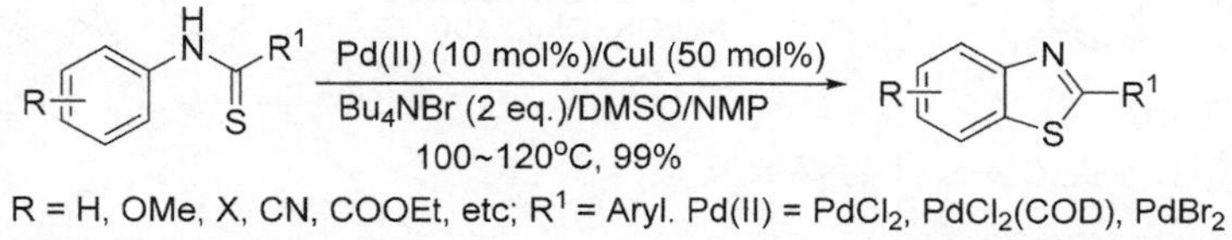

R = H, OMe, X, CN, COOEt, etc; R^1 = Aryl. Pd(II) = $PdCl_2$, $PdCl_2$(COD), $PdBr_2$　(8-102)

如果向反应体系中加入 CsF，并使反应在氧气存在的条件下进行，不加铜催化剂，也可以得到较高的收率。

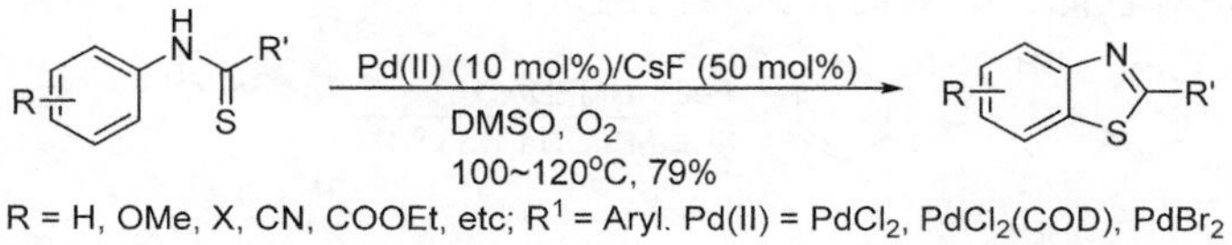

R = H, OMe, X, CN, COOEt, etc; R^1 = Aryl. Pd(II) = $PdCl_2$, $PdCl_2$(COD), $PdBr_2$　(8-103)

Lee 等[82]以 $Pd(dba)_2$/dppf 体系作催化剂，实现了卤代芳烃与硫代乙酸酯或硫代乙酸钾的偶联，得到一系列对称和不对称的芳基硫醚类化合物，避免了使用有刺激性气味的硫酚（醇）类物质作底物，有较好的应用前景。

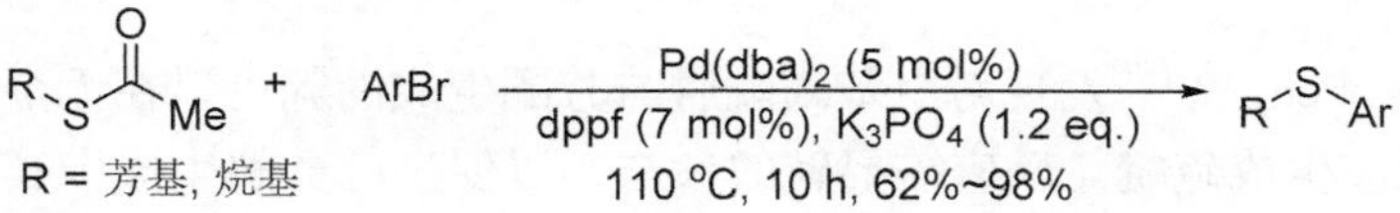

R = 芳基, 烷基　(8-104)

X = I, Br　(8-105)

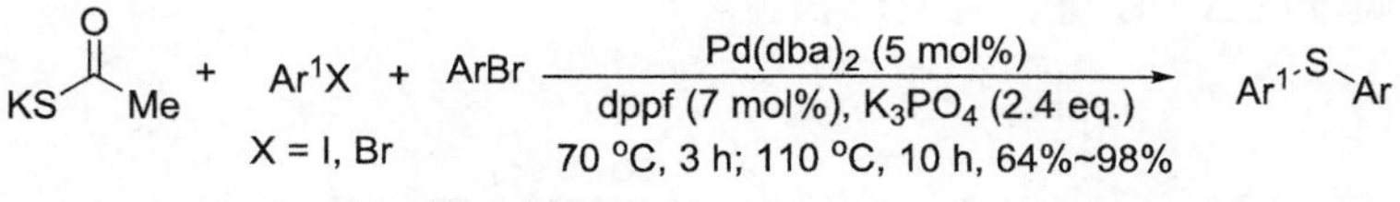

Buchwald 等[83]使用 $Pd(cod)(CH_2TMS)_2$/BrettPhos 体系作催化剂，实现了溴代芳烃与三氟甲硫基银的偶联反应，生成芳基三氟甲硫基硫醚，条件温和，收率高。

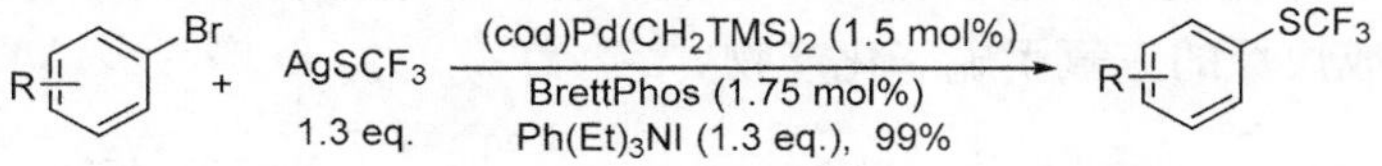

(8-106)

3. 镍催化形成 C—S 键的偶联反应

合理地设计和优化反应条件，镍配合物在构建 C—S 键的催化偶联反应中也可以表现出很高的活性。1981 年 Cristau 等[84]将 $NiBr_2$/bpy 催化体系用于卤代烯烃与 PhSNa 之间的偶联反应，合成出一系列的烯基硫醚类化合物。

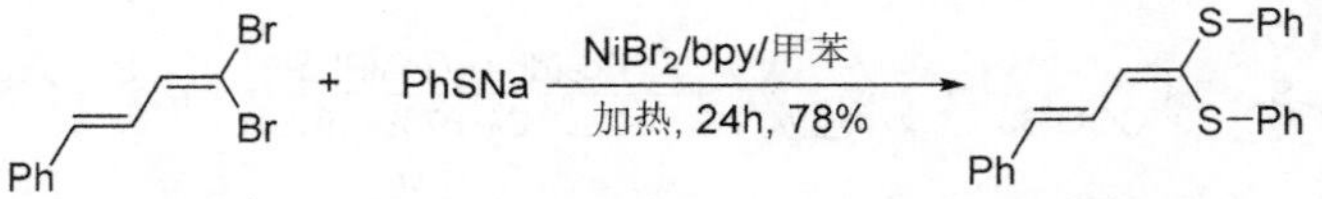

(8-107)

Zhang 等[85]应用氮杂环卡宾作为镍配体催化溴苯和硫酚的偶联，可以得到较高收率的硫醚产物。

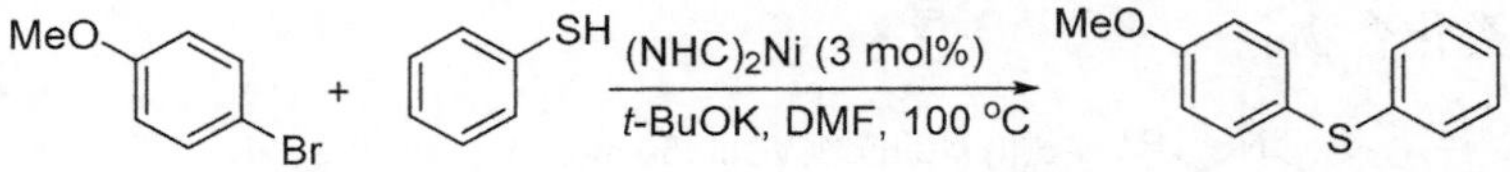

(8-108)

4. 铁催化形成 C—S 键的偶联反应

Correa 等[86]以 $FeCl_3$ 作为催化剂，DMEDA 为配体，在叔丁醇钠存在的碱性条件下实现了硫酚和碘代芳烃的偶联反应。铁廉价低毒是较为理想的催化剂，但是催化活性相对较低，一般需要强碱高温条件。

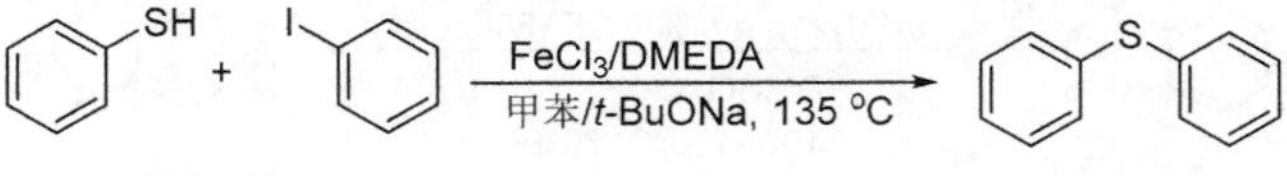

(8-109)

5. 无金属体系构建 C—S 键的偶联反应

传统的偶联反应都是在金属催化条件下进行，遵循氧化加成，转移金属化和还原消除的一般反应机理。无金属体系的偶联反应目前研究较少，还需要进一步探索。

2011 年，Peng 等[87]发现对甲苯磺酰肼与芳酮生成的腙可以在无金属催化条件下与硫酚反应生成硫醚。反应需要碱的参与，以促进腙分解生成卡宾中间体，卡宾插入到硫酚的 S—H 键，生成产物硫醚。

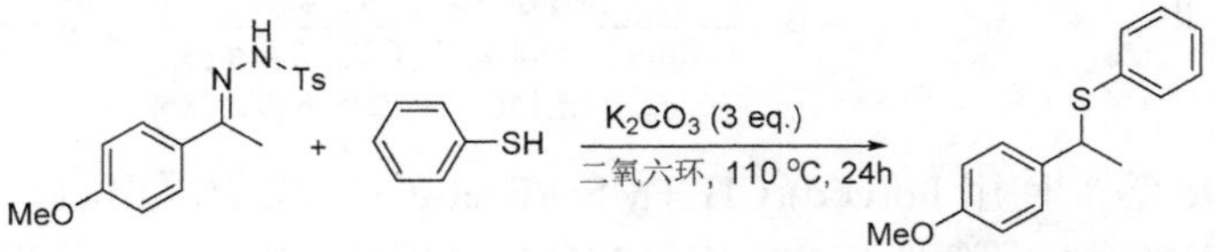

(8-110)

卿凤翎等[88]发现，炔烃、硫粉和三氟甲基三甲基硅烷可以在无金属条件下室温反应，生成炔烃的三氟甲硫基化产物。

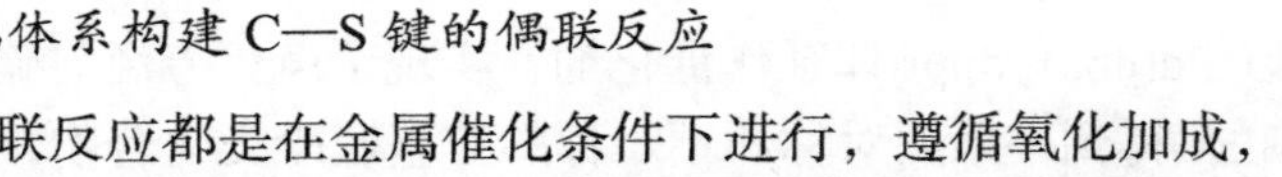

(8-111)

Lee 等[89]发现 NCS 存在下，硫醇（酚）可以与格氏试剂发生偶联反应形成硫醚，反应可在室温条件下短时间内完成，不需要过渡金属催化。

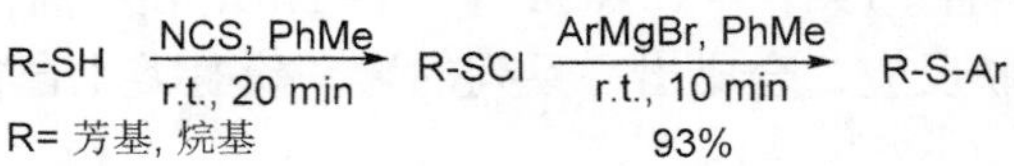

$$\text{R-SH} \xrightarrow[\text{r.t., 20 min}]{\text{NCS, PhMe}} \text{R-SCl} \xrightarrow[\text{r.t., 10 min}]{\text{ArMgBr, PhMe}} \text{R-S-Ar}$$

R= 芳基, 烷基　　93%

(8-112)

参 考 文 献

[1] Beletskaya I P, Cheprakov A V. The Heck reaction as a sharpening stone of palladium catalysis[J]. Chem Rev, 2000, 100: 3009-3066.

[2] Laszlo K, Barbara C. Strategic Applications of Named Reactions in Organic Synthesis[M]. Beijing: Science Press, 2007.

[3] 胡跃飞，林国强. 现代有机合成反应[M]. 第 5 版. 北京：化学工业出版社, 2008.

[4] 魏运洋，李建. 化学反应机理导论[M]. 北京：科学出版社, 2004 .

[5] Cui X, Li Z, Tao C-Z, et al. *N,N*-Dimethyl-β-alanine as an inexpensive and efficient ligand for palladium-catalyzed Heck reaction[J]. Org Lett, 2006, 8: 2467-2470.

[6] Cabri W, Candiani I, Bedeschi A, et al. α-Regiselectivoty in palladium-catalyzed arylation of acyclic enol ethers[J]. J Org Chem, 1992, 57: 1481-1486.

[7] Hansen A L, Skrydstrup T. Fast and regioselective Heck couplings with *N*-acyl-*N*-vinylamine derivatives[J]. J Org Chem, 2005, 70: 5997-6003.

[8] Spencer A. A highly efficient version of the palladium-catalyzed arylation of alkenes with aryl bromides [J]. J Organomet Chem, 1983, 258(1): 101-108.

[9] Beletskaya I P. The cross-coupling reactions of organic halides with organic derivatives of tin, mercury and copper catalyzed by palladium[J]. J Organomet Chem, 1983, 250: 551-564.

[10] Jeffery T. Highly stereospecific palladium-catalysed vinylation of vinylic halides under solid-liquid phase transfer conditions[J]. Tetrahedron Lett, 1985, 26: 2667-2670.

[11] Willans C E, Mulders J M C A, de Vries J G, et al. Ligand-free palladium catalysed Heck reaction of methyl 2-acetamido acrylate and aryl bromides as key step in the synthesis of enantiopure substituted phenylalanines[J]. J Organomet Chem, 2003, 687: 494-497.

[12] Beller M, Kuhlein K. First Heck reaction of aryldiazonium salts using heterogeneous catalysts[J]. Synlett, 1995: 441-442.

[13] Francisco A, Irina P B, Miguel Y. Non-conventional methodologies for transition-metal catalysed carbon-carbon coupling: A critical overview. Part 1: The Heck reaction[J]. Tetrahedron, 2005, 61: 11771-11835.

[14] Calo V, Nacci A, Monopoli A, et al. Heck reactions with palladium nanoparticles in ionic liquids: Coupling of aryl chlorides with deactivated olefins[J]. Angew Chem Int Ed, 2009, 48: 6101-6103.

[15] Wu X-F, Helfried N, Anke S, et al. Development of a general palladium-catalyzed carbonylative Heck reaction of aryl halides[J]. J Am Chem Soc, 2010, 132: 14596-14602.

[16] Gagnier S V, Larock R C. Palladium-catalyzed carbonylative cyclization of unsaturated aryl iodides and dienyl triflates, iodides, and bromides to indanones and 2-cyclopentenones[J]. J Am Chem Soc, 2003, 125: 4804-4807.

[17] Gao P S, Zhang K, Yang M M, et al. A robust multifunctional ligand-controlled palladium-catalyzed carbonylation reaction in water[J]. Chem Commun, 2018, 54: 5074-5077.

[18] Karak M, Oishi T, Torikai K. Synthesis of *anti*-tubercular marine alkaloids denigrins A and B[J]. Tetrahedron Lett, 2018, 59: 2800-2803.

[19] Yang J, Wu H, Shen L, et al. Total synthesis of (±)-communesin F[J]. J Am Chem Soc, 2007, 129: 13794-13795.

[20] Liu P, Seo J H, Weinreb S M. Total synthesis of the polycyclic fungal metabolite (–)-communesin F[J]. Angew Chem Int Ed, 2010, 49: 2000-2003.

[21] Stephens R D, Castro C E. The substitution of aryl iodides with cuprous acetylides. A synthesis of tolanes and heterocyclics[J]. J Org Chem, 1963, 28 (12): 3313-3315.

[22] (a) Sonogashira K, Tohda Y, Hagihara N. A convenient synthesis of acetylenes: Catalytic substitutions of acetylenic hydrogen with bromoalkenes, iodoarenes and bromopyridines[J]. Tetrahedron Lett, 1975, 16(50):

4467-4470; (b) Negishi E, Anastasia L. Palladium-catalyzed alkynylation[J]. Chem Rev, 2003, 103: 1979-2017.

[23] Rafael C, Carmen N. Recent advances in Sonogashira reactions[J]. Chem Soc Rev, 2011, 40: 5084-5121.

[24] Toyota M, Komori C, Ihara M. A concise formal total synthesis of mappicine and nothapodytine B *via* an intramolecular hetero Diels-Alder reaction[J]. J Org Chem, 2000, 65: 7110-7113.

[25] Goswami S, Harada K, El-Mansy M F, et al. Enantioselective synthesis of (–)-halenaquinone[J]. Angew Chem Int Ed, 2018, 130: 9255-9259.

[26] Miyaura N, Suzuki A. Stereoselective synthesis of arylated (*E*)-alkenes by the reaction of alk-1-enylboranes with aryl halides in the presence of palladium catalyst[J]. J Chem Soc Chem Comm, 1979: 866-867.

[27] Miyaura N, Suzuki A. Palladium-catalyzed cross-coupling reactions of organoboron compounds[J]. Chem Rev, 1995, 95: 2457-2483.

[28] Suzuki A. Recent advances in the cross-coupling reactions of organoboron derivatives with organic electrophiles, 1995–1998[J]. J Organomet Chem, 1999, 576: 147-168.

[29] Jana R, Pathak T P, Sigman M S. Advances in transition metal (Pd, Ni, Fe)-catalyzed cross-coupling reactions using alkyl-organometallics as reaction partners[J]. Chem Rev, 2011, 111: 1417-1492.

[30] Marko I E, Murphy F, Dolan S. Efficient synthesis of the left-hand subunit of milbemycin β3 using a suzuki coupling reaction[J]. Tetrahedron Lett, 1996, 37: 2507-2510.

[31] Soderquist J A, Matos K, Rane A. Alkynylboranes in the Suzuki-Miyaura coupling[J]. Tetrahedron Lett, 1995, 36: 2401-2402.

[32] Fürstner A, Seidel G. Palladium-catalyzed arylation of polar organometallics mediated by 9-methoxy-9-borabicyclo[3.3.1]nonane: Suzuki reactions of extended scope[J]. Tetrahedron, 1995, 51: 11165-11176.

[33] Malapit C A, Bour J R, Brigham C E, et al. Base-free nickel-catalysed decarbonylative Suzuki-Miyaura coupling of acid fluorides[J]. Nature, 2018, 563: 100-104.

[34] Lin S, Danishefsky S J. The total synthesis of proteasome inhibitors TMC-95A and TMC-95B: discovery of a new method to generate *cis*-propenyl amides[J]. Angew Chem Int Ed, 2002, 41: 512-515.

[35] Hasse K, Willis A C, Banwell M G. Modular total syntheses of lamellarin G trimethyl ether and lamellarin S[J]. Eur J Org Chem, 2011: 88-99.

[36] Tamao K. Discovery of the cross-coupling reaction between Grignard reagents and C(sp^2) halides catalyzed by nickel-phosphine complexes[J]. J Organomet Chem, 2002, 653: 23-26.

[37] Tamao K, Sumitani K, Kumada M. Selective carbon-carbon bond formation by cross-coupling of Grignard reagents with organic halides. Catalysis by nickel-phosphine complexes[J]. J Am Chem Soc, 1972, 94: 4374-4376.

[38] Alexey R, Jon T N, Kaustav B, et al. Total syntheses of [17]- and [18]dehydrodesoxyepothilones B *via* a concise ring-closing metathesis-based strategy: Correlation of ring size with biological activity in the epothilone series[J]. J Org Chem, 2002, 67: 7737-7740.

[39] Negishi E. Palladium- or nickel-catalyzed cross coupling. A new selective method for carbon-carbon bond formation[J]. Acc Chem Res, 1982, 15: 340-348.

[40] Erdik E. Transition metal catalyzed reactions of organozinc reagents[J]. Tetrahedron, 1992, 48: 9577-9648.

[41] Lessene G. Advances in the Negishi coupling[J]. Aust J Chem, 2004, 57: 107-107.

[42] Jeannie R P C, Frederick R G, Paul R G, et al. Total synthesis of hectochlorin[J]. Org Lett, 2002, 4: 1307-1310.

[43] Devasagayaraj A, Studemann T, Knochel P A. New nickel-catalyzed cross-coupling reaction between sp^3 carbon centers[J]. Angew Chem Int Ed, 1996, 34: 2723-2725.

[44] Giovannini R, Studemann T, Dussin G, et al. An efficient nickel-catalyzed cross-coupling Between sp^3 Carbon Centers[J]. Angew Chem Int Ed, 1998, 37: 2387-2390.

[45] Zhou J, Fu G C. Cross-couplings of unactivated secondary alkyl halides: Room-temperature nickel-catalyzed Negishi reactions of alkyl bromides and iodides[J]. J Am Chem Soc, 2003, 125: 14726-14727.

[46] Terao J, Todo H, Watanabe H, et al. Nickel-catalyzed cross-coupling reaction of alkyl halides with organozinc and Grignard reagents with 1,3,8,10-tetraenes as additives[J]. Angew Chem Int Ed, 2004, 43: 6180-6182.

[47] Zeng F, Negishi E. A novel, selective, and efficient route to carotenoids and related natural products *via* Zr-catalyzed carboalumination and Pd- and Zn-catalyzed cross coupling[J]. Org Lett, 2001, 3: 719-722.

[48] Stille J K. Palladium-catalyzed coupling reactions of organic electrophiles with organic tin compounds[J]. Angew Chem, 1986, 98: 504-519.

[49] Espinet P, Echavarren A M. C-C Coupling: The mechanisms of the Stille reaction[J]. Angew Chem Int Ed, 2004, 43: 4704-4734.

[50] Kosugi M, Fugami K. A historical note of the Stille reaction[J]. J Organomet Chem, 2002, 653: 50-53.

[51] Meerifield J H, Godschal J P, Stille J K. Synthesis of unsymmetrical diallyl ketones: the palladium-catalyzed coupling of allyl halides with allyltin reagents in the presence of carbon monoxide[J]. Organometallics, 1984, 3: 1108-1112.

[52] Jeanneret V, Meerpoel L, Vogel P. *C*-Glycosides and *C*-disaccharide precursors through carbonylative Stille coupling reactions[J]. Tetrahedron Lett, 1997, 38: 543-546.

[53] Ogura Y, Sato H, Kuwahara S. Total synthesis of amphirionin-4[J]. Org Lett, 2016, 18: 2399-2402.

[54] Kunz K, Scholz U, Ganzer D. Renaissance of Ullmann and Goldberg reactions: Progress in copper catalyzed C-N-, C-O- and C-S-coupling[J]. Synlett, 2003: 2428-2439.

[55] Ley S V, Thomas A W. Modern synthetic methods for copper-mediated C(aryl)-O, C(aryl)-N, and C(aryl)-S bond formation[J]. Angew Chem Int Ed, 2003, 42: 5400-5449.

[56] Alcives A S, Fabiola E N, Simon H O, et al. Buchwald–Hartwig C–N cross coupling reactions catalyzed by a pseudo-pincer Pd(II) compound[J]. Inorg Chim Acta, 2010, 363: 1262-1268.

[57] Biscoe M R, Fors B P, Buchwald S L. A new class of easily activated palladium precatalysts for facile C–N cross-coupling reactions and the low temperature oxidative addition of aryl chlorides[J]. J Am Chem Soc, 2008, 28: 6686-6687.

[58] Wolfe J P, Tomori H, Sadighi J P, et al. Simple, efficient catalyst system for the palladium-catalyzed amination of aryl chlorides, bromides, and triflates[J]. J Org Chem, 2000, 65: 1158-1174.

[59] Su M, Buchwald S L. A bulky biaryl phosphine ligand allows for palladium-catalyzed amidation of five-membered heterocycles as electrophiles[J]. Angew Chem Int Ed, 2012, 51: 4710-4713.

[60] Huang X, Anderson K M, Zim D, et al. Expanding Pd-catalyzed C–N bond-forming processes: The first amidation of aryl sulfonates, aqueous amination, and complementarity with Cu-catalyzed reactions[J]. J Am Chem Soc, 2003, 125: 6653-6655.

[61] Mantel M L H, Lindhardt A T, Lupp D, et al. Pd-Catalyzed C–N bond formation with heteroaromatic tosylates[J]. Chem Eur J, 2010, 16: 5437-5442.

[62] Mcgowan M A, Henderson J L, Buchwald S L. Palladium-catalyzed *N*-arylation of 2-aminothiazoles[J]. Org Lett, 2012, 14: 1432-1435.

[63] Wagaw S, Yang B H, Buchwald S L. A palladium-catalyzed strategy for the preparation of indoles: A novel entry into the Fischer indole synthesis[J]. J Am Chem Soc, 1998, 120: 6621-6622.

[64] Lundgren R J, Peters B D, Alsabeh P G, et al. A P, *N*-Ligand for palladium-catalyzed ammonia arylation: Coupling of deactivated aryl chlorides, chemoselective arylations, and room temperature reactions[J]. Angew Chem Int Ed, 2010, 49: 4071-4074.

[65] Fors B P, Buchwald S L. Pd-Catalyzed conversion of aryl chlorides, triflates, and nonaflates to nitroaromatics[J]. J Am Chem Soc, 2009, 131: 12898-12899.

[66] Vinogradova E V, Fors B P, Buchwald S L. Palladium-catalyzed cross-coupling of aryl chlorides and triflates with sodium cyanate: A practical synthesis of unsymmetrical ureas[J]. J Am Chem Soc, 2012, 134: 11132-11135.

[67] Wu X-F, Neumann H, Beller M. Selective palladium-catalyzed aminocarbonylation of aryl halides with CO and ammonia[J]. Chem Eur J, 2010, 16: 9750-9753.

[68] Pilarski L T, Szabó K. Palladium-catalyzed direct synthesis of organoboronic acids[J]. Angew Chem Int Ed,

2011, 50: 8230-8232.

[69] Inoue F, Kashihara M, Yadav M R, et al. Buchwald-Hartwig amination of nitroarenes[J]. Angew Chem Int Ed, 2017, 56: 13307-13309.

[70] Wegner J, Ley S V, Kirschning A, et al. A total synthesis of millingtonine A[J]. Org Lett, 2012, 14: 696-699.

[71] Yudin A K. Catalyzed carbon-heteroatom bond formation[M]. Weinheim: Wiley-VCH, 2011.

[72] Palomo C, Oiarbide M, López R, et al. Phosphazene bases for the preparation of biaryl thioethers from aryl iodides and arenethiols[J]. Tetrahedron Lett, 2000, 41: 1283-1286.

[73] Kwong F Y, Buchwald S L. A general, efficient, and inexpensive catalyst system for the coupling of ary iodides and thiols[J]. Org Lett, 2002, 4: 3517-3520.

[74] (a) Chan D M T, Monaco K L, Wang R P, et al. New *N*-and *O*-arylations with phenylboronic acids and cupric acetate[J]. Tetrahedron Lett, 1998, 39: 2933-2936; (b) Lam P Y S, Clark C G, Saubern S, et al. A new aryl/heteroaryl C–N bond cross-coupling reactions *via* arylboronic acid/cupric acetate arylation[J]. Tetrahedron Lett, 1998, 39: 2941-2949.

[75] Savarin C, Srogl J, Liebeskind L S. A mild, nonbasic synthesis of thioethers. The copper-catalyzed coupling of boronic acids with *N*-thio (alkyl, aryl, heteroaryl) imides[J]. Org Lett, 2002, 4: 4309-4312.

[76] Taniguchi N. Convenient synthesis of unsymmetrical organochalcogenides using organoboronic acids with dichalcogenides *via* cleavage of the S-S, Se-Se, or Te-Te bond by a copper catalyst[J]. J Org Chem, 2007, 72: 1241-1245.

[77] Chen C, Xie Y, Chu L, et al. Copper-catalyzed oxidative trifluoromethylthiolation of aryl boronic acids with $TMSCF_3$ and elemental sulfur[J]. Angew Chem, 2012, 124: 2542-2545.

[78] Kosugi M, Shimizu T, Migita T. Reactions of aryl halides with thiolate anions in the presence of catalytic amounts of tetrakis[J]. Chem Lett, 1978, 7: 13-14.

[79] Fukuzawa S I, Tanihara D, Kikuchi S. Ritter reaction mediated by bismuth(III) salts: One-step conversion of epoxides into *vic*-acylamino-hydroxy compounds[J]. Synlett, 2006: 2047-2050.

[80] Maitro G, Vogel S, Sadaoui M, et al. Enantioselective synthesis of aryl sulfoxides *via* palladium-catalyzed arylation of sulfenate anions[J]. Org Lett, 2007, 9: 5493-5496.

[81] Inamoto K, Hasegawa C, Hiroya K, et al. Palladium-catalyzed synthesis of 2-substituted benzothiazoles *via* a C-H functionalization/intramolecular C-S bond formation process[J]. Org Lett, 2008, 10: 5147-5150.

[82] Park N, Park K, Jang M, et al. One-pot synthesis of symmetrical and unsymmetrical aryl sulfides by Pd-catalyzed couplings of aryl halides and thioacetates[J]. J Org Chem, 2011, 76: 4371-4378.

[83] Teverovskiy G, Surry D S, Buchwald S L. Pd-catalyzed synthesis of Ar-SCF_3 compounds under mild conditions[J]. Angew Chem, 2011, 123: 7450-7452.

[84] (a) Cristau H J, Chabaud B, Chene A, et al. Synthesis of diaryl sulfides by nickel (II)-catalyzed arylation of arenethiolates[J]. Synthesis, 1981: 892-894; (b) Cristau H J, Chabaud B, Labaudiniere R, et al. Synthesis of vinyl selenides or sulfides and ketene selenoacetals or thioacetals by nickel (II) vinylation of sodium benzeneselenolate or benzenethiolate[J]. J Org Chem, 1986, 51: 875-878.

[85] Zhang Y, Ngeow K C, Ying J Y. The first *N*-heterocyclic carbene-based nickel catalyst for C-S coupling[J]. Org Lett, 2007, 9: 3495-3498.

[86] Correa A, Carril M, Bolm C. Iron-catalyzed *S*-arylation of thiols with aryl iodides[J]. Angew Chem Int Ed, 2008, 47: 2880-2883.

[87] Ding Q, Cao B, Yuan J, et al. Synthesis of thioethers *via* metal-free reductive coupling of tosylhydrazones with thiols[J]. Org Biomol Chem, 2011, 9: 748-751.

[88] Chen C, Chu L, Qing F L. Metal-free oxidative trifluoromethylthiolation of terminal alkynes with CF_3SiMe_3 and elemental sulfur[J]. J Am Chem Soc, 2012, 134: 12454-12457.

[89] Cheng J-H, Ramesh C, Kao H-L, et al. Synthesis of aryl thioethers through the *N*-chlorosuccinimide-promoted cross-coupling reaction of thiols with Grignard reagents[J]. J Org Chem, 2012, 77: 10369-10374.

合成实例一览表*

苯唑青霉素钠中间体（**Sandmeyer 反应**，苄位**氯化**，偕二氯甲基水解，成肟，肟**氯化**，环合，**羧羟基氯置换**）　4.3.3

莽草酸（**Barbier 反应**，烯烃环化复分解）　5.2.2

美洲冷杉合毒蛾性信息素（**硼氢化碘解反应**，Grignard 反应，PDC 氧化，Lindlar 还原）　4.1.3

Ambrisentan（**Darzens 缩合**，开环醚化，亲核取代，酯水解）　5.2.3

Aplykurodinone-1（酯化，Ireland-Claisen 重排，还原，**Dess-Martin 氧化**，Wittig 反应，ene 环化，Michael 加成，环氧化，Krapcho 脱烷氧羰基化）　2.3.3

Asteltoxin（硅醚保护羟基，双羟基化，**Swern 氧化**，Grignard 反应，HWE 烯化）　2.3.2

Batatoside L（Schmidt 糖苷化，酯水解，**Corey-Nicolaou 大环内酯化**，脱硅醚）　7.1.2

Batzelladine F（**Biginelli 反应**，阴离子交换，*O*-甲磺酰化，分子内亲核环化，烯键加氢还原）　7.3.3

Biactractyloide（羰基还原，Birch 还原，Oppenauer 氧化，Michael 加成，Wittig 反应，**Stock 烯胺合成**，烃化）　5.1.2

Bulgecinine（酯化，还原，氨基保护与脱保护，**羟基保护与脱保护**，Swern 氧化，Wittig 反应，**Sharpless 不对称双羟基化**，分子内的亲核取代环化）　2.2.2

Callystatin A（**Enders SAMP/RAMP 腙烷基化**，HWE 烯化，酯还原，醇羟基卤置换，羰基还原，Swern 氧化，Wittig 反应，Corey 氧化，脱硅醚保护）　5.1.2

β-Carotene（**Negishi 偶联**，锆烃化，硅炔脱硅保护）　8.2.3

Cefprozil（**DCC 缩合成酞**，卤素置换，季鏻化，Wittig 烯化）　7.2.1

Combretastatin（**Perkin 反应**，脱羧，碘催化烯键顺反异构）　6.1.3

Communesin F（成酯缩合，成腙，**腙的原位环丙烷化**，Staudinger 反应，分子内开环，*α*位烯丙基化，烯烃的氧化断裂，成肟，肟还原，分子内的环化和开环，Dess-Martin 氧化，成肟，肟还原，Boc 保护氨基，Heck 偶联，分子内环化，脱 Boc 保护，脱甲氧羰基保护，亚胺还原）　6.4.1

Communesin F（Suzuki 偶联，酯水解，*N*-酰化，*N*-甲基化，**Heck 反应**，烯丙基化，脱 Boc 保护，双键氧化断裂，醛还原，成酯，Dess-Martin 氧化，Staudinger 反应，脱保护）　8.1.3

---

* 黑体字表示关键步骤

Daphniglaucin C（Stork烯胺化，Grignard反应，催化加氢，还原脱苄，羟基氧化，酯化，**Dieckmann 缩合**，三氟甲磺酰化） 5.3.3
Dasyscyphin D（**Robinson 增环反应**，Birch 还原，双键和羰基还原） 5.2.1
Diplyne C（**炔硼氢化，汞化，溴解**，Cadiot-Chodkiewicz 偶合，脱缩酮保护） 4.1.3
Ecklonialactones A 和 B（*α*-烃化，Weinreb 酰胺合成，烯烃环化复分解，Dess-Martin 氧化，Seyferth-Gilbert 增碳反应，端炔的甲基化，Grignard 反应，硼氢化锂还原，烯烃环氧化，碳二亚胺缩合酯化，关环复分解，镍催化还原三键，**Lindlar 还原**） 3.1.2
Endomorphin-2（EDCI/HOBt **缩合成肽**，酯水解，氢解脱 Fmoc 保护基和苄醚保护基） 7.2.3
Epothilone D（**Kulinkovich 环丙醇合成**，环丙醇开环，Swern 氧化，羟醛缩合，Yamaguchi 大环内酯化） 6.4.3
Felodipine（羟基 DHP 保护与脱保护，环氧烷亲核加成开环，羟基与双乙烯酮加成，Knoevenagel 缩合，**Hantzsch 二氢吡啶合成**，酯交换） 7.3.3
Fialuridine（二氢吡喃保护羟基，水解，DAST 氟化，脱二氢吡喃保护，氧酰化，脲嘧啶环的**碘化**，转移酯化） 4.3.3
Halenaquinone（**Sonogashira 偶联**，脱炔基硅基保护，Bergman 成环） 8.2.1
Halomon（**卤加成**，消除卤化氢） 4.1.1
3′-Hydroxypacidamycin（**Ugi 多组分缩合**，Boc 保护与脱保护，叔丁酯分解，羟基硅醚保护与脱保护） 7.3.2
Kendomycin（Colvin 增碳反应，锆氢化，碘代，Negishi 偶联，环氧化，脱甲氧甲基保护，脱硅醚保护，IBX 氧化，Pinnick 氧化，Duthaler-Hafner 丁烯基化，Evans 羟醛缩合，酯化，酯还原，Parikh-Doering 氧化，成酯缩合，Claisen-Ireland 重排，羧基还原，邻位金属化，羟烷基化，**关环复分解**，双键还原） 6.3.4
Kurzilactone（环氧乙烷与乙烯基溴化镁开环，DCC 缩合成酯，DDQ 脱 PMB 保护基，IBX 氧化，分子内的 **HWE 烯化**，OsO_4 氧化，Mukaiyama 羟醛缩合反应） 6.2.2
L-755807（Parikh-Doering 氧化，**Darzens 缩合**，水解内酯化，Weinreb 酰胺合成，氨解，Swern 氧化，HWE 反应，Still-Gennari 烯化，还原，Suzuki-Miyaura 偶联，羟基氧化）5.2.3
Lamellarins（溴化，烷氧羰化，碘化，脱碘，**Suzuki 偶联**，Mitsunobu 反应，脱羧 Heck 反应）8.2.2
Lamellarins R（**Vilsmeier-Haack 甲酰化**，Pinnick 氧化，酯化，脱保护） 5.4.2
Laulimalide（碘置换，Evans 烃化，酰胺还原，氧烃化，脱硅醚，Dess-Martin 氧化，Julia–Kocienski 烯化，**Yamaguchi 大环内酯化**，Lindlar 还原，Sharpless 不对称环氧化） 7.1.3
Meperidine（**苯乙腈烃化**，水解，酯化） 5.1.1

Mifepristone（**Robinson 增环反应**，Grignard 反应） 5.2.1

Millingtonine A（酚氧化为醌，羟醛缩合，硼氢化锂还原，硅醚保护和脱保护，溴化，自由基环化，催化氢解脱 Cbz 保护，**Buchwald-Hartwig 交叉偶联**，酯水解，糖苷化） 8.3.2

Nakadomarin A（不对称 Micheal 加成，**Mannich 反应**，炔的环化复分解，Lindlar 还原，羰基还原，呋喃环的还原偶联） 7.3.1

Nifluminic acid（**芳环氯化**，Ullmann 缩合） 4.2.1

Norrisolide（环丙烷化反应，环丙烷的开环，双键加氢，羰基还原，羟基保护，1,4-加成，环化复分解，环己烯的加氢还原，CBS 还原，成腙，Weinreb 酮合成，催化加氢，**Peterson 烯化**） 6.2.3

Omaezakianol（Sharpless 不对称环氧化，**史一安不对称环氧化**，二羟基保护和脱保护，Parikh-Doering 氧化，Wittig 反应，脱甲氧甲基和缩酮保护基，烯烃复分解） 2.2.1

Peribysin A（杂 Diels-Alder 反应，aldol 缩合，**加氢还原**，Wittig 反应，Riley 氧化，酯化，羟基氧化，还原） 3.1.1

Pobilukast（**Darzens 缩合**，开环加成硫醚化，酯水解，动力学拆分） 5.2.3

Polycavernoside A（Diels-Alder 反应，Luche 还原，硅醚保护羟基，脱硅醚保护，碘化，消除，臭氧解，Reformatsky 反应，Sharpless 不对称双羟基化，Suzuki 偶联，环氧化，环氧乙烷开环，TEMPO/$PhI(OAc)_2$ 氧化，**Keck 大环内酯化**，Dess-Martin 氧化，Takai 烯化） 7.1.1

Psilostachyin C（Michael 加成，**Mukaiyama 羟醛缩合**，烯烃关环复分解，催化加氢还原双键，缩酮保护羰基，Dess-Martin 氧化，α 位烃化，酯水解，烯醇化，分子内酯化，双键异构，双键还原，羟醛缩合，水解缩酮，Baeyer-Villiger 氧化） 5.2.1

5-*epi*-Pumiliotoxin C（**Clemmensen 还原**，催化加氢脱苄基） 3.2.1

Pyrenophorol（**Grignard 反应**，羟基保护与脱保护，烯烃断裂氧化，Swern 氧化，CBS 还原，Wittig 反应，酯水解，Mitsunobu 反应） 5.2.2

Repraesentin F（活泼亚甲基烷基化，**Simmons-Smith 反应**，Still-Gennari 改进的 HWE 反应，羟基的硅醚保护与脱保护） 6.4.2

Rhoiptelol B（*O*-磺酰化，Wittig 反应，**Sharpless 不对称环氧化**，还原，Swern 氧化，醛与有机锡的加成，羟基保护和脱保护，烯烃复分解，Sharpless 不对称双羟基化，醚化） 2.2.1

Shikonin（**Stobbe 缩合**，Friedel-Crafts 酰化，酯基的还原氧化，硫叶立德与醛的缩合，Grignard 试剂与环氧乙烷的加成） 6.1.2

Spongidepsin（硅醚保护羟基，还原，羟基氧化，烯键臭氧解，自由基加成，α 位烃化，Wittig 反应，**Mitsunobu 反应**，烯烃复分解，Seyferth-Gilbert 增碳反应） 7.1.1

Talaumidin（**Evans 不对称羟醛缩合**，硅醚保护羟基，还原脱手性噁唑酮辅助剂，Dess-Martin 氧化，Grinard 反应，Tabbe 烯化，硼氢化氧化，催化加氢脱苄基，对甲苯磺酸酯合成，脱硅醚保护，Mitsunobu 醚化，脱对甲苯磺酰基）　5.2.1

Taurine（亲核加成开环，**硫醇氧化**）　2.6.2

Taxol（炔基的 Lindlar 还原，**Jacobsen-Katsuki 不对称环氧化**，氨解，皂化，*N*-酰化）　2.2.1

Theopederin（羟基保护与脱保护，邻二醇氧化断裂，Wittig 反应，酯化，烯键臭氧解，**Reformatsky 反应**，Swern 氧化，HWE 烯化，酯还原，Sharpless 不对称环氧化，环氧官能团和双键还原，叠氮基还原，*N*-酰化）　5.2.2

TMC-95A（甲酯化，*N*-苄氧羰化，苄醚化，碘化，**Suzuki 偶联**）　8.2.2

Tuberonic acid（**Jones 氧化**，脱 THP 保护）　2.3.1

Vapiprost（卤加成，Bayer-Villiger 氧化，**Wittig 反应**，Swern 氧化）　6.2.1

人名反应及试剂索引

S

T

U

V

W

Y

Z

缩写和全称对照表

缩写	英文全称	中文全称
Ac	acetyl	乙酰基
acac	acetylacetonate	乙酰丙酮负离子
ACM	acetylene cross metathesis	炔烃复分解反应
ad	adamantyl	金刚烷基
AIBN	2,2′-azobisisobutyroniytile	2,2′-偶氮二异丁腈
Alloc	allyloxycarbonyl	烯丙氧羰基
Am	amyl(*n*-pentyl)	戊基
anh	anhydrous	无水的
aq.	aqueous	水性的/含水的
Ar	aryl	芳基
atm	atmosphere	大气压
9-BBN	9-borobicyclo[3.3.1]nonane	9-硼杂双环[3.3.1]壬烷
BDP	1-benzotriazolyl diethyl phosphate	苯并三唑基磷酸二乙酯
BINAL-H	2,2′-dihydroxy-1,1′-binaphthyl lithium aluminum hydride	2,2′-二羟基-1,1′-联萘锂铝氢
BINAP	2,2′-bis(diphenylphosphino)-1,1'-binaphthyl	2,2′-二(二苯基膦)-1,1′-联萘
BINOL	1,1′-bi-2,2′-naphthol	1,1′-双-2,2′-联萘酚
bipy (bpy)	2,2′-bipyridyl	2,2′-联吡啶
bmim	1-butyl-3-methylimidazolium cation	1-丁基-3-甲基咪唑阳离子
Bn	benzyl	苄基
Boc	*t*-butoxycarbonyl	叔丁氧羰基
BOM	benzyloxymethyl	苄氧基甲基
BOP	benzotriazole-1-yl-oxytridimethylaminophosphonium hexafluorophosphate	1*H*-苯并三唑氧基三(二甲氨基)鳞六氟磷酸盐
BPCC	bipyridinium chlorochromate	氯铬酸联吡啶鎓盐
BPO	benzoyl peroxide	过氧化苯甲酰
BSA	*N*,*O*-bis(trimethylsilyl)acetamide bovine serum albumin	*N*,*O*-双(三甲基硅基)乙酰胺 牛血清蛋白
Bt	1- or 2-benzotriazolyl	1-或 2-苯并三唑基
Bu	butyl	丁基
Bz	benzoyl	苯甲酰基
CAN	cerium ammonium nitrate	硝酸铈铵
cat.	catalyst	催化剂

续表

缩写	英文全称	中文全称
CBS	Corey-Bakshi-Shibata reagent	科里-巴克什-柴田试剂
Cbz	benzoxycarbonyl	苄氧羰基
CDI	*N,N'*-carbonyl diimidazole	*N,N'*-碳酰(羰基)二咪唑
cod	1,5-cyclooctadiene	1,5-环辛二烯
conc.	concentrated	浓的
Cp	cyclopentadienyl	环戊二烯基
CPME	cyclopentyl methyl ether	环戊基甲基醚
CSA	camphorsufonic acid	樟脑磺酸
CTAB	cetyltrimethylammonium bromide	十六烷基三甲基溴化铵
CuTC	copper(I) thiophene-2-carboxylate	噻吩-2-甲酸亚铜
Cy(Chx)	cyclohexyl	环己基
DABCO	1,4-diazabicyclo[2.2.2]octane	1,4-二氮杂双环[2.2.2]辛烷
DAST	diethylaminosulfur trifluoride	二乙氨基三氟化硫
dba	dibenzylideneacetone	二亚苄基丙酮
DBU	1,8-diazabicyclo[5.4.0]undec-7-ene	1,8-二氮杂双环[5.4.0]十一碳-7-烯
DCB	dichlorobenzene	二氯苯
DCC	dicyclohexyl carbodiimide	二环己基碳二亚胺
DCE	1,2-dichloroethane	1,2-二氯乙烷
DCM	dichloromethane	二氯甲烷
DDQ	2,3-dichloro-5,6-dicyano-1,4-benzoquinone	2,3-二氯-5,6-二氰基对苯醌
de	diastereomeric excess	非对映体过量
DEAD	diethyl azodicarboxylate	偶氮二甲酸二乙酯
DEG	diethylene glycol=3-oxapentane-1,5-diol	二甘醇
DEPC	diethyl phosphoryl cyanide	氰代磷酸二乙酯
DET	diethyl tartrate	酒石酸二乙酯
DFI	2,2-difluoro-1,3-dimethylimidazolidine	2,2-二氟-1,3-二甲基咪唑啉
DHP	3,4-dihydro-2*H*-pyran	3,4-二氢-2*H*-吡喃
DHQ	dihydroquinine	二氢奎宁
DHQD	dihydroquinidine	二氢奎尼定
$(DHQD)_2PHAL$	bis(dihydroquinidino)phthalazine	双(二氢奎尼定基)酞嗪
$(DHQ)_2PHAL$	bis(dihydroquinino)phthalazine	双(二氢奎宁基)酞嗪
DIAD	diisopropyl azodicarboxylate	偶氮二甲酸二异丙酯
DIBAH, DIBAL(DIBAL-H)	diisobutylaluminum hydride	二异丁基氢化铝
diglyme	ditthylene glycol dimethyl ether	二甘醇二甲醚
Diox	dioxane	二噁烷/1,4-二氧六环

续表

缩写	英文全称	中文全称
DIPEA	diisopropylethylamine	二异丙基乙基胺
DIPT	diisopropyl tartrate	酒石酸二异丙酯
DMA	*N,N*-dimethylacetamide	*N,N*-二甲基乙酰胺
DMAP	*N,N*-4-dimethylaminopyridine oxide	*N,N*-4-二甲氨基吡啶
DMAPCC	*N,N*-4-dimethylaminopyridinium chlorochromate	氯铬酸二甲氨基吡啶鎓盐
DMDO(DMD)	dimethyl dioxirane	二甲基二氧杂环丙烷（二甲基过氧化酮）
DME	1,2-dimethoxyethane=glyme	乙二醇二甲醚
DMF	*N,N*-dimethylformamide	*N,N*-二甲基甲酰胺
DMI	1,3-dimethylimidazolidin-2-one	1,3-二甲基咪唑啉酮
DMM	dimethylmaleoyl	二甲基马来酰基
DMP	Dess-Martin periodinane	Dess-Martin 高价碘试剂
DMPU	1,3-dimethyl-3,4,5,6-tetrahydro-2(1*H*)-pyrimidone (*N,N*-dimethyl propylene urea)	1,3-二甲基四氢-2-嘧啶酮（*N,N*-二甲基丙撑脲）
DMS	dimethylsulfide	二甲硫醚
DMSO	dimethyl sulfoxide	二甲亚砜
DPPA	diphenylphosphoryl azide	叠氮化磷酸二苯酯
dppb(ddpb)	1,4-bis(diphenylphosphino)butane	1,4-双(二苯基膦)丁烷
dppe	1,2-bis(diphenylphosphino)ethane	1,2-双(二苯基膦)乙烷
dppf	1,1′-bis(diphenylphosphino)ferrocene	1,1′-双(二苯基膦)二茂铁
dppp	1,3-bis(diphenylphosphino)propane	1,3-双(二苯基膦)丙烷
dr	diastereomeric ratio	非对映体比例
ECM	enyne cross metathesis	烯炔交叉复分解
EDC (EDAC)	1-ethyl-3-(3-dimethylaminopropyl)carbodiimide (ethyldimethylaminopropylcarbodiimide)	1-乙基-3-(3-二甲氨基丙基)碳二亚胺
EDCI	1-ethyl-3-(3-dimethylaminopropyl)carbodiimide hydrochloride	1-乙基-3-(3-二甲氨基丙基)碳二亚胺盐酸盐
EDG	electron-donating group	供电子基团
EDTA	ethylene diamine-*N,N,N′,N′*-tetraacetate	乙二胺四乙酸
ee	enantiomeric excess	对映体过量
en	ethylenediamine	乙二胺
eq. (equiv.)	equivalent	摩尔当量
er	enantiomeric ratio	对映体比例
Et	ethyl	乙基
EWG	electron-withdrawing group	吸电子基团
Fmoc	9-fluorenylmethoxycarbonyl	9-芴甲氧羰基
GC	gas chromatography	气相色谱（法）

续表

缩写	英文全称	中文全称
h	hour	小时
HAp	hydroxyapatite	羟基磷灰石[$Ca_{10}(PO_4)_6(OH)_2$]
HATU	*O*-(7-azabenzotriazol-1-yl)-*N,N,N',N'*-tetramethyluronium hexafluorophosphate	*O*-吡啶并三氮唑四甲基脲六氟磷酸酯
HBTU	*O*-benzotriazole-*N,N,N',N'*-tetramethyluronium hexafluorophosphate	*O*-苯并三氮唑四甲基脲六氟磷酸酯
HCA	hexachloroacetone	六氯丙酮
HMDS	bis(trimethylsilyl)amine (1,1,1,3,3,3-hexamethyldisilazane)	双(三甲基硅基)胺，六甲基二硅氮烷
HMPA	hexamethylphosphoric acid triamide (hexamethylphosphoramide)	六甲基磷酰胺
HOBt (HOBT)	1-hydroxybenzotriazole	1-羟基苯并三唑
IBX	*o*-iodoxybenzoic acid	邻碘酰苯甲酸
Ipc	isopinocamphenyl	异莰烯基
KHMDS	potassium bis(trimethylsilyl)amide	六甲基二硅氮烷钾
L	ligand	配体
LDA	lithium diisopropylamide	二异丙基氨基锂
LHMDS (LiHMDS)	lithium bis(trimethylsilyl)amide	六甲基二硅氮烷锂
LICA	lithiuim isopropylcyclohexylamide	异丙基环已基氨基锂
LiTMP (LTMP)	lithium 2,2,6,6-tetramethylpiperidide	2,2,6,6-四甲基哌啶锂
LMO	layered mixed oxide	层状复合氧化物
L-selectride	lithium tri-*sec*-butylborohydride	三仲丁基硼氢化锂
lut	2,6-lutidine	2,6-二甲基吡啶
m-CPBA (MCPBA)	*m*-chloroperoxybenzoic acid	间氯过氧苯甲酸
Me	methyl	甲基
MEM	2-(methoxyethoxy)methyl	甲氧乙氧甲基
Mes	mesityl	2,4,6-三甲基苯基
min	minute	分钟
MOM	methoxymethyl	甲氧甲基
MOST	mopholinosulfur trifluoride	*N*-三氟硫基吗啉
mp	melting point	熔点
MPa	megapascal	兆帕
Ms	mesyl (methanesulfonyl)	甲磺酰基
MS	mass spectrometry molecular sieves	质谱 分子筛
MSA	methanesulfonic acid	甲基磺酸
MTBE	methyl *t*-butyl ether	甲基叔丁基醚
MVK	methyl vinyl ketone	甲基乙烯基酮

续表

缩写	英文全称	中文全称
mw (MW)	microwave	微波
n	normal	正
NaHMDS	sodium bis(trimethylsilyl)amide	六甲基二硅氮烷钠
Na-SG	sodium silica gel	硅胶负载钠
NBS	*N*-bromosuccinimide	*N*-溴代丁二酰亚胺
NCS	*N*-chlorosuccinimide	*N*-氯代丁二酰亚胺
NHPI	*N*-hydroxyphthalimide	*N*-羟基邻苯二甲酰亚胺
NIS	*N*-iodosuccinimide	*N*-碘代丁二酰亚胺
NMM	*N*-methylmorpholine	*N*-甲基吗啉
NMO	*N*-methylmorpholine *N*-oxide	*N*-甲基吗啉氮氧化物
NMP	*N*-methyl-2-pyrrolidinone	*N*-甲基-2-吡咯烷酮
NMR	nuclear magnetic resonance	核磁共振
NPs	nanoparticles	纳米粒子
NR(N.R.)	no reaction	无反应
Ns	2-nitrobenzenesulfonyl	邻硝基苯磺酰基
Nu	nucleophile	亲核试剂
NXS	*N*-halosuccinimide	*N*-卤代丁二酰亚胺
o	ortho	邻
Oxone	potassium peroxymonosulfate	过硫酸氢钾
p	para	对
	pressure	压力
PCC	pyridinium chlorochromate	氯铬酸吡啶鎓盐
PDC	pyridinium dichromate	重铬酸吡啶鎓盐
PE	petrol ether	石油醚
PEG	polyethylene glycol	聚乙二醇
PFC	pyridinium fluorochromate	氟铬酸吡啶鎓盐
Ph	phenyl	苯基
PHAL	phthalazine	酞嗪
Phe	*L*-phenylalanine	*L*-苯丙氨酸
Phth	phthaloyl	邻苯二甲酰基
PIDA	phenyliodonium diacetate	二乙酰氧基碘苯
PIFA	phenyliodonium bis(trifluoroacetate)	二(三氟乙酰氧基)碘苯
Piv	pivaloyl	新戊酰基
PLE	pig liver esterase	猪肝酯酶
PMB (MPM)	*p*-methoxybenzyl	对甲氧基苄基

续表

缩写	英文全称	中文全称
PMHS	polymethylhydrosiloxane	聚甲基氢硅氧烷
PMP	*p*-methoxyphenyl	对甲氧基苯基
PNB	*p*-nitrobenzyl	对硝基苄基
PPA	polyphosphoric acid	多聚磷酸
PPL	pig pancreatic lipase	猪胰脂肪酶
PPO	4-(3-phenylpropyl)pyridine-*N*-oxide	4-(3-苯丙基)吡啶氮氧化物
PPTS	pyridinium *p*-toluenesulfonate	对甲苯磺酸吡啶盐
PPY	4-pyrrolidinopyridine	4-吡咯烷基吡啶
Pr	propyl	丙基
Pro	*L*-proline	*L*-脯氨酸
P.T.	proton transfer	质子转移
PTC	phase transfer catalyst	相转移催化剂
PTSA（TsOH）	*p*-toluenesulfonic acid	对甲苯磺酸
PVP	poly(4-vinylpyridine)	聚乙烯基吡啶
PyBOP	benzotriazole-1-yl-oxytripyrrolidinophosphonium hexafluorophosphate	1*H*-苯并三唑-1-基氧三吡咯烷基六氟磷酸盐
Py (pyr)	pyridine	吡啶
rac	racemic	外消旋的
RAMP	(*R*)-1-amino-2-(methoxymethyl)pyrrolidine	(*R*)-1-氨基-2-甲氧甲基吡咯烷
RCM	ring closing metathesis	关环复分解
rds	rate-determining step	决速步
RCEM	ring closing enyne metathesis	烯炔关环复分解
Red-Al	sodium bis(2-methoxyethoxy) aluminum hydride	红铝（二甲氧乙氧基氢化铝锂）
ROM	ring-opening metathesis	开环复分解
ROMP	ring-opening metathesis polymerization	开环复分解聚合
r.t.	room temperature	室温（20~25℃）
s	second	秒
Salen	*N,N'*-ethylene*bis*(salicylideneiminato) *bis*(salicylidene)ethylenediamine	*N,N'*-双(邻羟基苯亚甲基)乙二胺
SAMP	(*S*)-1-amino-2-(methoxymethyl)pyrrolidine	(*S*)-1-氨基-2-甲氧甲基吡咯烷
sec	secondary	仲
SEM	2-(trimethylsilyl)ethoxymethyl	2-三甲基硅基乙氧甲基
SET	single electron transfer	单电子转移
Sia	1,2-dimethylpropyl (secondary isoamyl)	1,2-二甲基丙基（仲异戊基）
t (*tert*)	tertiary	叔
TBAB	tetra-*n*-butylammonium bromide	四丁基溴化铵

续表

缩写	英文全称	中文全称
TBAC	tetra-*n*-butylammonium chloride	四丁基氯化铵
TBAF	tetra-*n*-butylammonium fluoride	四丁基氟化铵
TBAI	tetra-*n*-butylammonium iodide	四丁基碘化铵
TBDPS	*t*-butyldiphenylsilyl	叔丁基二苯基硅基
TBHP	*tert*-butyl hydroperoxide	叔丁基过氧化氢
TBME	*tert*-butyl methyl ether	叔丁基甲基醚
TBS (TBDMS)	*t*-butyldimethylsilyl	叔丁基二甲基硅基
TCCA	trichloroisocyanuric acid	三氯异氰脲酸
TEA	triethylamine	三乙胺
TEG	trietylene glycol	三甘醇（三缩乙二醇）
TEMPO	2,2,6,6-tetramethyl-1-piperidinyloxy free radical	2,2,6,6-四甲基哌啶氮氧自由基
TES	triethylsilyl	三乙基硅基
Tf	trifluoromethanesulfonyl	三氟甲磺酰基
TFA	trifluoroacetic acid	三氟乙酸
TFAA	trifluoroacetic anhydride	三氟乙酸酐
TFDA	trimethylsilyl fluorosulfonyldifluoroacetate	氟磺酰基二氟乙酸三甲基硅醇酯
THF	tetrahydrofuran	四氢呋喃
THP	2-tetrahydropyranyl	2-四氢吡喃基
TIPS	triisopropylsilyl	三异丙基硅基
TMAD	*N,N,N′,N′*-tetramethylazodicarboxamide	*N,N,N′,N′*-四甲基偶氮二甲酰胺
TMEDA	*N,N,N′,N′*-tetramethylethylenediamine	*N,N,N′,N′*-四甲基乙二胺
TMP	2,2,6,6-tetramethylpiperidine	2,2,6,6-四甲基哌啶
TMS	trimethylsilyl	三甲基硅基
TMSCl	trimethylsilyl chloride	三甲基氯硅烷
TMSI	trimethylsilyl iodide	三甲基碘硅烷
Tol	*p*-tolyl	对甲苯基
TPAP	tetra-*n*-propylammonium perruthenate	四丙基过钌酸铵
TPP	triphenylphosphine	三苯基膦
Tr	trityl (triphenylmethyl)	三苯甲基
TS	transition state (or transition structure)	过渡态
Ts (Tos)	*p*-toluenesulfonyl	对甲苯磺酰基
Tyr	*L*-tyrosine	*L*-酪氨酸
UHP	urea-hydrogen peroxide complex	尿素-过氧化氢络合物